Die Regelung der Ausgleichströme in den Kompensationsanordnungen 13 wird bewirkt durch das in Abb. 2 dargestellte Pendel 14 mit den zugehörigen Spulen, Kraftfeldern und Kontakten. Das Pendel 14 schwingt um eine Achse 15. Es ist fest verbunden mit einem Magnetfeld 16. Ein diesem Magnetfeld gleiches weiteres Magnetfeld 17 ist fest im System angeordnet. In beiden Magnetfeldern ist eine Spule 18 auf einer Achse 19 drehbar gelagert. Die Magnetfelder 16 und 17 sind der Größe nach gleich, wirken aber auf die Spule 18 entgegengesetzt drehend. Solange das Pendel 14 sich in senkrechter Lage befindet, gleichen sich die Drehmomente der Felder 16 und 17 aus. Sobald aber das Feld 16 unter der Wirkung des Pendels 14 ausschwingt, setzen sich beide Felder zu einem resultierenden Magnetfeld zusammen. Infolgedessen beginnt die Spule 18 auszuschwingen. Hierbei schließt sie Kontakte, die auf der Zeichnung nicht dargestellt sind, und bewirkt, daß ein Strom in die Kompensationsanordnungen 13 geschickt wird.

Um die Schwingungen des Pendels 14 selbst möglichst langsam aperiodisch zu dämpfen, ist an die Achse 15 noch eine Dämpfungseinrichtung 20 angeschlossen, deren dämpfendes Moment ungefähr proportional der Winkelgeschwindigkeit ist, z. B. eine Flüssigkeitsdämpfung.

Will man die beschriebene Vorrichtung als Übergrundkompaß benutzen, so stellt man die Plattform 9 mit Hilfe der Schnecke 10 auf den einzuhaltenden Kurs ein und steuert nach dieser Einstellung so lange, bis ein Wendepunkt im Kurs erreicht ist. An dieser Stelle wird die Plattform abermals auf die neue Richtung eingestellt und nun wieder bis zum nächsten Wendepunkt hiernach gesteuert. Auch bei unsichtigem Wetter ist die Lage der Wendepunkte genau genug bestimmbar, da die Fahrtrichtung wie der zurückgelegte Weg bekannt sind. Erstere ergibt sich aus der Einstellung der Plattform 9, der zurückgelegte Weg aus der Wegmessung durch Einwirken des vom Pendel 14 geschalteten Kompensationsstromes auf ein Registrierinstrument.

PATENTANSPRÜCHE:

1. Vorrichtung zum beliebig gerichtet und waagerecht Erhalten eines bewegten Systems mit Hilfe von Kreiseln, dadurch gekennzeichnet, daß das System mit einem in beliebiger, gerichteter Einstellung erdfesten Richtkreisel (3) und zwei gegen die Einwirkung der Erddrehung und der Fahrt über Grund unempfindlichen Kreiseln (1, 2) mit nur einem Freiheitsgrad

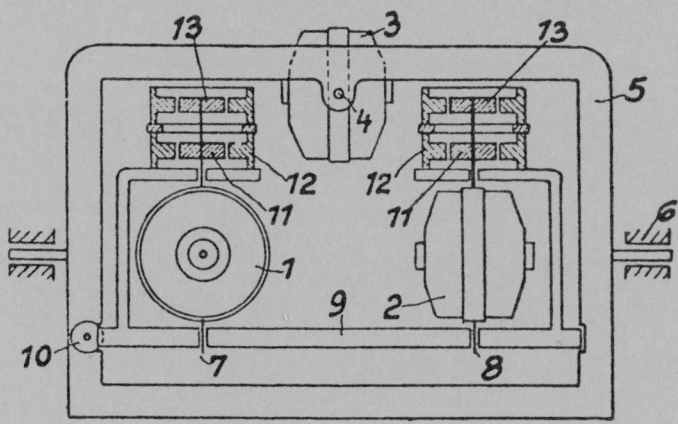

Abb. 1.

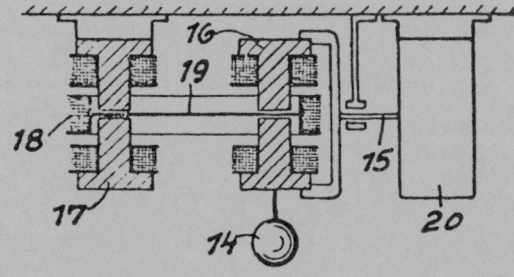

Abb. 2.

1, 2	Horizontkreisel
3	Richtungskreisel
4, 7, 8	Präzessionsachse
5	innerer Kardanrahmen
6	Lagerung im äußeren Kardanrahmen
9	Plattform, drehbar im Azimut
10	Schneckenantrieb zur Einstellung der Plattform in die Flugrichtung
11	Drehspulen zur Momentenerzeugung für die Kompensation der Erddrehung
12	Dauermagnetsystem
13	Drehspulen zur Momentenerzeugung für die Kompensation der scheinbaren Erddrehung
14	Pendel zur Führung der Plattform in die Horizontale
15	Pendelachse
16	Magnetsystem auf der Pendelachse
17	Magnetsystem, feststehend
18	Drehspule, in der Achse 19 gelagert

Kurt Kracheel
Flugführungssysteme – Blindfluginstrumente, Autopiloten, Flugsteuerungen

Die deutsche Luftfahrt

Buchreihe über die Entwicklungsgeschichte der deutschen Luftfahrttechnik

Herausgegeben von Dr. Theodor Benecke in Zusammenarbeit mit dem Deutschen Museum (München), dem Bundesverband der Deutschen Luftfahrt-, Raumfahrt- und Ausrüstungsindustrie e.V. (Bonn) und der Deutschen Gesellschaft für Luft- und Raumfahrt – Lilienthal-Oberth e.V. (Bonn)

Kurt Kracheel

Flugführungssysteme – Blindfluginstrumente, Autopiloten, Flugsteuerungen

Acht Jahrzehnte deutsche Entwicklungen von Bordinstrumenten für Flugzustand, Navigation, Blindflug, von Autopiloten bis zu digitalen Flugsteuerungssystemen (»Fly-by-wire«)

Bernard & Graefe Verlag

Die Titelseite zeigt das Cockpit des Verkehrsflugzeuges Airbus A-340 mit den Bildschirmanzeigegeräten, von links nach rechts:

Primär-Fluganzeige ⎫
Navigations-Anzeige ⎭ Flugkapitän
System-Anzeige (oben)
Warn-Anzeige (unten)
Navigations-Anzeige ⎫
Primär-Fluganzeige ⎭ Co-Pilot

Autopilot-Bediengerät (oben Mitte) und den seitlichen Steuerhebeln links und rechts für Flugkapitän und Co-Pilot.

Oben rechts zum Vergleich das Cockpit des Verkehrsflugzeugs Junkers F 13 mit den Bordinstrumenten Kompaß, Öldruckmesser, Drehzahlmesser oder Fahrtmesser, Höhenmesser.

Das vordere Vorsatz zeigt die Patentschrift von Boykow über eine Kreiselstabilisierte Plattform, wie sie später als wichtige Einrichtung für die Trägheitsnavigation Verwendung fand, auf dem hinteren Vorsatz ist die »Einheitssteuerung« der Luftwaffe, 1941, abgebildet.

© Bernard & Graefe Verlag Bonn 1993
Alle Rechte vorbehalten. Nachdruck und fotomechanische Wiedergabe, auch auszugsweise, nur mit Genehmigung des Verlages
Satz, Druck und Bindung: Druckerei Manz AG, Dillingen
Reproduktionen: Repro GmbH, Ergolding
Herstellung und Layout: Walter Amann, München
Printed in Germany

ISBN 3-7637-6105-5

Inhalt

Geleitwort von Dr. Theodor Benecke	7	Blindflug und Blindlandung (Funkgeführter automatischer Flug)	119
Vorwort	8	*Neue Aufgaben für selbsttätige Steuerungen*	135
		Steuerung für ein unbemanntes Flugzeug Fi 103 (»V1«)	135

Entwicklung der Bordinstrumente und Autopiloten bis 1945

Die ersten Stabilisierungshilfen	9	Steuerung für Rakete Aggregat A-4 (»V2«)	141
Pendel	9	Ruderhilfssteuerung (Servosteuerung) für Großflugzeuge	159
Windfahnen	12	»Künstliche« Stabilisierung und Dämpfung für Flugzeuge	160
Kreisel	13		
Bordinstrumente für Überwachung des Flugzustandes und der Fluglage	17	*Auslands-Entwicklungsstand 1945 und Weiterführung deutscher Entwicklungen im Ausland nach 1945*	161
Fahrt- und Geschwindigkeitsmessung	17	Zusammenfassung der Entwicklungen in Deutschland und im Ausland, Stand 1945	161
Höhenmessung	22	Weiterführung der deutschen Entwicklungen im Ausland nach 1945	170
Neigungsmessung	26	Weiterführung deutscher Entwicklungen in den USA	171
Kreisel-Horizonte	28		
Wendezeiger	34	Weiterführung deutscher Entwicklungen in Großbritannien	175
Kombinierte Anzeigegeräte	38	Weiterführung deutscher Entwicklungen in Frankreich	176
»Blindflug« nach Instrumenten	40	Weiterführung deutscher Entwicklungen in der UdSSR	178
Bordinstrumente für die Bestimmung der Flugrichtung und der Navigation	42		
Flugzeugkompaß (Nahkompaß)	42		
Fernkompaß	45		
Kreiselkompaß	50		
Richtkreisel, Kurskreisel	53		
Mehrkreiselgeräte	58		
Automatische Koppelnavigation	60		
Sextanten für die Verwendung in der Luftfahrt	63		

Entwicklung der Bordinstrumente und Autopiloten nach 1955

Entwicklung der automatischen Steuerung bis 1945	66	*Neubeginn in Deutschland mit Wartungsarbeiten und Lizenzfertigung ausländischer Instrumente und Flugregler*	182
Die ersten automatischen Piloten	66	Verwendung ausländischer Flugregler	182
Entwicklung automatischer Flugzeugsteuerungen von Franz Drexler	66	Smiths-Autopilot S.E.P.2 im Transportflugzeug der Luftwaffe Nord Aviation, Nord 2501 »Noratlas«	182
Entwicklung automatischer Piloten von Johann Maria Boykow	69	Autopilot Sperry A-12 in Lufthansa-Flugzeugen Convair CV-340 »Convair Liner« und CV-440 »Metropolitan«	184
Autopilot-Entwicklungen der Firma Siemens 1930–1945	71	Flugregelanlage Sperry SP 40 TR im Transportflugzeug C 160 »Transall«	185
Entwicklung selbsttätiger Steuerungen der Askania-Werke 1924–1945	91	Autopilot Bendix PB-10 A in der Lockheed L-1049 G »Super Constellation«	186
Entwicklungen von Steuerungen der Erprobungsstelle der Luftwaffe, Rechlin	104		
Fertigung und Entwicklungen von Steuerungen der Firma Patin Werkstätten für Fernsteuerungstechnik 1939–1945	113		

Autopilot Bendix PB-20 und Flugleitanlage
Bendix FDS 300 »Flight Director« in Lockheed
L-1649 A »Super Star«, Boeing 707 und 720 187
Autopilot AP-6E in Interflug-Flugzeugen
Iljuschin IL-18 und Tupolew TU-134 188
Autopilot SAU-1T im Interflug-Flugzeug
Iljuschin IL-62 190

*Lizenzbauten ausländischer Instrumente und
Flugregler* 190
   Anzeigehorizont SFENA 703 BD, 644 BD,
   800 BD, und 903 190
   Höhenmesser mit Trommelanzeige (Kollsman) 191
   Kurskreiselanlage Sperry C-2 G in F-104 G und
   C-11 in »Transall« C-160 192
   Instrumentensysteme Sperry IIS und
   Sperry SYP 820 193
   Nickdämpfungsregler Lear 7804 G in FIAT G-91 194
   Luftwerterechner Garrett-AiResearch CADC
   in F-104 194
   Trägheitsnavigationssystem Litton LN-3 in F-104 196
   Flugwegrechenanlage Bendix PHI-3B in Fiat G 91
   und PHI-4A in Fiat 104 197
   Flugregelsystem Minneapolis-Honeywell MH-97G
   in F-104: Dämpfer, Autopilot, Aufbäumregler 199

*Neubeginn der Flugreglerentwicklungen in
Deutschland* 201
Flugreglerentwicklungen im Bodenseewerk
Gerätetechnik GmbH 201
   Kursregler 201
   »Einheitsflugregler«, Dreiachsenflugregler 202
   Flugregler »Pilotboy« 203
   Flugregler für Hubschrauber 203
   Vortriebsregler 206
   STOL-Flugregelsysteme 208
Entwicklungen von Instrumenten, Flugreglern und
Flugzeugen als integriertes System 209
   Flugreglerentwicklungen für VTOL-Flugzeug
   VJ-101, Entwicklungsring Süd (EWR) 212
   Flugreglerentwicklungen für VTOL-Transport-
   flugzeug Do-31, Dornier-Werke 216
   Flugreglerentwicklungen für VTOL-Flugzeug
   VAK 191, Vereinigte Flugtechnische Werke
   (VFW) 220
   Flugregler für ferngesteuertes Experimental-
   gerät E 1 »Aerodyne«, Dornier-Werke 225

Simulatoren für die Flugzeugbewegung um den
Schwerpunkt 225

*Instrumentierung, Flugregler und Triebwerksregler
für europäische Gemeinschaftsentwicklungen* 229
Steuerungs-, Flugregelungs- und Triebwerksregler-
entwicklungen für MRCA-Flugzeug »Tornado« 229
Instrumentierung und Flugreglerentwicklungen
Flugzeug Airbus A-300 237
Instrumentierung, Flugregler- und Flugleitrechner
in digitaler Technik für Flugzeug Airbus A-310 244
Primäres und sekundäres Steuerungssystem sowie
Triebwerkssteuerung mit elektrischer Übertragung
(»Fly-by-wire«) für Flugzeug Airbus A-320 252
Anforderungen an Flugzeugbordgeräte 258

*Tendenzen der weiteren Entwicklung für
Flugzeugbordinstrumente, Flugsteuerungs- und
Flugregelungssysteme* 262
Technologische Entwicklungen 262
Systementwicklungen 263

Zusammenfassung 266

Hinweis 267

Anhang

Zeittafel 268
Abkürzungen 270
Begriffserläuterungen 272
Biographien aus der Flugzeugbordgeräteentwicklung 273
   Johann Maria Boykow 1879–1935 273
   Franz Drexler –1929 273
   Eduard Fischel 1902–1984 274
   Johannes Gievers –1979 274
   Gert Zoege von Manteuffel 1903–1964 275
   Waldemar Möller 1895–1977 275
Tabellenteil 276
Verzeichnis der Anforderungszeichen
und Gerätenummern 283
Literaturverzeichnis 286
Personenregister 292
Bildnachweis 293
Der Autor 294

Geleitwort

Unser Jahrhundert, das Zwanzigste, könnte das Jahrhundert der Flugzeuge genannt werden. Der Mensch kann fliegend alle Gegenden der Erde erreichen. Wie Schiff, Eisenbahn und Auto gehört das Flugzeug zu den Verkehrsmitteln, die allgemein genutzt werden. Das Flugzeug wird erkannt an seinen sich ähnelnden äußeren Formen, Rumpf und Tragflächen mit Ruderflächen, dazu die Triebwerke mit den bekannten Geräuschen. Wenn aber der Passagier das Flugzeug betreten hat und einen Blick in den Führerraum, das Cockpit, wirft, dann wird es schwierig für ihn. Die große Anzahl von Instrumenten, Anzeigegeräten, Displays, Schalttasten, großen und kleinen Hebel, Leuchtziffern verschiedener Farben im Blickfeld vorne unter den Sichtscheiben, oberhalb derselben, seitlich und unten erscheinen dem Fluggast mehr oder weniger rätselhaft. In diesen vielen Instrumenten wird für die Piloten die gesamte »Ausrüstung« des Flugzeuges zur Flugführung und zur Überwachung der Triebwerke, der Fahrwerke sowie aller anderen Einrichtungen in ihrem jeweiligen Funktionszustand erkennbar. Diese Ausrüstung erleichtert die Beherrschung des Startens, Fliegens und Landens des Flugzeuges.

Als es am Anfang der Fliegerei zunächst darauf ankam, die Flugmaschine geradeaus zu steuern, konnte der Pilot den Flug durch Bewegung der Gestänge oder Seile zu den Höhen-, Quer- und Seitensteuerflächen kontrollieren. Die im freien Luftraum bestehenden Freiheitsgrade kann der Mensch nicht ohne Hilfsmittel auf einmal beherrschen. Man erkennt diese Freiheitsgrade am deutlichsten beim Hubschrauber. Er kann sich nicht nur um die drei Achsen, Hoch-, Quer- und Längsachse, sondern auch nach oben und unten, nach vorn und nach hinten und nach beiden Seiten bewegen. Und das alles in voneinander unabhängigen Kombinationen.

Was die Passagiere eines Flugzeuges nicht sehen können, sind die »black-boxes«, die schwarzen Kästen. In ihnen laufen alle elektrischen Impulse zusammen, werden verarbeitet und erzeugen die Kommandos für Verstelleinrichtungen im Bereich der Steuerungen, der Ruder, der Triebwerke usw. Mit den »black-boxes« ist die Flugführung automatisiert worden. Sie sind die Funktionszentren der Flugregelung mit ihren Kreiselanlagen, Rechnern und Speichern.

Die Entwicklungsgeschichte dieser Geräte und der Einrichtungen der Flugführungssysteme darzustellen, die die Beherrschung fast aller Flugzustände ermöglichen, hat sich der Autor dieses Buches zur Aufgabe gemacht.

In diesem Band wird aber auch über die Lebensgeschichte der Fachleute berichtet, die diese Entwicklungen erdacht und realisiert haben. Dabei wird auch geschildert, wie einige dieser Pioniere nach dem Zweiten Weltkrieg im Ausland, vor allem in den USA, in Frankreich und in der UdSSR an ihren Entwicklungen weiterarbeiteten, und später, nach Deutschland zurückgekehrt, ihre Arbeit fortsetzen konnten.

In diesem Buch werden die Geräte und Instrumente, die der Flugführung dienen, sowie deren Funktion und Zusammenwirken in außergewöhnlicher Ausführlichkeit dargestellt, die einmalig ist. Für Fachleute, für an der Luftfahrt Interessierte und für Freunde der Fliegerei wird dieser Band eine Fundgrube zu allen Fragen des Fliegens mit Instrumenten, verbunden mit einer Darstellung der Entwicklungsgeschichte, sein. Anerkennung gebührt dem Autor und allen, die ihm geholfen haben. Wie andere Bände schon, wird auch dieser Band der Buchreihe »Die deutsche Luftfahrt« ein Lehrbuch werden.

Dr. Theodor Benecke

Vorwort

Während meiner Tätigkeit auf dem Gebiet der Kreiselgeräte- und Flugreglerentwicklungen ab 1946, zunächst im OKB 4 und ab 1958 bis 1984 im Bodenseewerk Gerätetechnik, habe ich einen Teil der Entwicklungsgeschichte auf diesem Gebiet miterlebt und mitgestaltet.
Die erste Anregung für die Niederschrift dieses Buches gab mir das Studium des Buches *E. W. Olmann, I. I. Solojew, W. P. Tokarew:* »Autopiloten« (Russ). Hierin hat die ausführliche Beschreibung der deutschen Autopiloten meine besondere Aufmerksamkeit erregt.
In vielen Einzelgesprächen mit »Ehemaligen«, d. h. mit Zeitzeugen der Entwicklungen bis 1945, habe ich viele zusätzliche Einzelheiten der Entwicklungsgeschichte erfragt und erfahren: z. B. mit *Dr.-Ing. e. h. Waldemar Möller,* meinem verehrten Lehrer und Freund, *Prof. Dr.-Ing. Eduard Fischel, Prof. Dr.-Ing. Karl Heinrich Doetsch, Prof. Dr.-Ing. Winfried Oppelt, Dr.-Ing. Karl Wilfrid Fieber, Dr.-Ing. E. h. Kurt Wilde,* Direktor im BWB *Gert Hahn, Georg Orlamünder, Hans Rolla, Benno Müller* und vielen anderen. Nach meiner Pensionierung war ich eine Zeit lang mit dem Aufbau des Ausstellungsteiles »Automatisch Fliegen« in der Luftfahrtsammlung des Deutschen Museums tätig. In dieser Zeit habe ich das Studium der Unterlagen der Sondersammlung des Deutschen Museums benutzt, um die aus den Erzählungen der »Ehemaligen« gewonnenen Kenntnisse durch Dokumente bestätigen und erweitern zu können. Gleichzeitig haben die Diskussionen mit dem damaligen Leiter der Luftfahrtabteilung, Herrn *Dr.-Ing. Walter Rathjen,* zur Klärung des Bildes der deutschen Entwicklung auf dem Gebiet der Flugzeugbordgeräte beigetragen.
Für die großzügige Unterstützung bei der Bearbeitung des Buches »Flugführungssysteme« habe ich dem Geschäftsführer des Bodenseewerkes Gerätetechnik, Herrn *Hans Peter Reerink,* ganz besonders zu danken; mir ist dadurch die Beschaffung von Unterlagen wesentlich erleichtert worden. Weiterhin habe ich der Leiterin der Bücherei, Frau *Gaby Schmucker,* und dem Leiter der Luftfahrtabteilung des Deutschen Museums Herrn *Werner Heinzerling* mit seinen Mitarbeitern besonders zu danken.
Mein Dank gilt auch dem Leiter der Sondersammlung im Deutschen Museum, Herrn *Dr. Rudolf Heinrich,* und Frau *Christiane Hennet* von der Bildstelle, die bei dem Studium der Dokumente vorbildliche Hilfe geleistet haben.
Im Siemens-Museum, Archiv und Bildstelle, fand ich Hilfe beim Beschaffen der Siemens-Berichte durch Herrn *Herbert Böhmer* und in der Bildsammlung durch Frau *Glaser.*
Von der Airbus Industrie waren die Herren *Jean Roeder* und *Udo Stoecker* bei der Beschaffung von Unterlagen sehr hilfreich. Herr *Manfred Blase,* ebenfalls von der Airbus Industrie, war um die Beschaffung alter Dokumente sehr bemüht. Herrn *Hans-Joachim Klein* danke ich für die Mitarbeit bei der Erstellung des Verzeichnisses der Anforderungszeichen und Gerätenummern der Luftwaffe.
Allen gilt mein Dank für die uneigennützige Mitarbeit bei der Beschaffung von Unterlagen und anderen Informationen.
Die Benennungen in diesem Buch sind im wesentlichen der jeweiligen Zeit entsprechend gewählt worden, spiegelt sich doch in dem Wandel der Bezeichnungen auch ein Stück Zeitgeschichte wider. Die in den VDI/VDE-Richtlinien über Benennungen auf dem Gebiet der Flugregler und Kreiselgeräte definierten Begriffe sind ein löblicher, jedoch auch fast aussichtsloser Versuch der Normung auf dem sehr schnellebigen Gebiet der Luftfahrt. Dazu kommt noch der Einfluß der englischen Sprache, die in den Internationalen Institutionen, Verkehrsgesellschaften und durch die Arbeitsteilungen in der Industrie Vertragssprache geworden ist. Neue Begriffe sind nur in der englischen Sprache eindeutig definiert, eine Übersetzung kann allenfalls umschreiben. Viele Abbildungen und Skizzen waren im Original nicht anders zu bekommen, deshalb ist die Qualität der Reproduktionen manchmal unterschiedlich.

Mein Dank gilt dem Herausgeber *Dr. Theodor Benecke* und dem Koordinator dieser Buchreihe *Kyrill von Gersdorff,* die das Erscheinen des Buches ermöglicht haben. Herrn *von Gersdorff, Walter Amann* und *Rupprecht Sommer* sei für die Durchsicht des Textes und *Walter Amann* für die Gestaltung des Buches besonders gedankt.

Überlingen, im Frühjahr 1993 *Kurt Kracheel*

Entwicklung der Bordinstrumente und Autopiloten bis 1945

Die ersten Stabilisierungshilfen

In der Frühzeit der Motorfliegerei gehörte es zu den schwierigsten Aufgaben der Piloten das »Gleichgewicht«, d. h. die horizontale Fluglage durch entsprechende Steuerbewegungen ständig aufrecht zu erhalten. Eine auch nur vorübergehende Unachtsamkeit hatte oft den Absturz des Flugzeuges zur Folge. Aus diesem Grunde waren schon während der Entwicklung der Flugzeuge viele Konstrukteure und »Erfinder« mit der Ausarbeitung von automatischen Stabilisierungseinrichtungen beschäftigt.

Pendel

Der naheliegendste Gedanke war die Benutzung eines immer in der Senkrechten hängenden Pendels als Meßorgan. Damit begann auch die Entwicklung der automatischen Steuerungen im deutschsprachigen Raum. Der zu dieser Zeit in der Schweiz (Winterthur) ansässige Ingenieur *Franz Drexler* war der erste Entwickler von Autopiloten in Deutschland. In einem 1910 erschienenen Artikel in der Zeitschrift »Der Motorwagen« von *Robert Conrad* über Flugmaschinenunfälle und Stabilisierungsautomaten heißt es zu Beginn:

»Wilbur Wright sagt: ›Bei der Flugmaschine muß die Balance gelernt werden, wie bei einem Fahrrad.‹
Beim Fliegen kann man aber von Glück sprechen, wenn man die Lehrzeit ohne schweren Unfall absolviert. Von den Millionen Leuten, die Radfahren gelernt haben, sind alle gestürzt, aber die Zahl der Todesfälle ist minimal. Bei der Flugmaschine sind Abstürze hauptsächlich aus folgenden Gründen vorgekommen:
1. Apparat-, Draht- und Schraubenbrüche;
2. mangelnde Übung beim Stabilisieren;
3. unerwartete heftige Windstöße;
4. Motorhavarien in zu geringen Höhen, bei welchen die Einleitung des Gleitfluges mißlingt;
5. plötzlicher Geschwindigkeitsverlust, z. B. durch zu scharfe Verstellung des Höhensteuers.

Dabei ist die Zahl der Piloten jetzt noch minimal; ihre Qualität ist jetzt noch die allerbeste. Nur Leute von mäßigem Gewicht, an jede Körperübung gewöhnt, geistesgegenwärtig und relativ jung, sind bisher geflogen. Und nicht einer wird sagen können, daß er in bezug auf die Stabilität – immer seiner Sache ganz sicher war, besonders bei versagendem Motor und starkem Wind . . .«

Auf Grund dieser von *Conrad* genannten Gründe und eigenen Überlegungen stellte *Drexler* die Haupterfordernisse und wesentlichen Merkmale von Flugzeugautomaten in »Zehn Gebote« zusammen. Das waren die ersten »Spezifikationen« für Flugregler! Nach dem Studium der zu dieser Zeit bekannt gewordenen Vorrichtungen zur automatischen Stabilisierung von Flugzeugen entwickelte *Drexler* 1908/09 eine selbsttätig wirkende Flugmaschinen-Steuerung auf der Basis von Pendeln als Meßfühler. Durch seine mehrjährige, praktische Tätigkeit auf dem Spezialgebiet des hydraulischen Regulatorenbaus beeinflußt, konstruierte er einen »Doppelpendelstabilisator«, der in einem Blériot-Flugzeug eingebaut und erprobt wurde. Der Regler wirkt auf das Höhenruder, das Seitenruder und auf die Querruder.

Die Funktion der Höhenregulierung ist wie folgt: Das aufrecht stehende Pendel betätigt unter dem Einfluß der Schwerkraft und des Staudruckes mit seinem unter dem Drehpunkt befindlichen Hebel das Ventil. Gegenüber den sonst üblichen Konstruktionen ist bei *Drexler* das Pendel nicht hängend, sondern stehend angeordnet, um der im falschen Sinne wirkenden Richtung des hängenden Pendels beim nach vorn geneigten Flug entgegenzuwirken. Vom Ventil wird der hydraulische Servomotor gesteuert und über das Rundlaufkabel und die Steuerseile das Höhenruder betätigt. Eine Veränderung der Fluglage durch den Piloten wird mit dem Steuerhebel eingestellt. Dadurch wird der Drehpunkt des stehenden Pendels nach oben oder unten verstellt. Bei ausgeschalteter automatischer Stabilisierung kann die Steuerung des Flugzeuges durch den Piloten über

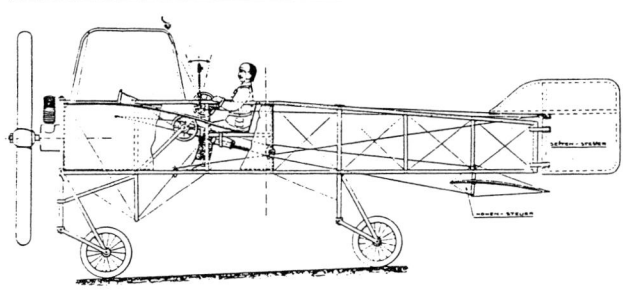

Drexler-Doppelpendelstabilisator, eingebaut in ein Blériot-Flugzeug.

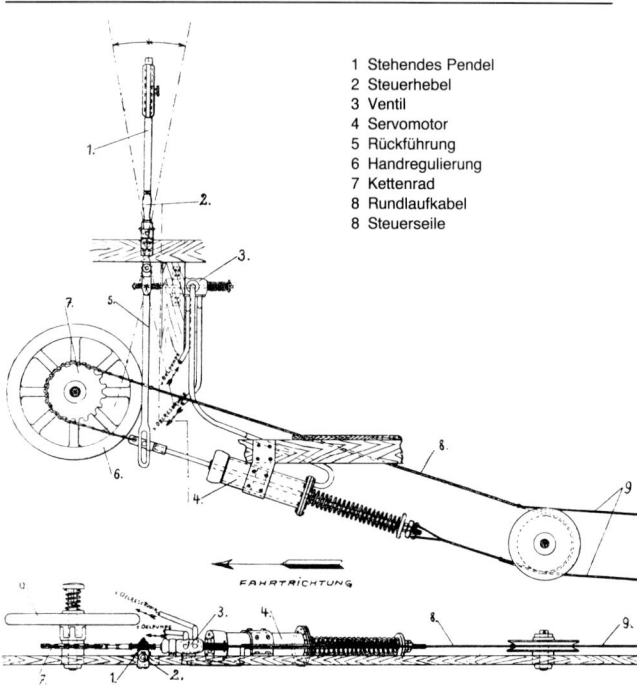

Drexler-Doppelpendelstabilisator, Höhenregulierung.

die Handregulierung (Steuerung des Höhenruders) erfolgen. Die Übertragung der Bewegung erfolgt dann über das Kettenrad. Die Stabilitätsregulierung (Querlagestabilisierung) wirkt wie folgt: Das hängende Pendel steuert über das Drehventil den hydraulischen Servomotor. Durch diesen Servo werden über das Rundlaufkabel und das Steuerseil die Querruder betätigt. Die Stellungsrückführung erfolgt über die Rückführstange. Mit dem am Rückführgestänge sitzenden Steuerhebel kann die bei Seitenwind erforderliche Schräglage des Flugzeuges eingestellt werden. Durch die Wirkung des Pendels wird also die Querlage des Flugzeuges in der horizontalen Lage eingeregelt. Nach dem Ausschalten der Stabilitätsregelung können die Querruder vom Piloten über die Handregulierung und dem Kettenrad betätigt werden. Zum Erreichen eines koordinierten Kurvenfluges wird die Stabilitätsregulierung zusätzlich von der Steuerung des Seitenruders beaufschlagt. Zu diesem Zweck befindet sich an dem Steuerrad eine Schneckenradübersetzung, die bei Betätigung des Steuerrades auf das Gehäuse für die Dämpfungsfedern einwirkt und damit den Nullpunkt des Drehventils verstellt. So wird die für den Kurvenflug erforderliche Querlage des Flugzeuges eingeregelt. Nach dem Ausschalten der Stabilitätsregulierung kann das Seitenruder wie üblich durch den Fußhebel bedient werden.
Die praktische Erprobung dieses Doppelpendelstabilisators wurde von *Drexler* in aller Stille durchgeführt. Das Ergebnis dieser Versuche veranlaßte *Drexler:* »– zum Kreisel als Auslöseorgan – seine Zuflucht zu nehmen«.

Franz Drexler 1912:

»Haupterfordernisse und wesentliche Merkmale von Flugzeugautomaten:
1. Als Kardinalfrage steht oben an die BETRIEBSSICHERHEIT bei jeglicher Flugmaschinenbewegung.
2. Der Automat darf nicht schwer sein oder durch seinen Umfang einer zweckmäßigen, übersichtlichen und handlichen Gesamtanlage des Flugzeuges entgegenstehen. Die wichtigeren Automatbestandteile müssen leicht zugänglich sein und sich in der Nähe des Führersitzes befinden.
3. Bei einem Versagen des Motors muß der Automat noch so lange ungestört weiterarbeiten, bis die Landung glatt vollzogen ist.
4. Der Automat muß ökonomisch sein. (Die spätere Marktfähigkeit hängt jedenfalls in erster Linie hiervon und von der Betriebssicherheit ab. Es ist wünschenswert, auf eine möglichste Reduzierung der im Fall eines Versiegens der Hauptkraftquelle zur Weiterbetätigung des Automaten erforderliche Kraftreserve sein Augenmerk zu richten.)
5. Die Handsteuerung darf in keiner Weise durch den Automaten beeinträchtigt werden, und in jedem Moment muß der Führer in der Lage sein, ohne vorausgehende zeitraubende und schwierige Aus- oder Einschaltmanöver manuell die Steuerflächen einstellen zu können.
6. Der Automat darf nicht erst im Falle äußerster Gefahr in Funktion treten, sondern muß schon bei der leisesten Gleichgewichtsstörung reagieren, und muß die durch den Automaten eingeleitete Wiederaufrichtkraft mit zunehmender Tragflächenverneigung entsprechend größer werden.
7. Nach wiederhergestellter Stabilität müssen sich alle Teile des Automaten wieder in ihrer normalen Anfangslage befinden, d. h. es muß für geeignete Rückführung gesorgt sein.
8. Es darf kein Überregulieren eintreten, etwa dadurch, daß infolge ungenügender Dämpfung ein ›Tanzen‹ des die Steuerbewegung herbeiführenden Mechanismus stattfindet.
9. Die Bedienung des Automaten zwecks Änderung der Höhen- oder Seitenlage muß einfach und mühelos sein.
10. Beim Kurvenbeschreiben darf der Automat nicht außer Tätigkeit treten, sondern er muß im gleichen Verhältnis wie das Seitensteuer umgestellt wird, die Flugmaschine schräg legen und die Tragflächen in dieser gewünschten Verneigung entsprechend dem Kurvenradius erhalten.«

Zu dieser Zeit wurden noch weitere Vorschläge über Stabilisatoren mit Pendel als Meßfühler bekannt.

Sebastian Volz in Zürich machte folgenden Vorschlag: Auf einem Mast auf dem Flugzeug sollten zwei zusätzliche Propeller angebracht werden. Bei einer Seitenneigung des Flugzeuges werden von einem Pendel die beiden Propeller über eine Kupplung von der Hauptantriebswelle des Motors angetrieben. So soll eine Wiederaufrichtung des Flugzeuges erreicht werden. Zusätzlich ist als Sicherheit am Mast ein Fallschirm angebaut, der bei sehr großer Abweichung von der horizontalen Fluglage von dem Pendel ausgelöst wird und das Flugzeug sicher zur Erde gleiten läßt!

Ein weiterer Vorschlag stammt von dem Dänen *Ellehammer;* er sieht die direkte Betätigung des Höhenruders durch ein Längspendel vor. Als Pendel soll die gesamte Nutzlast

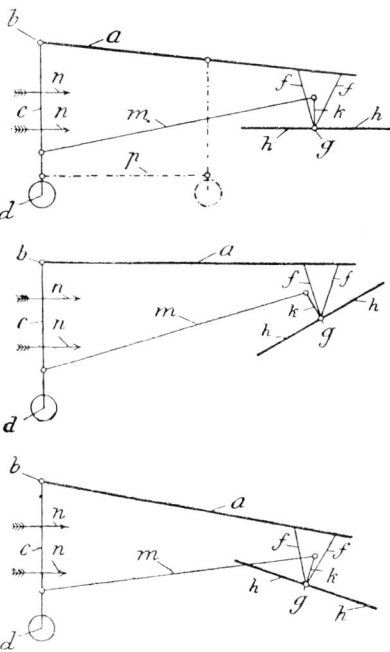

Ellehammer-Pendelstabilisator mit direkter Betätigung des Höhenruders durch das Gewicht der Gondel.

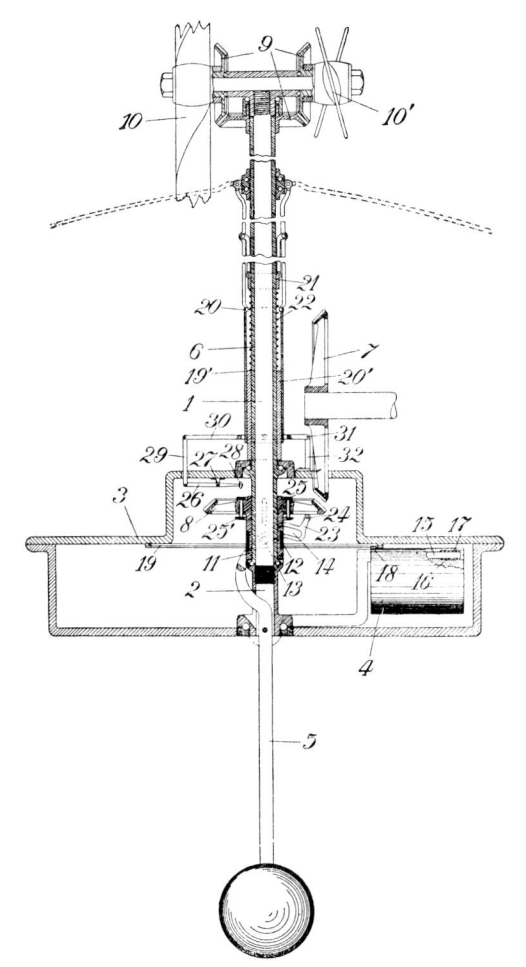

Volz-Pendelstabilisator mit zwei zusätzlichen Ausgleichspropellern und Sicherheitsfallschirm.

des Flugzeuges, also die Gondel mit Personen, dem Motor usw. Verwendung finden. Die Funktion des Längsstabilisators bewirkt, daß bei einer Neigung des Flugzeuges durch das immer senkrecht hängende Pendel über ein Gestänge das Höhenruder verstellt und so das Flugzeug in die horizontale Lage zurückgeführt wird.

Eine ähnliche Anordnung, jedoch mit einem pneumatischen Servozylinder für die Betätigung des Höhenruders versehen, ist von *Willems* in Saaralben vorgeschlagen worden. Das Pendel betätigt über das Drehventil den Kolben und damit auch das Höhenruder.

Max Uecke in Berlin hat einen anderen Weg beschritten und eine mit Quecksilber gefüllte Flüssigkeitswaage als Meßfühler benutzt. Durch an den Enden befindliche Kontakte werden elektrisch/pneumatische Servozylinder zur Betätigung der Höhen- und Querruder angesteuert. Beim Auftreten von sehr großen Störungen, die von den normalen Rudern nicht kompensiert werden können, werden durch zusätzliche Kontakte Teile der Tragflächen bewegt. Dies geschieht über Stangen, die die äußeren Tragflächenteile über zusätzliche Servozylinder betätigen.

Die Entwicklung von Stabilisatoren auf der Basis von Pendeln als Meßfühler wurde von vielen Erfindern in der ganzen Welt aufgegriffen. Bei einer Reihe von Ausführungen wurden die Steuerorgane von dem Pendel direkt

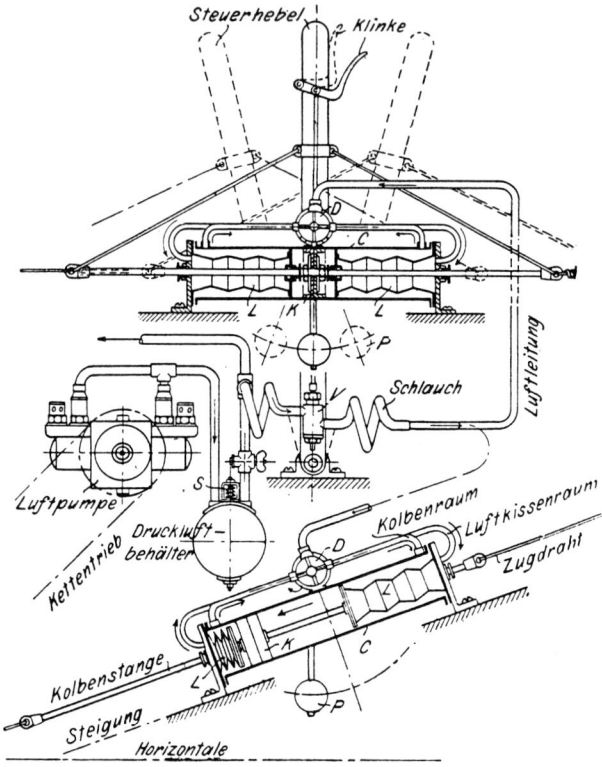

Willems-Pendelstabilisator, eingebaut im Flugzeug, mit pneumatischem Servo.

Uecke-Pendelstabilisator, Flüssigkeitswaage mit Kontakten zur Betätigung der pneumatischen Servos.

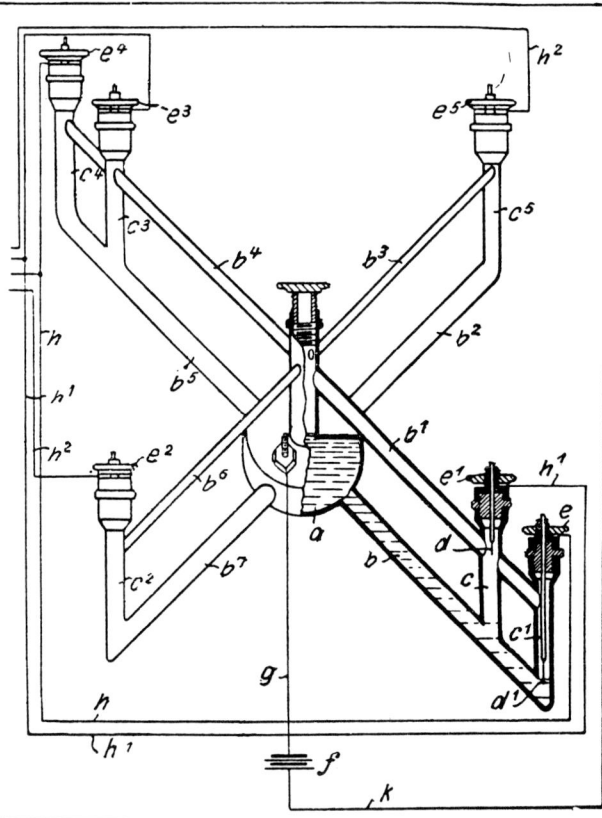

betätigt. Um die erforderlichen Kräfte von dem Pendel aufbringen zu können, mußte das Pendel eine möglichst große Masse haben. So wurden der Pilot, der Motor oder das ganze Cockpit als Pendelmasse benutzt *(Olchowsky, Moreau, Lobnitz)*. Kleinere Pendel waren mit hydraulischen, pneumatischen oder elektrischen Servoeinrichtungen versehen *(Drexler, Sullivan, Fakin, Willems, SECAT)*. Andere Erfinder benutzten in Röhren befindliches Quecksilber als »Wasserwaage« und zur Steuerung von elektrischen oder hydraulischen Servos *(Raclot/Enderlin, Banki, Masad/Aveline, Uecke, Newton, Broth, Converse)*. Alle diese Stabilisatoren mit Pendel als Meßfühler waren letztlich unbrauchbar; lediglich bei einer Stabilisation der Querlage im Geradeausflug zeigten sich gewisse Verbesserungen in der Stabilität des Fluges.

Windfahnen

Der Gedanke, Windfahnen oder Fühlflächen für die Stabilisierung des Fluges in der horizontalen Lage (besser: gegenüber der umgebenden Luft) zu benutzen, wurde ebenfalls sehr früh in die Praxis umgesetzt. Es sind zwei Arten der Messung durch Fühlflächen zu unterscheiden: Messung der Richtung der Luftströmung, z. B. des Anstellwinkels oder/und des Schiebewinkels, sowie Messung des Luftwiderstandes, d. h. des Staudruckes oder der Fahrt.
Wilhelm Hasse (Berlin) hat 1910 einen Stabilisator für die Längslage eines Flugzeuges erstellt. Mit Hilfe von links und rechts vorne angebrachter Windflächen sollte die Querneigung des Flugzeuges gemessen werden. Die Fühlflächen bewegen den Seilzug zur Betätigung des Bremshebels einer Kupplung. Dadurch werden, je nach Neigung der Fühlflächen, die links und rechts befindlichen zusätzlichen Propeller angetrieben. Durch den Schub dieser Propeller wird das Flugzeug wieder aufgerichtet. Über diesen Stabilisator hat *Schuster* in der Zeitschrift »Der Motorwagen« berichtet. Man kann sich kaum vorstellen, daß dieser Apparat im Fluge funktioniert hat.
Ein weiterer Vorschlag, ein Geschwindigkeits-Regulator, wurde von *August von Parseval* gemacht. Eine vom Fahrtwind getroffene Stauplatte betätigt über eine mechanische Verbindung direkt das Höhenruder. Dadurch soll die für einen steuerbaren Flug erforderliche Geschwindigkeit gegenüber der umgebenden Luft sichergestellt werden. Obwohl *Parseval* in einem Vortrag vor Vertretern der Flugwissenschaften 1911 in Göttingen die Brauchbarkeit dieses Geschwindigkeitsreglers in Frage stellte, wurden doch noch Jahre später ähnliche Konstruktionen ausgeführt und zum Teil mit Erfolg im Flug erprobt.
Die Gruppe der Stabilisatoren mit Staudruck als Meßwert *(Doutre, Budig, Eteve, Parseval)* hatte in *Doutre* ihren bekanntesten Vertreter. Die von ihm gebauten Fahrtregler

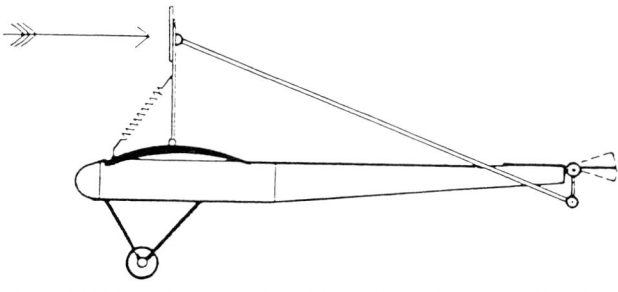

Parseval-Geschwindigkeits-Regulator mit Fühlfläche und direkter Betätigung des Höhenruders.

wurden im Fluge vorgeführt. Der auf die Stauplatte auftreffende Fahrtwind wirkt auf das Gehäuse der beiden Zylinder. Ebenso wirken die Gewichte mit ihrer Masse bei einer Neigung des Flugzeuges gegen die Federn. Bei einer Veränderung des Gleichgewichtszustandes werden die Stangen bewegt und damit die Ventilstange. Über die einströmende Druckluft wird nun durch das Ventil die Stange gesteuert und so über entsprechende Verbindungen das Höhenruder bewegt.

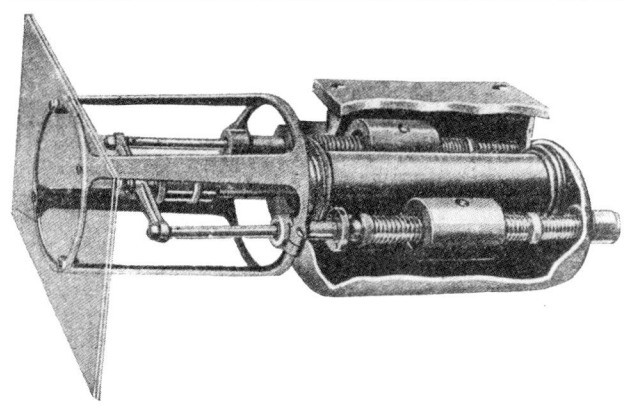

Doutre-Fahrtregler mit Fühlflächen und Längspendel zur Steuerung eines pneumatischen Servos für das Höhenruder.

Die Stabilisierung des Flugzeuges mit Hilfe von Fühlflächen zur Messung des Anstellwinkels oder/und des Schiebewinkels sind von einer Anzahl von Konstrukteuren angestrebt worden *(Wright, Benua, Constantin, Gianoli)*. Insbesondere *Louis Constantin* hat noch bis Mitte der 30er Jahre seine Stabilisatoren durch Messung des Anstellwinkels und des Schiebewinkels erprobt und zum Verkauf angeboten. Die zwei nach außen gewölbten Fühlflächen sind in einem Parallelogramm gelagert. Zum Ausgleich ihres Gewichtes

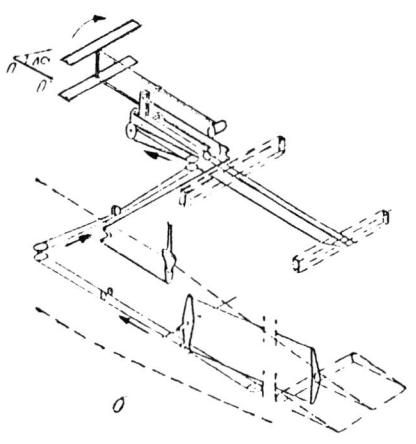

Constantin-Stabilisator mit Fühlflächen für Anstellwinkel, direktwirkend auf das Höhenruder.

befinden sich am entgegengesetzten Ende Gegengewichte. Die gesamte Anordnung ist in der Platte befestigt und drehbar an dem Flügelträger angebracht. Unter Einfluß der Luftströmung stellen sich die Fühlflächen immer in die Richtung des Luftstromes und bilden so bei einer Abweichung der Fluglage den Anstellwinkel der Tragfläche. Durch eine Zahnradübersetzung wird der gemessene Winkel im Verhältnis 1:20 vergrößert und dient über die Abtriebsstange zur Betätigung des Höhenruders. Über eine weitere Stange kann der Pilot den gewünschten Anstellwinkel einstellen. Die schaukelartige Kupplung erlaubt die Verbindung von den Fühlflächen zu den Steuerseilen nur bei einer Übereinstimmung der Winkelstellungen der Wellen; bei einer Nichtübereinstimmung können sich die Wellen frei bewegen, und so erfolgt die Steuerung durch den Piloten unbeeinflußt durch die Fühlflächenregelung. Die Regelung des Schiebewinkels erfolgt in ähnlicher Weise durch Fühlflächen mit vertikaler Drehachse und Anlenkung an die Querruder.

Kreisel

Schon bevor der erste Motorflug erfolgreich von den Gebrüdern *Wright* vorgeführt werden konnte, hatte sich der Engländer *Hiram Maxim* 1891 bis 1898 mit dem Problem der Stabilisierung eines Flugzeuges in der Horizontalen beschäftigt und einen sehr bemerkenswerten Vorschlag für einen Stabilisierungsautomaten unter Verwendung eines Kreisels gemacht. Ein als Pendel wirkender Kreisel wird durch Dampf angetrieben und steuert bei Auftreten von Längsneigungen das Servoventil. Durch dieses wird der Dampf-

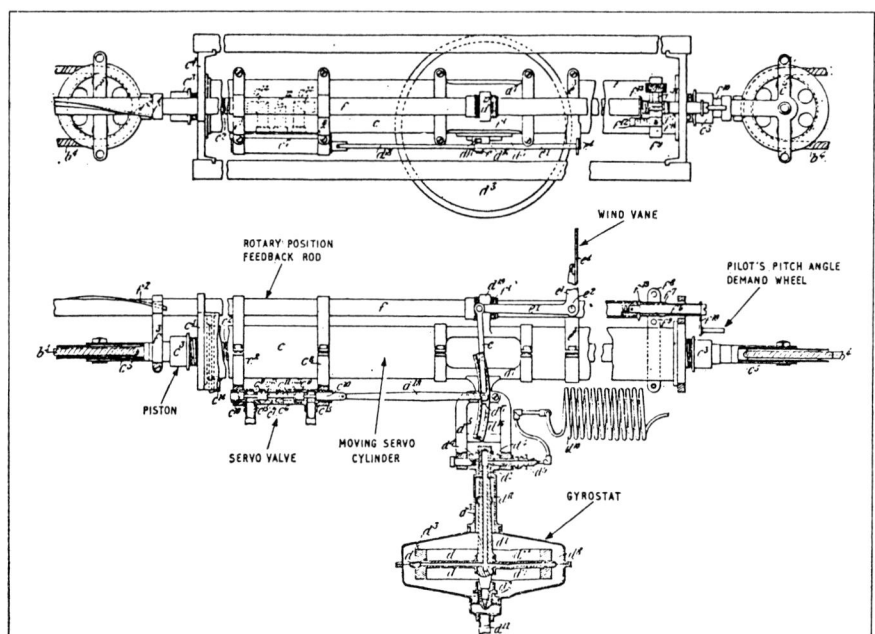

Maxim-Kreiselstabilisator mit Längspendel mit Fühlfläche sowie dampfgetriebenem Servo für das Höhenruder.

Drexler-Kreiselstabilisator mit freiem Kreisel zur Steuerung der hydraulischen Servos für Höhen- und Querruder.

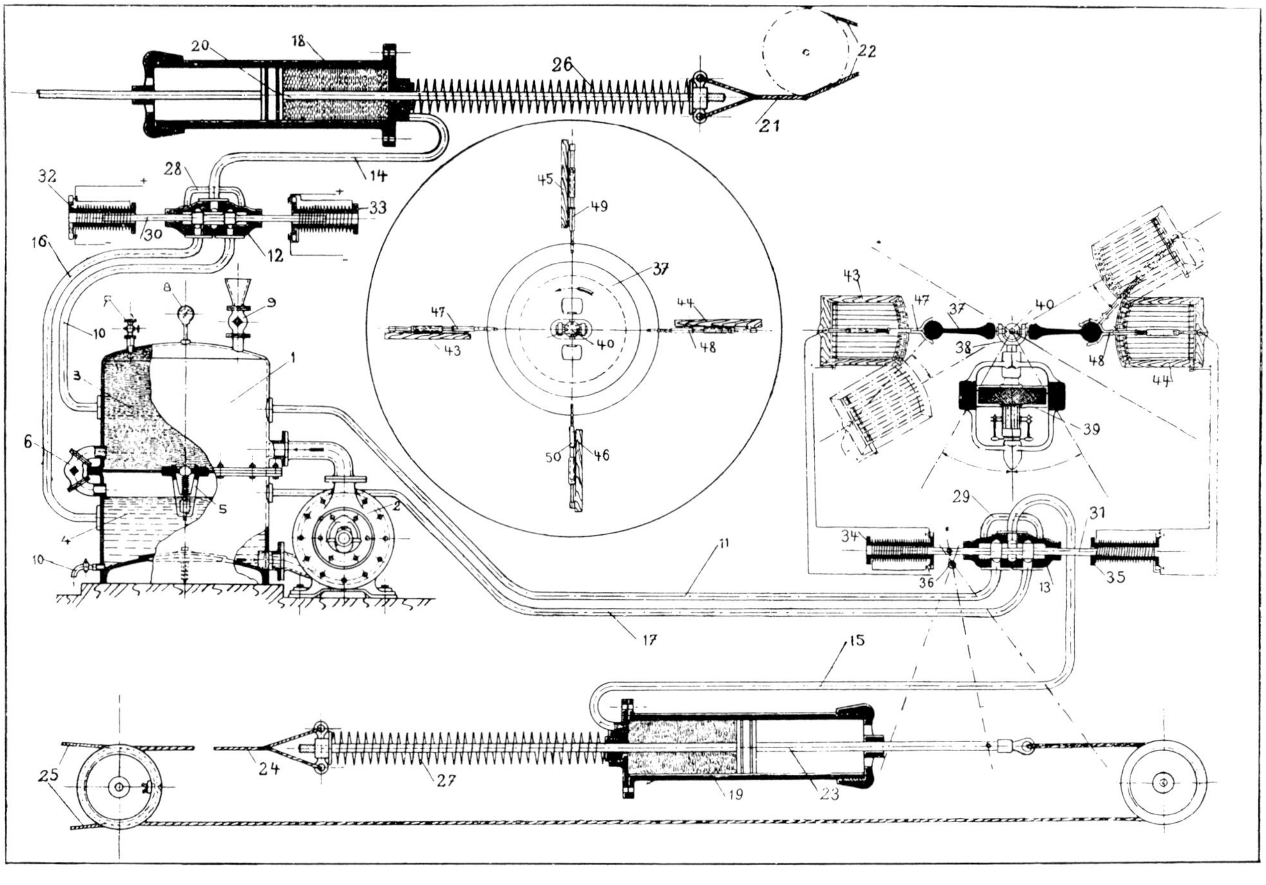

druck für den Servozylinder zur Betätigung der vorderen und hinteren Höhenruder gesteuert. Eine Stellungsrückführung wirkt auf das Ventil zurück. Über die Windfahne wird entsprechend der Fahrt das Übersetzungsverhältnis zwischen dem Kreiselpendel und dem Servoventil geändert und so die Wirkung des Stabilisators den verschiedenen Fluggeschwindigkeiten angepaßt. Bei den ersten Bodenversuchen auf einer Schienenstrecke mit Begrenzungsschienen nach oben wurde das Flugzeug mit dem eingebauten Stabilisator zerstört. Weitere Versuche erfolgten nicht. So konnte dieser sehr fortschrittliche Stabilisierungsautomat seine Funktionsfähigkeit niemals beweisen.

Franz Drexler, damals noch in der Schweiz tätiger deutscher Ingenieur, konstruierte 1912 auf Grund seiner negativen Erfahrungen mit dem Pendel einen Stabilisator für die Längs- und Querneigung unter Verwendung eines freien Kreisels als Meßfühler. Der pendelnd aufgehängte Kreisel betätigt bei einer Querneigung des Flugzeuges die Schleifer der Widerstände und steuert so die Elektromagnete. Von diesen Magneten wird das Ventil für den Servozylinder betätigt. Die Kolbenstange wirkt über die Seilzüge auf die Querruder. In ähnlicher Weise wirkt die elektrohydraulische Servosteuerung auf das Höhenruder. *Drexler* baute verschiedene, jeweils weiterentwickelte Ausführungen dieses Kreiselstabilisators. In einer späteren Ausführung betätigt der von einem Elektromotor angetriebene Kreisel die Widerstände zur Steuerung des Servos. Zur Veränderung der Längs- oder der Querneigung des Flugzeuges durch den Piloten kann das Handrad verstellt werden. Über eine

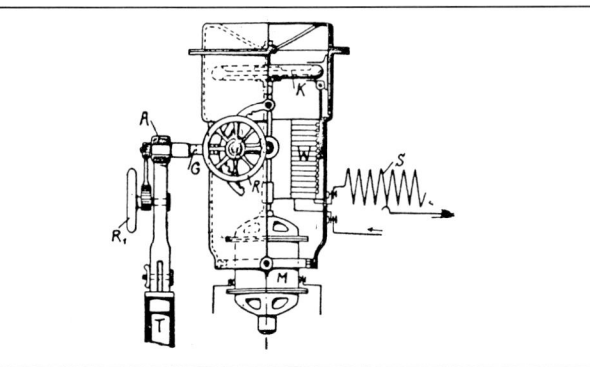

Drexler-Kreiselstabilisator als Steuerlaterne in einem Gerät zusammengebaut.

drehbar gelagerte Gabel wird das Gehäuse verstellt und damit der Nullpunkt der von dem Kreisel betätigten Widerstände. Zu Flugversuchen mit diesem Kreiselstabilisator von *Drexler* ist es nicht gekommen. Bemerkenswert ist noch der Hinweis von *Drexler* über die Möglichkeit der Fernsteuerung von Flugzeugen über Funksignale, die einen Elektromotor zur Verstellung des Kreiselgehäuses steuern könnten.

Ein sehr origineller Vorschlag für eine Flugmaschine mit Kreisel-Stabilisierung und Hubschraubensteuerung wurde von *Gustav Mees* (Berlin) 1910 vorgelegt. Die Stabilisierung des Flugzeuges sollte über zwei gegenläufige, schräg nach

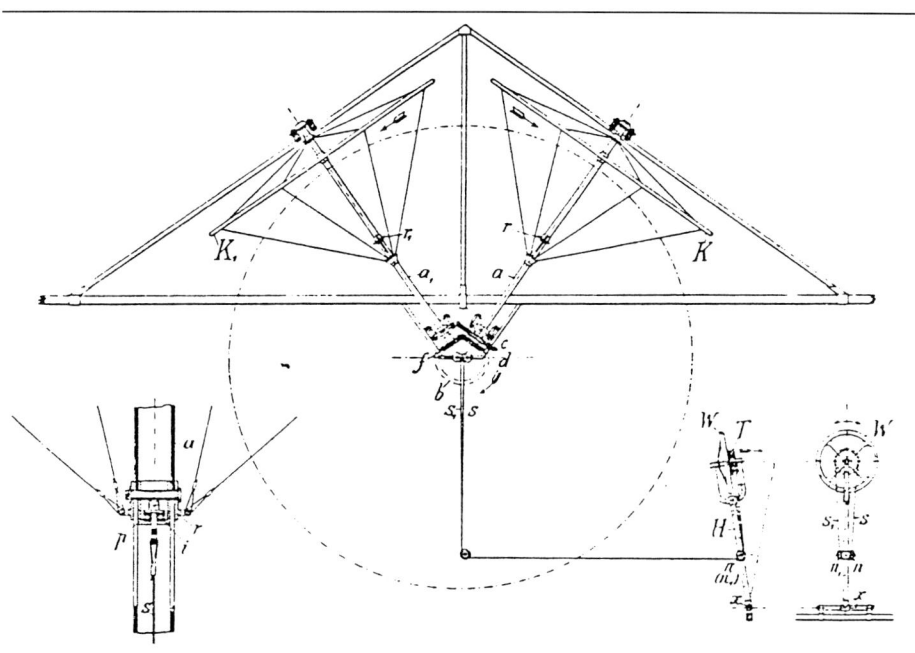

Mees-Kreiselstabilisator mit verstellbaren Hubschrauben als Kreisel und Steuerorgan.

15

oben angeordnete verstellbare Propeller erfolgen. Diese Propeller waren zur Verstärkung der Kreiselwirkung mit einem zusätzlichen Schwungrad versehen. Die Vorstabilisierung des Flugzeuges erfolgte durch die Wirkung der beiden Kreisel. Eine Steuerung durch den Piloten wurde über den Steuerhebel und das Gestänge bewirkt. Die Bewegung dieses Gestänges steuerte Seilzüge zur Verstellung des Anstellwinkels der Propellerblätter. Dadurch entstanden Drehmomente zur Beeinflussung der Neigung des Flugzeuges in der Längs- und Querlage. Zur Erleichterung des Start- und Landevorganges sollten diese Propeller als Hubschrauben Verwendung finden. *Mees* dachte dabei besonders an Großflugzeuge mit etwa 400 kg Nutzlast. Durch die zusätzlichen Hubschrauben sollte die Flächenbelastung der Tragflächen verringert werden.

Besonders hervorzuheben ist die Entwicklung eines Stabilisators von *Elmer Sperry* und seinem Sohn *Lawrence Sperry*. In einer sehr waghalsigen Vorführung des Kreiselstabilisators zeigt *Lawrence Sperry* als Pilot stehend mit erhobenen Armen, während der Mechaniker *Emile Cachin* auf der Tragfläche läuft, die Funktion der automatischen Steuerung. Das Flugboot fliegt, von dem Kreiselstabilisator automatisch gesteuert, über der Seine mitten in Paris. Mit dieser Vorführung 1914 gewann *Sperry* den vom französischen Aero Club ausgesetzten Preis für die Sicherheit von

Sperry-Kreiselstabilisator bei einem Demonstrations-Flug über die Seine in Paris im Jahr 1914. Der Pilot, Lawrence Sperry, mit erhobenen Händen, der Mechaniker, Emile Cachin, steht auf der Tragfläche.

Sperry-Kreiselstabilisator mit zwei Kreiselpaaren und pneumatischen Servos für Höhen- und Querruder.

Flugzeugen von 400 000 francs. Zwei Kreiselpaare sind in Kardanrahmen gelagert und bilden so eine stabilisierte Plattform. Durch außen angebrachte Ventile werden bei Abweichungen des Flugzeuges von der horizontalen Lage pneumatische Servozylinder angesteuert, die ihrerseits die entsprechenden Ruder bewegen. Die elektrisch angetriebenen Kreisel stammten von einer Entwicklung für die Stabilisierung von Schiffen. Die zur Betätigung der Servos erforderliche Druckluft wurde von einem von dem Motor angetriebenen Kompressor erzeugt. Von *Lawrence Sperry* wurden in den folgenden Jahren weiterentwickelte Ausführungen gebaut, unter anderem auch zur Bekämpfung von deutschen U-Booten vorgesehene ferngesteuerte Flugzeuge, Vorläufer der späteren Flugkörper »V 1«.

Bordinstrumente für Überwachung des Flugzustandes und der Fluglage

Ein Flugzeug muß auf Grund seiner Konstruktion einen bestimmten Flugzustand einhalten. Als Flugzustand wird die Bewegung des Flugzeuges bezeichnet, die durch das Zusammenwirken der den Flug kennzeichnenden Grundgrößen Fluggeschwindigkeit und der absoluten Neigung des Flugzeuges entsteht. Der Navigationsflug muß zusätzlich den Kurs und die Flughöhe zur Erreichung des Flugziels einhalten. Damit dieser Flugzustand unter allen Bedingungen, d. h. auch ohne Bodensicht und nachts, eingehalten werden kann, müssen im Flugzeug Flugüberwachungsgeräte eingebaut sein, mit denen Lage und Bewegung des Flugzeuges im Raum kontrolliert werden können. Um die Bewegungen des Flugzeuges beschreiben zu können, wird ein flugzeugfestes Koordinatensystem definiert: Die Längsachse wird mit x, die Querachse mit y und die Hochachse mit z bezeichnet. Die Verschiebebewegung des Flugzeuges nach Größe und Richtung ist durch drei Komponenten der augenblicklichen Geschwindigkeit des Schwerpunktes längs dieses flugzeugfesten Koordinatensystems bestimmt. Die Drehbewegung des Flugzeuges um seinen Schwerpunkt wird durch die augenblickliche Winkelgeschwindigkeit um die drei Flugzeugachsen bestimmt.

Fahrt- und Geschwindigkeitsmessung

Als Fahrt wird die Geschwindigkeit des Flugzeuges gegenüber der umgebenden Luft bezeichnet. Diese Definition stammt aus der Seefahrt, hier ist es die Geschwindigkeit gegenüber dem umgebenden Wasser. Diese Fahrt ist für das Flugverhalten des Flugzeuges von vitaler Bedeutung, hängt doch der Auftrieb und das Steuerverhalten unmittelbar von ihr ab! In der Frühzeit der Fliegerei mit den geringen Motorleistungen war deshalb der Ausspruch »Fahrt ist das halbe Leben« von großer Bedeutung. Die Kenntnis der Fahrt ist für den Piloten also unbedingt notwendig, weil das Flugzeug zur Erhaltung seines flugfähigen Zustandes einer bestimmten Mindestgeschwindigkeit bedarf und weil aus Festigkeitsgründen eine bestimmte Höchstgeschwindigkeit nicht überschritten werden darf. Die Fliegerei während des Ersten Weltkrieges verwendete Flugzeuge mit offenem Pilotensitz; aus diesem Grunde konnte die ausreichende Fahrt noch mit dem Gefühl des Fahrtwindes oder dem Singen der Spanndrähte »gemessen« werden. Die ersten Fahrtmesser aus dem Jahr 1914 bestanden aus einer im Fahrtwind befindlichen, federgefesselten Stauscheibe,

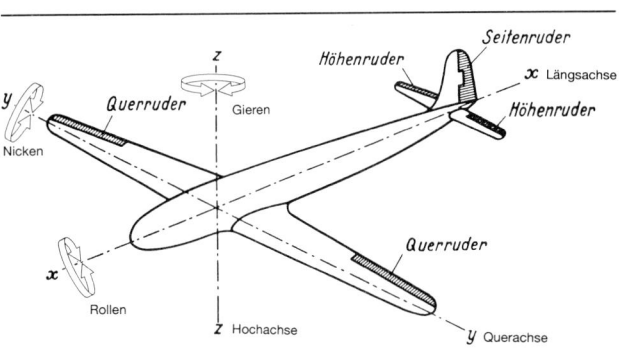

Flugzeugfestes Koordinatensystem zur Definition der Flugzeugbewegungen nach LN 9300.

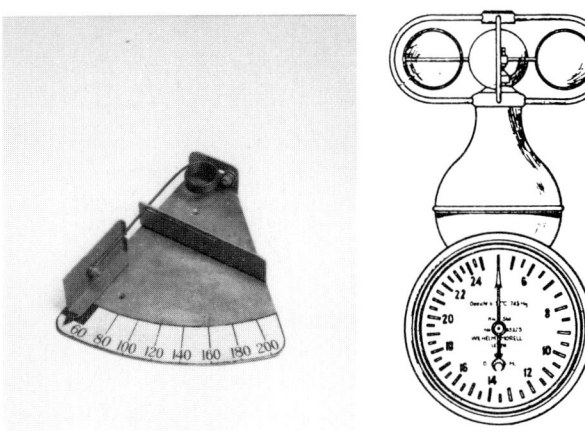

Frühe Ausführungen von Fahrtmessern: links Stauscheibe, rechts Schalenkreuzfahrtmesser mit mech. Anzeige, Morell, 1914.

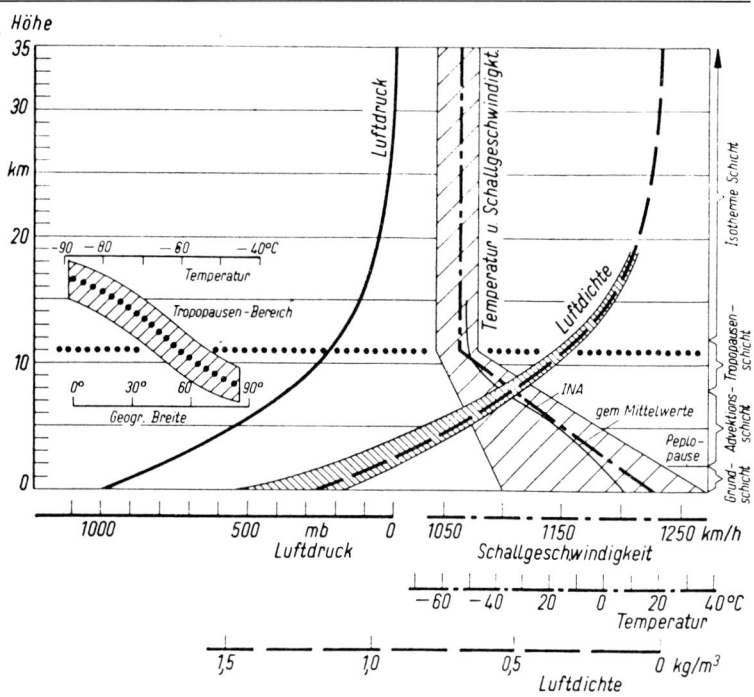

Die Luftwerte Druck, Temperatur und Dichte in Abhängigkeit von der Höhe.

deren Ausschlag ein Maß für die Fahrt war. Andere Fahrtmesser verwendeten ein Schalenkreuz mit einem mechanischen Drehzahlmesser. In dem Fahrtmesser von *Wilhelm Morell* (Leipzig) konnte die Fahrt am Ausschlag des Drehzahlmessers direkt abgelesen werden. Bei einer anderen Ausführung eines Fern-Fahrtmessers von *Morell* betätigte die Drehung des Schalenkreuzes einen Generator, der erzeugte Strom wurde von einem Strommesser als Fahrt im Cockpit angezeigt. Eine weitere Ausführung eines Fahrtmessers wurde von *Dr. Horn* (Leipzig) in Form eines Luftlogs oder Luftschrauben-Fahrtmessers ausgeführt; hierbei wird der gemessene Luftweg als Maß für die Fahrt verwendet.

Wegen der Bedeutung für das Flugverhalten haben sich bis heute die Aerodynamischen Fahrtmesser, richtiger Staudruckmesser genannt, in der Luftfahrt als relative Geschwindigkeitsmesser durchgesetzt.

Fahrtmesser mit Meßdüse (Venturirohr)

Zur Messung des Staudruckes wird bei diesem Fahrtmesser der in der Meßdüse dem erzeugten Staudruck verhältnisgleiche Unterdruck verwendet. Dieser Unterdruck wird im Fahrtmesser einer Membrandose zugeführt. Die Auslenkung der Dose wird über eine Hebel- und/oder Zahnradübersetzung zur Anzeige gebracht.

Das Venturirohr, genannt nach dem italienischen Physiker *G. B. Venturi*, besteht aus einem Rohr mit düsenförmiger Verengung, das aus dem Unterschied zwischen dem Druck im Eingangsquerschnitt und dem Druck an der engsten Stelle Geschwindigkeit und Menge der durchströmenden Flüssigkeiten oder Gase zu messen gestattet. Dieses Meßverfahren mit der Meßdüse eignet sich wegen der bei höheren Geschwindigkeiten auftretenden Verwirbelungen der Luftströmung nur für Geschwindigkeiten unter 250 km/h und wird deshalb hauptsächlich in Segel- und Sportflugzeugen angewendet. Der gegen die Meßdüse (Venturirohr) gerichtete Luftstrom erfährt zunächst infolge des Luftwiderstandes des Düsenkörpers eine geringe vorauseilende Verdichtung. Beim Eintritt in die Düse wird der Luftstrom zunehmend beschleunigt und erreicht seine größte Geschwindigkeit am engsten Querschnitt. Durch die ständig wachsende Geschwindigkeit entsteht im Venturirohr ein Unterdruck, der mit der Geschwindigkeit verhältnisgleich anwächst. Am engsten Querschnitt herrscht der größte Unterdruck, den man, an dieser Stelle entnommen, für die Messung nutzbar macht. In dem kurzen ringförmigen Übergangsstück befinden sich eine Reihe feiner Öffnungen, welche die Verbindung durch die Meßleitung zum Anzeigegerät herstellen. Zur Vermeidung einer Vereisung der Düse ist zusätzlich eine elektrische Heizung im Düsenbereich vorgesehen. Die Anzeige im Instrumentenbrett erfolgt durch eine Membrandose mit Hebel- und Zahnradübertragung zur Betätigung des Zeigers. Die Meßdüse als Druckdifferenzgeber wird im unteren Geschwindigkeitsbereich angewendet, da der Druckunterschied gegenüber dem Staurohr in diesem Bereich etwa dreimal größer ist.

Fahrtmesser mit Staurohr

Bei dem Fahrtmesser mit Staurohr dient ein Staurohr nach Professor *Ludwig Prandtl* als Meßfühler. In diesem Staurohr ist das einfache Staurohr, nach dem Erfinder »Pitotrohr« genannt, mit einer Drucksonde zur Ermittlung des statischen Druckes zu einem Gerät vereinigt. Der auftretende Staudruck wird in dem vorderen, nach hinten abgeschlossenem Rohrstück durch ein Pitotrohr gemessen, während der statische Druck in dem hinteren Rohrteil einer kleinen Öffnung an der Seite entnommen und ebenfalls dem Dosensystem im Anzeigegerät zugeführt wird. Durch das Dosensystem wird die Druckdifferenz gemessen und über eine Hebel- und Zahnradübertragung zur Anzeige gebracht. Da der Druckunterschied im Staurohr gering ist, wird das Staurohr zur Messung von Geschwindigkeiten über 250 km/h verwendet.

Der Staudruck ist außer von der Geschwindigkeit gegenüber der umgebenden Luft auch von der Luftdichte abhängig. Will man z. B. für Navigationszwecke die angezeigte Fahrt als wahre Fahrt gegenüber der umgebenden Luft verwenden, muß eine Korrektur mit Hilfe von Tabellen oder einer

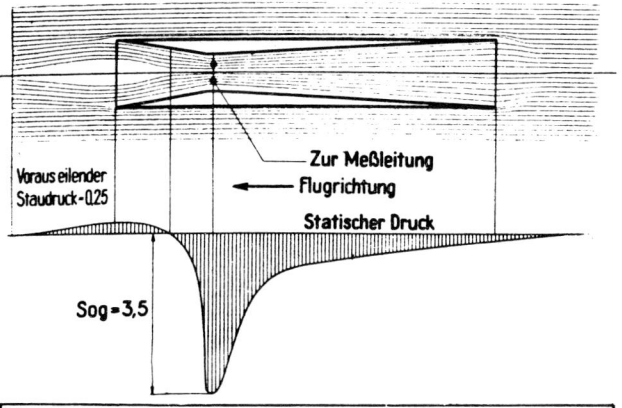

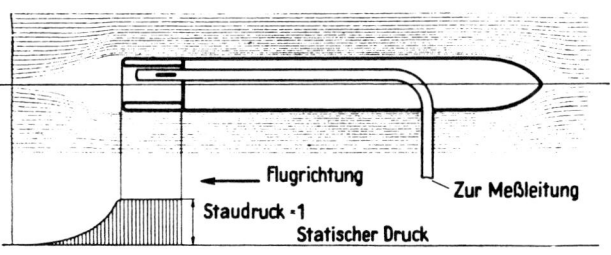

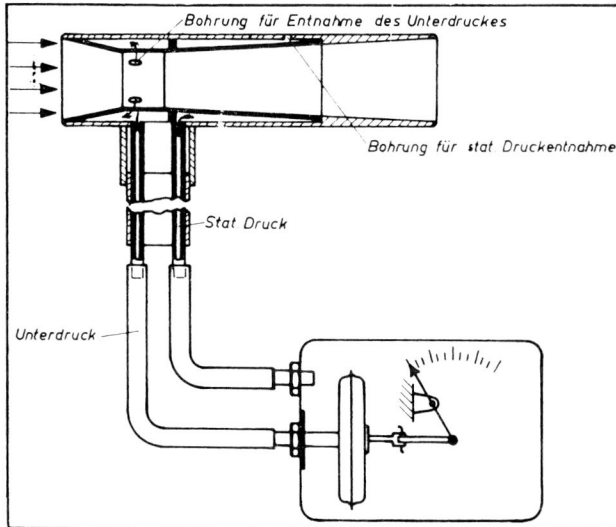

Fahrtmesser mit Meßdüse (Venturirohr), Prinzipschema und Druckverlauf an der Meßdüse.

Fahrtmesser mit Staurohr, Prinzipschema und Druckverlauf am Staurohr.

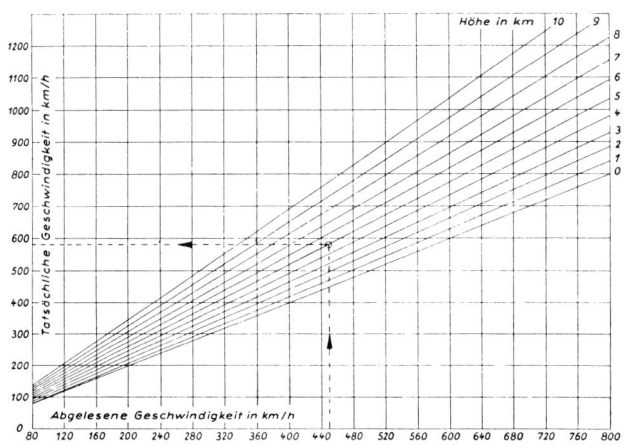

Berichtigungstafel für Fahrtmesser in Abhängigkeit zur Höhe.

Ansicht Fahrtmesser mit Staurohr. ▷

Grafik vorgenommen werden. In diesen ist die angezeigte Fahrt entsprechend der jeweiligen Flughöhe in die wahre Fahrt umzuwandeln. Die Flughöhe und Temperatur wird entsprechend der Internationalen Normal-Atmosphäre CINA (Convention internationale de la navigation aerienne) berücksichtigt.

Fahrtmesser mit Dichtekompensation

Um den Einfluß der Luftdichte auf die Anzeige des Fahrtmessers zu kompensieren, wurde die Flughöhe zur Kompensation eingeführt. In dem Ausführungsbeispiel der Firma Fuess (Berlin-Steglitz) wird in der Hebelübersetzung zwischen der Staudruckdose und dem Anzeigesystem noch ein Einfluß der barometrischen Höhe über eine geschlossene Membrandose eingefügt. Der Temperatureinfluß der Umgebungstemperatur des Meßgerätes wird über einen Bimetallhebel in der Hebelübertragung des Meßsystems kompensiert. Zusätzlich hat diese Ausführung des Fahrtmessers noch eine Unterteilung der Fahrtmeßbereiche bis 400 km/h und über 400 km/h durch die Hintereinanderschaltung von zwei Staudruckdosen.

Fahrtgeber mit elektrischem Ausgang für Steuerungs- und Navigationsanlagen

Mit einem abgewandelten barometrischen Meßsystem der Firma Fuess wurde 1944 von der Firma Siemens-LGW ein Fahrtgeber, versehen mit einem elektrischen Nachlaufsystem für die Betätigung von Potentiometergebern, entwickelt. Vom Übertragungssystem des Kommando-Fahrtmesser genannten barometrischen Fahrtmeßsystems der Firma Fuess wird anstelle des Zeigers ein Kontaktarm verdreht, der auf eine Kontaktscheibe mit zwei Kontaktbahnen einen Stromkreis schließt. Ein Nachlaufmotor wird über eine Brückenschaltung betätigt; dieser verdreht über ein Untersetzungsgetriebe den Zeiger zur Anzeige der Fahrt und gleichzeitig auch die Schleifer der angebrachten Potentiometer für die Abgabe eines elektrischen Signales für Steuerungs- oder Navigationsgeräte.

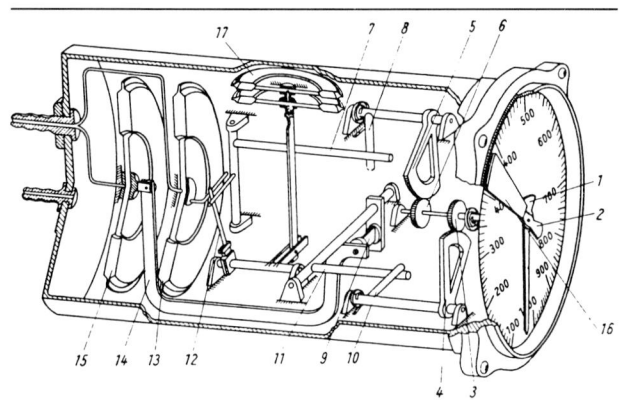

Fahrtmesser mit Dichtekompensation, Berichtigung durch Messung der Flughöhe (Bauart Fuess).

1 Zeiger für Geschwindigkeiten bis 400 km/h; 2 Zeiger für Geschwindigkeiten über 400 km/h; 3 Ritzel; 4, 5 Zahnsegment; 6 Ritzel; 7, 8 Gleithebel; 9 Bimetall-Temperaturkompensation; 10, 11, 12 Gleithebel; 13 Fahrtmeßdose für große Geschwindigkeiten; 14 doppelt gekröpfter Übertragungshebel; 15 Fahrtmeßdose für kleine Geschwindigkeiten; 16 segmentförmige Abdeckung der Skala; 17 barometrischer Dosensatz

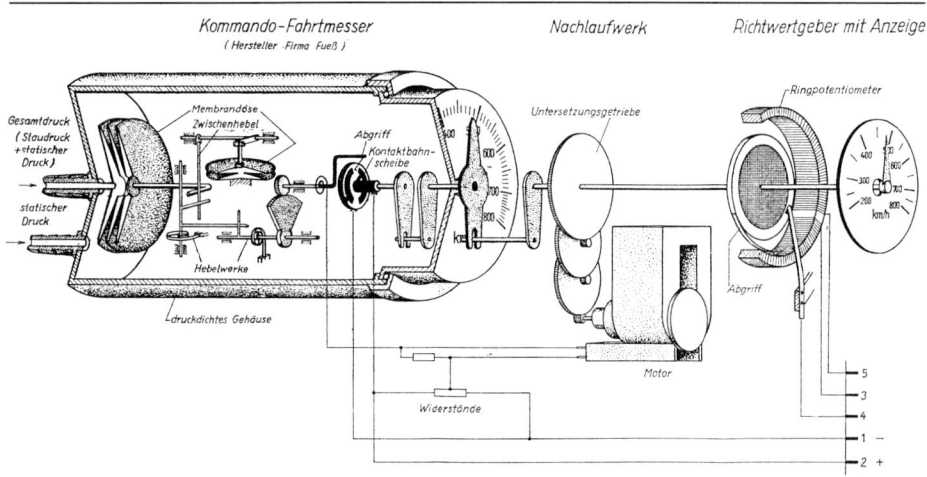

Fahrtgeber mit elektrischem Ausgang für Steuerungs- und Navigationsanlagen (Bauart Fuess und Siemens-LGW).

Grundgeschwindigkeitsmessung

Neben den oben beschriebenen barometrischen Fahrtmessern für die Messung der relativen Geschwindigkeit (gegenüber der umgebenden Luft) wurden noch eine Reihe von Geschwindigkeitsmessern für die Messung der Geschwindigkeit über Grund und der Abtrift entwickelt.

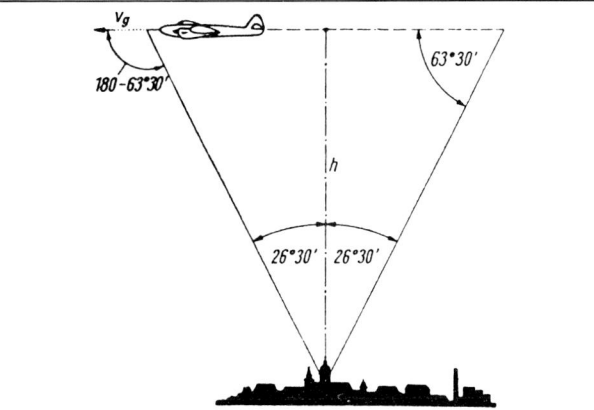

Messung der Geschwindigkeit über Grund, Prinzipschema.

Zur Messung der Geschwindigkeit über Grund wird eine Landmarke in Flugrichtung unter verschiedenen Winkeln angepeilt, die Zeit zwischen den Peilungen gemessen und unter Berücksichtigung der Flughöhe die Geschwindigkeit über Grund errechnet. In dem Beispiel des Abtrift- und Geschwindigkeitsmessers der Firma C. Plath (Hamburg) wurde zur Vereinfachung die durch den eingeschlossenen Winkel bestimmte Meßstrecke gleich der jeweiligen Flughöhe gewählt. Unter dieser Voraussetzung beträgt der Winkel zwischen der horizontalen und der Landmarke am Beginn und am Ende der Peilung 63,30 °.

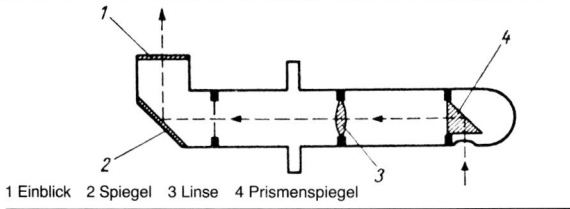

1 Einblick 2 Spiegel 3 Linse 4 Prismenspiegel

Lichtstrahlverlauf beim Grundgeschwindigkeitsmesser, Bauart Plath.

Der Grundgeschwindigkeitsmesser besteht aus einem Peilrohr mit horizontaler Achse, in dem sich ein optisches System, bestehend aus Prismenspiegel, Linse, Spiegel und

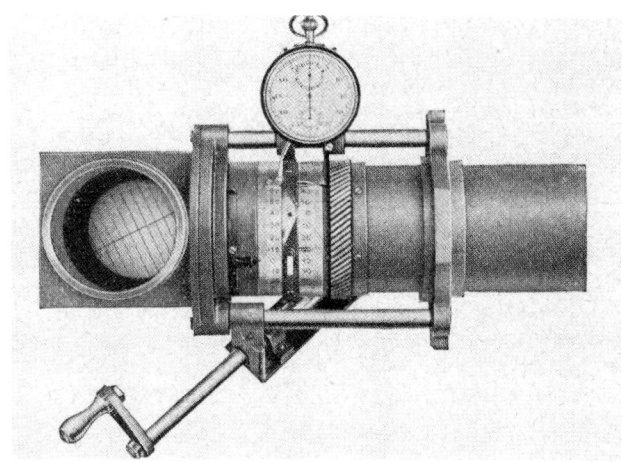

Abtrift- und Geschwindigkeitsmesser, Bauart Plath.

Einblick mit Mattscheibe, befindet. Das Peilrohr ragt seitlich aus der Bordwand heraus. Der Lichtstrahl, der die gewählte Landmarke mit dem Gerät verbindet, gelangt durch die Öffnung in das Peilrohr, wird im Prismenspiegel umgelenkt, fällt durch die Linse und gelangt durch eine Blende auf den Spiegel, von dem er auf die Mattscheibe im Einblick reflektiert wird. Das Peilrohr kann mit einer Kurbel um seine Längsachse, die parallel zur Flubzeugquerachse liegt, verdreht werden. Gleichzeitig drehen sich auf dem Peilrohr zwei Nocken, die über Fühlhebel bei einem Meßwinkel von 63,30 ° (Peilung voraus) die Stoppuhr einschalten und bei Erreichen des Meßwinkels von 180–63,30 ° (Peilung achteraus) die Stoppuhr ausschalten.

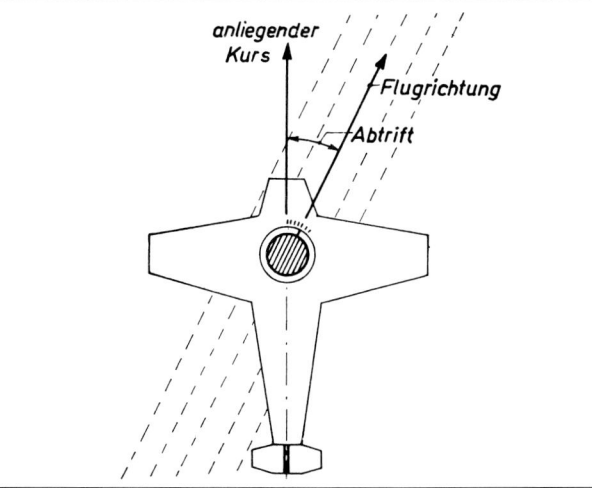

Abtriftmessung, Prinzipschema.

Zur Messung der Grundgeschwindigkeit wird die gewählte Landmarke auf der Mattscheibe beobachtet und die Kurbel zur Verdrehung des Peilrohres so lange betätigt, bis die Stoppuhr anläuft und wieder stehen bleibt. Aus der auf der Stoppuhr angezeigten Zeit und der bekannten Flughöhe wird die Grundgeschwindigkeit errechnet; z. B. Höhe in m, geteilt durch gestoppte Zeit in s = Grundgeschwindigkeit in m/s.

Zur Abtriftmessung kann die mit parallelen Strichen versehene Mattscheibe so verdreht werden, daß die vorbeigleitende Landschaft parallel zu den Strichen auf der Mattscheibe verläuft. Der an der Skala abzulesende Winkelbetrag der Mattscheibenverdrehung ist gleichzeitig der Abtriftwinkel des Flugzeuges.

Ein auf dem gleichen Meßprinzip aufgebauter Geschwindigkeitsmesser wurde unter Verwendung eines abgewandelten Bombenzielgerätes aus dem Ersten Weltkrieg von der Firma Zeiß-Ikon, Goerz-Werk (Berlin-Zehlendorf) entwickelt. Bei diesem Gerät erfolgt die Beobachtung der Landmarke durch das vertikal angeordnete Peilrohr, das durch eine Öffnung in dem Boden der Kabine nach außen ragt. Eine am Gerät angebrachte mechanische Einrichtung gestattet nach Einstellung von Flughöhe und Stoppzeit das direkte Ablesen der Geschwindigkeit in km/h oder Seemeilen/h.

Bei einem Geschwindigkeitsmesser der Firma Carl Zeiß (Jena), dem sogenannten Vg-Messer (Vg = Geschwindigkeit über Grund), wird das Meßprinzip etwas abgewandelt. Bei der eingestellten Höhe und einer festen Meßzeit wird durch Beobachtung der Landmarke der Winkel zwischen Anfang und Ende der Messung ermittelt. Die gemessene Geschwindigkeit Vg über Grund kann an einer Skala direkt abgelesen werden.

Bei dem Grundgeschwindigkeitsmesser der Firma Heyde wird das Mattscheibenbild der Bodenbeobachtung mit einem endlosen Band veränderlicher Geschwindigkeit verglichen. Wenn das vorbeilaufende Bild der Erdoberfläche und das bewegliche Band die gleiche Geschwindigkeit haben, kann die Grundgeschwindigkeit bei bekannter Höhe aus der abgelesenen Bandgeschwindigkeit bestimmt werden. Das leiterförmige Band wird dicht unterhalb der Mattscheibe vorbeigeführt, so daß es deutlich zu sehen ist. Der Bandantrieb erfolgt durch einen regelbaren Gleichstrommotor über ein grob-fein regelbares Reibradgetriebe. Zur Überwachung der Bandgeschwindigkeit dient ein Fliehpendeldrehzahlmesser, mit dem die Drehzahl des Bandantriebs gemessen wird. Die Skala des Drehzahlmessers ist in km/h geeicht. Nach Einstellung der Flughöhe wird während der Beobachtung die Bandgeschwindigkeit durch einen Widerstand in der Motorzuleitung oder der Einstellung an dem Reibradgetriebe die Bandgeschwindigkeit gleich dem Bild der Erdoberfläche eingeregelt. In diesem Augenblick ist die Geschwindigkeit über Grund an der Skala des Drehzahlmessers abzulesen. Der Meßbereich beträgt 100 bis 400 km/h für Höhen zwischen 100 und 2500 m. In größeren Höhen erfolgt die Messung der Geschwindigkeit so, daß die halbe Höhe eingestellt und die abgelesene Geschwindigkeit verdoppelt wird.

Höhenmessung

Die älteste Methode zur Messung der Flughöhe ist die barometrische Höhenmessung. Sie basiert auf der Tatsache des abnehmenden Luftdruckes mit der Höhe über dem Meeresniveau. Diese Meßmethode wird trotz vieler Mängel und Ungenauigkeiten bis heute in der Luftfahrt angewendet.

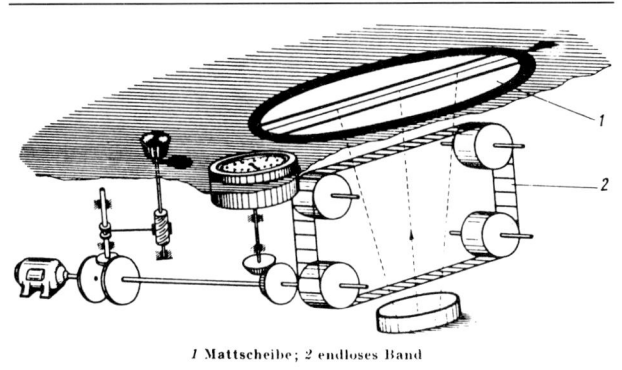

Grundgeschwindigkeitsmesser mit endlosem Band, Prinzipschema (Bauart Heyde).

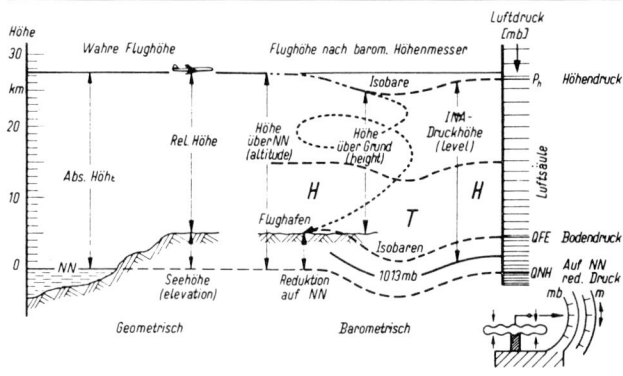

Definition der Höhenmessungen, absolute und relative Höhe, Flughöhe nach barometrischem Höhenmesser (Isobaren, d. h. Höhen gleichen Luftdrucks).

Der Luftdruck ist außer von der Flughöhe noch von den augenblicklichen Wetterbedingungen (Luftdruckänderungen durch Luftbewegungen) abhängig. Die barometrische Höhenmessung ergibt die absolute Höhe über dem Meeresspiegel (NN). Erfolgt die Korrektur des Nullpunktes des Höhenmessers entsprechend dem barometrischen Druck auf dem Boden, kann an dem Höhenmesser die Höhe über Grund abgelesen werden. Da die barometrische Höhenmessung über Grund, insbesondere im Landeanflug, in der erforderlichen Genauigkeit nicht ausreicht, sind viele weitere Methoden zur Höhenmessung entwickelt worden. Diese basieren auf mechanischen, akustischen, optischen und elektrischen Grundlagen.

Barometrische Höhenmesser

Die ältesten barometrischen Höhenmesser für Ballone und Luftschiffe waren Barometer mit abgeänderter Skala, d. h. die Skala wurde anstelle des Druckmaßes mm Quecksilbersäule direkt in Meter Höhe geeicht. Die Einstellung des Barometers erfolgte vor dem Start am Boden auf die jeweilige Startplatzhöhe, so wurde der Wettereinfluß für die kurzen Flugstrecken ausreichend berücksichtigt. Ein Beispiel ist der barometrische Höhenmesser von G. Lufft

Barometrischer Höhenmesser mit linearer Skala (Bauart Askania).

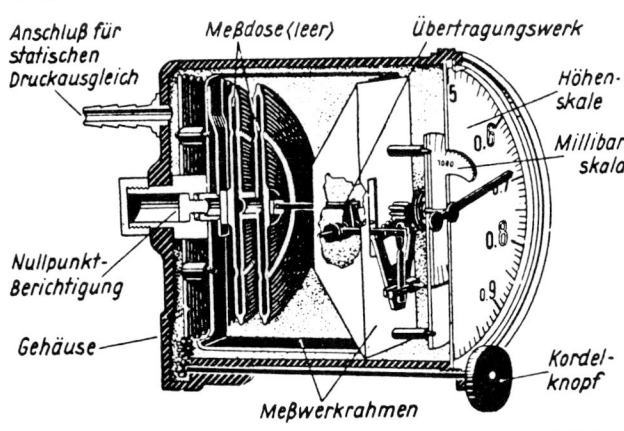

Barometrischer Feinhöhenmesser, Prinzipschema.

(Stuttgart) mit der Höhenanzeige bis 8 km Höhe. Der barometrische Höhenmesser aus dem Jahre 1917 besteht aus einer fast luftleeren Membrandose, deren Hub von etwa 1 bis 2 mm über mechanische Übertragungselemente auf einen Zeiger zur Anzeige der Höhe vergrößert wird. Ab Beginn der 30er Jahre wurde die Nulleinstellung der Höhenmesser mit einer kleinen Skala versehen, konnte jetzt doch die Korrektur des Barometerstandes durch Anfrage über Funk von der Bodenstelle am Landeplatz erfragt werden. Mit dem internationalen Q-Code QFE wird der aktuelle Luftdruck am Landeplatz und mit dem Code QFF der aktuelle Luftdruck, bezogen auf Meereshöhe (NN), angefragt. Zunächst war diese Korrekturskala in mm Hg (mm Quecksilbersäule) geeicht. Nach Einführung der Internationalen-Normal-Atmosphäre (INA) anstelle der bis dahin gültigen Deutschen-Normal-Atmosphäre (DNA) wurden die Korrekturskalen in mb (millibar) geeicht (1000 mb entsprechen 950 mm Hg).

Anfangs wurden die barometrischen Höhenmesser in der Nähe des Piloten aufgehängt. Zur Vermeidung von Meßfehlern mußte mit Einführung der geschlossenen Kabinen die Membrandose der Höhenmesser mit Schlauch- oder Rohrverbindungen an der statischen Druckabnahme der Fahrtmeßdüse oder dem Staurohr angeschlossen werden. Für die verschiedenen Anwendungen, entsprechend der maximalen Flughöhe der Flugzeuge oder der besonderen Einsatzaufgaben, wurden, insbesondere von den Firmen Askania-Werke, Zeiss-Ikon, Goerz-Werk und R. Fuess eine Reihe von Ausführungsarten von barometrischen Höhenmessern entwickelt:

Feinhöhenmesser (Meßbereich 500, 1000 m),
Grobhöhenmesser (Meßbereich 3, 6, 8, 10, 12 km),
Feingrobhöhenmesser (Meßbereich kleiner Zeiger 500, 1000 m; großer Zeiger 10 km).

Von der Firma R. Fuess wurde der Feingrobhöhenmesser in einer anderen Konstruktion ausgeführt. Der kleine Zeiger für die großen Höhen war durch eine verdeckte Skalenscheibe mit einem Fenster in der Hauptskala ersetzt.

Daneben wurden diese Höhenmeßsysteme auch zur Registrierung von Flughöhen während eines Fluges in den Höhenschreibern verwendet.

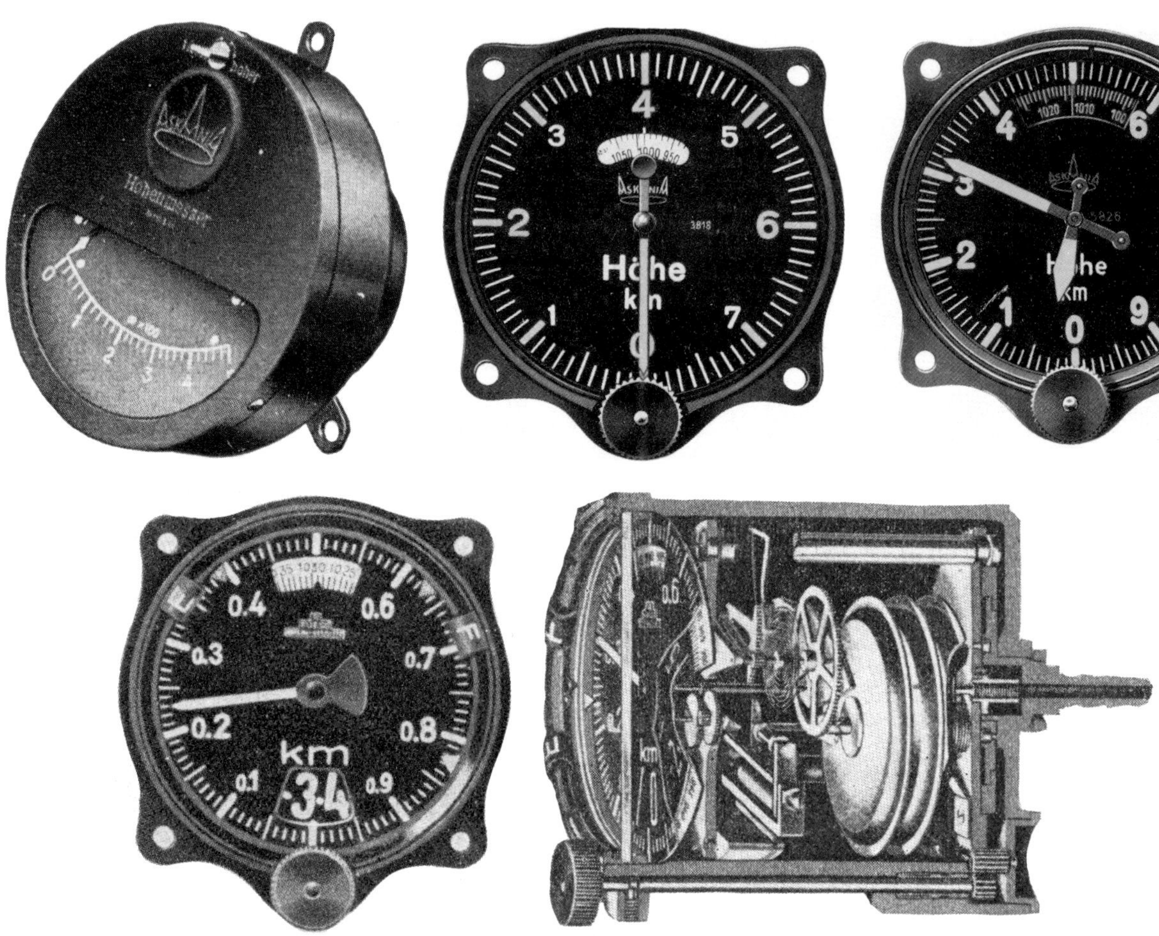

Skalen von barometrischen Höhenmessern: Feinhöhenmesser, Grobhöhenmesser, Feingrobhöhenmesser mit zwei Zeigern, Feingrobhöhenmesser mit Skalenscheibe für die Grobanzeige, Feingrobhöhenmesser (Bauart Fuess), Prinzipschema.

Steig- und Sinkgeschwindigkeitsmessung (Variometer)

Um den Piloten, insbesondere im Blindflug, das Einhalten einer bestimmten Flughöhe zu erleichtern, wird das Variometer als Anzeigegerät verwendet.

Beim **Membrandosen-Variometer** besteht das Meßprinzip in der Messung des Luftdruckunterschiedes in einer bestimmten Zeiteinheit. Es setzt sich aus dem Dosensystem mit dem Anzeigesystem, einer Kapillare und dem Ausgleichsgefäß zusammen. In dem abgedichteten Gehäuse des Anzeigegerätes befindet sich eine offene Membrandose, deren Hub auf den Zeiger übertragen wird. Das Innere der Dose ist über eine Leitung mit dem Ausgleichsgefäß verbunden. In das Gerätegehäuse wird der statische Druckausgleich geleitet. Das Innere der Membrandose ist mit dem statischen Gehäusedruck über eine Kapillare verbunden, die aus einem engen Glasröhrchen besteht. Zur

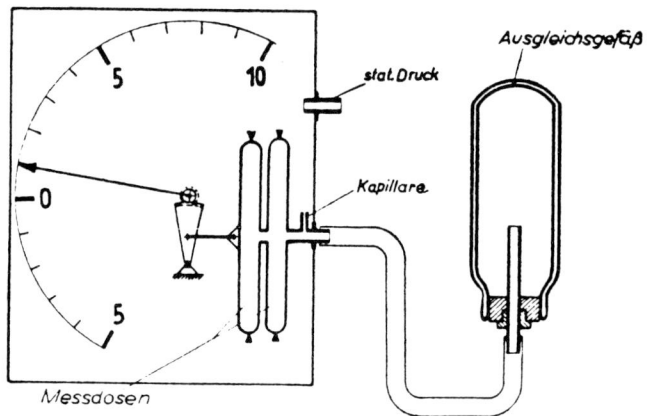

Membrandosen-Variometer, Prinzipschema.

24

Verringerung eines Temperaturfehlers durch Luftdruckänderung im Ausgleichsgefäß ist dieses als Thermosflasche ausgeführt. Der Zeiger des Variometers steht auf Null, wenn die an der Dose liegende Druckdifferenz auch Null ist. Dieser Zustand tritt ein, wenn das Flugzeug längere Zeit in gleicher Höhe fliegt und sich eine vorhandene Druckdifferenz über die Kapillare ausgleichen kann. Bei einer Höhenänderung des Flugzeuges findet eine Druckänderung des statischen Druckes statt, und die Membrandose bewegt den Zeiger zur Anzeige der Steig- oder Sinkgeschwindigkeit. Durch die Kapillare findet ein Druckausgleich statt, und die Anzeige geht nach einiger Zeit auf Null zurück. Ist die Höhenänderung stetig, wird laufend der Druckunterschied aufrecht erhalten, da der Ausgleich über die Kapillare ausgeglichen wird, d. h. die Anzeige zeigt eine Steig- oder Sinkgeschwindigkeit an. Der Nachteil des Dosenvariometers besteht in der großen »Nachhinkzeit« von 8 bis 10 s der Anzeige bei einer plötzlichen Höhenänderung.

Das Membrandosen-Variometer läßt sich durch Verschließen der Kapillare in ein Statoskop verwandeln. Soll eine bestimmte Flughöhe eingehalten werden, kann beim **Statoskop-Variometer,** nachdem diese Höhe erreicht und die Steig- oder Sinkgeschwindigkeit Null angezeigt wird, durch Umschalten auf die Statoskopfunktion die Anzeige auf Abweichung von dieser Sollhöhe verändert werden. Da die Anzeige des Statoskops auf einer Druckdifferenzmessung beruht, ist die Anzeige der Höhenabweichung in jeder Flughöhe eine andere, es ist also lediglich die Anzeige »zu hoch« oder »zu tief« auszuwerten. Die äußerliche Ansicht des Statoskop-Variometers unterscheidet sich von dem Variometer lediglich durch die Rändelschraube zur Umschaltung der Funktion.

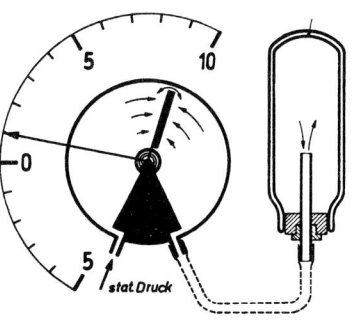

Stauscheiben-Variometer mit geringer Verzögerung der Anzeige, besonders geeignet für Segelflugzeuge.

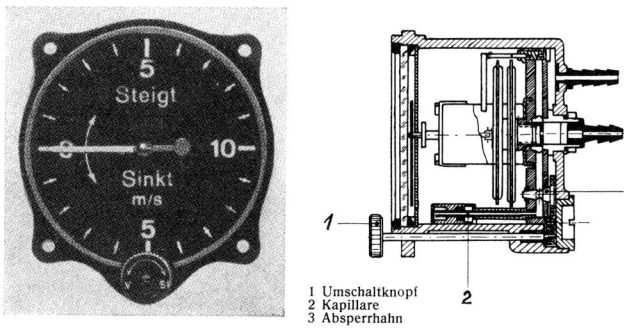

1 Umschaltknopf
2 Kapillare
3 Absperrhahn

Statoskop-Variometer mit Umschaltknopf für Statoskop- oder Variometerfunktion.

Beim **Stauscheiben-Variometer** wird der Druckunterschied zwischen dem statischen Druck und dem Ausgleichsgefäß mit einer drehbaren Stauscheibe gemessen. Der Ausgleich des Druckunterschiedes erfolgt über den Luftspalt der Stauscheibe mit dem Gehäuse. Der Nullpunkt der Anzeige wird durch eine schwache Feder erzielt. Eine Umschaltung auf Statoskopfunktion ist beim Stauscheiben-Variometer nicht möglich, da sich der Luftspalt zwischen Scheibe und Gehäusewand nicht verschließen läßt. Das Stauscheibenvariometer besitzt gegenüber dem Membrandosen-Variometer eine höhere Empfindlichkeit und eine kleinere »Nachhinkzeit«. Aus diesem Grund findet es überwiegend in Segelflugzeugen Anwendung.

Das **Statoskop** dient zur Einhaltung einer bestimmten Flughöhe, insbesondere bei der Luftbildvermessung. Ein besonders empfindlicher Dosensatz wird durch eine Spannfeder im Gleichgewicht mit dem jeweiligen statischen Druck gehalten. Die Druckabweichungen gegenüber dem eingestellten Luftdruck werden mit dem Anzeigesystem auf ∓2 mm Quecksilbersäule angezeigt und ermöglichen den Piloten eine Steuerung des Flugzeuges in der Höhe. Der Nullpunkt des Statoskops kann vor dem Start nach Tabellen unter Berücksichtigung des Barometerstandes auf einen Luftdruck, entsprechend einer Flughöhe zwischen Null und 10 000 m, eingestellt werden.

Relative Höhenmessung über Grund

Um, insbesondere im Landeanflug, die Flughöhe über Grund zu messen, wurden viele Verfahren mit mehr oder weniger großem Erfolg entwickelt und erprobt.
Die einfachste Methode der mechanischen Abstandsmessung durch eine Schleppleine wurde beim Landehöhenmesser der Firma Pintsch für Seeflugzeuge angewendet. Eine etwa 40 m lange Schleppleine wird vor dem Landeanflug ausgefahren. Beim Auftreffen auf die Wasseroberfläche verändert sich der Winkel der Schleppleine und betätigt einen Kontakt zur Anzeige für den Piloten durch eine Lampe.
Eine ähnliche Einrichtung wurde auch bei Blindlandeversuchen zur automatischen Steuerung des Abfangvorganges bei der Landung von Landflugzeugen verwendet.
Die **akustische Höhenmessung** durch Echolot kann die

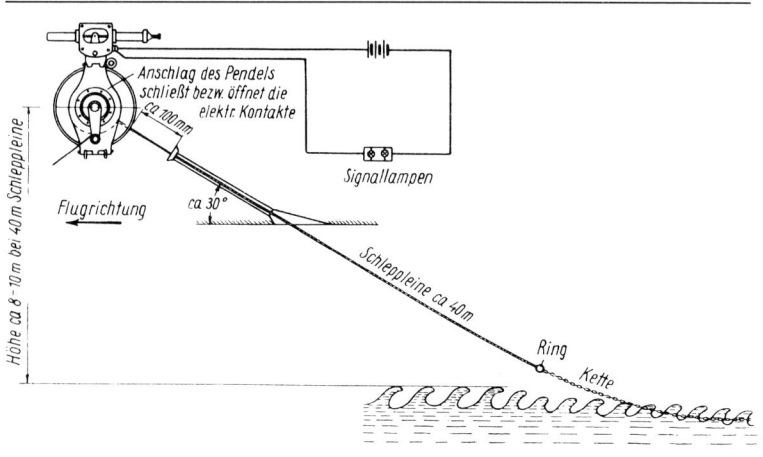

Mechanischer Bodenabstandsmesser (Landegerät) für Seeflugzeuge (Bauart Pintsch).

Bei dem Echolot der Firma Behm-Echolot-Fabrik (Kiel) wird die Zeit, die der Schall braucht, um von seiner Entstehungsquelle im Flugzeug durch Reflexion am Erdboden wieder zum Flugzeug zurückzugelangen, gemessen und in Höhenmetern angezeigt. Zur Messung der Höhe wird beim Landeanflug durch den Piloten der Knallgeber ausgelöst und so eine Platzpatrone gezündet. Gleichzeitig wird durch das Startmikrofon dieser Schall gemessen und ein Zeitwerk gestartet. Empfängt das Echomikrofon das vom Boden reflektierte Echo, wird der Zeitablauf gestoppt; die gemessene Höhe ist am Zeiger auf der Höhenskala abzulesen. Die Betätigung des Knallgebers durch den Piloten erfolgte zunächst mechanisch über Hebel, später konnte der Knallgeber unter dem Flugzeug befestigt werden, die Auslösung des Knallgebers wurde über einen Schalter elektromagnetisch bewirkt.

Beim akustischen Flugzeuglot, auch Echoskop genannt, der Firma AEG werden zur Messung durch einen Elektromotor drei Pfeiftöne zum Boden gesandt und gleichzeitig ein Zeitwerk in Gang gesetzt. Das zurückkehrende Echo wird durch ein Empfangsmegaphon aufgenommen und damit das Zeitwerk gestoppt. Die gemessene Höhe kann an der Skala direkt abgelesen werden. Dieser Meßvorgang kann automatisch alle 1,5 oder 7,5 s wiederholt werden, so daß eine laufende Anzeige der Höhe über Grund möglich ist.

Bei der elektrischen Echolotung werden vom Flugzeug Funksignale zum Boden gesandt, die reflektierenden Funkwellen an Bord empfangen und durch die Messung der Differenzfrequenz zwischen den abgesandten und empfangenen Signalen die Höhe ermittelt. Die Funksignale für die Höhenmessung können laufend gesendet werden, so daß auch eine ständige Anzeige der Höhe über Grund erfolgen kann. Die Beschreibung des von der Firma Siemens-LGW entwickelten Höhenmessers FuG 101A ist in dem Abschnitt Blindflug und Blindlandung, enthalten.

Flughöhe über Grund bestimmen. Die Reichweite der Messung hängt vom Motorenlärm und zum anderen von der Bodenbeschaffenheit ab. Über einem festen Erdboden und der Meeresoberfläche sind die Echolotungen gut möglich, über einer Schneebedeckung oder einem Wald sind die Echos schlecht auszuwerten. Infolge der unterschiedlichen Bodenbeschaffenheit ist diese Methode etwa bis zu einer Höhe von 500 m anzuwenden.

Neigungsmessung

Zur Einhaltung eines normalen Flugzustandes ist die Überwachung der horizontalen Lage des Flugzeuges gegenüber dem Horizont unerläßlich. Bei ausreichender Bodensicht ist der Pilot in der Lage, das Flugzeug in der horizontalen Lage zu halten. Ist dieser natürliche Horizont durch Wolken oder Nebel verdeckt, kann der Pilot durch sein Gefühl allein das Flugzeug nicht im normalen Flugzustand halten. Die auf das Flugzeug und damit auf den Piloten einwirkenden Kräfte, die Erdbeschleunigung und Zentrifugalkräfte im Kurvenflug oder bei Schiebezuständen können vom Piloten nicht in der richtigen Richtung und Größe eingeschätzt werden. Der Pilot ist also nicht imstande, das Flugzeug unter diesen Bedingungen sicher zu steuern. Als Hilfsmittel bieten sich Meßgeräte mit verschiedenen Meß-

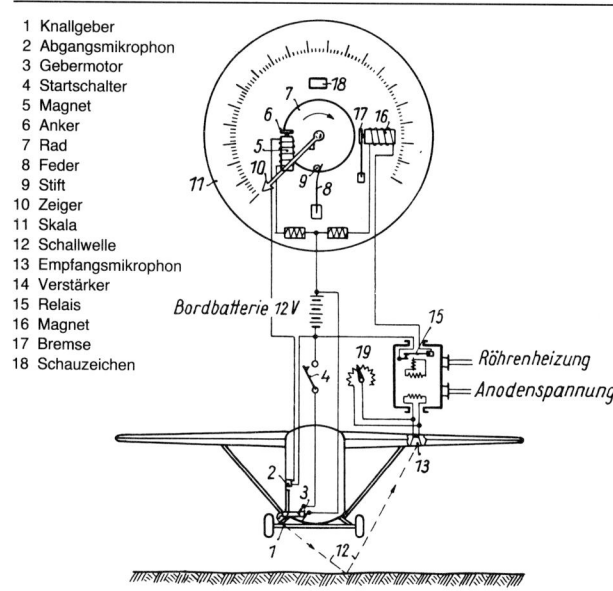

1 Knallgeber
2 Abgangsmikrophon
3 Gebermotor
4 Startschalter
5 Magnet
6 Anker
7 Rad
8 Feder
9 Stift
10 Zeiger
11 Skala
12 Schallwelle
13 Empfangsmikrophon
14 Verstärker
15 Relais
16 Magnet
17 Bremse
18 Schauzeichen

Akustischer Höhenmesser (Echolot nach Behm).

methoden an: Pendel und Libellen, Kreisel-Längsneigungsmesser sowie Kreisel-Horizonte.

Neigungsmessung mit Pendel oder Libellen

Die einfachste Meßmethode besteht in der Messung der Neigung durch gebogene Libellen, wie bei einer Wasserwaage. Die Neigung wird mit einer Stahlkugel, die in einer zähen Flüssigkeit zur Dämpfung der Bewegung schwimmt, angezeigt. Der Nachteil dieser Einrichtung besteht in der Tatsache, daß die Beschleunigungen, hervorgerufen durch die Fahrzeugbewegungen, insbesondere in der Querneigung zu Fehlmessungen der Neigung führen. Einige dieser Flüssigkeits-Neigungsmesser wurden aber in den 20er und 30er Jahren in der deutschen Luftfahrt benutzt. Die Anzeige konnte jedoch nur unter Berücksichtigung von anderen Meßgeräteanzeigen benutzt werden.

Flüssigkeitsneigungsmesser (Bauart Goerz) für Quer- und Längsneigung.

Der Flüssigkeitsneigungsmesser der Firma Zeiss-Ikon, Goerz-Werk, bestand aus einer Flüssigkeit zwischen zwei Glasscheiben. Die mit »Quer« bezeichnete Dose wurde parallel zur Stirnwand befestigt und war mit Grenzstrichen bei 15° Querneigung versehen. Die mit »Längs« bezeichnete Dose wurde an einer Seitenwand befestigt und hatte eine 5° bis 45° Teilung. Eine Ausführung eines Flüssigkeits-Neigungsmessers der Firma Askania-Werke bestand aus einem U-förmig gebogenem Glasrohr mit einer dunkel gefärbten Flüssigkeit. Die Anzeige der Längslage des Flugzeuges konnte an der senkrechten Flüssigkeitssäule an einer in Grad geeichten Skala abgelesen werden.

Längsneigungspendel

Ein Längsneigungspendel der Askania-Werke bestand aus einem an Federn aufgehängten Pendel mit einer Dämpfung über Luftkolben. Die Dämpfung konnte durch den Piloten dem jeweiligen Flugverhalten angepaßt werden. An der in Grad geeichten Skala wurde die Längsneigung des Flugzeu-

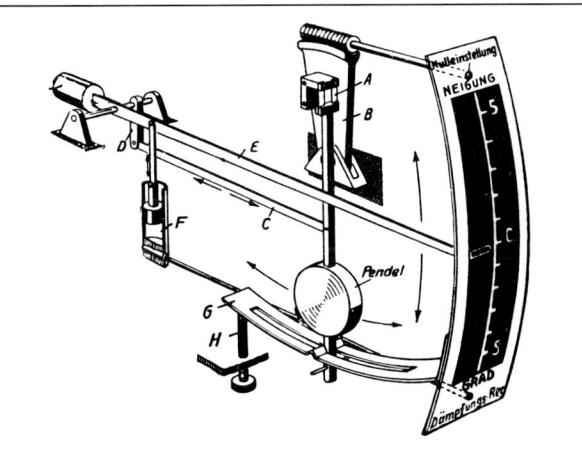

Längsneigungsmesser mit gedämpftem Pendel (Bauart Askania).

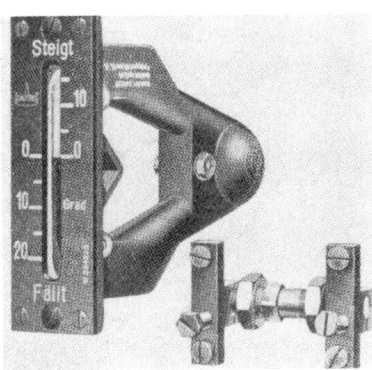

Flüssigkeitsneigungsmesser (Bauart Askania) für Messung der Längsneigung.

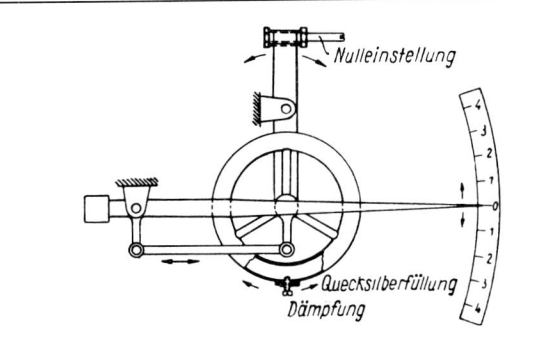

Pendel-Längsneigungsmesser mit Quecksilber-Ringpendel.

ges abgelesen. Eine andere Ausführung eines Pendel-Neigungsmessers der gleichen Firma bestand in einem Quecksilber-Ringpendel. Ein ringförmiges Rohr ist teilweise mit Quecksilber gefüllt und mit Speichen versehen. Die Lagerung dieses Rades erfolgt leicht drehbar in Kugellagern. Ein Gewicht an der Unterseite des Rades führt das Ringpendel zum Nullpunkt. Die Flugzeuglängsneigung kann an einer bogenförmigen Skala abgelesen werden. Die Dämpfung des Pendels wird durch die Reibung der Quecksilberfüllung bewirkt.

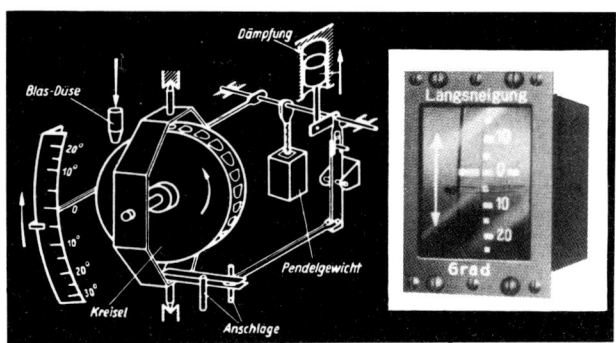

Kreisel-Längsneigungsmesser (Bauart Askania).

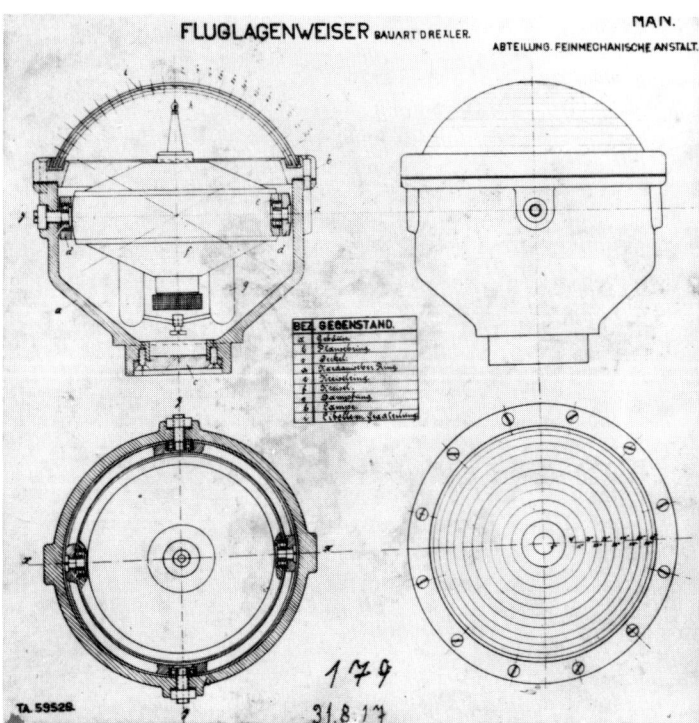

Fluglagenweiser, künstlicher Horizont (Bauart Drexler) für Quer- und Längsneigung, 1917.

In dem Kreisel-Längsneigungsmesser der Firma Askania wurde ein Kreisel mit Pendelüberwachung zur Messung der Lagewinkel benutzt. Der Kreisel mit seiner Drehachse in Längsrichtung des Flugzeuges ist mechanisch an ein Längspendel gekoppelt. Das Pendel mit der Anzeige der Längsneigung kann also nur ausschlagen, wenn der Kreisel infolge der Drehung des Flugzeuges um seine Querachse in der gleichen Richtung präzediert. Eine ähnliche Ausführung des Kreisel-Längsneigungsmessers wurde auch von der Firma Ludolph, Bremerhaven, gebaut.

Alle diese Neigungsmesser mit Pendel oder Libellen sind für die Messung der Querneigung wegen der gleichzeitigen Messung der Seitenbeschleunigungen nicht geeignet; lediglich für die Messung der Längsneigung mit den in dieser Richtung auftretenden geringen Beschleunigungen wurden diese Neigungsmesser bis zur Einführung des Kreisel-Horizontes verwendet. Die Querneigungslibelle zur Anzeige des Scheinlotes hat sich im Wendezeiger dagegen bis heute gehalten.

Kreisel-Horizonte

Während des Ersten Weltkrieges hat sich der Ingenieur *Franz Drexler* als Flugzeugführer und Fliegeroffizier sowie Leiter der »EFKA«-Versuchsabteilung (Fernlenk- und

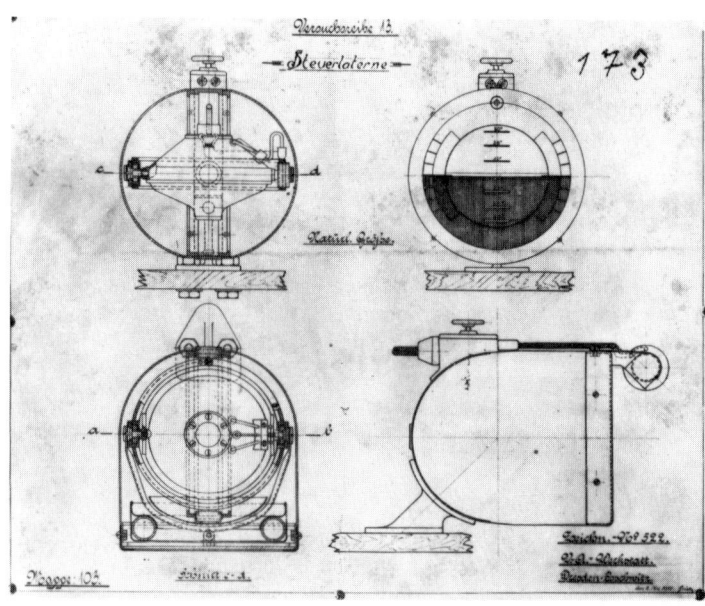

Steuerlaterne (Bauart Drexler), künstlicher Horizont für Quer- und Längsneigung, 1917.

Kugelneigungsmesser (Bauart Drexler), künstlicher Horizont für Quer- und Längsneigung, 1917.

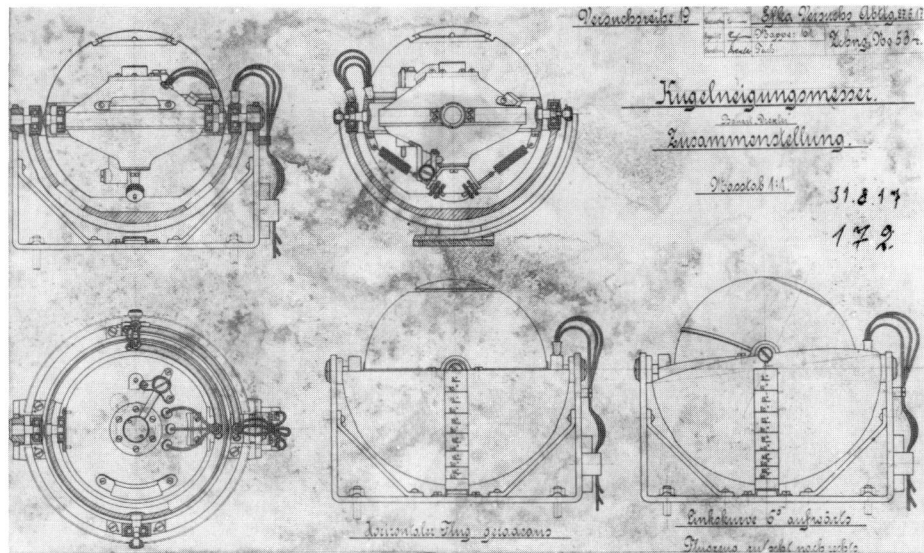

Kreisel-Versuchsabteilung) in Döberitz bei Berlin außer mit der Entwicklung von selbsttätigen Flugzeugsteuerungen auch mit der Entwicklung und Erprobung von Hilfsgeräten für den Flugzeugführer beschäftigt. Eine dieser Versuchsreihen hatte die Entwicklung eines künstlichen Horizontes unter Anwendung eines freien Lagenkreisels mit lotrechter Drehachse zum Ziel.

Der Fluglagenweiser Bauart Drexler der Maschinenfabrik Augsburg-Nürnberg, Abt. Feinmechanische Anstalt, aus dem Jahre 1917 bestand aus einem in zwei Kardanrahmen gelagertem Drehstrom-Kreisel mit lotrechter Drehachse. Durch ein Untergewicht entstand ein Pendel zur Ausrichtung des Kreisels. Die Anzeige erfolgte durch einen Zeigerstift auf der oben befindlichen durchsichtigen Kugelkalotte mit einer kreisförmigen Gradeinteilung.

Bei einer anderen Ausführung, als Kugelneigungsmesser oder auch als Steuerlaterne bezeichnet, erfolgte die Anzeige der Querneigung durch Neigung einer kugelförmigen Kalotte, die in der unteren Hälfte dunkel gefärbt war. Die Anzeige der Längsneigung durch Verschiebung des Nullstriches nach oben oder unten; also wie in den später allgemein eingeführten Horizonten der Firma Sperry.

Anschütz-Fliegerhorizont

Parallel zu diesen Entwicklungen von *Drexler* wurde auch von der Firma Anschütz & Co. (Neumühlen bei Kiel) ein Fliegerhorizont auf ähnlicher Basis entwickelt. Der in den zwei Kardanrahmen gelagerte Drehstromkreisel mit lotrechter Drehachse benutzt als Anzeige der Querneigung eine an der äußeren Achse befestigte Scheibe mit einer dunkel gefärbten unteren Hälfte. Hier erfolgt also lediglich die Anzeige der Querlage, entsprechend dem natürlichen Horizont. Die Ausrichtung des Kreisels in der Lotrechten erfolgt ebenfalls durch ein Untergewicht, d. h. durch ein Pendel. Um die langsamen Schwingungen der Kreiselachse zu dämpfen, wurde ein vom Kreiselmotor erzeugter Luftstrom zu zwei Düsen an den beiden Seiten des inneren Kardanrahmens geleitet. Zwei Pendel werden bei auftretenden Schwingungen des Kreisels so bewegt, daß sie die Düsen für die Luftströme beeinflussen; dadurch werden der innere Kardanrahmen und der äußere Rahmen für die Querneigung durch die um 90° versetzt wirkende Präzession des Kreisels so beeinflußt, daß die Schwingungen des Kreisels gedämpft werden. Eine zusätzliche Dämpfung der Anzeige

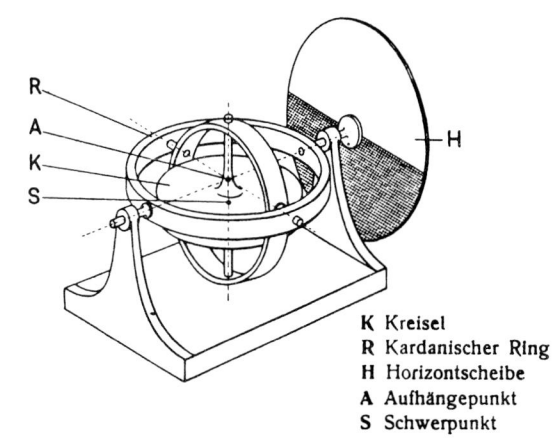

K Kreisel
R Kardanischer Ring
H Horizontscheibe
A Aufhängepunkt
S Schwerpunkt

Anschütz-Fliegerhorizont 1916, Prinzipschema mit Anzeige der Querneigung.

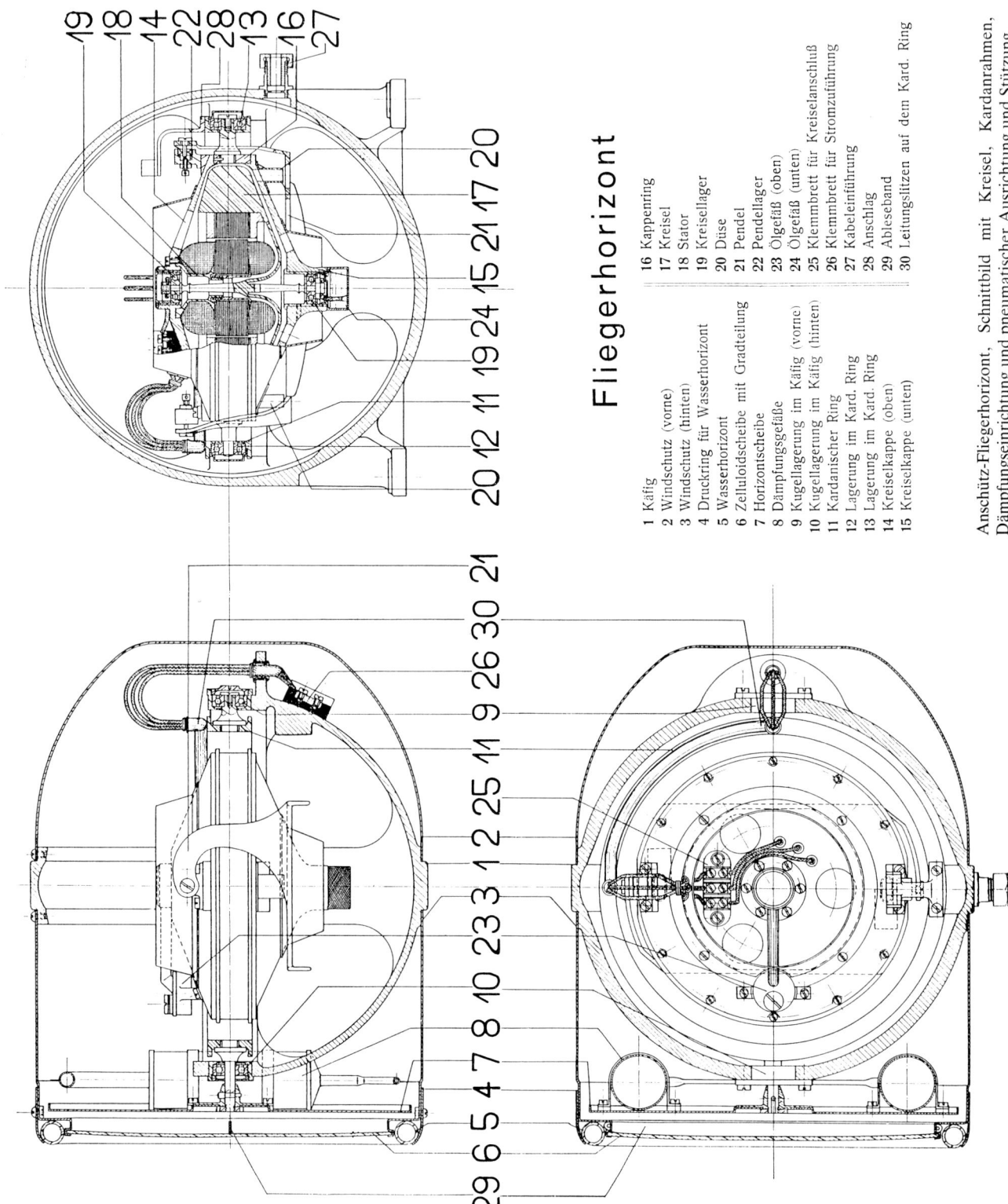

Fliegerhorizont

1 Käfig
2 Windschutz (vorne)
3 Windschutz (hinten)
4 Druckring für Wasserhorizont
5 Wasserhorizont
6 Zelluloidscheibe mit Gradteilung
7 Horizontscheibe
8 Dämpfungsgefäße
9 Kugellagerung im Käfig (vorne)
10 Kugellagerung im Käfig (hinten)
11 Kardanischer Ring
12 Lagerung im Kard. Ring
13 Lagerung im Kard. Ring
14 Kreiselkappe (oben)
15 Kreiselkappe (unten)
16 Kappenring
17 Kreisel
18 Stator
19 Kreisellager
20 Düse
21 Pendel
22 Pendellager
23 Ölgefäß (oben)
24 Ölgefäß (unten)
25 Klemmbrett für Kreiselanschluß
26 Klemmbrett für Stromzuführung
27 Kabeleinführung
28 Anschlag
29 Ableseband
30 Leitungsslitzen auf dem Kard. Ring

Anschütz-Fliegerhorizont, Schnittbild mit Kreisel, Kardanrahmen, Dämpfungseinrichtung und pneumatischer Ausrichtung und Stützung.

erfolgt durch zwei an der Horizontscheibe rechts und links befestigte Schlingertanks. Diese sind mit Alkohol gefüllt und über eine Leitung miteinander verbunden. Bei Schwingungen des Kreisels und damit der Horizontscheibe wird die Flüssigkeit von einem Tank in den anderen fließen und so die Bewegung gedämpft. Diese Ausführung des Anschütz-Fliegerhorizontes wurde ab 1917, insbesondere in den Marine-Flugzeugen bei Langstreckenflügen benutzt.

Über die Entwicklung des Anschütz-Kreisel-Horizontes berichtete *Waldemar Möller* später:

». . . Diese Wetterabhängigkeit war aber für den sich nach dem Ersten Weltkrieg entwickelnden Luftverkehr nicht tragbar. Es begann die Suche nach einem Ersatz – die Suche nach einem künstlichen Horizont. Und beinahe hätte Anschütz in Deutschland dieses Rennen auch gewonnen. Aber unser wirtschaftlicher Niedergang nach dem verlorenen Krieg machte ihm ein Ende. Amerika wurde Sieger, ebenso wie nach dem Zweiten Weltkrieg.

DER LOTKREISEL VON ANSCHÜTZ.

Schon im Ersten Weltkrieg hatte sich die bekannte Entwicklungs- und Baufirma für Kreiselkompasse ›Anschütz‹ in Kiel um seine Entwicklung bemüht und mit ihrem damaligen Prototyp die fast zwei Jahrzehnte später auf dem Weltmarkt kommende amerikanische Kreisellotversion von Sperry praktisch vorweggenommen – für die Askania 1932 eine hohe Lizenzgebühr bezahlen mußte.

Es war für mich ein deprimierender Augenblick, als ich 1936 diesen alten Prototyp in einem vergessenen Winkel des Anschütz-Museums wiederfand, der alle entscheidenden Merkmale des späteren Sperry-Kreisels aufwies: Pendelgesteuerte Blasdüsen, deren Reaktionsstöße den im Schwerpunkt aufgehängten Kreisel mit geringer Präzessionsgeschwindigkeit in die mittlere Richtung des Scheinlots (das ist die Vertikale) zurückführen – und das sind genau die Merkmale des Sperry-Kreisels. Unmittelbar vor einem weltweiten Erfolg (wie sich später bei Sperry beweisen sollte) wurden die Arbeiten bei Kriegsende abgebrochen und gerieten in Vergessenheit . . .«

Gyrorektor, System Rosenbaum

Ab 1910 beschäftigte sich der Arzt *Dr. Theodor Rosenbaum* mit der Erfindung eines als »Gyrorektor« bezeichneten Luftnavigierungs-Instruments. Dieser künstliche Horizont ist ähnlich wie der Anschütz-Wendekreisel aufgebaut. In der letzten Ausführung des von der Firma Gyrorektor GmbH (Berlin) hergestellten Gyrorektors aus dem Jahr 1923 ist noch eine Drehfreiheit um die vertikale Achse durch einen zusätzlichen Rahmen vorhanden. Im oberen Teil der vertikalen Achse ist durch einen Kontaktarm die Drehfreiheit durch am Rahmen befindliche Kontakte begrenzt. Tritt durch eine Präzessionsbewegung des Kreisels eine Drehung des äußeren Rahmens ein, wird der Kontaktarm ein Kontaktpaar betätigen. Durch den so geschlossenen Stromkreis wird ein an der vertikalen Achse befestigter Momentengeber betätigt und ein rückführendes Moment auf den Kreisel ausgeübt. Dadurch wird erreicht, daß das Kreiselpendel stark gedämpft wird und für einen begrenzten

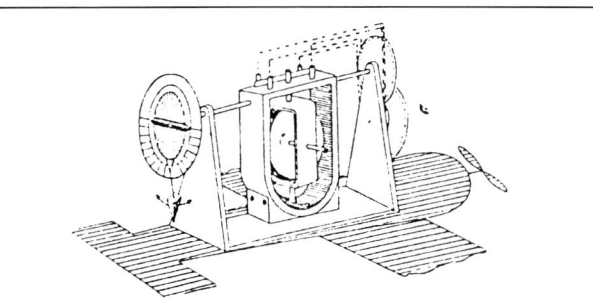

»Gyrorektor« (Bauart Rosenbaum), Prinzipschema.

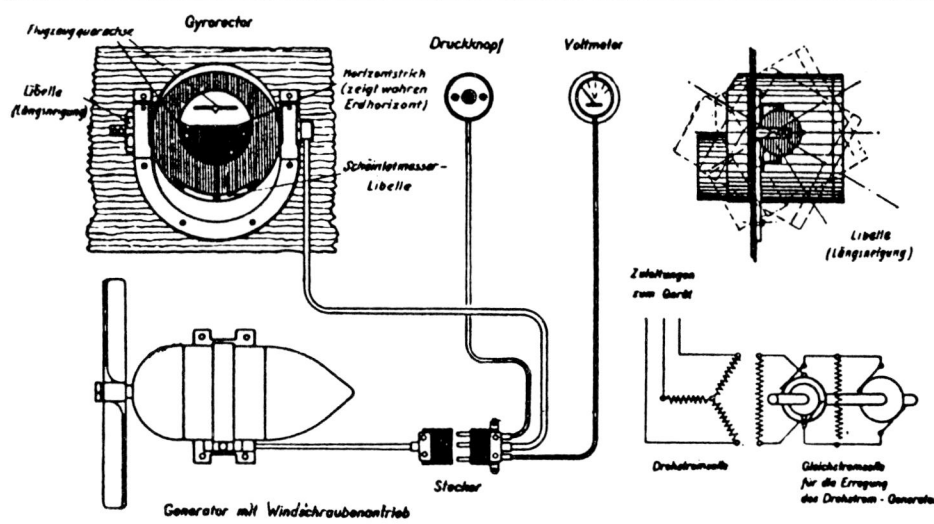

»Gyrorektor«, Gesamtanlage, Kreisel-Anzeigegerät und Generator mit Windschraubenantrieb.

Zeitraum, z. B. während des Kurvenfluges, in seiner Ausgangsstellung beharrt. Die Querneigung des Flugzeuges kann durch einen mit der Längsachse verbundenen Zeiger auf der in Grad Querneigung geeichten Skala abgelesen werden. In einer anderen Ausführung des Gyrorektors erfolgt die Anzeige der Querneigung durch einen Horizontbalken auf der Horizontscheibe. Die Scheinlotanzeige erfolgt durch einen Pendelzeiger auf der gleichen Skala. Für die Messung der Längsneigung des Flugzeuges ist eine zusätzliche Flüssigkeitslibelle vorhanden. Bis zur Einführung des Sperry-Horizontkreisels hat auch der Gyrorektor in vielen Fällen gute Dienste geleistet.

Horizont, Bauart Sperry

Von der Firma Askania-Werke wurde eine Lizenz für die Fertigung des Sperry-Horizonts erworben. Über die bei der Herstellung und Erprobung auftretenden Probleme berichtete *Möller*:

»... DER SPERRY-LOTKREISEL.
Mit dem Erscheinen des Sperry-Lotkreisels waren alle anderen Entwicklungen aus dem Feld geschlagen. Seine Anzeige mit dem festen Flugzeugbild in der Mitte wirkte bei einer Bodenvorführung und auch noch beim Flug nach Sicht durchaus überzeugend. Anders jedoch beim wirklichen Blindflug. In einer scheinlotrichtig geflogenen Kurve geht der Pilot primär von dem als richtig empfundenen Gleichgewichtszustand aus, das ihm eine horizontale Fluglage suggeriert, während ihn das nun scheinbar schräg liegende Horizontbild der Anzeige irritiert. Erst nach einer längeren Gewöhnung unterdrückt er die natürlichen Reflexe und handelt anzeigeprogrammiert. Das ist zwar durchaus möglich, bedeutet aber dennoch eine unbewußte Belastung des Piloten. Schon nach dem ersten Einsatz in unserem Werksflugzeug wurde mir diese Diskrepanz der Anzeige klar, und wir variierten den Aufbau des Gerätes so, daß nun die Lage des Flugzeuges selbst durch ein quer und vertikal bewegliches Flugzeugsymbol unmittelbar und anschaulich gezeigt wurde. Aber diese Erkenntnis und die Umkonstruktion kamen bereits zu spät. Obwohl die neue Anzeige von allen Besatzungen begrüßt wurde, war das alte Bild bereits soweit eingeführt, daß sich eine Änderung schon alleine dadurch verbot (anders die UdSSR: fast zwei Jahrzehnte später entschied sie sich für die psychologisch bessere Anzeige).
Aber noch anderweitig stießen wir beim Lizenzbau auf Schwierigkeiten. Aus dem amerikanischen Aufbau ergab sich wegen der herausragenden Pendeleinrichtung eine große Spannweite der Lagerung des Rollrahmens, für die wir mit den Fertigungsmöglichkeiten einer Kleinserie nicht die notwendige Festigkeit (Druckguß) erreichen konnten. Bei unvermeidlichen Stoßbelastungen verformte sich der Rahmen und führte zum Ausfall des Geräts. Erst durch eine vollkommene Umkonstruktion, bei der wir den Pendelkörper zum Teil in den Kreisel hineinzogen, konnten wir die Biegebeanspruchung des Rahmens durch eine Verringerung der tragenden Spannweite auf ein zulässiges Maß herabdrücken. Diese Änderung brachte allerdings neue Probleme mit sich: die Steuerpendel begannen durch die anderen Strömungsverhältnisse monoton zu schwingen. Lange Versuchsreihen folgten; wir mußten die Eigenfrequenz der Pendel, ihren Abstand von den Auslaßschlitzen,

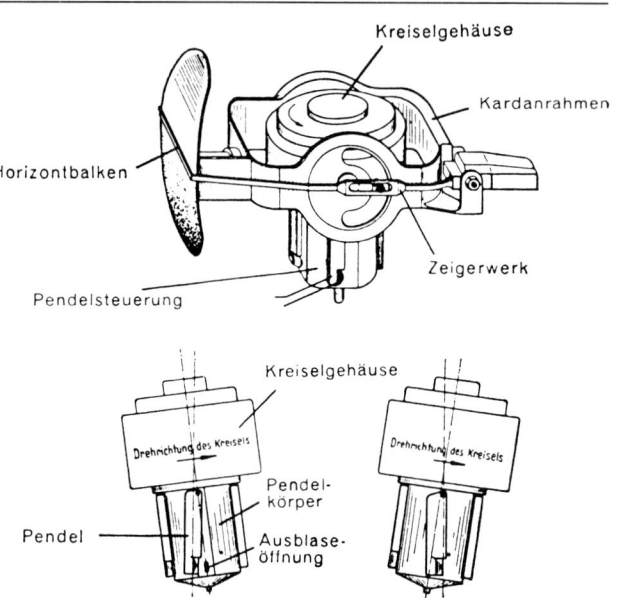

Askania-Horizont (Bauart Sperry), Prinzipschema mit Kreisel, Kardanrahmen mit Anlenkung zum Querlagen-Himmelsbild und Längslagenbalken.

die Abschrägung der Steuerkanten usw. ändern. Auch dieses Beispiel zeigt, daß jede Konstruktion durch die Größe der Serie und die Gegebenheiten des Herstellerwerkes bedingt ist ...«

Der Askania-Horizont, Bauart Sperry, besteht aus einem durch Unterdruck angetriebenen Kreisel mit lotrechter Drehachse. Die Lagerung im Kardanrahmen ist indifferent gehalten, die Ausrichtung des Kreisels zum Lot erfolgt lediglich durch die pneumatische Pendelstützung. An der Unterseite des Kreiselkörpers befinden sich vier um jeweils 90° versetzte Pendel vor den Luftdüsenöffnungen. In der Gleichgewichtslage sind die Reaktionskräfte der Luftströmungen gleich, und der Kreiselrahmen befindet sich im Ruhezustand. Bei einer Abweichung von der Lotrechten werden die Öffnungen ungleich groß, die Luftkräfte veranlassen den Kreisel zu einer Präzession um die 90° versetzte Achse, und der Kreiselrahmen wird wieder horizontal ausgerichtet. Die Anzeige des Querlagenwinkels wird vom äußeren Rahmen direkt auf die Horizontscheibe übertragen. Die Anzeige der Längslage erfolgt über ein Zeigerwerk auf den auf und ab gleitenden Horizontbalken. Der Meßbereich bei den Baumustern Horizont Lgab 8 und Lgab 13 beträgt in der Querlage 100° und in der Längslage bis zu 65°. Um ein Anschlagen der Kardanrahmen und damit einer Fehlanzeige beim Kunstflug zu vermeiden, werden beim Baumuster Horizont Lgab 19 die Rahmen durch Betätigung eines Feststellringes arretiert und nach Beendigung des Kunstfluges wieder freigegeben.

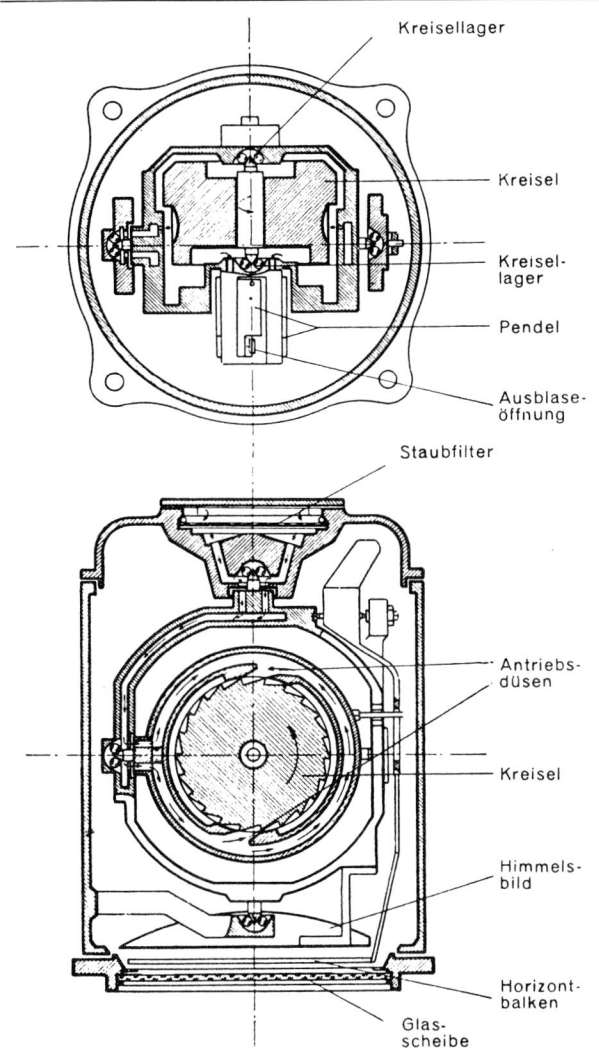

Askania-Horizont, Schnittbild mit Luftführung für Kreiselantrieb und Pendelstützung.

Anschütz-Lotzentrale

Auf Veranlassung der Erprobungsstelle der Luftwaffe Rechlin *(Waldemar Möller)* wurde 1936 die Anschütz-Lotzentrale 7a/b entwickelt. Diese Lotzentrale sollte die für einen Dreiachsen-Autopiloten erforderlichen Lagesignale für die Quer- und Längslage bilden und außerdem als Träger eines horizontierten Längspendels zur Dämpfung der Fahrtregelung dienen. Zusätzlich konnten durch eigene Potentiometerabgriffe die Querlage und die Längslage festgestellt und in der Patin-Horizonttochter zur Anzeige gebracht werden. Der Lotkreisel mit lotrechter Drehachse ist in einem Kardanrahmen gelagert. Der innere Rahmen ist um die Längsachse des Flugzeuges drehbar, der äußere Rahmen um die Querachse. An den Achsen der Rahmen befinden sich die Potentiometerabgriffe für die Steuerungssignale des Autopiloten und die Potentiometer für die Tochteranzeige der Quer- und Längslage des Flugzeuges. Die Ausrichtung und Stützung der lotrechten Drehachse des Kreisels erfolgte bei den ersten Ausführungen LZ 7 a/b über Kontaktpendel und polarisierte Relais durch Wechselstrom-Momentengeber an den jeweils um 90° versetzten Kardanachsen. Bei der Ausführung LZ 7 c wurde ein neuartiges Libellensystem mit einer Elektrolytflüssigkeit verwendet. In der horizontalen Stellung bedeckt die Flüssigkeit vier Kontakte teilweise, jedoch gleichmäßig. Der in der Mitte zugeführte Wechselstrom gelangt über die vier Kontakte zu den Steuerwicklungen der entsprechenden Momentengeber an den Kardanrahmen. Bei einer Neigung des Libellensystems wird der Steuerstrom ungleich und es entsteht ein Moment um die entsprechende Kardanachse, das den Kreisel zu einer Präzession veranlaßt und so die Abweichung von der Lotrechten beseitigt. Durch die stetige Steuerung des Stromes entsteht ein der Abweichung proportionales Steuersignal für die Stützung des Horizontkreisels.

Eine ähnliche Ausführung der Anschütz-Lotzentrale wurde auch in der Serienausführung der automatischen Steuerung des Peenemünder Aggregates A-4, genannt »V 2«, mit der Bezeichnung Richtgeber »D«, Anschütz LZ 39, verwendet.

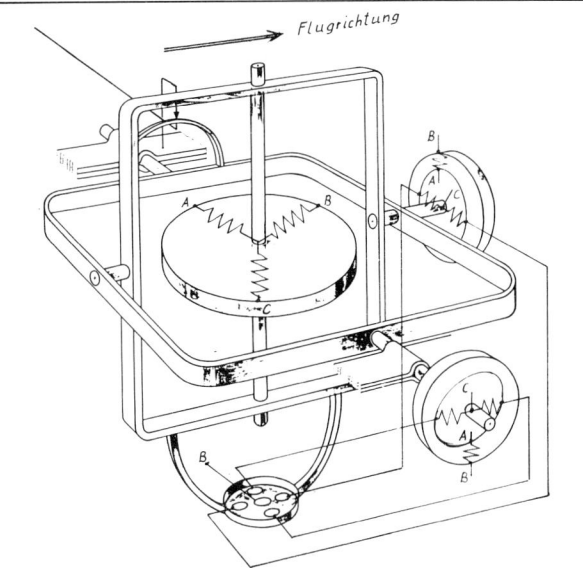

Anschütz-Lotzentrale (LZ 7c), Prinzipschema mit Kreisel, Kardanrahmen, Elektrolytlibelle, Wechselstrom-Momentgeber und Potentiometerabgriffe für Quer- und Längslage. A,B,C-Drehstromphasen.

Die Patin-Horizonttochter hat die gleiche äußere Ansicht wie der Askania-Horizont. Die Übertragung der Lagenwinkel auf die Anzeige erfolgt jedoch von den Potentiometergebern an den Kardanachsen der Lotzentrale durch zwei Drehpulsysteme im Tochtergerät auf die Horizontscheibe und dem Flugzeugsymbol für die Längslage. Der Anzeigebereich für die Querlage beträgt $\mp 60°$ und für die Längslage $\mp 30°$, wobei der Bereich um den Nullpunkt gespreizt ist.

Wendezeiger

Drexler-Steuerzeiger

Der Ingenieur und Leutnant der Reserve *Franz Drexler* hatte ab 1916 als Leiter der EFKA in Döberitz bei Berlin neben der Entwicklung von Flugzeugselbststeuerungen und Fernsteuerungen auch eine Entwicklung von Flugzeugbordinstrumenten betrieben. Dabei wurde 1917 ein als Steuerzeiger bezeichnetes Gerät entwickelt. Der Steuerzeiger bestand aus einem Drehstromkreisel mit waagerechter Drehachse in Richtung der Querachse des Flugzeuges. Die Lagerung war in einem Kardanrahmen mit der Drehachse

Drexler-Steuerzeiger, verschiedene Modelle für Groß- und Riesenflugzeuge um 1917.

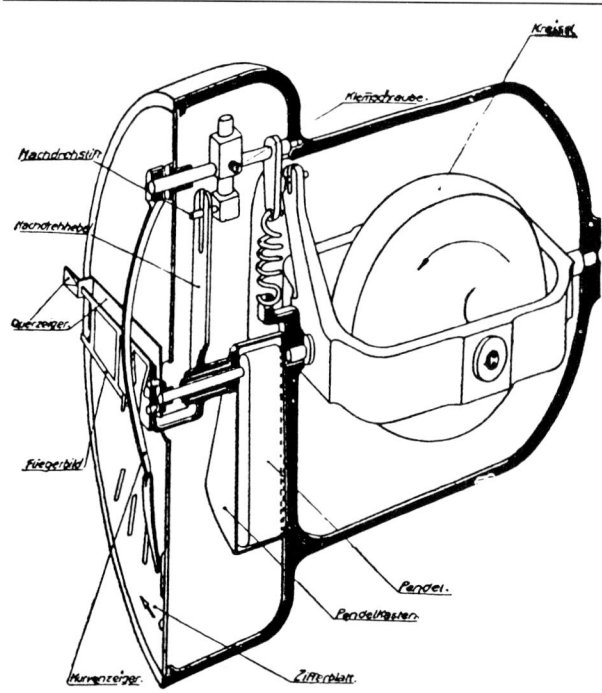

Drexler-Steuerzeiger, Modell 1917, Prinzipschema mit Kreisel, Kardanrahmen, Federfesselung, Übertragung der Rahmenbewegung zum Zeiger und Pendel mit Dämpfung zur Scheinlotanzeige.

in Längsrichtung. Dieser Rahmen war mit einer Federfesselung versehen, die Anzeige der Rahmenbewegung erfolgte über einen Zeiger auf einer Skala für die Drehgeschwindigkeit um die Flugzeughochachse.
Entsprechend der damaligen militärischen Forderungen war der Zeiger zusätzlich mit einem Flugzeugsymbol versehen. Die Längsneigung des Flugzeuges wurde mit einer zusätzlichen U-förmig gebogenen Flüssigkeitslibelle angezeigt. Im Bild ist der Aufbau des Steuerzeigers (Modell 1917) gezeigt. Im Pendelkasten befindet sich ein mit der Präzessionsachse des Kreisels verbundener Flügel. Der Pendelkasten ist mit Glycerin gefüllt und dient zur Dämpfung der Anzeige. Zwischen der Anzeige der Drehgeschwindigkeit durch den Zeiger und der Anzeige durch das Flugzeugsymbol ist eine einstellbare Übertragung eingebaut. Dadurch sollte dem Flugzeugführer die Möglichkeit gegeben werden, die Querlage der Flugzeugsymbolanzeige nach eigenem Ermessen einzustellen, z. B. gegenüber der scheinlotrichtigen Querlage im Kurvenflug flache oder steile Kurven zur Anzeige zu bringen. Es sollte also im Flug durch Wolken die gleiche Kurventechnik wie beim Sichtflug am Steuerzeiger angezeigt werden. Zur Erzeugung des Drehstromes für den Kreiselantrieb diente ein Drehstromgenerator, der von einem im Fahrtwind angetriebenen Propeller betrieben wurde. Zur Herstellung dieses Steuerzeigers wurde von *Drexler* 1917 die Firma Kreiselbau GmbH (Berlin-Friedenau) gegründet. Etwa 250 Exemplare des Drexler-Steuerzeigers wurden bis Kriegsende hergestellt und insbesondere in Marine-Flugzeugen mit großem Erfolg eingesetzt. Die Bombengeschwader der Obersten Heeresleitung haben ebenfalls sehr positiv über die Verwendung des Steuerkreisels beim Fliegen durch Wolken ihrer Groß- und Riesenflugzeuge berichtet.
Ab 1919 wurde von der Kreiselbau ein verbessertes Modell KB des Drexler-Steuerzeigers herausgebracht. Die Anzeige wurde vereinfacht und die Drehgeschwindigkeit um die

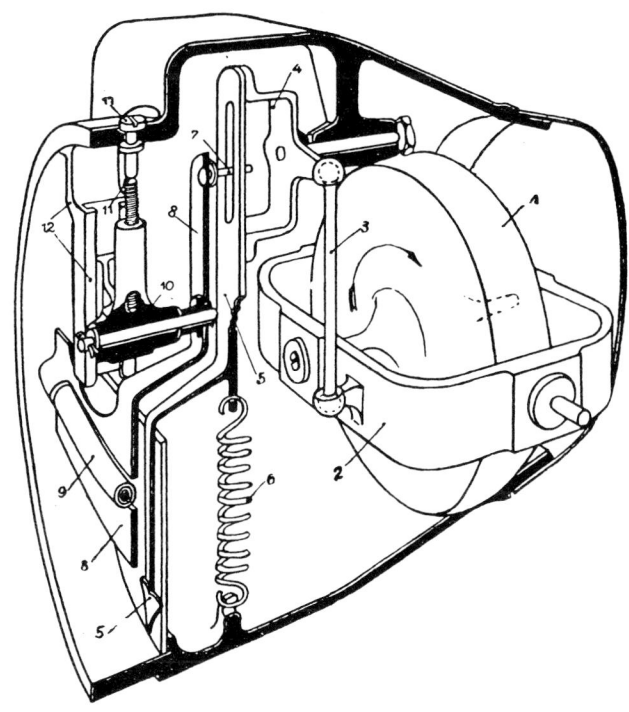

Drexler-Steuerzeiger, Modell KB (Kreiselbau GmbH), mit Kreisel, Kardanrahmen, Federfesselung und Querneigungslibelle.

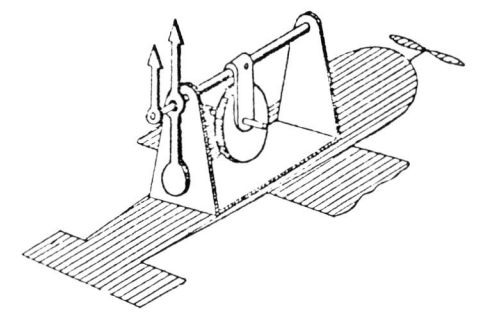

Anschütz-Wendekreisel, 1917, Kreiselpendel zur Anzeige der Drehgeschwindigkeit um die Hochachse und einfachem Pendel für die Messung der Querlage (Scheinlot).

Hochachse des Flugzeuges nur durch den Zeiger auf der Skala der Drehgeschwindigkeit angezeigt. Anstelle der Längsneigungslibelle wurde eine Querlagenlibelle zur Anzeige des scheinlotrichtigen Kurvenfluges eingebaut. Eine vom Piloten einstellbare Übersetzung zwischen der Zeigeranzeige des Wendekreisels und der Querlagenlibelle erlaubt die Anpassung der Querlage im Kurvenflug an das Flugzeugmuster und dem persönlichen Empfinden. Auf diese Weise wird erreicht, daß die Anzeige des Steuerkreisels im üblichen Kurvenflug auch bei dem Flug durch Wolken als richtungsweisend gilt.

Anschütz-Wendekreisel

Der Firma Anschütz in Neumühlen bei Kiel wurde 1917 ein Patent auf eine Anzeigevorrichtung für die Drehungen eines Flugzeuges um die senkrechte Achse erteilt. Die Drehungen des Flugzeuges um die Hochachse sollten durch den Unterschied der Anzeigen eines einfachen Pendels und einem Kreiselpendel erkannt werden. Durch die Entwicklung des Drexler-Steuerzeigers wurde diese Aufgabe aber einfacher und besser gelöst.

Askania-Horizontalkreisel

Von der Firma Askania wurde 1926 ein Wendekreisel mit einer für den Piloten besonders anschaulichen Anzeige herausgebracht. Der Leiter dieser Entwicklung, der erfahrene Pilot des Ersten Weltkrieges *Waldemar Möller* beschreibt diese Entwicklung wie folgt:

»... Auf eine eindeutige und klare Art der Anzeige eines Kreiselinstrumentes kann überhaupt nicht genug Wert gelegt werden, da das Fliegen ohne Sicht des natürlichen Horizontes nur nach Instrumenten schwieriger ist, als heute allgemein noch geglaubt wird. Es liegt in der Natur des Menschen, daß er für die Beurteilung seiner Lage stets den Haupteindruck als Basis annimmt. Liegt das Flugzeug bei Erdsicht in der Kurve, so wird der Eindruck des natürlichen Horizontes ohne weiteres überwiegen, und der Flugzeugführer glaubt an die Schräglage seiner Maschine. Sitzt man dagegen in einer geschlossenen Kabine und hat vor sich ein Kreiselinstrument, so ist man in einer richtig geflogenen Maschine eher geneigt, anzunehmen, daß nur der künstliche Horizont des Instrumentes schief steht, die Lage der Maschine aber unverändert geblieben ist, da die Richtung aller Beschleunigungen auch jetzt senkrecht auf der Maschine steht und der äußere Eindruck der ganzen Kabine bzw. des Führerraumes, der unverändert geblieben ist, überwiegt. Es gehört schon eine gewisse Anstrengung dazu, das Horizontbild als das allein maßgebende zu betrachten. Der Askania-Horizontkreisel ist unter ganz besonderer Berücksichtigung dieser psychologischen Momente entworfen. Die stets wachsenden Anforderungen an ein Instrument, welches dem Führer den natürlichen Horizont ersetzen soll, müssen noch zeigen, durch welche Hilfsmittel eine weitere Unterstützung möglich ist ...«

Die Anzeige beim Askania-Horizontkreisel besteht aus der Anzeige eines Wendekreisels auf einer Horizontscheibe, die wie bei einem Horizont üblich in der unteren Hälfte schwarz gefärbt ist. Die Drehung des Flugzeuges um die Hochachse wird, ein scheinlotrichtiger Kurvenflug vorausgesetzt, durch

Askania-Horizontalkreisel, ein Wendezeiger mit der Anzeige der Drehgeschwindigkeit durch ein Horizontbild entsprechend der Querlage im scheinlotrichtigen Kurvenflug.

die der Drehgeschwindigkeit entsprechenden Querlage angezeigt. Ein zusätzliches Pendel bewegt über eine entsprechende Übertragung das Flugzeugsymbol zur Anzeige des Scheinlotes. Sind beide Anzeigen im gleichen Querlagenwinkel, so erfolgt der Kurvenflug im richtigen Scheinlot.

Askania-Wendekreisel

Von der Firma Askania wurde in den folgenden Jahren, etwa bis zur Mitte der 30er Jahre, die Entwicklung der Wendekreisel in Richtung der Verkleinerung, der Betriebssicherheit und der Anschaulichkeit der Anzeige weitergeführt. Zunächst wurde der Wendekreisel anstelle der Horizontanzeige mit der Zeigeranzeige der Drehgeschwindigkeit durch einen unten befindlichen Zeiger und die Anzeige der Querlage bzw. des Scheinlotes durch ein Pendel mit Zeigeranzeige im oberen Bereich ersetzt.

Mit dieser noch etwas großen Ausführung des Wendekreisels war auch das Flugzeug Junkers W 33 »Bremen« für den Nordatlantikflug in der Ost-West-Richtung im Jahr 1928 von *Köhl, Fitzmaurice* und *Hünefeld* ausgerüstet. Aus Gründen der Gewichtsersparnis hatten die Ozeanflieger auf die Mitnahme von Funk- und Funkpeilgeräten verzichtet, dafür jedoch die Maschine mit den besten, s. Zt. bestehenden Instrumenten, einem pneumatischen Fernkompaß, dem Führerkompaß »Emil«, zwei Orterkompasse »Franz« und

Besuch der Ozeanflieger Hauptmann Hermann Köhl, Oberst Fitzmaurice, von Hünefeld und Mr. Chamberlin auf dem Stand der Askania-Werke während der Internationalen Luftfahrtausstellung in Berlin, 1928. Links Willi Asheuer, Vertrieb, und rechts Waldemar Möller, Leiter der Luftfahrtgeräteentwicklung.

mit zwei Wendezeigern der Firma Askania ausgerüstet. In einem Telegramm nach dem geglückten Ozeanflug an die Firma Askania-Werke in Berlin heißt es:

»von herzen dank fuer ihr telegram vor allem aber fuer die hervorragenden dienste die ihre unvergleichlichen instruments uns bei ersten ostwestflug geleistet haben
= köhl fitzmaurice hünefeld.«

In der nächsten Ausführung des Askania-Wendezeigers wurde die Pendelanzeige durch eine Querlagenlibelle im

Askania-Wendezeiger, 1930, mit Querlibelle im oberen Bereich.

Askania-Wendekreisel, 1932, mit Anzeige der Drehgeschwindigkeit oben und Querlibelle unten (klassische Anzeigeform) im großen Rundgehäuse.

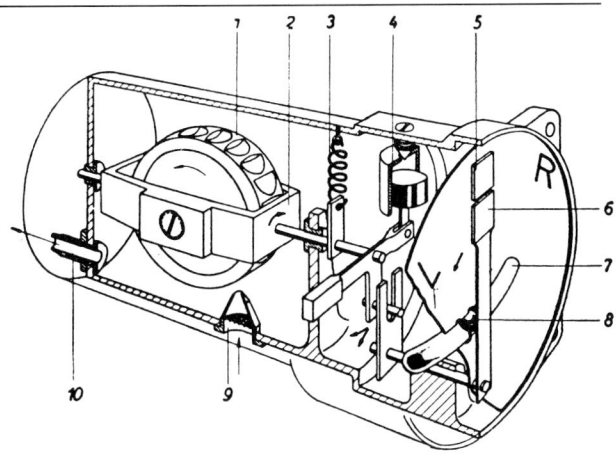

Bei Linkskurve Ausschläge in Richtung der Pfeile
1 Kreisel
2 Kreiselrahmen
3 Rückholfeder
4 Dämpfung
5 Nullmarke
6 Zeiger
7 Libelle
8 Kugel
9 Düse
10 Anschluß für Förderdüse, Motoransaugseite oder Sogpumpe

Askania-Wendekreisel mit pneumatischem Kreiselantrieb, Kardanrahmen, Fesselfeder, Dämpfungskolben, Übertragung zum Zeiger und Querlibelle für Scheinlotanzeige.

oberen Bereich des Anzeigefeldes ersetzt. Es folgte 1930 eine Verkleinerung des Gerätes in einem rechteckigen Gehäuse, bis 1932 durch die Einführung der Normgrößen von Luftfahrtinstrumenten der Askania-Wendezeiger zu seiner klassischen Form im runden Gehäuse gebracht wurde. Zunächst in der großen Norm mit einem Lochdurchmesser in der Gerätetafel von 90 mm, später auch in der kleinen Norm mit 57 mm Durchmesser als Notwendezeiger und als Segelwendezeiger für die Ausrüstung von Leistungssegelflugzeugen. Anhand des Prinzipschemas ist die Funktion des Wendezeigers mit pneumatischem Kreiselantrieb gut zu erkennen. Die unten eintretende Sogluft trieb den Kreiselmotor an. Durch eine Drehung des Flugzeuges um die Hochachse präzediert der Kreiselrahmen entgegen dem Fesselmoment der Feder, der Rahmenausschlag wird auf den nach oben gerichteten Zeiger übertragen und ist ein Maß für die Drehgeschwindigkeit. Zur Dämpfung der Rahmen- und der Zeigerbewegung bewegt sich der am Rahmen

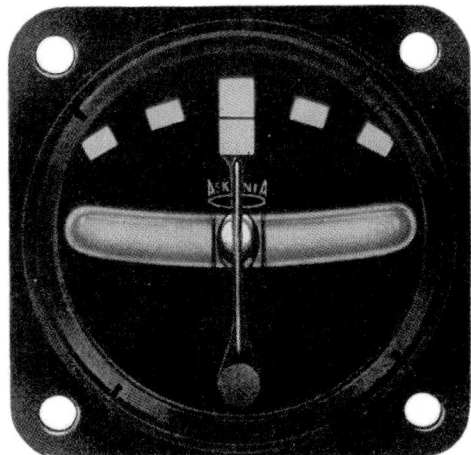

Askania-Segelwendezeiger Lge 1 im kleinen Rundgehäuse mit elektrischem Antrieb durch Taschenlampenbatterie.

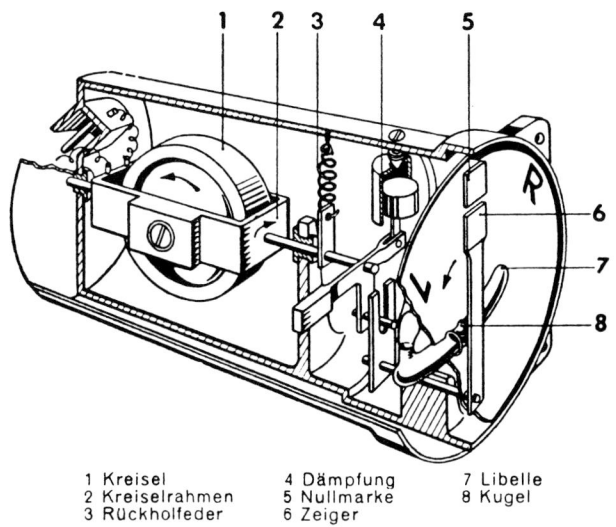

1 Kreisel
2 Kreiselrahmen
3 Rückholfeder
4 Dämpfung
5 Nullmarke
6 Zeiger
7 Libelle
8 Kugel

Askania-Wendezeiger mit elektrischem Kreiselantrieb.

angelenkte Dämpfungskolben im Dämpfungszylinder. Um die Betriebssicherheit der Wendekreiselanzeige auch bei schlechtem Wetter zu erhöhen, wurde eine Ausführung des Wendezeigers mit Gleichstromantrieb in der großen und kleinen Norm entwickelt, wobei die Ausführung für Segelflugzeuge durch eine Taschenlampenbatterie betrieben werden konnte. In dem Funktionsbild des elektrischen Wendezeigers ist der geänderte Antrieb des Kreiselrotors zu erkennen, der übrige Aufbau des Wendezeigers entspricht der Ausführung mit pneumatischem Kreiselantrieb.

Kombinierte Anzeigegeräte

Schon während der Entwicklung von Flugzeuginstrumenten während des Ersten Weltkrieges wurden Beispiele von kombinierten Anzeigegeräten entwickelt. War auch zu der damaligen Zeit an der Instrumententafel noch ausreichend Platz für die Unterbringung der wenigen Instrumente vorhanden, war man doch um eine sinnfällige Anzeige des Flugzustandes bemüht.

Flugzeug-Horizont-Kompaß, System Drexler

Wie aus einer Zeichnung aus dem Jahr 1917 hervorgeht, hatte *Drexler* während seiner Versuchsreihen einen Entwurf für ein kombiniertes Kreiselgerät genehmigt. Der Kugelneigungsmesser zur Messung der Quer- und Längsneigung wurde durch einen darüber angeordneten Kurskreisel in einem gemeinsamen Gehäuse ergänzt. Auf diese Weise wurden die Anzeigen für die drei Lagen: Quer, Längs und Kurs in einem Gerät zusammengefaßt.

Universal-Steuerzeiger, Modell HGKB

Die Ausführung des Drexler-Steuerzeigers, Modell KB aus dem Jahr 1919, wurde in dem Modell HGKB durch eine Anzahl von Zusatzmeßgeräten ergänzt. Oberhalb des Steuerzeigers wurde ein barometrischer Höhenmesser angebracht und innerhalb des Gerätes eine Fahrtmessung mit Hilfe eines Zungen-Frequenzmessers durchgeführt. Die Messung beruhte auf der Messung der Drehzahl des im Fahrtwind befindlichen Drehstromgenerators. Es wurde durch den Frequenzmesser die Frequenz des im Generators erzeugten Drehstromes gemessen und als Fahrtanzeige ausgewertet.

Askania-Doppelkreisel

In dem Doppelkreisel wurden zwei pneumatisch angetriebene Kreisel in einem Gerät zusammengefaßt: der Wendezeiger und der Längsneigungskreisel. Dadurch konnte im gemeinsamen Gehäuse die Sogluft von der Doppelventuridüse abgesaugt werden. Die Anzeige bestand in dem oben befindlichen Wendezeiger, einer Querlagenlibelle und im Längsneigungswinkel in dem Bereich von $\mp 17°$.

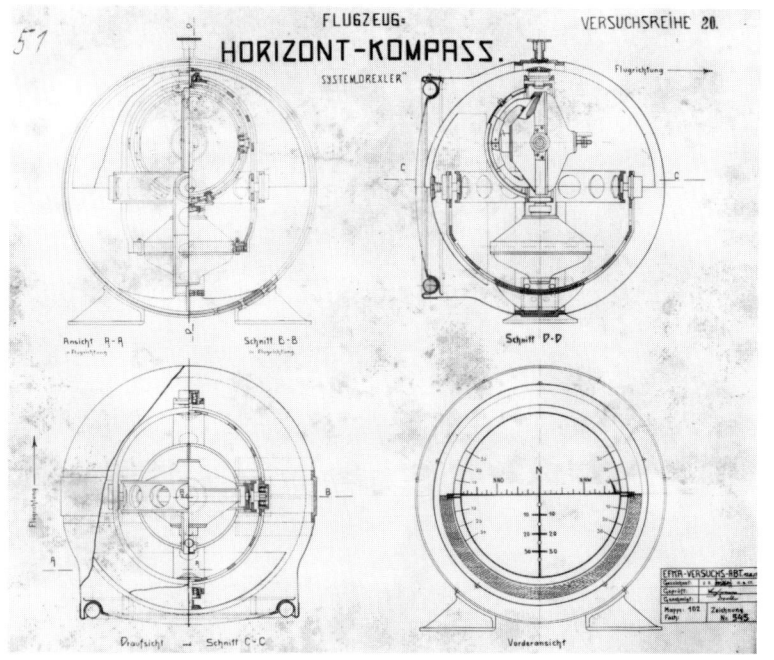

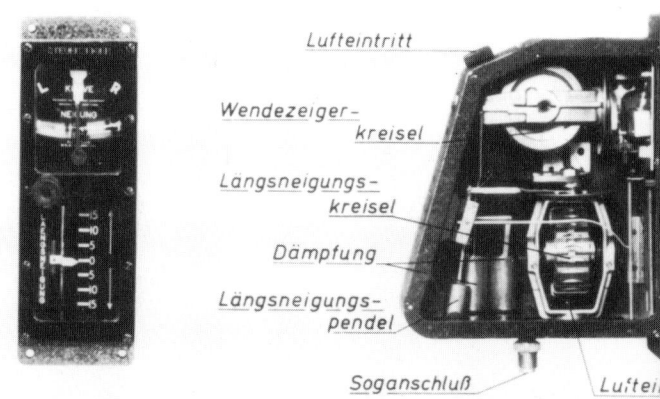

Askania-Doppelkreiselgerät mit Wendekreisel, Querlibelle und Längsneigungskreisel in einem Anzeigegerät.

Flugzeug-Horizont-Kompaß (System Drexler) mit Kurskreisel (oben) und Horizontkreisel (unten), Anzeige des Kurses an der Kursrose und Anzeige der Quer- und Längslagen durch Horizontbild.

Askania-Instrumententafel für Streckenflug mit Fahrtmesser, Höhenmesser, Wendezeiger, Kurszeiger vom Fernkompaß und Ferndrehzahlmesser.

Askania-Instrumentenbretter

In einer Druckschrift der Askania-Werke aus dem Jahr 1929 ist eine Zusammenfassung von Wendezeiger, Kursanzeiger des Fernkompasses, Höhenmesser und Fahrtmesser in einem Gerät als Navigationsbrett zur Überwachung der Fluglage und Richtung beschrieben. Hierdurch sollte der Blindflug nach Instrumenten dem Piloten erleichtert werden.

Askania-Wendehorizont

Um insbesonders in Jagdflugzeugen in der Instrumententafel Platz zu sparen, wurden während des Zweiten Weltkrieges die für den Blindflug erforderlichen Geräte Wendezeiger und Horizont in einem Gerät, dem Wendehorizont, vereinigt. In der Ausführung der Askania-Werke erfolgte der Kreiselantrieb durch einen Drehstrommotor, der durch die Ausbildung des Rotors und des Gehäuses gleichzeitig als Luftdruckerzeuger für die pneumatische Kreiselstützung diente. Die übrige Funktion des Horizontteiles entsprach der normalen Ausführung des Askania-Horizontes. Im hinteren Ende des Gerätes war ein zusätzlicher Wendekreisel mit Drehstromantrieb untergebracht, die Präzessionsbewegung des Rahmens wurde durch eine Welle auf die Zeigeranzeige für die Drehbewegung übertragen.

Wendehorizont, Bauart Horn

Von der Firma Dr. Horn wurde zum gleichen Zweck eine anders aufgebaute Ausführung eines Wendehorizontes entwickelt. Der Kreiselantrieb erfolgte durch Drehstrom. Die Kreiselstützung wird durch Quecksilberschalter am unteren Teil des Kreiselgehäuses gesteuert. Die bei einer Abweichung von der Lotrechten von den Quecksilberkontakten geschalteten Ströme werden zu den an den Kardanrahmen befindlichen Drehmomentengebern geleitet und führen über die Präzessionsbewegung des Kreisels die Rahmen in die horizontale Lage zurück. Infolge der

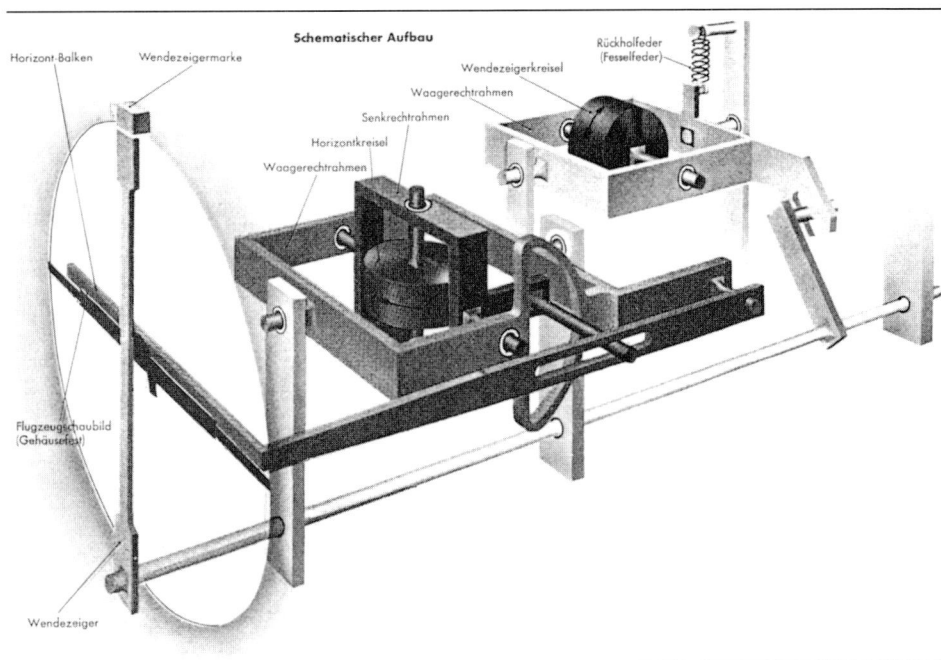

Askania-Wendehorizont. Anordnung der Kreisel und Übertragungen zu den Anzeigern für Drehgeschwindigkeit, Quer- und Längslagenwinkel.

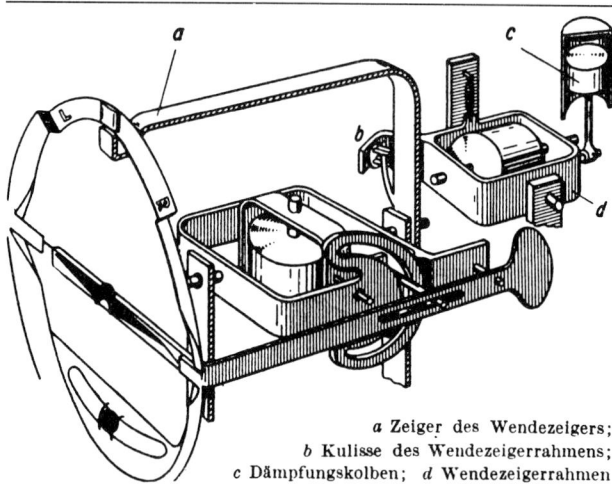

a Zeiger des Wendezeigers; b Kulisse des Wendezeigerrahmens; c Dämpfungskolben; d Wendezeigerrahmen

Wendehorizont (Bauart Horn), Anordnung der Kreisel und Übertragungen zu den Anzeigern für Drehgeschwindigkeit, Quer- und Längslagenwinkel.

Schwarz-Weiß-Schaltung der Kontaktlibellen pendelt der Kreisel und damit auch die Anzeige ständig innerhalb eines Winkels von etwa 0,5°. Aus Platzgründen ist der hinten befindliche Wendekreisel mit Drehstromantrieb mit seiner Drehachse in Längsrichtung des Flugzeuges eingebaut. Der durch diesen Einbau bedingte Meßfehler bei einer Längsneigung des Flugzeuges wird durch die Anlenkung des Rahmens an eine gegenläufig wirkende Schwungmasse verringert.

Askania Universal-Anzeigegerät

Bei der ab 1940 erfolgten Entwicklung des Dynuktiv-Dreiachsenflugreglers durch *Waldemar Möller* wurde auch eine stabilisierte Plattform zur Messung der Lagenwinkel Quer-, Längs- und Kurswinkel entwickelt. Die so kardanfehlerfreien Messungen der Lagenwinkel konnten über Fernübertragungssysteme auf eine kombinierte Anzeige übertragen werden. Zusätzlich wurden auch andere, für die Überwachung des Flugzustandes wichtige Daten und Informationen über Fernübertragung zur Anzeige gebracht. In der Ansicht des Universal-Anzeigegerätes sind die einzelnen Indikationen ersichtlich: Fahrt, Nicklagenwinkel, Kompaßkurs, Steuerkurs, Kurszeiger, Horizont, Wendezeiger, Scheinlotlibelle, Landekurs.

»Blindflug« nach Instrumenten

Die Deutsche Luft Hansa* beschäftigte sich schon ab 1927 sehr intensiv mit der Einführung eines planmäßigen Luftverkehrs. Eine wichtige Voraussetzung bestand in der Schaffung der Möglichkeit, die Flüge auch bei schlechtem Wetter, d. h. ohne Bodensicht, durchführen zu können. Unter »Instrumentenflug« wurde ein Flug ohne Sicht verstanden, bei dem das Flugzeug mit Hilfe der Bordgeräte in einem normalen und gewünschten Flugzustand gehalten wurde. Kam aber dazu noch die Strecken- und Anflugnavigation, die meist hohe Anforderungen an das räumliche Vorstellen, das räumliche Denken und das Rechnen stellte, bezeichnete man das als »Blindflug«. Entsprechend dieser Definition wird an dieser Stelle lediglich die Entwicklung des »Instrumentenflugs« beschrieben. Eine gute Einführung zu diesem Thema ist die Schilderung in einer Firmenschrift der Lufthansa anläßlich ihres 60jährigen Bestehens:

». . . Der Große Sprung
In Staaken, auf dem Gelände der Lufthansa-Werft, stand eine Junkers W 33. Der Sitz des zweiten Flugzeugführers war bei ihr mit einer Art Verschlag zugebaut. Der Aufbau hatte kleine Fenster, die mit Gardinen verschlossen wurden: So wurde auf primitive Weise Nacht und Nebel simuliert. Der Lehrer saß im Freien.
Der Übergang von der ›Fliegerei der Parterre-Akrobaten‹ zum Blindflug und das heißt zum Instrumentenflug, vollzog sich bei der

Askania-Universal-Anzeigegerät mit (von oben nach unten) Kurskreisel- und Steuerkursanzeige, Kurszeiger, Horizontanzeige, Lichtzeichen für Landebakenanflug, Wendezeiger, Querlibelle, Fahrtanzeige (links) und Längslagenwinkel (rechts).

---
* Bei Gründung 1926 Luft Hansa, ab 1. 1. 1934 in Lufthansa geändert.

Lufthansa seit 1927. *Willy Polte,* einer der Lufthansa-Lehrer, sagte damals über diesen großen Sprung: ›Die Erlernung des Instrumentenfluges ist mindestens ebenso schwierig wie die des Fliegens überhaupt.‹ Die Gründe (laut Polte): Der Flugzeugführer hat beim Flug ohne Sicht kein Gefühl für die Lage der Maschine; er muß mehrere Instrumente (Wendezeiger, Höhenmesser, Geschwindigkeitsmesser, Kompaß) gleichzeitig beobachten und muß anhand eingehender Wetterberichte die Fluglage überdenken. ›Das Ablesen der Instrumente und das Umsetzen in die dazugehörenden Steuerbewegungen müssen also im Unterbewußtsein getan werden; dazu ist große Übung nötig, da die Instrumente heute noch gewisse Fehler und Eigenheiten besitzen.‹

Was 1927 noch freiwillig war, wurde im Winter 1929/30 zur Lehrgangspflicht – nicht ohne den Widerstand mancher Piloten, die das Konzept des Blindfluges im planmäßigen Luftverkehr für verfrüht hielten. Unter dem Motto ›Piloten klagen an‹ wurde eine Pressekampagne entfacht, die besonders auf den Mann zielte, der energisch mit der Schönwetterfliegerei gebrochen hatte: Freiherr von Gablenz. Er war die treibende Kraft, konnte und durfte es sein, weil er, der ›fliegende Direktor‹, den Piloten durch seinen unerschrockenen Einsatz ein Vorbild war, wie die Pamir-Expedition und seine Atlantik-Flüge bewiesen. Die Lufthansa hielt zu ihm. Ihre Blindflugschulung bekam einen so guten Ruf, daß ausländische Gesellschaften ihre Flugzeugführer zur Lufthansa schickten.

Die Ausbildung war freilich nur eine der Voraussetzungen für den sicheren Flug ohne Bodensicht. Die beiden anderen: geeignete Instrumente und die Organisation des Funk- und Peilverkehrs.

Der ›Gyrorektor‹, der dem Piloten die Lage des Flugzeuges zur Horizontalebene anzeigte, war ein erster Schritt für kürzere Blindflüge, die Erfindung des ›Wendezeigers‹, eines Kreiselgerätes, das die Lage des Flugzeuges bezogen auf seine Längs- und Hochachse anzeigte, der nächste. Als man dann noch den Geschwindigkeitsmesser, den Höhenmesser und den Steig- und Sinkgeschwindigkeitsmesser (Variometer), den ›gedämpften Fernkompaß‹, der auch in Turbulenzen ruhig anzeigte, eingeführt hatte, konnten sich die Piloten schon relativ sicher im Luftraum bewegen . . .«

Wenn man die Schilderung der damaligen Blindflugschulung von erfahrenen Lufthansapiloten liest, kann man die nervliche Beanspruchung beim Instrumentenflug nur erahnen. So schreibt *Rudolf Braunburg* aus der Frühzeit des Instrumentenfliegens – Mit den Wendezeiger durch die Wolken – über diese Schulung:

». . . Für die praktische Blindflugausbildung versammelte sich damals die erste Blindfluggruppe auf dem Werftflugplatz Berlin-Staaken und wartete auf die Trainingsmaschine. Es war eine Junkers W 33, der Typ, mit dem Köhl, Fitzmaurice und von Hünefeld den Rekordflug über den Nordatlantik gemacht hatten. Sie hatte Doppelsteuerung und doppelte Instrumentierung. Die Gruppe erhielt sofort eine praktische Anschauung von der Leistungsfähigkeit des neuen Systems: in dreihundert Metern lag eine geschlossene Wolkendecke über Staaken, irgendwo, mittendrinn, hing die zur Landung ansetzende W 33. Konnte ein seelenloses Instrument das fliegerische Gefühl ersetzen? Wie würde die Maschine aus den Wolken kommen? Seitlich abschmierend? Oder vielleicht in Rückenlage? Sie lag wunderbar auf Kurs. Sie setzte sanft auf, wie bei strahlendem Sonnenschein. Nur der Blindflugschüler neben dem Fluglehrer *Hucke* sah nicht normal aus. Mit hochrotem Kopf und völlig durcheinander, kletterte er klitschnaß aus dem Cockpit. Ein Blindflugschüler beschreibt seine Einweisung – hinter zugezogener Cockpitscheibe – so: ›In Zweihundert Meter Höhe überließ Hucke mir das Steuer, und sofort begannen die Instrumente einen wilden Tanz aufzuführen. Von jenseits des Vorhangs, wie aus einer anderen Welt, kam eine beruhigende Stimme: Zeiger in Mittelstellung, Kugel nicht weglaufen lassen, auf Geschwindigkeit achten, Höhe halten. Es war verteufelt schwer, mit nur zwei Augen allen Instrumenten nahezu gleichzeitig die ihnen gebührende Aufmerksamkeit zu schenken und ihre Anzeigen aufeinander abzustimmen. Es war ein aufregender Kampf mit dem wankelmütigen Zeiger und der unbeständigen Kugel, die keine Sekunde daran dachte, dem Zauberlehrling zu gehorchen.‹

Wenn der Instrumentenfluglehrer den Vorhang vorübergehend öffnete, sah der Zögling nichts als Grau in Grau. Es gab kein oben

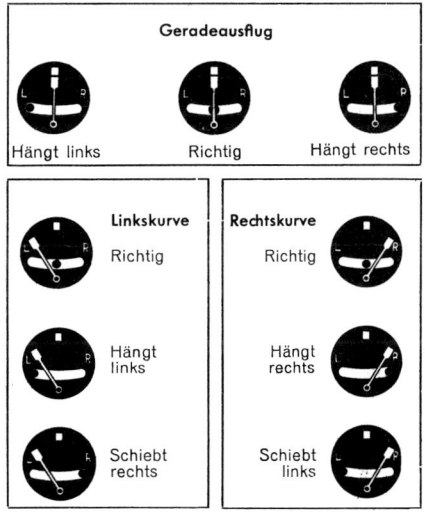

Anzeigen des Wendekreisels und des Horizonts in verschiedenen Flugzuständen.

und kein unten. Er flog, Sensation für damals, wirklich nur noch nach Instrumenten: Zeiger und Kugel in der Mitte, Fahrtmesser beachten, Höhe und Kurs halten. Der erste Schritt zur Überwindung des Nebels war getan. Als weiteres Instrument kam ein Variometer hinzu. Natürlich gab es damals noch keinen künstlichen Horizont...«

Wenn man die Bilder der Anzeigen vom Wendezeiger und Horizont in den verschiedenen Flugzuständen und Fluglagen betrachtet, kann man die Anstrengungen der Piloten während der Schulungsflüge erahnen.

Mit der weiteren Entwicklung und Einführung von Bordinstrumenten wie künstlicher Horizont, kompaßüberwachter Kurskreisel oder kreiselgestützter Fernkompaß und dem Kreuzzeigerinstrument der Landebaken wurde der Blindflug nach Instrumenten auch für den Langstreckenflug und für die Landung bis zur Erreichung einer Mindestsichthöhe möglich. Die Instrumentierung wurde immer einheitlicher und vollständiger. Die Zuordnung der Instrumente zu den Flugzeugsteuer- und Flugzeugbewegungen ist in folgender Tabelle dargestellt:

Bewegung um die	erzeugt durch	angezeigt durch
Hochachse	Seitenruder	Kompaß Wendekreisel Kurskreisel
Querachse	Höhenruder	Horizontkreisel Variometer Fahrtmesser Höhenmesser
Längsachse	Querruder	Libelle Horizontkreisel

Während des Zweiten Weltkrieges wurden die Entwicklungen von Instrumenten für den Blindflug nach den Forderungen der Luftwaffe ausgerichtet. So wurde auch eine einheitliche Anordnung der Instrumente erarbeitet. Entsprechend der Wichtigkeit der Anzeigeinstrumente für die Erhaltung der Fluglage mußten sie mehr oder weniger in der Nähe der Hauptblickrichtung angeordnet werden. Aus dem Bild der Einheits-Blindfluggerätetafel, Ende 1943, ist zu erkennen, daß den Kreiselgeräten zur Überwachung des Flugzustandes eine überragende Bedeutung zukam.

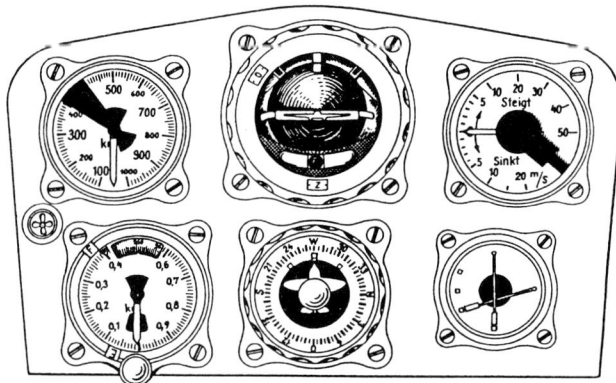

Einheits-Blindfluggerätetafel der Luftwaffe, 1943, mit (in der oberen Reihe) Fahrtmesser, Wendehorizont, Variometer und (in der unteren Reihe) Feingrobhöhenmesser, Tochterkompaß, Kreuzzeiger für Landebakenanflug.

»Es wird geflogen..., ...bei jedem Wetter.« Anzeige der Luft Hansa, 1932.

Bordinstrumente für die Bestimmung der Flugrichtung und der Navigation

Flugzeugkompaß (Nahkompaß)

In der Frühzeit der Fliegerei wurde als Navigationsgerät der in der Marine eingeführte Fluidkompaß benutzt. Dieser Marine-Fluidkompaß wurde 1875 von *Carl Bamberg* in seinen Werkstätten für Präzisionsmechanik und Optik in Berlin-Friedenau entwickelt und in der kaiserlichen Kriegsmarine eingeführt.

Im praktischen Gebrauch im Flugzeug stellten sich jedoch eine Reihe von Unzulänglichkeiten gegenüber der Anwendung auf Schiffen heraus. Das viel unruhiger in der Luft liegende Flugzeug verlangte eine starke Dämpfung der Kompaßrose sowie eine große Schwingungsdauer der Mag-

Fluid-Kompaß, Carl Bamberg, 1875.

netkompaßnadel. Eine Reihe von Firmen hatte sich während des Ersten Weltkrieges an der Weiterentwicklung des Fluidkompasses für die Anwendung in Flugzeugen beteiligt. Als Ergebnis dieser Entwicklungen und der Erprobung durch die militärischen Dienststellen wurden Richtlinien für einen Armeekompaß geschaffen. Darin wurden lediglich Mindesteigenschaften definiert, die Ausführung den Firmen jedoch freigestellt. Der in einem Kardangestell pendelnd aufgehängte Kompaßkessel war zur Dämpfung der Kompaßnadel mit einer Flüssigkeit gefüllt; vorwiegend wurde eine Alkoholmischung verwendet. Die Kompaßrose wurde in ihrer Beschriftung ebenfalls normiert. Eine elektrische Innenbeleuchtung war vorgegeben. Am unteren Ende wurde eine feststehende Kompensiereinrichtung verlangt, um die magnetischen Störfelder des Flugzeugs nach dem Einbau auszugleichen.

Nach dem Ersten Weltkrieg hat sich insbesondere die aus einer Fusion der Firmen Carl Bamberg und der Centralwerkstatt-Dessau gebildete Firma Askania-Werke, Bambergwerk (Berlin-Friedenau) mit der Entwicklung von Flugzeugkompassen beschäftigt. Über diese Entwicklungszeit berichtete der damalige Leiter der Luftfahrtinstrumentenentwicklung der Askania-Werke, *Waldemar Möller,* später:

». . . Schnellschwingende Kompasse.

Mit welchen unerwarteten Schwierigkeiten man bei einer scheinbar einfachen Umstellung eines bekannten Geräts im Flugzeug rechnen muß, möge die Anpassung des alten Bamberg-Flugzeugkompasses an die Arbeitsbedingungen in modernen Flugzeugen zeigen.

Der Bamberg-Flugzeugkompaß war eine nur in Größe und Gewicht modifizierte Ausführung des alten schwimmerentlasteten Schiffskompasses mit seinen schweren kupferummantelten Magneten und einer ebenso schweren emaillierten Kupferblechrose. Die mit dem großen Trägheitsmoment verbundene lange Schwingungsdauer bei geringer Dämpfung störte auf den langsam fahrenden Schiffen wenig, zumal der Kompaß durch eine gewichts- und platzaufwendige Kompensationseinrichtung vor den halb-, viertel- und achtelkreisigen Störfeldern in der Horizontal- und auch durch eine Krängungskompensation in der Vertikalebene abgeschirmt werden kann. Die Kompensation magnetischer Störfelder verlangt im Bereich des Magnetsystems aber einen parallelen Kraftlinienverlauf. Je größer das Magnetsystem des Kompasses, um so größer wird damit auch die zu entstörende Zone. Das ist nur durch entsprechend große und schwere Kompensationseinrichtungen in einem genügend weiten Abstand vom Kompaß zu erreichen – eine im engen Flugzeug unerfüllbare Forderung. Sie erzwingt für einen Flugzeugkompaß eine radikale Verkleinerung des Trägheitsmomentes und des Magnetsystems in Verbindung mit einer starken Dämpfung des schwingenden Systems. Die emaillierte Kupferrose mußte einer hauchdünnen Glimmerplatte mit einer aufgedruckten Teilung, die kupferblechummantelten, schweren Magnete einem leichten sechsteiligen, nur oberflächengeschützten Magnetsystem von nur 1 g Auflagegewicht weichen.

Die mit dem zergliederten Aufbau des schwingenden Systems entstandene starke Kopplung an die Kompaßfüllung erforderte zur Vermeidung von Schleppfehlern in den Kurven wiederum eine möglichst große Entkopplung der Füllflüssigkeit von dem Kompaßgehäuse durch eine glatte kugelförmige Ausbildung.

Diese, auf den ersten Blick vielleicht nur einfachen Änderungen des Kompaßaufbaues zogen einen ganzen Rattenschwanz unvermuteter Probleme hinter sich her. So verfärbte sich die anfangs noch blütenweiße Rose mit ihrer Teilung unter der Einwirkung der durch den kugelförmigen Aufbau brennglasartig verstärkten Lichteinstrahlung bald zu einem schmutzigen Grau. Auch die Kompaßfüllung selbst ging alle nur denkbaren chemischen Verbindungen mit dem Oberflächenschutz des Magnetsystems und der aufgedruckten Teilung ein und verwandelte die anfangs so glasklare Füllflüssigkeit

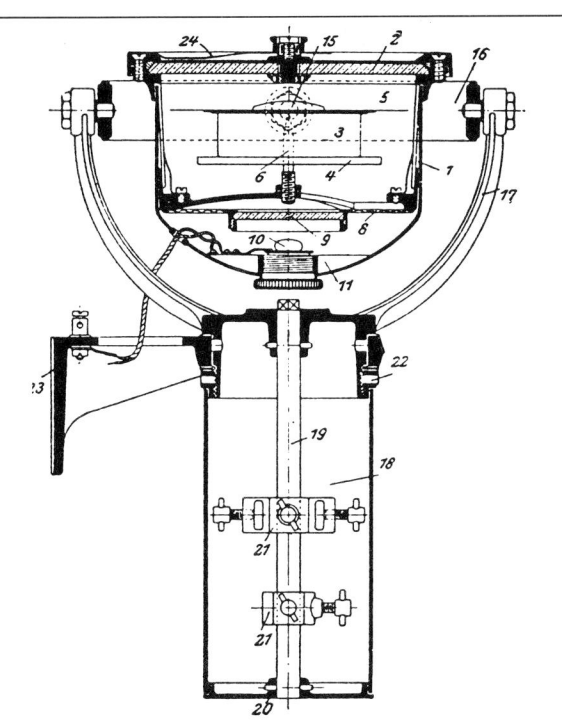

Normalisierter Rumpfkompaß, 1917.

in wenigen Wochen in ein tintenartiges Gemisch. Viele zeitraubenden, geduldigen und systematischen Versuchsreihen waren notwendig, um eine stabile Komposition der Füllflüssigkeit, der Druckfarben und des Oberflächenschutzes zu finden. Und selbst, als wir nach jahrelangen harten Prüfungen glaubten am Ziel zu sein, gab es immer wieder unerwartete Rückschläge. Einer steht mir besonders in der Erinnerung. So hatten wir damals im berühmten Europa-Rundflug (1930) für alle deutschen Teilnehmer die gesamte Geräteausrüstung geliefert – unter anderem auch für den späteren Sieger *Morzik*. Als dieser bei dem festlichen Empfang auf dem Flughafen Tempelhof seinem Flugzeug entstieg, bekam er mich in die Augen und brüllte mich im Kreis aller hohen Behördenvertreter an:
›Wenn Sie schon keine Bordgeräte bauen können, stellen Sie sich gefälligst auf die Fertigung von Mistwagen um.‹
Was war geschehen? Ausgerechnet das Flugzeug von Morzik hatte bei seiner Zwischenlandung in Spanien so lange und unglücklich in der grellen Sonne gestanden, daß durch die konzentrierte Strahlung ein chemischer Umschlag der Nitrofarbe erfolgte, das infolge Säurebildung wieder zur berüchtigten Tintenbildung der Kompaßfüllung führte. Der arme *Morzik* mußte den Rundflug mit seinem Armkompaß beenden. Sein temperamentvoller Ausbruch war mir deshalb zwar durchaus verständlich, in dieser Umgebung aber nichtsdestoweniger äußerst peinlich. Und dabei hatten alle anderen Kompasse dieses Pech nicht gehabt und glänzten in unschuldsvoller Weise. Wieder begann die Suche nach besseren Kombinationen und einer Glassorte mit wirkungsvollerer Filterwirkung. Den Unglückskompaß nahmen wir aber in unserer Werkssammlung auf und gaben ihm den Namen ›Königin der Nacht‹. Und manches andere blieb bei diesen Kompassen auch fürderhin ungeklärt und mußte der Erfahrung überlassen bleiben. So wurde es aus devisentechnischen Gründen verlangt, statt des bislang importierten australischen Saphier für die Pinnenhütchen auf den im eigenen Land hergestellten synthetischen Saphier überzugehen. Obwohl uns die Wissenschaftler mit aller Bestimmtheit versicherten, daß es zwischen beiden weder in den physikalischen noch in den chemischen Eigenschaften irgendwelche Unterschiede gäbe, mußten wir feststellen, daß der natürliche australische Saphier eine mehrfach längere Haltbarkeit hatte als der synthetische.
Im Laufe der Jahre entwickelten wir für die verschiedenen Einsatzbedingungen eine ganze Familie von Kompassen: Für den Piloten den Kompaß ›Emil‹ – mit einer in Augenhöhe ablesbaren Trommelrose und einer von Hand einstellbaren konzentrischen Merkrose für den zu fliegenden Kurs; für den Beobachter einen Kompaß ›Franz‹ – mit einer flachen Rose, die einen schnellen Gesamtüberblick ermöglichte; für Seeflugzeuge einen größeren Kompaß mit Peilaufsatz . . .«

Die Bezeichnungen der Flugzeugkompasse der Firma Askania-Werke wurden von *Möller* geprägt: »Emil« und »Franz« waren die Spitznamen des Piloten und des Beobachters im Ersten Weltkrieg (*Möller* war im Ersten Weltkrieg als Pilot ein Emil).

Beobachter- oder Orter-Kompaß

Der für den Beobachter benötigte Kompaß ist in erster Linie für navigatorische Aufgaben bestimmt. Der Kompaß hat eine horizontal liegende Rose mit einer Unterteilung von 5 zu 5 °. Durch die kugelförmige Wölbung der Glaskuppe und

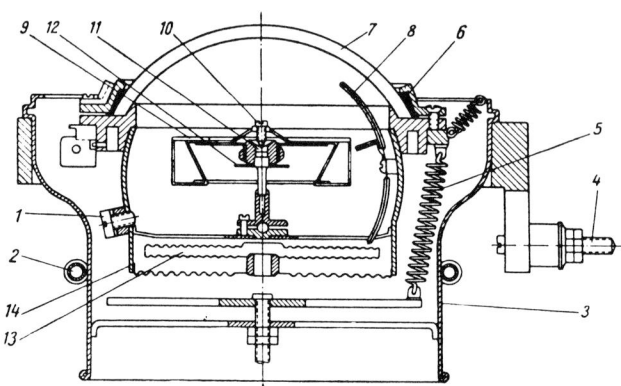

1 Füllschraube; 2 Kompensiereinrichtung; 3 Gehäuse; 4 Befestigungsschraube; 5 Federn der Aufhängung; 6 Dichtung; 7 Schauglas; 8 Steuerstrich; 9 Rose; 10 Spitze; 11 Lagerstein; 12 Magnetsystem; 13 Ausgleichsdose; 14 Kompaßkessel.

Schnittbild Orter-Kompaß »Franz«, Lkf 5, gewellter Boden zum Temperaturausgleich der Dämpfungsflüssigkeit, Kompensiereinrichtung, Askania-Werke.

durch die optische Wirkung der eingefüllten Dämpfungsflüssigkeit erscheint die Kompaßrose dem Betrachter zugeneigt und stark vergrößert. Dadurch kann der Beobachterkompaß auch in fast horizontaler Lage abgelesen werden. In dem

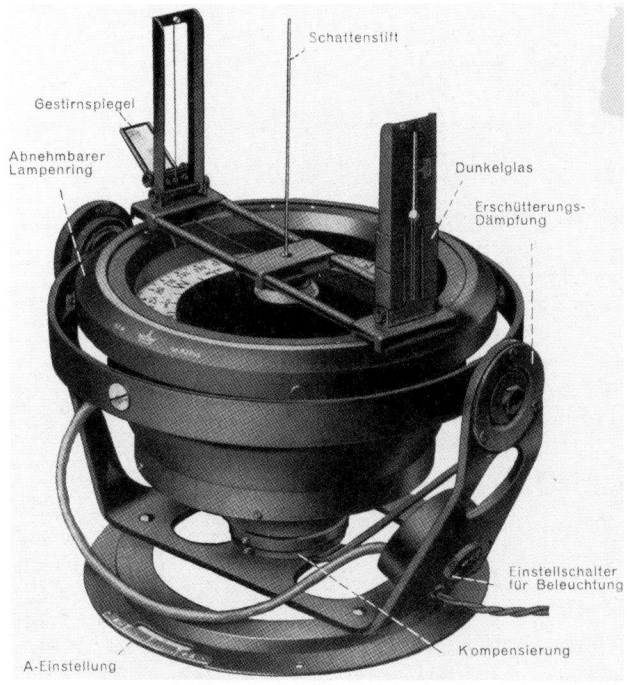

Großer Orterkompaß Lpk 4 mit Peilvorrichtung, Askania-Werke.

Schnittbild des Beobachter-Kompasses sind die zum Volumenausgleich bei Temperaturänderungen erforderlichen Membrandosen ersichtlich. Am Boden befinden sich die für eine Kompensation der Flugzeugstörfelder notwendigen Kompensationsmagnete. Der Orter-Kompaß »Franz« Lkf 5 der Askania-Werke hat einen Außendurchmesser von 120 mm. Von anderen Firmen wurden ähnliche Ausführungen des Beobachterkompasses geliefert, z. B. Ludolph A. G. (Bremerhaven). Ein großer Orterkompaß mit Peilvorrichtung wurde für die Weitstreckenflüge von Seeflugzeugen und für die Verwendung in Luftschiffen als Steuerkompaß unter der Bezeichnung Lkp 4 von den Askania-Werken gefertigt. Der Außendurchmesser beträgt 265 mm.

Projektions-Kompaß

Für die Anwendung beim Navigator oder Bordfunker wurde eine besondere Form eines Beobachter-Kompasses von der Firma C. Plath (Hamburg) entwickelt. Der Widerspruch zwischen einer großen Kompaßrose und einem kleinen,

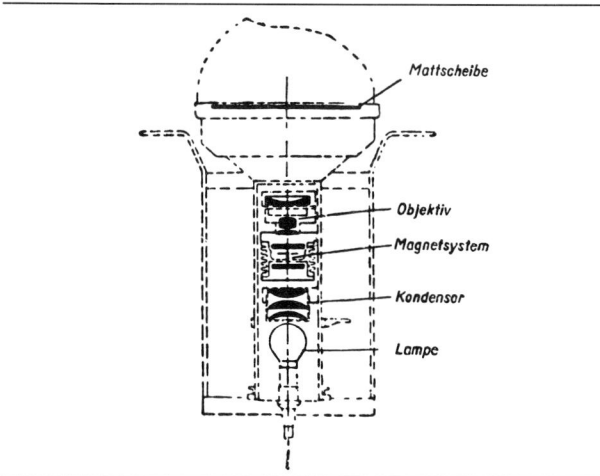

Wirkbild Projektions-Kompaß, C. Plath.

schnellen Magnetsystem konnte durch eine optische Vergrößerung gelöst werden. Ein kleines Magnetsystem von 17 mm Durchmesser wird über ein optisches Linsensystem auf eine große Mattscheibe übertragen. So konnte der Bordfunker bei der Funkpeilung den Peilwinkel auf den genau ablesbaren Kompaßkurs beziehen.

Führer-Kompaß

Der Führer-Kompaß »Emil« der Askania-Werke wird in Blickrichtung des Piloten im Gerätebrett eingebaut. Infolge seiner Rosenanordnung gestattet er ohne Umrechnung ein unmittelbares Ablesen des anliegenden Kompaßkurses, da

Führer-Kompaß „Emil", Lke 12, mit einstellbarer Steuerrose (oben), Kompaßrose (unten) und Kompensiereinrichtung, Askania-Werke.

die Rosenteilung gegenüber den tatsächlichen Himmelsrichtungen um 180° versetzt ist. Als Hilfe für den Flugzeugführer ist eine oberhalb befindliche zusätzliche Steuerrose angebracht; der Pilot kann an der darüber befindlichen Rändelschraube den gewünschten Steuerkurs einstellen. Das Flugzeug ist so zu steuern, daß beide Kursrosen sich in Übereinstimmung befinden. Bei der Ausführung »Kleiner Emil« und dem Kompaß für Segelflugzeuge in der kleinen Rundnorm entfällt die zusätzliche Steuerrose.
Ähnliche Ausführungen eines Steuerkompasses wurden auch von der Firma W. Ludolph A. G. (Bremerhaven) geliefert.

Fernkompaß

Um die Nachteile der Anbringung eines Kompasses im Gerätebrett zu umgehen, wurde auf Veranlassung von *Walter Friedensburg* während des Ersten Weltkrieges von der Firma Carl Bamberg (Berlin-Friedenau) ein »Fernkompaß« entwickelt. Der Einbauort des Fernkompasses kann an einer magnetisch günstigen Stelle im Flugzeug erfolgen, so können die Störeinflüsse auf den Magnetkompaß wesentlich verringert werden. Verwendet wurde ein Magnetsystem, welches in U-Booten in Gebrauch war und dessen Stabilitäts-Eigenschaften sich bewährt hatten. Das Magnetsystem

Fernkompaß (Selenkompaß), Kompaßkessel mit Drehvorrichtung, Carl Bamberg 1917.

ist in der üblichen Weise in dem mit der Dämpfungsflüssigkeit gefüllten Kompaßkessel aufgehängt. Im Boden sind zwei elektrische Glühbirnen mit je einer Kondensatorlinse angebracht, die zwei gebündelte Lichtstrahlen nach oben durch die Kompaßflüssigkeit hindurchwerfen. Die Lichtstrahlen fallen auf zwei Selenzellen; der elektrische Widerstand verändert sich bei der Belichtung. In einer Brückenschaltung wird diese Veränderung in einem Präzisionsgalvanometer mit einer Null-Stellung in der Mitte angezeigt. Das Magnetsystem trägt eine Blende, die in der Stellung des Steuerkurses beide Selenzellen gleichmäßig abdeckt, die Anzeige im Steuerzeiger ist also in der Mittelstellung. Tritt eine Kursänderung auf, wird eine Selenzelle vom Lichtstrahl getroffen und die andere von der Blende abgedeckt, es entsteht ein Strom zur Betätigung des Galvanometers. Der gewünschte Steuerkurs wird durch eine Verstellung des Kompaßkessels über eine Fernbedienung durch den Piloten vorgenommen. Zu diesem Zweck wird mit einer Kurbel die Kursrose in dem Bediengerät auf den gewünschten Kurs eingedreht, der Kompaßkessel folgt dieser Drehung über eine biegsame Welle. Die Steuerung des Flugzeuges auf einen bestimmten Kurs durch den Piloten ist also wesentlich erleichtert, er braucht lediglich den Kurszeiger im Instrumentenbrett auf Null zu halten.

Askania-Fernkompaß mit pneumatischer Übertragung zum Kurszeiger

Über die Weiterentwicklung des Selenkompasses zum pneumatischen Fernkompaß berichtete *Möller* später:

». . . Fernkompasse
Ganz unabhängig davon entstand eine Fernkompaßanlage, bestehend aus einem Mutterkompaß mit lichtelektrischer Abtastung für den eingestellten Kurs, einen Kursgeber für die Kursvorwahl sowie einem (oder auch mehreren) Kursanzeigern. Diese Anlage wurde später ein wichtiger Baustein für unseren Kursregler. Allerdings bereitete uns der anfangs verwendete lichtelektrische Abgriff durch die Inkonstanz der damals erhältlichen Fotozellen viel Kummer und erzwang schließlich eine vollständige Umkonstruktion der gesamten Anlage, zumal auch die abgegebene Leistung des Lichtabgriffs zur Aussteuerung des später folgenden Kraftverstärkers für den Regler nicht genügte. Der lichtelektrische Abgriff mußte einer pneumatischen Ausführung weichen, die wiederum den Übergang auf einen

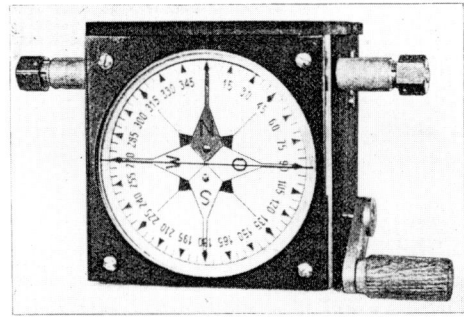

Selenkompaß, mit Kurbel einstellbare Kompaßrose (Steuerkurs) zur mechanischen Übertragung auf den Kompaßkessel.

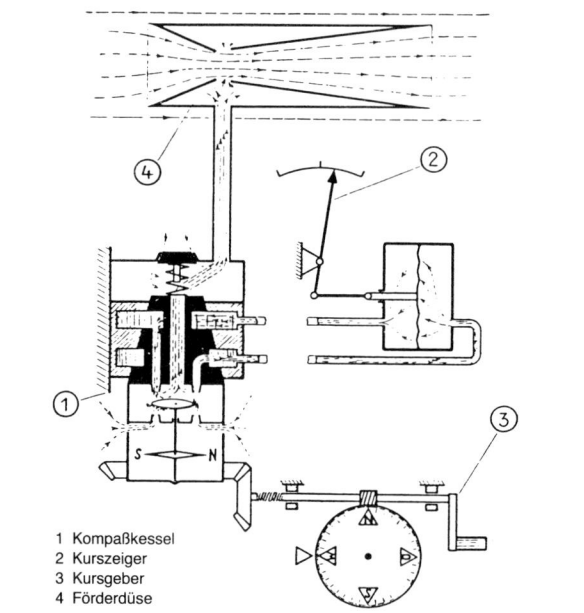

1 Kompaßkessel
2 Kurszeiger
3 Kursgeber
4 Förderdüse

Fernkompaß-Anlage Lfk, Askania-Werke.

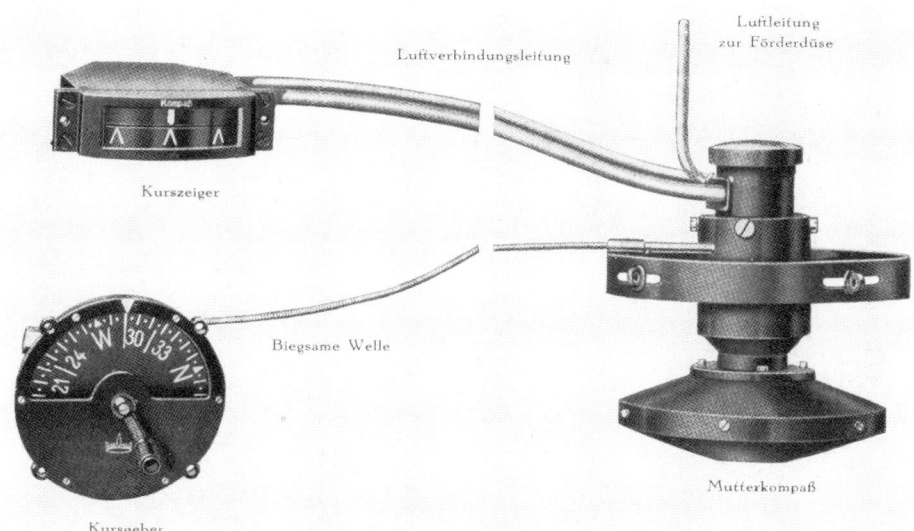

Fernkompaß-Anlage Lfk, Mutterkompaß, Kursgeber mit biegsamer Welle, Kurszeiger mit pneumatischer Übertragung der Kursdifferenz, Askania-Werke.

wirbelstromgedämpften Trockenkompaß verlangte. Dieser Aufbau hat sich wegen seiner Einfachheit und Zuverlässigkeit über viele Jahre so gut bewährt, daß er zuletzt noch als Richtgeber in die ›V 1‹ während des Zweiten Weltkrieges eingesetzt wurde . . .«

Von der 1927 erfolgten ersten Ausführung der Askania-Fernkompaß-Anlage Lfk bis zum Endstand der viele Jahre andauernden Fertigung hat sich die Konstruktion der einzelnen Geräte nur unwesentlich geändert. Der Kompaßkessel ist kardanisch gelagert. Der von unten einströmende Luftstrom wird zunächst gefiltert, durch die Düsenkammern geleitet und von der mit dem Magnetsystem verbundenen Steuerscheibe teilweise abgedeckt. Der entstehende Differenzdruck wird der Differenzdruckdose im Kurszeiger zugeleitet. Der Steuerkurs wird vom Piloten am Kursgeber eingestellt und von dort über die Kurseinstellwelle auf den Kompaßkessel übertragen. Der Kurszeiger zeigt solange eine Abweichung vom Kurs an, bis das Flugzeug in den eingestellten Kurs eingedreht hat. Der für den Betrieb erforderliche Sog (Unterdruck) wird von der im Luftstrom angebrachten Förderdüse oder einer vom Motor betätigten Sogpumpe erzeugt.

Siemens-Fernkompaß mit elektrischer Übertragung zum Kurszeiger

Die Funktion des Fernkompasses mit elektrischer Übertragung der Abweichung vom eingestellten Sollkurs zum Kurszeiger und zum Drehmagneten der automatischen Kurssteuerung ist wie folgt: In dem kardanisch aufgehängten Kompaßkessel ist das Magnetsystem zwischen zwei Pinnen gelagert. Zur Verringerung der Lagerreibung wird das Magnetsystem durch einen Schwimmer entlastet. Als tragende Flüssigkeit dient ein Elektrolyt. Der Schwimmer ist als Ringelektrode ausgebildet und stellt die Stromzuführung eines Differenzstromsystems dar. Die gegenüberliegenden Richtelektroden sind Teil eines Ringes gleicher Größe. Ein Wechselstrom fließt von der Ringelektrode zu den beiden Richtelektroden und von dort über zwei Gleichrichterbrücken zur Wechselstromquelle zurück. Zwischen den Elektroden bewegt sich eine Blende, die auf der Achse der Magnetnadeln befestigt ist. Steht sie symmetrisch zu den Richtelektroden, bleibt das Gleichgewicht der Ströme

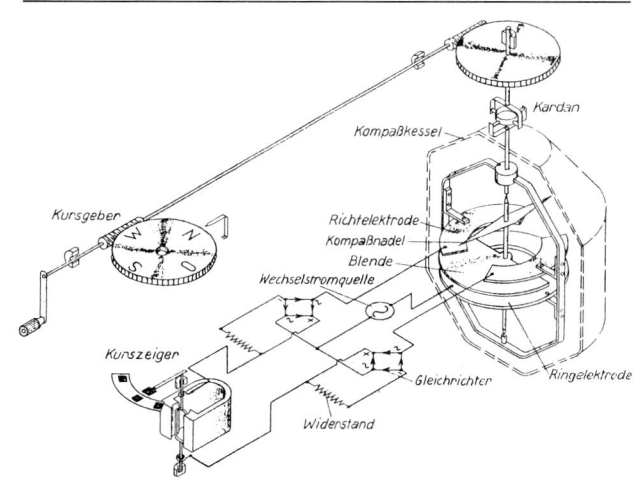

Siemens-Fernkompaß mit elektrischer Übertragung der Kursdifferenz zum Kurszeiger.

erhalten. Verdreht sich der Kompaßkessel durch eine Drehung des Flugzeuges relativ zur Kompaßnadel, hebt die Blende das Gleichgewicht der Ströme auf. Die Differenzspannung wird vom Kurszeiger angezeigt; sie ist ein unmittelbares Maß der Flugzeugabweichung von der Nordrichtung. Will man vom Nordkurs zu einem anderen Kurs übergehen, verdreht man durch den Kursgeber und einer mechanischen Welle den Kompaßkessel. Der neue Kurs ist dann an der Kursrose sichtbar; Abweichungen werden vom Kurszeiger angezeigt. Parallel zum Kurszeiger kann das Kursfehlersignal zum Drehmagneten der Kurssteuerung geleitet werden. In diesem Fall wird der eingestellte Kurs automatisch über die Rudermaschine durch Betätigung des Seitenruders gesteuert.

Patin-Fernkompaßanlage mit elektrischer Übertragung zum Tochterkompaß

Die 1928 gegründete Firma PATIN Werkstätten für Fernsteuerungstechnik GmbH Albert Patin (Berlin-Britz) produzierte zunächst Fotozellen, die durch konstruktive Maßnahmen größeren Leistungen erzielt hatten und einen großen Absatzmarkt fanden. Der Schwerpunkt der Entwicklungsarbeiten lag bei der Fernübertragung und Verstärkung von elektrischen Gleichstromsignalen. Anfang der 30er Jahre gelang die technische Lösung einer Gleichstrom-Signalübertragung über 360°. Die Fernübertragung erfolgte mittels Feinstdrahtpotentiometer in selbstabgleichender Brückenschaltung in Verbindung mit einem Kernmagnet-Drehspulsystem mit drei um 120° versetzten Spulen. Die Eingangswelle betätigt die drei um 120° Grad versetzten Schleifer auf dem Ringpotentiometer. Die Einspeisung mit Gleichspannung erfolgt in den zwei gegenüberliegenden Anschlüssen. Von dem Geber werden die drei Spannungswerte der Schleifer auf drei entsprechende Schleifer auf dem Empfänger-Potentiometer über die drei Wicklungen des mit den Schleifern verbundenen Drehspulsystems übertragen. Das Empfänger-Ringpotentiometer wird ebenfalls an den zwei gegenüberliegenden Anschlüssen mit der Netz-Gleichspannung eingespeist. Stimmen die Winkelstellungen der Schleifer vom Geber- und Empfängerpotentiometer nicht überein, entstehen Ausgleichsströme in den Wicklungen des Drehspulsystems, die die Schleifer des Empfängers in die gleiche Winkelstellung drehen. Die Potentiometer wurden aus Edelmetall-Feindraht (einer Platinlegierung) zunächst von Hand und später serienmäßig auf Spezialmaschinen gewickelt. Als besondere Leistung ist hervorzuheben, daß es den Mitarbeitern von *Patin* gelang, die Gleichstrompotentiometer und deren Abgriffe zu betriebssicheren Bausteinen für die harten Beanspruchungen im Flugbetrieb zu entwickeln.

Patin-Fernkompaßanlage

Etwa 1936 begann die Entwicklung einer Fernübertragung vom Mutterkompaß zu einem Tochterkompaß mit dem Gleichstrom-Fernübertragungssystem. Um den Einfluß der Reibung der Schleifer im Gebersystem klein zu halten, wurde das Magnetsystem mit zwei großen Dauermagnetstäben von 6 mm Durchmesser und 100 mm Länge versehen. Zur Entlastung der Lagerreibung ist das Kompaßsystem in einem Schwimmer eingebaut, die vertikale Drehachse ist in Steinlagern gelagert. Der Kompaßkessel ist mit einer kältebeständigen Flüssigkeit gefüllt. Der Schwimmer ist mit

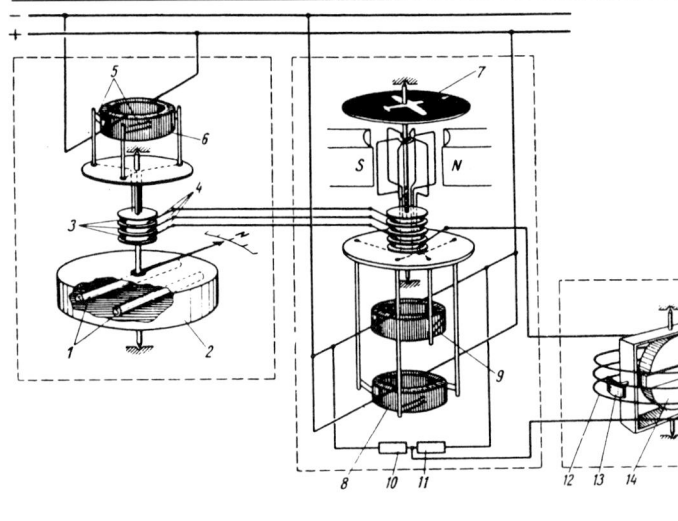

Schema der Fernübertragung Mutterkompaß – Tochterkompaß – Kurskreisel.

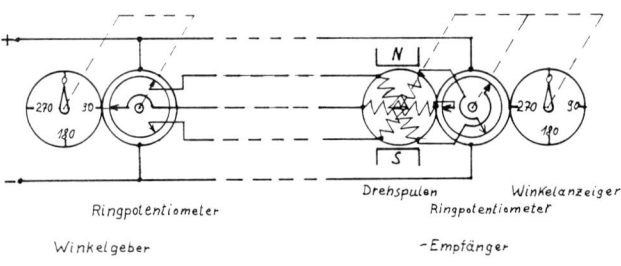

Patin-Fernübertragung der Winkelstellung über 360° durch Ringpotentiometer (Gleichstromsystem).

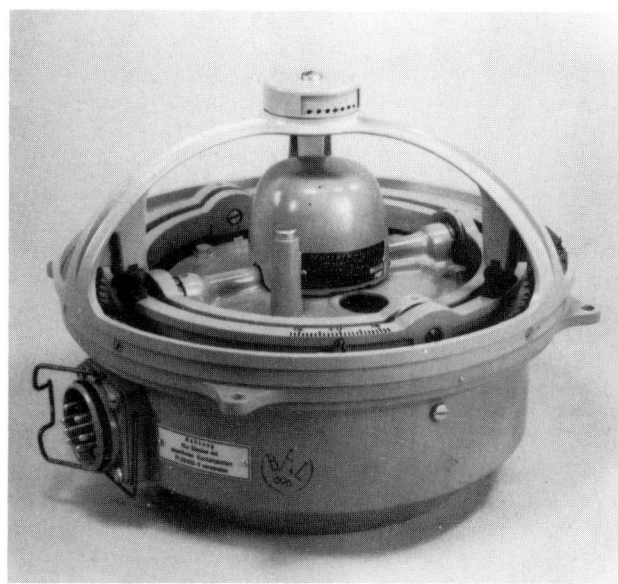

Patin-Mutterkompaß mit kardanisch aufgehängtem Kompaßkessel.

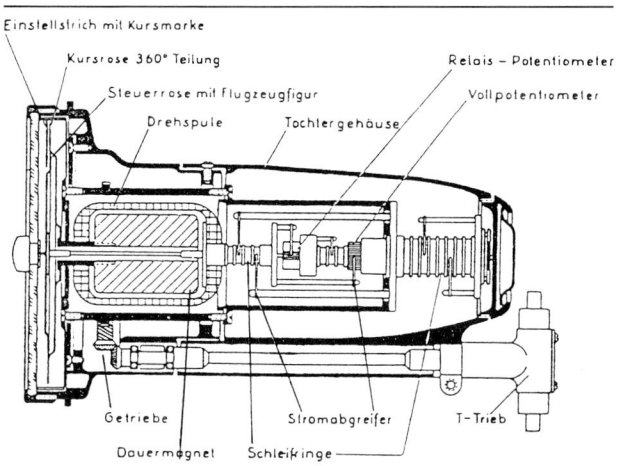

Patin-Führertochterkompaß PFK/f3 mit Relais-Potentiometer für die Stützung des Kurskreisels.

einer Skala von 360 Grad versehen; auf diese Weise kann der Kompaßkurs auch durch ein Fenster im Deckel des Kompaßkessels zum Zwecke der Kompensierung abgelesen werden. Der Kompaßkessel ist in zwei Kardanringen gelagert und verbleibt bis zu einer Neigung von 25° in der Horizontalebene. Das gesamte Kompaßsystem mit den Kardanringen ist gegenüber dem Gehäuse in einem Federring abgefedert.

Der Führertochterkompaß genannte Empfänger enthält eine vom Mutterkompaß über 360° elektrisch gesteuerte Steuerrose für Kurs- und Nullpunktanzeige und eine durch den Kursmotor mechanisch einstellbare Kursrose. Zur Stützung des Kurskreisels ist ein zusätzliches Potentiometer angebracht, die Stellung des Schleifers dieses Potentiometers ist mit dem Einstellstrich verbunden. In dem Schnittbild des Führertochterkompaß PFK/f3 mit Stützrelais ist der Aufbau zu erkennen. Die Fernübertragung vom Mutterkompaß erfolgt auf die Steuerrose mit der Flugzeugfigur. Die außenliegende Kursrose mit der 360°-Teilung wird über den T-Trieb und dem Getriebe, zusammen mit dem Fernübertragungssystem, durch den Kursmotor eingestellt. Auf diese Weise wird erreicht, daß die Steuerrose mit der Flugzeugfigur immer nach oben zeigt und der eingestellte Kurs über den Einstellstrich mit der Kursmarke auf der Kursrose abgelesen werden kann.

Zu diesem Patin-Kompaßsystem gab es eine Reihe von Varianten und Ergänzungen, wie einen Führertochter-Kompaß PFK/f2, einen Beobachtertochter-Kompaß PFK/b1 und ein Funkpeilanzeigegerät PFA/R mit Peiltochter-Kompaß PFK/p.

Nach erfolgter Erprobung bei der DVL und der Erprobungsstelle der Luftwaffe Rechlin wurde der Patin-Fernkompaß 1938 als Einheitsgerät bei der deutschen Luftwaffe eingeführt und praktisch in allen Einsatzflugzeugen verwendet.

Patin-Tochterkompaß PFK/f1, Einstellung des Steuerkurses am Einstellring, Anzeige des Kompaßkurses durch das Flugzeugsymbol.

Kreisel-Kompaß

Eine andere Art zur Bestimmung der Richtung gegenüber der Nordrichtung besteht in der Messung der Erddrehung gegenüber der geographischen Nordrichtung durch Kreiselgeräte. Nachdem die prinzipielle Möglichkeit der Richtungsbestimmung durch Kreisel von *Leon Foucault* und *M. G. Trouve* aufgezeigt wurde, hat es viele Versuche zur praktichen Realisierung dieser Methode, insbesondere für die Anwendung auf Schiffen, gegeben.

In Deutschland war es *Dr. H. Anschütz-Kaempfe,* der es in seiner 1905 gegründeten Firma Anschütz & Co in Neumühlen bei Kiel 1908 zu dem ersten brauchbaren Kreiselkompaß für die Anwendung in der Marine brachte. Anlaß für diese Entwicklung war der Wunsch des Polarforschers beim Erreichen des Nordpols, genaue Messungen durchführen zu können. In Ermangelung geeigneter Meßinstrumente – der Magnetkompaß versagt bekanntlich seine Dienste in der Nähe des Nordpols – beschäftigte sich *Anschütz-Kaempfe* mit der Entwicklung des nordsuchenden Kreiselkompasses. Er benutzte dabei den Lehrsatz von *Leon Foucault:*

»Ein Kreisel, dessen Achse in der Horizontalebene gefesselt wird, ist auf der sich drehenden Erde bestrebt, seine Achse gleichsinnig drehend zu der Erddrehung in den Meridian einzustellen.«

Um diesen Kreiselkompaß auch in einem fahrenden Schiff anwenden zu können, muß der Meßkreisel von den Einflüssen der Beschleunigungskräfte, hervorgerufen beim Anfahren und bei Kursänderungen, geschützt werden. Der Kreiselrahmen ist jedoch als Pendel zur Horizontierung ausgebildet und somit nicht von den störenden Beschleunigungskräften zu trennen. Abhilfe bringt ein großes Schweremoment des Pendels mit einer sehr großen Schwingungsdauer. *Max Schuler,* ein Vetter von *Anschütz-Kaempfe,* berichtete über die Lösung dieses Problems:

»Der Verfasser fragte sich nun, ob es eine Schwingungszeit des Kreiselkompasses gibt, bei der diese Weisungsfehler ein Minimum erreichen. Die Rechnung des Verfassers lieferte das Ergebnis, daß die Weisungsfehler überhaupt verschwinden, wenn man den Kreiselkompaß auf eine Schwingungsdauer von 84 min abstimmt, in der der Kompaß gerade einmal um den Meridian hin und her schwingt. Diese sonderbare Schwingungszeit ist die Schwingungszeit eines Pendels von der mathematischen Pendellänge gleich dem Erdhalbmesser, wenn es in einem konstanten parallelen Schwerefeld von der Fallbeschleunigung g schwingt. Für ein solches Pendel ergibt sich die Schwingungszeit von 84 min.«

Dieser erste Einkreiselkompaß hatte jedoch beim Einsatz bei einem Flottenmanöver der kaiserlichen Kriegsmarine im Jahr 1910 bei schwerem Seegang auf allen Schiffen den gleichen Weisungsfehler. Wieder war es *Schuler,* der diesem systematischen Schlingerfehler durch Berechnungen auf die Spur kam und auch einen Lösungsvorschlag seinem Vetter unterbreitete. Nach einigen Vorversuchen entstand die Anordnung von drei Kreiseln. Der untere Kreisel dient zur

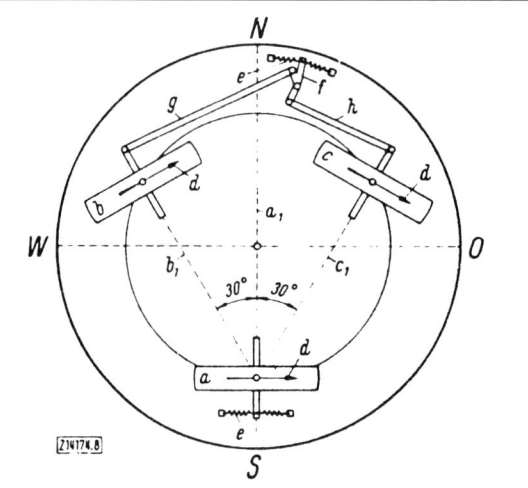

Anordnung der drei Kreisel im Anschütz-Kreiselkompaß: Meßkreisel a, Kompensationskreisel b, c.

Bestimmung der Nordrichtung, die beiden oberen Kreisel zur Stabilisierung der Kompaßrose in der Ost-West-Ebene. Die beiden Kreisel sind durch eine Feder in der Mittelstellung gefesselt und mit einem Gestänge so verbunden, daß der eine Kreisel entgegengesetzt dem anderen Kreisel ausgelenkt wird.

Die gesamte Konstruktion des Dreikreiselkompasses ist im Schnittbild gezeigt. Eine in Quecksilber schwimmende

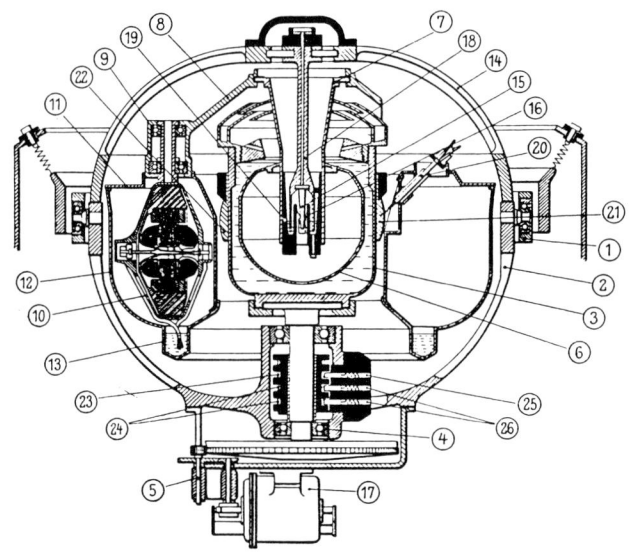

Schnittbild Dreikreisel-Kompaß, Anschütz.

Hohlkugel trägt den Kompaß. Der Schwimmer wird durch einen Zentrierstift, der über einen Hals in die Mitte der Kugel hineinragt, zentriert. Die drei Kreisel sind außen im Kreis angeordnet und so viel unter den Auftriebspunkt der Kugel gelegt, daß eine Schwingungszeit des Kreiselkompasses von 84 min entsteht. Das Gehäuse des Kreiselkompasses ist zur Verringerung der Kreiselreibung und zur Erhöhung der Wärmeabfuhr mit Wasserstoffgas gefüllt. Die erforderliche Dämpfung der Schwingungen des Kompaßsystems wurde durch Schlingertanks nach *H. Frahm* erreicht. Zu diesem Zweck waren zwei Tanks gegenüber am Rahmen angebracht und mit Öl gefüllt. Der Ölfluß in der Verbindungsleitung zwischen diesen Tanks wurde so gedrosselt, daß die Dämpfung des Kreiselsystems auf das Dämpfungsmaß 1,6 eingestellt werden konnte.

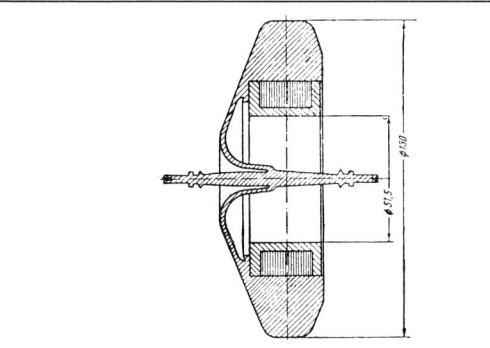

Kreiselrotor mit schwanker Welle aus einem Stück Stahl gedreht.

Der Kreisel wurde mit Drehstrom mit einer Frequenz von 333 Hz angetrieben. Die Drehzahl des Asyncronmotors beträgt 20 000 bis 18 000 min^{-1}. Zur Vermeidung der unvermeidlichen Unwucht war die Kreiselachse nach *A. Föppl* als schwanke Welle ausgebildet, d. h. der Kreisel zentriert sich bei den Umdrehungen selbst. Der Kreiselrotor hat einen Durchmesser von 130 mm, die Achse einen Durchmesser von 5–6 mm und ist mit der schwanken Welle aus einem Stück Stahl gedreht.

Tochterkompaß

Um den für einen Kreiselkompaß günstigsten Aufstellungsort frei wählen zu können, wurde schon bei dem Einkreiselkompaß eine Fernübertragung zu einem oder mehreren Tochterkompassen vorgesehen. Zu diesem Zweck ist der Behälter mit der Quecksilberfüllung um die vertikale Achse drehbar gelagert und kann über ein Zahnradgetriebe von einem Wendemotor verdreht werden. Die Nachführung des Behälters durch den Wendemotor erfolgt durch eine Steuerung der Wicklungen mit Drehstrom für den Kreiselantrieb.

Die vom Kreiselteil angetriebene Kompaßrose trägt eine Kontaktperle, die mit zwei halben Schleifringen in Verbindung steht. Der Wendemotor befindet sich in der Ruhestellung, wenn die Kontaktperle sich in der neutralen Zone zwischen den Schleifringen befindet. Die Umdrehungen des Wendemotors werden über ein Gleichstrom-Fernübertragungssystem auf den Schrittmotor im Tochterkompaß übertragen. Durch die Zahnradübersetzung zwischen der nachgedrehten vertikalen Achse im Kompaß und dem Wendemotor wird der Drehwinkel entsprechend vergrößert, in der gleich großen Untersetzung im Tochterkompaß wird der Drehwinkel wieder verkleinert. Auf diese Weise entspricht die Anzeige im Tochterkompaß der Anzeige im Mutterkompaß. Eine innere Hilfsrose ist im Zahnradgetriebe so übersetzt, daß diese Hilfsrose eine Umdrehung bei einem Winkel der Kompaßrose von 10° macht.

So kann der Kompaßkurs auf $1/10$° genau abgelesen werden. Dieser Dreikreisel-Kompaß der Firma Anschütz war in der Zeit zwischen 1912 und 1925 bei der deutschen Kriegsmarine eingeführt und hat sich auf Kriegs- und Handelsschiffen gut bewährt.

Kugelkompaß von H. Anschütz-Kaempfe

Die begrenzte Rahmenfreiheit des Dreikreiselkompasses brachte beim Einsatz in kleineren Schiffen, z. B. in Torpedobooten bei schwerem Seegang, den Zentrierstift zum Anschlag und so zur Fehlweisung des Kompasses. Es gelang, diesen Fehler dadurch auszuschalten, daß man eine Kugel völlig frei schwebend in Flüssigkeit aufhängte und darin das Kreiselsystem des Kompasses einbaute. Diese Aufgabe hat nach jahrelangen Versuchen *Anschütz-Kaempfe* persönlich

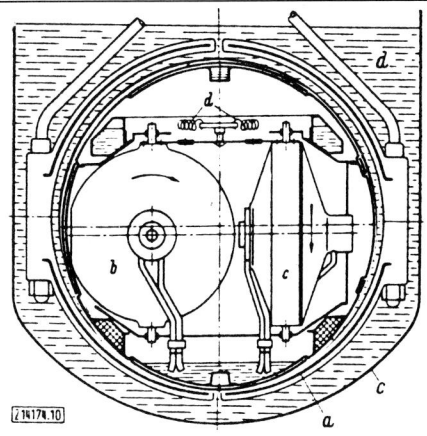

a Hüllkugel (Aluminiumschale)   c Schwimmerbehälter
b Blasspule   d Wasserfüllung

Kompaßkugel, in einer Flüssigkeit schwebend. Die Auftriebsdifferenz wird durch eine Blasspule in der Kompaßkugel und durch Wirbelströme in der Hüllkugel ausgeglichen.

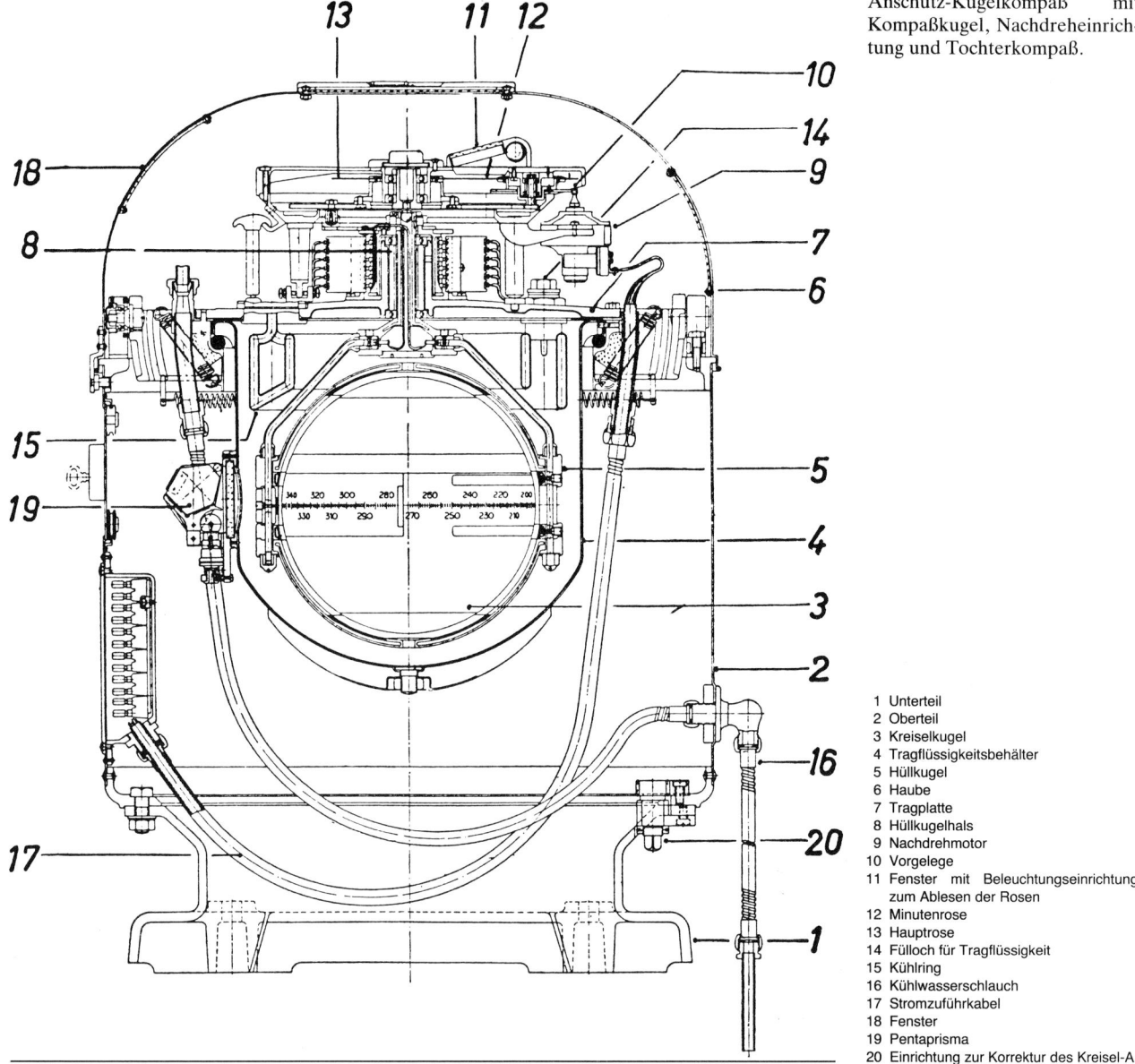

Anschütz-Kugelkompaß mit Kompaßkugel, Nachdreheinrichtung und Tochterkompaß.

1 Unterteil
2 Oberteil
3 Kreiselkugel
4 Tragflüssigkeitsbehälter
5 Hüllkugel
6 Haube
7 Tragplatte
8 Hüllkugelhals
9 Nachdrehmotor
10 Vorgelege
11 Fenster mit Beleuchtungseinrichtung zum Ablesen der Rosen
12 Minutenrose
13 Hauptrose
14 Fülloch für Tragflüssigkeit
15 Kühlring
16 Kühlwasserschlauch
17 Stromzuführkabel
18 Fenster
19 Pentaprisma
20 Einrichtung zur Korrektur des Kreisel-A.

gelöst. Als Schwimmer dient eine im Wasser schwebende Kugel. Sie ist etwas schwerer als das verdrängte Wasser. Die Gewichtsdifferenz wird von einer in die Kompaßkugel eingebauten Blasspule getragen. Sie induziert in der umgebenden Hüllkugel aus Aluminium Ströme, die auf die Blasspule in der Kompaßkugel abstoßend wirken. Auf diese Weise wird nicht nur die Gewichtsdifferenz zwischen dem Auftrieb und dem Eigengewicht getragen, sondern auch die Kompaßkugel in der Mitte der Hüllkugel zentriert.

In der Kompaßkugel befinden sich die zwei über Hebelgestänge verbundene Meßkreisel; der dritte Kreisel konnte entfallen, da die Einstellmomente der zwei Kreisel ausreichten. Die Stromzuführung des Drehstromes für den Kreiselantrieb und die Blasspule erfolgt durch leitende Kalotten an den Polkappen und einem leitenden Ring am Äquator an der Hüllkugel. An der Kreiselkugel befinden sich gegenüber entsprechende Stromleiter. Die Übertragung des Stromes erfolgt über die leitende Tragflüssigkeit, bestehend aus destilliertem Wasser, einem Zusatz von Glyzerin zur Regelung ihrer Dichte und einer geringen Menge Schwefelsäure für die elektrische Leitfähigkeit. Zur Steuerung der Nachführung der äußeren Hüllkugel und damit auch zur Steuerung der Tochteranzeige durch den Wendemotor ist der Stromzuleitungsring am Äquator unterteilt. In der neutralen Zone zwischen den Halbringen befinden sich zwei stromleitende Wendekontakte, die mit den Steuerwicklungen des Wendemotors verbunden sind. Der Wendemotor dreht die äußere Hüllkugel immer der Drehung der Kompaßkugel nach. Gleichzeitig erfolgt auch die Anzeige des Tochterkompasses über den am Wendemotor angebrachten Drehmelder durch eine Wechselstrom-Fernübertragung.

Im Jahr 1930 wurde dieser Kugelkompaß zum ersten Mal auf einem Torpedoboot bei schwerem Seegang erprobt. Es zeigte sich, daß die Weisung dieses Kugelkompasses gegen alle Störungen von außen geschützt war.

Anwendung des Kreiselkompasses in der Luftfahrt

Die Anwendung des Kreiselkompasses im Flugzeug war zwar sehr erwünscht, jedoch aus mehreren Gründen nicht möglich. Zum einen war das Gewicht der für die Marine entwickelten Kreiselkompasse zu groß. Die Rahmenfreiheit war für die großen Querlagen im Kurvenflug und ebenfalls im Steig- oder Sinkflug nicht ausreichend, der Kreiselrahmen kam zum Anschlag und die Weisung der Kompaßanzeige wurde gestört. Ein Hauptgrund gegen die Anwendung ist jedoch ein prinzipieller: Die Kompaßanzeige wird durch die Eigengeschwindigkeit des Flugzeugs gefälscht, d. h. die vom Kreiselkompaß gemessene Geschwindigkeit der Erddrehung ist um den Betrag der Flugzeuggeschwindigkeit verändert.

Bei Anwendung auf Schiffen mit ihren geringen Eigengeschwindigkeiten ist dieser Fahrtfehler gering und kann in der Auswertung bei der Kurskopplung berichtigt werden.

In den deutschen Luftschiffen, die in den 20er und 30er Jahren den planmäßigen Luftverkehr über den Atlantik und nach Südamerika durchführten, war der Anschütz-Kreiselkompaß jedoch ein wertvolles Hilfsmittel des Rudergängers für die Kurssteuerung. Eine erste Anwendung des Kreiselkompasses erfolgte 1924 im Reparationsluftschiff LZ 126. Für diese Anwendung im Luftschiff wurde die Kreiselkompaßanlage geringfügig abgeändert: das Gehäuse wurde aus Aluminium gefertigt, die Gasfüllung wurde anstelle Wasserstoff mit Helium vorgenommen. Bei den Erprobungsfahrten und bei der Überführung nach den USA hatte sich der Anschütz-Dreikreiselkompaß bewährt. Die fehlende sorgfältige Wartungsarbeit war möglicherweise der Grund für die Unzufriedenheit der Abnehmer in den USA, die Anlage wurde ausgebaut und kam infolge unsachgemäßer Verpackung beschädigt bei den Zeppelin-Werken in Friedrichshafen an.

Anschütz-Tochterkompaß, eingebaut am Seiten-Steuerstand Luftschiff LZ 126. Die innenliegende Hilfsrose macht eine Umdrehung bei 10° der Kompaßrose.

Die folgenden Luftschiffe LZ 127 und LZ 129 waren ebenfalls mit dem Anschütz-Kreiselkompaß ausgerüstet. Von den Steuerleuten wurde insbesondere die genaue Anzeige des Tochterkompasses mit seiner Hilfsskala von $^1/_{10}$° gelobt. Durch die ständig sich bewegende Hilfsskala konnte die Funktion des Kreiselkompasses überwacht werden; außerdem konnte dadurch ein Wendekreisel entfallen. Die Anzeigen des Kreiselkompasses sind jedoch nur bis zu einer Breite von 80° brauchbar, für Polarflüge ist der Sonnenkompaß anzuwenden.

Richtkreisel, Kurskreisel

Askania Richt- und Kurskreisel, Bauart Sperry

Im Jahr 1930 nimmt die Firma Askania-Werke eine Nachbaulizenz von der amerikanischen Firma Sperry für einen Richtkreisel und einen künstlichen Horizont. Diese Geräte waren entwickelt worden, um den Blindflug (Flug nach Instrumenten) zu ermöglichen. Diese neuen Kreiselgeräte besaßen einen pneumatischen Antrieb. Dazu wurde die Luft aus dem dichten Gehäuse abgesaugt, die nachströmende Luft durch ein Filter gereinigt und über eine Luftführung mit düsenförmigem Ausgang zum Antrieb des Kreisels benutzt. Der Kreiselrotor besaß dazu am Umfang schaufelförmige Vertiefungen, so daß der Kreisel als Luftturbine eine Drehzahl von etwa 14 000 min^{-1} erreichte. Der Richtkreisel mit horizontaler Laufachse ist im inneren Kardanrahmen gelagert. Der äußere Kardanrahmen ist mit der trommelförmigen Kursrose verbunden, diese muß mit einem zu bedienenden Einstellknopf auf den anliegenden Kompaßkurs eingestellt werden. Während der Einstellung muß der Knopf eingedrückt sein, dadurch werden gleichzeitig die Rahmen in ihrer horizontalen und vertikalen Lage arretiert. Durch unvermeidliche Reibungs- und Unwucht-

53

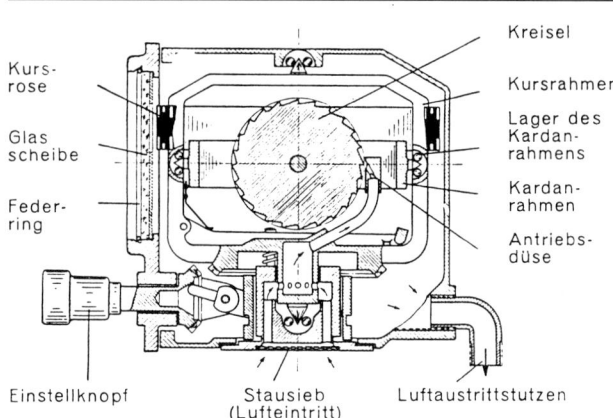

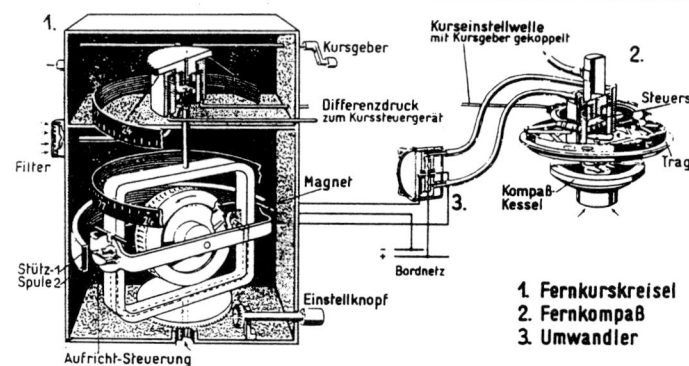

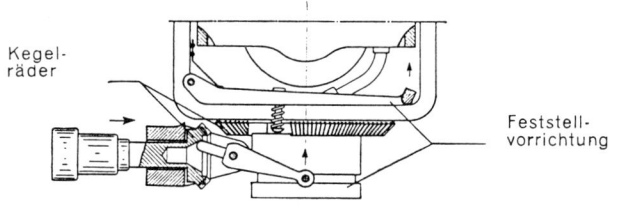

Askania-Kurskreisel, Bauart Sperry, mit pneumatischem Kreiselantrieb.

Askania-Fernkurskreisel, pneumatischer Kreiselantrieb und pneumatische Korrektur durch Fernkompaß.

einflüsse wandert der Richtkreisel aus dem eingestellten Kurs aus; aus diesem Grunde muß er etwa alle 15 min erneut nach dem Magnetkompaß ausgerichtet werden.

Diese erste Ausführung des Richtkreisels wurde zum Ausgangspunkt der folgenden Entwicklungen zum Fernkurskreisel der Firma Askania.

Askania-Fernkurskreisel mit automatischer Ausrichtung durch den Fernkompaß

Um die laufende Nachstellung des Richtkreisels nach der Kompaßanzeige zu vermeiden, wurde eine Einrichtung zur automatischen Überwachung des Kreisels geschaffen, der dadurch zum Kurskreisel wird. An dem inneren Kardanrahmen sind zwei Dauermagnete befestigt, zwei Stützspulen sind so angeordnet, daß unter der Wirkung des Stromes in den Stützspulen ein magnetisches Moment auf den Rahmen ausgeübt wird und so der Kreisel präzidiert. Das Zusammenwirken des Fernkompasses mit dem Kurskreisel ist wie folgt: Parallel zum Kurszeiger ist ein Umwandler mit einer Differenzdruckdose und einem Umschaltkontakt an den Fernkompaß angeschlossen. Dieser Kontakt schaltet bei einer Abweichung des Flugzeuges vom eingestellten Kompaßkurs die eine oder andere Stützspule an das Bordnetz. Der durch den Strom in der Spule hervorgerufene Elektromagnet übt in Verbindung mit den Dauermagneten am Rahmen des Kurskreisels ein Moment aus, das den Kurskreisel in die Richtung des Fernkompasses lenkt. Es muß vor dem Einkuppeln der Kurssteuerung der Steuerkurs am Fernkompaß und der Steuerkurs am Fernkurskreisel auf den jeweils anliegenden Kurs eingestellt werden. Nach dem Einkuppeln der Kurssteuerung wird der anliegende Kurs automatisch auch über eine lange Flugdauer eingehalten.

Fernkurskreisel Lfgk 1

Oberhalb des Kurskreisels befindet sich die Kursgeberrose mit der Kursgeberkurbel. Darüber ist der Kurszeiger des Fernkompasses im gleichen Gehäuse untergebracht.

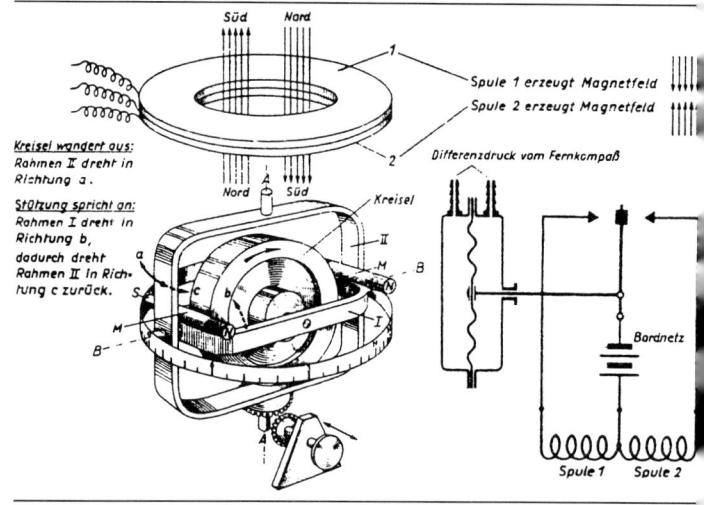

Askania-Fernkurskreisel, Schema der pneumatisch/elektrischen Kurskreiselstützung.

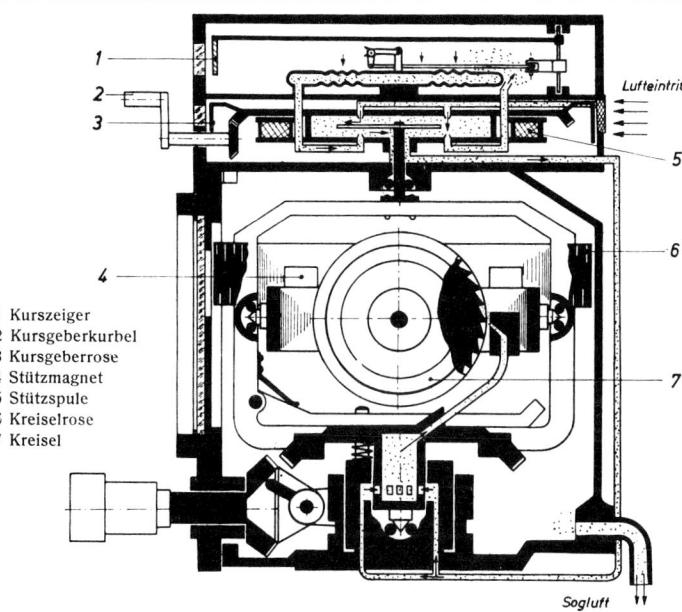

1 Kurszeiger
2 Kursgeberkurbel
3 Kursgeberrose
4 Stützmagnet
5 Stützspule
6 Kreiselrose
7 Kreisel

Askania-Fernkurskreisel Lfgk 1 mit eingebautem Kurszeiger.

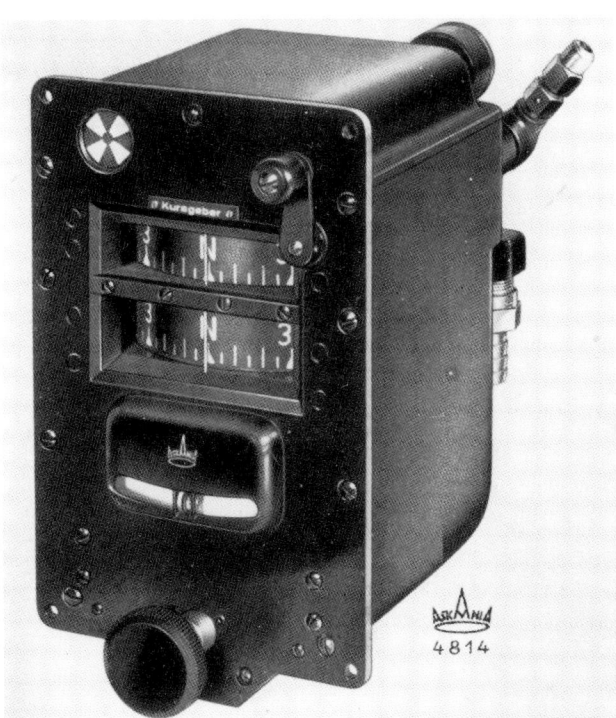

Askania-Fernkurskreisel Lfgk 3 mit übereinander liegenden Steuerkurs- und Kompaßkursrosen sowie zusätzlichem Schauzeichen für die Anzeige der Kurskreiselstützung.

Die prinzipiell gleich aufgebaute spätere Ausführung des Fernkurskreisels Lfgk 3 hat oben links noch ein Schauzeichen zur Anzeige der im Augenblick wirkenden Stützung des Kurskreisels durch den Fernkompaß; d. h. die Kursanzeige stimmt nicht mit dem Kompaßkurs überein.

Siemens-Kurskreisel LKu 2

Da die Forderung nach einer genauen Kurshaltung von den militärischen Stellen weiter in den Vordergrund trat, entschloß sich das Luftfahrtamt einen Auftrag an die Firma Siemens für die Entwicklung eines elektrischen Kurskreisels zu erteilen. So begann im Jahr 1934 die Entwicklung des Kurskreisels LKu 2 als Labormuster. Eine der Konstruktionsrichtlinien war die mechanische Austauschbarkeit mit dem Sperry-Askania-Fernkurskreisel; die andere Richtlinie war die einer Verbesserung der technischen Daten, insbesondere der Drift ohne Kompaßüberwachung. Verwendet wurde der Kreisel Typ KA 6 der Kreiselgeräte GmbH mit einem elektrischen Antrieb mit Drehstrom 333 Hz und 24 Volt. Der als Vorbild dienende pneumatische Abgriff des Askania-Fernkurskreisels wurde durch einen elektrisch-pneumatischen Abgriff ersetzt. Der erforderliche Luftstrom wurde durch zwei Telefonhörerkapseln erzeugt, die mit der Wechselspannung von 333 Hz erregt wurden. In den Membranen dienten kleine Schlitze für die Richtung der Luftströme; diese wurden durch die drehbare Blende teilweise abgedeckt. Auf der anderen Seite der Blende waren zwei beheizte Nickeldrahtspiralen angebracht, die vom Luftstrom gekühlt wurden. Dieser Bolometer genannte Abgriff wurde auch in anderen Siemens-Meßgeräten verwendet. Bei einer Drehung der Blende infolge einer Kursabweichung vom eingestellten Sollkurs wird je nach Drehrichtung die eine oder andere Heizspirale durch die Blende von dem kühlenden Luftstrom abgedeckt und so der elektrische Widerstand verändert. Diese Widerstandsveränderung wirkt in einer Brückenschaltung mit den Wicklungen des Momentengebers in der Rudermaschine auf die Kurssteuerung ein und führt so das Flugzeug auf den Kurs zurück. Die äußerliche Ansicht des Kurskreisels entsprach weitgehend dem Askania-Fernkurskreisel. Die Laborerprobung entsprach den Erwartungen und stellte die Brauchbarkeit als Kurskreisel fest, jedoch waren die Außenmaße mit 190 × 140 mm zu groß.

Kurskreisel LKu 3

Von der Firma Kreiselgeräte wurde die Entwicklung eines kleineren Kreisels KA 5 mit einem Läuferdurchmesser von 5 cm veranlaßt; die Drehzahl wurde durch einen Antrieb mit 500 Hz und 36 Volt erhöht, um das verkleinerte Trägheitsmoment zum Teil auszugleichen. Mit dem Kreisel KA 5 wurde der Kurskreisel LKu 3 konstruiert. Die Skalen der Soll- und Istkurse sind ohne Abstand übereinander angeordnet, so konnten die Außenmaße auf 160 × 120 mm verringert werden. Während der Musterprüfung der Versuchsmuster bei der DVL stellte *Wilfried Oppelt* bei Prüfungen auf dem Drehtisch fest, daß ein Auswandern der Kreiselachse infolge dauernder einseitiger Reibung in den Drehachsen des Kardanrahmens erfolgte. Abhilfe brachte eine Stützung des Kardanrahmens durch einen vom Kreiselrotor erzeugten Luftstrom. Wenn der Kreisel infolge eines Drehmomentes, hervorgerufen durch Reibung in der vertikalen Rahmenachse, sich um den Kippwinkel aus der vertikalen Lage entfernt, entsteht durch die Wirkung der Luftstrahlen um die vertikale Achse ein rückwirkendes Drehmoment. Infolge dieser Drehung präzediert der Kreisel in die vertikale Lage zurück, und der Kippwinkel wird zu Null. Der Kreisel ist im Kardanrahmen gelagert, der äußere Rahmen ist mit der Kurskreiselrose verbunden. Die darüberliegende Steuerkursrose wird mit der Kurbel auf den Steuerkurs eingestellt; gleichzeitig wird über die biegsame Welle auch die Basis des Fernkompasses auf den Steuerkurs gedreht. Die Überwachungsspulen erhalten bei Nichtübereinstimmung der beiden Steuerkurse vom Fernkompaß einen Korrekturstrom und erzeugen mit dem Magneten ein Drehmoment auf den Rahmen. Dadurch präzediert der Kreisel und dreht den Rahmen und damit auch die Kurskreiselrose zur Übereinstimmung mit dem Steuerkurs. Durch die Lage der Blende wird der von der Membrane erzeugte Luftstrom auf die Bolometerwicklungen beeinflußt. Die Wicklungen des Bolometerabgriffes sind mit den Spulen des Richtempfängers in der Rudermaschine verbunden und steuern bei Abweichung des Flugzeuges vom Steuerkurs das Flugzeug auf den Steuerkurs zurück. Bei Inbetriebnahme des Kurskreisels muß zunächst durch Drücken des Aufrichtknopfes über die Kupplung, dem Hebel und der Kurvenscheibe der Rahmen und damit auch der Kreisel in die horizontale Lage gebracht werden. Durch Drehung des Knopfes wird nun die Kurskreiselrose auf den Fernkompaßkurs eingestellt; der Kurszeiger muß auf Null stehen.

Der vom Siemens-Fernkompaß parallel zum Kurszeiger abgenommene Impuls zur Führung des Kurskreisels LKu 3 ist noch zu schwach; so mußte ein polarisiertes Relais zusätzlich eingeschaltet werden. Die Wirkung der Kreiselführung durch den Fernkompaß LFL 2g erfolgte vom Bolometer über das polarisierte Relais auf die Stützspulen im Kurskreisel.

Nachdem eine Flugerprobung bei der Erprobungsstelle der Luftwaffe in Rechlin die Brauchbarkeit des Kurskreisels LKu 3 bestätigt hatte, wurde eine Serie von 650 Stück in Auftrag gegeben.

Kurskreisel LKu 4

Um den steigenden Bedarf der Luftwaffe zu befriedigen, wurden weitere große Stückzahlen des Kurskreisels in Auftrag gegeben. Die Vorbereitungen für die Fertigung einer Großserie führten zu einer Neukonstruktion des Kurskreisels unter Verwendung von Spritzgußteilen. Die Außenmaße konnten auf 135 × 120 mm und einer Tiefe von 125 mm weiter verringert werden. Das Gewicht betrug 2 kg. Anhand eines Wirkbildes des Kurskreisels LKu 4 wird die Funktion beschrieben: Unten ist der Einstellknopf für das Aufrichten des Kreisels und der Einstellung der Kreisel-Kursrose zu sehen. Beim Eindrücken des Knopfes erfolgt die Aufrichtung des Kreisels und gleichzeitig wird dabei der Federkontakt für die Betätigung des Kuppelventils in der Rudermaschine betätigt. Daneben befindet sich das Schauzeichen für die Drehbewegung der Einstellmechanik für die Kursgeberrose. Die Einstellung des Sollkurses erfolgt durch den Richtungsgeber am Steuerknüppel mit Hilfe des Kursmotors, der über mechanische Wellen mit dem Kurskreisel und dem Fernkompaß verbunden ist.

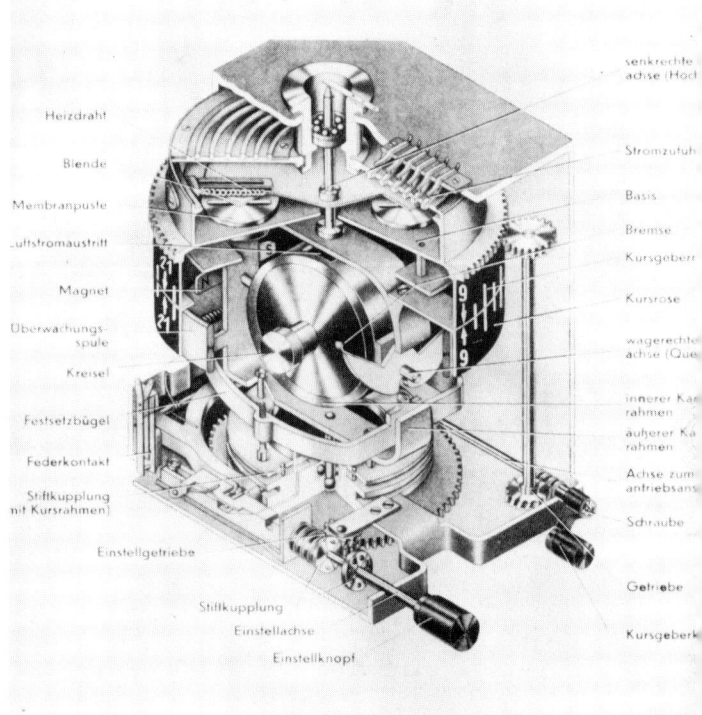

Siemens-Kurskreisel LKu 4, Einblick in die Konstruktion.

Dieser Kurskreisel LKu 4 wurde ab 1938 in großen Stückzahlen gefertigt. Insgesamt etwa 100 000 Stück, davon etwa 50 000 Stück als Bestandteil der Kurssteuerung K 4ü, die weiteren Stückzahlen wurden als eigenständige Kursanzeigeanlagen sowie in Verbindung mit den Patin-Kurssteuerungen PKS 11 und der Patin-Dreirudersteuerung PDS geliefert.

Patin-Kurszentralen PKZ 13, PKZ 14 und PKZ 16

Zur Erleichterung der Bedienung von Fernkurskreisel und Tochterkompaß wurde insbesondere für Bombenflugzeuge von der Firma Patin eine Kurszentrale entwickelt. Ein weiterer Grund für die Einführung der Kurszentrale war die Forderung nach einer Freisichtkanzel, so daß die Instrumentenbretter immer kleiner wurden und für den Fernkurskreisel kein Einbauplatz verblieb. Als erstes Muster einer Kurszentrale wurde die Kurszentrale PKZ 13 entwickelt und in Verbindung mit der Patin-Kurssteuerung PKS oder der Patin-Dreirudersteuerung PDS in den Flugzeugen Ju 88, Do 17 und He 111 eingesetzt. Das Zusammenwirken der Kurszentrale mit der Patin-Kompaßanlage und der Patin-Kurssteuerung ist in einem Wirkbild dargestellt. Nach dem Einschalten der Anlage wird der Kreiselüberwachungsschalter in die Stellung »Kompaß=schnell« geschaltet. Die Kompaßanzeige erfolgt jetzt vom Mutterkompaß unmittelbar auf den Tochterkompaß, die Ausrichtung des Kurskreisels in der Kurszentrale auf den Kompaßkurs wird mit einer Drehgeschwindigkeit von 1–2 °/s ausgeführt. Gleichzeitig wird auch der Kardanrahmen des Kurskreisels mit 2–3 °/s so aufgerichtet, daß die Laufachse des Kreisels horizontal liegt. Nach etwa 3 min kann der Kreiselüberwachungsschalter in die Mittelstellung »Kreisel=normal« gedreht werden. In dieser Stellung ist die Kompaßanzeige im Tochterkompaß vom Mutterkompaß auf die schwingungsfreie Kursanzeige des Kurskreisels umgeschaltet. Außerdem wird der Kurskreisel mit einer Drehgeschwindigkeit von 1 °/min vom Mutterkompaß überwacht; die Überwachung der Aufrichtung des Rahmens erfolgt mit 2 °/min.

Zusätzlich steht jetzt der Kursbefehl für die Kurssteuerung zur Verfügung. Um den Kursfehler bei einem langandauernden Kurvenflug klein zu halten, kann in der Stellung »Kreisel=offen« die Überwachung des Kurskreisels durch den Mutterkompaß abgeschaltet werden.

Die prinzipielle Funktion der Kurszentrale ist folgende: Die drei Schleifer des Fernübertragungspotentiometers im Mutterkompaß werden über die Wicklungen des Momentengebers mit den Schleifern des Potentiometers geleitet. Die Ausgleichsströme verdrehen die Schleifer so, daß die Winkelstellung mit der Stellung des Mutterkompasses übereinstimmt, d. h. stehen die Schleifer nicht in der neutralen Zone der Kontaktscheibe, wird ein Strom in der Momentengeberwicklung erzeugt. Dieser Momentengeber verdreht über die Präzession des Kurskreisels die vertikale Achse solange, bis die Schleifer in der neutralen Zone der Kontaktscheibe verbleiben. Auf diese Weise ist die Meßachse des Kurskreisels in die Richtung des Kompaßkurses gedreht worden und wird bei Abweichungen vom Kompaß überwacht. Die Aufrichtung des Querrahmens erfolgt durch Betätigung der Mittelkontakte durch den Wechselstrom-Momentengeber. Befinden sich die Kontakte nicht in der neutralen Zone, wird ein Strom im Momentengeber erzeugt, der bewirkt, daß die vertikale Achse so verdreht wird, daß die Laufachse infolge der Präzession des Kurskreisels in die horizontale Lage gebracht und bei Abweichungen diese Lage überwacht wird. In der Stellung Kurssteuerung »Aus« ist die Magnetkupplung ohne Strom, die Kupplung ist geöffnet und das Relais abgefallen. Dadurch werden die Schleifer mit der Wicklung des Momentengebers verbunden. Befinden sich die Schleifer auf dem Steuerpotiometer nicht in ihrer Mittelstellung, entsteht ein Ausgleichsstrom in der Drehspule und der Potentiometerring wird in die Mittelstellung gedreht. In der Stellung »Ein« ist der Ausgang des Steuerpotentiometers als Kursbefehl auf die Kurssteuerung geschaltet und kann so den Steuerkurs über das Seitenruder einhalten.

Bei Betätigung des Richtungsgebers in der Kurssteuerung werden vom Kursmotor über das Schneckengetriebe und der Kupplung die Schleifer in die Winkelstellung des neuen Kurses gedreht. Über den Kursbefehl folgt das Flugzeug dieser Kursänderung. Für die weitere Serienfertigung wurden die bei der PKZ 13 aufgetretenen Mängel durch Umkonstruktionen beseitigt. Die verbesserte Konstruktion erhielt die Bezeichnung Patin-Kurszentrale PKZ 14. Die Kurszentrale PKZ 14 B im Zusammenwirken mit Mutterkompaß, Tochterkompaß, Kreiselüberwachungsschalter und Ausrichtrelais zeigt das Bild.

Die Patin-Kurszentrale PKZ 14 wurde in großen Stückzahlen gefertigt und kam in Verbindung mit der Patin-Kurssteuerung PKS 11 und der Patin-Dreirudersteuerung PDS zum Einsatz.

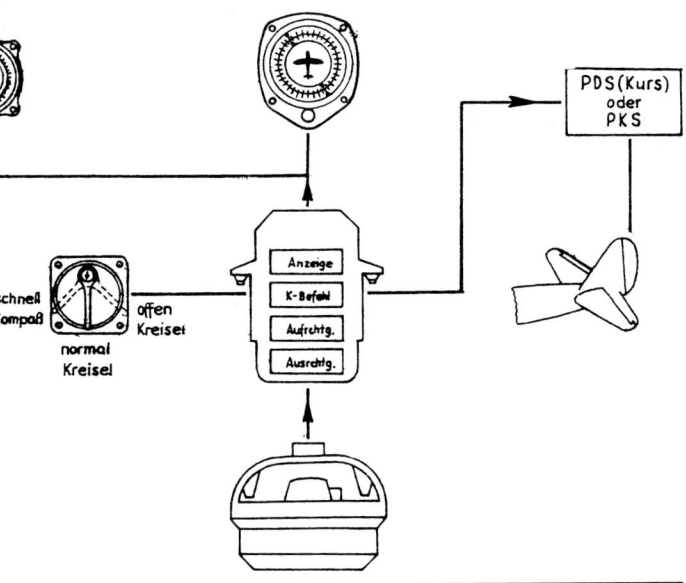

Patin-Kurszentrale PKZ 13 in Verbindung mit Mutterkompaß, Tochterkompaß, Peilkompaß, Kurs- oder Dreirudersteuerung.

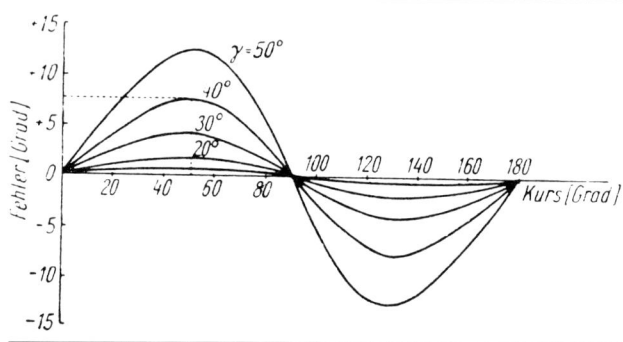

Anzeigefehler des Kurskreisels bei verschiedenen Querneigungen des Flugzeugs in Abhängigkeit vom Kurs.

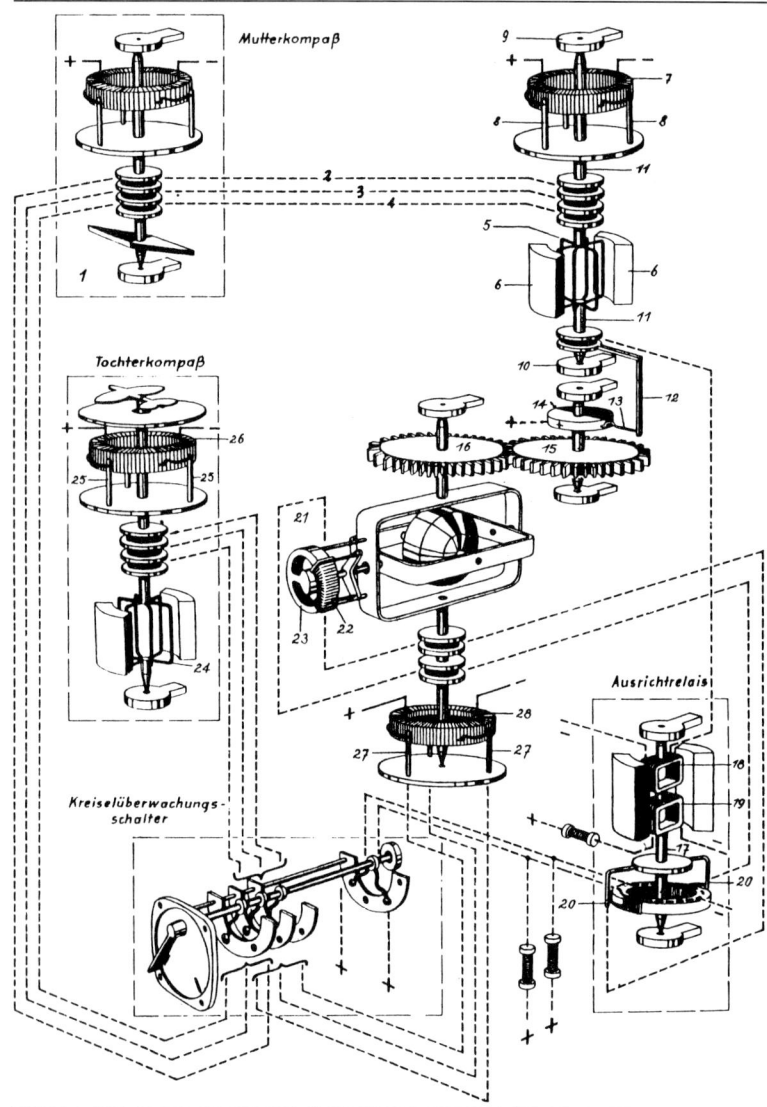

Patin-Kurszentrale PKZ 14, Wirkschema in Verbindung mit Mutterkompaß, Tochterkompaß und Ausrichtrelais.

Die immer schneller fliegenden Flugzeuge erforderten zum scheinlotrichtigen Kurvenflug größere Querlagen. Der konstruktiv bedingte, Kardanfehler genannte Kursfehler bei bestimmten Steuerkursen führte zu der Forderung nach einer Kurszentrale ohne diesen Kursfehler. Die Abhilfe bestand in der ständigen horizontalen Ausrichtung der Kurszentrale auf einer horizontierten Plattform. Durch einen eigenen Anschütz-Horizont LZ 48b wurde diese Plattform über ein Fernübertragungssystem horizontiert. Diese Ausführung erhielt die Bezeichnung Patin-Kurszentrale PKZ 16. Die Erprobung der Kurszentrale PKZ 16 erfolgte 1944 in Verbindung mit einer Patin-Dreirudersteuerung in einem Flugzeug Ju 88 der Deutschen Lufthansa. Dabei wurde auch die Fahrtregelung über das Höhenruder durch eine Längslagenregelung vom Horizont ersetzt. Durch diesen sehr aufwendigen Aufbau der Kurszentrale PKZ 16 entstanden in der Anwendung große Probleme und die Fertigung wurde wieder eingestellt. Um die Auswirkung des Kardanfehlers auf den Flugzeugkurs zu vermeiden, wurde der Kurvenflug mit abgeschaltetem Kurvenbefehl, lediglich mit dem Vorgabebefehl, durch die Kurssteuerung ausgeführt. Nach Beendigung der Kurve wurde der nunmehr fehlerfreie Kursbefehl wieder aufgeschaltet.

Mehrkreiselgeräte

Bedingt durch die immer höher werdenden Anforderungen an die Instrumentierung und Automatisierung, insbesondere bei Großflugzeugen und Langstreckenflügen, wurde der Gedanke von zentralen Kreiselmeßgeräten von verschiedenen Firmen weiter verfolgt. Es entstanden Versuchsausführungen von Mehrkreiselgeräten in den Firmen Siemens und Askania.

Siemens-LGW-Doppelkreisel

Von der Firma Siemens-LGW wurde im Rahmen der Entwicklung der Dreiachsensteuerung DK 12 ein Kurskreisel LKu 9 konstruiert und in Versuchsausführungen erprobt. Dieser Kurskreisel LKu 9 war ähnlich dem Kurskreisel LKu 4 aufgebaut; da er jedoch nicht mehr im Gerätebrett untergebracht war, mußten die Bedienteile ferngesteuert werden. Die Einstellung des Steuerkurses und der Kompaßbasis wurde über kleine Motoren ferngedient. Die Abgriffe waren Potentiometer. Außerdem mußte auch noch die

Siemens-LGW-Doppelkreisel, horizontierter Kurskreisel und Horizontkreisel mit Potentiometerabgriffen für Kurs-, Quer- und Längslage.

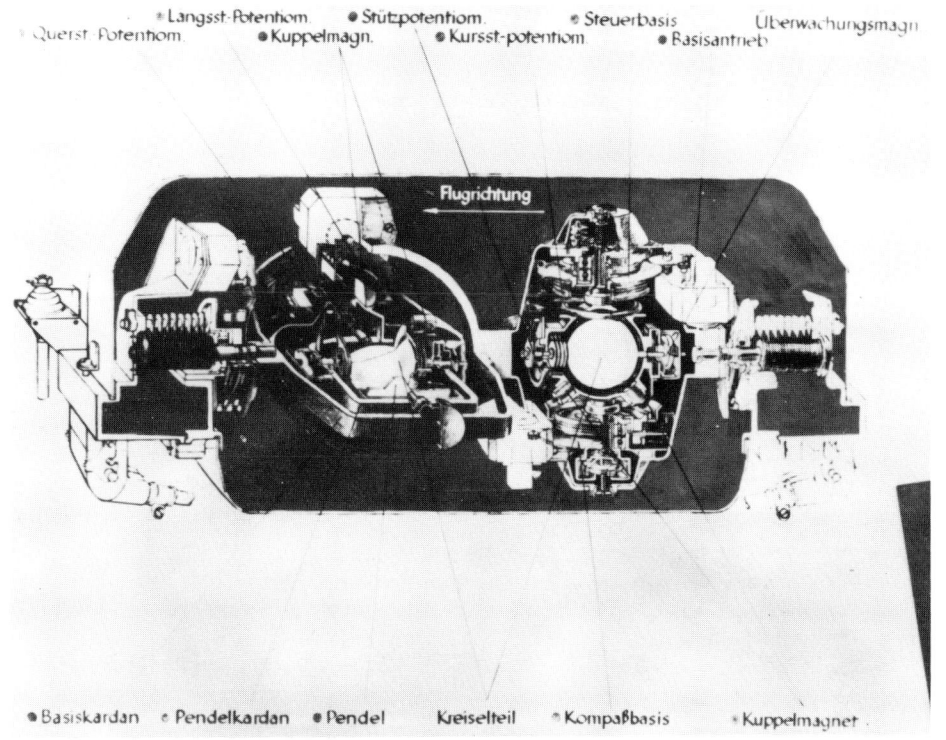

Rahmenarretierung über Elektromagnete erfolgen. Auf ähnlicher Basis, unter der Verwendung möglichst vieler gleicher Bauteile des Kurskreisels, wurde auch ein Horizont LEH 9 konstruiert. Bei den schneller fliegenden Flugzeugen und damit größeren Querlagen im Kurvenflug wirkte sich der Kardanfehler des Kurskreisels immer mehr störend aus. Um diesen Fehler zu beseitigen, wurde von der Firma Siemens-LGW ein Doppelkreisel durch eine Zusammenfassung des Kurskreisels LKu 9 und des Horizontkreisels LEH 9 in einer gemeinsamen Rahmenanordnung entwickelt. Der horizontale Rahmen des Kurskreisels wurde mit dem Horizontrahmen des Horizontkreisels verbunden und somit ebenfalls, auch im Kurvenflug, horizontiert.

Siemens-Zweikreiselhorizont

Um den für die Siemens-Dreiachsensteuerung verwendeten Horizontkreisel LEH 4 zu verbessern, wurde in einer anderen Versuchsausführung ein Zweikreiselhorizont SAM konstruiert. Ausgehend von dem Gedanken der Verringerung der Anforderungen an die Genauigkeit des freien Kreisels hat man den Kreisel nur in einer Meßachse benutzt und zur Entlastung von störenden Momenten noch zusätzlich mit einer Kreiselstützung versehen. Es sind also für einen Horizont zwei um 90° versetzt angeordnete Kreiselsysteme erforderlich. Die Kreisel mit horizontaler Drehachse sind im Kardanrahmen mit vertikaler Achse drehbar gelagert. An dem einen Ende der Präzessionsachse befindet sich ein Abgriff und am anderen Ende ein Momentengeber.

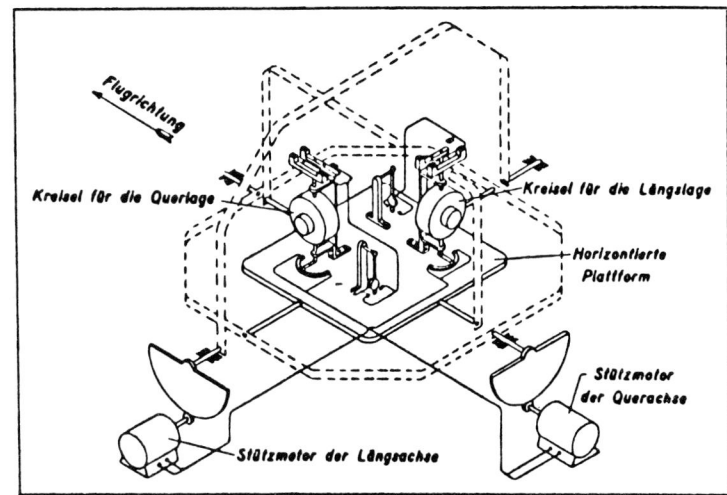

Siemens-LGW-Zweikreiselhorizont. Zwei Einachskreisel mit Stützung durch Stützmotoren an den jeweils um 90 Grad versetzten Kardanrahmen, Überwachung der horizontalen Lage durch Pendel und Momentgeber an der Präzessionsachse der Kreisel.

Tritt durch eine Störung eine Präzessionsbewegung des Kreisels ein, wird diese durch den Abgriff gemessen und über den um 90° versetzten Stützmotor und der dadurch hervorgerufenen Kreiselpräzession wieder zurückgeführt. Die Überwachung der horizontalen Lage erfolgt durch auf der Plattform angeordnete Pendel mit einer Kontakteinrichtung. Bei Abweichungen von der Horizontalen wird über die Kontakte ein Strom auf die jeweiligen Momentengeber an der Präzessionsachse gegeben und die Plattform über die Stützmotoren wieder in die horizontale Lage zurückgeführt. Natürlich ist auch bei dieser Anordnung der Pendel ein Fehler in der horizontalen Lage der Plattform im Kurvenflug durch die wirkenden Fliehkräfte vorhanden. Die Auswirkung dieser Kräfte auf den Lagenfehler ist jedoch durch die kleineren Lenkgeschwindigkeiten einer Kreiselplattform mit geringen Auslaufgeschwindigkeiten auch kleiner.

Askania-Dreikreiselzentrale (Stabilisierte Plattform)

Ähnliche Überlegungen führten zu der Entwicklung einer Dreikreiselzentrale in der Firma Askania-Werke durch *Waldemar Möller* in den Jahren 1942 bis 1945. Ausgangspunkt der Entwicklung einer stabilisierten Plattform für die Anwendung in Flugzeugen war die von der Firma Kreiselgeräte GmbH entwickelte Plattform für das Peenemünder Aggregat A-4.

Die Beschreibung dieser Stabilisierten Plattform ist in dem Abschnitt über die Dynuktiv-Dreiachsen-Steuerung enthalten.

Askania-Dreikreiselzentrale mit drei Einachskreiseln und Stützung durch Stützmotoren an den Kardanrahmen, Überwachung der horizontalen Lage durch Quecksilber-Libellen und im Kurs durch Magnet-Fernkompaß. Übertragung der Lagenwinkel durch Wechselstrom-Drehmelder.

Automatische Koppelnavigation

Um die Koppelnavigation durch die Besatzung des Flugzeuges zu vereinfachen, wurden – insbesondere für Flugzeuge ohne Funker oder Navigator – automatische Kurskoppler entwickelt. Der Flugwegschreiber »Quo vadis« nach *R. Hugershoff* der Firma Zeiß-Aerotopograph GmbH benötigt

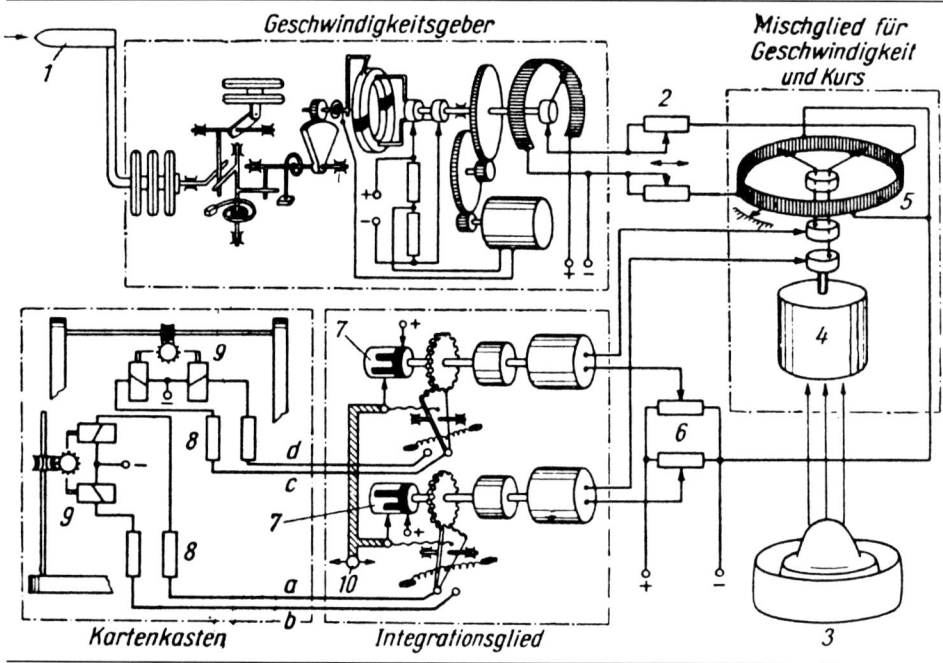

Flugweganzeiger (Siemens-LGW?), Wirkbild mit Geschwindigkeitsgeber (Fahrtzentrale), Tochterkompaß, Integrationsmotoren und Kartenkasten.

1 Staurohr; 2 Kompensation des Temperatureinflusses, 3 Kursgeber; Kursanzeigegerät; 5 Potentiometer; 6 Einstellung des Windeinflusses; 7 Impulsgeber; 8 Relais; 9 Schrittschaltwerk; 10 Maßstabeinstellung

als Eingabe die Grundgeschwindigkeit, die Abdrift und den Kompaßkurs. Die Bestimmung der Grundgeschwindigkeit erfolgt durch das Aerotachometer nach *Hugershoff*. Durch eine besondere Einrichtung wird der Einfluß der Flughöhe kompensiert, so daß die Grundgeschwindigkeit direkt an einem Tachometer abgelesen werden kann. Mit Hilfe von Wechselobjektiven für die verschiedenen Höhenbereiche wird eine gute Schärfe des vorbeigleitenden Landschaftsbildes sichergestellt.

Durch Einstellen eines Striches auf die Nordrichtung eines Magnetkompasses wird dem Getriebe des Flugwegschreibers der jeweilige Kompaßkurs zugeführt. Die verschiedenen Verbesserungen zur Überführung in den Grundkurs werden selbsttätig angebracht. Ein anderes Getriebe zerlegt die Grundgeschwindigkeit nach Größe und Richtung in zwei Komponenten, die über einen Kreuzschlitten auf einen Zeichenstift übertragen werden. Der Stift zeichnet den Flugweg in die Karte. Das Gerät ist jedoch sehr groß und daher nur in besonderen Fällen, z. B. zur Luftbildvermessung, einsetzbar.

Ein Flugweganzeiger der Firma Siemens-LGW arbeitet mit elektrischen Rechengliedern und zeigt auf einer Karte als Schnittpunkt von zwei in Richtung Nord-Süd und West-Ost senkrecht aufeinanderstehenden Linealen den Flugzeugstandort an. Die Eingabe der Fahrt erfolgt automatisch von der Fahrtzentrale. Die Eingabe des Kompaßkurses erfolgt ebenfalls automatisch von der Patin-Kompaßanlage. Nach der Mischung von Geschwindigkeit und Kurs sowie des Windeinflusses werden die Größen der Koordinaten über Integrationsmotoren gebildet und damit gleichzeitig die Anzeigelineale eingestellt. Auf der eingelegten Spezialkarte kann dann der jeweilige Standort des Flugzeuges laufend abgelesen werden.

Der Kurskoppler 3040-B wurde von den Deutschen Telefon Werken entwickelt und in einer Vorserie gefertigt. Die Aufteilung der Geschwindigkeit in Nord-Süd- und West-Ost-Komponenten sowie die Integration der Geschwindigkeiten zum zurückgelegten Weg erfolgt mit Hilfe mechanischer Rechenglieder. Von der Patin-Kompaßanlage wurde die Scheibe J in Richtung des anliegenden Kurses, von der Fahrtzentrale der Schlitten K entsprechend der Fahrt eingestellt. Über die Arme E und F werden die Stahlkugeln C und D mit Hilfe der Kulissen entsprechend der Geschwindigkeitskomponenten eingestellt, infolgedessen drehen sich die Zylinder G und H mit einer der Geschwindigkeit entsprechenden Drehzahl. Die erfolgten Umdrehungen sind ein Maß für den zurückgelegten Weg. Der Antrieb der Kugeln erfolgt über die Stahlscheiben A und B durch je einen Gleichstrommotor mit einer Drehzahlregelung. Die Zylin-

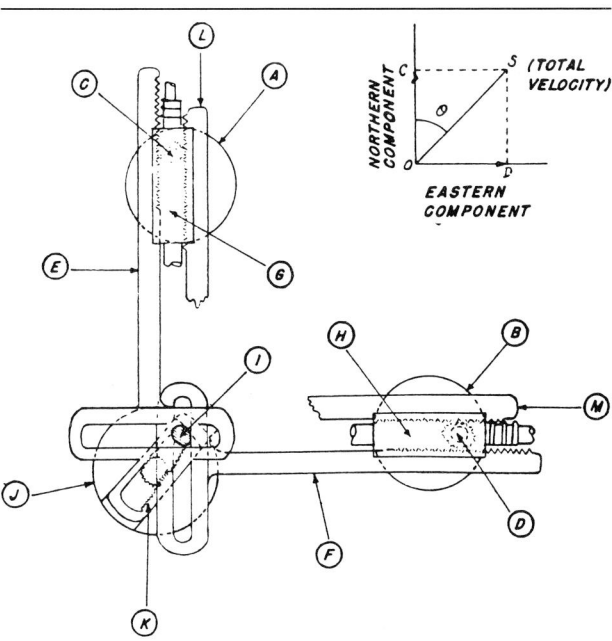

Flugweganzeiger, Kartenkasten mit Ableselineale für den Flugzeugstandort.

1 Ableselineal; 2 Kartenausschnitt; 3 Kartenrahmen; 4 Anzeige der Kartennummer; 5 Schalter; 6 Kartentransportknopf; 7 Knöpfe zur Einstellung des Ableselineals

Kurskoppler 3040-B, Deutsche Telefon Werke. Schema des mechanischen Rechengerätes mit den Eingaben Kompaßkurs J und Fahrt K. Aufteilung in die Nord-Süd- und Ost-West-Komponenten durch Kulissenschieber I und Integration der Geschwindigkeit mit Kugelintegratoren C und D.
Zusätzliche Korrektur durch Berücksichtigung der Drift mit Windrichtung und Windstärke nach den eingestellten Werten mit einem zweiten Rechenwerk.

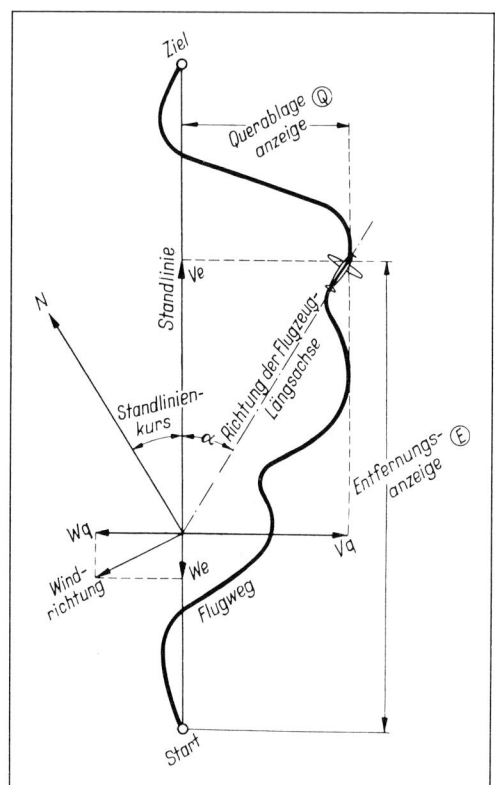

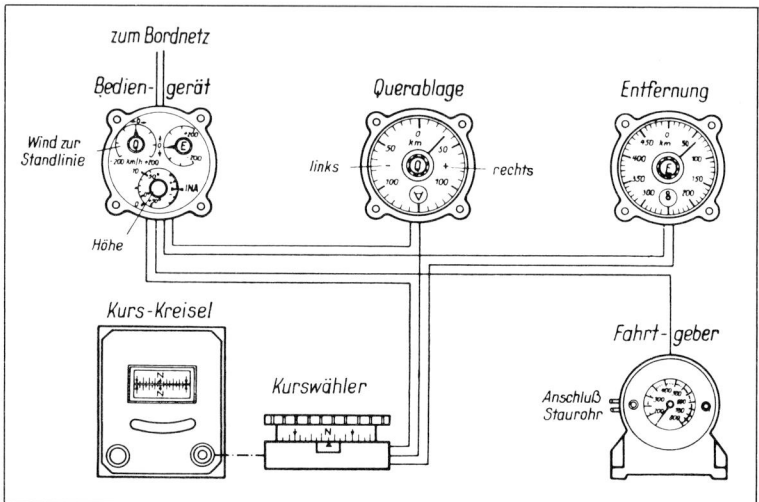

Siemens-LGW-Standlinien-Koppelanlage KNA 3, Geräteaufteilung mit Kurskreisel, Fahrtgeber, Bediengerät und den Anzeigegeräten für die Querablage und der Entfernung. Am Bediengerät erfolgt die Einstellung der Winddaten nach Richtung und Stärke sowie der Flughöhe und die Abweichung des Luftdruckes von der INA-Normalatmosphäre.

Siemens-LGW-Standlinien-Koppelanlage, Standlinie vom Start zum Ziel, Berechnung der Anzeige für Seitenablage und der Entfernung.

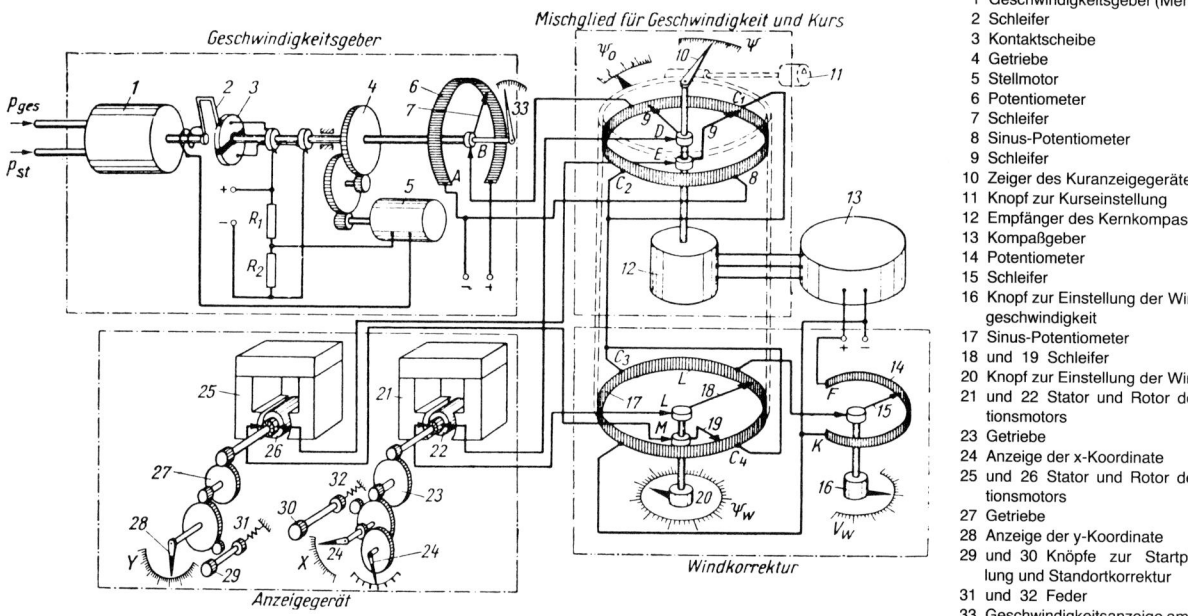

1 Geschwindigkeitsgeber (Membrandose)
2 Schleifer
3 Kontaktscheibe
4 Getriebe
5 Stellmotor
6 Potentiometer
7 Schleifer
8 Sinus-Potentiometer
9 Schleifer
10 Zeiger des Kuranzeigegerätes
11 Knopf zur Kurseinstellung
12 Empfänger des Kernkompasses
13 Kompaßgeber
14 Potentiometer
15 Schleifer
16 Knopf zur Einstellung der Windgeschwindigkeit
17 Sinus-Potentiometer
18 und 19 Schleifer
20 Knopf zur Einstellung der Windrichtung
21 und 22 Stator und Rotor des Integrationsmotors
23 Getriebe
24 Anzeige der x-Koordinate
25 und 26 Stator und Rotor des Integrationsmotors
27 Getriebe
28 Anzeige der y-Koordinate
29 und 30 Knöpfe zur Startplatzeinstellung und Standortkorrektur
31 und 32 Feder
33 Geschwindigkeitsanzeige am Meßgeber

Siemens-LGW-Standlinien-Koppelanlage mit Geschwindigkeitsgeber (Fahrtzentrale), Kursgeber und Integrationsmotoren mit Anzeige für x = Entfernung und y = Seitenabweichung.

der G und H sind mit Kontakten versehen, die über Relais die Verstellung der Lineale im Kartengerät bewirken. Eine ähnlich aufgebaute zusätzliche Recheneinrichtung erlaubt die Korrektur der Windstärke und -richtung durch Einstellung der Werte am Bediengerät. Der Durchmesser der Stahlscheiben des Integrators beträgt etwa 30 mm, damit ist die erforderliche Präzision erkennbar. Das Kartengerät wurde von der DVL entwickelt und von der Firma Ignes, Prag, hergestellt. Für Erprobungszwecke bei der E-Stelle Rechlin und des OKM, Travemünde, wurden bis 1945 etwa 70 Stück der Kurskoppleranlagen 3040 B hergestellt.

Der Siemens-LGW-Kurskoppler KNA 3 aus dem Jahr 1944 stellt eine Ausführung einer 1939 begonnenen Entwicklung dar. Die Wirkungsweise der Standlinien-Koppelanlage ist im Bild dargestellt. Der Flug vom Start zum Ziel erfolgt auf der Standlinie. Die seitlichen Abweichungen von dieser Standlinie nach rechts oder links werden vom Kurskoppler ermittelt und am Anzeigegerät für die Querablage Q in km angezeigt. Die Entfernung auf der Standlinie, unter Berücksichtigung der durch den Windeinfluß veränderten Geschwindigkeit, wird am Anzeigegerät für die Entfernung E in km angezeigt. Am Bediengerät B müssen der Windeinfluß, bezogen auf die Richtung der Standlinie, auf der Skala Querab und die Entfernung eingestellt werden. Eine weitere Korrektur kann bei Abweichungen von der INA-Normatmosphäre durch die Einstellung der Außentemperatur in Abhängigkeit der Flughöhe erfolgen.

Die weiteren Eingaben geschehen automatisch, von der Fahrtzentrale die Fahrt, von der Kursanlage der kreiselstabilisierte Kompaßkurs. Die Standlinien-Koppelanlage wurde wegen ihrer Einfachheit insbesondere in einsitzigen Flugzeugen (Jagdflugzeugen) eingesetzt. Durch die Umkehrung der Anzeigen konnte auch ein Flug auf dieser Standlinie zurück zum Startplatz angezeigt werden.

Sextanten für die Verwendung in der Luftfahrt

Bei der Durchführung von Langstreckenflügen kann bei ausreichender Sicht, wie in der Schiffahrt seit Jahrhunderten üblich, eine Standortbestimmung nach den Gestirnen vorgenommen werden. Hierbei wird der Winkel zwischen der Horizontebene des Beobachters und der Verbindungslinie Beobachter – Gestirn ermittelt. Diese, als Höhe des Gestirns bezeichnete Winkelbestimmung, muß mit einer Genauigkeit von $1/60$ ° = 1 Bogenminute erfolgen. Aus der Beobachtung eines Gestirnes läßt sich jedoch nur eine Standlinie bestimmen, zur Ortsbestimmung ist daher noch eine zweite Winkelmessung eines anderen Gestirnes erforderlich. Zur Errechnung des Standortes ist außerdem die Kenntnis der genauen Zeit zum Zeitpunkt der Winkelmessung notwendig. Zu diesem Zweck wurde die Borduhr mit sekundengenauer Ablesemöglichkeit nach den über Funk ausgestrahlten Zeitzeichen korrigiert. Aus den Tabellen des Nautischen Jahrbuchs oder des Aeronautischen Jahrbuchs kann dann der Standort bestimmt werden.

Libellensextant

Zunächst wurden für die Ortsbestimmung auf Luftschiffen die in der Schiffahrt üblichen Sextanten verwendet. Wegen der im allgemeinen geringen Flughöhe konnte der Horizont direkt angepeilt werden. Bei dem Einsatz in Flugzeugen überwiegt jedoch bei Fernflügen der Flug über den Wolken. Aus diesem Grund ist ein künstlicher Horizont bei der Anwendung des Sextanten im Flugzeug zweckmäßig. Die erste und einfachste Art der Anwendung eines künstlichen Horizonts bestand in der Einführung von Libellen für die Ausrichtung des Sextanten in der Quer- und Längsrichtung, wie bei einer Wasserwaage. Von dem portugiesischen Admiral *Gago Coutinho* erfunden, wurde der Libellensextant von der Firma C. Plath in Hamburg entwickelt und in großen Stückzahlen, hauptsächlich für die Verwendung in der Luftfahrt, gefertigt. Auf seinem Transozeanflug von Lissabon nach Rio de Janeiro im Jahr 1922 hat *Coutinho* den Libellensextant mit großem Erfolg benutzt. Die kleinen Felseninseln »Peter und Paul« und »Fernando Noronha« wurden sicher erreicht. Bei dem Libellensextant nach *Coutinho* wird in dem Strahlengang zur Beobachtung des Gestirnes durch eine Lücke im Umlenkspiegel das Bild der Quer- und Längslibelle sichtbar. Sind die Libellen und das

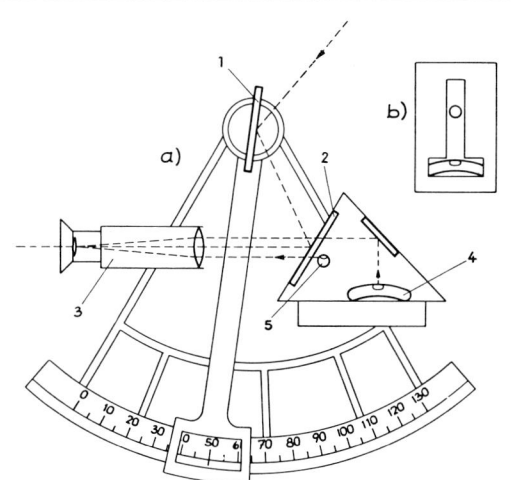

a) Strahlengang: 1 Indexspiegel, 2. Horizontspiegel, 3 Fernrohr, 4 Höhenlibelle, 5 Querlibelle
b) Horizontspiegel mit Höhen- und Querlibelle im Gesichtsfeld

Libellensextant C. Plath, Hamburg, nach Gago Coutinho.

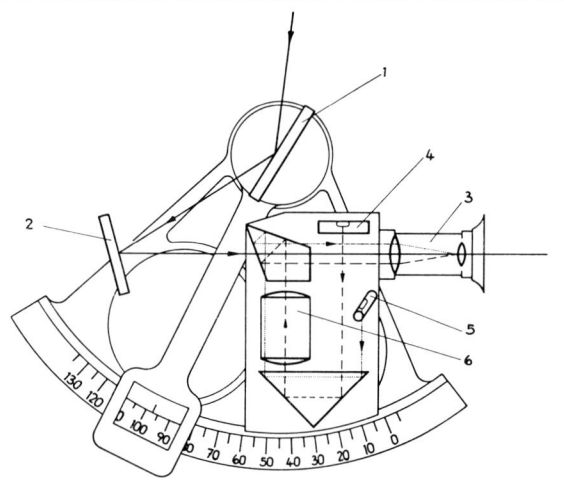

1 Indexspiegel, 2 Horizontspiegel, 3 Fernrohr, 4 Höhenlibelle, 5 Querlibelle, 6 Libellenobjektiv

Libellensextant W. Ludolph, Bremerhaven, nach Heinrich Coldewey.

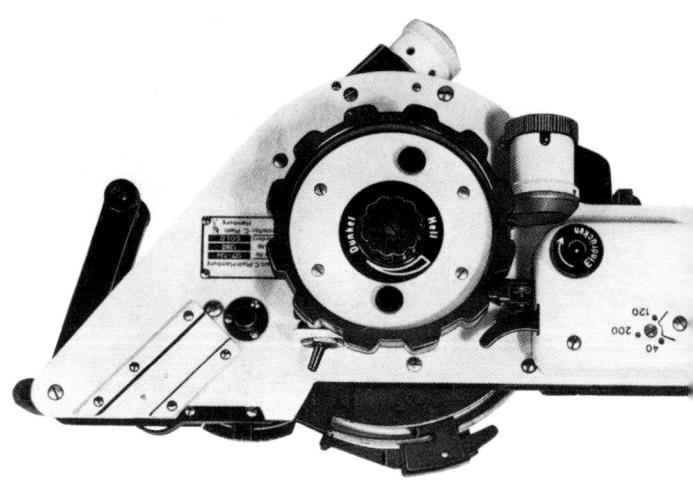

Sold-Sextant C. Plath, Hamburg, Außenansicht mit Integrator, links die Einstellung der Beobachtungszeit.

Gestirn in der Mitte ihrer Anzeigen, ist die Höhe des Gestirns an der Teilung des Sextanten abzulesen.
Eine ähnliche Ausführung eines Libellensextanten wurde von *Heinrich Coldewey* angegeben und von der Firma Ludolph, Bremerhaven, gefertigt. Die Libellen werden durch ein Lämpchen beleuchtet und über Umlenkprismen in den Strahlengang des Beobachtungsfernrohres eingeblendet.
Der Libellensextant nach *Lionel Barton Booth,* gefertigt von der Firma C. Plath, verwendet nur einen Umlenkspiegel und gestattet die Beobachtung auch in der direkten Richtung zum Gestirn.
Für die Anwendung in der Luftfahrt wurde der SOLD-Sextant nach diesem Prinzip entwickelt und in großen Stückzahlen gefertigt. Die äußere Konstruktion weicht erheblich von den bisherigen Ausführungen für die Anwendung in der Schiffahrt ab. Für die Verwendung in der Luftfahrt wurde eine geschlossene Bauform, bestehend aus einem flachen Metallkasten mit zwei großen runden Handgriffen, geschaffen. Der linke Griff ist am Gehäuse befestigt, während mit dem rechten, drehbaren Griff die Lage des Sextantspiegels verstellt werden kann. Der Indexspiegel sitzt auf einer Drehachse, die einen Hebelarm trägt; sein Ende greift mit einem Stift in eine kreisförmige Scheibe mit einer eingeschnittenen Spirale ein. Eine Umdrehung des Handrades entspricht einer Winkelmessung von 30°. Das Bild der Kammerlibelle mit regelbarer Blase wird in den Strahlengang der Gestirnpeilung eingeblendet. Die Größe der Libellenblase kann der Größe des Beobachtungsgestirns angepaßt werden. Bei der Beobachtung von Planeten und Fixsternen wird die direkte Peilung vom Punkt A 1 angewendet, bei Beobachtung der Sonne ist die indirekte Peilung vom Punkt A 2 zweckmäßiger. Um den Schwankungen des Flugzeugs während der Beobachtung zu begegnen, ist zur Erhöhung der Genauigkeit die Mittelung vieler Einzelmessungen erforderlich. Die in dem Sold-Sextant eingebaute Mittelungseinrichtung, als Integrator bezeichnet, wird durch ein Federzugwerk betätigt. Während der eingestellten Beobachtungszeit werden die Meßwerte gemittelt, die Ablesung ergibt den gemittelten Wert bei der halben Meßzeit.
Eine Sonderform des Libellensextanten ist der **Periskop-Sextant** nach *W. Opitz,* entwickelt und gefertigt von der Firma C. Plath. Ende der 20er Jahre wurde die Anwendung von Sextanten bei Langstreckenflügen immer häufiger, die Beobachtung durch spezielle Plexiglaskuppeln in der Flugzeugkanzel war üblich. Später ging man dazu über, nur den Indexspiegel des Sextanten in einer kleinen Kuppel fest einzubauen. Zu diesem Zweck wurde der Periskop-Sextant entwickelt. Wie bei einem U-Boot ragt lediglich das Periskoprohr mit seinem Indexspiegel aus der Flugzeugkanzel heraus. Eine kardanische Aufhängung gestattet die Einstellung des Spiegels zum Gestirn im Innern der Kabine. Zusätzlich enthält der Periskop-Sextant im unteren Teil einen Projektionskompaß und eine Stoppuhr. Im Gesichtsfeld des Okulars konnte man das Beobachtungsgestirn, die Libellen und einen Ausschnitt der Kompaßrose sowie die Stoppuhr erkennen. Mit dem Periskop-Sextant wurden außer der Messung von Gestirnshöhen auch optische Peilungen, Messungen des Azimuts und Aufnahmen der Kompaßablenkung und der Funkbeschickung durchgeführt. Die automatische Ausrichtung zum Horizont erfolgt beim

Pendel-Sextant durch ein frei bewegliches, gedämpftes Pendel. Die Dämpfung erfolgte entweder durch eine Dämpfungsflüssigkeit (beim Askania-Pendelsextant) oder durch Wirbelströme (beim Pendel-Sextant von der Firma Schmidt und Haensch). Das Beispiel zeigt den Pendel-Sextant von Schmidt und Haensch, der bei der Deutschen Lufthansa Verwendung fand. Die Teilung des Sextanten ist auf dem Pendelsegment angebracht und wird mit der Abbildung der Querlibelle in den Strahlengang der Gestirnbeobachtung eingeblendet. Zur Verringerung der Lagerreibung des Pendels wird ein Summer als Vibrator verwendet. Für den Gebrauch im Flugzeug ist es von Vorteil, daß das Gestirn direkt angepeilt werden kann; die Auffindung eines bestimmten Gestirns wird dadurch erleichtert.

Beim **Kreisel-Sextant** wird ein rotierender Kreisel zur Stabilisierung der Horizontalen verwendet. Die Ausrichtung der Kreiselebene in die Horizontale erfolgt automatisch

Periskop-Sextant C. Plath, Hamburg. System Opitz.

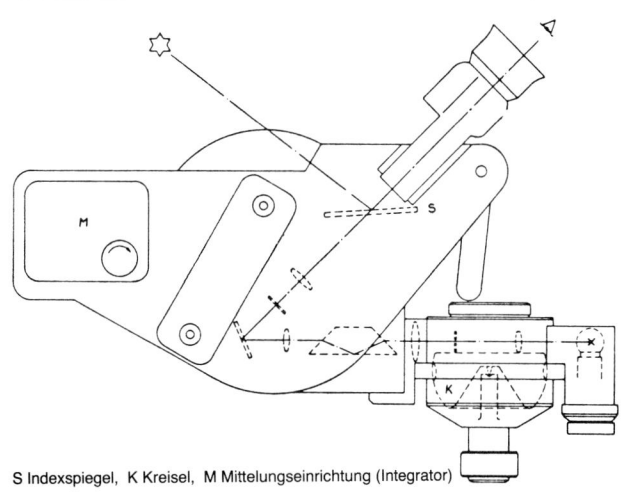

S Indexspiegel, K Kreisel, M Mittelungseinrichtung (Integrator)

Sold-Sextant mit Kreiselhorizont C. Plath, Hamburg.

durch den pendelnd aufgehängten Kreiselrotor. Für die Anwendung in der Luftfahrt wurde der SOLD-Sextant von der Firma C. Plath anstelle der Libellen mit einem Kreisel versehen. Der Glühfaden einer Lampe wird anstelle der Libellenblasen über die auf der Kreiselebene angebrachten Blenden in den Strahlengang der Gestirnbeobachtung eingeblendet.

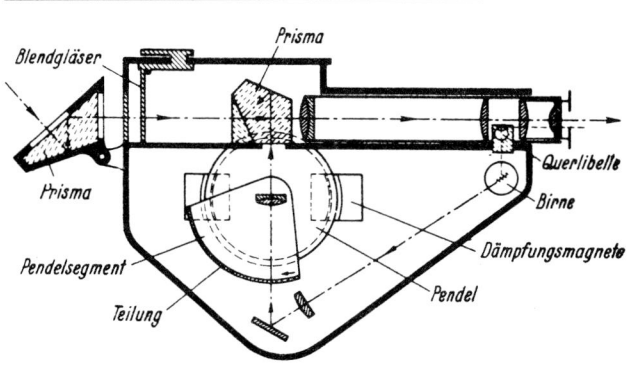

Pendelsextant Schmidt und Haensch, Pendel mit Wirbelstromdämpfung.

Entwicklung der automatischen Steuerung bis 1945

Die ersten automatischen Piloten

In der Zeit des Ersten Weltkrieges ruhte die Entwicklung der als Stabilisierungshilfen wirkenden Regelungsautomaten. Bedingt durch den großen Bedarf an Militärflugzeugen wurden nur wenige, besonders geeignete Flugzeugtypen in großen Stückzahlen hergestellt. Lediglich für die als Bombenflugzeuge vorgesehenen Großflugzeuge (G-Flugzeuge) oder Riesenflugzeuge (R-Flugzeuge mit vier oder mehr Motoren) wurde die Ausrüstung mit automatischen Steuerungen in Erwägung gezogen.

Entwicklung automatischer Flugzeugsteuerungen von Franz Drexler

In Deutschland war es Ingenieur *Franz Drexler,* der während des Ersten Weltkrieges als Leutnant der Reserve seine 1908 begonnenen Arbeiten auf dem Gebiet der Selbststeuerungen weiterführte. Zunächst bei der »Prüfanstalt und Werft« für Flugzeuge in Berlin-Adlershof eingesetzt, hatte *Drexler* Gelegenheit, die Flugeigenschaften und Unzulänglichkeiten der in der deutschen Militärfliegerei eingesetzten Flugzeugtypen kennenzulernen. Als Ingenieur sann er nach Verbesserungsmöglichkeiten; er reichte 1916 einen Entwurf für ein kreiselgestütztes Lageregelungssystem ein. In einem Kardanrahmen ist ein Kreisel mit vertikaler Laufachse gelagert und dient so zur Messung der horizontalen Lage des Flugzeuges. An dem unteren Ende der Laufachse ist ein kugelförmiger Steuerstift zur Betätigung der Ventile für die vier hydraulischen Arbeitskolben vorhanden. Je ein Paar der Arbeitskolben betätigt das Höhen- bzw. das Querruder und stabilisiert so das Flugzeug in der horizontalen Lage.

Drexler, nach Döberitz bei Berlin versetzt, wurde dort Leiter der EFKA-Versuchsabteilung (Fernlenkung und Kreiselgeräte). Hier hatte er Gelegenheit, eine Reihe von Ideen auszuführen und in der Praxis zu erproben. Aus der Vielzahl der Versuche seien einige bemerkenswerte herausgegriffen: Um bei großen Flugzeugen die Steuerung durch den Piloten zu erleichtern, entwickelte *Drexler* eine Hilfssteuerung für das Höhen- und Querruder (heute Servo-Steuerung genannt). Der Steuerhebel kann von dem Piloten zur Steuerung der Längslage nach vorn und hinten und zur Steuerung der Querlage nach links und rechts bewegt werden. Durch die Bewegung des Steuerhebels werden die Ventile der hydraulischen Arbeitskolben betätigt und so die Kolben zur Bewegung der Ruder gesteuert. Ein Rückführhebel von der Stellung des Arbeitskolbens zu dem entsprechenden Ventil überwacht die richtige Ausführung der vom Piloten eingegebenen Bewegungen.

Um den Umgang mit dieser Hilfssteuerung zu erleichtern, wurde von *Drexler* eine Lehrschaukel entwickelt, ein Vorläufer der heutigen Flugsimulatoren!

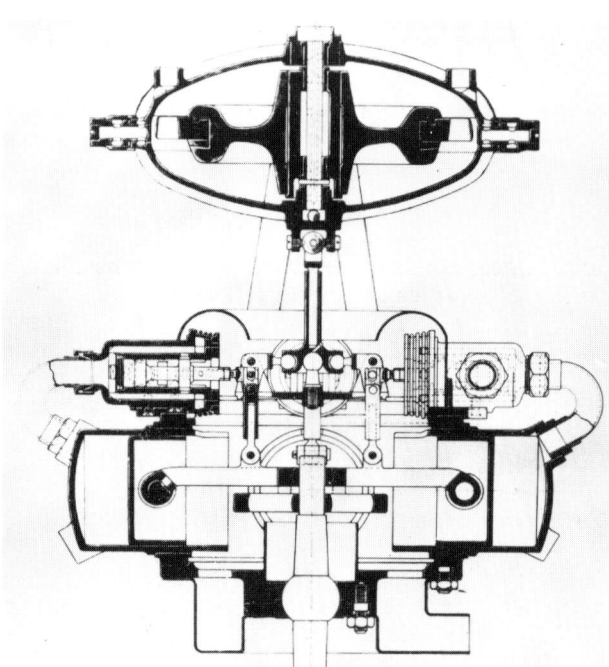

Drexler-Lageregelungssystem; hydraulische Flugzeug-Selbststeuerung mit Horizont-Kreisel (oben) und zwei sternförmig angeordneten Servos für Höhen- und Querruder.

Drexler-Lehrschaukel (Flugsimulator).

Ein verbesserter Zweiachsen-Lageregler wurde von *Drexler* entwickelt und von der Firma Anschütz (Kiel) hergestellt. Oben im Regler befindet sich ein in einem Kardanrahmen

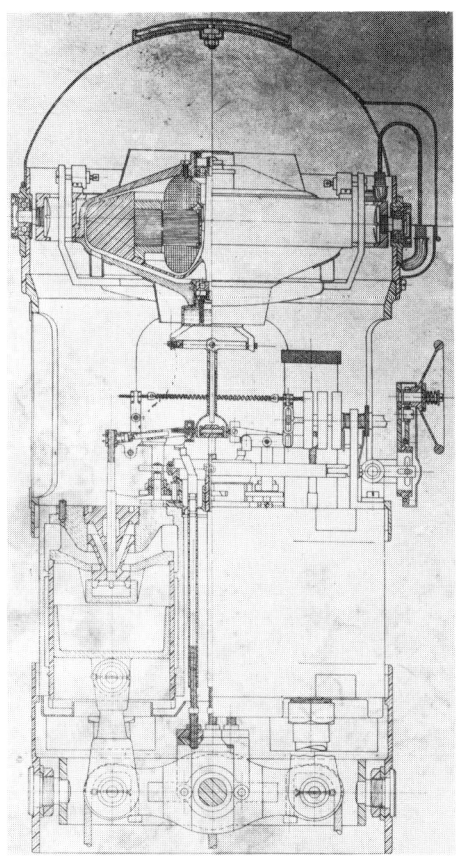 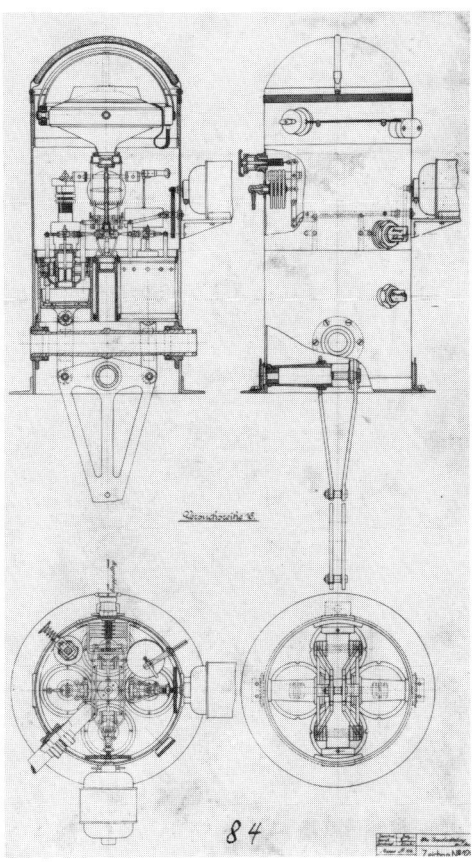

Drexler-Fluglagenregler, gebaut von der Fa. Anschütz. Einstellung der Fluglage durch Handrad (rechts).

Drexler-Fluglagenregler mit zusätzlichen Elektromotoren für Fernsteuerung der Fluglage durch Funksignale.

gelagerter Kreisel mit vertikaler Laufachse, darunter das Steuergestänge zur Betätigung der Ventile der hydraulischen Kraftverstärkung, die das Höhen- und Querruder bewegt. Eine Stellungsrückführung überwacht die Ausführung der von dem Lagekreisel gegebenen Korrekturbefehle. Die gesamte Anordnung ist in der sogenannten Steuerlaterne zusammengefaßt und in einem Rahmen drehbar gelagert. Durch einen Steuerhebel kann vom Piloten die Steuerlaterne in einem kleinen Bereich nach vorn oder hinten geneigt und so die Längslage des Flugzeuges verändert werden. Ein Handrad erlaubt die Veränderung der Querlage. Dieser Zweiachsen-Lageregler wurde durch Hinzufügen von je einem Elektromotor und Differentialhebel für die Fernsteuerung der Längslage und Querlage eines Großflugzeuges vorbereitet.

Einige Exemplare wurden in Flugversuchen mit Fernsteuerung erprobt. Damit hatte *Drexler* den richtigen Gedanken zur großen Aufgabe der Fernsteuerung von Flugzeugen zur Ausführung gebracht. Der richtige Gedanke bestand in der künstlichen Stabilisierung eines Flugzeuges durch Kreiselgeräte als Voraussetzung zur Ausführung von Funkkommandos für die Fernlenkung.

Nach Beendigung des Ersten Weltkrieges beschäftigte sich *Drexler* mit der Weiterentwicklung der Kreisel-Anzeigegeräte für die Anwendung in Flugzeugen. Zu diesem Zweck gründete er eine eigene Firma (die Kreiselbau GmbH in Berlin-Friedenau). Die Arbeiten *Drexlers* über Flugzeugbordinstrumente sind auf den Seiten 28, 34, 38 beschrieben. Mitte der 20er Jahre beschäftigte er sich wieder mit der Entwicklung von automatischen Steuerungen. Im Auftrag der Inspektion Waffen und Gerät (einem Vorläufer des Heeres-Waffenamtes) und in Verbindung mit der DVL entwickelte er eine Dreiachsensteuerung mit elektrischen Stellmotoren. Damit hatte sich *Drexler* nach langjährigen Versuchen mit der Hydraulik einem neuen Energieträger, der Elektrik, zugewandt. Diese Anlage sollte als Fernziel auch für eine Fernsteuerung geeignet sein. So bot sich die Verwendung der Elektrizität in der gesamten Anordnung an. Die Stromerzeugung erfolgt durch einen im Luftstrom befindlichen Propeller und einem Drehstrom-Generator.

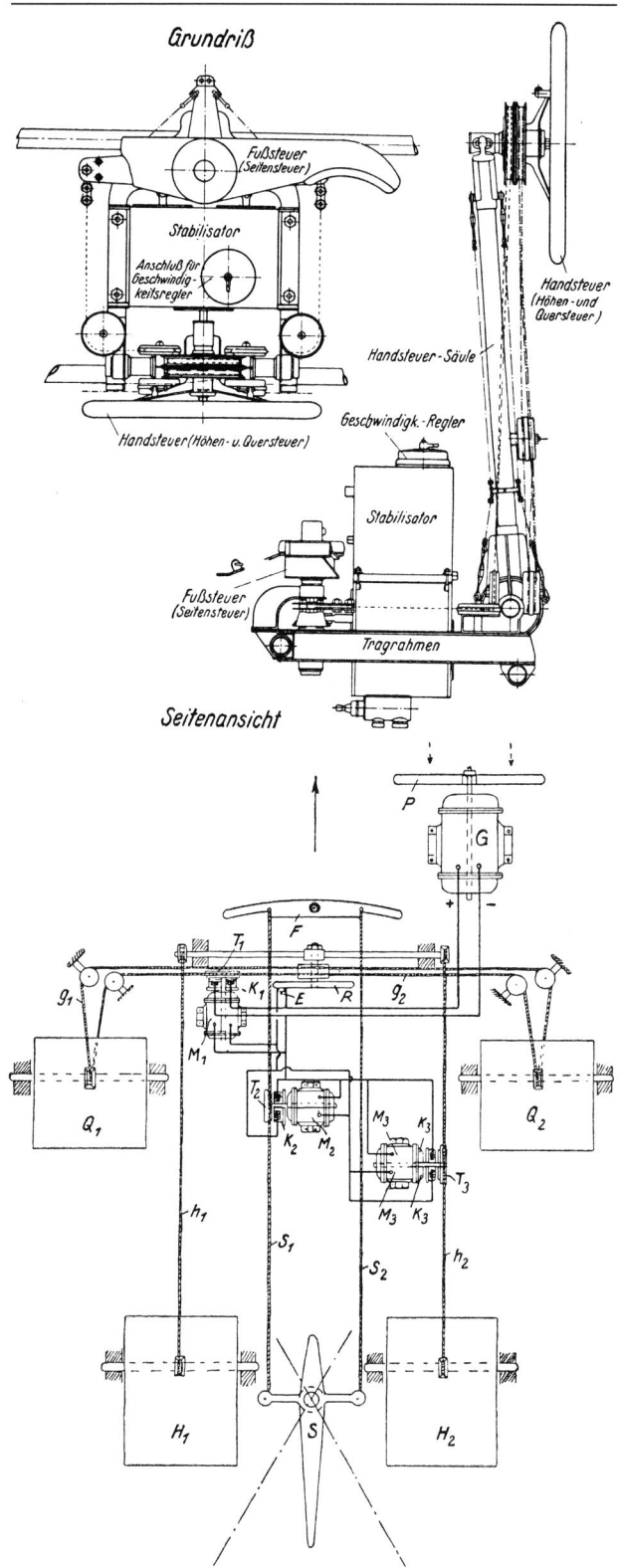

Die Seitensteuerpedale sind über Seilzüge mit dem Stellmotor und dem Seitenruder verbunden. Das Handrad zur Betätigung der Querruder hat über die Seile Verbindung mit dem Stellmotor und den Querrudern. Das Handrad wird außerdem zur Betätigung der Höhenruder nach vorn und hinten bewegt; es ist mit den Seilen, dem Stellmotor und dem Höhenruder verbunden. Am Handrad befindet sich der Schalter zum Ein- und Ausschalten der automatischen Steuerung durch die an den Stellmotoren befindlichen elektromagnetischen Kupplungen.

Wie aus Angaben von *Drexler* hervorgeht, war als Meßfühler für die Gierachse ein von ihm entwickelter Richtkreisel, für die Querachse ein Bleipendel und für die Nickachse ein Längspendel in Verbindung mit einer barometrischen Höhendose vorgesehen. In einer Firmenschrift der Drexler-Versuchsanstalt-Johannisthal (DVJ) wurde diese selbsttätige Flugzeug- und Luftschiffsteuerung beschrieben, ein Bild mit dem Einbau in der Kabine der Schlafwagenmaschine »Preußen« gezeigt.

Über diese Entwicklungsarbeiten zur Fernsteuerung von Flugzeugen berichtete ein Zeitzeuge, Ingenieur *Alfred Richard Weyl* später (1958):

». . . Versuchsabteilung Döberitz waren für die Heeresentwicklungen eingestellt. Franz Drexler, der mehrmals seine Dienste angeboten hatte, und Professor Dr. Max Dieckmann, Leiter und Besitzer der ›Drahtlose Telegraphische Forschungsanstalt Gräfelfing‹.

Drexler, ein ›Sturmvogel‹ bayrisch-schwäbischer Herkunft, war zweifellos ein genialer Mann, aber die Zusammenarbeit mit ihm war schwierig. Ihm standen in Johannistal in Gebäuden der Albatros-Flugzeugwerke, in der Nähe des Hauptquartiers einer Test- und Flugversuchsabteilung des Luftentwicklungskommandos, ein Versuchslabor und umfangreiche Mittel zur Erprobung seines Flugreglers zur Verfügung. Häufig ergaben sich lustige Situationen. Man erinnerte sich an Students (Generaloberst Kurt Student, damals Hauptmann) gelassenen Gesichtsausdruck, als er hörte, wie der aufgebrachte Drexler furchtbare Drohungen und unflätige Hoffnungen auf Verdauungsstörungen ausstieß, bloß weil die Direktoren von Albatros es für angebracht hielten, Drexlers Mannschaft die Gastlichkeit ihrer ›gewohnten Örtlichkeiten‹ in der Kantinenbaracke zu verweigern – ›aber mein lieber Herr Drexler, das meinen sie doch nicht im Ernst‹ – und Student weiter gelassen an seiner kalten Zigarre kaute. Ernster war Drexlers Gleichgültigkeit gegenüber den grundlegenden Sicherheitsregeln.

Dieckmann war ein praktischer Wissenschaftler und erfüllt von stillem Humor. Die Zusammenarbeit mit ihm war außerordentlich erfreulich. In Gräfelfing hatte er sein privates Marionettentheater. Man erinnert sich an hochinteressante Diskussionen bei Aschinger bei Erbsensuppe, für die er eine Schwäche hatte, wenn ein nicht endenwollender Strom von Besuchern, Telefonaten, Meetings und Konferenzen in unserem Hauptquartier in der Wilhelmstraße eine ernsthafte Planung unmöglich machte.

Drexler-Steuersystem mit selbsttätiger Flugzeugsteuerung.
Schaltschema der elektrischen Flugzeugselbststeuerung (Drexler).

Man glaubte, daß diese beiden herausragenden Fachleute die unvollendeten Entwicklungen der Kriegszeit fertigstellen würden. So wäre es auch gewesen, wenn nicht auf höherer Ebene politische Änderungen stattgefunden hätten.

Aus taktischer Sicht bestand das Hauptziel darin, ›Lufttorpedos‹ von hochfliegenden, schnellen, meist einsitzigen Flugzeugen auf Punktziele am Boden zu lenken. Student zog den Vergleich zu einem Jäger mit seinen Hunden. Außerdem wurde es für möglich gehalten, photographische Aufklärung mit pilotenlosen Flugzeugen zu betreiben. Auch Angriffe auf Bomberformationen durch große Lenkflugkörper aus der Luft stellte man sich vor. All diese Ideen stimmten überein mit dem Konzept der strategischen Verteidigung, welches die Reichswehr verfolgte.

Wie bereits oben erwähnt, hatte Drexler während des Krieges einen einsatzfähigen, aber schweren Flugregler mit hydraulischer Kraftübertragung entwickelt. Danach schlug er einen vollelektrischen Flugregler vor, der von codierten Funksignalen überwacht wird und mit automatischer Nachführung am Gefechtsstand ausgerüstet ist. Außerdem schlug er einen möglichen elektronischen Kompaß vor, der für programmierte Selbstführungsverfahren anwendbar sein sollte. Drexler wurde in einer Position eingesetzt, wo er seinen Flugregler und die zugehörigen mechanischen Teile entwickeln und perfektionieren konnte, während die Entwicklung des elektronischen Teils Dieckmann und seinem Institut überlassen wurde.

Bei Drexlers neuem Flugregler lag die Betonung auf der Steuerung des Seitenruders. Jede Gierstörung beeinflußte einen Wendekreisel (als Richtgerät bezeichnet), der mit 20 000 U/min läuft; ein Servo-Relais trieb elektromagnetische Kupplungen zu einem kontinuierlich laufenden elektrischen Servomotor an, und dieser erzeugte die korrigierende Seitenrudersteuerung. Dem Kreisel konnten Steuerungssignale überlagert werden, die direkt das Relais überwachten. Für die Nick- und Rollsteuerung wurden Quecksilberpendel verwendet. In der Nicksteuerung konnten zusätzlich noch Signale vom Fahrtmesser oder die Motordrehzahl aufgeschaltet werden. Für die Azimutstabilität hatte Drexler einen Kursintegrator vorgeschlagen, der von einem freien Kreisel betätigt wurde. Zur Beibehaltung der Höhe wurde eine Druckmeßdose verwendet. Franz Drexler starb im Januar 1929, nachdem er bewiesen hatte, daß sein Flugregler im Flug funktionierte, aber nachdem er auch leidvoll die plötzlichen Entschlüsse auf höherer Ebene erfahren hatte. Als Pionier der automatischen Steuerung von Flugzeugen sollte er in Erinnerung bleiben . . .«

Entwicklung automatischer Piloten von Johann Maria Boykow

Der bekannte Pionier der deutschen Entwicklung von automatischen Piloten *Johann Maria Boykow* hat seine ersten Veröffentlichungen über eine von außen unabhängige Navigation in Flugzeugen und Schiffen im Jahr 1911 erstellt. Nach seinem Eintritt in die Fabrik für Magnetkompasse von Neufeld und Kuhnke (Kiel) im Jahr 1912 beschäftigte *Boykow* sich mit den systematischen Fehlern von Magnetkompassen und untersuchte den beim Kurvenflug in Flugzeugen auftretenden »Norddrehfehler«. 1914 erfand er ein Bombenabwurfgerät mit Zieleinrichtung für Flugzeuge, welches im Ersten Weltkrieg zum Einsatz kam. Während des Ersten Weltkrieges diente *Boykow* in der k. u. k. Marine-

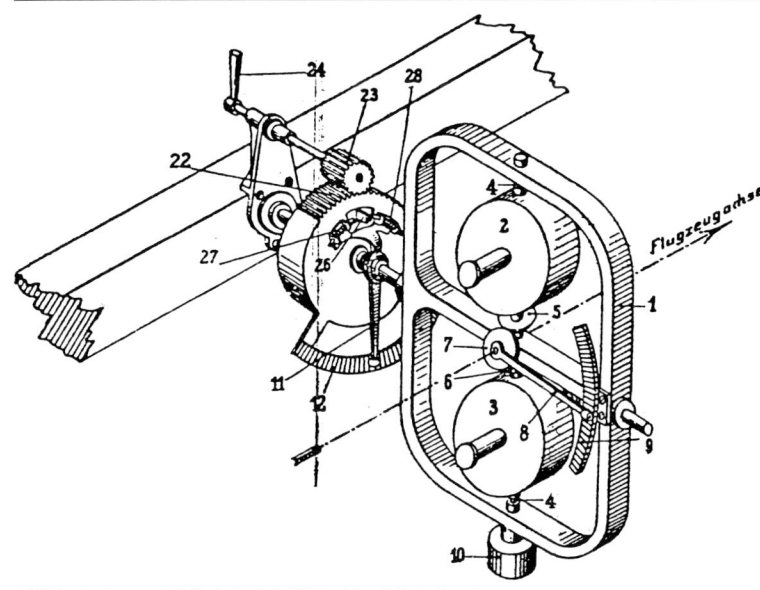

1 Trägheitsrahmen, 2, 3 Kreisel, 5, 6, 7 Zahnräder, 9 Potentiometer

Boykow-Dämpfungsregler, Patent 1918.

fliegerei; er beschäftigte sich nebenbei mit den Problemen der Navigation und Steuerung von Flugzeugen. Im September 1918 wurde der Optischen Anstalt C. P. Goerz (Berlin) eine Einrichtung zur Stabilisierung von Flugzeugen, U-Booten o. dgl. patentiert. Für die Messung der Flugzeugbewegung war ein sogenannter »Trägheitsrahmen« vorgesehen. Dieser besteht aus zwei in einem gemeinsamen Rahmen gelagerten, sich gegenläufig drehenden Kreiseln; diese sind über ein Kegelradgetriebe so miteinander gekoppelt, daß die Kreisel nur auf Bewegungen um die äußere Rahmenachse ansprechen. Dieser Kreiselausschlag wird von einem Potentiometer abgegriffen und dient zur Steuerung eines elektrischen Stellmotors, der das entsprechende Ruder betätigt. Durch eine Federfesselung des Trägheitsrahmens gegenüber dem Fahrzeug soll erreicht werden, daß die Meßeinrichtung nur auf eine Drehbewegung um die Meßachse anspricht.

So wird hier zum ersten Mal eine Steuereinrichtung zur Dämpfung der Fahrzeugbewegung beschrieben. Die beiden Kreisel sind in dem um die Querachse des Flugzeuges drehbaren Trägheitsrahmen gelagert. Der Rahmen ist außerdem mit einer mit Öl gefüllten Kapsel mit dem Flugzeug verbunden. Infolge der in dem Öl sich bewegenden Flügel wird eine Dämpfung der Trägheitsrahmenbewegung bewirkt und gleichzeitig eine dynamische Fesselung des Trägheitsrahmens gegenüber dem Fahrzeug hergestellt.

Über den Handhebel können vom Piloten gewollte Längslagenänderungen eingegeben werden. Vom Potentiometer werden die Signale zur Steuerung der Stellmotoren abgegriffen. In einem weiteren Patent vom Februar 1926 der Meßgeräte Boykow (Berlin-Lichterfelde) über eine Einrichtung zur Stabilisierung von Flugzeugen u. dgl. werden Zusatzeinrichtungen zur Regelung des Flugzeuges in der Geschwindigkeit, Höhe oder Richtung über die Trägheitsrahmenanordnung mit Hilfe von magnetischen Momentengebern oder hydraulischen oder pneumatischen Kupplungen beschrieben.

Auf der Internationalen Luftfahrt-Ausstellung 1928 in Berlin wurde von der Meßgeräte Boykow GmbH ein »Automatischer Pilot« für Flugzeuge ausgestellt. Die automatische Steuerung für das Höhenruder und das Querruder waren in einem Junkers W 33-Flugzeug eingebaut; sie wurden prominenten Piloten vorgeführt, z. B. den berühmten Piloten *Köhl, Fitzmaurice* und *Chamberlin*. In einer Firmendruckschrift aus dem Jahr 1928 ist die selbsttätige Steuerung für Flugzeuge ausführlich beschrieben. Das Höhenruder wird von einem federgefesselten Trägheitsrahmen als Dämpfungskreisel gesteuert. Zu diesem Zweck ist an einer Präzisionsachse des Trägheitsrahmens ein Kontaktarm befestigt, der über zwei Schleifbahnen die Kupplungen

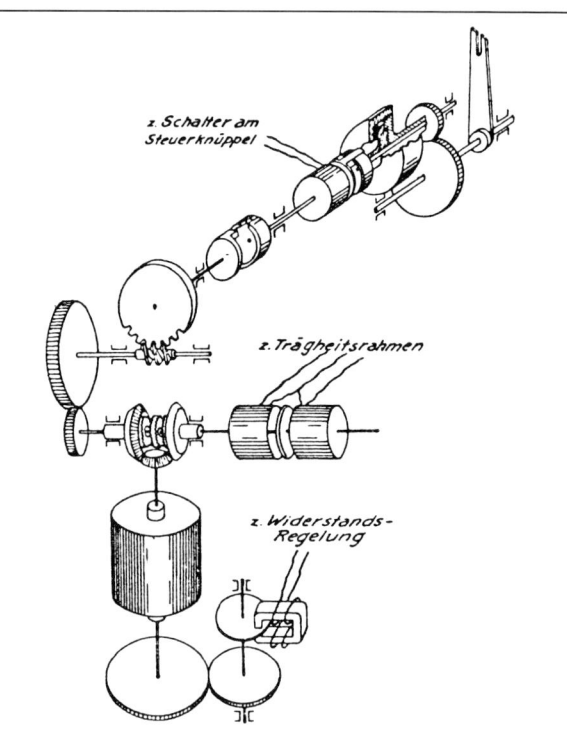

Boykow, automatischer Pilot 1928, elektrischer Stellmotor mit magnetischen Kupplungen für Rechts- und Linkslauf.

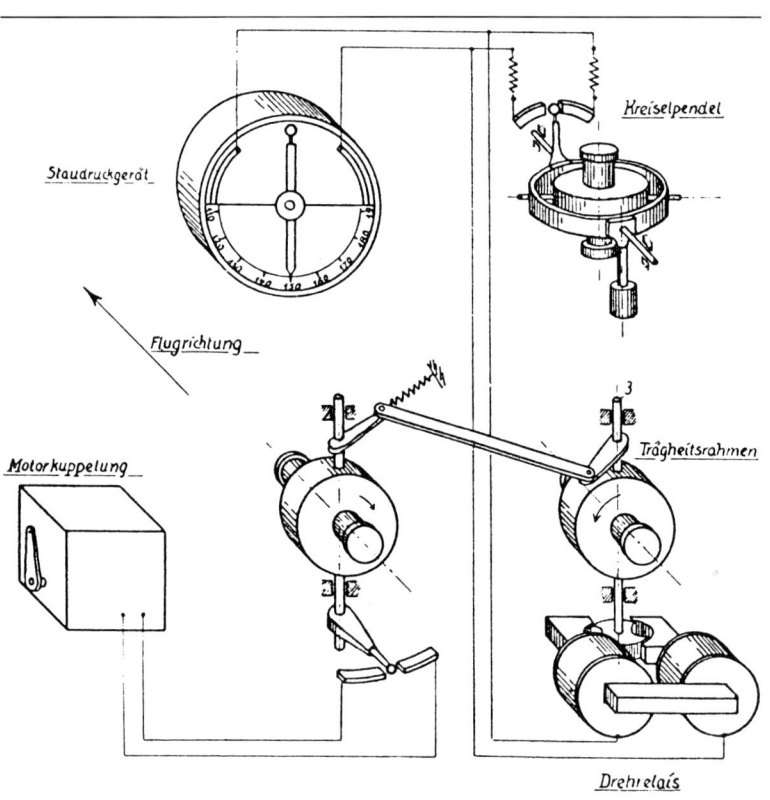

Boykow, automatischer Pilot 1928, Fahrt- und Längslageregelung.

des elektrischen Stellmotors zur Betätigung des Höhenruders bewirkt. Zur Einhaltung der Nicklage dient ein freier Kreisel, kombiniert mit einem Pendel. Zur Regelung der für eine Steuerbarkeit des Flugzeuges notwendigen Geschwindigkeit gegenüber der umgebenden Luft wird das Signal eines Staudruckmessers benutzt. Die beiden Signale des Staudruckmessers und des Kreiselpendels werden über ein Drehrelais auf eine Achse des Trägheitsrahmens wirksam, sie beeinflussen so die Führung des Flugzeuges. Die Aufschaltung der Staudrucksignale ist in der Wirkung der Lagesignale des Längslagekreisels so bemessen, daß die Fahrtregelung immer Vorrang hat. In ähnlicher Weise wird die Dämpfung der Querbewegung des Flugzeuges durch Betätigung der Querruder bewirkt.

Der elektrische Stellmotor funktioniert so: Ein sich ständig in einer Richtung drehender Elektromotor kann durch eine Wirbelstrombremse über einen Widerstand in seiner Drehzahl abgebremst werden. Dadurch wird die Wirkung der automatischen Steuerung dem Wetter angepaßt. Der Abtrieb des Motors wird über eine elektromagnetische Kupplung in der Drehrichtung je nach der Richtung der Kontakte am Trägheitsrahmen umgeschaltet. Über weitere Getriebe und eine elektromagnetische Trennkupplung erfolgt die Betätigung der Ruder. Durch einen Schalter kann der Pilot die Trennkupplung betätigen und so die Wirkung (oder Fehlwirkung) der automatischen Steuerung augenblicklich beenden.

Auf Grund eines Auftrages des Reichsmarineamtes wurde dieser Autopilot auch in ein Junkers F 13-Flugzeug bei der Seeflugversuchsanstalt in Kiel-Holtenau eingebaut. Unter anderem sollte die Möglichkeit der Fernsteuerung von Flugzeugen erprobt werden. Zunächst wurde jedoch ein Askania-Statoskop aufgeschaltet, um eine Konstanthaltung der Flughöhe zu erreichen. Die Flugversuche blieben in ihren Ansätzen stecken: die einzelnen Komponenten des Flugreglers und das Steuerungssystem waren noch nicht ausgereift.

Inzwischen wurde von der Meßgeräte Boykow ein verbesserter automatischer Pilot entwickelt. Das ruckartige Arbeiten des elektrischen Stellmotors, verursacht durch die harte Umschaltung der Drehrichtung über die Elektromagnet-Kupplungen, wurde als sehr störend empfunden. Der elektrische Stellmotor wurde durch ein hydraulisches Folgesystem ersetzt. Von der Öldruckpumpe gelangt der

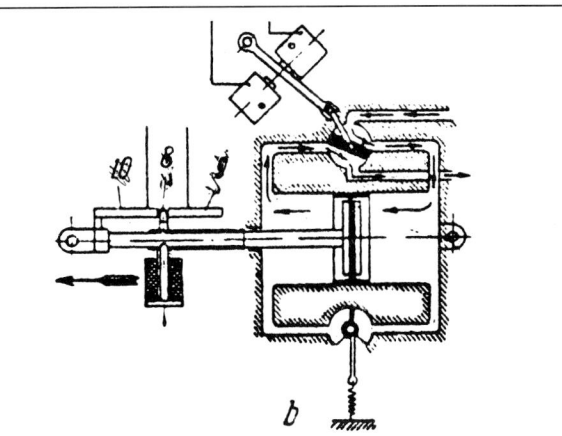

Boykow, automatischer Pilot 1929, Funktion der hydraulischen Rudermaschinen.

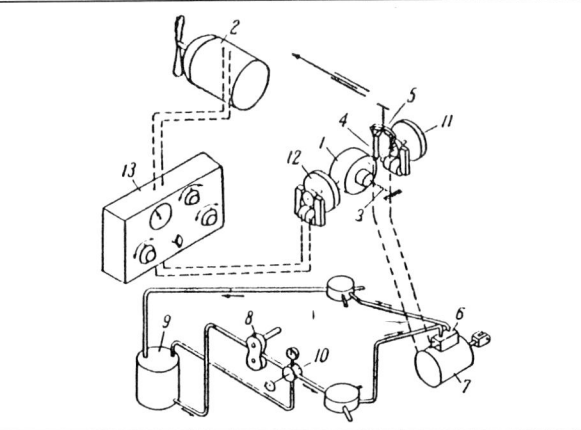

Boykow, automatischer Pilot 1929, Kurssteuerung mit hydraulischem Stellmotor.

Öldruck über den Öldruckregler und dem elektromagnetischen Ventil zum Arbeitskolben der Rudermaschine. Das Öl fließt in den Ölbehälter wieder zurück. Eine Rückführung der Kolbenstellung erfolgt durch Kontaktbahnen und Schleifer an der Kolbenstange der Rudermaschine zu dem Folgesystem an der Präzessionsachse des Wendekreisels. Die Stromerzeugung für den Antrieb des Drehstrom-Motors des Wendekreisels erfolgt durch den vom Fahrtwind angetriebenen Generator. Die Kommandos für die Kurskorrektur oder den Kurvenflug werden durch Schalter und Potentiometer im Bedienungsgerät zu dem Momentengeber an der Präzessionsachse des Wendekreisels geleitet. Bei einer Präzession des mit einer Feder gefesselten Kreisels betätigt der Schleifer über die Kontaktsegmente und zwischengeschaltete Relais die Magnete an dem Steuerventil der Rudermaschine. Die Kontaktsegmente am Kreisel betätigen die Elektromagnete und damit auch den Zwischenhebel und das Ventil. Der Ölstrom fließt in die linke Kammer, und der Kolben bewegt sich nach rechts. Der an der Kolbenstange befindliche Schleifer steuert einen Strom über die Kontaktbahn zu dem Folgesystem an die Präzessionsachse des Wendekreisels als Rückführung. Erreicht das Folgesystem die neutrale Zone zwischen den Segmenten, so wird der Steuerstrom zu dem Ventil unterbrochen und der Kolben bleibt stehen.

Zur Erprobung wurde dieser automatische Pilot in eine Junkers W 34 eingebaut und mit der inzwischen von Siemens & Halske gebauten Fernsteueranlage erprobt. Nach befriedigendem Abschluß dieser Versuche wurde vom Reichsmarine-Amt die Zusammenarbeit der beiden Firmen vorgeschlagen und damit eine sehr erfolgreiche Arbeit auf dem Gebiet der automatischen Piloten bei der Firma Siemens eingeleitet. Als erster Schritt wurde von Meßgeräte Boykow an Siemens der Auftrag zur Fertigung von 5 Stück automatischer Piloten erteilt. Nach einigen Verbesserungen zur Fertigung erhielten diese Anlagen bei Siemens die Bezeichnung D II. Diese automatische Piloten D II wurden an die DVL sowie an Frankreich, Italien und die UdSSR geliefert.

Autopilot-Entwicklungen der Firma Siemens 1930–1945

Mit dem Eintritt des Kapitän z. See a. D. *Karl Otto Altvater* im Jahr 1930 in die Siemens & Halske AG beginnt die Geschichte der Entwicklung von automatischen Piloten im

Hause Siemens. *Altvater* hatte sich selbst die Aufgabe gestellt, die »Elektrizität in die Luftfahrt« einzuführen. Schon während seiner Tätigkeit als Referent im Reichswehrministerium in der Marineleitung/Waffentechnik in den Jahren 1923 bis 1927 hat *Altvater* die Entwicklung von Einrichtungen zur Fernsteuerung von Schiffen und Flugzeugen durch die Erteilung von Entwicklungsaufträgen nachhaltig gefördert. So erhielt die Meßgeräte Boykow GmbH Aufträge zur Entwicklung und Erprobung von automatischen Steuerungen für Flugzeuge, die für die Fernsteuerung durch die von Siemens entwickelten Einrichtungen zur Kommandogebung geeignet sein sollten.

Die Übertragung der Steuerkommandos erfolgte nach dem von der Fernschreibtechnik abgeleiteten Start-Stopp-Verfahren. Im Rahmen der Flugerprobung der automatischen Steuerung in Verbindung mit der Fernsteuereinrichtung bei der Seeflugversuchsanstalt in Kiel-Holtenau kam der junge Dipl.-Ing. *Eduard Fischel* als Beauftragter der Firma Siemens mit den Problemen der automatischen Steuerung von Flugzeugen in praktische Berührung; über seine ersten Erfahrungen berichtete *Fischel* 40 Jahre danach:

». . . Im Sommer 1929 baute die Meßgeräte Boykow GmbH ihre Anlage in ein Seeflugzeug der Severa, Holtenau, ein und begann mit der Justierung. Ich erhielt von der Firma Siemens den Auftrag, ein Askania-Statoskop auf die Anlage zu schalten, womit eine Konstanthaltung der Flughöhe erreicht werden sollte. Dazu hatte ich einen rückwirkungsarmen Bolometerabgriff an den Statoskopzeiger angebaut und Gleichstromsignale abgeleitet. Als ich in Kiel eintraf, um die Aufschaltung dieses Gerätes auf die Boykow-Selbststeuerung vorzunehmen, war deren Justierung noch nicht beendet. Herr Jakobsen, der Entwicklungsingenieur der Firma Boykow, lud mich zu einem Justierflug ein, und ich nahm begeistert an. Als wir 300–400 m Höhe erreicht hatten, schaltete er die Automatik ein. Sehr bald bemerkte ich ein leichtes Ziehen des Flugzeuges. Es begann zu steigen, wobei seine Geschwindigkeit allmählich abnahm, was bereits durch die Änderung des Motorengeräusches bemerkbar wurde. Die Steuerung reagierte entsprechend und drücke die Flugzeugnase nach unten, wodurch die Geschwindigkeit sich wieder merklich erhöhte und vom Motor durch entsprechendes Aufheulen quittiert wurde. Wieder reagierte die Steuerung, stoppte die Abwärtsbewegung und leitete den umgekehrten Vorgang, nämlich ein erneutes Steigen des Flugzeuges ein, bis die Geschwindigkeit wieder abnahm. Dieser Rhythmus wiederholte sich regelmäßig, wobei wir eine Höhendifferenz von etwa 150 m und eine Geschwindigkeitsspanne von etwa 50 km/h durchliefen. Der niedrigste Wert der Geschwindigkeit lag wenig über jener Mindestgeschwindigkeit, die zur Erhaltung der Flugfähigkeit notwendig war. In weiteren Justierflügen gelang es Herrn Jakobsen, die Schwingungsamplituden zu reduzieren. Das hatte zur Folge, daß das Vertrauen des Flugzeugführers zu unserer Apparatur derart stieg, daß er, das Flugzeug sich selbst überlassen, den Führersitz verließ und plötzlich in der Kabine vor uns stand. Wir beide, Herr Jakobsen und ich, erschraken nicht schlecht! Von der Zuverlässigkeit der Anlage waren wir noch nicht gleicherweise so überzeugt, daß wir solche Experimente schätzten. Auf der Flugstation in Holtenau hatte man unser Versuchsflugzeug bald ›das besoffene Huhn‹ getauft, da es wie ein solches durch den Luftraum zu torkeln schien . . .«

Das Interesse *Altvaters* für die Luftfahrt ist sicherlich durch die Freundschaft mit dem k. u. k. Marine-Fliegerkapitän a. D. *Johann Maria Boykow* während seiner Tätigkeit als Referent im Reichsmarineamt in den Jahren 1923 bis 1927 geweckt worden. *Boykow* war mit seinen Gedanken und Zielvorstellungen der Zeit weit voraus und hatte zahlreiche Erfindungen auf dem Gebiet der Kreiselgeräte, der automatischen Flugzeugsteuerungen und der Trägheitsnavigation (Wegmesser genannt) ausgearbeitet. *Altvater* hatte jedoch den praktischen Sinn, zunächst das Erreichbare bei seiner Tätigkeit in der Industrie anzustreben. Mit der Entwicklung der automatischen Piloten wurde *Eduard Fischel* beauftragt. Durch Verträge zwischen *Boykow* und Siemens wurde Siemens die Verwertung und Nutzung aller Patente und Entwicklungen auf dem Gebiet der automatischen Flugzeugsteuerungen und der Wegmesser von *Boykow* übertragen. *Fischel* hatte jedoch eigene Vorstellungen über die Realisierung der Boykowschen Ideen und begann auf Grund seiner Erfahrungen systematisch mit der Entwicklung einer Dreiachsensteuerung mit Triebwerksregelung.

Siemens-Autopilot D III

Das Grundprinzip der Boykowschen Steuerung, nämlich die Dämpfung des Flugzeuges mit Hilfe der Wendekreisel und die Betätigung der Ruder durch hydraulische Rudermaschinen, wurde beibehalten. Zur Überwachung der langsamen Flugzeugdrehung durch unvermeidliche Nullpunktfehler und andauernder Störmomente auf das Flugzeug fügte *Fischel* in jeder Achse einen zusätzlichen Meßfühler hinzu: in der Kursachse einen magnetischen Fernkompaß mit elektrischem Abgriff, in der Nickachse einen Fahrtmesser mit hydraulischem Verstärker und in der Rollachse ein stark gedämpftes Querlagenpendel mit Quecksilber-Potentiometerabgriff.

Über den Kursgeber wird vom Piloten der gewünschte Sollkurs eingestellt und über ein mechanisches Übertragungssystem gleichzeitig auch der Kompaßkessel verdreht. Die Kompaßnadel ist drehbar gelagert und mit der Blende verbunden. Zwischen der Ringelektrode und den Richtelektroden befindet sich eine leitende Elektrolytflüssigkeit. Durch die Drehung der sich zwischen den Elektroden befindlichen Blende wird der Widerstand der Elektrolytflüssigkeit verändert. Die mit Hilfe der Widerstände gebildete Brückenschaltung wird verstimmt, das Ausgangssignal gleichgerichtet und zu dem Kurszeiger geleitet. Zur Vermeidung von Materialwanderungen wird die Brückenschaltung mit Wechselstrom gespeist. Parallel zu dem Kurszeiger wird das Kursabweichungssignal zu dem Drehmagnet der Kursrudermaschine geführt.

Die Bewegungen des Drehmagneten und des Dämpfungskreisels werden im Differentialhebel summiert und dienen zur Steuerung des Steuerventils. Mit diesem Steuerventil wird der Kraftkolben zur Betätigung des Seitenruders

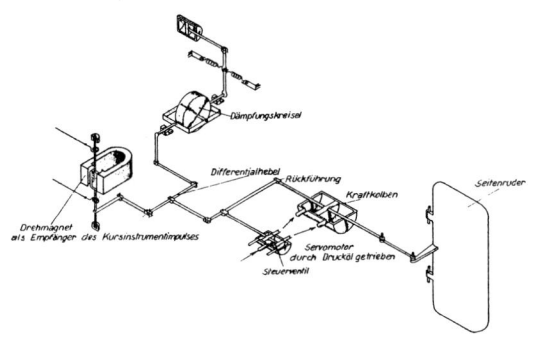

Siemens-Autopilot D III, Kurssteuerung mit Fernkompaß und Dämpfungskreisel als Meßfühler.

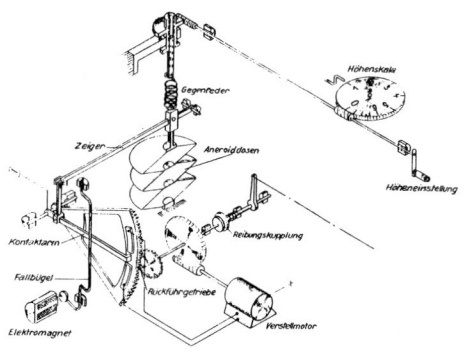

Siemens-Autopilot D III, Triebwerksregelung mit Höhenmesser als Meßfühler.

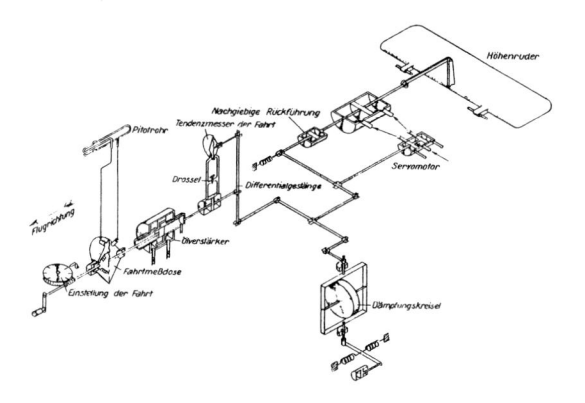

Siemens-Autopilot D III, Höhenrudersteuerung mit Fahrtmesser und Dämpfungskreisel als Meßfühler.

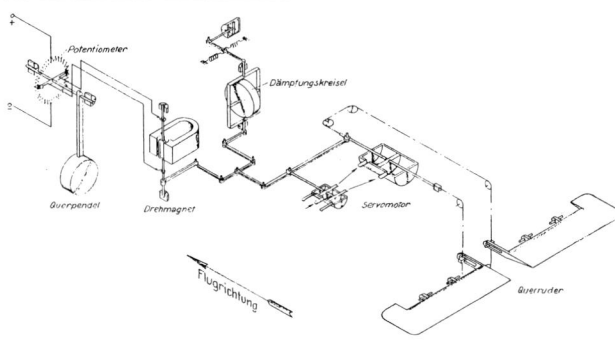

Siemens-Autopilot D III, Querrudersteuerung mit Pendel und Dämpfungskreisel als Meßfühler.

gesteuert. Die Stellung des Kraftkolbens wird dem Differentialhebel für das Steuerventil zurückgeführt.

Da die Flugzeuge der damaligen Zeit über geringe Leistungsreserven verfügten, war die Einhaltung der für die Flugfähigkeit und Steuerbarkeit erforderlichen Geschwindigkeit gegenüber der umgebenden Luft für einen sicheren Flug unbedingt erforderlich. So wurde als Meßfühler für die Nickachse der Staudruck benutzt. Die Fahrtmeßdose wird vom Pitotrohr mit statischem Druck und Staudruck versorgt. Vom Piloten wird die gewünschte Sollfahrt eingestellt und damit gleichzeitig die Vorspannung der Membran der Fahrtmeßdose. Bei Abweichung des Flugzeuges von der Sollfahrt betätigt die Membran das Ventil eines kleinen Ölverstärkers und damit das Differentialgestänge. Die Rückführung erfolgt über eine als Tendenzmesser der Fahrt wirkende Membrandose mit eingestellter Verzögerung. Damit wird ein Vorauseilen des Fahrtfehlerbefehls erreicht. Der Fahrtfehler wird mit der Dämpfungskreiselabweichung summiert und steuert wie bei der Kursachse die hydraulische Rudermaschine und damit das Höhenruder.

Die Abweichung des Flugzeuges von der Normallage wird mit dem Querpendel gemessen. Dieses Pendel ist durch einen Luftkolben stark gedämpft, so daß bei Flugzeugschwingungen kein Aufschaukeln der Pendelschwingungen erfolgt. Die Abweichung von der Normallage wird durch ein Quecksilber-Ringpotentiometer gemessen und dem Drehmagnet der Rudermaschine zugeführt. Nach der Summierung mit dem Fehlersignal des Dämpfungskreisels wird das Ventil der Rudermaschine und damit das Querruder betätigt.

Zur Erweiterung von der Dreirudersteuerung zur **Vollsteuerung** wird die automatische Triebwerksregelung zugefügt. Vom Piloten wird die gewünschte Flughöhe eingestellt und damit gleichzeitig der Nullpunkt als Höhenmesser wirkenden Aneroiddosen. Bei einer Abweichung der Flughöhe ändert sich der Druck auf die Dosen, die Bewegung wird

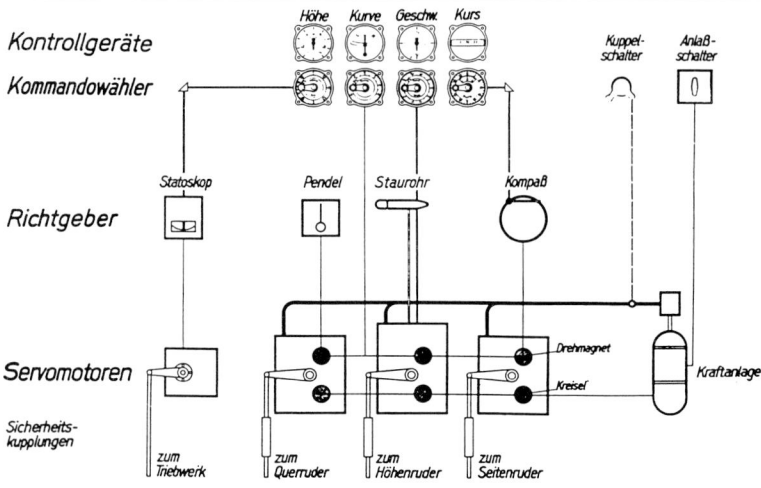

Siemens-Autopilot D III, Gesamtanordnung.

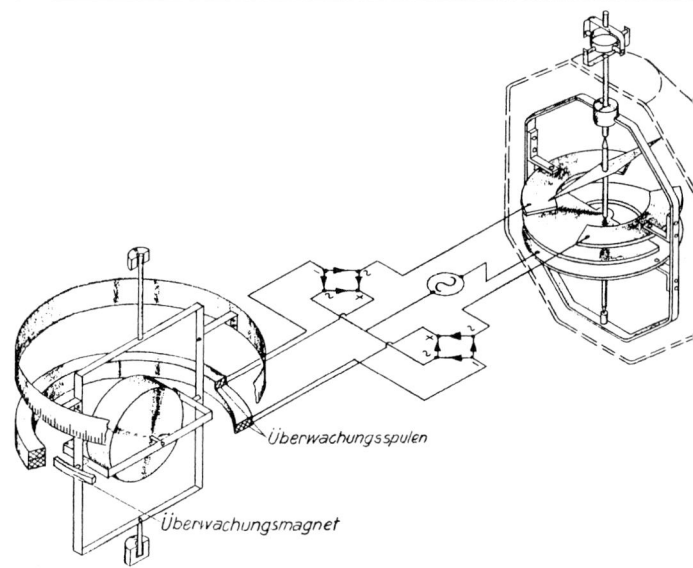

Siemens-Autopilot D 4, Funktion des Kurskreisels LKu 4 mit Fernkompaß.

über den Zeiger auf den Kontaktarm übertragen. Der Fallbügel wird in regelmäßigen Abständen durch den Elektromagneten betätigt und schließt den Kontakt für den elektrischen Stellmotor, der über ein Untersetzungsgetriebe und einer Rutschkupplung die Gashebel der Flugzeugmotoren bewegt. Über das Getriebe wird auch die Stellung der Gashebel auf die Kontaktsegmente zurückgeführt.

Bei der Erweiterung zur **Vollsteuerung V 3** ist die Triebwerksregelung mit Statoskop und Stellmotor hinzugefügt. Von dem Siemens-Autopiloten D III sind zunächst 5 Exemplare gebaut worden. Zwei wurden in Deutschland von der DVL erprobt und drei nach Japan verkauft, später auch noch zwei nach Italien.

Der Ausdruck »Autopilot« wurde von Altvater geprägt und von S & H 1937 als Warenzeichen eingetragen. Später ist daraus eine internationale Kurzbezeichnung geworden.

Siemens-Autopilot D 4

Durch die Unzulänglichkeiten der im Typ D III verwendeten Meßfühler wurde die Entwicklung von Kreiselmeßfühlern vordringlich. Es wurde der kompaßgestützte Kurskreisel und ein Kreiselhorizont, versehen mit für den Autopiloten geeigneten Abgriffen, entwickelt.

Der **Kurskreisel** ist kardanisch aufgehängt und durch ein Untergewicht horizontiert. Die Überwachung der unvermeidlichen Kreiseldrift erfolgt durch den magnetischen Fernkompaß. Die Ausrichtung der Kompaßrose am Kurskreisel nach Norden erfolgt durch den zunächst unsymmetrischen Strom, der von der Blende des Fernkompasses gesteuerten Brückenschaltung. Dieser Strom ruft in den Wicklungen des Momentengebers am Rahmen des Kurskreisels ein Richtmoment hervor, das den Kreisel in die Nordrichtung präzedieren läßt. Zur Einstellung des gewünschten Steuerkurses wird vom Piloten die Steuerbasis am Kurskreisel und gleichzeitig über die mechanische Welle der Kessel des Fernkompasses verdreht. Bei einer Abweichung des Flugzeuges vom Steuerkurs wird das Signal eines Potentiometerabgriffes an der Steuerbasis auf die Kursachse des Dreiachsenflugreglers wirksam und regelt den Kurs des Flugzeuges.

Zur Überwachung der Längs- und Querlage des Flugzeuges wurde der für die Anzeige im Instrumentenbrett entwickelte **künstliche Horizont** mit zusätzlichen Potentiometerabgriffen versehen. Die Anordnung der Rahmen und der Abgriffe des Horizontes LEH 4 ist folgende: der Horizontkreisel mit dem äußeren Rahmen und dem inneren Kardanrahmen. Das Pendel dient in Verbindung mit dem Momentenerzeuger zur Überwachung der Längslage und ein weiteres Pendel mit seinem Momentenerzeuger zur Überwachung der Querlage. Die Potentiometer bilden die Steuersignale für die Dreirudersteuerung. Der Übertragungshebel für die Längslage bewegt den waagerechten Steuerstrich (Flugzeugsymbol) nach oben oder unten; der Längslagenwinkel ist an der rechten Skala abzulesen. Der oben liegende Rahmen dreht die Scheibe zur Anzeige der Querlage; der Querlagenwinkel wird an der linken Skala angezeigt. Mit dem Einstellknopf kann der Sollwinkel der Längslage und mit dem Hebel die gewünschte Querlage eingestellt werden.

Siemens-Autopilot D 4, Konstruktion des Horizontkreisels LEH 4 mit Abgriffen für Längs- und Querlage.

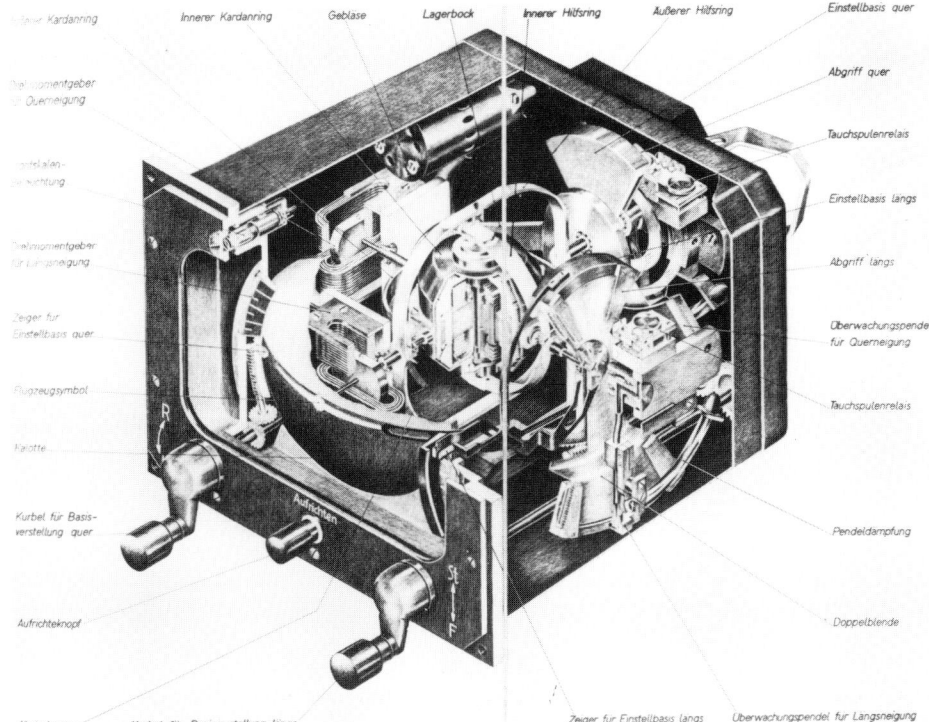

Siemens-Horizont LEH 4, Anzeigen der Querlage durch Horizont und Skala (links) und der Längslage durch Flugzeugsymbol und Skala (rechts).

Die drei Dämpfungskreisel wurden als separate Geräte im Flugzeug installiert, um den jeweils günstigsten Einbauort wählen zu können. Es hatte sich, bedingt durch immer höhere Aufschaltwerte, bei der Erprobung in einigen Flugzeugen gezeigt, daß bei einem Einbau der Wendekreisel in der Rudermaschine Schwingungen angefacht wurden. Die hydraulischen Rudermaschinen wurden mit einer eigenen, von je einem Elektromotor angetriebenen Öldruckpumpe versehen. Damit war der Einbau an der jeweils günstigsten Stelle im Flugzeug erleichtert.

Die gerätemäßige Anordnung des Autopiloten D 4 besteht aus dem Horizont, dem Kurskreisel, dem Fernkompaß, dem Gleichstrom-Drehstrom-Umformer, den Rudermaschinen für Seiten-, Quer- und Höhenruder, dem Verteiler und dem Wendekreiselblock.

Der Ausbau zur Vollsteuerung war vorgesehen. Anstelle der Längslagenregelung durch den Horizont sollte als weitere Betriebsart die Fahrtregelung über das Höhenruder erfolgen. Zu diesem Zweck mußte ein Fahrtmesser mit Abgriff zugefügt werden. Zur Regelung der Flughöhe schließlich noch ein Höhenmesser mit Abgriff und dem Servo für die Betätigung der Gashebel für die Motoren.

Diese Entwicklung des Autopiloten Siemens D 4 kam über Versuche nicht hinaus; der Aufwand war insgesamt zu hoch, die militärischen Stellen als Hauptauftraggeber entschlossen sich für die Beschaffung von Kurssteuerungen.

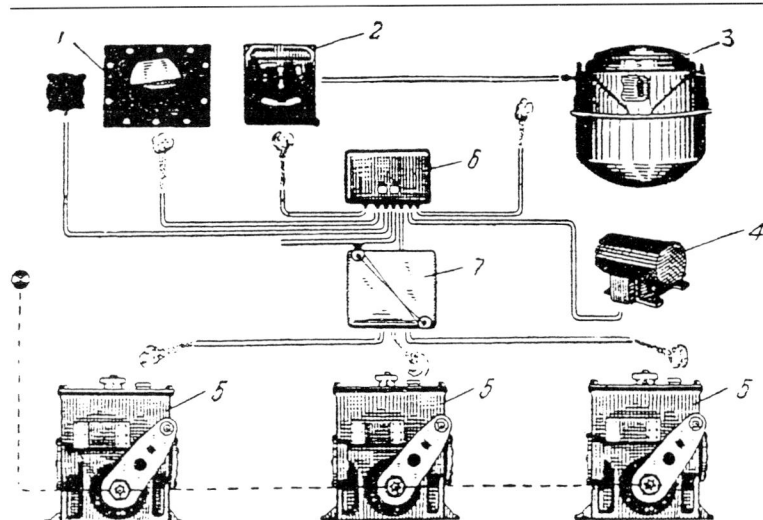

1 Horizont
2 Kurskreisel
3 Fernkompaß
4 Gleichstrom-Drehstrom-Umformer
5 Hydraulische Rudermaschinen
6 Dämpfungskreisel für Roll-, Nick- und Gierdrehungen
7 Verteilerkasten

Siemens-Autopilot D 4, Gerätezusammenstellung.

Siemens-Kurssteuerung K 4

Über den Anfang der Entwicklung der Siemens-Kurssteuerungen berichtete *Fischel* im September 1969 in dem Bericht »Über die K 4, eine automatische Kurssteuerung für Flugzeuge«.

». . . Die Wiege der K 4 stand in der Fünfzimmerwohnung eines Pförtnerhauses in Berlin-Marienfelde, das im Jahr 1933 zum Marinewerk der Siemens Apparate und Maschinen GmbH, Berlin, gehörte. Dieses Haus diente zunächst der schnell anwachsenden Luftfahrtgruppe als Quartier. Wir waren etwa 40 Ingenieure, Konstrukteure und Labortechniker, alle etwa 25 bis 30 Jahre alt, und hinter uns stand der ganze Siemens-Konzern und besonders die ausgezeichneten Werkstätten des Marienfelder Werkes mit großen Erfahrungen auf dem Gebiet der Feinmechanik.

Im Januar des Jahres 1932 hatten wir mit der Entwicklung des dreiachsigen Siemens Autopiloten begonnen, zu dem bald die vierte Achse als Triebwerksregelung hinzukam. Durch den Lizenzbau der Boykow-Geräte der Jahre 1930 und 1931 hatten wir die notwendigen Erfahrungen bekommen und gelernt, auf was es ankam und was geändert werden mußte. Daher unterschied sich das technische Konzept des neuen Gerätes beträchtlich von den Lizenzbauten. Wir führten ein: die Vorsteuerung des Steuerventils, die nachgiebige Rückführung, die mechanische Aufschaltung des Wendekreisels, die Fahrtbeschleunigung für die Geschwindigkeitssteuerung, die Höhenaufschaltung für das Triebwerk, gewisse Sicherheitsvorrichtungen für die Flugzeugbesatzung wie die mechanischen Federbeine zwischen Rudermaschinen und Rudergestänge und noch so manches andere. Nachdem wir an einem Versuchsgerät die Brauchbarkeit des neuen Autopiloten nachgewiesen hatten, gab uns das Amt einen Auftrag für den Bau von 5 Musteranlagen.

Diese waren noch nicht fertiggestellt und ausgeliefert, als mich, den technisch verantwortlichen Leiter der Luftfahrtgruppe, ein Herr Dr. Mäder vom damaligen Luftverkehrsministerium besuchte und mir in meinem ›Pförtnerhauptquartier‹ folgenden Vorschlag machte: ›Wie man es schon heute voraussagen kann, wird in den nächsten Jahren der Bedarf an automatischen Kurssteuerungen weit größer sein, als an 3-Achsen-Steuerungen. Bauen Sie uns doch neben den Autopiloten mit Ihren dort gesammelten Erfahrungen eine reine Flugzeugkurssteuerung, und zwar als Netzanschlußgerät, leicht zu montieren, auszutauschen und daher leicht zu warten, mit hoher Betriebsstundenzahl und hoher Zuverlässigkeit.‹

Dr. Mäder hatte recht. Während des Gespräches kamen wir uns menschlich so nahe, daß es der Anfang einer herzlichen Freundschaft wurde, die leider durch seinen frühen Tod schon 1938 beendet war.

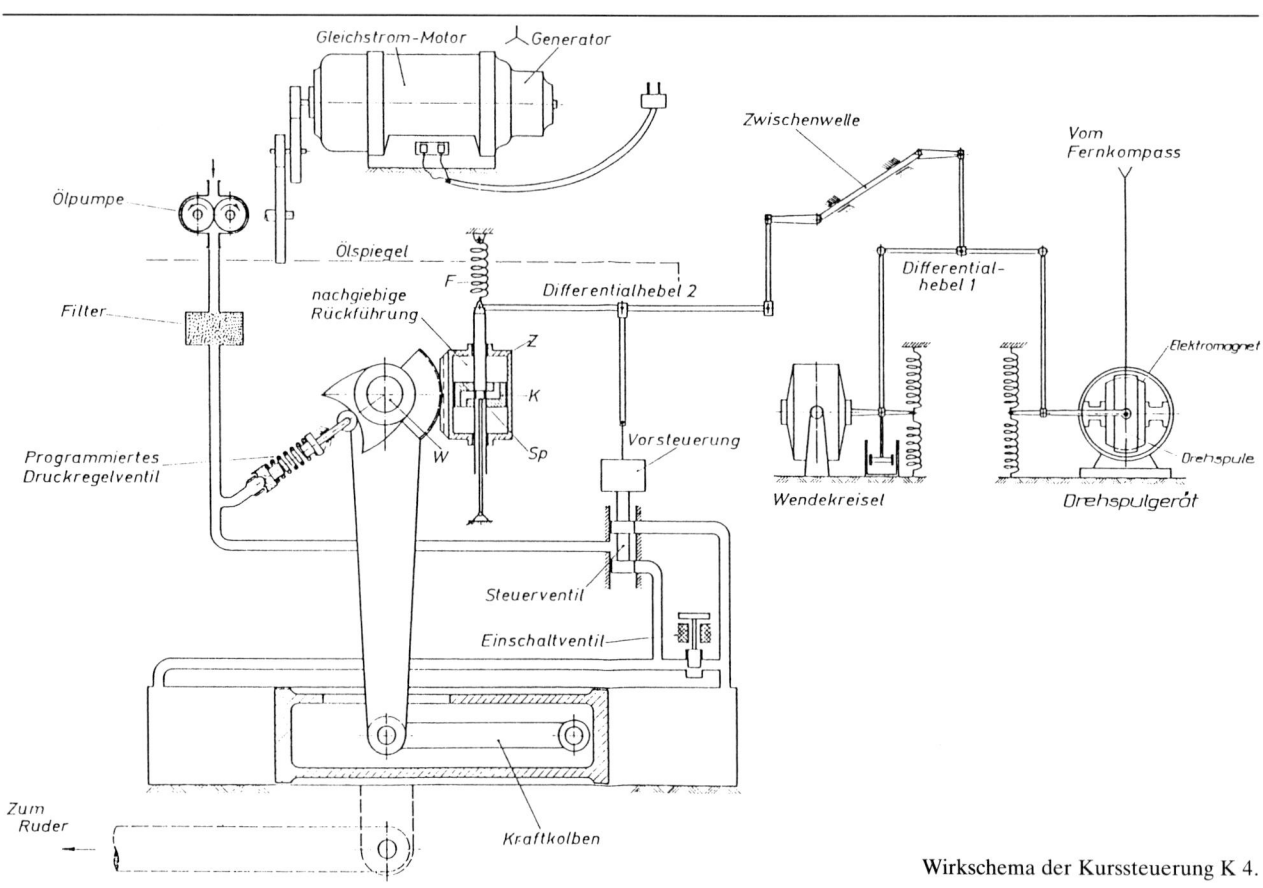

Wirkschema der Kurssteuerung K 4.

Nach der Bereitschaftserklärung unserer Firma erhielten wir vom Ministerium einen Auftrag über 4 Mustergeräte solcher automatischen Flugzeugsteuerungen. Wir machten uns an die Arbeit und nannten den neuen Typ K 4, wobei der Buchstabe K andeuten sollte, daß es eine Kurssteuerung sei und die Zahl 4, daß es das 4. Projekt der neuen Luftfahrtgruppe darstellte. (Die Zahlen 1 und 2 waren den Boykow-Lizenz-Geräten und die Zahl 3 dem Siemens Autopiloten D 4 zugeteilt, wobei der Buchstabe D für Dreiachsensteuerung stand.)
Wir legten das neue Geräte wie folgt aus:
Max. Drehmoment am Abtriebshebel 6 mkp, Laufgeschwindigkeit des Abtriebshebels 1 Sekunde von Hartlage zu Hartlage, Anschluß des Gerätes an das Bordnetz von 24 Volt und Aufschaltung des Siemensfernkompasses als Kursrichtgeber . . .«

Die Funktion der ersten »Kurssteuerung« wird in dem gleichen Bericht folgenderweise beschrieben:
». . . Das Prinzip der automatischen Kurssteuerung ›K 4‹ ist folgendes:
Ein federgefesseltes kräftiges Drehspulsystem mit elektrischer Felderregung empfängt den Signalstrom des Fernkompasses, der die Ablage des Flugzeugkurses vom angeforderten Kurs meldet. Der Strom verursacht einen Ausschlag des Drehmagneten, den ein aufgesetzter Hebel über ein Gestänge zu dem rechten Ende des Differentialhebels 1 überträgt. Das linke Ende des Hebels ist an einen Wendezeiger angelenkt. Dieser Wendezeiger ist ein elektrisch angetriebener Kreisel mit Federfesselung und Dämpfung. Er spricht auf die Drehbewegung des Flugzeuges um die Hochachse an. Er dient dazu, die Kursschwingungen des Flugzeuges zu dämpfen. Die Mitte des Differentialhebels wird nun über eine Zwischenwelle zu einem Differentialhebel 2 übertragen, der seinerseits mit dem Ventil und der Rückführung verbunden ist. Diese Zwischenwelle ist notwendig, um Kreisel und Drehmagnet vom Öl fernzuhalten, in dem Ventil und Rückführung arbeiten. Das Ölventil ist vorgesteuert, um Rückwirkungen des Steuerkolbens, die durch das durchfließende Öl auftreten, auf das Differentialgestänge 2 zu verhindern. Die Vorsteuerung arbeitet nach dem Prinzip der Durchflußsteuerung und stellt einen mechanischen Kraftverstärker von beachtlicher Verstärkung dar. Die Vorsteuernadel hat einen Durchmesser von 0,8 mm und arbeitet auf einen Steuerkolben von 12 mm Durchmesser. Dieser mechanische Verstärker hat immer störungsfrei gearbeitet, wenn das Öl sauber war. Verschmutzungen traten nur bei der ersten Inbetriebnahme auf, wenn nicht aller Gießsand aus dem Gußgehäuse entfernt war. Die mechanische Rückführung ist nachgiebig gestaltet und besteht zunächst aus einem Zylinder Z, einem Kolben K und einer Feder F. Der Zylinder Z ist über einem Zahnantrieb mit der Antriebswelle W verbunden. Er selbst ist mit Öl gefüllt. Ohne die Feder F stellt er, durch den Ölwiderstand bedingt, eine steife Verbindung zwischen dem Differentialhebel 2 und der Welle W dar. Daher spricht man in diesem Falle von einer ›starren‹ Rückführung. Erst unter der Wirkung der Feder F wird der Ölwiderstand überwunden und der Kolben K bewegt sich relativ zum Zylinder Z, wodurch die Nachgiebigkeit entsteht. Diese wiederum erzeugt die notwendige Vergrößerung des Ruderausschlages, um anhaltende Kursabweichungen des Flugzeuges zu beseitigen. Die Nachgiebigkeit der Rückführung verursachte aber in der Nullage eine gewisse Unruhe des Ruders. Daher wurde sie durch Einführung eines Sperrkolbens Sp in einem engen Mittelbereich wieder aufgehoben. Dieser Sperrkolben ist über ein Stäbchen am Gehäuse befestigt. Er selbst verschließt den Durchflußkanal des Kolbens K, so daß in der Mittelstellung kein Öl von der einen zur anderen Seite fließen kann. Hat sich der Kolben K aus seiner Mittelstellung entfernt, wird auch der Durchflußkanal wieder frei. Öl kann wieder fließen, und die Nachgiebigkeit ist wieder hergestellt.
Auf die Theorie der Regelung will ich hier nicht eingehen, da es den Rahmen des Aufsatzes sprengen würde. Doch will ich erwähnen, daß eine eingehende mathematisch-physikalische Behandlung der dynamischen Probleme der Konstruktion zugrunde lag.
(Siehe Dissertation des Verfassers aus dem Jahre 1934 ›Über automatische Fahrzeugsteuerungen, insbesondere von Flugzeugen.‹)
Als weitere interessante Einzelheit ist das Druckregelventil zu erwähnen, dessen Einstellung vom Ruderwinkel gesteuert wurde. Die Einrichtung sollte dazu dienen, elektrische Energie zu sparen, wie im folgenden erklärt wird. In der Rudermittelstellung ist das aerodynamische Moment des Ruders sehr klein bzw. Null. Man kann somit den Betriebsdruck des Öls niedrig halten und braucht ihn nur zu erhöhen, wenn ein Ruderausschlag entsteht. Dies wurde automatisch durch eine Programmscheibe erzielt, die auf der Welle W sitzt und das Druckventil steuert.
Nach mehreren Versuchen hatten wir uns entschlossen, diese Einrichtung herauszulassen. Die Hauptgründe dafür waren, daß bei den größeren Flugzeugen die Moment-Kurve der aerodynamisch kompensierten Ruder in den meisten Fällen nicht linear war, sondern einen beachtlichen S-Schlag aufwies und daß die Energieeinsparung den technischen Aufwand nicht rechtfertigte.
Zur Vervollständigung der Beschreibung seien noch die Ölpumpe als 2-Räder-Pumpe angeführt, der Kraftkolben mit seiner Kolbenstange und der Wellenhebel erwähnt . . .«

Kurssteuerung H IV

Die Benennung H soll auf die zu steuernde Hochachse hinweisen. Die Funktion der automatischen Kurssteuerung ist folgendermaßen zu beschreiben: An dem Kursgeber wird der gewünschte Kurs eingestellt. Über die biegsame Welle wird gleichzeitig der Kompaßkessel verdreht. Der Pilot steuert jetzt das Flugzeug auf den eingestellten Kurs, der Kurszeiger bewegt sich in die Mittelstellung. Nach dem Einkuppeln der hydraulischen Rudermaschine wird jetzt das Flugzeug automatisch auf den gewünschten Kurs gesteuert. Abweichungen des Flugzeuges werden durch den in der Rudermaschine befindlichen Wendekreisel (Dämpfungskreisel genannt) gemessen und über die Rudermaschine durch Betätigung des Seitenruders kompensiert. Langanhaltende Störungen werden durch den Magnetkompaß festgestellt und über den Drehmagnet zur Ansteuerung der Rudermaschine und über das Seitenruder kompensiert. Entsprechend den äußerlichen Flugbedingungen (Windeinfluß, Böen usw.) kann die Wirkung der Kompaßaufschaltung durch den Piloten verändert werden. Die nachgiebige Rückführung stellt das Seitenruder in die Ruderstellung, die für einen Geradeausflug erforderlich ist, ohne dabei eine ständige Regelabweichung hervorzurufen.
Die Erprobung zeigte einige Unzulänglichkeiten, die in der folgenden Kleinserie beseitigt wurden. Zunächst wurde

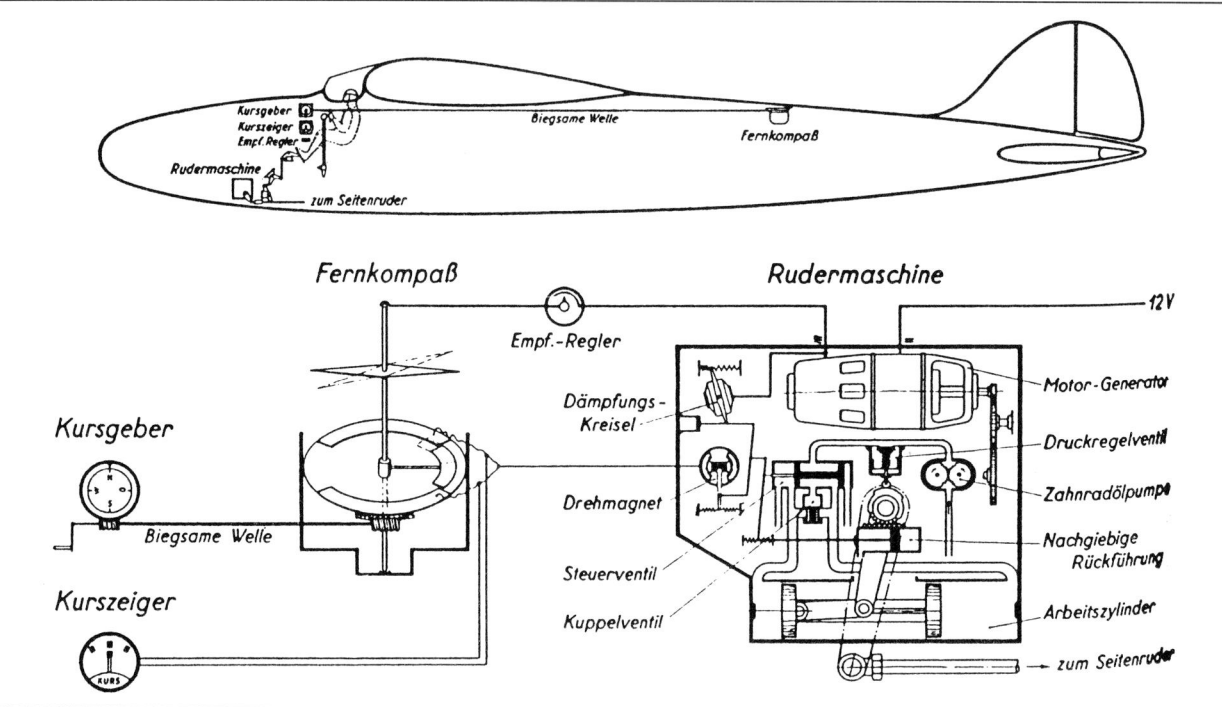

Automatische Kurssteuerung für Flugzeuge, Baumuster H IV.

versucht die Schwingungen des Flugzeugkurses, hervorgerufen durch Kompaßschwingungen, zu beseitigen. Der Kompaß wurde weggelassen, die Kurshaltung durch Integration des Wendekreiselausschlages erreicht. Zu diesem Zweck wurde die Öffnung im Dämpfungskolben an der Präzessionsachse des Dämpfungskreisels soweit vergrößert, daß eine Integration der Präzessionsmomente über der Zeit erfolgte. Damit war eine Kurshaltung für kurze Flugzeiten möglich. Durch Einführung eines Ölkolbens konnte die Genauigkeit etwas verbessert werden. Letztlich wurde jedoch die Kurshaltung der K 4-Kurssteuerung durch den Fernkompaß gesteuert.

Die Flugerprobung der K 4 bei der Erprobungsstelle der Deutschen Luftfahrtindustrie stellte jedoch fest, daß diese Anlage für militärische Zwecke nicht geeignet sei. Die Kurshaltung war für einen Bombenzielanflug mit ± 2° zu ungenau.

Siemens-Kurssteuerung K 4w

Für die Entwicklung und Fertigung von Luftfahrtgerät wurde 1934 die Firma Siemens-Apparate und Maschinen GmbH (SAM) in Berlin-Marienfelde gegründet. Um den Forderungen der Erprobungsstelle der Luftwaffe Rechlin zu entsprechen, erfolgte die Umkonstruktion der hydraulischen Rudermaschine über die Ausführungen LRS 4b und LRS 4c zur Rudermaschine LRS 4w. Die Steuerung des Abtriebsmoments in Abhängigkeit des Ruderwinkels wurde weggelassen, da der gewünschte Momentenverlauf bei jedem Flugzeugtyp ein anderer war; außerdem war die erzielte Einsparung von elektrischer Energie zu gering. Neu hinzugefügt wurde ein pneumatischer Richtempfänger. Dieser erlaubte die Verwendung des pneumatischen Kurskreisels mit dem pneumatischen Fernkompaß der Firma Askania und damit eine genaue und schwingungsfreie Kurshaltung auch beim Bombenzielanflug. Gegenüber den Rudermaschinen 4, 4b und 4c wurde der Arbeitsdruck auf 8 kg/cm^2 und das Drehmoment auf 12 mkg erhöht. Der Antriebsmotor wurde auf 24 Volt umgestellt.

Die Funktion der Kurssteuerung K 4w (w = für weiterentwickelt) ist folgende: Oben rechts befindet sich der Askania-Fernkompaß, oben links der Askania-Kurskreisel. Der Sollkurs wird an dem in der Bildmitte befindlichen Kursgeber eingestellt und damit gleichzeitig über die Fernantriebswelle auch die Kursbasis am Kompaß und dem Kurskreisel. Eine Steuerblende am Kurskreisel stellt bei Kursabweichungen einen Differenzdruck her, der zur Steuerung des Kolbens in der Luftimpuls-Dose in der Rudermaschine dient. Auf diese Weise wird anstelle des elektrischen Signals auf dem Drehmagneten ein pneumatischer Impuls auf das

Wirkschema Kurssteuerung K 4w mit Askania-Fernkompaß und Kurskreisel.

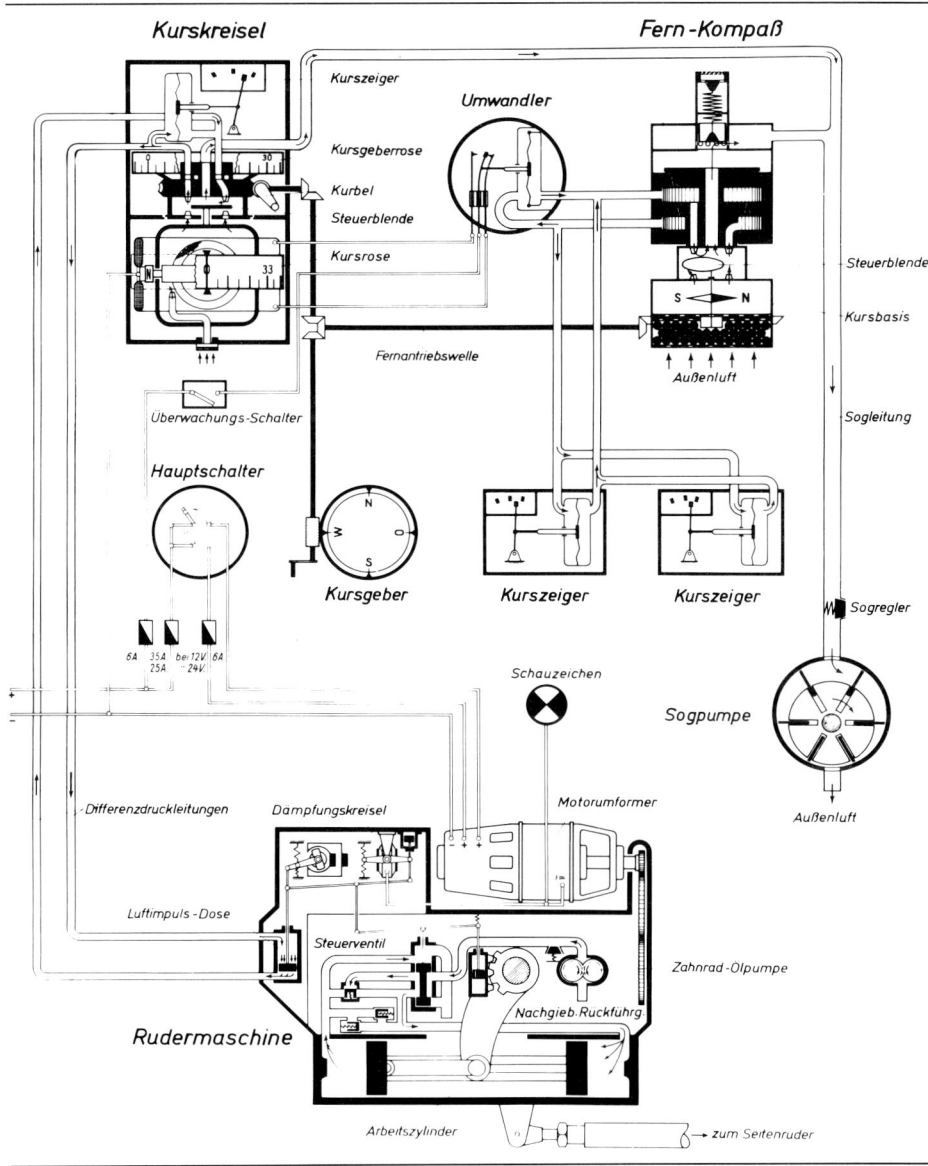

Differentialhebelsystem der Rudermaschine gegeben. Von den Ausführungen RLM 4b, 4c und 4w sind insgesamt etwa 250 Stück gebaut worden.

Rudermaschine LRM 4ü

Bei der Weiterentwicklung der Rudermaschine zur LRM 4ü wurde die nachgiebige Rückführung durch eine starre Rückführung ersetzt. Bei der Erprobung der Kurssteuerung in Verbindung mit den Bombenzielgeräten störte die vom Bombenschützen nicht gewollte Kurskorrektur durch die nachgiebige Rückführung. Der Antriebsmotor wurde von 12 V auf die neue Norm von 24 V umgestellt. Dabei wurde auch der Drehstromgenerator und der Wendekreiselmotor auf 500 Hz 36 V verändert. Der Arbeitsdruck wurde auf 10 kg/cm^2 erhöht, damit steigt das Drehmoment auf 18 mkg. Der Drehmagnet erhält eine dritte Wicklung, um ein Vorgabekommando im Kurvenflug zu ermöglichen.

Die Wirkungsweise der Rudermaschine K 4ü in Verbindung mit den Geräten der Kurssteuerung: Die vom Gleichstrom-Drehstrom-Umformer angetriebene Druckölpumpe erzeugt den vom Druckregelventil auf 10 kg/cm^2 geregelten

Öldruck. Dieser wird entsprechend der Stellung des Richtgeberstänges vom Vorsteuerventil auf die beiden Seiten des Arbeitszylinders geleitet, bewegt den Arbeitskolben und über einen Kurbeltrieb die Abtriebsachse und den Abtriebshebel. Das Kuppelventil bildet im ausgeschalteten Zustand einen Nebenschluß zum Arbeitszylinder und erlaubt eine ungehinderte Bewegung des Seitenruders durch den Piloten. Bei eingeschaltetem Kuppelventil kann der Pilot im Notfall den Arbeitskolben infolge der Wirkung des Überdruckventils mit großer Kraftanstrengung bewegen. Die von den Richtungsgebern und dem Kurskreisel gelieferten Steuersignale werden zum Drehmagneten geleitet. Dieser bewegt das Richtgebergestänge in Zusammenwirkung mit dem Ausschlag des Dämpfungskreisels zur Resultatachse. Von der Abtriebsachse erfolgt die Bewegung des Richtgebergestänges als Stellungsrückführung zum Vorsteuerventil.

Siemens-Kurssteuerung K 4ü

Von der Luftwaffe wurde die Verwendung der Patin-Kompaßanlage gefordert. Alle diese Änderungen führten zur Entwicklung der Kurssteuerung K 4ü. Nachfolgend die Funktion der Kurssteuerung in Verbindung mit der Patin-Kompaßanlage: Durch den Richtungsgeber des Piloten oder des Bombenschützen wird der Sollkurs am Tochterkompaß und am Kurskreisel eingestellt. Die Abweichung vom Sollkurs zeigt der Kurszeiger an; gleichzeitig wird der Drehmagnet in der Rudermaschine angesteuert. Beim Kurvenflug wird vom Richtungsgeber ein Vorgabestrom auf die dritte Wicklung des Drehmagneten gegeben. Dadurch wird erreicht, daß sich der Flugzeugkurs synchron mit den Kursrosen im Tochterkompaß und im Kurskreisel dreht. Der in der Rudermaschine befindliche Dämpfungskreisel beeinflußt über den Differentialhebel ebenfalls die Wirkung der Rudermaschine auf die Flugzeugbewegung und sorgt für eine schwingungsfreie Kurshaltung. Durch den Notauslöseknopf kann die mechanische Verbindung zwischen der Rudermaschine und dem Seitenruder gelöst werden und so eine ungestörte Steuerung durch den Piloten erfolgen.

Die Wirkungsweise des Patin-Mutterkompasses und des Tochterkompasses für die Führung des Kurskreisels: Die Stellung der Magnetstäbe des Mutterkompasses wird von den Abgriffen des Vollpotentiometers über Schleifkontakte zu den Schleifern des unten liegenden Vollpotentiometers des Tochterkompasses übertragen. Der von den Schleifern abgenommene Strom wird den oben befindlichen Drehspulen zugeführt und erzeugt in Verbindung mit dem Dauermagneten die Drehung der Steuerrose mit dem Flugzeugsymbol. Auf diese Weise wird die Stellung der Magnetstäbe auf die Stellung der Steuerrose im Tochterkompaß übertragen. Das Relais-Potentiometer bildet mit den Widerständen eine Widerstandsbrücke. In der Brückenmitte ist die Stützspule des Fernkurskreisels angeschlossen. Unter der Wirkung der am vertikalen Kardanrahmen angebrachten Dauermagnete wird der Kurskreisel durch Präzession in die Stellung der Tochteranzeige gedreht und damit vom Magnetkompaß überwacht.

Von dieser Ausführung der Siemens-Kurssteuerung K 4ü sind bis 1945 etwa 50 000 Stück gefertigt und an die Luftwaffe ausgeliefert worden.

Siemens-Kurssteuerung K 4k7

Für den Verkauf ins Ausland und für die Verwendung in Zivilflugzeugen wurde die Siemens-Kurssteuerung K 4k7 mit dem Siemens Fernkompaß LFK 2g angeboten. Aufbau des hier verwendeten Fernkompasses: Die Magnetnadeln sind mit der Blende verbunden und in der senkrechten Achse drehbar gelagert. Der Kessel ist über ein Kardangelenk mit dem Kompaßgehäuse verbunden und kann mit dem Schneckengetriebe von der biegsamen Welle gedreht werden. Der Kessel ist mit einer Elektrolytflüssigkeit gefüllt, die Blende bewegt sich zwischen der Zuleitungselektrode und den Verzweigungselektroden. Der Widerstand der Elektrolytflüssigkeit zwischen den Elektroden wird beim Drehen der Blende verändert; dadurch wird auch der eingespeiste Wechselstrom beeinflußt und nach Gleichrichtung in einer Brückenschaltung für die Anzeige der Kursabweichung im Kurszeiger benutzt. Bei der Verwendung des Fernkompasses in der Kurssteuerung wird das Signal der Kursabweichung auch zur Führung des Kurskreisels benutzt und zu diesem Zweck den Stützspulen im Kurskreisel zugeleitet. Da der vom Fernkompaß erzeugte Strom für die Erzeugung des erforderlichen Stützmomentes nicht ausreicht, ist ein polarisiertes Relais zwischengeschaltet.

Von dieser Ausführung der Kurssteuerung sind jedoch nur kleinere Stückzahlen gefertigt worden.

Siemens-LGW-Kurssteuerung K 12

Infolge der 1939 erfolgten Neugründung des Luftfahrtgerätewerkes Hakenfelde GmbH (Berlin-Spandau) wurden alle Aktivitäten der Siemenswerke auf dem Gebiet der Luftfahrt zusammengefaßt und verstärkt weitergeführt. Nachdem *Eduard Fischel* aus den Siemenswerken ausschied, um die Leitung des Institutes für Flugausrüstung der Deutschen Forschungsanstalt für Segelflug zu übernehmen, führte *Dr. Karl Wilfried Fieber* die Entwicklungsarbeiten auf dem Gebiet der Flugzeugsteuerungen weiter. Es wurden die Ergebnisse der Flugerprobungen ausgewertet und die verschiedenen Vorversuche in der Konstruktion von Rudermaschinen und Wendekreiseln in einer neuen Kurssteuerung, K 12 genannt, zusammengefaßt. In der Rudermaschine LRM 4 ist der Wendekreisel mit eingebaut. Dadurch ergeben sich bei einigen Flugzeugmustern Einbauschwierigkeiten oder es werden Flugzeugschwingungen infolge Weichheit des Einbauortes durch die Wendekreiselsignale angefacht. Bei der Weiterentwicklung der Kurssteuerung zur Dreiachsensteuerung ist der Einbau im Flugzeug durch die Meßachse des Wendekreisels stark behindert; außerdem mußte der Ölraum geschlossen werden. Der getrennte Wendekreisel erforderte eine elektrische – anstelle der mechanischen – Mischung der Steuersignale. Zusätzlich ist eine Reduzierung des Gewichtes und die Verbesserung der Regeleigenschaften anzustreben.

Alle diese Forderungen führten schrittweise zur Entwicklung der Kurssteuerung K 12. Für die Anwendung der Rudermaschine in der Dreiachsensteuerung wurden eine Reihe von Versuchsausführungen studiert. Ähnlich der Sperry-Rudermaschine wurden alle drei Achsen in einem Block zusammengefaßt. Die D 5 und D 7 bezeichneten Ausführungen erhielten drei drehende Abtriebshebel; die D 11 wurde mit Seilanschlüssen ausgeführt. Diese Anordnung in einem Block setzte eine getrennte Ölversorgung voraus mit den mehr oder weniger langen Öldruckleitungen. Diese wurden wohl mit Recht verwundbarer gehalten als entsprechende elektrische Leitungen. Ein Entwurf einer elektrischen Rudermaschine D 7 wurde erörtert; in dieser sollte ein zentraler Motor den Antrieb für drei Magnetkupplungen bilden. Die Betriebssicherheit dieser Ausführung mit den damaligen Bauelementen wurde zu dieser Zeit schlechter als die der bekannten hydraulischen Rudermaschinen eingeschätzt. Daneben erfolgten auch Entwürfe für die Verbesserung der K 4-Rudermaschine. Die Ausführung K 6 war eine verkleinerte Rudermaschine K 4, vorgesehen für die Verwendung in Raketensteuerungen. Bei der K 8 glaubte man eine Verbesserung durch einen anderen Kurbelabtrieb zu erreichen. Die Rudermaschine K 10 war ein Entwurf für die spätere Rudermaschine K 12. Soweit die Vorarbeiten zur Rudermaschine K 12. Funktion der Rudermaschine K 12: Das Öl wird durch das Ölansaugsieb von der Zahnradölpumpe angesaugt und auf den Arbeitsdruck zwischen 5 und 25 atü gebracht. Der Druck des Arbeitsöls ist von der auftretenden Ruderlast abhängig. Das vom Arbeitszylinder zurückfließende Öl gelangt in einen Vorsteuerölkreis und wird von dem Regelventil für Vorsteuerdruck auf ca. 2,5 atü konstant gehalten. Die elektrischen Ströme zur Steuerung des Vorsteuerventils werden der Tauchspule zugeführt. Diese bewegt den mit Fesselfedern in der Mittellage gefesselten Hebel und über einen Kugeldrehpunkt die Vorsteuernadel. Das Hauptventil folgt der Bewegung der Vorsteuernadel und führt das Arbeitsöl der einen oder der anderen Seite des Arbeitszylinders zu. Durch den Öldruck wird der Arbeitskolben verschoben und bewegt über die Wellenübertragung den Abtriebshebel zur Steuerung des Seitenruders. Über ein Zahnsegment wird der Schleifer des Rückführpotentiometers angetrieben. Die Stellung des Abtriebshebels wird als Rückführstrom den Strömen der Kreiselsignale entgegengeschaltet. Beim Einschalten der Kurssteuerung wird mit dem am Richtungsgeber befindlichen Kuppelschalter das Kuppelventil erregt und so der Nebenschlußkanal zwischen den beiden Seiten des Arbeitszylinders geschlossen. Durch den Notschalter kann der Elektromagnet am Abtriebshebel erregt werden; damit wird die mechanische Verbindung zum Ruder unterbrochen.

Die Konstruktion der Rudermaschine K 12 zeigt in dem geöffneten Ölraum links oben das Ansaugsieb, von dort zeigen die Pfeile den Weg des Öls zur Druckölpumpe und von dort zum Überdruckventil und dem Vorsteuerventil.

Das Vorsteuerventil, von der Tauchspule über einen federgefesselten Hebel und der Vorsteuernadel betätigt, gibt das Drucköl an den Arbeitszylinder weiter. Das vom Arbeitszylinder über das Vorsteuerventil abfließende Öl und das vom Überdruck frei werdende Öl werden über das Regelventil für den Vorsteuerdruck in den Ölraum zurückgeleitet. Über das Kuppelventil wird die Nebenschlußverbindung zwischen den beiden Seiten des Arbeitszylinders geöffnet oder geschlossen. In der Mitte links ist die Anlenkung zu dem Rückführpotentiometer zu sehen. Der Ölraum ist vollständig mit Öl gefüllt und mit einem Ausdehnungskörper versehen, um die Ausdehnung des Öls bei Erwärmung zu ermöglichen. Das Gewicht der Rudermaschine K 12 beträgt 10 kg. Rechnet man das Gewicht des Dämpfungskreisels LDK 1 mit 0,6 kg und des Mischgerätes LMK 12 mit 1,2 kg hinzu, so verbleibt eine beachtliche Gewichtsersparnis gegenüber dem Gewicht der Rudermaschine LRM 4ü von 23 kg.

Parallel zu der Entwicklung der Rudermaschine K 12 wurde der Dämpfungskreisel LDK 1 entwickelt. In der Rudermaschine K 4 wurde der Kreisel KA 6 der Kreiselgeräte GmbH angewendet. Nach der Untersuchung verschiedener Labormuster von Wendekreiseln unter Anwendung der Kreisel KA 5 und KA 4 wurde schließlich der von Siemens ent-

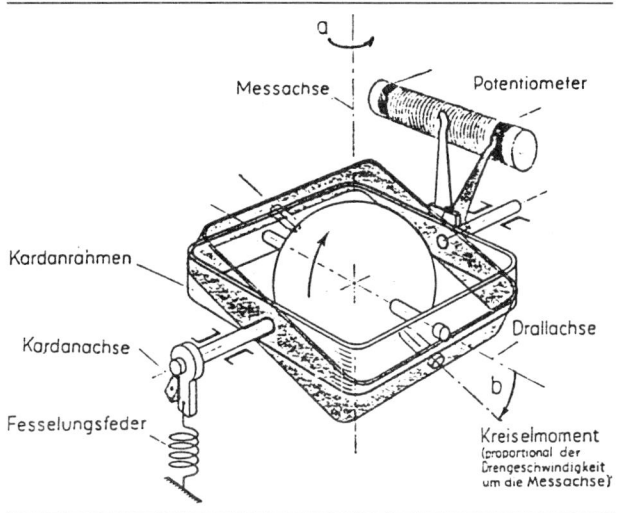

Wirkbild Dämpfungskreisel LDK 1.

wickelte Kreisel LEK-30 der Konstruktion des Dämpfungskreisels zugrunde gelegt. Die Funktion des Dämpfungskreisels LDK 1: Der Kreiselmotor in Kugelform (rasende Walnuß genannt) ist in einem federgefesselten Kardanrahmen gelagert. Die Stromzuführung erfolgt durch die feststehende hohle Achse. Die Dämpfung der Rahmenbewegung erfolgt durch eine Wirbelstrombremse; es bewegt sich zwischen den zwei Magneten eine am Rahmen angebrachte Kupferscheibe. In dieser werden durch die Bewegung Wirbelströme erzeugt, die die Rahmenbewegung dämpfen. Die zwei Magnetspulen sind in Reihe geschaltet und ebenso wie das Abgriffpotentiometer an das Bordnetz von 24-V-Gleichspannung angeschlossen. Das Ausgangssignal wird zwischen den Magnetspulen und dem Schleifer am Kardanrahmen abgenommen und dem Mischgerät zugeführt. Für den Einbau im Flugzeug wird der lediglich mit einer Blechkappe versehene Dämpfungskreisel noch in ein stabiles Gußgehäuse eingebaut.

Die in der Rudermaschine K 4 für die Mischung der Steuerbewegungen verwendeten Differentialhebel mußten durch eine elektrische Einrichtung ersetzt werden. Dafür bot sich ein inzwischen von *G. Barth* entwickelter Magnetverstärker an, der den Erfordernissen der Kurssteuerung angepaßt wurde. Der **Magnetmischverstärker** funktioniert wie anschließend beschrieben: Vier Eisenkerne sind mit je einer Drosselspule versehen. Diese sind paarweise mit den Steuerspulen und den Rückkopplungsspulen umgeben. In dem Spulensystem I und II ist der Wickelsinn der Drosselspulen jeweils entgegengesetzt gerichtet. Die Drosselspulen werden mit Wechselstrom von 500 Hz erregt. Ihr Wechselstromwiderstand ändert sich mit dem in den Steuerspulen fließenden Gleichstrom. Diese Änderung des Stromes wird nach einer Gleichrichtung den Steuerspulen der Tauchspule in der Rudermaschine zugeführt. Zur Erhöhung der Verstärkung wird dieser Steuerstrom noch zusätzlich über die Rückkopplungsspulen geleitet. Um den Einfluß der Temperaturabhängigkeit der Magnetisierungskennlinie zu verhindern, ist um den Magnetverstärker eine elektrische Heizwicklung mit einem Thermoregler gelegt worden. Der Magnetverstärker ist zusammen mit dem Zusatzgerät für die Anpassungswiderstände an verschiedene Flugzeugmuster in dem Mischgerät LMK 12 eingebaut.

Die Eingänge der Magnetverstärker sind die Signaleingänge Kurs, Vorgabe, Drehgeschwindigkeit und Rückführung für die Steuerwicklungen im Mischgerät LMK 12. Vom Ausgang des Mischgerätes gehen die Steuerströme zu den beiden Spulen im Tauchspulsystem der Rudermaschine LRM 12. Der Magnet der Tauchspule wird mit der Gleichspannung vom Bordnetz 27 V gespeist. Von der Tauchspule wird das Vorsteuerventil für die Steuerung des Arbeitsdruckes zu dem Arbeitszylinder betätigt. Der Schleifer des Rückführungspotentiometers wird von der Antriebswelle bewegt.

Die Zusammenarbeit der einzelnen Geräte der Kurssteuerung K 12 läßt sich wie folgt erklären: Nach dem Einschalten der Anlage wird der anliegende Kompaßkurs durch Drehen des Einstellknopfes am Kurskreisel auf die Kurskreiselrose übertragen. Nach Übereinstimmung der Anzeigen im Patin-Tochterkompaß, der Rosen im Kurskreisel und der Anzeige des Kurszeigers auf Mitte wird der Kursregler mit dem Kuppelschalter am Richtungsgeber eingekuppelt. Dadurch werden alle ungewollten Kursänderungen durch den Einfluß vom Patin-Mutterkompaß, Kurskreisel und Dämpfungskreisel verhindert bzw. auf schnellem Wege ausgeregelt. Vom Piloten gewollte Kursänderungen werden am Richtungsgeber am Steuerhorn, die vom Bombenschützen an seinem Richtungsgeber eingegeben. Der Kursmotor verstellt die Sollkursrosen in dem Tochterkompaß und dem Kurskreisel bis der Richtungsgeber wieder auf Null geschaltet wird. Gleichzeitig wird vom Richtungsgeber ein Signal auf die Steuerspule für die Vorgabe im Mischgerät gegeben. Dadurch wird das Signal des Dämpfungskreisels, das sich einer Drehung des Flugzeuges widersetzen will, kompensiert. Während des Kurvenfluges muß der Pilot die Querlage des Flugzeuges entsprechend der Scheinlotanzeige im Kurskreisel manuell steuern. Beim Auftreten von Störungen kann der Pilot mit dem Notschalter den Abtriebshebel von der Anlenkung zum Seitenruder trennen und so eine von der Rudermaschine unbeeinflußte Steuerung übernehmen. Später wurden der Notschalter und die elektrische Notauslösung am Abtriebshebel nicht mehr verwendet.

Die Kurssteuerung K 12 wurde ebenfalls in größeren Stückzahlen hergestellt. Die einzelnen Geräte fanden auch bei Sondersteuerungen, z. B. bei der Ruderhilfssteuerung K 12 für die Querruder im Flugzeug Me 323 »Gigant«, Anwendung. In das Steuergestänge zu den Querrudern ist ein Kraftmesser eingebaut. Beim Auftreten von größeren Steuermomenten werden vom Potentiometergeber des Kraftmessers Steuerströme zu den Tauchspulen der beiden Rudermaschinen K 12 erzeugt, und die Rudermaschinen bewegen die Querruder.

Siemens-LGW-Dreirudersteuerung DK 12

Auf Grund der guten Ergebnisse der Labor- und Flugversuche mit der Kurssteuerung K 12 wurde mit diesen Bauelementen eine Dreirudersteuerung entwickelt. Als Hauptrichtgeber für die dreiachsige Lagensteuerung dienen Kreiselgeräte, welche die Lage des Flugzeuges zu den drei erdfesten Achsen messen. Die Steuerung arbeitet nach dem Prinzip der Stellungszuordnung, d. h. jeder Soll-Lagenabweichung wird ein bestimmter Ruderausschlag zugeordnet. Zur Dämpfung des durch den Ruderausschlag hervorgerufenen Einschwingvorganges in die Soll-Lage wird ein Dämpfungskreisel verwendet. Als Verstärker und Mischeinrichtung findet der Magnetverstärker für die Steuerung der elektrisch-hydraulischen Rudermaschinen Anwendung. Der Kurskreisel LKu 4 ist durch einen Nachlaufmotor ergänzt und als Kursgerät nicht mehr im Gerätebrett

Wirkbild Dreiachsen-Steuerung K 12.

VORGANG:
Die Richtgeber sind über Mischverstärker auf Rudermaschine geschaltet und können durch den Richtungsgeber betätigt werden. Im Handflug ist die Steuerung jederzeit aufschaltbereit, die Richtgeber werden auf Selbstnachlauf geschaltet.

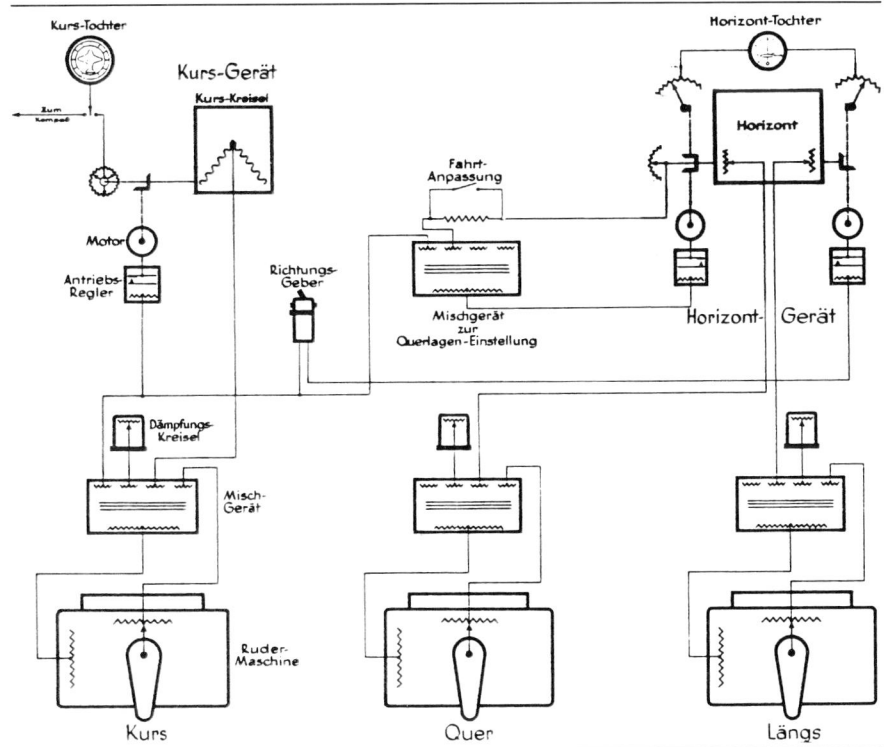

untergebracht. Eine Fernübertragung der Kurskreiselstellung zu einer Anzeigetochter im Gerätebrett ist hinzugefügt. Die Anzeige der Kurstochter kann wahlweise auf Kompaß- oder Kurskreiselkurs umgeschaltet werden. Bei ausgeschalteter Kursachse ist der Richtgeber im Kursgerät auf Nachlauf geschaltet, d. h. der Kurskreisel ist auf dem gerade anliegenden Kurs ausgerichtet und ermöglicht ein gefahrloses Einschalten der Kursachse. Bei eingeschalteter Kursachse werden wie in der Kurssteuerung K 12 die Signale des Sollkurses, des Dämpfungskreisels, der Ruderstellungsrückmeldung und des Richtungsgebers im Mischverstärker zusammengeführt und zur Steuerung der Rudermaschine K 12 benutzt. Für die Bildung der Lagesignale für die Längs- und Querlage wurde ein Horizont-Gerät mit Nachlaufmotoren für die Richtgeber der Längs- und Querlage entwickelt. An den Achsen der Kardanrahmen sind außerdem noch die Fernübertragungspotentiometer zur Anzeige in der Horizont-Tochter vorhanden. Im Geradeausflug sind die Soll-Lagen für die Quer- und Höhensteuerung mit den entsprechenden Dämpfungskreiseln in den Mischverstärkern zusammengeschaltet. Durch den Richtungsgeber für die Längslage kann über den Nachlaufmotor für die Längslage am Kardanrahmen des Horizontgerätes ein anderer Längswinkel eingestellt werden. Wird durch den Richtungsgeber für den Kurvenflug eine bestimmte Drehgeschwindigkeit eingestellt, so erfolgt außer der automatischen Kursvorgabe zur Aufhebung des Dämpfungsimpulses auch eine automatische Querlagenzuordnung. Mit Hilfe eines besonderen Mischverstärkers zur Querlageneinstellung wird über den entsprechenden Antriebsregler die Querbasis des Horizontes solange verstellt, bis die eingestellte Querlage der gewählten Drehgeschwindigkeit entspricht. Da die erforderliche Querlage außerdem noch fahrtabhängig ist, muß eine Fahrtanpassung vorgenommen werden. Zunächst wird durch einen Schalter an der Landeklappe die Querlage an die Reise- und Landegeschwindigkeit angepaßt.

In einer späteren Ausführung erfolgt die Errechnung der im Kurvenflug erforderlichen Querlage unter Benutzung der von einem Fahrtgeber ermittelten Geschwindigkeit. Auf der vom Motor angetriebenen Welle befinden sich ein oder mehrere Potentiometer. Die von den Potentiometern abgegriffene Spannung entspricht der höhenkompensierten Fahrt und kann für die Errechnung der Querlage benutzt werden.

Der Richtungsgeber enthält außer den Kommandogebern für Kurs- und Längslage noch zwei Kuppelschalter. Von diesen betätigt der eine die Höhenruderachse, der andere gleichzeitig die Kurs- und Querruderachse.

Die Dreirudersteuerung DK 12 zwischen den einzelnen Geräten funktioniert wie folgt: Das von dem Horizont LEH 4 abgeleitete und mit den Antriebsreglern, den

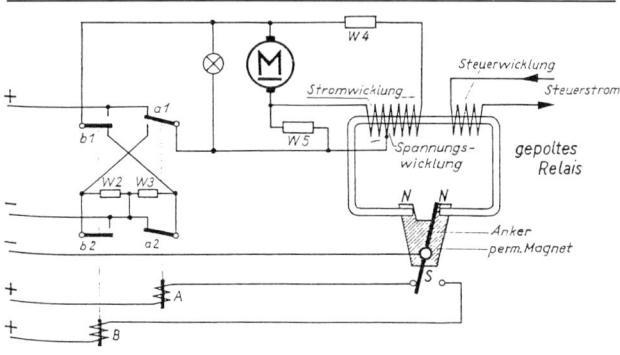

Wirkbild Impuls-Tachometer-Antrieb (ITA-Regler).

Basisverstellmotoren und den Basisanzeigepotentiometern erweiterte Horizont-Gerät wird an einer einbaumäßig günstigen Stelle im Flugzeug eingebaut; ebenso das Kursgerät, bestehend aus dem Kurskreisel LKu 4 mit dem zusätzlichen Antriebsregler, Basisverstellmotor und Basisanzeigepotentiometer. Die Anzeige der eingestellten Basiswerte erfolgt durch elektrische Übertragung an die im Gerätebrett befindlichen Kurs- bzw. Horizonttöchter. Der Antriebsregler ist ein neu entwickelter Relais-Verstärker, er ist unter der Bezeichnung ITA-Regler eingeführt worden (Impuls-Tachometer-Antrieb). Um den Einfluß der Reibung bei kleinen Drehzahlen eines geregelten Gleichstrommotors auszuschalten, wird beim ITA-Regler der Motor stoßweise an die volle Spannung gelegt, so daß diese im Mittel der verringerten Spannung gleichkommt. Dadurch hat der Motor stets sein volles Drehmoment. Der auf das gepolte Relais geschaltete Steuerstrom, dem die Drehzahl proportional sein soll, lenkt – seiner Richtung entsprechend – den Anker des Relais aus und schließt damit einen zweiten Stromkreis, der über das Schaltrelais A bzw. B führt. Das betreffende Schaltrelais, im Bild »A«, legt mit seinen Kontakten a1 und a2 den Motor über eine Stromwicklung des gepolten Relais an das Netz. Der Motor läuft jetzt an. Zusätzlich ist die Ankerspannung des Motors über den Abgleichwiderstand W 4 auf die Spannungswicklung des gepolten Relais geführt. Die Spannungswicklung wirkt der Steuerwicklung entgegen und wird durch die Stromwicklung in ihrer zeitlichen Auswirkung der elektromotorischen Kraft des Motors angeglichen. Mit steigender Drehzahl des Motors fällt sein Strom ab und damit auch der Strom in der Stromwicklung des gepolten Relais; die Spannungswicklung überwiegt mehr und mehr in der Gegenwirkung, bis sie der Wirkung der Steuerwicklung gleichkommt. Der Anker des gepolten Relais fällt ab. Damit wird auch der Stromkreis des Schaltrelais »A« unterbrochen, und seine Kontakte a1, a2 schalten den Motor wieder vom Netz ab. Der Motor wird hierbei gleichzeitig gebremst, denn der Stromkreis seiner Gegen-EMK ist bei abgefallenen Kontakten über die Widerstände W 2 und W 3 geschlossen. Infolge der hierdurch verursachten Drehzahlverminderung überwiegt nun wieder der Steuerstrom; das gepolte Relais spricht wieder an, und das Spiel beginnt von neuem. Aus dem geschilderten Ablauf kann man ersehen, daß sich die mittlere Drehzahl des Motors mit der Größe des Steuerstromes ändert, da der Motor immer bis zur Gleichheit von Steuerstrom und dem sich aus der Drehzahl ergebenden Gegenstrom anläuft.

Die Dreirudersteuerung K 12 war in ihren Eigenschaften sehr geeignet für die Weiterentwicklung zu einer automatischen Blindlande-Anlage und für Sonderaufgaben, z. B. der Fernlenkung eines Flugzeuges.

Siemens-LGW-Kurssteuerung K 21 (Jägersteuerung)

Die Standard-Kurssteuerungen Siemens K 4ü, K 12, Askania Lz 11a, Lz 14 und Patin PKS 11 erfüllten die Forderungen zur Entlastung der Piloten im Streckenflug; sie ermöglichten außerdem einen genauen Bombenzielanflug. Der Hauptmeßgeber war bei den Kurssteuerungen ein kompaßüberwachter Kurskreisel oder die Patin-Kurszentrale; die meisten erlauben außerdem die Aufschaltung eines Funkleitstrahles.

Die Hauptanwendung der Kurssteuerungen für Jagdflugzeuge, sogenannter »Jägersteuerungen«, war die Verbesserung der aerodynamischen Stabilität der Flugzeuge, besonders bei schnellfliegenden Strahlflugzeugen. Die Kurssteuerung für Jäger erlaubt dem Piloten außerdem automatische Blind-Starts und -Landungen durchzuführen, ein sehr wesentlicher Vorteil, weil es an der Zeit mangelte, eine Blindflugschulung für den Flug nach Instrumenten durchzuführen.

Das Ziel der Entwicklung von »Jägersteuerungen«, nämlich eine wesentliche Vereinfachung der Funktion und Konstruktion der Komponenten sowie eine schnelle Bedienung, Wartung und Fertigung zu ermöglichen, wurden schrittweise erreicht.

Nach Vorarbeiten von *Dr. Fieber* für eine »Primitiv-Kurssteuerung«, bei welcher der Kurskreisel durch eine »Kuma-Anlage« (Kurs-Magnetkompaß-Anlage) ersetzt wurde, begann 1941 die Entwicklung der Kurssteuerung K 21. Die Verwendung des Kurskreisels in Jagdflugzeugen ist wegen der höheren Geschwindigkeit und den damit verbundenen großen Querlagen im Kurvenflug nicht möglich; der konstruktionsbedingte Kardanfehler des Kurskreisels führt zu einer Nicht-Übereinstimmung der flugzeugfesten und der erdbezogenen Koordinaten, die sich bei großen Querlagen besonders störend bemerkbar machen. Mit aus diesem Grunde wurde das für die Stabilisierung des Flugzeuges erforderliche Lagesignal (Kurssignal) durch die Integration des Wendekreiselsignales gebildet. Zur Integration wird die Ausgangsspannung des Wendekreisels LDK 1 einem Motor mit linearer Kennlinie von angelegter Spannung und Drehzahl (auch Integrationsmotor genannt) zugeführt. Der lineare Zusammenhang wird durch die besondere Konstruktion des eisenlosen, freitragend gewickelten, glockenförmigen Ankers in einem kräftigen Dauermagnetfeld erreicht. Der Strom zum Anker wird über Golddrahtbürsten und einem dreiteiligen Edelmetallkollektor geleitet. Die Ankerwelle ist in Steinlagern gelagert. Durch diese Maßnahmen wird eine sehr kleine Anlaufspannung und ein linearer Verlauf der Kennlinie erzielt.

Der Meßmotor verstellt über ein Untersetzungsgetriebe den Schleifer eines Potentiometers. Das Potentiometer bildet mit einem Gegenzweig eine Brückenschaltung; der Ausgang wird der Steuerwicklung im Mischverstärker anstelle des Kurskreiselsignales zugeführt. Die anderen Komponenten der Kurssteuerung K 21 entsprechen der Kurssteuerung K 12. Anstelle des Kurskreiselpotentiometers wirkt die

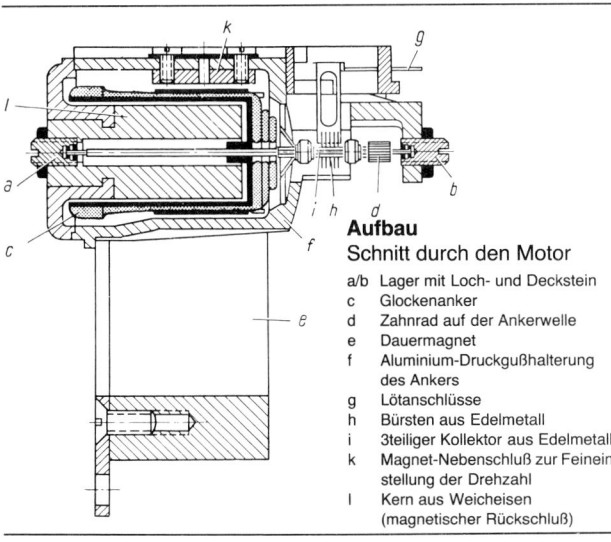

Aufbau
Schnitt durch den Motor

a/b Lager mit Loch- und Deckstein
c Glockenanker
d Zahnrad auf der Ankerwelle
e Dauermagnet
f Aluminium-Druckgußhalterung des Ankers
g Lötanschlüsse
h Bürsten aus Edelmetall
i 3teiliger Kollektor aus Edelmetall
k Magnet-Nebenschluß zur Feineinstellung der Drehzahl
l Kern aus Weicheisen (magnetischer Rückschluß)

Schnitt durch den Meßmotor (Integrationsmotor).

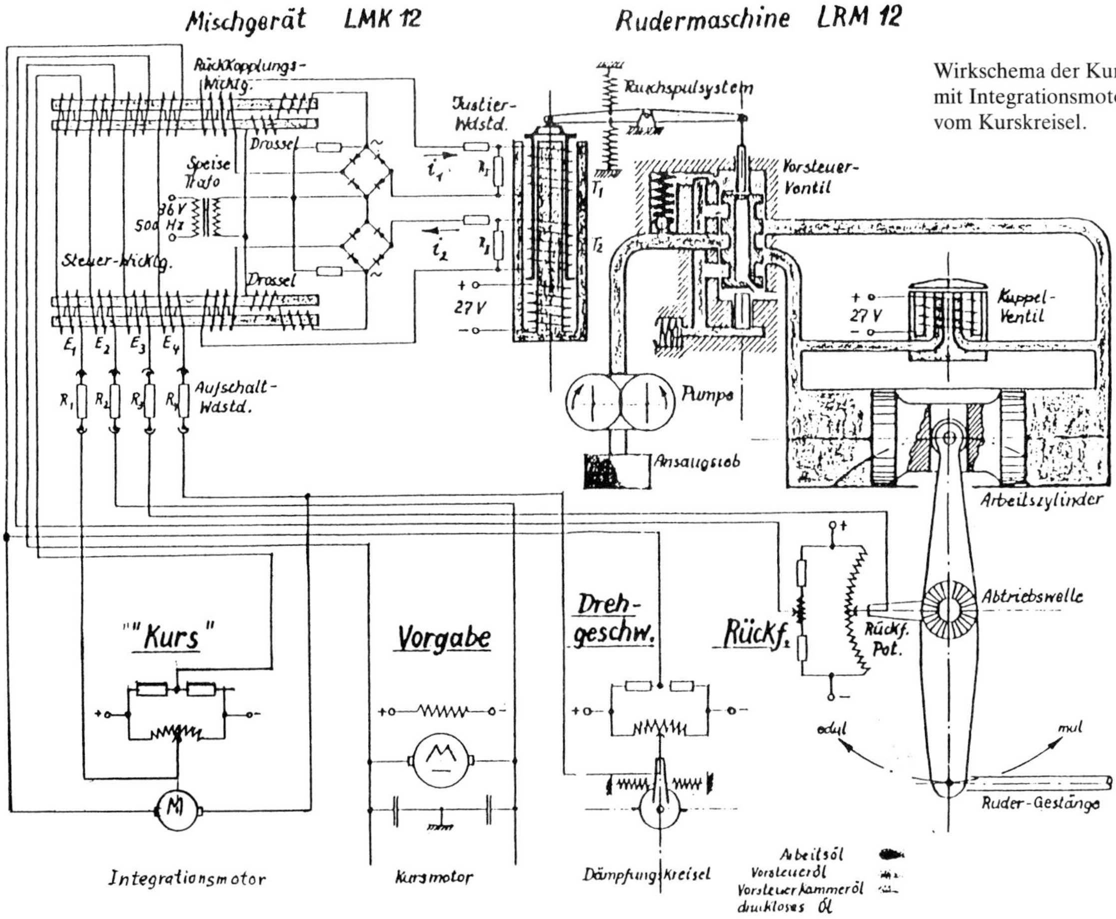

Wirkschema der Kurssteuerung K 21 mit Integrationsmotor anstelle vom Kurskreisel.

Schaltung des Integrationsmotors. Eine Überwachung des Kurssignales durch den Magnetkompaß erfolgt nicht. Die Anzeige des Patin-Fernkompasses erfolgt im Kompaß-Tochter-Anzeigegerät. Durch den Kursmotor, betätigt von einem Richtgeber, wird lediglich der Steuerkurs in der Anzeigetochter verstellt. Bei Nichtübereinstimmung der Anzeigen von Magnetkompaß und Steuerkurs muß der Pilot das Flugzeug von Hand auf den richtigen Kurs führen.

Siemens-LGW-Kurssteuerung K 22

Nachdem die Erprobung der Kurssteuerung K 21 die prinzipielle Brauchbarkeit der »Jägersteuerung« erwiesen hatte, anderseits aber auch durch Nullpunktfehler des Wendekreisels, Hysteris seiner Fesselfedern, Stufigkeit der Abgriffe u. a. m. sich Kursfehler bei längerer Flugzeit ergaben, wurde 1942/43 die Entwicklung der Kurssteuerung K 22 betrieben.

Zunächst wurde der Dämpfungskreisel LDK 1 zum Dämpfungskreisel LDK 11 weiterentwickelt. Über diese Entwicklung berichtete *Kurt Marggraf:*

». . . Mit der Entwicklung des LDK 1 Wendezeigers, worin der LEK-30 Kreisel verwendet wurde und mit einer Wirbelstromdämpfung versehen war, sah ich eine Möglichkeit, eine alte Idee anzuwenden. Hier war es leicht, den Dämpfungsmagneten durch einen Tauchspulmagneten zu ersetzen und die Stahlfeder durch einen Fesselungsstrom in einer Tauchspule. Der Aluminium-Spulenkörper erzeugte eine nicht genügende Kreiseldämpfung, was mich dazu veranlaßte, eine zweite Spule mit einem Strom zu versorgen, der von einem Kondensator als Lade- und Entladestrom erzeugt wurde. Da dieser Strom proportional der Spannungsänderung ist, müßte eine Dämpfung erreicht werden, die leicht mit der Kondensatorgröße geändert werden könnte. Diese meine Spekulation über den Dämpfungsvorgang schlug fehl, weil der Dämpfungskreis complexen Gesetzen folgt. Anstelle complexer Berechnungen bestätigten dies das praktische Benehmen des elektrisch gedämpften Wendezeigers.

Ich beabsichtigte einige Messungen an diesem Gerät auf dem Drehtisch im Langgässer-Labor vorzunehmen und borgte mir einige Multizets von Hans Goerth, da meine Meßinstrumente nach Görlitz verlagert waren. In einem unbewachten Augenblick verschwand eins der Multizets. Ohne bemerkt zu haben, daß ein Gerät fehlte, fand ich, daß der Wendezeiger ein sehr fremdes Benehmen zeigte. Er war kein Wendezeiger mehr und kam nicht mehr nach Null zurück. Eine Drehung des Drehtisches erzeugte eine proportionale Auslenkung des Wendezeigers, der plötzlich zum Kurskreisel geworden ist . . .«

Durch das Entfernen des Multizets war der Fesselstromkreis unterbrochen worden, und die Rückführung wirkte nur über die Kapazität des Kondensators auf die Tauchspule des Wendekreisels. Dadurch wird eine Integration der Wendegeschwindigkeit erreicht, d. h. ein Lagesignal gebildet. Mit Hilfe einer Widerstand-Kondensator-Kombination in dem Fesselkreis wurde in der weiteren Entwicklung ein zusammengesetztes Signal für die Dämpfung des Wendekreisels und der Kurssteuerung gebildet. Die erforderlichen großen Kapazitäten von etwa 1000 µF konnten nur durch Elektrolytkondensatoren gebildet werden. Diese sind jedoch nur in einer Stromrichtung wirksam, in der entgegengesetzten Richtung besteht ein Kurzschluß; es sind also immer zwei entgegengesetzt geschaltete Elektrolytkondensatoren zu verwenden. Diese Kondensatoren und Widerstände sind in dem Ergänzungsgerät zum Dämpfungskreisel untergebracht.

Zur Überwachung des Nullpunktes der Integration wird die Differenz zwischen dem geflogenen Kurs und der Anzeige in der Kompaßtochter über eine Brückenschaltung auf ein polarisiertes Relais geleitet. Bei einer Abweichung der beiden Kurse wird das Relais betätigt und ein Kompensationsstrom parallel zum Fesselstrom des Dämpfungskreisels erzeugt. Dadurch wird das Flugzeug auf den Kompaßkurs zurückgeführt.

Das Arbeitsprinzip zeigt den Dämpfungskreisel LDK 11 mit seinem elektrischen Fesselkreis, der mit Differentiation über den Kondensator auf die Tauchspule wirkt. Außerdem ist noch gestrichelt der Stromkreis der Nullpunktüberwachung durch die Kompaßtochter und dem polarisierten Relais parallel zum Fesselkreis zu sehen. Für den Kurvenflug wird durch Betätigung des Richtungsgebers ein Vorgabestrom auf eine zweite Tauchspule des Dämpfungskreisels gegeben und so dem Kreisel eine Drehgeschwindigkeit des Flugzeuges vorgetäuscht. Durch ein Präzessionsmoment des Wendekreisels wird diesem Moment das Gleichgewicht gehalten, dazu ist jedoch eine entsprechende Drehgeschwindigkeit des Flugzeuges um die Hochachse erforderlich. Infolge der Querneigung des Flugzeuges (bei scheinlotrichtigem Kurvenflug, gesteuert durch den Piloten) verringert sich das Präzessionsmoment des Wendekreisels, bezogen auf den Azimut; die Drehgeschwindigkeit des Flugzeuges wird also größer. Zum Ausgleich dieses Effektes wird das Kurvensignal durch den Normalkraftmesser entsprechend der Größe der Querlage so abgeschwächt, daß eine gleichbleibende Drehgeschwindigkeit des Flugzeuges im Azimut erzielt wird. Gleichzeitig mit dem Vorgabesignal vom Richtungsgeber wird ein Signal zum Kursmotor gegeben; dieser verstellt über eine biegsame Welle den Sollwert des Kurses in der Kompaßtochter proportional der Drehgeschwindigkeit des Flugzeuges.

Zur Messung der Querlage des Flugzeuges im Kurvenflug wird ein Normalkraftmesser eingeführt. In der 2. Form besteht der Normalkraftmesser aus einer in Flugzeughochrichtung zeigenden Stange, auf der eine mit Federn gefesselte Masse gleiten kann. Ihre Bewegung wird durch eine Wirbelstrombremsung gedämpft. Im Geradeausflug befindet sich diese Masse am oberen Ende der Führungsstange, durch die Feder gehalten. Im Kurvenflug wirkt zusätzlich zur Erdbeschleunigung (dem Gewicht) noch die Zentrifugalbeschleunigung; dadurch wird die Masse nach unten gezogen. Die Bewegung der Masse wird von dem Potentiometerschleifer abgegriffen. Dieser veränderliche Widerstand schwächt das vom Richtungsgeber kommende Vorgabesignal zur zweiten Tauchspulwicklung ab und damit auch die sonst zu hohe Drehgeschwindigkeit des Flugzeuges im Azimut.

Die anderen Komponenten der Kurssteuerung K 22 entsprechen der Ausführung der Kurssteuerung K 21. Die gesamte Kurssteuerung K 22 wirkt wie folgt: Bei eingeschalteter Kurssteuerung wird die Bewegung des Flugzeuges um die Hochachse von dem Dämpfungskreisel gemessen. Die Signale der Kursabweichung werden im Mischgerät mit dem Signal der Rückführung der Ruderstellung zusammengeführt und verstärkt der Tauchspule in der hydraulischen Rudermaschine zugeleitet. Das von der Tauchspule betätigte Steuerventil bewegt über den Arbeitskolben das Seitenruder und führt so das Flugzeug auf den eingestellten Kurs. Etwaige Abweichungen des Flugzeuges von Sollkurs durch Nullpunkt-Fehler im Dämpfungskreisel, dem Mischgerät und Unsymmetrie des Flugzeuges durch Hängenlassen in der Querlage oder ungleichmäßiger Vortrieb bei mehrmotorigen Flugzeugen werden durch Überwachung durch die Kompaßtochter kompensiert. Beim Kurvenflug wird vom Richtungsgeber ein Vorgabesignal über den Normalkraftmesser auf den Dämpfungskreisel gegeben und gleich-

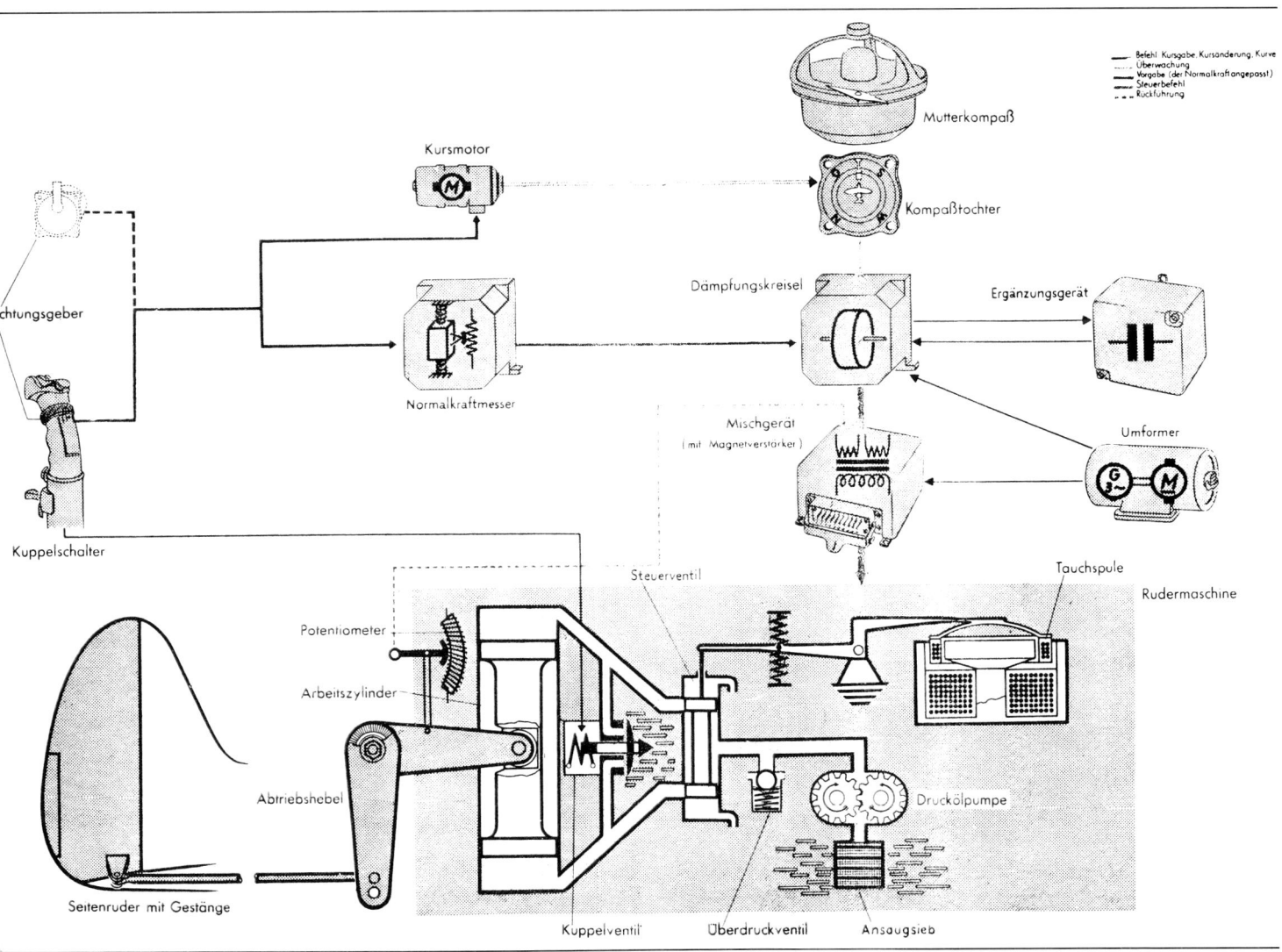

Wirkbild Kurssteuerung K 22.

zeitig vom Kursmotor der Sollkurs in der Kompaßtochter nachgestellt.

Diese Siemens-Kurssteuerung K 22 ist in größeren Stückzahlen (über 1000 Stück) hergestellt worden und kam z. B. in den Flugzeugen Ju 88 und Me 262 zur Anwendung.

Siemens-LGW-Kurssteuerung K 23

Nachdem die Kurssteuerung K 22 ihre Brauchbarkeit erwiesen hatte, begann 1944 eine intensive Weiterentwicklung dieser Kurssteuerung mit dem Ziel der Fertigungsvereinfachung. Die hydraulische Rudermaschine K 12 wurde durch eine neu entwickelte elektrische Rudermaschine ersetzt. Verwendet wurde ein Gleichstrom-Nebenschlußmotor, der über ein Getriebe und eine elektromagnetische Kupplung an das Steuergestänge des Seitenruders angeschlossen wird. Zur Ansteuerung wurden nach dem Magnetverstärker ein polarisiertes Telegrafenrelais sowie zwei Leistungsrelais so geschaltet, daß von den Leistungsrelais der Anker des Gleichstrommotors direkt an Plus oder Minus des Flugzeugbordnetzes von 24 Volt Gleichspannung gelegt wird.

Durch Strom- und Spannungsrückführung auf das polarisierte Relais entsteht ein ITA-Regler (Impuls-Tachometer-Antrieb) genannter Relaisverstärker, der ursprünglich für den linearen Antrieb von Nachlaufsystemen von Stellungsübertragungen entwickelt wurde.

Das Getriebe ist dreistufig: zwischen der ersten und zweiten Getriebestufe ist eine Schlingfeder-Rutschkupplung angeordnet. Eine Magnet-Lamellenkupplung liegt zwischen der zweiten und dritten Getriebestufe; sie ermöglicht die mechanische Abschaltung der Rudermaschine vom Rudergestänge. Die Getriebeendstufe besteht aus einem kleinen Ritzel, das in ein großes Zahnsegment eingreift, von dem direkt die Schubstange des Seitenruders angetrieben wird.

Durch diese Vereinfachung der Rudermaschine K 23 wurde eine Einsparung von etwa 60 Fertigungsstunden der K 12 auf 10,5 Stunden erreicht. Die Konstruktionsteile der Rudermaschine K 23 waren weitgehend aus Stahlblech (schnellere Werkzeugherstellung) anstelle von Aluminium (Materialengpaß) hergestellt. Dieser Weg wurde auch bei der Umkonstruktion des Dämpfungskreisels LDK 11 zum LDK 12 beschritten.

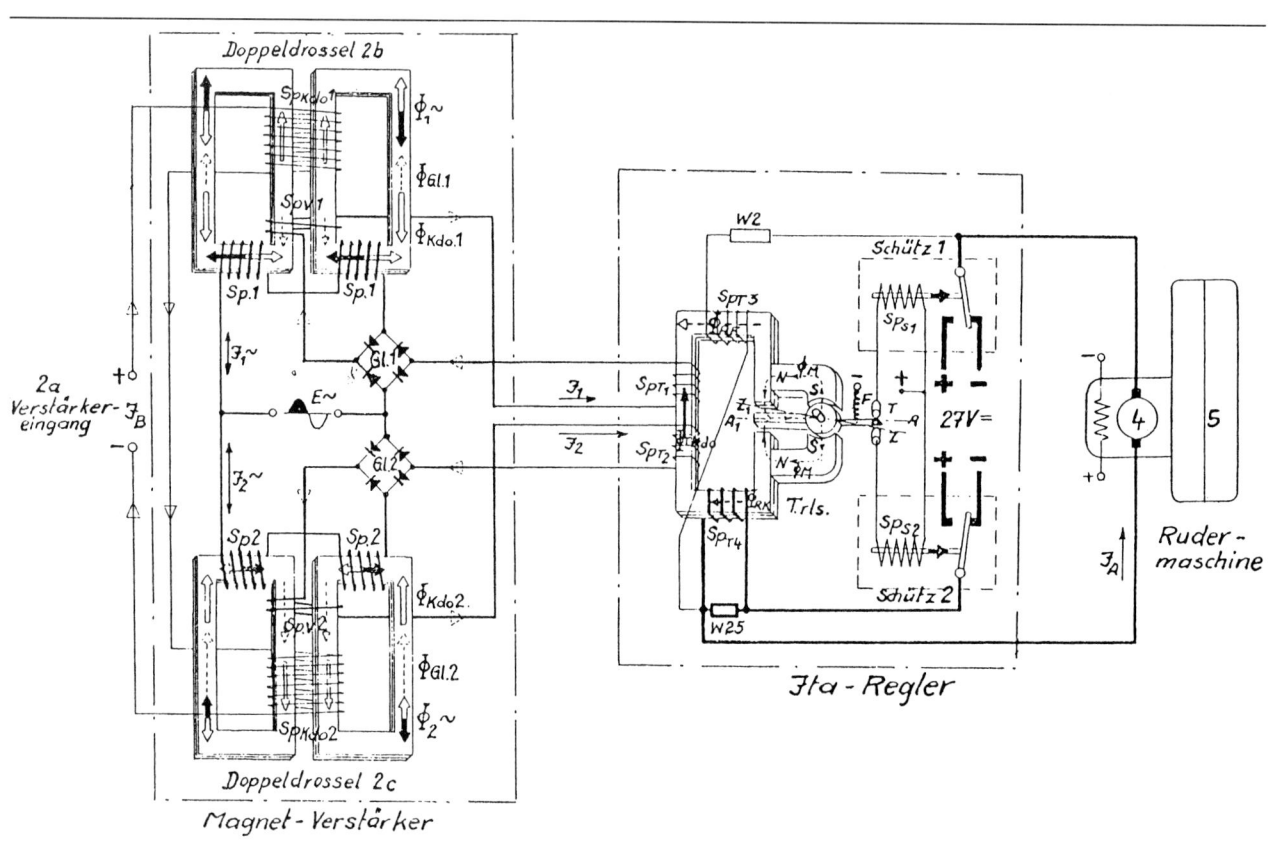

Kurssteuerung K 23, Wirkbild Verstärkersystem mit Magnetverstärker und ITA-Regler.

Der Dämpfungskreisel LDK 12 ist in einem gezogenen Blechgehäuse eingebaut, vollkommen hermetisch abgeschlossen mit eingelöteten Glasperlen-Durchführungen für die elektrischen Anschlüsse versehen. Gegenüber dem Dämpfungskreisel LDK 11 sind jedoch zwei Potentiometer mit Abgriffen eingebaut, um so die Ausgangsspannung zu verdoppeln. Die ursprüngliche Kugelform des Kreiselrotors wurde aus Fertigungsgründen in eine zylindrische Form geändert, in die seitlich die beiden tiefgezogenen Lagerscheiben mit den eingesetzten Kugellagern eingedrückt wurden. Dieser Dämpfungskreisel LDK 12 wurde wegen seiner äußeren Form »Seifenschalen-Kreisel« genannt.

Da die Kurssteuerung auch einen Nachtstart der Jagdflugzeuge ermöglichen sollte, die Jagdflugzeuge aber immer höhere Fluggeschwindigkeiten erreichten, wurde an die normalerweise auf Reisegeschwindigkeit eingestellte Kurssteuerung die Forderung gestellt, über den ganzen Geschwindigkeitsbereich gut wirksam zu sein. Die bisherige Rückführung der Ruderstellung wird durch die anpassungsfähigere Rückführung der Ruderlaufgeschwindigkeit ersetzt. Die Laufgeschwindigkeit des elektrischen Motors der Rudermaschine wird jedoch nicht durch einen Tachometer gemessen; sie wird durch die Rückführung des Ankerstromes und der Ankerspannung ersetzt. Um den erforderlichen Signalvorhalt zu erreichen, muß das Signal des Dämpfungskreisels zusätzlich differenziert werden, also auch einen Anteil der Drehbeschleunigung enthalten; das wird durch eine zusätzliche Widerstand-Kondensator-Schaltung in dem elektrischen Fesselkreis des Dämpfungskreisels erreicht.

Die anderen Komponenten der Kurssteuerung K 22 wurden im Prinzip beibehalten. Eine Weiterentwicklung erfolgte hinsichtlich der Verbesserung der Eigenschaften und im Sinne der Fertigungsvereinfachung.

Das Wirkschema der Kurssteuerung K 23 zeigt die Zusammenfassung der Meßfühler, Verstärker und Justierwiderstände in einem Gerät. Die Erprobung der Kurssteuerung K 23 erfolgte in den Jagdflugzeugen Me 109, Fw 190, Ta 152, dem Kampfflugzeug Ju 88 und in den Strahlflugzeugen Me 262 und Ar 234.

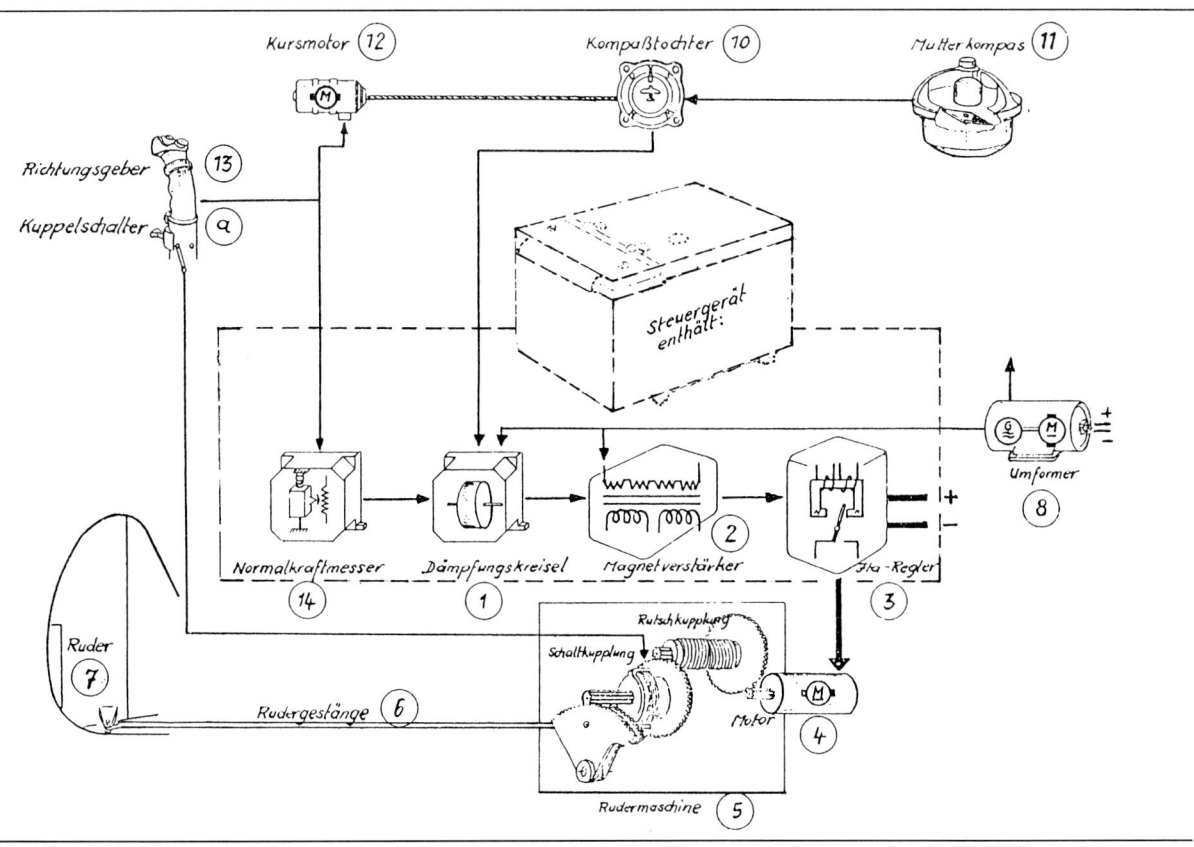

Wirkbild Kurssteuerung K 23.

Siemens-LGW-Kurssteuerung K 23b, mit Pedalsteuerung

Zu den üblichen Anwendungen der Kurssteuerung zur Erleichterung des Navigations- und Blindflugs kam noch eine weitere Forderung hinzu. Die immer schneller werdenden Jagdflugzeuge zeigten eine mehr oder weniger gedämpfte Restschwingung um die Hochachse mit einer Frequenz zwischen 0,5 und 1 Hz und Amplituden bis zu 1° Kursabweichung. Wegen der relativ hohen Frequenz ist es dem Piloten nicht möglich, durch entsprechende Ruderbewegungen diese schnelle Restschwingung zu beseitigen. Diese Aufgabe muß die Kurssteuerung übernehmen, um einen sicheren Zielanflug zu ermöglichen. Voraussetzung ist aber, daß die Manövrierfähigkeit des Flugzeuges durch die automatische Steuerung nicht beeinträchtigt wird, d. h. der Pilot muß mittels der Pedale sein Flugzeug in der gewohnten Weise steuern können. So kam es 1944/45 zur Entwicklung der Kurssteuerung K 23b. Durch die Einführung des Dynamometers in das Steuergestänge des Seitenruders kann der Pilot über die Pedale entsprechende Kurvensignale auf die Kurssteuerung geben und so das Flugzeug mit eingeschalteter Kurssteuerung auch im Zielanflug betätigen.

Durch die Kurssteuerung erfolgt eine »künstliche« Dämpfung der schnellen Restschwingung und ermöglicht so einen beruhigten Zielanflug. Um die Wirksamkeit der R-C-Differenzierschaltung für den erforderlichen Signalvorhalt zu verbessern, wurde der niederohmige Eingang des Magnetverstärkers durch einen hochohmigen Eingang eines Röhrenverstärkers ersetzt. Die Anodenspannung der Doppeltriode des Verstärkers wird über einen Transformator mit einer Wechselspannung von 500 Hz betrieben. Auf diese Weise entsteht am Ausgang des Verstärkers das für die Ansteuerung des polarisierten Relais erforderliche Gleichstromsignal. Das Dynamometer ist links und rechts zwischen dem Steuergestänge eingeschraubt. Der mittlere Bolzen ist in dem Gehäuse durch die zwei Tellerfedern gelagert. Unter der Wirkung der Pedalkräfte bewegt sich der Bolzen

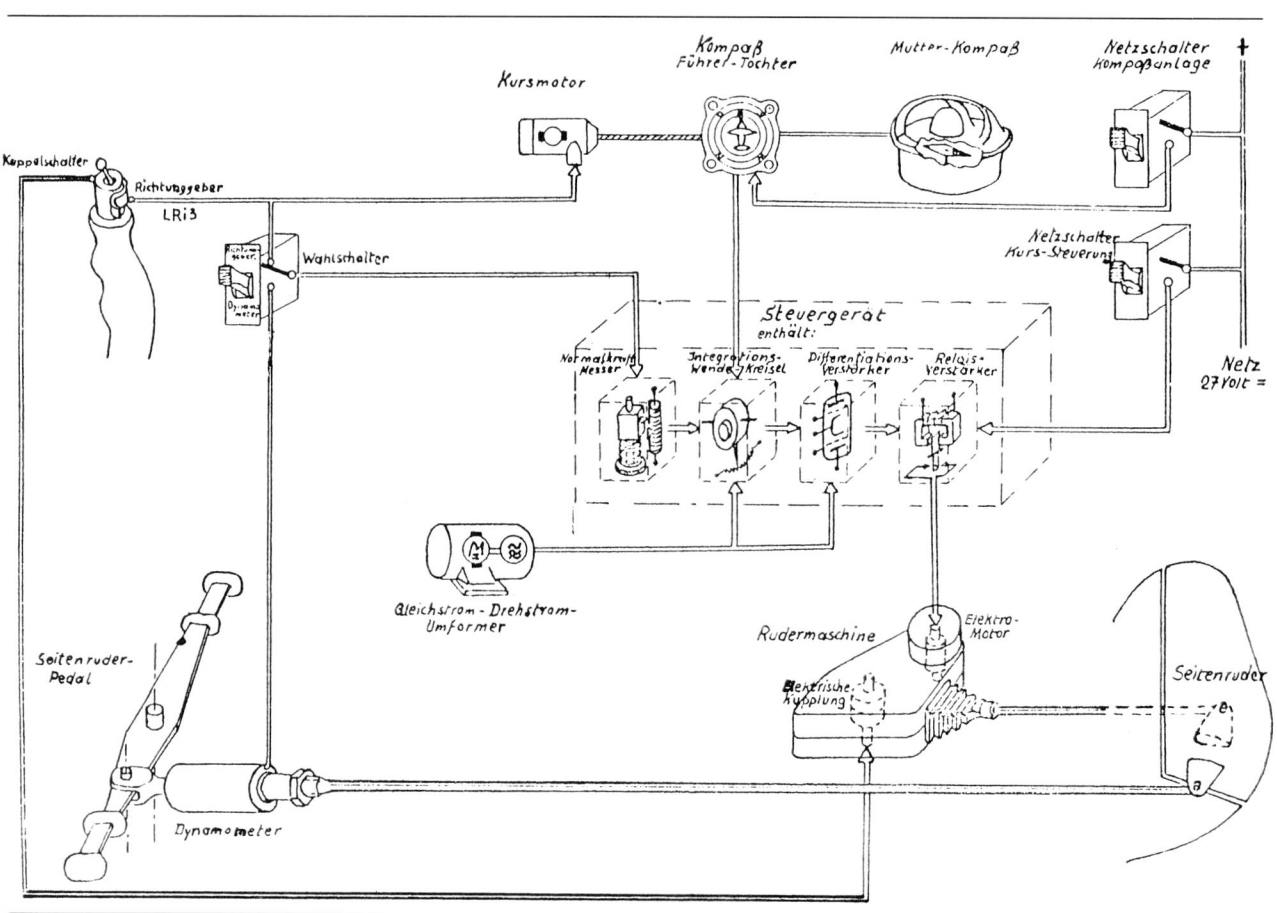

Wirkbild Kurssteuerung K 23b mit Pedalsteuerung, Dynamometer und Röhrenverstärker.

gegenüber dem Gehäuse um kleine Beträge innerhalb der Nut. Diese Bewegung wird durch die Hebel auf die Schleifer übertragen. Dadurch wird ein elektrisches Signal – entsprechend den Pedalkräften – erzeugt.
Dieses Signal wird anstelle des Kurvensignals über den Normalkraftmesser auf die Tauchspule des Dämpfungskreisels geschaltet. Die Kurssteuerung K 23b hat zwei Betriebsarten: durch den Wahlschalter kann die Funktion der Kurvensteuerung vom Richtungsgeber für den normalen Flug auf das Dynamometer für den Zielanflug umgeschaltet werden. Die anderen Funktionen entsprechen der Kurssteuerung K 23.
Die Fertigung der Kurssteuerung K 23 und K 23b begann im Herbst 1944 mit einer Nullserie. Die Planung der Fertigung sah eine monatliche Stückzahl von mehreren tausend K-23-Kurssteuerungen vor.

Entwicklung selbsttätiger Steuerungen der Askania-Werke 1924–1945

Die Firma »ASKANIA-WERKE A.G.« (Berlin-Friedenau) entstand 1921 durch die Fusion der Firmen »Carl Bamberg« (Friedenau) und der »Centralwerkstatt für Gasgeräte« (Dessau). Die Firma Carl Bamberg hatte schon 1875 den ersten Fluid-Kompaß für die Marine gebaut. Für die Anwendung in Flugzeugen wurden diese flüssigkeitsgedämpften Kompasse der Marine während des Ersten Weltkrieges kleiner und leichter gebaut. Bedingt durch die beengten Raumverhältnisse im Flugzeug wurde es immer schwieriger, einen störungsfreien Einbauort für den Magnetkompaß zu finden, der auch noch eine sichere Ablesung durch den Piloten während des Fluges erlaubte. Aus diesem Grunde wurde – zunächst für die Anwendung in U-Booten – auf Anregung des Marinebaurates *Walter Friedensburg* ein Fernkompaß entwickelt. Der Fernkompaß war an einer magnetisch möglichst ungestörten Stelle im U-Boot eingebaut. Der Kompaßkessel wurde von dem Bootsführer durch eine mechanische Fernbedienung auf den Steuerkurs eingestellt, die Abweichung des Fahrkurses vom Kompaß gemessen und durch eine optoelektrische Einrichtung zum Kurszeiger übertragen. Dadurch wurde die schwierige Ablesung der Kompaßrose, besonders bei einem unruhigen Fahrkurs, durch die einfache Ablesung des Nullzeigers ersetzt. Dieser Fernkompaß wurde 1918 mit Erfolg auch in Marineflugzeugen eingesetzt.
Zu Beginn der 20er Jahre wurden auf Grund von Erfahrungen aus dem Ersten Weltkrieg unter der Leitung von *Max Roux* und *Guido Wünsch* industrielle Meßgeräte für den Sektor der industriellen Regeltechnik entwickelt.
Diese Technik hat die spätere Entwicklung von Luftfahrtgeräten und selbsttätigen Steuerungen maßgebend beeinflußt.

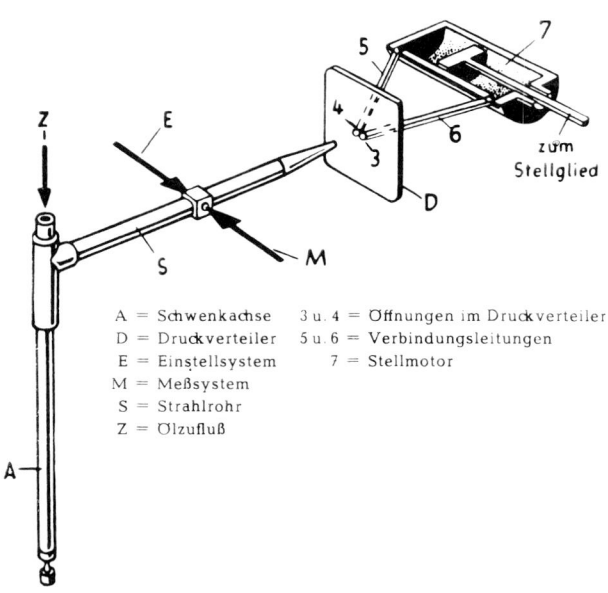

Wirkungsweise des Strahlrohrverstärkers.

Strahlrohrverstärker

Der von *Guido Wünsch* erfundene Strahlrohrverstärker wurde in der industriellen Regelungstechnik bei der Regelung von Gasdruck- und Dampfkesselfeuerungen eingesetzt. An Hand des Bildes wird die Wirkungsweise des Strahlrohrverstärkers gezeigt. Das Strahlrohr ist in der Achse schwenkbar gelagert; über den Zulauf strömt eine Hilfskraft, die aus der verengten Spitze des Strahlrohrs in die beiden nebeneinander liegenden Öffnungen des Druckaufnehmers tritt. Dieser ist durch die Leitungen mit dem Kraftkolben verbunden, der seinerseits das Stellglied des Regelorgans steuert. Im Ruhezustand steht das Strahlrohr in der Mittellage, so daß die beiden Kolbenseiten gleichhohen Druck erhalten. Bewirkt eine Kraft eine Ablenkung des Strahlrohres nach rechts, so wird der Druck der Hilfskraft in der rechten Leitung höher, und der Kolben verstellt das Regelorgan, bis an der Meßstelle der Sollwert erreicht ist, worauf auch das Strahlrohr wieder in die Mittellage zurückkehrt.

Selbsttätige Höhensteuerung

Als erste Anwendung des Strahlrohrverstärkers in der Luftfahrt wurde von *Wünsch* eine selbsttätige Höhensteuerung entworfen. Der Längsstabilisator besteht aus einer Venturidüse zur Messung des Staudruckes, einer Anordnung von Aneroiddosen zur Messung des Luftdruckes und damit der Flughöhe sowie ein Pendel in der Längsrichtung

91

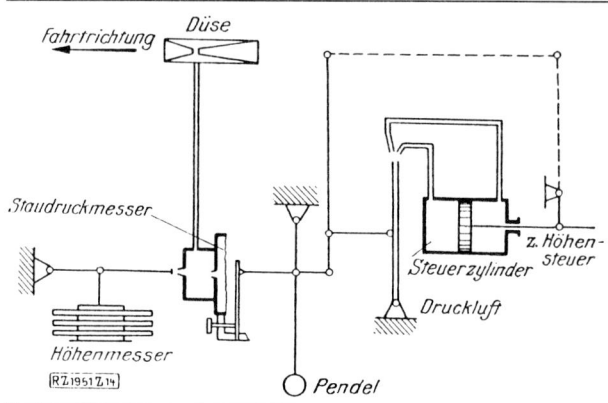

Erste Anwendung des Strahlrohrverstärkers in der Luftfahrt. Selbsttätige Höhensteuerung.

des Flugzeuges als Meßfühler. Diese Meßwerte werden addiert und dienen zur Bewegung des Strahlrohres. Das Strahlrohr steuert über den Druckaufnehmer den Steuerzylinder und damit das Höhenruder des Flugzeugs. Eine mechanische Rückführung geht von der Stellung des Steuerkolbens auf das Strahlrohr. Pendel und Staudruckmesser sind so gekoppelt, daß bei Zunahme des Staudrucks das Flugzeug gezogen, bei Abnahme gedrückt wird, wobei der als Statoskop gebaute empfindliche Höhenmesser für die Einhaltung einer bestimmten Höhe sorgt. Ob dieser Längsstabilisator in der Praxis erprobt wurde, ist nicht bekannt.

Auf Empfehlung von *Professor August von Parseval* stellte *Max Roux* 1924 den jungen Dipl.-Ingenieur und erfahrenen Flugzeugführer des Ersten Weltkriegs *Waldemar Möller* ein, der in der Nachkriegszeit während seines Studiums weiter aktiv den Flugsport betrieben hatte. *Möller* berichtete später über den Beginn der Entwicklung von Flugzeuggeräten bei den Askania-Werken:

»... Als Leiter des Luftfahrtsektors oblag mir zunächst die Eigenentwicklung der damals üblichen Bordgeräte wie Höhenmesser, Fahrtmesser, Variometer, Kompasse usw. Einen wesentlichen Beitrag für den Erfolg der Askaniaprodukte brachte die Beschaffung eines eigenen Werksflugzeuges (M 17, von Möller ›Nebelkuh‹ genannt), in dem die verschiedenen Entwicklungsstufen der Geräte einer praxisnahen Erprobung unterzogen wurden. Ein solcher Einsatz im Flugzeug ist für die Entwicklung von Flugzeugbordgeräten, und ganz besonders von Flugreglern, von größter Bedeutung. Schonungslos zeigen sich dabei alle Denkfehler des Entwurfes, und ebenso können die unvermeidlichen Kinderkrankheiten bei der Fertigung erkannt und beseitigt werden. Ein ohne diese harte Prüfung einmal erworbener schlechter Ruf kann für jedes Herstellerwerk verhängnisvoll werden ...

... Im Laufe der Jahre entwickelten wir für die verschiedenen Einsatzbedingungen eine ganze Familie von Kompassen: Für den Piloten den Kompaß ›Emil‹ – mit einer in Augenhöhe ablesbaren Trommelrose und einer von Hand einstellbaren konzentrischen Merkrose für den zu fliegenden Kurs; für den Beobachter einen Kompaß ›Franz‹ – mit einer flachen Rose, die einen schnellen Gesamtüberblick ermöglichte; für Seeflugzeuge einen größeren Kompaß mit Peilaufsatz ...«

Wendekreisel

Etwa 1925 erwirbt Askania eine Lizenz für das Wendezeigerpatent von der Firma Anschütz. *Möller* entwickelt damit einen verbesserten, durch Luft angetriebenen Wendezeiger, der in seiner Grundausführung bis in die heutige Zeit Verwendung findet. Aus dem geschlossenen Gehäuse wird die Innenluft abgesaugt, durch eine Düse strömt die Außenluft ein und bringt den Kreisel auf hohe Drehzahl. Bei einer Drehung des Flugzeuges um die Hochachse hat der Kreisel die Eigenschaft zu kippen, er »präzediert«: Der waagerecht liegende und durch eine Rückholfeder gefesselte Kreiselrahmen neigt sich, und zwar um so mehr, je größer die Drehgeschwindigkeit des Flugzeuges ist. Ein Hebelwerk überträgt diese Rahmenbewegung auf den Zeiger. Wird eine normale Blindflugkurve mit 2 °/s geflogen, so ergibt sich ein 2 °/s Ausschlag von einer Zeigerbreite. Der Wendezeiger wird an eine Förderdüse angeschlossen. Die Förderdüse arbeitet nach dem Venturiprinzip. Der durch den Fahrtwind erzeugte Unterdruck saugt über eine Rohrleitung aus dem Kreiselgerät und die von außen wieder zuströmende Luft und treibt das als Turbine ausgebildete Kreiselrad.

Gegen Ende der 20er Jahre war dieser Wendekreisel in Verbindung mit dem künstlichen Horizont eine wichtige Voraussetzung für den regelmäßigen Luftverkehr. Der Blindflug nach Instrumenten wurde – auch nach anfänglichem Widerstand der Piloten – von der Deutschen Lufthansa allgemein eingeführt.

Kurssteuerung LZ 1 im Luftschiff LZ 127

Über den Beginn der Entwicklung von Kurssteuerungen bei Askania berichtete *Möller* später:

»... Durch das Entgegenkommen des ›Luftschiffbau Zeppelin‹ konnten wir unser erstes Prinzipmuster Lz 1 im strengen Winter 1927/28 im Luftschiff LZ 127 einbauen und erproben. Platz für seinen Aufbau war genügend vorhanden, und auch das Gewicht spielte noch keine Rolle. Beides wurde allerdings auch benötigt, denn die vom Regler geforderten Stelleistungen waren durch die gewaltigen Ruder am Heck und durch die langen Seilzüge vom Bug bis zum Heck so groß, daß sie nur mit Hilfe eines kräftigen Elektromotors bewältigt werden konnten. Die notwendige Verstärkung der Steuersignale konnte in dieser Zeit nur über eine ganze Kette mechanischer Verstärker erreicht werden – an eine elektronische Verstärkung war in den damaligen Jahren noch nicht zu denken. Das alles ergab eine bunte Mischung der verschiedensten Betriebsmedien: Fernkompaß, Kreisel und erste Verstärkerstufe pneumatisch, ihr schloß sich eine hydraulische Zwischenstufe an, die über eine mächtige Widerstandsbrücke den mit einer als Kupplung dienenden Torpedo-Freilaufrücktrittsbremse ausgestatteten Elektromotor ansteuerte. Entsprechend den sich addierenden Schwellwerten und Zeitkonstanten der hintereinander geschalteten

Zwischenstufen sowie der durch die langen Seilzüge bedingten Übertragungslose war das Ergebnis auch keinesfalls überwältigend. Es wurde uns klar, daß das gewaltige Trägheitsmoment des Luftschiffes in Verbindung mit seiner zu vernachlässigenden Eigendämpfung und kleiner Ruderwirksamkeit ganz besondere Anforderungen an geringe Schwellwerte und einen genügenden Signalvorhalt verlangte. Aber gerade diese hier zu Tage tretenden Mängel unseres Reglers lieferten uns für seine Weiterentwicklung eine ganze Reihe praktischer Erfahrungen, die in den nächsten Prototypen Lz 2 und Lz 3 sorgfältig beachtet wurden. Sie wurden in unserem eigenen Werksflugzeug eingehend erprobt und zur Basis unseres nächsten Baumusters Lz 4, das eine weitere Verbreitung finden sollte . . .«

Als ein wichtiges Ergebnis dieser Versuche entstand ein besonders empfindlicher Wendekreisel für Luftschiffe, von *Möller* »Hektor der Wachsame« genannt.

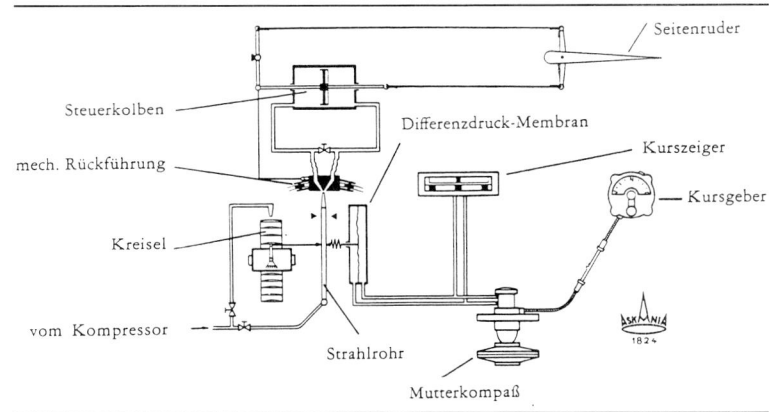

Wirkungsweise der Askania-Kurssteuerung mit Fernkompaß.

Kurssteuerung Lz 4

Über die Entwicklung der Kurssteuerung Lz 4 berichtete *Möller* weiter:

». . . Dieser vierte, mit nur einer einzigen Strahlrohr-Verstärkerstufe, kompakt aufgebaute vollpneumatische Kursregler wurde erstmals einsatzreif und in die Flugzeuge Junkers W 33 und Ju 52, Dornier ›Merkur‹, Rohrbach ›Roland‹, in die dreimotorige Fokker sowie in den Dornier ›Wal‹, Rohrbach ›Romar‹ und in die Heinkel He 59 eingesetzt und lieferte uns die ersten Serienerfahrungen.

Im Prinzip handelte es sich bei diesem Regler um einen kompaßüberwachten Dämpfer. Nun ist ein Dämpfer seiner Natur nach nicht richtungsstabil, und der ihn ergänzende Kompaß war ein schwingungsfähiges Gebilde, das durch die Inklinationskomponente des magnetischen Erdfeldes in allen Kurven mehr oder weniger ausgelenkt wird. In unseren Breiten beträgt diese Auslenkung auf Nord- oder Südkursen etwa 3 Grad für je 1 Grad Kurvenneigung. Es mußte deshalb der bewegungsdämpfende Anteil des Wendekreisels immer so groß sein, daß die vom Kompaß verursachten Pendelungen noch ausreichend unterdrückt wurden. Mit der wachsenden Fluggeschwindigkeit glich dieser unumgängliche Kompromiß immer mehr einer Wanderung auf einem schmalen Grat, und es erforderte viel Fingerspitzengefühl, den bestmöglichen Kompromiß zwischen der vom Wendekreisel hineingetragenen Ruderunruhe und der kompaßbedingten Bahnpendelung zu finden. Immerhin, solange die Fluggeschwindigkeit nicht über 200 m/h hinaus ging, genügte der Regler den Anforderungen der damaligen Zeit, und wir konnten ihn sogar ins Ausland, bis nach Japan, gut verkaufen . . .«

Die selbsttätige Askania-Kurssteuerung funktioniert wie folgt: Parallel zu dem Kurszeiger des Fernkompasses ist die Differenzdruckdose für die Kurssteuerung angeschlossen. Über eine Feder ist die Membran an das Strahlrohr, auf der anderen Seite ist das Strahlrohr an den Präzessionsrahmen eines Wendekreisels angelenkt. Das Strahlrohr erzeugt also einen Druck in der einen oder anderen Seite des Druckaufnehmers, entsprechend den Kräften auf das Strahlrohr. Dieser Druck im Druckaufnehmer wird dem Steuerkolben zugeführt und bewegt das Seitenruder; außerdem wird die Bewegung des Steuerkolbens über die mechanische Rückführung zum Druckaufnehmer zurückgeführt und damit das Strahlrohr wieder in die Mittelstellung gebracht.

Während der Flugerprobung wurde die Kurssteuerung zur Messung der Seitenbeschleunigung durch ein Pendel für die Querlage ergänzt. Das Strahlrohr selbst ist durch ein zusätzliches Gewicht als Pendel ausgebildet. Auf das Strahlrohr wirken Differenzdruckmesser, Wendezeigerkreisel und Querlagenpendel; die Ruderstellungsrückführung wirkt auf den Rückführungsschlitten mit dem Verteilerstück für den Luftdruck, gesteuert vom Strahlrohr. Die Bewegung des Steuerkolbens wird auf das Seitenruder übertragen und steuert so das Flugzeug in der Hochachse. Nach Prüfung wurde diese Kurssteuerung am 12. März 1931 von der Deutschen Versuchsanstalt für Luftfahrt unter der DVL-Bezeichnung Vc 5.31 als betriebstüchtig erklärt.

Zur Weiterentwicklung der pneumatischen Kurssteuerung wurden in den folgenden Versuchsmustern prinzipielle Anordnungen untersucht:

Kurssteuerung Lz 4 mit Anstellwinkelstabilisator von Louis Constantin

Constantin hatte für die Nick- und Rollachse eines Farman-Doppeldeckers einen direkt wirkenden Stabilisator entwickelt. Der Stabilisator bestand aus zwei vor den Tragflächen angebrachten Fühlflächen, die im Fahrtwind lagen und bei Reisegeschwindigkeit kräftig genug waren, das Höhen- und Querruder ohne Zwischenverstärker zu steuern. Der Soll-Anstellwinkel wurde über ein Zwischengestänge von Hand eingestellt. Durch Ergänzung mit der Askania-Kurssteuerung sollte ein vollständiger Dreiachsenflugregler entstehen. Diese Versuche verliefen erfolglos, da der Anstellwinkelstabilisator bei Böen und im Langsamflug versagte.

Kurssteuerung Lz 5 mit Lose in der Rückführung

Um die bei höheren Fluggeschwindigkeiten auftretenden Gierschwingungen zu unterdrücken, wurde nach Empfehlung von *Professor Max Schuler* eine Lose in der Stellungsrückführung eingebaut (Spiel in der Übertragung von der Rudermaschine zum Ruder). Bei Kurssteuerungen für Schiffe mit ihrer großen Dämpfung hatte sich diese Maßnahme bewährt. Bei großen Schwingungsamplituden half das auch im Flugzeug, es blieb jedoch eine unangenehme Restschwingung. Bei der späteren Erprobung in Flugzeugen der Deutschen Lufthansa entstand darauf ein Spottvers:

»Die Kurssteuerung trampelt, die Luftkrankheit droht, da spricht zu dem Fluggast, wie folgt der Pilot: ›Na, das ist nicht so wichtig, das liegt nur an dem, das ist nur ein einfaches Reglerproblem.‹«

Kurssteuerung Lz 6 mit pneumatischer Rückführung

Bedingt durch den Zusammenbau des Dämpfungskreisels und der Rudermaschine in einem Gerät werden Verdrehungen des Fundamentes, hervorgerufen durch starke Stellmotorkräfte, von dem empfindlichen Dämpfungskreisel gemessen. Diese – falschen – Wendekreiselsignale bewirken Koppelschwingungen im Flugzeug, die sich aufschaukeln können. Aus diesem Grunde werden Wendekreisel und Rudermaschine in zwei Geräte getrennt. Die Rudermaschine erhält einen zusätzlichen kleinen Rückführkolben, der der Bewegung des Arbeitskolbens entspricht. Eine Verbindungsleitung zum Steuergerät überträgt den Druckunterschied. Dieser wird einer Seite einer Rückführdose zugeleitet, die andere Seite ist mit der Umgebungsluft verbunden. Die Membran der Rückführdose arbeitet ebenfalls auf das Strahlrohr; der bewegliche Schlitten für den Druckempfänger entfällt. Bei der Flugerprobung zeigte sich eine Höhenabhängigkeit des Nullpunktes der Rudermaschine. Durch einen langsam wirkenden Druckausgleich in der Rückführleitung konnte dieser Effekt beseitigt werden; gleichzeitig wurde jedoch eine automatische Trimmung für anhaltende Kursstörungen erzielt. Man spricht von einer »Isodromen Regelung« in der Regelungstechnik.

Kurssteuerung Lz 7 mit Anstellwinkel des Wendekreisels

Die Drehbewegungen eines Flugzeuges sind nicht unabhängig voneinander, sondern durch Roll/Giermoment, Wende/Rollmoment und anderer Momente mehr oder weniger miteinander gekoppelt. So wirkt sich eine nicht richtig koordinierte Querlage bei Kursbewegungen sehr störend aus; deshalb wurde zur Abhilfe der Gierwendekreisel so gekippt, daß der vordere Teil der Präzessionsachse nach oben zeigt (angestellt). Je nach Flugzeugtyp beträgt der günstigste Kippwinkel 5 bis 20 °. Auf diese Weise wird durch den Gierwendekreisel auch ein Anteil der Rollbewegung miterfaßt und das Flugzeug über das vom Seitenruder erzeugte Wende/Rollmoment auch in der Querlage stabilisiert und gedämpft.

Kurssteuerung Lz 8 mit Querlagenpendel

Der Pilot hat die Neigung, das Flugzeug in der Querlage etwas nach links »hängen« zu lassen, da er gern sich nach links aus dem offenen Führerstand beugt, um gute Bodensicht zu erreichen. Das Flugzeug wird infolgedessen etwas schieben und über das Schiebe/Rollmoment zu einer Kursabweichung führen. Abhilfe schafft ein Pendel in Richtung der Querlage. Als Pendel dient das Strahlrohr mit einer zusätzlichen, einstellbaren Masse.

Kurssteuerung Lz 9 mit Peilrahmenaufschaltung

Das von *Professor Max Dieckmann* bei der Drahtlos-Luftelektrischen Versuchanstalt (Gräfelfing) entwickelte Peilgerät für einen Zielanflug auf Mittelwellensender sollte auf die Kurssteuerung aufgeschaltet werden. Zur Verstärkung der schwachen Peilsignale wurde von *Möller* ein pneumatisches Strahlrohrrelais geschaffen. Eine federgefesselte Tauchspule bewegt ein Strahlrohr gegen einen feststehenden Druckaufnehmer. Der Differenzdruck wird bei den Flugversuchen anstelle des Fernkompaßsignales auf die Kurssteuerung aufgeschaltet. Die Flugversuche mit dieser nicht schwingenden Basis waren so überzeugend, daß die Entwicklung einer schwingungsfreien Basis mit großem Eifer betrieben wird.

Kurssteuerung Lz 10 mit Winkelbeschleunigungsmessung durch den Dämpfungskreisel

Um die Dämpfung des Flugzeuges mit eingeschalteter Kurssteuerung zu verbessern, sollte bei Auftreten von Schwingungen durch einen größeren Signalvorhalt eine frühere Gegenwirkung der Rudermaschine erreicht werden. Zur Messung der Drehbeschleunigung wurde der Lagerdruck der Präzessionsachse herangezogen. Der federgefesselte Wendekreisel ist mit dem oben gezeigten Präzessionslager in einem verschiebbaren Schlitten gelagert. Wird unter der Einwirkung der Änderung der Drehgeschwindigkeit des Flugzeuges der Wendekreisel präzedieren, ergibt sich eine Kraft auf das Lager; diese wird durch eine Feder gemessen und beeinflußt zusätzlich die Bewegung des Strahlrohres.
In der Kurssteuerung Lz 10 wurde diese Einrichtung erprobt; die durch den schwingenden Kompaß hervorgerufenen Schwingungen des Flugzeuges konnten jedoch nicht beseitigt werden. Durch erste Anwendungen der Aufschaltung eines Richtkreisels anstelle des Fernkompasses konnten, besonders in schnelleren Flugzeugen, die Störeinflüsse des Magnetkompasses, hervorgerufen durch Beschleunigungen, Schräglagen usw., beseitigt werden.

Fernkurskreisel mit eingebautem Kursgeber für die Kurssteuerung

Um den Richtkreisel als schwingungsfreien Kursgeber für die Kurssteuerung anwenden zu können, wurde die Achse des äußeren Kardanrahmens nach oben verlängert und mit einer Steuerblende und zwei Steuerdüsen versehen, ähnlich der Fernübertragungseinrichtung am Fernkompaß. Mit dieser Einrichtung konnte die Kurssteuerung anstelle des schwingungsfähigen Magnetkompasses vom Richtkreisel gesteuert werden.

Kurssteuerung Lz 11a

Auf Grund der Erfahrungen mit den vorangegangenen Versuchsmustern von Kurssteuerungen wurde eine völlig neue Konstruktion der Kurssteuerung vorgenommen. Die Rudermaschine wurde vom Steuergerät getrennt, die Rückführung von der Ruderstellung auf den Druckaufnehmer durch eine Druckleitung ersetzt, die über eine Druckdose auf das Strahlrohr wirkt. Wirkungsweise der Kurssteuerung Lz 11a: Die vom Fernkurskreisel kommende Kursinformation wird zur Kursdose geleitet. Die Membran ist an das Strahlrohr angelenkt. Der Wendezeigerkreisel und das Pendel greifen direkt an das Strahlrohr an. Vom Druckaufnehmer wird der Druck zu der Rudermaschine in die beiden Seiten des Arbeitszylinders geleitet. Über einen Kurbeltrieb wird das Seitenruder und ein kleiner Rückführungskolben bewegt. Entsprechend der Ruderstellung wird der hier erzeugte Druck über eine Druckleitung der Rückführdose zugeführt. Die Membran ist ebenfalls an das Strahlrohr

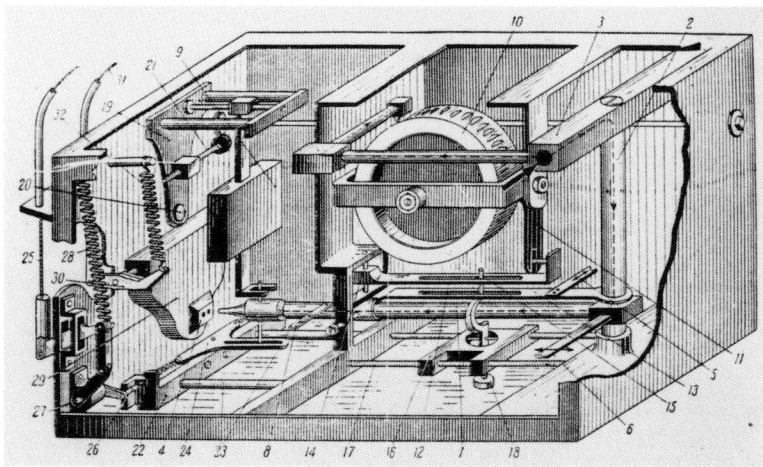

Wirkungsweise der Strahlrohranlenkung im Steuergerät der Kurssteuerung Lz 11a.

angelenkt. In der Rückführleitung ist eine undichte Stelle in Form einer Kapillare eingefügt. Durch diese Kapillare erfolgt der Druckausgleich in etwa 10 s. Im Falle einer Fehlfunktion der Kurssteuerung ist der Abtriebshebel an der Rudermaschine durch Seilzug von der Abtriebswelle der Rudermaschine zu trennen. Die veränderliche Strahlrohrfesselung kann über einen Bowdenzug vom Piloten, entsprechend Flugzeugtyp und Wetterlage, verstellt werden.

Das gesamte Montageschema der Kurssteuerung Lz 11a besteht aus: Gerätebrett B für den Kommandanten (Bom-

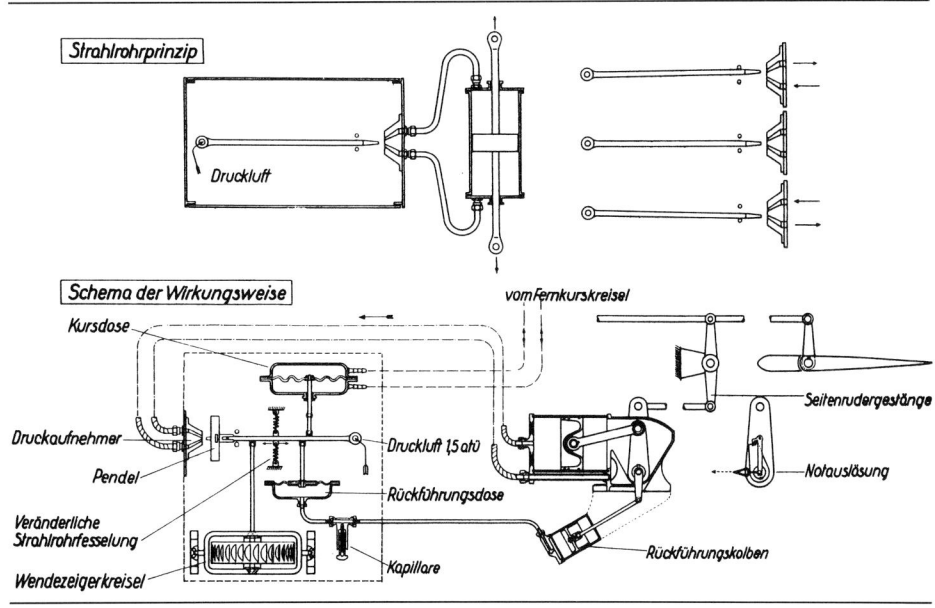

Wirkungsweise Kurssteuerung Lz 11a.

benschützen) mit Kursgeber und Richtungsgeber, Gerätebrett A für den Piloten mit Doppelschalter, Druckmesser, Sogverteiler, Fernkurskreisel, Schalter zur Kurskreiselstützung und Kurszeiger. Mit dem Richtungsgeber kann der Bombenschütze während des Zielanfluges unter gleichzeitiger Benutzung des Bombenzielgerätes Kurskorrekturen über den Kursmotor und der biegsamen Welle auf den Fernkurskreisel und damit auf den Flugzeugkurs durchführen. In dieser Zeit wird vom Piloten die Kurskreiselstützung durch den Fernkompaß abgeschaltet.

Die Ausführung der Askania-Kurssteuerung Lz 11a ist, insbesondere auch für die Luftwaffe, in großen Stückzahlen (etwa 2000 Stück) gefertigt worden, sie war bis zum Jahr 1945 im Einsatz. Die Deutsche Lufthansa setzte die Kurssteuerung Lz 11a im Nordatlantikdienst mit den Flugzeugen Ha 139 und Do 18 und im Südatlantikdienst sowie auf den europäischen Flugstrecken mit Erfolg ein. Hervorgehoben wird insbesondere die gute Kurshaltung auch bei schlechten Wetterverhältnissen sowie ein hoher Grad von Zuverlässigkeit und Betriebssicherheit.

In der im Aufbau begriffenen Luftwaffe kam die Kurssteuerung Lz 11a in den Flugzeugen Do 17 und He 111 zum serienmäßigen Einbau. Die Entwicklung dieser Kurssteuerung wurde im wesentlichen von *Gert Zoege von Manteuffel* geleitet.

Eine später zur Fertigungsverbesserung durchgeführte Konstruktion der Kurssteuerung Lz 12 kam nicht mehr zum Einsatz, da inzwischen die Siemens-Kurssteuerung K 4ü einsatzreif war und für Neubeschaffung in der Luftwaffe bevorzugt wurde.

Dreiachsensteuerung »Sperry Gyropilot-Model A-2« (Lizenzbau)

Von der Deutschen Lufthansa wird 1932 ein Versuchseinbau der Sperry-Dreiachsensteuerung A-2 in ein Junkers-Verkehrsflugzeug Ju 52 vorgenommen. Sie verspricht sich von dieser Anlage eine noch bessere Entlastung des Piloten im Langstreckenflug, als dies bisher durch eine einfache Kurssteuerung möglich gewesen ist. Auf Grund bereits bestehender Lizenzverträge mit Sperry übernimmt Askania die technische Betreuung der Anlage. Die Dreiachsensteuerung A-2 ist eine reine Lagenregelung ohne schwingungsdämpfende Wendekreisel, so daß die Dämpfung von Flugzeugschwingungen nur durch die aerodynamische Eigendämpfung des Flugzeuges erfolgen kann. Dadurch ist die Verwendbarkeit auf einen engen Bereich um die Reisegeschwindigkeit beschränkt.

Prinzipieller Wirkungsverlauf der Lagenregelung einer Achse: Das geschlossene Kreiselgerät wird über den Unterdruckregler durch den Sog luftarm gemacht, die über einen Filter nachströmende Luft treibt den Kreiselrotor. Durch eine Präzessionsbewegung des Rahmens werden die Steuerdüsen von der Blende mehr oder weniger abgedeckt und

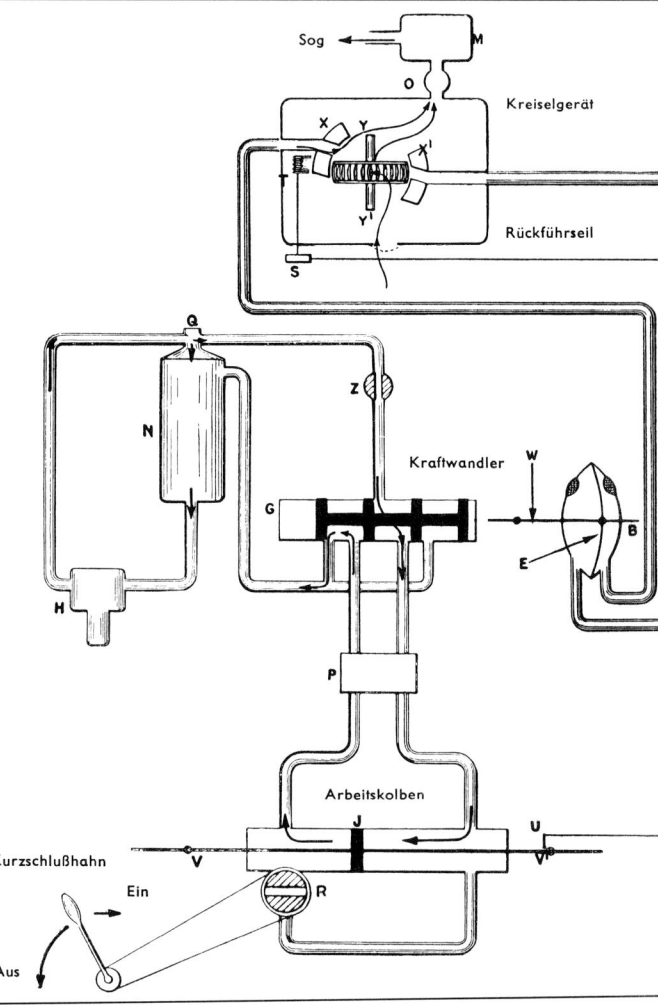

Wirkungsweise der Sperry-Kursregelung mit pneumatischem Richtkreisel und pneumatischer Signalübertragung zur hydraulischen Rudermaschine.

so eine Bewegung der Membran in der Differenzdruckdose erzeugt. Durch die Membran wird ein Kraftwandler, ein den Ölfluß steuerndes Ventil, betätigt. Dieses Ventil steuert das unter einem Druck von 8 atü stehende Öl zu den beiden Kammern des Arbeitskolbens. Mit dem Empfindlichkeitsregler kann dieser Öldruck vom Piloten vermindert werden. Der Arbeitskolben betätigt das entsprechende Ruder, eine Seilverbindung zu den Steuerdüsen am Kreisel sorgt für die Rückführung der Ruderstellung. Die Wirkung der Steuerung auf das Flugzeug kann durch den Kurzschlußhahn zwischen den beiden Kammern des Arbeitskolbens unwirksam gemacht werden. Anstelle des Strahlrohres in der Askania-Kurssteuerung ist also das Ventil zur Steuerung des Ölstroms getreten.

Wirkungsweise der Sperry-Dreiachsensteuerung A-2.

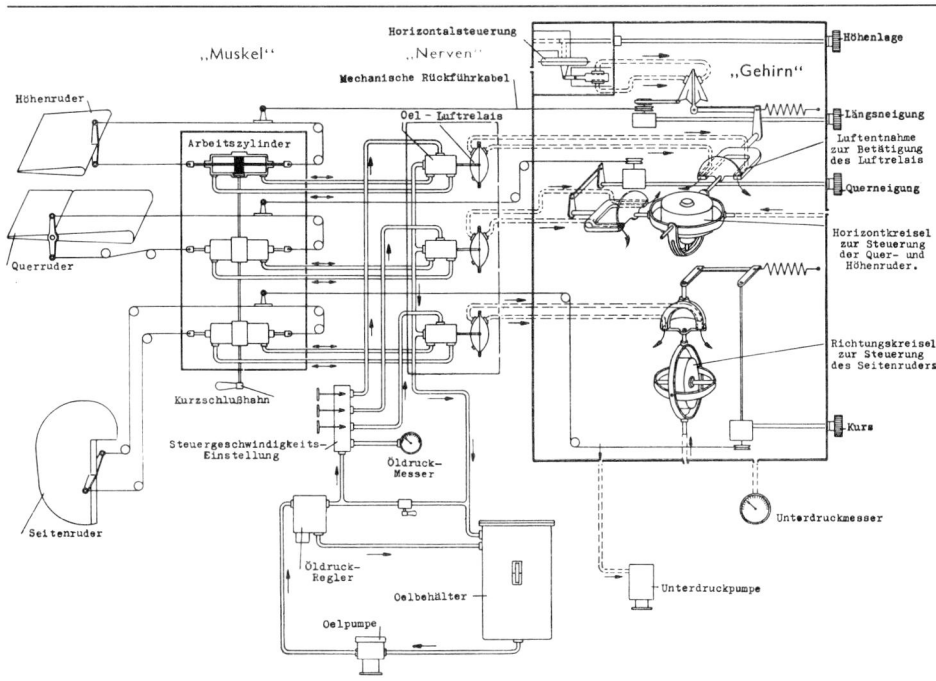

Die einzelnen Baugruppen werden auch als »Gehirn«, »Nerven« und »Muskeln« bezeichnet. Für die automatische Höhenhaltung des Flugzeuges ist noch eine Zusatzeinrichtung vorhanden. Mit dieser wird bei einer Abweichung des Flugzeuges von der Flughöhe durch einen als Statoskop wirkenden Höhenmesser die Längslage des Flugzeuges zusätzlich beeinflußt.

Anhand der Bilder läßt sich die Bedienung der Dreiachsensteuerung näher erläutern: Der links befindliche Kurskreisel muß vor dem Einschalten der Steuerung auf den anliegenden Kompaßkurs eingestellt werden. Um ein ruckfreies Einschalten der Dreiachsensteuerung zu erreichen, müssen die Rückführdose, der Rückführzeiger für die Querneigung und der Rückführzeiger für die Längsneigung auf Null stehen. Das kann durch Betätigung des Kurs-, Querneigungs- und Längsneigungsknopfes erreicht werden. Diese Knöpfe dienen auch während des Fluges mit eingeschalteter Steuerung als Trimmknöpfe zur Korrektur der Fluglage und des Kurses. Mit dem Höhenlagenknopf kann das Statoskop zur Höhenhaltung zugeschaltet werden. Die Steuerkreisel der Dreiachsensteuerung dienen gleichzeitig als Anzeigegeräte (Kurskreisel und künstlicher Horizont) für die Piloten. Unter diesem Anzeigegerät befinden sich die Regelventile für den Öldruck der drei Rudermaschinen. Je nach Wetterbedingungen wird während des Fluges vom Piloten die günstigste Ruderlaufgeschwindigkeit für jede der Rudermaschinen ausprobiert. Der Öldruckmesser zeigt die Betriebsbereitschaft der Steuerung an. Von dieser Dreiachsensteuerung sind noch drei Muster von Askania nachgebaut worden. Über Erfahrungen mit der ersten Steuerung und dem Nachbau berichtete *Möller* später:

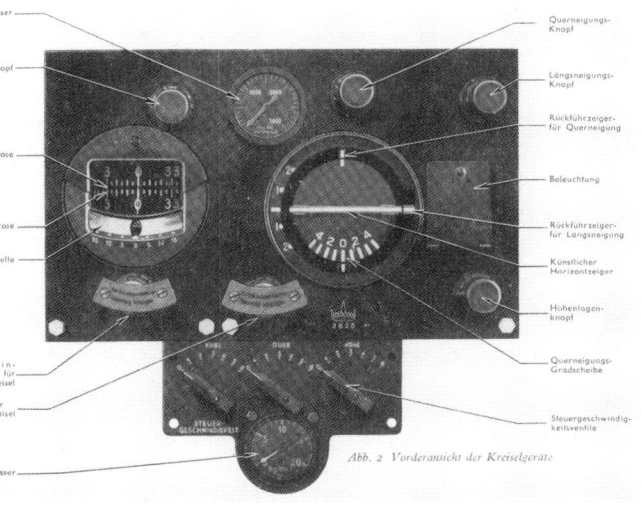

Anzeige- und Bediengerät der Sperry-Dreiachsensteuerung A-2 mit Richtkreisel, künstlichem Horizont und Einstellknöpfen für Kurs, Querlage und Längslage.

». . . Wenn auch die Deutsche Lufthansa und andere Abnehmer von uns bislang nur Einachsregler erhalten hatten, so wirkte deren

Steuerqualität durch die sorgfältige Ausfeilung des Regelverfahrens am Ende doch überzeugend. Um so stärker wurde von den Besatzungen dann das Absinken von einem bereits als Standard gewohnten Niveau empfunden. Zwar hatte der für die Ausrüstung zuständige Referent der Lufthansa (Dr. Wendtroth) seine Direktion bereits auf die Folgen hingewiesen, doch fanden seine Warnungen bei seinen Vorgesetzten wenig Gehör. So nahmen die Dinge denn ihren Lauf: Viel Ärger, Arbeit und Unkosten auf allen Seiten. Zunächst lieferte Sperry eine Musteranlage, die unter Anleitung eines ihrer Ingenieure von der DLH in eine Ju 52 eingebaut, eingeregelt und dann von uns gewartet werden mußte. Zwar mußte der konstruktive und technische Aufbau des Reglers als musterhaft bezeichnet werden, doch konnte diese Sorgfalt die Schwächen des Regelverfahrens nicht ausgleichen, die sich in der Folge denn auch in aller Brutalität zeigten, und uns, die wir doch an diesen Unzulänglichkeiten völlig unschuldig waren, traf so manche Beschimpfung und trieb uns so manchen Schweißtropfen auf die Stirn. (Ich selbst habe aus dieser Episode gelernt, daß es richtiger ist, sich allen aus Unkenntnis geborenen Wünschen höherer Institutionen klar zu widersetzen, als ihnen nachzugeben. Die unvermeidlichen Rückschläge fallen doch nur dem Ausführenden zur Last.)

Nun zum Sperry-Regler: Die mit ihrem Lot- und Richtkreisel, den pneumatischen Abgriffen und Gegenkopplungsgetrieben versehene Zentrale wurde als auswechselbarer Einschub gleichzeitig als Sichtgerät für den Piloten verwendet. An dem im Flugzeug festmontierten Einschubrahmen waren die pneumatisch-hydraulischen Zwischenwandler, die Luft- und Druckölanschlüsse sowie die über Seilzüge mit den Rudern verbundenen Gegenkopplungsmitnehmer angeschlossen. Die Amplituden des Reglers wurden damit den Lageabweichungen des Flugzeuges gegenüber dem erdfest ausgerichteten Kreiselsystem zugeordnet, deren Größe durch Auswechseln der Übersetzung im Seilrollensystem der Gegenkopplung den Erfordernissen angepaßt werden konnte. Da für den Regler keine vorhaltbildenden Einrichtungen vorgesehen waren, hatte er von sich aus auch keine dämpfenden Eigenschaften. Im Gegenteil, durch die unvermeidliche Lose in der Gegenkopplung, der Verzögerung in den Abgriffen und Zwischenventilen hatte er grundsätzlich eine schwingungsanfachende Tendenz, und so bestimmte allein die Eigendämpfung des Flugzeuges die noch zulässige Verstärkung des Reglers. Mit der aerodynamischen Verfeinerung der Flugzeuge wurde diese von Jahr zu Jahr immer kleiner, und mit ihr sank auch die positive Wirkung des Reglers, nicht aber die negative, die konstant blieb. Die anfangs übliche Verstärkung ›one to one‹ = 1 Grad Ruderamplitude auf 1 Grad Lagefehler mußte bei den neueren Flugzeugen stets weiter herabgesetzt werden. Der Sperry-Ingenieur, Mr. Reece, kam bei der Ju 52 der DLH in große Not. Ständig wechselte er die Gegenkopplung durch Austausch der Übertragungsrollen (Pulley's). Da die Ju 52 das Kennzeichen ›D-ATON‹ hatte, wurde er nach kurzer Zeit von den Lufthanseaten nur noch mit ›Sir Aton Pully Reece‹ angesprochen. Er tat mir leid, doch hatte er sein Schicksal nicht nur den unschönen Eigenschaften seines Reglers, sondern mehr noch seinem anfänglich überheblichen Auftreten zu verdanken. Der Einbau war schwierig, weil die Lufthansa eine unabhängige Abschaltung des Reglers verlangte. Die Arbeitskolben mußten deshalb in abkuppelbaren Parallelzügen zu den Steuerseilen eingebaut werden. Das erforderte Zeit, aber Mr. Reece meinte herablassend zur Werkstatt: ›That's very easy. Only three hours, but you must work hardly.‹ Diese Bemerkung trug ihm nicht gerade das Wohlwollen der Werkstatt ein, die ihn, als er selbst statt der versprochenen drei Stunden für den Abgleich noch nach drei Wochen nicht fertig war, schadenfroh erinnerte: ›That's very easy. Only three hours.‹

Aber auch ich blieb nicht ungeschoren. Den ersten Vorgeschmack bekam ich, als der bekannte einäugige Rekordpilot William Post einige Zeit vorher mit einem Sperry-Regler von New York aus zu einem Weltrundflug gestartet war. Schon bald nach dem Start wurden wir bei Askania von Sperry telegraphisch gebeten, wegen eines Defekts am Regler während der Zwischenlandung Post's in Tempelhof nach dem Rechten zu sehen. Versehen mit den nötigen Ausweisen, kam ich auch durch die polizeiliche Absperrung ins Flugzeug und stellte sofort den Verlust des gesamten Hydraulik-Öls fest. Auf die Frage Post's nach der Dauer der Reparatur mußte ich ihm sagen, daß einige Stunden vergehen würden, denn neben der Reparatur erforderte die sorgfältige Entlüftung der ganzen Anlage ihre Zeit. Als Antwort jagte mich der erboste Post mit nicht druckreifen Flüchen von Bord und startete mit trockenem Regler zum Weiterflug. Alle Achtung! Und der Ärger nahm kein Ende, denn von jetzt ab waren wir für die Funktion der Sperry-Regler bei der Lufthansa verantwortlich. Einige Wochen später wurde ich über eine Funkmeldung der Besatzung wiederum von der Lufthansa wegen Ausfalls eines Sperry-Reglers nach Tempelhof gerufen. Nach einer Landung sah ich beim Entladen der Postsäcke und Koffer der Passagiere am Flugzeug ein aufgeregtes Durcheinander des Bodenpersonals. Triefend von Öl, wie Ölsardinen, wurde das Gepäck aus dem Laderaum gehievt. Im gleichen Augenblick war mir alles klar, und wortlos machte ich auf der Hinterhand kehrt und verschwand vom Schauplatz. Das war allerdings nichts als ein reiner Selbsterhaltungstrieb, denn im Gepäckraum des Flugzeuges befand sich der wegen der Leckverluste sehr reichlich bemessene Ölvorratsbehälter des Reglers und hatte seinen gesamten Inhalt wegen eines Leitungsbruchs über das Gepäck entleert. Ein weiteres Verbleiben am Tatort hätte für mich böse Folgen gehabt, denn, wie mir der temperamentvolle und bullige Meister Goller der DLH später selbst versicherte, hätte er mich höchstpersönlich mit der Nase in die ganze Schweinerei getaucht . . .«

Soweit die von *Möller* vielleicht etwas hart ausgedrückte Beurteilung der Kinderkrankheiten der Sperry-Steuerung A-2. Bedingt durch die anderen Anwendungen als Gyropilot für Langstrecken und durch den Serieneinsatz in den gut gedämpften Verkehrsflugzeugen DC-2 und DC-3 kam diese Dreiachsensteuerung in der ganzen Welt in großen Stückzahlen zum Einsatz. Von den Flugzeugen DC-2 und DC-3 wurden insgesamt über 11 000 Stück gebaut. Ähnliche Stückzahlen dürften auch der Sperry Gyropilot A-2 und sein Nachfolgemodell A-3 erreicht haben. Das Modell A-3 ist prinzipiell gleich aufgebaut; das Statoskop zur Höhenhaltung kam jedoch zum Fortfall. Zu diesen in den USA gebauten Flugzeugen und Steuerungen kamen noch Lizenzbauten in mehreren Ländern. In der UdSSR wurde die DC-3 als Lisunow Li-2 in Lizenz gebaut, ebenso der Sperry-Regler A-2. Dieser wurde für die Einsatzverhältnisse in der UdSSR verbessert, z. B. für eine niedrige Temperatur (−35 Grad anstelle von −20 Grad) und dann als Autopilot AWP 12 D bezeichnet. Insgesamt sind etwa 3000 Flugzeuge Li-2 gebaut worden und insbesondere nach 1945 in den Ostblockstaaten als Verkehrsflugzeuge zum Einsatz gekommen.

Dreiachsensteuerung L-2

Unter Benutzung der Erfahrungen mit den Kurssteuerungen und der Wartung des Sperry-Reglers A-2 entwickelte Askania eine Musterausführung einer Dreiachsensteuerung L-2. Statt Drucköl wird jedoch Druckluft als Hilfsenergie benutzt. Damit wurden die Probleme der Ölverschmutzung des Flugzeuges umgangen. Die Kursregelung erfolgt mit einem vereinfachten Regler nach Art des Kursreglers Lz 10, jedoch ohne den Wendebeschleunigungsabgriff am Wendekreisel. Das Strahlrohr wird durch eine von einem Fernkurskreisel gesteuerte Differenzdruckdose, einem Wendekreisel und einer Rückführdose betätigt. Das Querlagenpendel kann entfallen. Zur Regelung der Längs- und Querlage wird der Sperry-Lotkreisel mit Pendelüberwachung der lotrechten Kreiselstellung benutzt. Die Abgriffe für die Längs- und Querlage werden jedoch entsprechend den Abgriffen am Askania-Fernkompaß ausgeführt. Die Basen der Abgriffe am Lotkreisel sind von außen einstellbar. Der Lotkreisel dient auch hier gleichzeitig als Anzeigegerät. Zur Dämpfung von Schwingungen sind auch die Regler für die Längs- und Querachse mit entsprechend eingebauten Wendekreiseln versehen, welche am zugehörigen Strahlrohr direkt angreifen, während die jeweiligen Lotkreiselsignale über entsprechende Differenzdruckdosen auf das Strahlrohr einwirken. Diese Versuchsausführung der Dreiachsensteuerung L-2 wurde 1934 in einem Junkers-Flugzeug W 34 erprobt. Die Ergebnisse der Erprobung sind nicht bekannt; diese Entwicklung wurde nicht weiter verfolgt.

Kurssteuerung Lstz 14

Nachdem *Möller* 1934 die Firma Askania aus politischen Gründen verlassen mußte, wurden die Entwicklungsarbeiten zunächst durch *Gert Zoege v. Manteuffel* weitergeführt. Ab 1935 übernahm *Dr. Adam Kronenberger* die Leitung der Steuerungsentwicklung bei Askania. *Dr. Kronenberger* begann seine Tätigkeit mit Frequenzganguntersuchungen an den vorhandenen pneumatischen Anlagen und stellte große Phasennacheilungen fest. Er schlug vor, den Stellmotor hydraulisch und die Signalübertragung elektrisch auszuführen. Damals wurde das Schlagwort »Hydraulisch der Muskel, elektrisch der Nerv«, bei der Firma Askania geprägt.

Zunächst wurde eine völlig neue hydraulische Rudermaschine entwickelt. Grundlage war eine von *Professor Hans Thoma* entwickelte Dreiräderpumpe zur Erzeugung des Arbeitsdrucks von 35 atü. Durch die Anordnung der Steuerventile in den hohlen Achsen der angetriebenen äußeren Zahnräder konnte eine geringe Reibung der Ventilkolben erreicht werden. Der Antrieb durch einen Elektromotor erfolgte über das mittlere Zahnrad; unter Mitwirkung der beiden äußeren Zahnräder wurde der Öldruck von 35 atü erzeugt. Die Steuerschieber N 1 und N 2

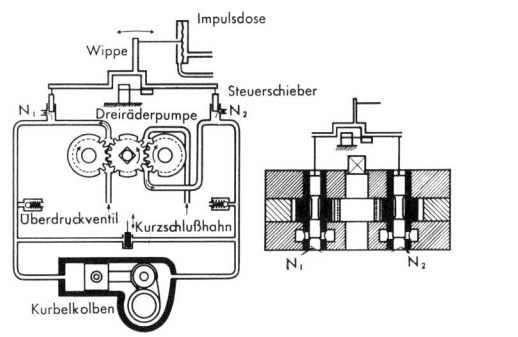

Wirkungsweise der hydraulischen Rudermaschine mit Dreiräderpumpe, Steuerventil und Arbeitskolben.

beeinflußten den Öldruck zu beiden Seiten des Arbeitskolbens. Über die Impulsdose, gesteuert vom Strahlrohr des Vorhaltkreisels, wird eine Wippe bewegt und damit auch die über Federgelenke verbundenen Steuerkolben. In der Mittelstellung ist der Öldruck auf den Arbeitskolben klein, so daß nur eine geringe Leerlaufleistung vom Elektromotor aufzubringen ist. Der von den Nebenschlußventilen gesteuerte Ölstrom zum Arbeitskolben der Rudermaschine entspricht dem Differenzdruck der Impulsdose. Damit ist auch die Ruderlaufgeschwindigkeit dem Steuerimpuls proportional. Eine Rückführung der Ruderstellung zum Vorhaltkreisel entfällt.

Das Steuergerät enthält den Dämpfungskreisel, auch Vorhaltkreisel genannt. Dieser Dämpfungskreisel erzeugt auf Grund seiner besonderen Konstruktion außer der Drehgeschwindigkeit auch einen Signalanteil der Drehbeschleunigung.

Der Kreisel ist kardanisch gelagert, beide Rahmen sind federgefesselt. Bei einer Drehung des Gerätes um die Hochachse schlägt der waagerechte Rahmen I, der mit einer weichen Feder gefesselt ist, wie jeder Wendezeiger um die waagerechte Kardanachse aus. Solange sich dieser Rahmenausschlag bei einer ungleichförmigen Bewegung ändert (weil mit Beschleunigung behaftet) – der Kreisel also präzediert –, besteht ein der Beschleunigung proportionales Präzessionsmoment um die senkrechte Kardanachse. In der im Bild gezeigten Anordnung kann der um die Hochachse drehbare Rahmen II, der mit einer harten Feder gefesselt ist, in dem unteren Lager diesem Druckmoment nachgeben. Der damit verbundene Ausschlag des Hochrahmens mißt also die Drehbeschleunigung. Das an den Rahmen II angelenkte Strahlrohr wird von der Bewegung des Rahmens I und II beeinflußt. Auf den Rahmen II wirkt außerdem noch die Kursimpulsdose ein. Somit entspricht der Strahlrohrausschlag – und damit der abgegebene Differenzdruck – der Summe von Lage-, Winkelgeschwindigkeit- und Winkelbeschleunigung um die Hochachse.

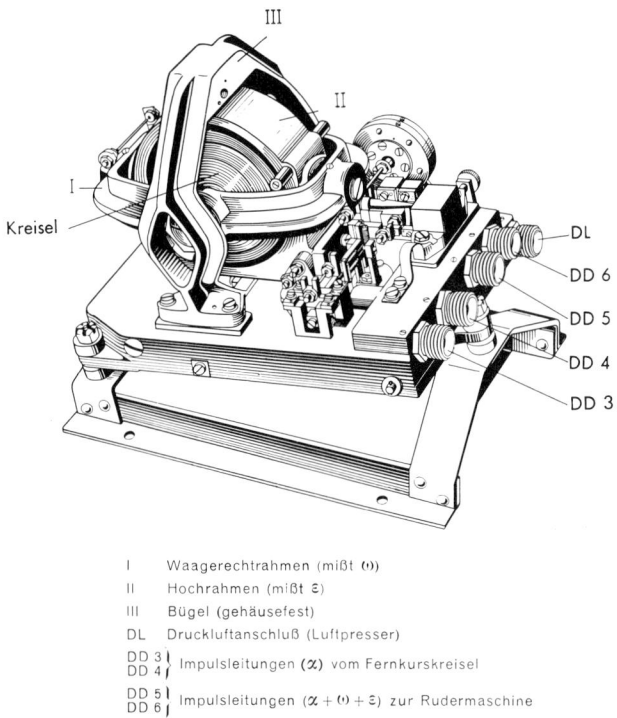

I Waagerechtrahmen (mißt ω)
II Hochrahmen (mißt ε)
III Bügel (gehäusefest)
DL Druckluftanschluß (Luftpresser)
DD 3 }
DD 4 } Impulsleitungen (α) vom Fernkurskreisel
DD 5 }
DD 6 } Impulsleitungen (α + ω + ε) zur Rudermaschine

Konstruktive Ausführung des Vorhaltkreisels.

Lstz 14: Das Kreiselsystem 1 des Fernkurskreisels Lfgk 3 liefert mit seinem pneumatischen Ferngeber den Steuerimpuls der Lageabweichung des Flugzeugs vom Steuerkurs. In dem Kreiselsystem 2 des Kurssteuergerätes werden die Impulse der Winkelgeschwindigkeit und der Winkelbeschleunigung gebildet und über die Kursdose der Lageimpuls addiert. Das Summensignal wird im Strahlrohr gebildet und der Mischimpulsdose für die Steuerung der Ventile in der Rudermaschine zugeleitet. Der gesteuerte Ölstrom fließt zum Arbeitskolben und betätigt das Seitenruder des Flugzeuges. Die am Motor des Flugzeuges angeflanschten Sogpumpe und Luftpresser liefern den für den Betrieb der pneumatischen Abgriffe erforderlichen Unterdruck von 1700 mm WS und die für das Strahlrohr benötigte Druckluft von 0,22 atü.

Von der Kurssteuerung Lstz 14 sind etwa 200 Stück gebaut worden und in Flugzeugen Junkers Ju 52, Focke-Wulf Fw 200 und Dornier Do 26 der Deutschen Lufthansa zum serienmäßigen Einsatz gelangt. Für den Einsatz in Flugzeugen der Luftwaffe wurden die Ausführungen Lstz 14 a und Lstz 14 c mit der Patin-Fernkompaßanlage ausgestattet und zusätzlich mit einem elektrischen Richtungsgeber für den Bombenschützen versehen. Um einen schwingungsfreien Kurvenflug über den Richtungsgeber zu ermöglichen, wurde das Kurvenkommando parallel zum Kursmotor auch auf einen Drehmagneten am Rahmen II des Vorhaltkreisels geschaltet. Auf diese Weise wird der Widerstand des Wendekreisels gegen eine Drehung des Flugzeuges ausgeschaltet.

Für eine ausreichende Dämpfung des Flugzeugs ist die Bildung des Steuerimpulsanteils der Winkelbeschleunigung im Vorhaltkreisel erforderlich, um den Phasenverlust in der hydraulischen Rudermaschine ohne Rückführung der Ruderstellung auszugleichen. Arbeitsweise der Kurssteuerung

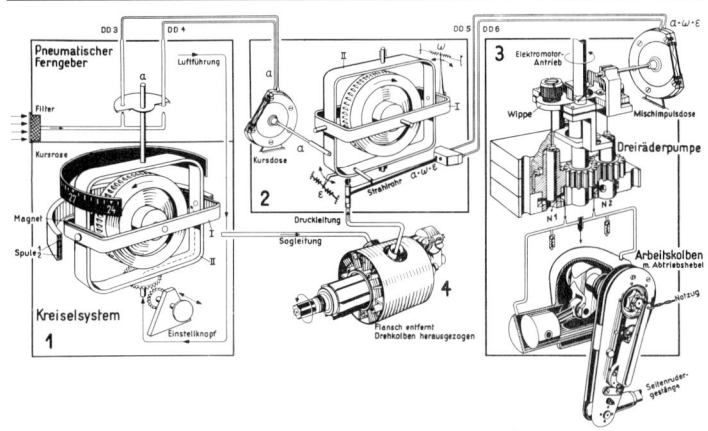

Arbeitsweise der Kurssteuerung Lstz 14.

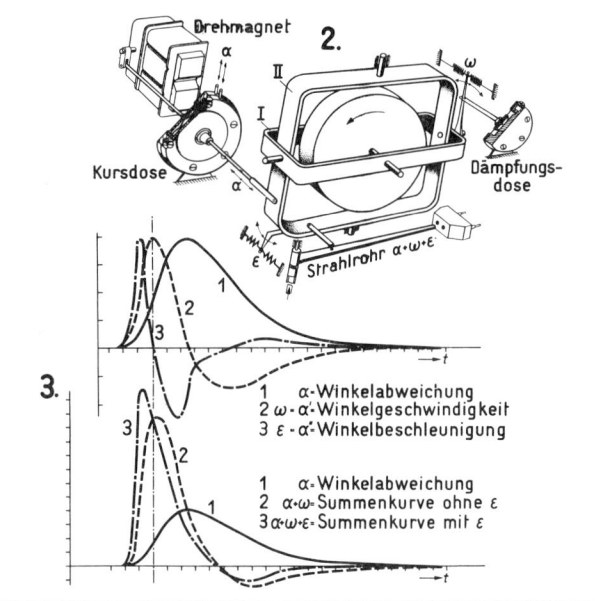

Vorhaltkreisel von Lstz 14a mit Drehmagnet für Kurvenkommando.

Kurssteuerung Lstz 17

Um die Anwendung der Kurssteuerung Lstz 14 auch in größeren Höhen zu ermöglichen, wurde etwa 1942/43 durch eine Weiterentwicklung die pneumatische Signalübertragung durch eine elektrische Signalerzeugung und -übertragung ersetzt. Der Kreiselantrieb im Vorhaltkreisel erfolgte durch einen Asyncron-Drehstrommotor mit 3 × 36 V, 500 Hz. Als Kurskreisel wurde der in der Luftwaffe eingeführte Siemens-Kurskreisel Lku 4 verwendet. Das Strahlrohr am Vorhaltkreisel entfällt, dafür wurde ein induktiver Abgriff angebracht. Das vom induktiven Abgriff erzeugte Wechselstromsignal wurde zunächst in einer Drossel- und Gleichrichteranordnung in Gleichstrom umgeformt. Die weitere Signalverstärkung und -mischung mit dem Kurskreiselsignal und dem Kurvenkommando erfolgte in einem Magnetverstärker mit Gleichrichterausgang. Das Summensignal wurde zu einem an dem Ventil der Rudermaschine angebrachten Drehmagneten geführt. Auf diese Weise wurde die gesamte Pneumatik in der Kurssteuerung durch Elektrik ersetzt. Bei den durchgeführten Flugversuchen zeigte sich eine gute Kurshaltung und Dämpfung des Flugzeuges. Infolge des Signalvorhaltes durch den Winkelbeschleunigungsanteil und der geringen Phasenschleppung durch die elektrische Signalübertragung konnte der Kurswinkel sehr hart aufgeschaltet werden. Zu einer Erprobung bei der E-Stelle Rechlin und zu einer Einführung in Flugzeugen der Luftwaffe kam es jedoch nicht; die eingeführten Kurssteuerungen Siemens-K 12 und Patin-PKS 11 behaupteten ihren Anwendungsbereich.

Dreiachsensteuerung Lst-3

Auf der Basis der Kurssteuerung Lstz 17 wurde auch eine Versuchsausführung einer Dreiachsensteuerung entwickelt, die aber nicht weitergeführt werden konnte.

Dreiachsensteuerung »Dynuktiv«

Im Jahr 1939 kehrte *Möller* von der Erprobungsstelle der Luftwaffe Rechlin zur Firma Askania zurück; zunächst mit der Aufgabe, die Serienfertigung der von ihm entwickelten Einheitssteuerung zu betreuen. Nachdem die Fertigung jedoch der Firma Patin übertragen wurde, bekam Askania von Peenemünde *(Dr. von Braun)* den Auftrag, für das gesamte Arbeitsgebiet der Steuerungsentwicklung für die Rakete A 4. Zu diesem Zweck wurde von Askania die Entwicklungsstelle Diepensee bei Berlin mit einer eigenen Flugerprobung unter Leitung *Möllers* eingerichtet. Neben der Tätigkeit als Berater und freier Mitarbeiter bei der Entwicklung der Steuerungssysteme der späteren »V 1« und »V 2« beschäftigte sich *Möller* jedoch intensiv mit der Entwicklung einer neuen Dreiachsensteuerung für Flugzeuge. Unter dem Vorwand der Erprobung von neuen Bauelementen für die Raketensteuerungen entstanden die einzelnen Geräte einer Flugzeugsteuerung. Dabei wurden die Erfahrungen der Erprobung der Steuerungen für die »V 2« sorgfältig ausgewertet und in den neuen Entwürfen berücksichtigt. Das erste Ziel war die Verwendung der von der Kreiselgeräte GmbH für die »V 2« entwickelten stabilisierten Plattform in Flugzeugen. Nachdem die Kreiselgeräte GmbH von Askania übernommen wurde, gab es auch keine firmenpolitischen Schwierigkeiten, jedoch erhebliche technische Probleme bei der notwendigen Verkleinerung; war die Entwicklung bei der Kreiselgeräte GmbH doch von der Anwendung bei der Marine bestimmt. Ein weiteres Ziel der Dynuktiv-Steuerung war die Verwendung eines **dyn**amischen Abgriffes für die Winkelbeschleunigung und von ind**uktiv**en Abgriffen für alle übrigen Meßwerte. Die Merkmale der Dynuktiv-Steuerung lassen sich wie folgt zusammenfassen:

– Weitgehende Verwendung von Wechselstrom, um Reibung und Anfälligkeit von Potentiometern zu vermeiden.
– Einsatz von Einfach-Röhrenverstärkern, erstmals in Deutschland für Flugzeugsteuerungen.
– Zusammenfassung aller Kreisel in einem Gerät:
  drei freie, gestützte Kreisel für die drei Winkelmessungen in einem gemeinsamen Kardanrahmen;
  drei Dynuktiv-Dämpfungskreisel mit Winkelgeschwindigkeits- und Winkelbeschleunigungsabgriffen, die zugleich die erforderliche Dämpfung der Präzessionsachse besorgten.
– Verwendung von flachen Drehmeldern, Ferraris-Kleinstmotoren für Nachlaufgetriebe von Tochteranzeigen, für Stützgetriebe des Kreiselgerätes usw.
– Einsatz von verbesserten (linearisierten) Dreiräderpumpen-Rudermaschinen.

Nach mehreren Versuchskonstruktionen unter Verwendung von Kreiseltypen KA-6, KA-5 und KA-4 der Kreiselgeräte GmbH stellte sich die Ausführung mit dem Kreiseltyp KA-5 als die für die Dreiachsen-Steuerung geeignetste heraus.

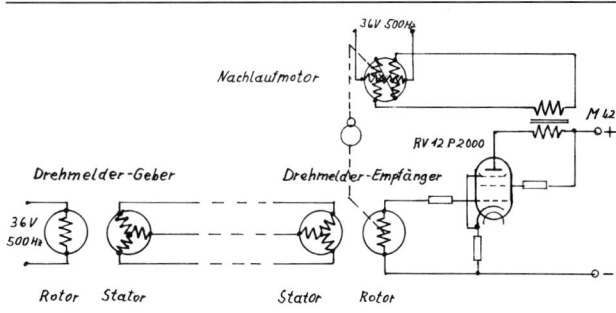

Nachlaufsystem mit induktiven Drehmeldern, Röhrenverstärker und Ferraris-Motor mit Untersetzungsgetriebe.

Gleichzeitig wurden auch die für die Fernübertragung der Winkelwerte von den Kardanrahmen zu den Anzeigegeräten erforderlichen Drehmelder, Verstärker und Nachlaufmotoren für die Nachlaufeinrichtung der Tochter-Anzeigegeräte entwickelt.

Bedingt durch den großen Durchmesser von 65 mm konnten die Stator- und Rotorpakete der flachen Drehmelder mit größerer Teilungsgenauigkeit hergestellt werden. So betrug der Übertragungsfehler des Nachlaufsystems mit Röhrenverstärker und Ferrarismotor 0,25 °, ausreichend für die Anzeigegeräte.

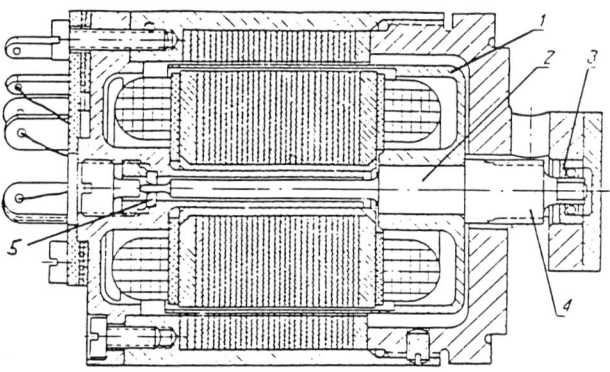

Schnitt durch Nachlaufmotor (Ferrarismotor) mit Aluminium-Trommel 1, Rotorachse 2, Kugellager 3, Steinlager 5 und Abtriebsritzel 4.

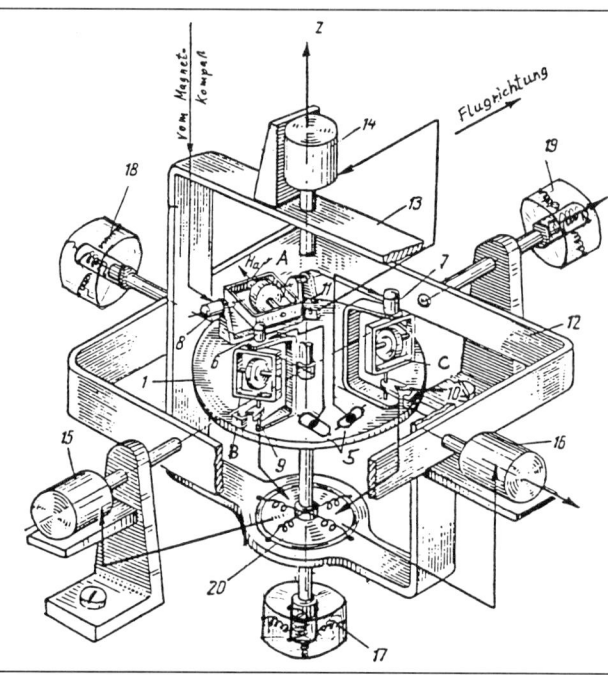

Prinzipieller Aufbau der Dreikreiselzentrale (Stabilisierte Plattform): A Azimutkreisel, B und C Horizontkreisel, 1 Karussell, 5 Quecksilber-Schaltlibellen, 6, 7, 8 Induktive Stellungsabgriffe, 9, 10, 11 Momentengeber, 12 Rollrahmen, 13 Längsrahmen, 14, 15, 16 Stützmotoren mit Getriebe, 17, 18, 19 Drehmelder-Geber, 20 Koordinatenwandler.

Der Rotor des Nachlaufmotors besteht aus Aluminium in der Form eines Bechers mit einer Wandstärke von 0,15–0,2 mm. Die Motorachse ist in einem Steinlager und in einem Kugellager gelagert. Der Abtrieb erfolgt über das Zahnritzel. Die feststehende Zweiphasenwicklung ist für den Betrieb mit 36 V, 500 Hz ausgelegt. Die Steuerwicklung wird vom Röhrenverstärker gespeist, sie muß gegenüber der Erregerwicklung eine Phasenlage von 90 ° haben. Das Ausgangsmoment in ausgesteuertem Zustand beträgt 6 cmg. Dieser Induktionsmotor hat ein geringes Trägheitsmoment und hohe Eigendämpfung; er ist so besonders gut in Nachlaufsystemen anwendbar. Für den Röhrenverstärker wurde die Heeresröhre der Deutschen Wehrmacht RV 12 P 2000 (Universalpentode) verwendet.

Die **Dreikreiselzentrale** genannte stabilisierte Plattform dient zur Messung des Azimuts und der vertikalen Richtung im Flugzeug. Durch die Anordnung des Kurskreisels A auf der horizontierten Plattform entfällt der störende Kardanfehler im Kurvenflug. Die an den drei Kardanrahmenachsen gemessenen Lagenwinkel Kurs, Längslage und Querlage werden durch die Drehmelder-Geber und den Nachlaufsystemen auf das Anzeigegerät im Instrumentenbrett übertragen. Die Anordnung der Kreisel A für den Kurs, B und C für den Horizont im Karussell, der Kardanrahmen für die Roll- und für die Längsbewegung geht aus dem Bild hervor. Die Stützung der Kreisel erfolgt über die an der Präzessionsachse angebrachten induktiven Stellungsabgriffe, den Stützverstärkern A und BC sowie den Stützmotoren an den jeweils um 90 ° versetzten Kardanrahmen. Um die Zuordnung der Kreisel B und C zu den entsprechenden Kardanrahmen auch bei wechselnden Kursen zu erreichen, wird die Phasenlage der induktiven Stellungsabgriffe an dem B- und C-Kreisel in Abhängigkeit von der Kursstellung des Karussells durch den Koordinatenwandler verdreht. Die Ausrichtung nach magnetisch Nord erfolgt in der Schnellenkung über einen Umschaltkontakt in der Kompaßtochter. Dadurch wird ein Strom auf den an der Präzessionsachse des A-Kreisels befindlichen Momentengeber gegeben; der Kreisel präzediert, der induktive Stellungsgeber erzeugt ein Signal, und über den Stützverstärker A wird der Stützmotor betätigt. Auf diese Weise wird das Karussell in die Nordrichtung ausgerichtet. In der Stellung »Betriebslenkung« wird ein kleiner Strom zur Kompensation der Kreiseldrift ständig aufgeschaltet.

Bei Verwendung des Kreiseltyps KA-5 betrug die Betriebslenkung etwa 1–2 ° pro Minute. Auf ähnliche Weise werden

Meßkreisel mit Stator des Stellungsabgriffs (links) und Rotor des Momentengebers (rechts).

auch die B- und C-Kreisel durch die auf dem Karussell befindlichen Quecksilber-Schaltlibellen in der Schnellenkung horizontiert und im Betrieb überwacht. Die von der Dreikreiselzentrale gemessenen Winkelwerte werden über Fernübertragungssysteme im Universal-Anzeigegerät angezeigt und mit anderen Anzeigen zusammengefaßt.

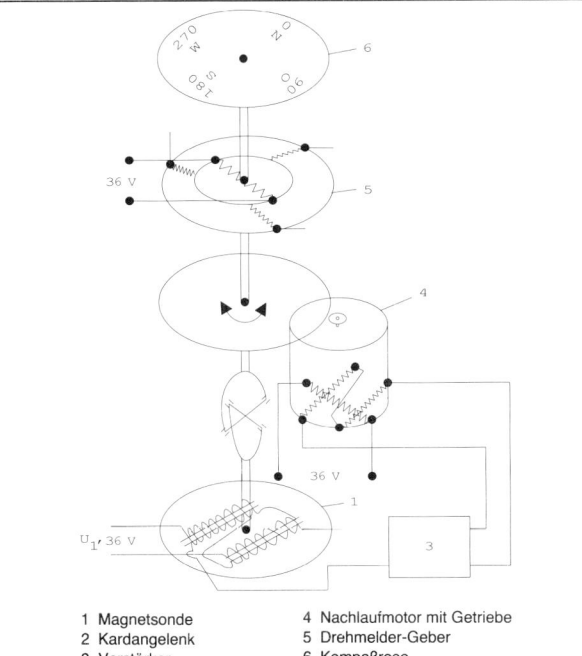

1 Magnetsonde
2 Kardangelenk
3 Verstärker
4 Nachlaufmotor mit Getriebe
5 Drehmelder-Geber
6 Kompaßrose

Sondenkompaß, Magnet-Sonde mit Nachlaufsystem und Drehmelder-Geber.

In diesem Gerät hat *Möller* seine schon in den 20er Jahren gebildete Auffassung verwirklicht, daß das bewegliche Flugzeugsymbol die für den Piloten günstigste Anzeigeart ist. Bei einigen Horizonten der UdSSR ist diese Anzeigeart ebenfalls verwendet worden. Dazu steht im Gegensatz die – zuerst von *Sperry* eingeführte – Anzeige mit feststehendem Flugzeugsymbol und beweglicher Erdhorizontdarstellung.
Unter Anwendung der von *Förster* entwickelten Magnetsonde zur Messung des erdmagnetischen Feldes wurde ein Fernkompaß für die Anwendung in Flugzeugen entwickelt. Dieser **Sondenkompaß** war Bestandteil der Dynuktiv-Dreiachsensteuerung und wurde auch zur Überwachung des Kursteiles der Dreikreiselzentrale herangezogen. Prinzipieller Aufbau des Sondenkompasses: Die Magnetsonde 1 ist in dem Kardangelenk pendelnd aufgehängt, um das horizontale Erdfeld zu messen. Die Erregerspannung U 1 von 36 V und 500 Hz erzeugt in den beiden ferromagnetischen Sondenstäben entgegengesetzt gerichtete Magnetfelder. Durch die transformatorische Wirkung wird in den Sekundärwicklungen eine Spannung U 2 erzeugt. Die Wicklungen der Sekundärspulen sind gegeneinander geschaltet, so entsteht am Ausgang die Differenzspannung Null. Unter der Wirkung des Erdmagnetfeldes werden die Magnetflüsse in der einen Sonde verstärkt und in der anderen verringert; infolgedessen sind die in den Sekundärwicklungen erzeugten Spannungen ungleich. Es entsteht eine Ausgangsspannung U 2. Infolge der nichtlinearen Kennlinie des in den Sonden verwendeten hochempfindlichen Materials (Permaloy) ist die 2. Oberwelle der Ausgangsspannung U 2 besonders stark ausgeprägt und wird als Meßgröße verwendet. Die Ausgangsspannung U 2 wird nach Verstärkung und Frequenzhalbierung in dem mehrstufigen Röhrenverstärker zur Steuerung des Nachlaufmotors benutzt. Der Motor verdreht über das Untersetzungsgetriebe die Sonden solange, bis die Ausgangsspannung U 2 zu Null geworden ist, d. h. die Sonden quer zum Erdmagnetischen Feld stehen und die durch den Erdmagnetismus hervorgerufenen Magnetflüsse in den Sonden gleich groß sind. Mit dem auf der Achse des Kardangelenkes angebrachten Rotor des Drehmelders werden die Winkelwerte des Sondenkompasses zur Tochteranzeige im Universal-Anzeigegerät übertragen.

Besonderer Wert bei der Entwicklung des **Dämpfungskreisels** für die Dynuktiv-Steuerung wurde auf die Bildung des Winkelbeschleunigungssignales gelegt. Zu diesem Zweck wurden eine Reihe von verschiedenen Ausführungsformen erprobt.

Die Wechselstromsignale der induktiven Abgriffe wurden in einem **Mischtransformator** zu einem gemeinsamen Steuersignal zusammengeführt und im Röhrenverstärker verstärkt. Das durch dynamischen Abgriff der Winkelbeschleunigung im Dämpfungskreisel gebildete Gleichstromsignal mußte jedoch zuerst in einem Magnetmodulator mit der 500 Hz-Frequenz moduliert werden, um so dem Mischtransformator zugeführt zu werden. Um die Mischung im Transfor-

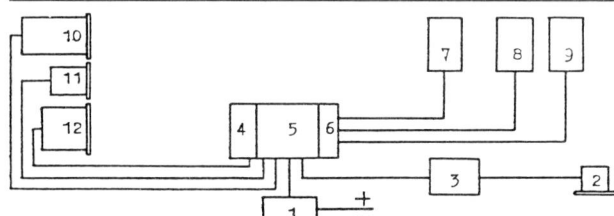

Umformer 1, Sondenkompaß 2, Kompaß-Verstärker 3, Kreisel-Zentrale (Dämpfungsteil) 4, (Stabilisierte Plattform) 5, (Mischverstärker) 6, Rudermaschine Quer 7, Kurs 8, Längs 9, Universal-Anzeigegerät 10, Fahrtmesser 11, Schaltgerät 12.

Schema der Dynuktiv-Dreiachsensteuerung.

mator zu ermöglichen, mußten die einzelnen Signale in ihrer Phasenlage zueinander genau abgeglichen werden. Dies geschah grob durch die Auswahl der Erregerspannung der induktiven Abgriffe und Drehmelder an den drei Phasen der Drehstromversorgung 3 × 36 V, 500 Hz, und durch Feinabgleich der Ausgangsspannungen durch Kondensatoren. Nach Verstärkung der Summensignale im Röhrenverstärker mit der Universalpentode RV 12 P 2000 folgte nach dem Ausgangstransformator eine phasenempfindliche Gleichrichtung mit Selengleichrichtern zur Bildung des für den Drehmagneten in der hydraulischen Rudermaschine Lrm 5 erforderlichen Steuerstrom.

Die Dreiachsen-Dynuktiv-Anlage besteht aus den folgenden Geräten: Der Umformer erzeugt den für den Betrieb erforderlichen Drehstrom 3 × 36 V, 500 Hz; der Sondenkompaß mit dem Kompaß-Verstärker bildet das Überwachungssignal für die Dreikreiselzentrale (Stabilisierte Plattform). In der Kreiselzentrale befinden sich außerdem die Dämpfungskreisel für die drei Winkelbewegungen des Flugzeugs. Der Mischverstärker in der Kreiselzentrale bildet die Steuerströme für die elektrohydraulischen Rudermaschinen Quer, Kurs und Längs. Die im Gerätebrett angeordneten Geräte Universal-Anzeigegerät, Fahrtmesser und Schaltgerät vervollständigen die Anlage.

Entwicklung von Steuerungen der Erprobungsstelle der Luftwaffe, Rechlin

Die Erprobungsstelle der Luftwaffe in Rechlin, hervorgegangen aus der Abteilung »M« der Deutschen Versuchsanstalt für Luftfahrt (DVL) in Berlin-Adlershof, hat in der Zeit von 1935 bis 1945 die Entwicklung der Flugzeuge und der Ausrüstung für militärische Anwendungen maßgebend beeinflußt. Wurden doch hier alle Flugzeugtypen, Ausrüstungen und Kampfverfahren vor der Einführung in der Luftwaffe gründlich erprobt, vermessen und beurteilt. So kam es im Laufe der Erprobung natürlich auch zu Verbesserungsvorschlägen, die von der Industrie aufgegriffen und ausgeführt wurden.

Nachdem *Waldemar Möller* die Firma Askania verlassen mußte, fand er bei der Erprobungsstelle als Leiter der Gruppe E 3 S ein neues Arbeitsfeld. So erprobte er alle in dieser Zeit bekannten automatischen Steuerungen in vielen Flugversuchen; insbesondere die deutschen Entwicklungen der Firma Askania, Kurssteuerung Lz 10, Lz 11 und nach einigen Änderungen die Versuchsausführung Lz 11a sowie die Siemens-Dreirudersteuerung D III.

Die Ergebnisse dieser Flugversuche waren für die Anwendung in Flugzeugen der Luftwaffe nicht überzeugend. Die Entwicklung der Industrie war ja auch von den Forderungen der Verkehrsluftfahrt ausgegangen und hatten die nicht bekannten Forderungen der Luftwaffe für Bombenflugzeuge natürlich nicht berücksichtigt.

Über die Flugerprobungen zur Klärung von prinzipiellen Reglerproblemen berichtete *Möller* später:

». . . und selbst im angepaßten Staudruckbereich waren die Steuerbewegungen des Reglers unangenehm hart. Das ging so weit, daß die Regler in stark böigem Wetter vielfach abgeschaltet werden mußten. Immer mehr drängte sich uns die Überzeugung auf, daß zwischen dem Regelverfahren des Menschen und dem des Automaten noch wesentliche Unterschiede vorhanden sein mußten. Das um so mehr, als wir bei einer näheren Untersuchung feststellen konnten, daß sowohl die Steuersignale als auch der Stellmotor eines Reglers, nach unserer Meinung, den entsprechenden Einrichtungen beim manuellen Flug qualitativ weit überlegen war. Kein Abnahmebeamter würde etwa die Leistungen des Menschen als Stellmotor durchgehen lassen, und kein Regler würde mit den Signalen eines von der Bauaufsicht zugelassenen Wendezeigers stabil arbeiten. Alle Bauelemente beim Regler waren an sich besser als die, auf die sich der Mensch abstützte – und doch war der Mensch dem Regler in den meisten Leistungen noch weit überlegen. Hier waren Widersprüche, denen nachzugehen wir uns bei der Weiterentwicklung des Reglers entschlossen.

Nun ist aber gerade die Analyse von Reflexhandlungen sehr schwierig, da sie einem dem Bewußtsein des Menschen nicht zugänglichen Zentrum entstammen. Dazu kommt, daß unsere Beobachtung immer nur das letzte Glied der ganzen Regelkette erfassen kann – die beim Menschen ausgelöste Bewegung und nicht das, was sie verursacht. Und auch sie ist nur über eine Registrierung zu erfassen, da unsere Beobachtungskraft für so schnell ablaufende Vorgänge nicht ausreicht. Eine willkommene Gelegenheit für derartige Untersuchungen bot sich nach 1933, als ich die Leitung der Luftfahrtabteilung bei Askania abgeben mußte und in der Erprobungsstelle der Luftwaffe in Rechlin ein Asyl fand. Hier standen die benötigten Flugzeugführer und Flugzeuge in genügender Zahl, Art und Zeit zur Verfügung.

In dem zerklüfteten Gelände der ›Teterower Schweiz‹ hatten wir für unsere Forschungsflüge eine Teststrecke ausgekundschaftet. Wenn wir sie in geringer Höhe überflogen, trafen wir dort, in Abhängigkeit von der Windrichtung, genau lokalisierte und ›geeichte‹ Böen an – es war ein natürlicher Prüfstand mit definierten Störungen. Auf dieser Prüfstrecke wurden nun in verschiedenen Flugzeugen mit eingebauten Reglern, Flugzeugführer und Regler in immer sofort anschließenden Vergleichsflügen einander gegenübergestellt. Alle Bewegungen des Flugzeuges und der Ruder

wurden mit Registriereinrichtungen genau festgehalten. Was der eigenen Beobachtung durch den zu schnellen Ablauf der Vorgänge entgehen mußte, konnte jetzt durch eine sorgfältige Auswertung der Schriebe und eine für den nächsten Flug vorbereitete Beobachtung ermittelt werden. Das Ergebnis kann etwa so zusammengefaßt werden:
Die maximalen Drehbeschleunigungen der Ruder lagen bei den Reglern (und zwar besonders bei den mit hydraulischen Stellmotoren) um mehr als eine Größenordnung höher als beim Menschen. Die Amplituden der Regler waren bei kleinen Fluggeschwindigkeiten kleiner, bei größeren aber wesentlich größer als beim Menschen. Die Hauptsteuerbewegungen der Regler waren, besonders in Böen, von Oberwellen überlagert. Die Gesamtsumme der Ruderbewegungen der Regler war dadurch im Vergleich mit dem Menschen für die gleiche Regelaufgabe wesentlich größer. Es konnte (im Gegensatz zum Regler) beim manuellen Flug eine deutliche Trennung der bewußten Steuerbewegungen für die Navigation gegenüber den Reflexbewegungen für die Stabilisierung festgestellt werden ...«

Diese von *Möller* veranlaßten Forschungsflüge ergaben wichtige Erkenntnisse für die etwas später von ihm durchgeführten Entwicklungsarbeiten für automatische Steuerungen in Rechlin.

Rechliner Kurssteuerung mit dynamischer Rückführung und dynamischer Kommandoüberwachung

Parallel zu den Flugversuchen mit den vorhandenen Steuerungen betrieb *Möller* eine eigene Entwicklung einer Kurssteuerung. Zu diesem Zweck wurde mit Genehmigung des Ministeriums in Rechlin eine eigene Arbeitsgruppe aus Ingenieuren, Konstrukteuren und Mechanikern zusammengestellt, ein kleines Laboratorium aufgebaut und mit der Entwicklung und Erprobung von Bauelementen für eine elektrische Kurssteuerung begonnen.
Der Grundgedanke dieser Entwicklung war nach einem Vorschlag von *Möller* vom August 1935 die Anwendung eines neuen Steuerprinzips:

». . . Die Ruderlaufgeschwindigkeit wird der Kommando- bzw. Störgröße proportional gemacht, d. h. der Seitenruderausschlag ist an sich unbegrenzt. Gesteuert wird lediglich die Geschwindigkeit mit der das Seitenruder in eine neue Stellung übergeht. Als Steuerimpuls wirkt hierbei das Kommando, die Winkelgeschwindigkeit und die Winkelbeschleunigung um die Steuerachse. . . .
. . . Die neue Steuerung kontrolliert nicht wie die alte mittels der statischen Rückführung den Ruderausschlag, sondern mittels einer dynamischen Rückführung den Rudereffekt. Das Ruder läuft solange und soweit, bis der eingestellte Rudereffekt erreicht ist. Das ist derselbe Steuervorgang, wie ihn auch jeder Flugzeugführer ausübt. Der Flugzeugführer tritt solange ins Seitenruder, bis der gewünschte Flugzustand erreicht ist. Die augenblicklich vorhandene Ruderstellung kommt ihm hierbei gar nicht zum Bewußtsein . . .
. . . Durch das Steuerprinzip mit dynamischer Rückführung wird das Flugzeug von der Steuerung auf den gewünschten Bewegungseffekt gesteuert, unabhängig davon, welche Ruderbewegungen erforderlich sind. Damit ist die Steuerung unabhängig vom Flug-

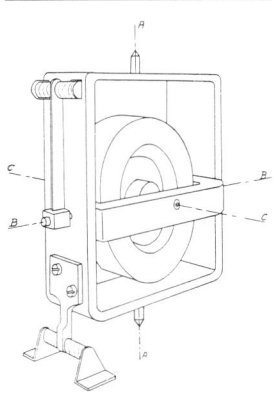

Dämpfungs-Vorhaltkreisel mit Kohledruckelementen für Winkelgeschwindigkeitsabgriff (oben) und Winkelbeschleunigungsabgriff (unten).

zeugtyp geworden, unabhängig von der Ruderwirkung und unabhängig von Ruderverletzungen, soweit sich das Flugzeug überhaupt noch mit dem Seitenruder steuern läßt. Die einmal auf dem Prüfstand ermittelte Einstellung gilt für jedes Flugzeug ...«

In der Patentschrift Nr. 60/36 (R 94 040 XI/62b geh.), patentiert vom 22. August 1935: »Steuereinrichtung zum selbsttätigen Einhalten des Kurses oder der Raumlage eines Fahrzeuges, insbes. eines Flugzeuges«, wird die Konstruktion eines Wendekreisels mit elektrischen Abgriffen für die Wendegeschwindigkeit und der Wendebeschleunigung beschrieben. Wie aus dem Bild hervorgeht, ist der innere Rahmen an dem äußeren Rahmen durch eine Feder gefesselt, während der äußere Rahmen gehäusefest gefesselt ist. Das an dem äußeren Rahmen angebrachte Kohledruckelement wandelt die Präzessionsbewegung des inneren Rahmens in elektrische Signale proportional der Wendegeschwindigkeit um. Das gehäusefeste Kohledruckelement mißt den Lagerdruck des äußeren Rahmens und bildet so ein elektrisches Signal entsprechend der Wendebeschleunigung. Die Kräfte an den Rahmen werden so über die Kohledruckelemente in elektrische Signale umgewandelt und dienen zur Steuerung des Feldes eines Leonard-Generators. Vom Leonard-Generator wird der Motor des Rudergetriebes gesteuert, über das Seitenruder auch das Flugzeug. Zur Vereinfachung wurde in einer späteren Ausführung das obere Kohledruckelement am äußeren Rahmen weggelassen und von dem unteren gehäusefesten Kohledruckelement ein Summensignal von Wendegeschwindigkeit und -beschleunigung entnommen.
Als Kreisel wurde der Drehstromkreisel Typ KA 5 der Kreiselgeräte GmbH verwendet. In dem Bild ist das Kohledruckelement in einer wippenförmigen Anordnung zu sehen. Der Drehpunkt der Wippe befindet sich rechts, bei einer Bewegung der Wippe wird die eine oder die andere Kohlensäule zusammengedrückt und damit ihr elektrischer Widerstand verändert. Die Kohlensäulen bestehen aus einzelnen aufeinandergeschichteten Kohleplättchen, deren

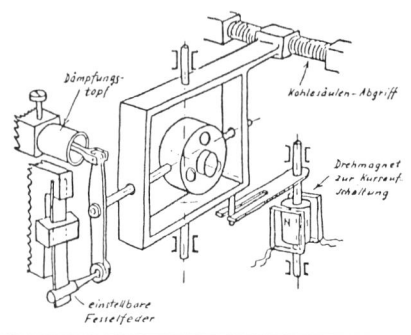

Vorhaltkreisel mit Summenabgriff für Winkelgeschwindigkeit und Winkelbeschleunigung sowie Drehmagnet.

Rudergetriebe, geöffnet, mit Antriebsmotor, Magnetkupplung, Zahnsegment, Endkontakten und Abtriebsachse.

Übergangswiderstand durch den einwirkenden Druck verändert wird.

Um die Kommandos vom Kurskreisel oder Kommandogeber ebenfalls auf den Wendekreisel einwirken zu lassen, wurde als Befehlsempfänger ein Drehmagnet von der Firma Alfred Oemig, Hartha (Sachsen), entwickelt. Der Drehmagnet besteht aus einem Dauermagnet-Rotor in einem Gehäuse aus Hypermeisen, das die Kommandowicklungen enthält. Die Wicklungen sind gehäusefest angeordnet, sie erfordern deshalb keine beweglichen Stromzuführungen. Die Anlenkung des Rotors des Drehmagneten erfolgt über einen Zwischenhebel an die Drehachse des inneren Rahmens b und erzeugt so ein Kommando entsprechend der Wendegeschwindigkeit um die Steuerachse.

Der **Leonard-Umformer** für die Kurssteuerung besteht aus einem in der Mitte befindlichen Gleichstrom-Nebenschlußmotor und dem Leonard-Generator mit Steuerfeld und der Compoundwicklung für den ohmschen Spannungsabfall der Anker. Auf der anderen Seite befindet sich ein Drehstromgenerator mit einem Rotorstern aus einem Dauermagneten. Der Drehstromgenerator erzeugt 3 × 36 V mit einer Frequenz von 500 Hz zum Antrieb der Kreiselmotoren. Entwickelt wurde der Umformer ebenfalls von Fa. Oemig.

Das **Rudergetriebe** besteht aus dem vom Leonard-Generator gesteuerten Nebenschluß-Gleichstrommotor mit einer ersten Untersetzungsstufe und nachfolgender magnetischer Kupplung. Nach einer weiteren Untersetzungsstufe erfolgt der Abtrieb über ein Zahnsegment auf die Abtriebswelle. An der Abtriebswelle wird über eine Hirth-Verzahnung der Abtriebshebel in der gewünschten Stellung angebracht. Die Magnetkupplung dient zum Trennen des Rudergetriebes vom Seitenruder bei ausgeschalteter Kurssteuerung. Als Material für die Kupplung wurde Armco-Eisen verwendet, um ein Kleben der Kupplung nach Abschalten des Stromes zu verhindern. Die fein verzahnte Kupplungsfläche besteht aus gehärtetem Stahl. Die Stromzuführung erfolgt öldicht abgeschlossen außerhalb des mit Öl gefüllten Gehäuses. Um eine Zerstörung der Zahnräder zu vermeiden, wenn der Arbeitsmotor mit voller Drehzahl in die Endstellung läuft, öffnet das Zahnsegment in seinen Endstellungen nach beiden Seiten Unterbrecherkontakte, die in diesem Augenblick die Kupplung abschalten.

Das Rudergetriebe wurde von der Firma Stolzenberg (Berlin) entwickelt, Konstrukteur war *Werner Senst*.

Funktion der Rechliner Kurssteuerung mit dynamischer Rückführung und dynamischer Kommandoüberwachung

Bei der Rechliner Kurssteuerung betätigt der Dämpfungs- und Vorhaltkreisel mit seiner Präzessionsbewegung die beiden Kohledruckelemente, ihre Widerstandsänderung steuert über die Brückenschaltung mit den Feldwicklungen den Leonard-Generator. Vom Anker des Leonard-Generators wird der Anker des Rudergetriebemotors gespeist. Bei eingeschalteter Magnetkupplung wird das Seitenruder entsprechend den Signalen des Dämpfungskreisels betätigt. Die Compoundwicklung sorgt für eine Kompensation des Spannungsverlustes der Ankerwiderstände. Der am Dämpfungskreisel angreifende Drehmagnet erhält seinen Kommandostrom von der Brückenschaltung mit dem Kurskreisel oder dem Kommandogeber für den Kurvenflug. Es wird bei einem Kurvenkommando lediglich die Wendegeschwindigkeit um die Hochachse des Flugzeuges gesteuert, die entsprechende Querlage muß vom Flugzeugführer von Hand eingesteuert werden.

Als Kurskreisel wird zunächst der Askania-Fernkurskreisel verwendet. Später kommt der von der Firma Anschütz & Co. (Kiel-Neumühlen) entwickelte elektrische Kurskreisel mit Kompaßüberwachung durch den Patin-Fernkompaß zur Anwendung. Im Jahr 1936 wurde die Kurssteuerung mit dynamischer Rückführung fertiggestellt, erprobt und einem Kreis von Firmen vorgestellt. Die Entwicklung ging jedoch weiter. So wurde insbesondere die dynamische Rückführung der Kommandoausführung zusätzlich eingeführt. Darunter

Schema der Rechliner-Kurssteuerung mit dynamischer Rückführung und dynamischer Kommandoüberwachung.

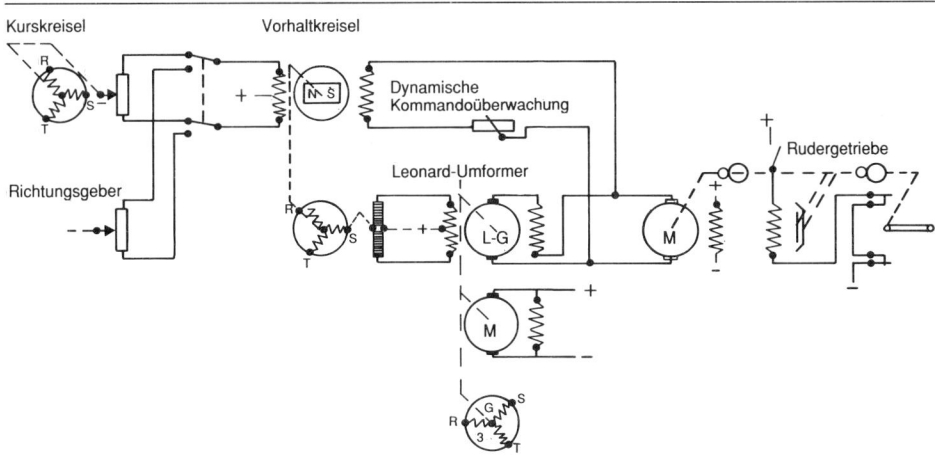

ist die Rückführung der Ankerspannung des Rudergetriebemotors auf eine Wicklung des Drehmagneten zu verstehen. Durch diese Rückführung wird eine getreue Abbildung der Ruderlaufgeschwindigkeit zu den Steuerimpulsen erreicht, d. h. die gewünschte Laufgeschwindigkeitszuordnung der Ruderbewegung zum Steuerkommando exakt verwirklicht.

Ausschreibung für eine Dreiachsen-Steuerung durch das Reichsluftfahrtministerium (1936)

Über die Durchführung der Vergleichserprobung bei der Erprobungsstelle der Luftwaffe in Rechlin berichtete *Gert Hahn* später:

». . . Am 26. 2. 1935 kam der Erlaß zur Enttarnung und Aufstellung einer Luftwaffe. Damit war auch offiziell die Möglichkeit zum Bau mehrmotoriger Kampfflugzeuge gegeben. Bei den Piloten dieser Flugzeuge entstand schon frühzeitig der Wunsch zur Entlastung von ihren Aufgaben – besonders im Blindflug – durch einen Dreiachsenflugregler. In Überschätzung des Standes der Technik erfolgte daraufhin 1936 – im Jahr der Olympiade in Berlin – eine Ausschreibung für einen derartigen Flugregler seitens des Reichsluftfahrtministeriums an die deutsche Industrie. Die Teilnehmer dieses Wettbewerbes – der mit Rücksicht auf den Ort der Vergleichserprobung scherzhaft ›Rechliner Olympiade‹ genannt wurde – waren: die Fa. Askania, Berlin-Friedenau, die Fa. Siemens durch ihre 1934 neu gegründete Tochtergesellschaft ›Siemens Apparate und Maschinen‹ (SAM) und Dipl.-Ing. Waldemar Möller von der bisherigen Flugregler-Erprobungsgruppe der Luftwaffen-Erprobungsstelle Rechlin/Müritz. Um eine neutrale amtliche Beurteilung der vorzustellenden Anlagen sicherzustellen, wurde in Rechlin ein selbständiges Referat für Flugregler-Erprobung bei der Gruppe für Flugzeugbordausrüstung von Dipl.-Ing. Behn geschaffen.

Im Herbst 1937 begann die Vergleichserprobung der in jeweils eine Ju 52 und He 111 eingebauten Flugregler der drei Bewerber und dauerte etwa ein Jahr . . .«

Dreiachsensteuerung Askania-Lst 14

Für den Wettbewerb des RLM wurde von Askania die Kurssteuerung Lz 14c zu einer Dreiachsensteuerung erweitert. Ein Lotzentrale genannter Horizont der Bauart Sperry wurde mit pneumatischen Strahlrohrabgriffen für die Quer- und Längslage versehen. Der Differenzdruck der Strahlrohre wird den Differenzdruckempfängern an den Dämpfungskreiseln für die Roll- und Nickbewegung zugeleitet. Die Dämpfungskreisel steuern in üblicher Weise die hydraulischen Rudermaschinen für die Quer- und Höhenruder. Dadurch wird eine Lageregelung für die Quer- und Längslage ähnlich der Kursregelung erreicht.

Ergänzend zu den Geräten der Kurssteuerung sind in dem Kreiselschrank noch die Dämpfungskreisel für die Roll- und Nickbewegung, Quer- und Längsregler genannt, sowie der

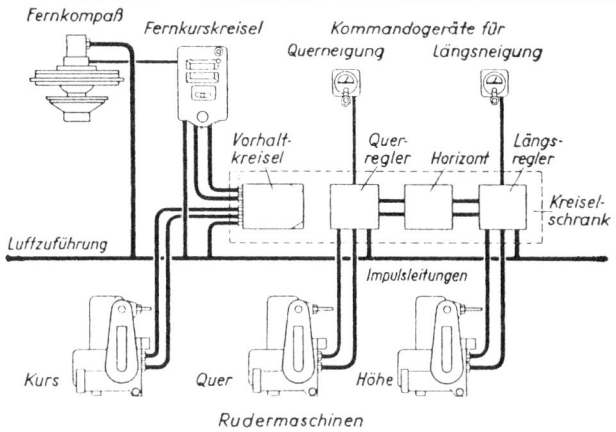

Schema der Askania-Dreiachsensteuerung Lst 14.

107

Horizont untergebracht. Als Kommandogeräte für die Quer- und Längsneigung sind oberhalb der Instrumententafel noch die Geber, die über mechanische Wellen mit den Quer- und Längsreglern verbunden sind, zugefügt worden. In Verbindung mit der Basisverstellung des Fernkurskreisels gestatten diese Lagengeber bei entsprechender Einstellung das Fliegen von Kurven.

Durch die Verwendung von pneumatisch angetriebenen Kreiseln und der pneumatischen Signalübertragung zu den hydraulischen Rudermaschinen fiel diese Dreiachsensteuerung von vornherein gegenüber den Mitbewerbern ab.

Das Konglomerat aus drei Energiearten bei der Realisierung des Regelverfahrens war unbefriedigend, die Leistungen der beiden anderen Bewerber wurden nicht erreicht. Die sachliche Begründung für die Ablehnung der Askania-Dreiachsensteuerung wird auch noch aus folgenden Darlegungen aus einem späteren Bericht von *Gert Hahn* ersichtlich:

»... Die immer schneller und windschnittiger werdenden Flugzeuge gestatten auch das Erreichen immer größerer Flughöhen. Hier zeigten sich nun bei der Erprobung die Grenzen der pneumatischen Flugregelung in dreierlei Hinsicht:
- Die pneumatische Regelung konnte den mit der Fluggeschwindigkeit größer werdenden Staudruckbereich und die damit zusammenhängende Änderung der Ruderwirksamkeit nicht mehr beherrschen, zumal pneumatische Signale sich nur mit begrenzter Geschwindigkeit in Rohrleitungen (Wandreibung) fortpflanzen können. Die dadurch bedingte Zeitverzögerung verhindert die rechtzeitige Ruderbetätigung. Die Flugregelung wird schlecht und zeigt Schwingneigung.
- Mit steigender Flughöhe sinkt der äußere Luftdruck. Dem mit 2,5 atü aus dem Strahlrohr austretenden Luftstrom zur Betätigung des Ruderstellantriebes fehlt der Gegendruck, welcher sonst den Luftstrahl zusammenhält. Der Strahl verwirbelt, und das Strahlrohr beginnt zu flattern. Der Flugregler wurde etwa ab 4000 m Flughöhe unbrauchbar.
- Die mit der Flughöhe absinkende Temperatur ließ die nicht ganz vermeidbaren Fettreste in den Geräten steif werden, wodurch die Bewegung der Signalempfänger am Strahlrohr behindert wurde. 1937 war daher dem pneumatischen Flugregler bereits das Todesurteil gesprochen. Die ausführliche Erprobung in Rechlin hatte dies Urteil bestätigt. Es begann ein neuer Abschnitt mit anderen Energieformen ...«

Siemens-Dreiachsensteuerung DK 4

Nachdem die Erprobung der Dreiachsensteuerung Siemens D III und D IV in Rechlin wenig erfolgversprechend verlaufen war, wurde nach einem Vorschlag von *Paul Eduard Köster,* dem Leiter der Flugentwicklung und Flugerprobung bei Siemens, die Siemens-Kurssteuerung K 4ü zu einer Dreiachsensteuerung DK 4 (drei mal K 4) ausgebaut. Zu den Geräten der Kurssteuerung K 4ü mit dem Patin-Fernkompaß, dem Patin-Tochterkompaß, dem Kurskreisel LKu 4, Richtungsgeber und Kursmotor wurden noch eine Abwandlung des Horizontes LEH 4 mit einer Hori-

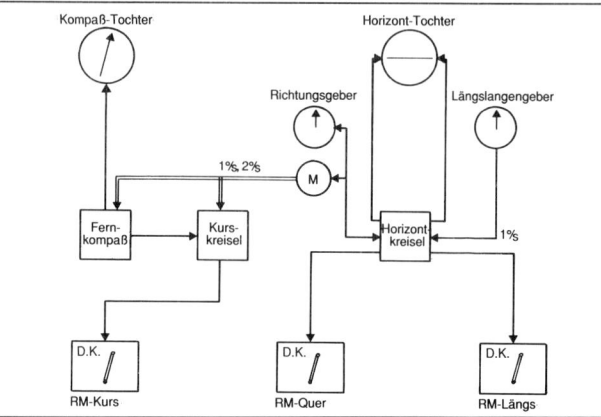

Schema der Siemens-Dreiachsensteuerung DK 4, Dämpfungskreisel D.K. in der Rudermaschine RM eingebaut.

zont-Tochteranzeige und ein Längsgeber hinzugefügt. Der Horizont erhielt je einen Potentiometerabgriff für die Quer- und Längslage, wobei der Potentiometerteil von je einem kleinen Motor verstellt werden konnte. Bei eingeschalteter, aber ausgekuppelter Steuerung wurde der Motor auf Selbstnachlauf geschaltet, d. h. die Lagensignale wurden auf Null gebracht. Weitere Potentiometer an dem inneren und äußeren Rahmen erzeugten die Lagesignale für die in der Horizonttochter befindlichen Drehspulsysteme für den Horizont und dem Flugzeugsymbol. Von dem Richtungsgeber für den Kurvenflug von 1 °/s oder 2 °/s wird neben dem Kursmotor auch noch ein Kommando an den Motor des Querlagenpotentiometers im Horizont geleitet und damit über eine Gegenbrücke die zugehörige Querlage für die Reisegeschwindigkeit eingestellt. Über einen ebenfalls am Richtungsgeber angebrachten Längsgeber kann mit 1 °/s das Längslagenpotentiometer im Horizont verstellt werden. Die Rudermaschinen LRM 4ü für die Quer- und Höhenruder mußten so umgebaut werden, daß die Meßachse des jeweiligen Wendekreisels in der Roll- oder Nickachse liegt.

»... Bei der Erprobung in Rechlin schneidet der Dreiachsenregler von SAM etwas schlechter ab als die Entwicklung von Möller in Rechlin. Grund ist das Regelprinzip mit ›starrer Stellungszuordnung‹ gegenüber der ›Laufgeschwindigkeitszuordnung‹ des Möllerschen Regelverfahrens – da die Anlage von SAM härtere Ruderbewegungen ausführte und nur einen geringeren Fahrtbereich überschwingungsfrei beherrscht. Die Anlage versagte im Langsamflug infolge zu großer ›Weichheit‹. Das Ergebnis führte zu heftigen, theoretisch begründeten Meinungsverschiedenheiten, die beim damaligen Stand der Regelungstheorie nicht geklärt werden konnten, heute aber mit Wurzelortskurven erklärbar sind. Außerdem war die Anlage von SAM schwerer, schlechter einzubauen und benötigte mehr Energie ...«

Soweit die Beurteilung der Siemens-Dreiachsensteuerung DK 4 durch die Erprobungsstelle der Luftwaffe in Rechlin nach einem späteren Bericht von *Gert Hahn.*

Rechliner Dreirudersteuerung

Die Rechliner Dreirudersteuerung ist eine vollelektrische Steuerung mit dynamischer Rückführung und dynamischer Kommandoüberwachung.

Die Entwicklungsgruppe E 3 S bei der Erprobungsstelle in Rechlin unter der Leitung von *W. Möller* beteiligte sich ebenfalls an der Ausschreibung für eine Dreiachsensteuerung. Zu diesem Zweck wurde auf der Basis der Rechliner Kurssteuerung mit dynamischer Rückführung und dynamischer Kommandoüberwachung eine Rechliner Dreirudersteuerung entwickelt.

Im Auftrag der E-Stelle wurde von der Firma Anschütz ein **Kurskreisel** für die Dreiachsensteuerung entwickelt. Die äußere Form entsprach dem Siemens-Kurskreisel, um einen Austausch zu ermöglichen. Das Abgriffsystem für die Kurssteuerung wurde durch ein Feindrahtpotentiometer der Firma Patin ersetzt. Zusätzlich wurde noch eine Potentiometerübertragung des Kreiselkurses zu einer Kursanzeigetochter angebracht. Dadurch sollte die unruhige Kompaßanzeige durch die Kurskreiselanzeige ersetzt werden.

Für die Überwachung des Kurskreisels durch den Patin-Fernkompaß wurden unmittelbar an den Sekundärrahmen angebrachte Drehstrommomentengeber verwendet, entsprechend den am Anschütz-Lotkreisel verwendeten. Dadurch wurde eine durch Gleichstrom hervorgerufene magnetische Streuung und Kompaßbeeinflussung vermieden.

Die **Lotzentrale** wurde bei Firma Anschütz entwickelt. Der Lotkreisel wird durch Pendel, Kontakte und Relais durch die an den Rahmen angebrachten Drehstrommomentengeber in der Lotstellung überwacht. Zur Bildung der Steuersignale für die Dreiachsensteuerung und der Fernübertragung der Quer- und Längslage zu der Horizont-Tochter sind ebenfalls Feindrahtpotentiometer am Rahmen angebracht. Zusätzlich befindet sich auf der oberen Brücke des Lotkreisels noch ein federgefesseltes Horizontal-Pendel zur Messung der Horizontalbeschleunigung.

Um die in der Dreirudersteuerung vorgesehene Fahrtregelung zu ermöglichen, wurde ein **Fahrtmesser** mit einem Potentiometerabgriff mit einem Bereich von ± 30 km/h versehen. Dieses Potentiometer kann durch einen Einstellknopf auf die gewünschte Sollfahrt eingestellt werden. Die eingestellte Sollfahrt ist an der roten Dreieckmarke abzulesen. Zusätzlich ist der Fahrtmesser noch mit einem Potentiometer zur Fernübertragung der angezeigten Fahrt versehen; dieses Signal wird zur Errechnung der scheinlotrichtigen Querlage im Kurvengeber benutzt.

Um im Kurvenflug die für eine scheinlotrichtige Querlage erforderlichen Kommandos für die Querruder zu errechnen, wurde der **Kurvengeber** entwickelt. Der elektrisch gefesselte Wendekreisel mißt die Drehgeschwindigkeit des Flugzeuges um die Hochachse. Die elektrische Fesselung wird durch einen vom Fahrtmesser gesteuerten Widerstand so verändert, daß der Wendezeigerausschlag mit steigender Fahrt zunimmt. Durch eine Tangensfunktion des Momentengebers an der Präzessionsachse des Wendekreisels wird erreicht, daß der Wendekreiselausschlag außerdem noch vom Tangens der Querlage abhängig ist. Somit entspricht der Wendekreiselausschlag der für den scheinlotrichtigen Flug erforderlichen Querlage und dient als Kommandogeber für den Querruderkanal im Kurvenflug. In der Mitte des Bildes befindet sich der Wendekreisel. Links ist der Momentengeber an der Präzessionsachse mit feststehenden

Fahrtmesser mit einstellbarer Dreieckmarke für die Sollfahrt (bei 120 km/h).

Kurvenrechner mit Wendekreisel.

Baugruppen des Vorhaltekreisels: Wendekreisel mit Blattfederfesselung und Dämpfungskolben (rechts), Kohledruckelement (Mitte) und Momentgeber (linker Zylinder).

Wicklungen und einem drehbaren Dauermagnetanker befestigt. Die Tangensabhängigkeit des Momentes von Steuerstrom in den Wicklungen wurde durch die Ausbildung der Polschuhe erreicht. Auf der rechten Seite sind die Feindrahtpotentiometer angebracht. Eine Doppelbrücke dient zur Fesselung des Wendekreisels und außerdem zur Abgabe des Kommandosignals für die errechnete Querlage an den Querruderkanal. Ein zweites Potentiometer erzeugt ein für den Kurvenflug in gleicher Höhe erforderliches Ziehkommando für den Höhenruderkanal.

Die drei **Vorhaltkreisel** für den Kurs-, Quer- und Höhenkanal entsprechen in ihrer Funktion dem Vorhaltkreisel der Rechliner Kurssteuerung. Die konstruktive Ausführung der Baugruppen zeigt das Bild.

Die drei Vorhaltkreisel sind im Steuergerät zusammengefaßt. Das Bild zeigt die Ansicht des zweiten Musters des Steuergerätes mit einer für *Möller* typischen Zeichnung »Rechliner Emil«. (Emil war im Ersten Weltkrieg der Spitzname für den Piloten, Franz der Name für den Beobachter eines Aufklärungsflugzeuges; *Möller* war im Ersten Weltkrieg als Pilot ein »Emil«.)

Im Bild ist der prinzipielle Signalverlauf der Dreirudersteuerung gezeigt. Im Geradeausflug wird vom Kurskreisel das Richtungssignal auf den Momentengeber am Vorhaltkreisel »Kurs« geschaltet. Gleichzeitig wird die Kursabweichung auch auf den Momentengeber am Vorhaltkreisel »Quer« geleitet. Dadurch soll ein Schieben des Flugzeuges verhindert werden. Die Querlage wird am Potentiometer der Querlage am Horizont abgegriffen und zum Querruderkanal geleitet. Die Längslage des Flugzeuges wird vom Potentiometer der Längslage am Horizont und vom Potentiometer der Fahrtabweichung im Fahrtmesser auf den Momentengeber am Vorhaltkreisel »Höhe« gesteuert. Auf das Potentiometer der Längslage im Horizont wirkt außerdem noch der Pendelarm des Längsbeschleunigungsmessers. Durch diesen Einfluß wird die Bewegung der Fahrtregelung gedämpft. Beim Kurvenflug wird nach der Umschaltung auf den Kommandogeber von seinem Potentiometer auf den Kurskanal und gleichzeitig als Vorgabesignal auf den Querkanal geleitet. Die damit eingeleitete Drehgeschwindigkeit um die Hochachse des Flugzeuges wird vom Wendekreisel im Kurvenrechner gemessen. Die errechnete Querlage wird mit der vom Horizont gemessenen tatsächlichen Querlage verglichen und bei Abweichungen als Steuersignal auf den Momentengeber am Vorhaltkreisel »Quer« geleitet. Gleichzeitig wird in Abhängigkeit der errechneten Querlage ein Ziehkommando auf den Höhenkanal geleitet und so ein Kurven in gleicher Flughöhe erreicht.

Bald nach der Festlegung dieses Steuerschemas wurde erkannt, daß die Steilheit der Kommandos für die Querlage im Kurvenflug unzureichend ist. Zur Abhilfe wurde der Kurvenrechner im Horizontkreisel montiert und der Schleifer des Potentiometers für die Querlage über einen Hebelantrieb direkt mit der Rollachse am Horizont verbunden. Das Bild zeigt die Horizontmutter, Typ 127-85 A, mit der Anlenkung des Potentiometerschleifers am Kurvengeber.

Ansicht Steuergerät mit Zeichnung »Rechliner Emil«.

Steuergerät mit drei Vorhaltekreisel und Einstellpotentiometer (rechts).

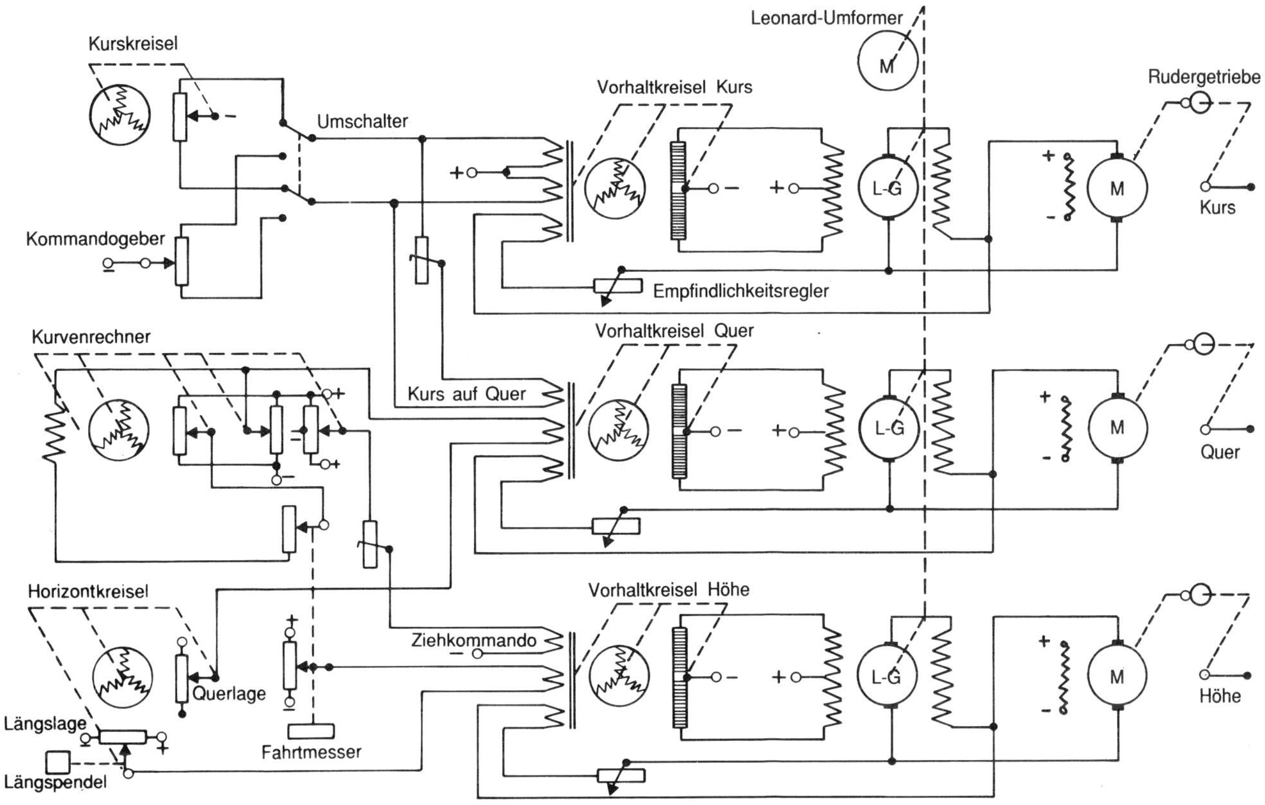

Prinzipschema der Rechliner-Dreiachsensteuerung.

Die weitere Signalbildung für die Steuerung des Flugzeuges für die drei Ruder erfolgt durch die Kohledrucksäulenabgriffe am Vorhaltkreisel zur Steuerung der Felder des Leonard-Generators. Von diesem werden die Motoren der Rudergetriebe zum Antrieb der Ruder gesteuert. Eine Rückführung der Ankerspannung auf eine Wicklung des jeweiligen Momentengebers erlaubt eine Anpassung des Reglersverhaltens an das jeweilige Flugzeugmuster in dem gewünschten Fluggeschwindigkeitsbereich.

Das Gesamtgewicht der Anlage betrug etwa 50 kg. Der Stromverbrauch vom 24-V-Gleichstrom-Bordnetz betrug im Normalbetrieb etwa 500 Watt. Über die Flugerprobung der Rechliner-Dreirudersteuerung im Vergleich zu der Siemens-Dreiachsensteuerung DK 4 berichtete *Gert Hahn* später:

». . . Zwischen den Fachleuten von Siemens LGW und Herrn Möller entspann sich ein heftiger Krieg um die Theorie der

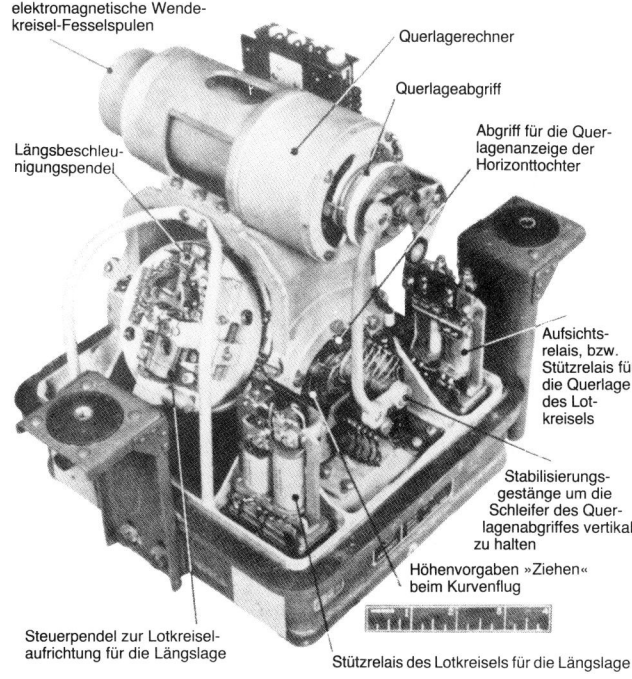

Lotzentrale oder Horizontmutter 127-85 A mit eingebautem Kurvengeber und mechanischer Anlenkung an den Querrahmen. ▷

Regelverfahren, dessen Entscheidung bei unserer Erprobungsgruppe lag. Auch Gewicht und Leistungsbedarf wurden ins Treffen geführt. Die Entscheidung auf Grund theoretischer Betrachtungen war nicht möglich. Beide im Wettbewerb liegenden Regelverfahren, das der ›Stellungszuordnung‹ und das der ›Laufgeschwindigkeitszuordnung‹, letzteres vertreten von Herrn Möller, führten rein mathematisch gesehen zum gleichen Ergebnis. Die Realisierung durch die ›Hardware‹ war aber verschieden nach Verhalten, Aufwand und Kompliziertheit ... Trotzdem sich der Flugregler von LGW bei der Erprobung gut bewährte, stellte sich die Überlegenheit des von Möller gewählten Regelverfahrens der Ruderlaufgeschwindigkeits-Zuordnung mit Benutzung der Drehbeschleunigung gegenüber dem Verfahren von LGW mit Stellungszuordnung des Ruders und Benutzung der Drehgeschwindigkeit als überlegen heraus. Sowohl der beherrschbare Fluggeschwindigkeitsbereich, das Verhalten bei böigem Wetter und der Einmotorenflug waren besser. Das geringfügig größere Gewicht wurde dabei in Kauf genommen.

Damit lag die Freigabe des Möllerschen Reglers als ›Einheitsregler der Luftwaffe‹ fest. Eine weitere Freigabe durch die Prüfstelle für Luftfahrtgerät in Adlershof erübrigte sich, da sie nur unnötig Zeit und Aufwand gekostet hätte. Die Erprobungsstelle Rechlin hatte die alleinige Entscheidungsbefugnis, übernahm die Verantwortung und schaltete durch ihr Können überflüssige ›Bedenkenträger‹ aus ...«

Titelbild der Praktischen Winke von W. Möller: »Über die Dressur von automatischen Flugzeugsteuerungen«, eine Justieranweisung besonderer Art.

Um den Erprobungsingenieuren den Umgang mit der Rechliner Dreirudersteuerung zu erleichtern, hatte Möller die kleine Schrift verfaßt:

»Über die Dressur von automatischen Flugzeugsteuerungen«.

Praktische Winke, herausgegeben von W. Möller, Erprobungsstelle der Luftwaffe Rechlin E 3 S. Die Zeichnung ist auf dem Titelbild mit der Dressur einer Dreiachsensteuerung versehen.

In dieser Schrift hat er in seiner humorvollen Art auch Definitionen von Schwingungsformen gegeben:

». . . Schwingen, Trampeln und Schnackeln.
Der Anschaulichkeit halber seien die von der automatischen Steuerung ausgehenden Pendelungen je nach ihrer Erscheinungsform als ›Schwingungen‹, ›Trampeln‹ oder ›Schnackeln‹ bezeichnet. Bei Schwingungen nimmt das ganze Flugzeug an der Bewegung teil, während sich das ›Trampeln‹ mehr auf die Bewegung der Pedale selbst beschränkt und das ›Schnackeln‹ schließlich ein Schwingungsvorgang ist, der sich im Impulsgeber selbst abspielt, ohne (infolge seiner hohen Frequenz) eine äußerlich erkennbare Bewegung der Rudermaschine zur Folge zu haben.

Das Trampeln gehört zu einer automatischen Steuerung wie die Flöhe zum Hund. Man kann sie auf zwei Arten entfernen: 1. man schlägt den Hund tot, 2. man sucht sie sorgfältig heraus und sorgt dafür, daß keine neuen wieder ins Fell kommen. Je besser hierbei der Futterzustand des Hundes ist, um so begieriger werden die Flöhe sein, wieder hineinzukommen.

Bei einer Steuerung kann man das Trampeln dadurch vermeiden, daß man die Einwirkung der Impulsgeber immer weiter herabsetzt, und es wird damit auch bei an und für sich eklatanten Fällen von Schwingungsneigungen schließlich so weit kommen, daß die Steuerung keine Schwingungen mehr aufweist. Die Methode würde allerdings dem Zweck der Steuerung zuwiderlaufen, und man muß sich der Arbeit unterziehen, den Schwingungsursachen einzeln nachzugehen, um sie zu beseitigen.

Als wichtigste Regel zur Bekämpfung der Schwingungen sei festgestellt, daß es vor allem auf die Analysierung und nicht auf die Größe der Trampelschwingung ankommt ...«

Im Laufe des Jahres 1939 wurde die Rechliner Dreirudersteuerung auch von Möller laufend im Flugzeug erprobt und verbessert. In Zusammenarbeit mit der Firma Patin wurde der Momentengeber am Vorhaltkreisel durch ein Drehspulverstärkersystem ersetzt. Die Drehspule besaß vier Wicklungen und bewegte die Schleifer von zwei in einer Brücke geschalteten Feindrahtpotentiometer. Durch die Rückführung der Schleiferspannungen auf eine Wicklung wurde das Drehspulsystem elektrisch zur Mitte gefesselt. Das Summensignal des Vorhaltkreisels wurde über ein dort angebrachtes Potentiometer ebenfalls auf eine Wicklung des Drehspulsystems geleitet. Die anderen Wicklungen dienten anstelle der Wicklungen des Momentengebers als Kommandowicklungen. Von den Schleifern des Drehspulsystems wurde die Feldwicklung des Leonard-Generators direkt angesteuert. Durch diese Änderung entfiel der doch etwas

Wirkungsweise Dämpfungskreisel mit Dämpfungsimpulsrelais.

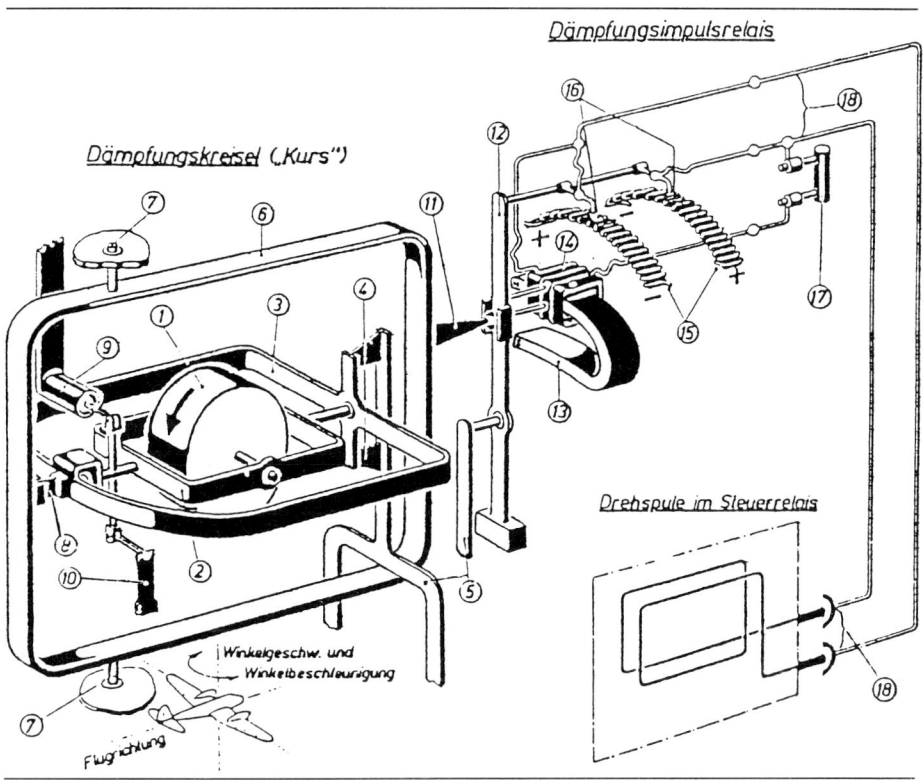

unstabile Kohlensäulenabgriff am Vorhaltkreisel. Wie sich durch die Flugversuche herausgestellt hatte, konnten die Endkontakte an den Rudergetrieben entfallen. Schließlich war durch die Verwendung der Drehspulsysteme auch der Kurvengeber im Horizontkreiselgerät nicht mehr notwendig. Die für den Kurvenflug erforderlichen Signale wurden auf die entsprechenden Wicklungen der Drehspulsysteme geleitet. Mit diesem Entwicklungsstand wurde die Fertigung der Rechliner Dreirudersteuerung von der Erprobungsstelle Rechlin an die Industrie zur Fertigung abgegeben.

Fertigung und Entwicklungen von Steuerungen der Firma Patin Werkstätten für Fernsteuerungstechnik 1939–1945

Serienfertigung der Rechliner Einheitssteuerung (Patin-Dreirudersteuerung PDS)

Nachdem die Serienfertigung der Rechliner Dreirudersteuerung zunächst den Askania-Werken übertragen wurde, ist nach einigen Monaten die Firma Albert Patin Werkstätten für Fernsteuerungstechnik GmbH (Berlin-Britz) mit der Serienreifmachung und Fertigung beauftragt worden. Über die näheren Umstände dieser Veränderung schreibt *Möller* nach dem Kriege:

». . . Als Führungsfirma für den Serienbau und die Weiterentwicklung des Steuerverfahrens war vom Luftfahrtministerium die Firma Askania vorgesehen. Zur Unterstützung für den ersten Auftrag und als Basismannschaft für den zweiten wurde die gesamte Rechliner Entwicklungsgruppe nach Berlin-Diepensee mitsamt einem Flugpark von 8 Flugzeugen zu Askania versetzt. Diese Verfügung sollte sich aber wegen einer Interessenkollision mit der Luftfahrtstammmannschaft von Askania als ein Mißgriff erweisen. Askania hatte in den vorangegangenen Jahren in Konkurrenz zu Rechlin einen eigenen Regler entwickelt, der aber beim Entscheid nicht den Beifall der Prüfungskommission fand. Die erlittene Niederlage und die daraus geborene Aversion gegen die unerwünschten Eindringlinge und gegen das von ihnen geschaffene Kind führte zu einem passiven Widerstand der Luftfahrtgruppe, den ich als freier Mitarbeiter ohne Weisungsbefugnisse nicht brechen konnte. Pflichtgemäß mußte ich das Ministerium auf diesen Zustand hinweisen, das daraufhin die weitere Federführung kurzerhand an Patin delegierte. So unvermeidlich diese Maßnahme auch war, so beraubte sie uns doch unserer gesamten Laboreinrichtung mit vielen selbstentwickelten Prüfgeräten, die nun bei Patin benötigt wurden. Damit war unsere Gruppe nicht nur arbeitslos, sondern zugleich auch arbeitsunfähig geworden, denn eine neue Laboreinrichtung konnte in der Kriegszeit nur über besondere Dringlichkeitsscheine beschafft werden, zu deren Bewilligung das Ministerium nach dem Versagen von Askania nicht bereit war. Im Gegenteil, unsere

Gruppe wurde aufgefordert, nunmehr geschlossen zu Patin überzuwechseln. Aber in diesem Fall handelte es sich um eine reine Fertigungsaufgabe, die uns für die nächsten Jahre voll auslasten würde, für die wir aber nicht die richtigen Leute waren ...«

Schon während der Entwicklung der Rechliner Steuerung wurde von *Möller* die Firma Patin mit der Entwicklung eines Dämpfungsimpulsrelais genannten Systems zur elektrischen Fesselung des Ausgangsrahmens des Dämpfungskreisels beauftragt. Durch die elektrische Fesselung sollte das unzuverlässige Kohledruckelement ersetzt werden. Die Wirkungsweise des Dämpfungskreisels Askania mit dem Dämpfungsimpulsrelais Patin ist im Bild ersichtlich. Das Dämpfungsimpulsrelais besteht aus einem Dauermagneten mit den kreisförmig gebogenen Polschuhen. Um den unten befindlichen Drehpunkt bewegt sich ein Hebel. An diesem sind die Fesselspule und die Schleifer befestigt. Die feststehenden Potentiometer werden mit Gleichspannung gespeist, sie bilden eine Brückenschaltung. Die Schleifer sind über einen Justierwiderstand mit der Fesselspule verbunden. Auf diese Weise wird der Hebel elektrisch zur Mitte der Potentiometer gefesselt. Über den Auslenkstift am äußeren Rahmen des Dämpfungskreisels wird über einen Schlitz im Hebel auch der Dämpfungskreisel zur Mitte gefesselt. Die Fesselhärte kann mit dem Justierwiderstand eingestellt werden.

Eine weitere von *Möller* veranlaßte Entwicklung führte zu einem Steuerrelais als Ersatz für den am Dämpfungskreisel der Rechliner Steuerung angelenkten Drehmagneten. Das Steuerrelais ist ein vierspuliges Drehspulgerät, dessen Spulensystem sich im Feld eines Permanent-Magneten bewegt. Auf die einzelnen Wicklungen werden die Steuerungsbefehle gegeben, die eine Auslenkung des Spulensystems zur Folge haben. Mit dem Spulensystem verstellen sich die Schleifer auf einem gehäusefesten Doppelpotentiometer, die damit die Resultierende aller Einzelbefehle abgreifen. Über eine Wicklung wird das Spulensystem über die Schleiferabgriffe zurückgeführt, also elektrisch gefesselt. Im Bild ist das Steuerrelais mit abgenommenem Magnetrückschluß gezeigt. Rechts ist der Anschlußstecker, daneben das Feindrahtpotentiometer mit den Schleifern erkennbar. Alle Wicklungen sind auf einen gemeinsamen Spulenkörper gewickelt. Die belasteten Wicklungen bewirken die Dämpfung des Drehspulsystems. Mit diesen Verbesserungen wurde die Rechliner Steuerung zur Serienfertigung an die Firma Askania übergeben. Der Beginn der Serienfertigung bei Askania verzögerte sich jedoch. Es wurde lediglich der Entwurf einer Beschreibung und Bedienungsvorschrift der Einheits-Dreiachsensteuerung vom 20. 4. 1940 verfaßt.

Die Firma Patin erhielt den Auftrag zur Serienfertigung der Einheitssteuerung. Es wurden Personal und Laborausrüstung von der Erprobungsstelle der Luftwaffe Rechlin und vom Reichsluftfahrtministerium an die Firma Patin übertragen, um so die Möglichkeiten zum schnellen Fertigungsanlauf zu schaffen.

Patin-Kurssteuerung PKS 11

Zunächst wurde der Kurssteuerungsteil der Einheitssteuerung fertigungsreif gemacht und unter der Bezeichnung Patin-Kurssteuerung PKS 11 gefertigt. Im Bild ist der Wirkungsverlauf der PKS 11 mit dem Siemens-Kurskreisel LKu 4 dargestellt. Nach dem Einschalten der Kurssteuerung muß der Pilot zunächst mit dem Richtungsgeber über den Kursmotor die Kursanzeigen im Führertochterkompaß und dem Fernkurskreisel auf dem anliegenden Kompaßkurs einstellen und den Kurskreisel ebenfalls auf den Kompaßkurs eindrehen. Danach kann die Kurssteuerung durch Einkuppeln der Magnetkupplung im Rudergetriebe auf das Flugzeug einwirken und den anliegenden Kurs automatisch einhalten. Bei Abweichungen des Flugzeuges vom Kurs wird ein Kursfehlersignal vom Bolometerabgriff am Kurskreisel auf die Wicklung III vom Steuerrelais geleitet. Die Auslenkung der Schleifer am Potentiometer des Steuerrelais bewirkt ein Steuerstrom in dem Feld des Leonard-Umformers und damit auch eine Steuerspannung für den Motor im Rudergetriebe. Die Drehung des Abtriebshebels bewegt das Seitenruder, und das Flugzeug wird auf den Steuerkurs zurückgeführt. Um die Bewegungen des Flug-

Dämpfungskreisel mit abgenommenem Dämpfungsimpulsrelais.

Steuerrelais mit abgenommenem Magnetrückschluß.

Vereinfachtes Schaltbild der Patin-Kurssteuerung PKS 11 mit Siemens-LGW-Kurskreisel LKu 4.

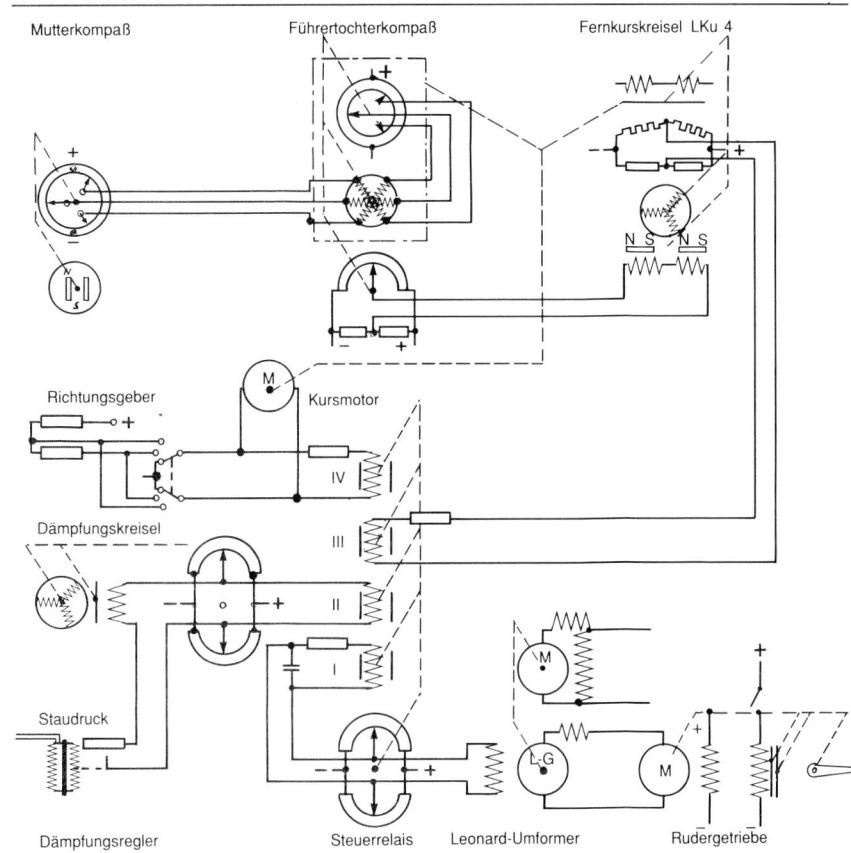

zeuges um die Hochachse zu dämpfen, wird das vom Dämpfungskreisel gebildete Drehgeschwindigkeits- und Drehbeschleunigungssignal auf die Wicklung II vom Steuerrelais geleitet, es wirkt zusammen mit dem Kurssignal auf die Schleifer des Steuerrelais. Die Anpassung des Dämpfungssignals an die verschiedenen Fluggeschwindigkeiten erfolgt durch Veränderung der elektrischen Fesselung des Dämpfungskreisels über den Dämpfungsregler. Das Steuerrelais ist über die Wicklung I elektrisch gefesselt. Für den gewollten Kurvenflug wird der Richtungsgeber nach links oder rechts betätigt und über den Kursmotor der Steuerkurs am Führertochterkompaß und den Fernkurskreisel auf den gewünschten neuen Kurs eingestellt. Um die Einleitung des Kurvenfluges zu erleichtern, wird das Kurvenkommando gleichzeitig auch auf die Wicklung IV des Steuerrelais als Vorgabekommando geleitet. Die für den Kurvenflug erforderliche Querlage muß vom Piloten über den Steuerknüppel von Hand gesteuert werden.

Patin-Kurssteuerung PKS 11 mit Siemens-LGW-Kurskreisel LKu 4.

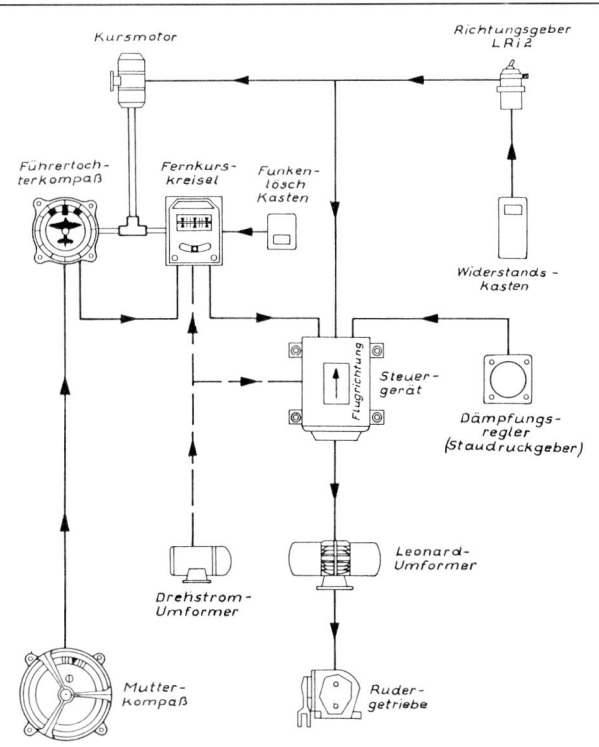

In dem Bild ist der gerätemäßige Aufbau der Kurssteuerung PKS 11 mit dem Fernkurskreisel gezeigt. Im Steuergerät sind der Dämpfungskreisel, das Steuerrelais und die Abgleichwiderstände enthalten.

Diese Patin-Kurssteuerung PKS 11 wurde ab 1940 in großen Stückzahlen gefertigt, sie kam in den Flugzeugen der Luftwaffe Ju 188, Ju 288, Ju 388, Ju 252, Ju 352, Ju 290, Me 210, Me 264, Me 410, Si 204, Do 217, Do 335 und in den Flugzeugen der Deutschen Lufthansa Do-Wal und Do 18 zum Einsatz.

Patin-Dreirudersteuerung PDS 5 mit Fahrtregelung

Die Ergänzung der Kurssteuerung zur Dreirudersteuerung PDS 5 erfolgte durch den Zusatz der Querlagensteuerung und der Fahrtregelung über das Höhenruder, wie in der Rechliner Einheitssteuerung durch *Möller* vorgegeben. Der gerätemäßige Aufbau der Patin-Dreirudersteuerung PDS 5 entspricht im Kursteil dem der Kurssteuerung PKS 11; die Querlage wird vom Querlagenabgriff an der Horizontmutter im Zusammenwirken mit dem Dämpfungskreisel »Quer« über das Steuerrelais, dem Leonard-Gleichstrom-Umformer und dem Rudergetriebe »Quer« mit den Querrudern geregelt.

Die Fahrtregelung erfolgt vom Fahrtabgriff im Fahrtmesser im Zusammenwirken mit dem Längsbeschleunigungspendel am Horizont und dem Dämpfungskreisel »Höhe« über das Steuerrelais, dem Leonard-Gleichstrom-Umformer und dem Rudergetriebe »Höhe« mit dem Höhenruder. Die Kommandogabe für den Kurvenflug erfolgt durch den

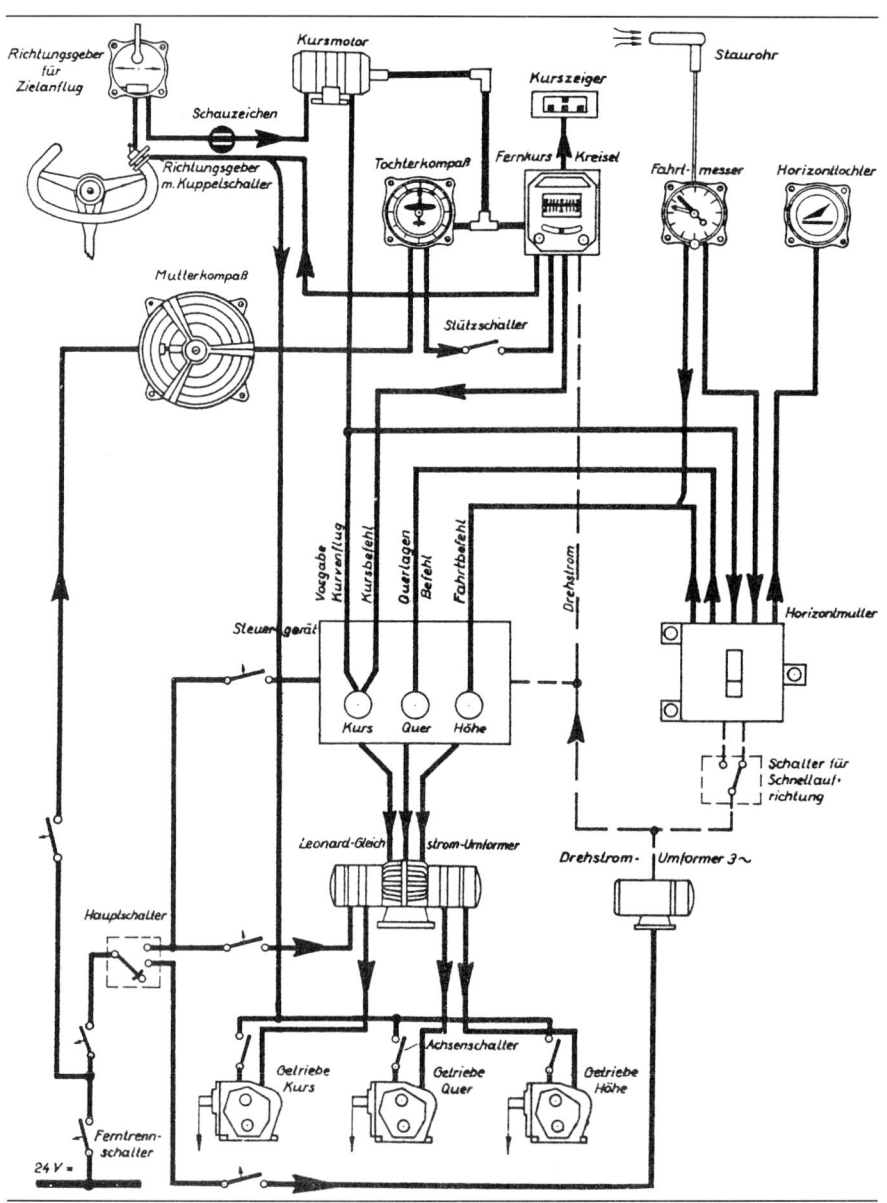

Patin-Dreirudersteuerung PDS 5 mit Siemens-LGW-Kurskreisel LKu 4.

Richtungsgeber für den Piloten oder den Richtungsgeber für den Zielanflug durch den Bombenschützen. Das Kurvenkommando verstellt über den Kursmotor den Steuerkurs im Tochterkompaß und im Fernkurskreisel. Gleichzeitig wird das Kurvenkommando als Vorgabe auf eine Wicklung des Steuerrelais »Kurs« geleitet und bewirkt so die schnelle Einleitung des Kurvenfluges über das Seitenruder. Parallel dazu wird das Kurvenkommando auch einer Wicklung des Zwischenrelais in der Horizontmutter zugeleitet; dieses Zwischenrelais erhält auf einer weiteren Wicklung das Signal des Querlageabgriffes am Horizont. Eine Wicklung des Zwischenrelais ist auf übliche Weise mit den Schleifern des Ausgangspotentiometers verbunden und so elektrisch in seine Mittelstellung gefesselt. So wird die Querlage für die Reisefluggeschwindigkeit an den Schleifern des Zwischenrelais gebildet; durch die Beschränkung auf die Reisefluggeschwindigkeit zur Errechnung der scheinlotrichtigen Querlage kann der Kurvengeber mit dem Wendekreisel und der mechanischen Anlenkung an den Querrahmen im Horizont entfallen. Im Kurvenflug wird also die Querlage des Flugzeuges vom Zwischenrelais in Verbindung mit dem Dämpfungskreisel »Quer« über das Steuerrelais »Quer«, dem Leonard-Gleichstrom-Umformer und dem Rudergetriebe »Quer« gesteuert. In Abhängigkeit der Querlage des Flugzeuges wird von einem eigenen Querlagenabgriff am Horizont ein Ziehkommando gebildet und auf eine Wicklung des Steuerrelais »Höhe« geleitet und so die verminderte Wirkung des Höhenruders bei Querlagen des Flugzeuges ausgeglichen; ein Höhenverlust wird so vermieden. In dem Steuergerät sind die Dämpfungskreisel und Steuerrelais für »Kurs«, »Quer« und »Höhe« enthalten. In der Horizontmutter befinden sich zusätzlich zum Horizont mit seinen Abgriffen, dem Längsbeschleunigungspendel am Längsrahmen, noch das Zwischenrelais zur Bildung der Querlage am Kurvenflug.

Die erste Erprobung der Patin-Dreirudersteuerung in einem

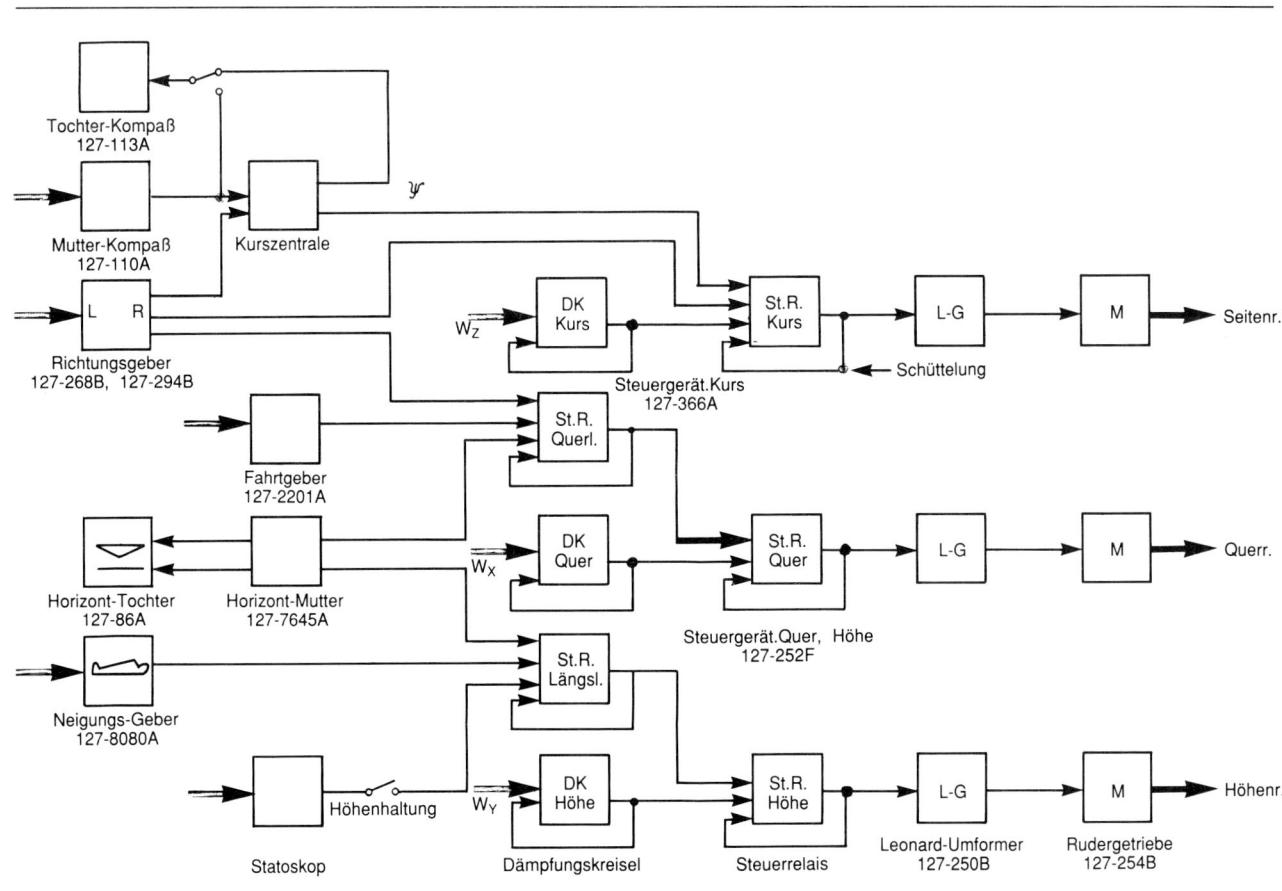

Blockschema Patin-Dreirudersteuerung PDS 11 für Flugzeug Ar 234 B-2.

Flugzeug Do 217 erfolgte im Januar 1941. Nach durchgeführter Erprobung bei der Erprobungsstelle der Luftwaffe Rechlin erfolgte der Einsatz der PDS in den Flugzeugen Do 217, Do 335, Fw 200, Ar 234, Bv 138 und Bv 222.

Patin-Dreirudersteuerung PDS 11 mit Lageregelung für Ar 234 B

Für den Einsatz in dem Fernbomber Ar 234 B-2 wurde 1944 die Patin-Dreirudersteuerung PDS den besonderen Bedingungen entsprechend angepaßt. In der Regelung für das Höhenruder wurde die Fahrtregelung durch eine Regelung der Längslage mit einer zusätzlichen Aufschaltung eines Statoskops für die Höhenhaltung während des Bombenzielanflugs ersetzt. Für die Errechnung der scheinlotrichtigen Querlage im Kurvenflug wurde der Siemens-LGW-Fahrtgeber 127-2201 verwendet. Das Blockschema zeigt die Funktion der Patin-Dreirudersteuerung PDS 11. Der Mutterkompaß mit Tochterkompaß und Kurszentrale bilden das Kurssignal, die Richtungsgeber das Kurvensignal für die Kursregelung. Der Dämpfungskreisel erzeugt das Dämpfungssignal; die Regelsignale »Kurs« werden im Steuerrelais addiert und steuern über den Leonard-Umformer das Rudergetriebe für das Seitenruder. Für den Kurvenflug wird im Steuerrelais für die Querlage entsprechend der vom Richtungsgeber vorgegebenen Drehgeschwindigkeit um die Hochachse in Abhängigkeit der vom Fahrtgeber gemessenen Fahrt und der von der Horizontmutter gemessenen Querlage die scheinlotrichtige Querlage gebildet. Dies wird als Querlagenkommando zum Steuerrelais für die Quersteuerung geleitet. Zusammen mit dem Dämpfungssignal vom Dämpfungskreisel »Quer« erfolgt die Regelung des Rudergetriebes für die Querruder. Die Regelung der Längslage erfolgt vom Längslagenabgriff in der Horizontmutter. Die geregelte Längslage kann vom Piloten durch den Neigungsgeber in Richtung »Ziehen« oder »Drücken« verändert werden. Zusätzlich kann, insbesondere für den Bombenzielanflug, noch die Höhenhaltung über ein Statoskop aufgeschaltet werden. Zusammen mit dem Signal des Dämpfungskreisel »Höhe« wird über das Steuerrelais und den Leonard-Umformer das Rudergetriebe für das Höhenruder angesteuert.

Der Einsatz der Patin-Dreirudersteuerung im Flugzeug Ar 234 B-2 zum Zielanflug für den Bombenwurf erforderte für die Piloten einen großen Vertrauensbeweis für die automatische Flugregelung. Um den Einblick in das Lotfernrohr-Zielgerät (Lotfe 7k) für den Horizontalwurf zu ermöglichen, mußte der Pilot die Steuersäule ausklinken und nach vorn umlegen. Nur so konnte der erforderliche Platz für den jetzt liegenden Piloten geschaffen werden. Die notwendigen Kursverbesserungen während des Bomben-Zielanfluges wurden mit dem Richtungsgeber an der linken Seite des Lotfe vorgenommen. Nach dem Bombenwurf konnte der Pilot wieder seine gewohnte Sitzposition einnehmen und die Steuersäule nach hinten klappen und einklinken. Während des gesamten Vorganges des Zielanfluges und Bombenwurfes wurde also das Flugzeug nur automatisch durch die Dreirudersteuerung geflogen, ohne direkte Eingriffsmöglichkeit des Piloten über die Steuerorgane des Flugzeuges.

Patin-Jäger-Kurssteuerung KS 12b-1

Um den Jagdfliegern das Kursfliegen auch bei schlechtem Wetter zu ermöglichen und auch eine Wolkendecke im gradlinigen Flug durchstoßen zu können, wurde eine vereinfachte Kurssteuerung, »Jägersteuerung« genannt, entwickelt. Für die Kursüberwachung wird die sowieso vorhandene Kompaßanlage benutzt.

Der Wirklinienverlauf der Patin-Jäger-Kurssteuerung KS 12b läßt erkennen, daß der Kurskreisel durch das LI-Gerät ersetzt ist. Im LI-Gerät werden in dem Zeitfaktorrelais die Signale des Dämpfungskreisels und des Tochterkompasses über die Potentiometerrückführung integriert.

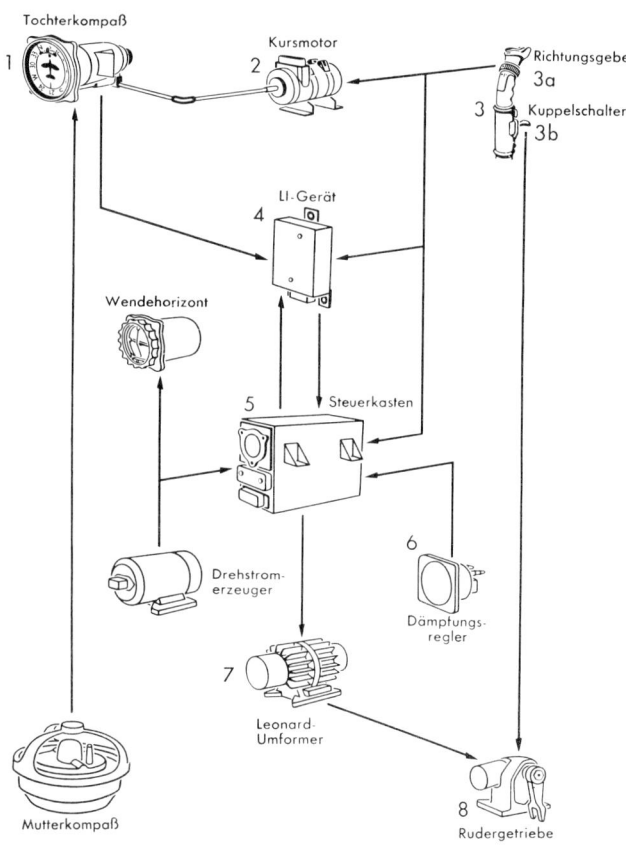

Patin-Jäger-Kurssteuerung KS 12b-1.

Blockschema Patin-Jäger-Kurssteuerung KS 12b-1.

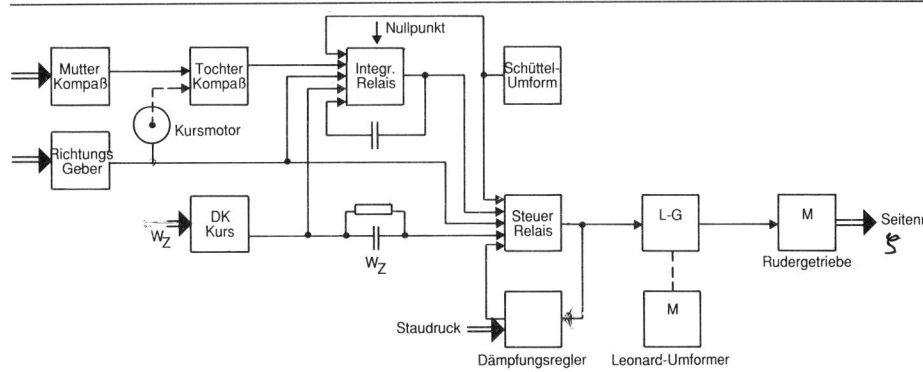

In dem vereinfachten Schaltbild ist der Zusammenhang zwischen dem Zeitfaktorrelais und den üblichen Bauelementen der Kurssteuerung zu erkennen. Zur Verringerung der Ruhereibung im Zeitfaktorrelais und Steuerrelais wird auf zusätzliche Wicklungen der Strom eines Schüttelumformers geleitet. Ein kleiner Motor treibt einen Generator an, der einen Wechselstrom erzeugt, der den Wirkungen der Steuerwicklungen überlagert wird. Durch die Wirkung des Kondensators in der Aufladefesselung b des Zeitfaktorrelais werden die Wirkungen der übrigen Wicklungen integriert. Der Kondensator in der Zuleitung vom Dämpfungskreisel auf die Wicklung h im Steuerrelais bildet durch Differenzierung einen zusätzlichen Signalvorhalt zur Dämpfung der Flugzeugbewegung.

Einsatz der Patin-Jäger-Kurssteuerung KS 12b ab 1944 in den Flugzeugen Me 109, Fw 190 und Ta 152.

Blindflug und Blindlandung (Funkgelenkter automatischer Flug)

Es werden kurz die wichtigsten Zielflug- und Leitstrahlanlagen beschrieben, die für einen automatischen Flug mit Hilfe von Kurssteuerungs- und Dreiachsensteuerungsanlagen verwendet wurden. Eine ausführliche Beschreibung dieser Verfahren und Geräte, insbesondere die vielfältigen Anlagen für die Führung und Lenkung von Flugkörpern, ist in dieser Buchreihe über die Entwicklungsgeschichte der deutschen Luftfahrttechnik in Band 7, Fritz Trenkle: »Bordfunkgeräte – Vom Funkensender zum Bordradar« enthalten.

Funknavigationsverfahren für den Streckenflug

Nachdem in der Deutschen Luft Hansa gegen Ende der 20er Jahre der »Blindflug« nach Instrumenten eingeführt wurde, war in den 30er Jahren der funkgelenkte Blindflug Gegenstand der Entwicklung. Zunächst wurde die Horizontalnavigation mit Hilfe von speziellen Funkfeuern und Eigenpeilanlagen eingeführt. Die erste Nachtflugstrecke von Berlin nach Königsberg wurde noch mit großen Drehlichtscheinwerfern in Abständen von 30–35 km ausgerüstet. Dazwischen wurden noch zusätzliche orangefarbige Neonröhren als Nebenfeuer in Abständen von 4–5 km installiert. Diese Ausrüstung reichte bei schlechter Sicht nicht aus; so wurden dann diese Streckenfeuer durch »Funkfeuer« ersetzt.

Die Eigenpeilung des Standortes konnte unter Anpeilung der Rundfunksender im Mittel- und Langwellenbereich durchgeführt werden. Zur Verbesserung der Peilung und insbesondere des Zielfluges wurde ein Netz von Navigationsfunkfeuern aufgebaut. Diese waren im Dreieck angeordnet und sendeten auf der gleichen Frequenz nacheinander Rufzeichen und Peilstriche während der Dauer einer Minute; nach einer Pause von drei Minuten wurden die Ruf- und Peilzeichen wiederholt. Die Navigationsfunkfeuer der Luftfahrt sendeten mit der Wellenart A 1, sie hatten eine Reichweite von 150 bis 400 km. Für die Eigenpeilung der Luftfahrt konnten auch die Funkfeuer der Seefahrt im Bereich der Nord- und Ostsee benutzt werden. Diese sind tönend modulierte Sender mit Reichweiten von 20 bis 200 sm. Im allgemeinen arbeiten je drei dieser Feuer zeitlich nacheinander mit der gleichen Frequenz und dem gleichen Modulationston mit einer Sendezeit von 2 Minuten und einer Wiederkehr nach 6 Minuten. Außer für die Eigenpeilung konnten diese Sender auch für den Zielanflug benutzt werden. Um bei Seitenwind das Ziel auf optimalem Wege zu erreichen, mußte ein dem Windeinfluß entsprechender Vorhaltwinkel eingehalten werden. Zum Zweck des Zielfluges wurden die Bordpeilanlagen durch eine Fernbedienung ergänzt; so konnten die Bediengeräte beim Piloten und dem Funker leicht zugänglich angebracht werden. Als Beispiel einer Zielflug-Peilanlage ist das erste ausschließlich für Flugzeuge entwickelte **Telefunken-Zielfluggerät P 53 N** aus dem Jahr 1934 aufgeführt.

Die Wirkungsweise als Zielflug nach Zielkursanzeige besteht in der Überlagerung der Hilfsantennenenergie mit der Rahmenantennenenergie, so entsteht als Empfangsdiagramm eine Herzkurve. Die Lage von deren Maximum ist vom Kopplungssinn der Hilfsantenne abhängig. Für den Zielflug nach Sichtanzeige wird der Kopplungssinn der Hilfsantenne an der Rahmenantenne von einem Elektromotor 12mal in der Sekunde umgeschaltet, so daß dauernd zwei Wechsel-Herzkurven entstehen.

Im Empfangsdiagramm der Hilfsantenne und der Rahmenantenne sind die addierten Diagramme dargestellt. Beim Flug in Richtung des Senders sind die von den Herzkurven gelieferten impulsartigen Ströme gleich groß. Der Zielkursanzeiger ist ein Drehspulgerät mit Nullpunkt in der Mitte. Sind die Stromimpulse in beiden Richtungen gleich groß, bleibt der Zeiger in der Mitte. Ist eine Stromrichtung stärker, schlägt der Zeiger aus, und der Pilot muß das Flugzeug in

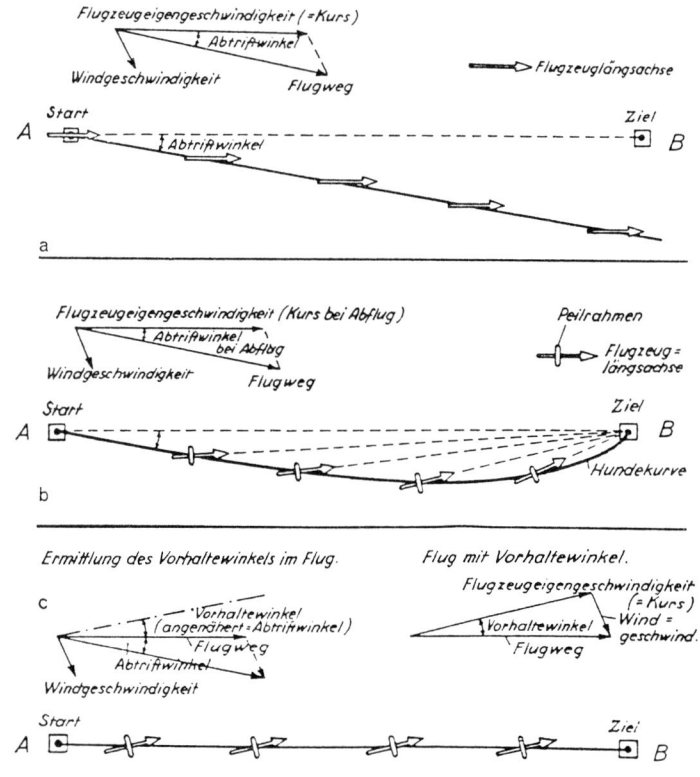

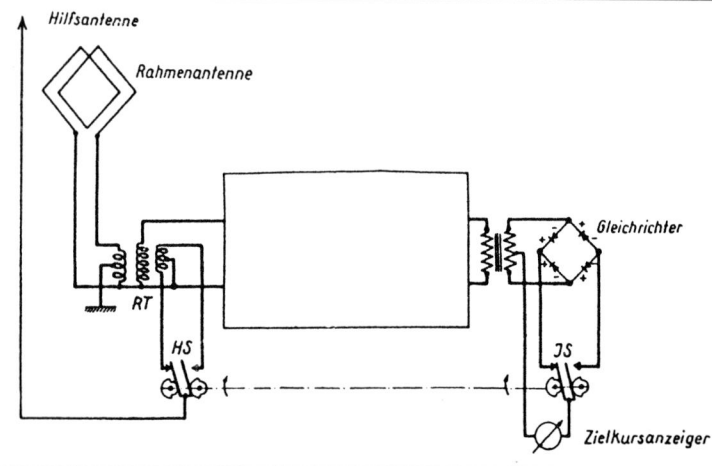

Einfluß des Seitenwindes beim Zielanflug.

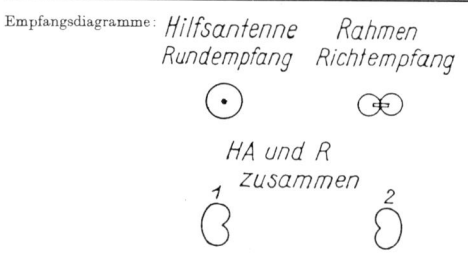

Die Form der Herzkurve. 1 oder 2 ist abhängig vom Anschalten der Hilfsantenne

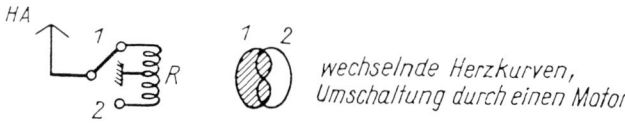

Empfangsdiagramme der Hilfs- und Rahmenantennen, einzeln und zusammengesetzt.

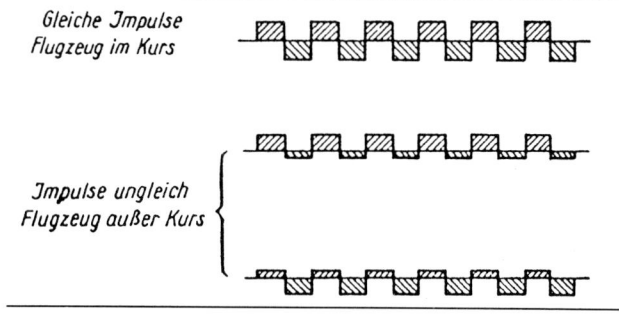

Stromimpulse im Zielfluganzeiger.

Umschaltung der Hilfsantenne und des Zielkursanzeigers beim Zielflug nach Anzeige.

die entgegengesetzte Richtung steuern. Die Seitenbestimmung muß vor dem Zielflug erfolgen. Am Rahmenantrieb und am Zielkursanzeiger befinden sich zwei Pfeile: rot und blau. Steht der Rahmen im richtigen Peilminimum, d. h. die Öffnung des Rahmens zeigt zum Sender und der Zeigerausschlag geht gegen Null, ist der Richtungssinn der Pfeile am Rahmenantrieb und dem Zielfluganzeiger gleichfarbig. In der Betriebsart »Zielflug nach Gehör« erfolgt die Ankopplung der Hilfsantenne an die Rahmenantenne über zwei Nockenscheiben durch einen Motor im Zeitmaß der Morsezeichen A und N. Die Umschaltung geschieht mit 72 Zeichen in der Minute; dabei entstehen wiederum Wechsel-Herzkurven. Die eine im Takte des Buchstaben A (· –) bei der Richtung – Sender liegt links – und die andere im Takte des Buchstaben N (– ·) – der Sender liegt rechts. Im Bild sind die Anordnung der Umschaltung der Hilfsantenne bei einem Zielanflug nach Gehör und die Kennung im Kopfhörer, zusammengesetzt aus den Energiebeträgen der beiden Wechsel-Herzkurven, ersichtlich.

Bei einem Betrieb der Peilanlage im Flugzeug wirken außer der Energie des angepeilten Senders noch verschiedene Rückstrahler auf die Rahmenantenne ein. Rückstrahler sind leitende Flugzeugteile in dem Bereich der Antenne, welche die vom Sender aufgefangene Energie reflektieren. Bei der

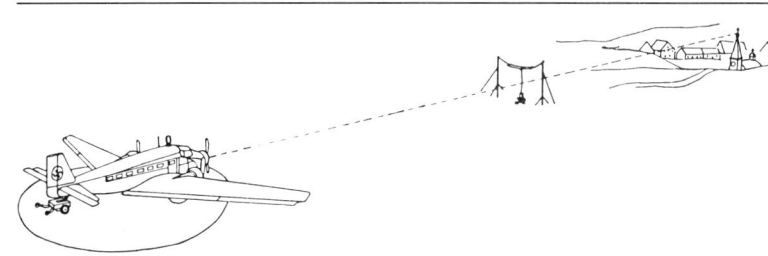

Anordnung zur Ermittlung der Funkbeschickung (Vergleich der Optischen mit der Funkpeilrichtung).

gemeinsamen Einwirkung von Sender und Rückstrahler auf die Rahmenantenne stimmt die abgelesene Peilung nicht mit der wahren Richtung überein. Um diesen Unterschied zu kompensieren, ist eine Funkbeschickung erforderlich. Zu diesem Zweck wird das Flugzeug auf eine Drehscheibe aufgebockt. Durch einen Vergleich der Richtung der empfangenen Signale des Senders mit der optischen Sicht wird der Fehlwinkel ermittelt und in Korrekturtabellen aufgezeichnet. Im Bild ist diese Anordnung sichtbar. Im Rahmenantrieb werden diese Werte über eine Kurvenscheibe (der Funkbeschickungsscheibe) zur automatischen Korrektur des Peilwinkels benutzt.

Die weitere Entwicklung der Zielfluggeräte führte über die Zwischenstufen P 63 N und P 63 uN zu der Zielflugpeilanlage 118 N und 128 N im Jahr 1936/37. Hier wurden indirekt geheizte Röhren Typ Nf 2 = CF 7 verwendet, die eine

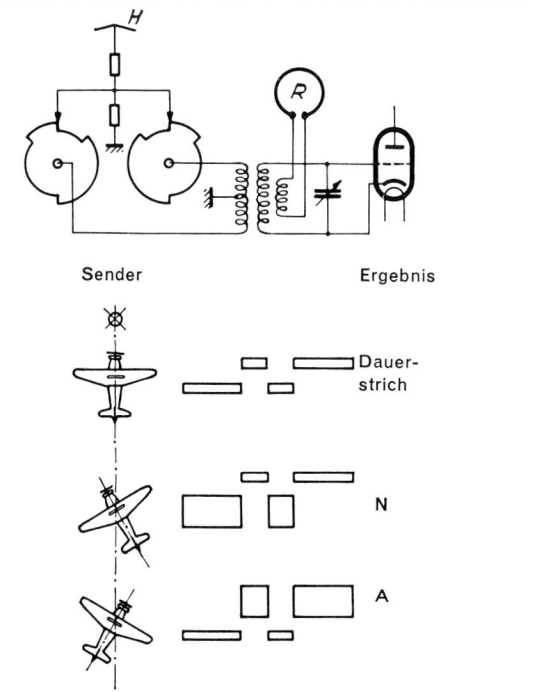

Umschaltung der Hilfsantenne im Rhythmus der Morsebuchstaben N und A beim Zielflug nach Gehör.

Bedien- und Anzeigegeräte der Zielflug-Peilanlage Telefunken 118 N, eingebaut im Flugzeug.

Stromversorgung von einem rotierenden Umformer ermöglichten.

Das Bild zeigt den Einbau der Bedien- und Anzeigegeräte der Zielflug-Peilanlage 118 N in einem Flugzeug. Zwischen den Piloten ist der Peilrahmenantrieb (Kaffeemühle genannt) angebracht, um eine wahlweise Bedienung durch beide Piloten zu ermöglichen. Links oben sind die Anzeigegeräte zu sehen. Im rechten Sichtgerät KJ 131 N zeigt der senkrechte Zeiger die Abweichung der Längsrichtung des Flugzeuges von der Richtung zum Zielsender und der linke Zeiger ein relatives Maß für die Entfernung zum Sender. Das linke Sichtgerät KJ 130 dient zur Seitenbestimmung.

Diese Zielfluganlagen waren in den Flugzeugen der Deutschen Lufthansa eingeführt, sie haben sich in vielen Flügen bewährt. Für den Bereich der Luftwaffe wurde ab 1937 die Ausführung 121 N mit dem Empfänger E 414 N = EZ 2 geliefert. Die Luftwaffenbezeichnung dieses Bordpeilgerätes war Peil G V. Der Peilrahmen RP 3 wurde ab 1939 durch den HF-Eisenpeilrahmen PRE 3 ersetzt. Dieser von der Firma Siemens entwickelte, wesentlich kleinere Rahmen konnte unter einer Plexiglashaube untergebracht werden, verringerte so den Luftwiderstand und beeinflußte nicht das Schußfeld. Das Gerät für den Rahmenantrieb wurde mit dem Funkpeiltochterkompaß der Patin-Fernkompaßanlage zu dem Funkpeilanzeigegerät zusammengefaßt.

Die einzelnen Geräte der Bordpeilanlage Peil G V zeigt das Bild mit den beiden Ausführungen der Rahmenantennen, den Anzeigegeräten AFN 1 und AFN 2, dem Funkpeilanzeigegerät mit Patin-Fernkompaß und Fernbediengerät sowie den Empfänger EZ 2 in der Vorder- und Rückansicht. Um mit den Bordpeilanlagen Peil G V auch vollautomatische Peilungen mit selbsttätigem Einlaufen des Peilrahmens in das richtige Minimum durchführen zu können, wurden von den Firmen Friesecke und Höpfner (F. & H.) und von Patin entsprechende Zusätze entwickelt. Der automatische Peilzusatz APZ 5 von F. & H. sah einen zusätzlichen Umformer U 11, einen Verstärker V 1, einen elektrischen Rahmenantrieb APR 3 und einen Funkbeschicker vor, der mit der Funkpeiltochter verbunden war. Bei dieser Anlage wurde der Strom des Anzeigegerätes nach Verstärkung zum Steuern des mit dem Umformer zusammengebauten Leonard-Generators benutzt, der den Rahmenmotor je nach Amplitude und Polarität des Stromes im Anzeigegerät langsam oder schnell nach links oder rechts laufen ließ. Die Patin-Peilanlage APZ 2 war ähnlich aufgebaut; die Verstärkung des Stromes des Anzeigegerätes erfolgte jedoch über zwei hintereinander geschaltete Patin-Drehspulrelais. Die gesamte Zusatzanlage zum Bordpeilgerät Peil G V zeigt das Bild. Der abgeänderte Peiltochterkompaß PKT/p2 (ohne den Kurbelantrieb und der Funkbeschickungsscheibe) ist im Bild zu sehen.

Mit diesen Geräten mit automatischem Peilsuchlauf waren die Voraussetzungen für die Aufschaltung des Funkzielanfluges auf die automatische Kurssteuerung gegeben. In

Geräte der Bordpeilanlage Peil G V: Patin-Mutterkompaß und Funkpeiltochter, Fernbedienung für Empfänger EZ 2.

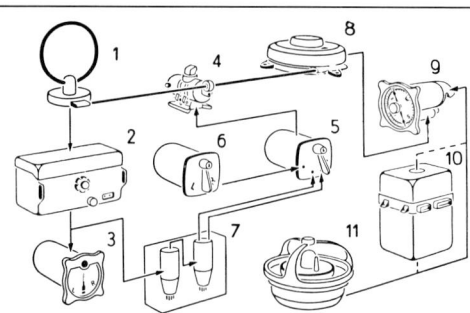

1. Peilrahmen
2. Peilempfänger
3. Anzeigegerät für Funknavigation
4. Peilrahmenmotor
5. Peilumschalter
6. Rahmendrehschalter
7. Relaiskasten
8. Funkbeschicker
9. Peiltochterkompaß
10. Kurszentrale
11. Mutterkompaß

Patin-Peilanlage APZ 2 mit Peil G V und Mutterkompaßanlage.

einem Auswertegerät genannten Verstärker mußten jedoch die Stromimpulse des Peilgerätes geglättet und den Erfordernissen der Kurssteuerung angepaßt werden.

Funklandeverfahren

Die in den 30er Jahren in Deutschland entwickelten Funklandeverfahren wurden zunächst mit Hilfe der Fremdpeilung von einem Peilhaus am Flugplatzrand in Richtung der Haupteinflugrichtung unter Beachtung bestimmter Flugprozeduren und Regeln für den erforderlichen Funkverkehr durchgeführt. Bei einer ausreichenden Wolkenuntergrenze über in der Anflugrichtung liegende Höhenhindernisse wurde das **Durchstoßverfahren** angewendet.

In der weiteren Entwicklung wurde dieses Verfahren zum **ZZ-Verfahren** ausgebaut. Hierbei kann die Wolkenuntergrenze unter der Höhe der Bodenhindernisse bzw. bis zur erforderlichen Sichthöhe für eine Landung mit Bodensicht reichen. Die Besonderheit bei diesem Verfahren besteht in der Ortung nach Geräusch durch den Peilleiter beim Überfliegen der Flugplatzgrenze beim ersten Überflug und in der Anweisung zum Durchstoßen der Wolkendecke beim Landeanflug. Ist die Anflugrichtung durch das Hören des Motorgeräusches durch den Peilleiter als richtig erkannt, wird vom Bodenfunker die Buchstabengruppe ZZ durchgegeben. Zwischen den beiden Buchstaben wird noch der letzte Buchstabe der Kennung der Navigationsfunkfeuer eingefügt.

UKW-Landefunkfeuer-Verfahren

Nach einem Vorschlag von *Ernst Kramar* wurde von der Firma C. Lorenz AG (Berlin) ein UKW-Leitstrahlverfahren im 33 MHz-Bereich entwickelt. Am Ende der Landebahn befindet sich eine Dipolantenne D mit zwei seitlichen Reflektoren R 1 und R 2. Die Strahlung des Dipols wird durch die Reflektoren spiegelbildlich verformt, indem diese durch Schließen der Relais 1 bzw. 2 nur noch im Punkt-Strich-Rhythmus wirksam werden. In der Schnittlinie der beiden Strahlungsdiagramme setzen sich die Punkte und Striche zu einem Dauerstrich zusammen, so daß eine Richtung gekennzeichnet wird (die Leitstrahlebene); bei einer Abweichung von dieser Richtung tritt das eine oder das andere Tastzeichen hervor (Seitenkennung). Zur weiteren Erleichterung des Anfluges bei schlechter Bodensicht befindet sich in 3000 m Entfernung vom Aufsetzpunkt ein Sender mit einem vertikal gerichteten Strahlungsdiagramm, dem Voreinflugzeichen; in einem Abstand von 300 m ein weiterer Sender, dem Haupteinflugzeichen.

Die Tastfolgen der Sender beim UKW-Landefunkfeuerverfahren werden nach einer Sekunde wiederholt.

Die Anordnung des Leitstrahlsenders, der Vor- und Haupt-

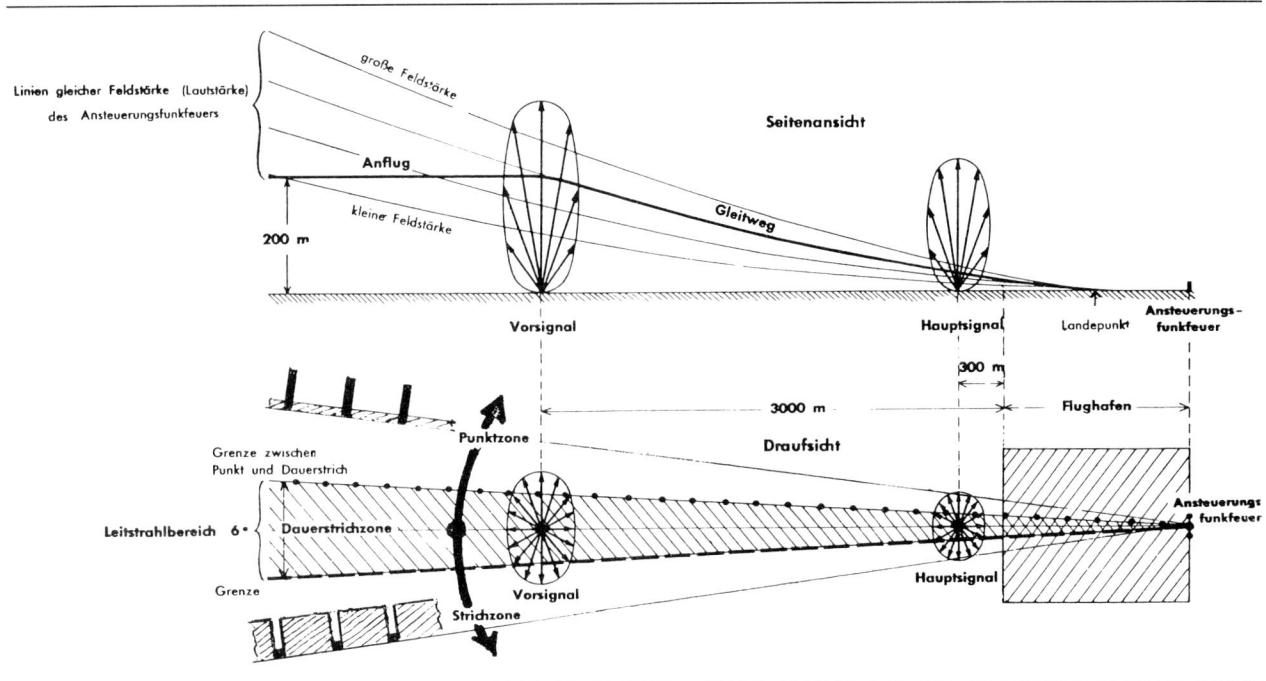

Anordnung der Sender des UKW-Landefunkfeuers zum Landeplatz und zur Erklärung der Landezeichen.

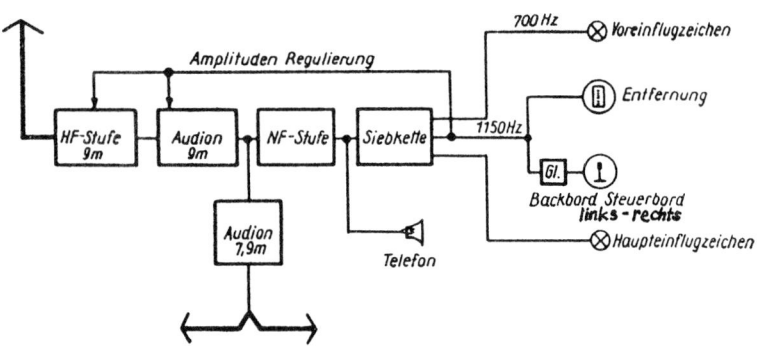

Schema der Bordempfangsanlage für UKW-Landefunkfeuer.

einflugzeichensender in bezug zur Landebahn ist aus dem Bild ersichtlich.

Nachdem 1933 auf dem Flugplatz Berlin-Tempelhof eine erste Versuchsanlage installiert und mit Erfolg in Betrieb genommen worden war, kamen bis 1938 in Europa eine große Anzahl dieser Landefunkfeuer zur Aufstellung.

Diese Bodenanlagen wurden von Lorenz und in ähnlicher Bauweise von Telefunken gefertigt. Das grundsätzliche Schaltbild der Bordempfangsanlage für das Landefunkfeuer ist im Bild gezeigt, ebenso das Anzeigegerät. Der senkrechte Zeiger zeigt die Abweichung nach Backbord oder Steuerbord (später in links und rechts vom Leitstrahl befindlich einheitlich bezeichnet); der waagerechte Zeiger stellt ein relatives Maß für die Entfernung zum Landekurssender dar.

UKW-Leitstrahlverfahren »Knickebein«

Eine andere Anwendung fand das UKW-Leitstrahlverfahren im Bereich der Luftwaffe. Um den Kampfflugzeugen den Hin- und Rückflug zu den Einsatzorten bei schlechtem Wetter oder in der Nacht zu erleichtern, wurde eine UKW-Leitstrahlanlage für große Entfernungen, »Knickebein« FuSAn 721, von Telefunken nach Angaben der Erprobungsstelle der Luftwaffe, Rechlin (Dr. Plendl), entwickelt. Die Antennenanlage bestand in einem 30 m hohen Rahmen, der auf einem Schienenkreis von 90 m Durchmesser auf Laufrollen durch einen Elektromotor in die gewünschte Richtung gedreht werden konnte. Auf der Basis des Rahmens befand sich der 500 Watt UKW-Lande-

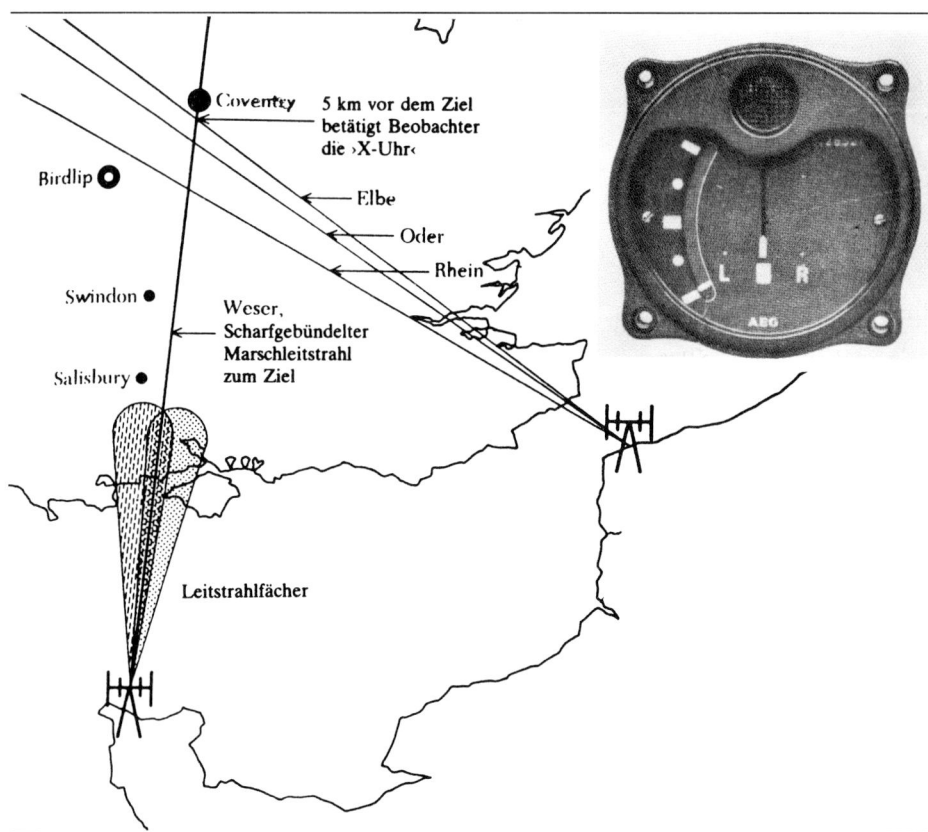

Prinzipskizze für das »X-Verfahren«: X-Baken erzeugen den Marschleitstrahl »Weser« durch das Ziel, und die Querstrahlen »Rhein«, »Oder«, »Elbe« die Leitstrahlen für die Geschwindigkeitsmessung; oben rechts Anzeige der Abweichung zum Leitstrahl.

sender für den Frequenzbereich von 30,0–33,3 MHz. Zwei aus je acht Dipolen und acht Reflektoren bestehende Antennenhälften waren nebeneinander in einem Winkel von 165° angeordnet. Mit dieser »geknickten« Anordnung wurde ein Leitstrahl mit einem Öffnungswinkel von nur ± 0,3° erzeugt, der mit dem FuBl 1 bei 6500 m Flughöhe noch bis zu 500 km Entfernung benutzbar war. Die Tastung und Modulation entsprachen derjenigen der Landefunkfeuer. Die Sendeanlage bei Kleve an der holländischen Grenze wurde im Jahr 1939 erstellt. Senkrecht gespannte Drähte sind die Dipole und Reflektoren der Antennen. Zwei weitere Sendeanlagen dieser Art wurden bei Stollberg/Schleswig-Holstein und bei Lörrach errichtet. Für den Bombenwurf wurde der Angriff nach dem X-Verfahren in folgender Weise durchgeführt: Die Bomber flogen auf dem Leitstrahl A in Richtung zum Ziel (in England), mit Hilfe der Leitstrahlen B und C wurde eine Meßstrecke zur Ermittlung der tatsächlichen Geschwindigkeit über Grund gebildet. Diese Werte wurden für die Errechnung des Bombenabwurfzeitpunktes mit Hilfe einer besonderen Stoppuhr, »X-Uhr« genannt, benutzt.

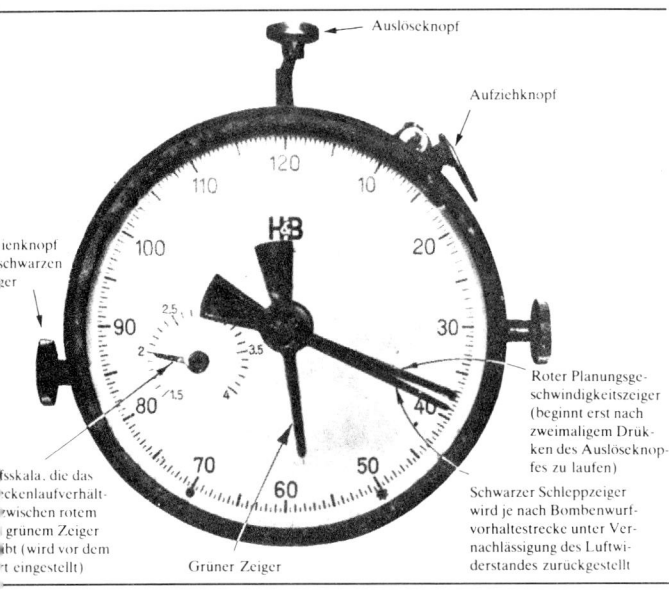

»X-Uhr« zur Bestimmung der Fluggeschwindigkeit und des Zeitpunks für den Bombenabwurf zum Ziel.

Ab 1940 wurden noch zehn kleinere »Knickebein«-Anlagen aufgestellt, die nur noch einen Schienenkreis von 45 m Durchmesser benötigten. Die Antenne bestand aus 2 × 4 in der Mitte gespeisten Dipolen mit Reflektoren. Durch die Verwendung von dicken Dipolrohren konnten diese Anlagen ohne Änderung der Antenne vor den Einsätzen von 30,0 auf 31,5 oder 33,3 MHz umgeschaltet werden. Die Reichweite gegenüber der großen »Knickebein«-Anlage war praktisch gleich groß, der Öffnungswinkel des Leitstrahls vergrößerte sich jedoch auf ± 0,6°. An Bord der Flugzeuge wurde als Empfangsanlage das Funklandegerät FuBl 1, ab 1941 die verbesserte Ausführung FuBl 2, wie vom Landeanflug gewohnt, benutzt.

UKW-Leitstrahlverfahren »Y-Verfahren/Kampf«

Bereits im Jahre 1939 hatte sich die E-Stelle Rechlin Gedanken für einen späteren Nachfolger des X-Verfahrens gemacht. Der Marschleitstrahl sollte beibehalten, die Position der Flugzeuge darauf sollte am Boden mit Hilfe eines Entfernungs-Meßverfahrens (E-Meßverfahren) ermittelt werden. Durch diese Verlagerung des Hauptaufwandes auf den Boden sollten höhere Genauigkeiten erreicht werden. Dafür war die Zahl der gleichzeitig auf dem Leitstrahl geführten Flugzeuge geringer. Die UKW-Vielstrahlbaken »Wotan II« strahlten im Frequenzbereich 42–48 MHz mit einer Antennenanlage mit 7 Dipolen und 7 Reflektoren ein keulenförmiges Diagramm ab. Durch Zutastung der beiden Dipole 8 und 9 entstanden zwei Leitstrahlen im Winkel von etwa 20°. Davon wurde der eine als Marschleitstrahl, der andere meist für den Rückmarsch verwendet. Die Tastung erfolgte durch einen motorangetriebenen Differentialkondensator mit Glühlampenlast für die Sendepausen. Es wurde nun 176mal pro Minute die Richtantenne mit einer Keule, dann die zwei Dipole mit der Kardionale, dann die Glühlampenlast an den Sender geschaltet. Es entstand so eine schnelle Strich-Strich-Tastung mit kurzer Sendelücke im Verhältnis 8:8:1.

Als zugehöriges Bordgerät wurde das ebenfalls bei der E-Stelle Rechlin entwickelte und von Heliowatt gefertigte UKW-Leitstrahlempfangsgerät FuG 28a verwendet. Es bestand aus dem Empfänger E 17 und dem Auswertegerät AW 28a. Das Auswertegerät enthielt einen Motor, der über einen Nockenscheibensatz 180 Schaltungen/Minute ausführte und damit etwas schneller als die Bakentastfrequenz war. Die Tastung mit drei Zeichen pro Sekunde war erforderlich, um eine stetige Anzeige bzw. ein stetiges Gleichstromsignal für die Aufschaltung auf die Kurssteuerung zu ermöglichen. Die Kontakte leiteten die Empfängerausgangsspannung an zwei hintereinandergeschaltete Kondensatoren, die dadurch aufgeladen wurden. Die Differenzspannung beider Kondensatoren steuerte nun zwei Röhren derart an, daß in der nachgeschalteten Brückenschaltung stets dann ein Gleichgewicht herrschte, wenn die Feldstärken der beiden Strich-Strich-Tastungen gleich waren. Bei Abweichungen vom Leitstrahl nach links oder rechts ergaben sich entgegengesetzte Brückenströme mit entsprechenden Ausschlägen des Anzeigeinstruments. Die Sendelücke bewirkte ein Abfallen der Magnetkupplung zwischen Motor und Nockenschalter, bis der nächste Sendezyklus einsetzte. Auf diese Weise wurde eine Zwangssynchronisation zwischen der Leitstrahlbake und dem Bordempfänger hergestellt. Zum Y-Gerät an Bord gehörte neben dem FuG 28a das UKW-Relais-Sende-Empfangsgerät FuG 17E, das mit der Entfernungsmeßeinrichtung am Boden zusammenarbeitete.

Jäger-Landeverfahren

Im Rahmen des »Jägernotprogrammes« war das FuBl 2 nur noch im Nachtjäger Ju 88 vorgesehen. In den übrigen Flugzeugen war der EBl 3 für den Empfang der Einflugzeichen in der Funknavigationsanlage FuG 125 enthalten. Aus diesem Grunde wurden die – zum Teil auch mobilen – UKW-Landeanlagen umgerüstet. Der Leitstrahlsender (Anflugfunkfeuer) wurde bis zu 40 km hinter der Landebahn angeordnet und die auf der gleichen Frequenz arbeitenden Einflugzeichensender (Voreinflug- und Haupteinflugsender) in einer Entfernung von 20 km bzw. 3 km vor der Landebahn aufgestellt. Der Pilot konnte so den Platzanflug bei Schlechtwetterbedingungen bereits über den Wolken beginnen und die Wolken im Geradeausflug durchstoßen. Durch die neue Lage der Einflugzeichensender blieb auch mehr Zeit für Höhenkorrekturen.

Funk-Höhenmesser FuG 101

Nach mehrjährigen Vorarbeiten wurde 1940 von Siemens-LGW der frequenzmodulierte Höhenmesser FuG 101 in Serie gefertigt und ab 1942 in alle größeren Flugzeuge eingebaut. Die Anlage besteht aus einem kleinen, in einem Tragflügel untergebrachten Sender S 101, einem ebenso kleinen, gleichfalls dort angeordneten Empfänger E 101 und einem im Blickfeld des Piloten liegenden Anzeigegerät AFN 101 sowie aus dem Umformer U 101. Sender und Empfänger werden in ihren Einbaugehäusen so in die Tragfläche eingesetzt, daß nur noch der windschnittige Antennenmast mit den Antennenstäben aus der Unterseite der Tragfläche hervorragt. Das Anzeigegerät besitzt zwei Meßbereiche; der eine reicht von 0 bis 150 m, der andere von etwa 30 bis 1500 m. Der Sender enthält einen Drehkondensator mit Motorantrieb im Senderschwingkreis, der bewirkt, daß die Senderfrequenz periodisch zwischen zwei Endwerten verändert (gewoppelt) wird. Für den Meßbereich bis 150 m wird die Senderfrequenz von 375 MHz um ± 19 MHz und für den Meßbereich bis 1500 m um 1,9 MHz gewoppelt. Da die in Richtung Erdboden abgestrahlte und dort reflektierte Momentanfrequenz f_1 einen längeren Weg zur Empfangsantenne zurücklegen muß als die direkt von der Sende- zur Empfangsantenne gelangende Momentanfrequenz f_2, ergibt sich im Empfängereingang eine Differenzfrequenz $f_1 - f_2$, welche proportional zum Bodenabstand ist. Mit Hilfe eines Frequenzzählers und eines Drehspulinstrumentes kann der Bodenabstand direkt angezeigt werden. Ein derartiger FM-Höhenmesser eignet sich besonders gut für genaue Messungen in niedrigen Abständen über der flachen Landebahn; beim Überfliegen von Bäumen, Häusern usw. wird jedoch in Abhängigkeit von der Antennenbündelung ein Mittelwert aus den erfaßten senkrechten und schrägen Entfernungen gebildet.

Eine verbesserte Ausführung des Höhenmessers, das FuG 101 A, hatte die Meßbereiche 0–150 m und 0–750 m; dabei wurde der Woppelhub auf ± 4 MHz verringert. Von diesen Funk-Höhenmessern wurden über 30 000 Stück hergestellt. Für die bei Siemens-LGW entwickelten Blindlandeanlagen war damit eine wichtige Voraussetzung geschaffen.

Funk-Auswerte- und Aufschaltgeräte für Kurssteuerungen

Die ersten Aufschaltversuche eines Zielflugpeilgerätes auf eine Kurssteuerung erfolgten etwa 1929/30 mit den von der Drahtlos-Luftelektrischen Versuchsanstalt Gräfelfing *(M. Diekmann)* entwickelten Geräten für einen Zielflug nach Instrumenten mit der Askania-Kurssteuerung Lz 9.

Für die Aufschaltung auf die Kurssteuerung wurde der Instrumentenstrom parallel auf ein Tauchspulgerät geleitet; die Tauchspule betätigte ein Strahlrohr, der Differenzdruck wirkte anstelle des Fernkompasses auf die Kurssteuerung. Mit dieser Versuchsausführung waren die Anflugergebnisse im Gegensatz zur Aufschaltung des Fernkompasses schwingungsfrei und sehr überzeugend. Zu einer Einführung kam es jedoch nicht so schnell. Es wurde bei der Deutschen Luft Hansa vielmehr der Streckenflug mit der Kurssteuerung durchgeführt und die Standlinie nach den Ergebnissen der Funkpeilung korrigiert.

Weitere Entwicklungsschritte auf dem Weg zur Funkaufschaltung auf die Kurssteuerung wurden mit der Einführung

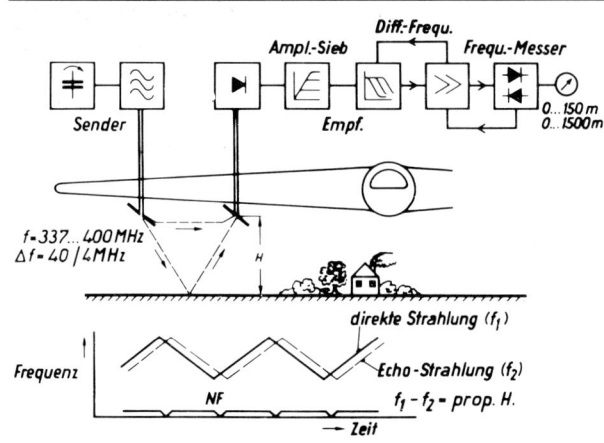

Prinzipschema des elektrischen Höhenmessers FuG 101 mit den Meßbereichen 0 bis 150 m und 0 bis 1500 m.

Schaltung für den Zielflug nach Instrumentenanzeige nach dem Diekmann-Hell-Verfahren.

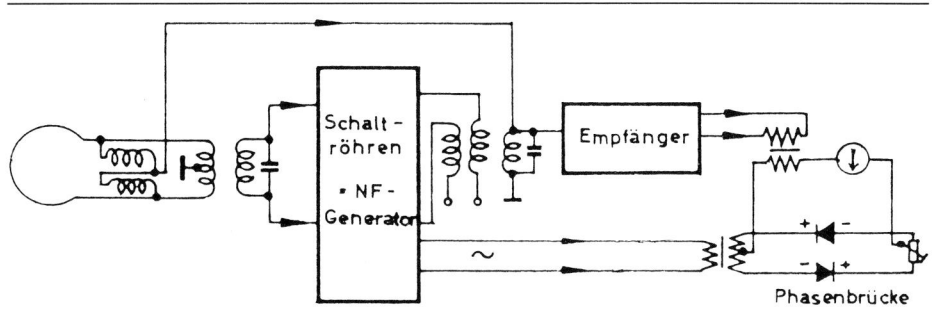

der Telefunken-Zielfluganlage P 53 N im Jahr 1934 und den folgenden Weiterentwicklungen für die Luftwaffe Peil G I bis Peil G VI möglich. Hier mußte zunächst das zuckende Signal der Instrumentenanzeige in ein Gleichstromsignal umgeformt werden. Dieses Gleichstromsignal diente nach entsprechender Verstärkung zur Verstellung der Standlinieneinstellung des Kurskreisels. Eine andere Richtung wurde mit der Einführung der UKW-Leitstrahlverfahren für Zwecke der Luftwaffe durch Entwicklungsreferate der E-Stelle Rechlin eingeschlagen. Zunächst wurde die Möglichkeit der Aufschaltung der Leitstrahlsignale mit dem »Knickebein«-Verfahren untersucht. Nachdem von der E-Stelle *(Dr. Rücklin)* ein Zusatzgerät zum FuG 16 für die Umwandlung der Empfangsimpulse in einen kontinuierlichen Gleichstrom bestimmter Charakteristik entwickelt wurde, waren die Voraussetzungen für die Aufschaltung des Leitstrahles auf die Kurssteuerung K 4ü gegeben. Es wurde von der E-Stelle *(Gert Hahn)* ein Zwischengerät entwickelt, welches in Form eines elektromechanischen Rechengerätes jeder Abweichung vom Leitstrahl eine bestimmte Kursänderung zuordnete und das automatische Aufsuchen des Leitstrahles ermöglichte. Das Leitstrahl-Kurssteuerungs-Zwischen-Gerät (LKZG I) wurde von der Firma Bruhn (Berlin) in einer kleinen Serie gefertigt und bei Kampfeinsätzen unter Verwendung des X-Verfahrens benutzt.
Bei der späteren Anwendung des Y-Verfahrens/Kampf konnte der Leitstrahl unter Verwendung des Auswertegerätes AW 28a und des Aufschaltgerätes LKZG II ebenfalls auf die Kurssteuerung aufgeschaltet werden. Diese verbesserte Ausführung des LKZG enthielt noch eine Vorrichtung zum selbsttätigen Erfliegen des Vorhaltewinkels bei Seitenwind. Mit dieser Einrichtung wurde es möglich, einen Windvorhaltewinkel, der ja eine dauernde Ablage vom Leitstrahl bedeuten würde, schrittweise zu ermitteln und so mit einer Veränderung des ursprünglich eingestellten Leitstrahlkurses auf der Mitte des Leitstrahles zu fliegen. Eine andere Anwendung dieses Aufschaltverfahrens wurde 1941 von der E-Stelle Rechlin *(Dr. Schaeder, G. Hahn)* mit dem Funklenkverfahren »Uhu« für die Jägerführung entwickelt. Für die Durchführung dieser Versuche wurden die Jagdflugzeuge mit dem Empfangsgerät FuG 28a und dem LKZG ausgerüstet; vom Boden wurden durch den jetzt an einer Rundstrahlantenne angeschlossenen Sender Signale übermittelt, die eine Ablage von einem virtuellen Leitstrahl vortäuschten und entsprechende Kursänderungen mit Hilfe der Kurssteuerung ausführten. Die einen Y-Leitstrahl nachahmenden Lenksignale bestanden in einem Strich mit 2 KHz-Modulation bei 50% Modulationsgrad. Auf diesen folgte ein weiterer gleichlanger Strich mit 2 KHz-Modulation, dessen Modulationsgrad an einem »Kurspotentiometer« zwischen 10 und 90% eingestellt werden konnte. Nach der Synchronisierungslücke begann der nächste Tastzyklus. Damit konnte die Jägerleitstelle vom Boden aus das Jagdflugzeug zunächst durch Sprechfunk auf einen Kurs führen, der zum Gegner führte. Nach Erreichen dieses Kurses erfolgte die Aufschaltung des Leitstrahles auf die Kurssteuerung. Damit wurde eine Fernlenkung des Jagdflugzeuges von der Bodenstelle aus durch Verstellen des Kurspotentiometers von der Mittelstellung (entsprechend 50% Modulationsgrad) auf einen größeren oder kleineren Wert ermöglicht. Auf diese Weise konnten Kurskorrekturen bis zu ± 30 ° mit Wendegeschwindigkeiten von 2 °/s von der Bodenstelle nach den Ergebnissen der Funkortung, ohne vom Gegner mithörbaren Sprechfunk zu benutzen, ausgeführt werden.
Um eine Aufschaltung des UKW-Landefunkfeuers zu ermöglichen, wurde von der Firma Friesecke & Hoepfner das Auswertegerät AWG 1 entwickelt. In diesem Gerät wurden die Signale der üblichen UKW-Landebake, die mit einer Tastung/Sekunde arbeitete, in einen stetigen Gleichstrom der geforderten Charakteristik umgeformt. Mit dem LKZG und der Kurssteuerung zusammengeschaltet, wurden eine große Anzahl von Landeanflügen von der E-Stelle, Rechlin, mit den Flugzeugen W 34, Ju 52 und He 111 erfolgreich durchgeführt. Das Verfahren zur Aufschaltung des UKW-Landefunkfeuers wurde von Siemens-LGW weiterentwickelt; es führte 1944 zu einer Kursfunkanlage 127-8517 A. In dem Bild ist eine Übersicht für die Aufschaltung der UKW-Blindlandeanlage auf eine Kurssteuerung zu sehen. Der Wirkungsverlauf: In der Zwischenkupplung

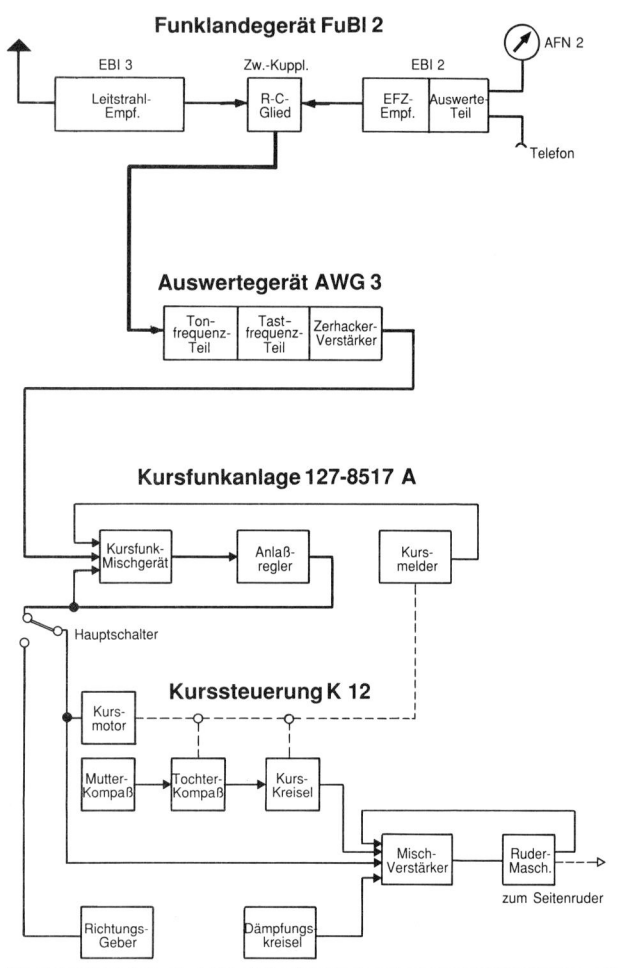

Prinzipschema der Aufschaltung der Funk-Blindlandeanlage auf die Kurssteuerung K 12.

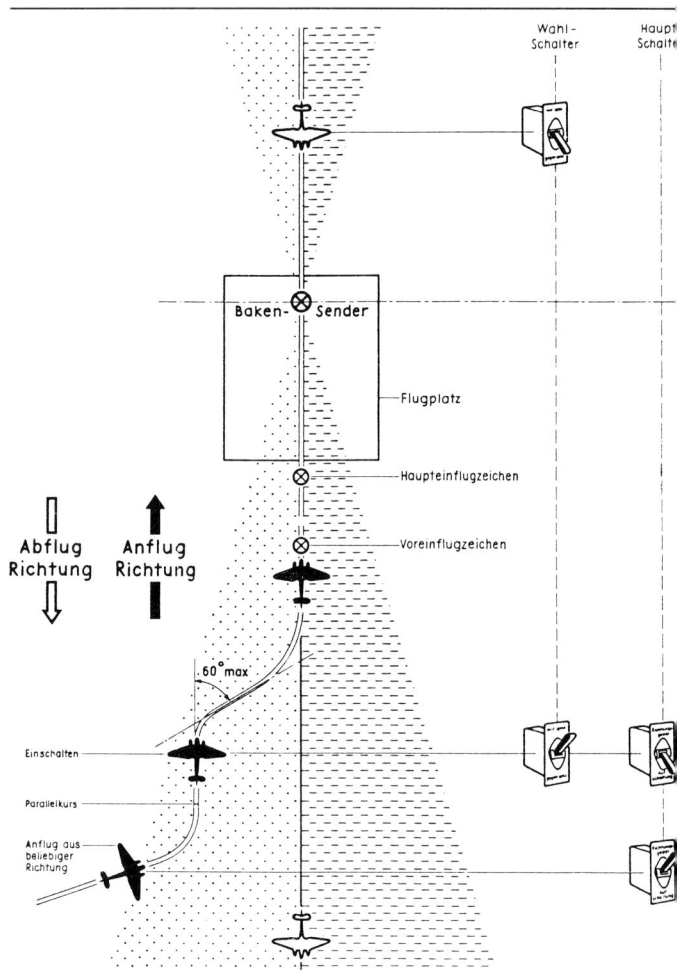

Bakenan- und Abflug mit Kurs-Funk-Anlage und Standlinienaufschaltung.

befindet sich eine R-C-Schaltung, die in der Regelleitung vom EBl 2 zum EBl 3 zur Erhöhung der für eine Auswertung der Tastung erforderlichen Regelzeitkonstante liegt. In dem Auswertegerät AWG 3 wird die vom Empfänger EBl 3 gelieferte Tonfrequenz von 1150 Hz, die mit 1 Hz Tastfrequenz mit Punkt- und Strichzeichen amplitudenmoduliert ist, zunächst in dem Tonfrequenzteil verstärkt und durch eine Regelung der Verstärkung auf etwa konstante Amplitude gebracht. Nach erfolgter Gleichrichtung wird im nachfolgenden Tastfrequenzteil die Auswertung der Tastung durch Messen der Amplitudendifferenz von Punkt- und Strichzeichen, die sich wie 1:7 verhalten, vorgenommen. Im nachfolgenden Zerhacker-Verstärker erfolgt die Verstärkung und Anpassung der Gleichspannung an den niederohmigen Ausgang von 1000 Ohm. Im Kursfunkmischgerät werden in einem Magnetverstärker die Steuer- und Rückführungsströme summiert und nach Verstärkung im Anlaßregler zur Steuerung des Regelmotors benutzt. Der Anlaßregler enthält ein Potentiometer, dessen Schleifer von dem Regelmotor verstellt wird. Der Schleifkontakt steuert seinerseits den Kursmotor der Kurssteuerung. Der Kursmotor wiederum verstellt über die Antriebswelle die Sollkurseinstellung des Kurskreisels. Zur Rückmeldung an die Kursfunkanlage wird über die mechanische Welle und über eine Magnetkupplung die Verstellung des Sollkurses von Augenblick des Aufschaltens an auf das Mischgerät zurückgeführt. Die Kurssteuerung führt das Flugzeug über den Mischverstärker und die Rudermaschine auf den Leitstrahl. Die Situation beim Anflug auf den Bakensender: Das Flugzeug wird vom Piloten auf einen Kurs parallel zur Landestandlinie geführt. Nach Aufschalten der Kurs-Funkanlage auf die Kurssteuerung wird das Flugzeug automatisch zum Leitstrahl des Bakensenders geführt und bis zum Aufsetzen auf die Landebahn auf dem Leitstrahl gehalten.

Fernlenkung von Flugzeugen über Funk

Schon im Jahr 1913 hatte *Franz Drexler* zum Schluß einer Artikelreihe »Zur Frage der automatischen Flugmaschinensteuerung« geschrieben:

». . . Zum Schluß möchte ich noch auf eines hinweisen: Man hat neuerdings viel von dem drahtlos gesteuerten Boote des Nürnberger Wirth lesen und hören können. Technische Schwierigkeiten kann es wohl kaum bereiten, die Rädchen R oder die Widerstände S vermittels Hertzscher Wellen beliebig einzustellen, so daß wir, sobald sich im Prinzip der Stabilisator bewährt hat, in der Lage wären, führerlose Flugzeuge vom Lande aus zu steuern. Von welch eminenter Bedeutung solche ›Lufttorpedos‹ namentlich für das Kriegswesen sein müßten, ist ohne weiteres augenfällig . . .«

Bis zu seinem Tod 1929 hat *Drexler* sich immer wieder mit dieser Aufgabe der Fernlenkung befaßt, ohne jedoch die Anwendung zu erleben. Während seiner Tätigkeit als Leiter der EFKA-Versuchsabteilung in Döberitz bei Berlin in den Jahren 1916/18 beschäftigte sich *Drexler* neben der Entwicklung und Erprobung von Kreiselgeräten und Flugzeugselbststeuerungen auch mit der Aufschaltung von Funksignalen auf den Zweiachsen-Lagenregler. Mit Hilfe von Funksignalen und Elektromotoren wurde die Basiseinstellung des Horizontkreisels in der Längs- und Querlage verstellt und so eine Fernlenkung des Flugzeuges ermöglicht. Wie der an diesen Versuchen beteiligte *W. Schmidt* berichtete, waren doch schon einige Erfolge zu verzeichnen. Nach einer anderen Quelle wurden 1918 von der FT-Versuchsabteilung unter Oberleutnant *Erich Niemann* in Döberitz erfolgreiche Flugversuche mit unbemannten, drahtlos ferngesteuerten Flugzeugen, »Fledermausapparate« genannt, durchgeführt. Für die Kommandoübertragung zum Flugzeug und für die Rückmeldung zum Boden wurden Funkgeräte der Firma Siemens verwendet. Der Höhenmesser tastete mit Hilfe elektrischer Kontakte den Bordsender so, daß man am Boden jeweils die barometrische Flughöhe wußte. Zur Standortermittlung des Flugzeuges wurden zwei Peilstationen am Boden verwendet, die die Zeichen des Bordsenders anpeilten. Die drahtlosen Kommandos bewirkten Kurskorrekturen, die Auslösung von Bomben oder der Bordkamera und die Rückkehr zum Startplatz. Dort wurde das Flugzeug durch entsprechende Kommandos auf den Kopf gestellt und im Heck ein großer Fallschirm ausgelöst, mit dem das Flugzeug verhältnismäßig weich landen sollte. Im Jahr 1926 vergab das Heereswaffenamt Entwicklungsaufträge für Flugzeugselbststeuerungen an *Franz Drexler* und für Fernlenkanlagen für Flugzeuge an die »Drahtlos-Luftelektrische Versuchsanstalt Gräfelfing« unter *Professor M. Diekmann*. Hierbei sollten auch die vielfältigen Ideen von *Drexler* auf ihre Anwendbarkeit untersucht werden (über die Entwicklungsarbeiten von *Drexler* an den Flugzeugselbststeuerungen, geeignet für die Fernsteuerung über Funk). Es entstand eine komplexe Funklenkanlage für Flugzeuge, deren Komponenten aber in Motorbooten untersucht wurden. Die Geräte waren manchmal etwas »eigenwillig« und bekamen daher den Spitznamen »Dackel«. Zu einer Erprobung im Flugzeug kam es offenbar nicht mehr.

Etwa zur gleichen Zeit erteilte das Reichsmarineamt an die Firma Siemens & Halske einen Auftrag zur Entwicklung eines automatisch gelenkten Flugzeuges. Der dafür benötigte automatische Pilot für Flugzeuge wurde von der Meßgeräte Boykow, Berlin, entwickelt, während die drahtlose Kommandoübertragung vom Befehlsflugzeug an das ferngelenkte Flugzeug mittels einer speziellen Sende- und Empfangsanlage von Siemens entwickelt werden sollte. Über die Entwicklung der Kommandogeräte berichtete *Eduard Fischel*:

». . . Zur Fernlenkung des Zielflugzeuges waren auch Kommandogeräte notwendig, mit deren Entwicklung ich beauftragt wurde. Daß ich diesen Teil allein durchführen durfte (heute würde man sagen als Projekt-Ingenieur), gab mir besonderen Auftrieb. Mein Chef empfahl, für diese Geräte das Start-Stopp-Prinzip des Fernschreibers zu benutzen, der damals noch mit elektrischen Relais arbeitete. Mein Ziel war, alles nach einem amerikanischen Vorbild mechanisch auszuführen, womit ich Volumen und Gewicht zu sparen hoffte. Die Kodierung der Kommandoanlage des Zielschiffes ›Zähringen‹ war noch auf dem Zehnersystem aufgebaut; für meine neue Aufgabe sollte ich das Dualzahlsystem verwenden, da es wesentlich weniger Stromimpulse verlangte. Zur Übertragung der geforderten 32 Kommandos benötigte dieses System nur 5 Stromimpulse, während das Zehnersystem auf deren 13 angewiesen war. Um dieses zu beweisen, lud mich mein Chef auf dem Nachhauseweg in ein kleines Café gegenüber dem Charlottenburger Ratskeller ein, wo er mit Unterstützung von Curacao-Kakao den Vergleich durchführte. Die Beweisführung gelang durchschlagend, und seit dieser Zeit verbinden sich bei mir Dualzahlen und dieser Likör zu einem Begriff. Die Entwicklung des Kommandogeräts machte mir viel Freude, da eine Menge von neuen Problemen zu lösen war, wie automatische Drehzahlregelung (des Antriebsgenerators für die Versorgungsspannung), mechanische Umwandlung der 32 Kommandos in die Dualzahl auf der Geberseite und rückwärts in dekadische Zahlen auf der Empfängerseite. Besonderes Augenmerk mußte der Kleinhaltung der Zeitkonstante des Startrelais gewidmet werden, des einzigen elektrischen Relais der Anlage. Nach etwa einem Jahr waren die Geräte entworfen, konstruiert und gebaut. Mein Chef war stolz, sie der Siemens-Telegraphenabteilung vorzuführen, die auch damit begonnen hatte, ihre elektrische Fernschreibmaschine auf reine Mechanik umzustellen . . .«

Die Boykow-Selbststeuerung, die Siemens Sende- und Empfangsanlage und die Kommandogeräte wurden in ein Flugzeug F 13 der Seeflugversuchs-Anstalt in Kiel-Holtenau eingebaut. Nach Erprobung der einzelnen Anlagen kam es 1929 zu der Erprobung der Fernlenkung des Flugzeuges. *Fischel* berichtete darüber:

». . . Mit der geschilderten Selbststeuerung machten wir mehrere Flüge, deren Krönung eine abschießende Vorführung vor dem Auftraggeber bildete. Dabei wurde auch die drahtlose Kommandoübertragung eingesetzt. In der Sendermaschine flogen Marineoffiziere mit und gaben die Kurskommandos, die vom Empfangsflugzeug aufgenommen und dem Flugzeugführer optisch übermittelt wurden. Er leitete über das Kurvenfluggerät die befohlenen Kursänderungen ein. Nur ein Kommando ließen wir automatisch ausführen, nämlich den fingierten Abwurf einer ›Bombe‹. Dazu hatten wir mit Hilfe einer elektrischen Auslösevorrichtung (Kasten mit sich öffnendem Boden) eine Flasche mit fluoreszierender Flüssigkeit gefüllt. Die Vorführung gelang gut: man steuerte einen dahinfahrenden Frachter unbekannter Nationalität an. Die Bombe wurde drahtlos ›ausgelöst‹, und der Flecken erschien alsbald längsseits des Schiffes . . .«

Mit dieser Vorführung waren die Versuche für ein ferngelenktes Flugzeug beendet. Auch dieses Mal war nur ein weiterer Schritt getan; das Ziel noch nicht erreicht!
Nachdem 1934 die Siemens-Flugerprobungsabteilung *Paul Eduard Köster* übergeben wurde, hat *Köster* mit großer Initiative die Erprobung und Entwicklung der automatischen Blindlandung vorangetrieben. Als ein wichtiger Zwischenschritt wurde die Fernlenkung eines Flugzeuges betrieben. Es wurden Geräte entwickelt und erprobt, die auf der Basis der Siemens-Dreiachsensteuerung D 4 zu einer Anlage für die Fernsteuerung einer dreimotorigen Ju 52 geeignet waren. Die Fernsteuerung und der Kommandostand wurden unter Anlehnung an die Erfahrung mit dem ferngesteuerten Zielschiff »Zähringen« vom Siemens & Halske-Zentrallabor entwickelt. Die Kommandos wurden im binären Code nach dem Start-Stopp-System – wie in der Fernschreibtechnik üblich – übertragen. Auf der Abbildung sind die Einrichtungen gezeigt, die bei der ferngesteuerten Ju 52 verstellt werden mußten. Zur Vereinfachung der Kommandogabe waren im wesentlichen nur bestimmte Sammelkommandos zu übertragen. Lediglich für das Höhenruder war eine stetige Kommandoübertragung vorgesehen. Im Bild sind drei Kommandoarten am Kommandostand dargestellt: Höhenverstellung von 1500 m auf 2000 m durch Umschaltung von Reiseflug auf Steigflug und eine Kursänderung von 90° auf 135°. Durch die Sammelkommandos Reiseflug und Steigflug wurden Veränderungen an der Gasdrosselverstellung sowie am barometrischen Höhen-

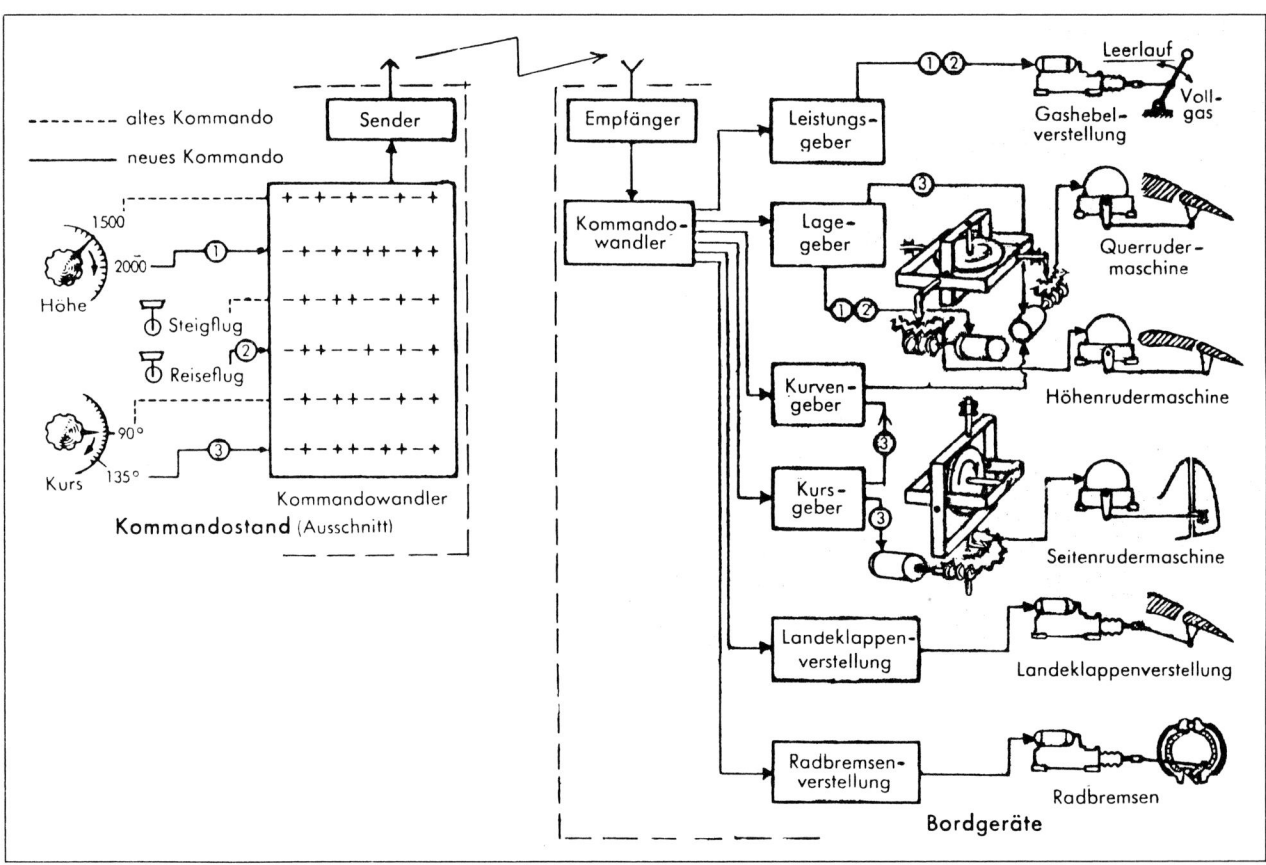

Blockschema des Fernlenkverfahrens »FZ 10« für die Fernlenkung eines Flugzeuges, Siemens-LGW 1939/41.

messer und am Höhenruder veranlaßt. Auf der rechten Seite sind die einzelnen Steuereinrichtungen gezeigt: Leistungsgeber für die Motorenleistung, Lagengeber für die Quer- und Längslage, Kurvengeber für einen koordinierten Kurvenflug, Kursgeber, die Landeklappenverstellung und die Radbremsenverstellung. Mit dieser Anlage war eine Fernlenkung des Flugzeuges, einschließlich Start und Landung, ermöglicht. Zur Fernlenkung waren zwei Kommandostände vorhanden: einer am Boden, der zweite an Bord einer Ju-52-Begleitmaschine. Nach der Flugerprobung in Diepensee bei Berlin sollte eine einmalige Flugvorführung stattfinden. Dazu schreibt *Rudolf v. Freydorf,* ein Beteiligter:

». . . Im Mai 1940 wurde die mit einer Dreiachsen-Flugregelung und Triebwerksautomatik versehene Ju 52 ferngesteuert der gesamten Prominenz des Reichsluftfahrtministeriums . . . vorgeführt. Hierbei sollte sich im Unterschied zu allen bisherigen Probeflügen keine Besatzung an Bord befinden. Für den Fall, daß die Fernsteuerung versagte – sie war weitgehend labormäßig aufgebaut und hatte noch nicht die große Zuverlässigkeit der dreiachsigen Flugregelung – war auf Wunsch von UDET, der selber an der Vorführung teilnahm, ein Jagdflugzeug Me 109 mit geladener Kanone und laufendem Motor bereitgestellt, das, für den Fall, wenn die Ju 52 außer Kontrolle geriet, sie über unbewohntem Gebiet abschießen sollte . . .

. . . Am Tag der Vorführung, dem 19. 5. 1940, frühmorgens, flog das Gespann nach Peenemünde, wie gewöhnlich mit zwei kompletten Besatzungen. Doch blieb die Besatzung in der ferngesteuerten Maschine während des ganzen Fluges untätig und forderte nur gelegentlich über Sprechfunk Flugbewegungen an, z. B. zur näheren Besichtigung eines eben von einer Frühlingsüberschwemmung heimgesuchten Landstrichs.

Gegen Mittag war dann alles auf dem Peenemünder Flugplatz für die Vorführung bereit. Eine große Zahl von Gästen war versammelt. Die beiden Ju 52 standen mit laufenden Motoren am Startplatz. Ich befand mich in dem gestaffelt hinter der fernzusteuernden Ju 52 stehenden Begleitflugzeug. Als Senior der Versuchsingenieure war mir die ehrenvolle Aufgabe zuteil geworden, das Fernsteuerpult zu bedienen. Die Spannung war groß. Eben hatte sich eine Kontrollkommission des RLM durch Augenschein in der Vorführmaschine vergewissert, daß sich niemand mehr an Bord befand, und diese danach wieder verlassen. Es wurde ernst! Bremsen los, Gasbefehl für die ferngesteuerte, Gas an der eigenen Maschine, und das Gespann hob hintereinander vom Boden ab. Das Vorführprogramm bestand aus Kurven und Achterflügen, aus Steigen und Gleiten rund um den Flugplatz, auch ein Durchstart auf der Landebahn war vorgesehen, dabei auch eine Übernahme der Fernsteuerung durch die Bodenstation. Am Vorführtage hingen kleine, tiefliegende Schönwetterwölkchen über der Landschaft, durch die die Sichtverbindung manchmal kurzzeitig unterbrochen war. Das störte zwar die Vorführung nicht, war aber doch etwas unheimlich und erhöhte das Gefühl des eingegangenen Risikos nicht unerheblich. Aber alles ging gut. Das Gespann setzte nach vollständig durchflogenem Programm wohlbehalten wieder auf der Landebahn auf . . .«

Mit dieser Vorführung war also das erste Mal ein unbemanntes Flugzeug in Deutschland mit einer Fernlenkung über Funk vom Start bis zur Landung geflogen!

»Mistel«-Gespanne bei der Vorbereitung zum Start, 1944/45.

Im Jahr 1944 wurde dieser Gedanke der Fernlenkung eines Flugzeuges durch Funk mit dem Vorhaben »Huckepack«, »Vater und Sohn« oder »Mistel« bezeichnet, wieder aufgegriffen. Zu diesem Zweck baute man aus nicht mehr frontverwendungsfähigen Ju 88 alle entbehrlichen Teile aus und ersetzte die Kanzel durch eine Hohlladung von 3,5 t Gewicht mit vorstehendem Aufschlagzünder. Auf dem Rücken wurde ein Jagdflugzeug Me 109 oder Fw 190 gesetzt, das mit einem Funklenksendegerät FuG 206 und einer Fernbedienung für die Motoren der Ju 88 ausgerüstet war. In der Ju 88 war das Funklenkempfangsgerät FuG 230 h eingebaut. Die pulsierenden Ausgangssignale der Lenkempfänger wurden in Auswertegeräten durch integrierende Verstärker in Gleichströme variabler Amplitude und Polarität umgewandelt, um eine Aufschaltung auf das Kursfunkmischgerät der Autopiloten DK 12 zu ermöglichen. Für den Kampfeinsatz startete die Kombination mit drei Motoren (einer im Jagdflugzeug und zwei in der Ju 88). Zur Erhöhung der Reichweite bezog der Jäger während des Anmarsches sein Benzin aus dem Sprengflugzeug. Bei Annäherung an das Ziel sollte sich der Jäger abkoppeln, das Sprengflugzeug über Funk im Zieldeckungsverfahren ins Ziel lenken und gegebenenfalls ein Sprengkommando geben. Es wurden etwas mehr als 100 Gespanne für Fernlenkung gebaut und auch zum Teil eingesetzt. Das war das erste Mal, daß ein unbemanntes Flugzeug über Funk gelenkt zum Kampfeinsatz geleitet wurde. In einer anderen Ausführung wurde bei einem Kampfeinsatz mit dem Trägerflugzeug Ju 88, ausgerüstet mit der Patin-Dreirudersteuerung, vom Piloten im Jagdflugzeug in etwa 4500 m Flughöhe und 2 km Entfernung die Längslage durch Kippen der Lotzentrale auf das Ziel ausgerichtet und das Jagdflugzeug abgesprengt. Die Ju 88 stürzte – mit der Dreiachsensteuerung gelenkt – ins Ziel.

Siemens-LGW-Blindlandeanlage

Nach vielen Vorentwicklungen und Flugversuchen wurde 1941/42 von Siemens-LGW eine Blindlandeanlage auf der Basis der Siemens-LGW-Dreirudersteuerung DK 12 geschaffen. Mit dieser Anlage wurde der Höchststand der Entwicklung von Autopiloten bei Siemens erreicht. Wegen höherer Dringlichkeit anderer Vorhaben und Einführung der Einheits-Dreirudersteuerung in der Luftwaffe wurden die Arbeiten 1942 eingestellt. Die Blindlandeanlage erlaubte eine weitgehende Automatisierung des Fluges, des Starts und der Landung; sie bildete somit eine erhebliche Entlastung des Piloten und damit auch eine erhebliche Erhöhung der Flugsicherheit. Die Tätigkeit des Piloten bei der Führung des Flugzeuges umfaßte im wesentlichen nur die jeweilige Kommandogabe durch einfache Schalt- bzw. Bediengriffe, z. B. Start-, Kurs-, Lagen-, Höhen-, Landekommando sowie die laufende Überwachung des Fluges. Gleichzeitig gestattete die Anlage eine Reihe von automatischen Navigationsverfahren, die ebenfalls durch einfache Schaltgriffe gewählt und eingeleitet werden konnten. Diese fliegerischen Möglichkeiten wurden erreicht, indem eine Reihe von Steuer- und Navigationsanlagen, welche als bereits im Flugzeug vorhandene, selbständige Einzelanlagen zu betrachten sind, durch besondere »BL-Zusätze« erweitert und gekoppelt wurden. Die Blindlandeanlage wurde aus den einzelnen selbständigen Anlagen und den BL-Zusatzgeräten zusammengestellt: der Kursteil der Dreirudersteuerung DK 12, die Peilanlage Peil V und die Bakenanlage FuG BL 1, erweitert mit Peilzusatz und Bakenzusatz ergeben den BL-Kursteil.

Mit diesem werden ermöglicht:
Auf der Peilseite
– der automatische Peilernachlauf,
– der automatische Peilzielflug,
– der automatische Peilwarteflug,
– der automatische Peilstandlinienflug.
Auf der Bakenseite
– der automatische Bakenan- und -abflug.
Die Höhenachse der Dreirudersteuerung DK 12 und der Funk-Höhenmesser FuG 101, erweitert durch den Höhenzusatz ergeben den BL-Höhenteil.
Dieser gestattet:
– die automatische Höhenhaltung und
– die automatische Landung.
Im Bild ist der Funktionsablauf des BL-Kursteiles für den automatischen Peilnachlauf, dem Peilzielflug und dem Peilwarteflug gezeigt. Im Peilnachlauf wird der Ausgang des Zielempfängers EZ 2 über einen Bolometerverstärker und einem Antriebsregler auf den Peilmotor geschaltet, der über den Peilrahmenantrieb den Peilrahmen und das Funkpeilanzeigegerät solange betätigt, bis die Öffnung des Rahmens zum Sender zeigt. Im Peilzielflug wird die Stellung des Rahmens über ein Funkbeschickungsgetriebe auf eine Peil-Potentiometerbrücke übertragen. Der an der Peil-Potentiometerbrücke abgegriffene elektrische Wert ist ein Maß für den Winkel zwischen der Flugzeuglängsachse und

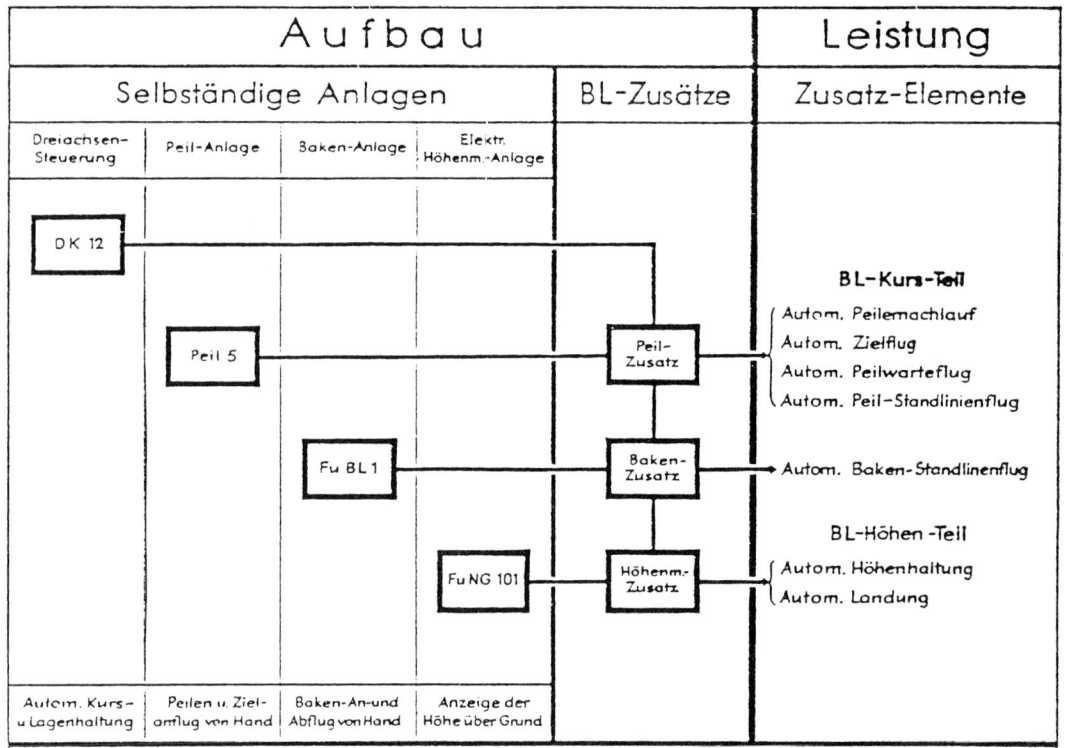

Aufbau der Siemens-LGW-Blindlandeanlage aus der Dreiachsensteuerung DK 12, der Funkanlage Peil V, der Bakenanlage Fu BL 1 und der elektrischen Höhenmeßanlage FuG 101 sowie den Zusatzgeräten Peilzusatz, Bakenzusatz und Höhenmesserzusatz.

Peil-Zusatz

2. Automat. Peilzielanflug auf einen rundstrahlenden Sender, dabei Anflugrichtung bestimmt durch den Standort im Zeitpunkt des Anflugbeginns

3. Automat. Peilwarteflug

Warteflug rechts oder links nach Wahl

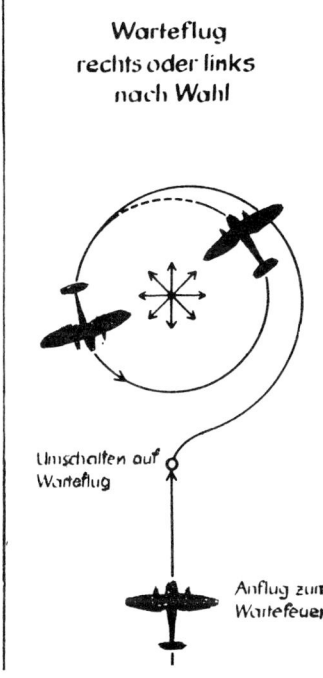

Höhen-Zusatz

1. Automat. Einhalten einer bestimmten, konstanten Höhe über Grund

Automat. Landung

Funktionsschema BL-Kursteil beim automatischen Peilzielflug und Peilwarteflug.

Vertikal-Flugsituation bei automatischer Höhenhaltung über Grund und im Landeanflug.

---

der Peilrichtung, also für die Seitenpeilung; er wird über einen Bolometerverstärker auf den Antriebsregler des Kursmotors geschaltet. Der Kursmotor verstellt über die Welle die Basis des Kurskreiselabgriffs der Kurssteuerung und den Kurskreisel des Autopiloten. Das Flugzeug kurvt so lange, bis die Seitenpeilung zu Null wird und damit das Flugzeug den Sender anfliegt. Zur Einleitung des Peilwarteflugs wird mit dem Navigations-Wahlschalter der Nullpunkt der Peil-Potentiometerbrücke entsprechend einer Rahmendrehung von ca. 40° verstellt. Dabei entstehen bei einer Rechtsdrehung des Rahmens Rechtskurven im Warteflug, bei Linksdrehung Linkskurven. Das Wartefeuer wird also nicht direkt, sondern in einer Spiralkurve angeflogen, derart, daß die Flugzeuglängsachse mit dem infolge des automatischen Peilernachlaufes laufend zum Wartefeuer weisenden Peilrahmen einen Winkel von ca. 40° bildet. Zur Durchführung des Peilstandlinienfluges wird ein zusätzlicher Kursmelder eingeführt. Außer einem Stellungsgeber für die Blindlandetochter und einem Getriebe enthält er ein Potentiometer mit einem normalerweise durch eine Feder in der Mittelstellung gehaltenen Schleiferabgriff, welcher jedoch mittels einer Magnetkupplung fest mit dem Antrieb der Kursgeberrose des Kurskreisels verbunden werden kann. Zur Einleitung des Peilstandlinienfluges wird das Flugzeug auf Standlinienkurs gebracht und bei Anflugbeginn durch Betätigung eines Navigationshauptschalters gleichzeitig auch die Kupplung im Kursmelder eingeschaltet. Damit wird von jetzt ab jede Abweichung des Kurses vom Standlinienkurs am Potentiometer des Kursmelders abgegriffen. Die Stellung des Peilrahmens zur Flugzeuglängsachse sowie die Abweichung des augenblicklichen Kurses vom Standlinienkurs werden nun laufend gegensinnig auf den Bolometerverstärker für die Betätigung der Kursgeberrose geschaltet. Diese wird also solange verstellt, bis der Anflugkurs des Flugzeuges mit der Standlinie zusammenfällt.

Für den Bakenanflug wird der Ausgang des Bakenempfängers EBl 1 über das Bakenaufschaltgerät auf den Bolometerverstärker für die Betätigung des Motors für die Kursgeberrose geschaltet. Das Bakenaufschaltgerät formt die

Punkt-Strich-Tastung des Anflugfeuers in eine aufschaltfähige Gleichstrom-Charakteristik um.

Der Blindlande-Höhenteil ermöglicht den automatischen Flug in konstanter Höhe über Grund und die automatische Landung. Der Anflug und die automatische Landung verlaufen auf folgende Weise: Das Flugzeug fliegt mit eingeschalteter Steuerung, jedoch ohne Höhenaufschaltung, den Landeplatz in einer Höhe von ca. 150 m nach Anzeige des barometrischen oder elektrischen Höhenmessers an. Beim Überfliegen des Voreinflugzeichens legt der Pilot den Höhenschalter ein, wodurch das Flugzeug automatisch auf eine Höhe über Grund von 50 m geführt wird. Beim Überfliegen des Haupteinflugzeichens nimmt der Pilot das Gas weg und leitet damit zugleich die automatische Landung ein. Diese verläuft bei der Ju 52 bis zum Ausrollen vollkommen automatisch.

Bei der Höhenhaltung werden der Abgriff des Längslagengebers im Horizontgerät und der Ausgang des elektrischen Höhenmessers gegensinnig auf den Mischverstärker des Höhenruderteiles der Dreirudersteuerung geschaltet, derart, daß jede Sollhöhenabweichung einer bestimmten Längslage zugeordnet ist. Im automatischen Landeanflug wird nach Betätigung des Höhenschalters die Landekurve über das Landegerät vorgegeben, jede Abweichung davon wird dem Mischverstärker zugeführt und gegensinnig zum Längslagenabgriff geschaltet. Im Landegerät wird die Landekurve durch die exponentielle Entladekurve eines Kondensators gebildet, dadurch wird eine fast ideale Landekurve erreicht. Der lineare Gleitpfad eines Anflugfeuers befand sich zu dieser Zeit in der Entwicklung und stand noch nicht zur Verfügung. Die Flug-Erprobung und -Entwicklung der Blindlandeanlage wurde von der Siemens-Flugerprobungs-Abteilung in Diepensee bei Berlin, vorwiegend mit der Ju 52, durchgeführt. Durch die gutmütigen Flugeigenschaften dieses Flugzeugtyps wurden manche Unzulänglichkeiten während der Entwicklung weniger gefahrvoll überstanden. Bei der Durchführung der Blindlandeversuche wurde die BL-Anlage nicht vom Pilotensitz aus betätigt, sondern von einem besonderen Stand in der Kabine, dem BL-Schulstand. Der Gashebel war durch eine lange Stange mit den Hauptgashebeln im Pilotensitz verbunden (links unten). Mit dem Haupt-Richtgeber (vorn rechts), normalerweise am Handrad direkt angebracht, wurden die Dreirudersteuerung eingekuppelt, die Höhenhaltung aufgeschaltet, Längslagenkommandos sowie Kurvenkommandos gegeben. Als wichtigstes Anzeigegerät war in der Mitte die Blindlandetochter angeordnet, darüber das Bakenanzeigegerät, darunter eine Horizonttochter mit getrennter Quer- und Längslageanzeige, die auch ungeübten Piloten eine schnelle und richtige Ablesung der Quer- und Längslage ermöglichte. Außer den üblichen, für den Flug nach Instrumenten notwendigen Anzeigegeräten, war noch das Anzeigegerät des elektrischen Höhenmessers FuG 101 (rechts neben der BL-Tochter) dazugekommen. Durch den

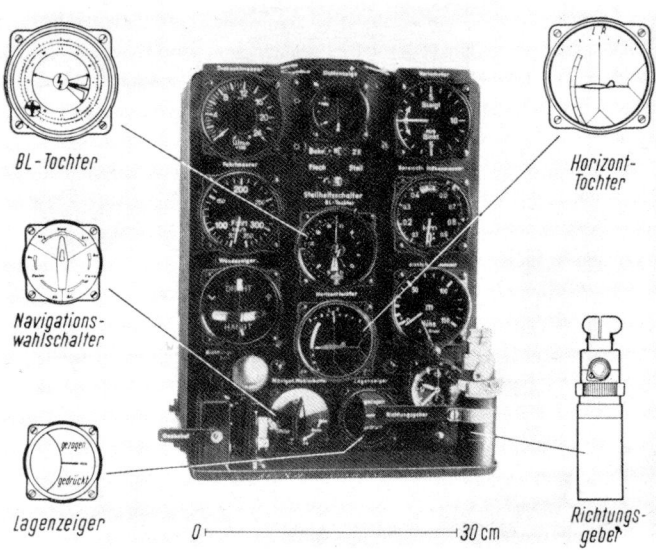

Schulstand der Siemens-Blindlandeanlage im Fluggastraum. Von hier konnte das Flugzeug nach Instrumentenanzeige gestartet und gelandet werden. Außerdem wurden die Betriebsarten des automatischen Fluges Lagehaltung, Höhenhaltung, Längslagenkommandos und Kurvenkommandos geschaltet sowie deren Ausführung an den Instrumenten überwacht.

Navigationswahlschalter konnte je nach Ausrüstung des Landeplatzes entweder Peil-An- oder -Abflug bzw. Baken-An- oder -Abflug gewählt werden.

Bei der Flugerprobung der Siemens-LGW-BL-Anlage durch die E-Stelle Rechlin konnte die Eignung für eine automatische Landung mit dem Flugzeug Ju 52 bestätigt werden. Bei der Erprobung im Flugzeug He 111 mit höherer Landegeschwindigkeit traten jedoch Schwierigkeiten auf, die teilweise durch die Aufsetzbedingungen eines Flugzeuges mit Spornrad hervorgerufen wurden. Das Flugzeug mit Spornrad erlaubt keine Horizontallage bei der Landung. Für die angestrebte Dreipunktlandung muß das Flugzeug im Augenblick der Landung die Längslage nach oben verändern. Dieser Vorgang mußte von Hand durch den Piloten durchgeführt werden. So wurde die Höhenlenkung im letzten Teil des Landevorganges nach einem vom FuG 101 gesteuerten Landezeiger von Hand vorgenommen, ebenso das Aufsetzen auf die Landebahn; mit dieser Einschränkung war die BL-Anlage auch für schnellere Flugzeuge gut geeignet. Es wurden von der E-Stelle über 200 Landungen mit dieser BL-Anlage erfolgreich durchgeführt.

Neue Aufgaben für selbsttätige Steuerungen

Neben den klassischen Aufgaben der automatischen Steuerungen für Flugzeuge entstanden, insbesondere während des Zweiten Weltkrieges, weitere Forderungen an die Steuerungen. Für die automatische Steuerung von unbemannten Flugzeugen, Flugkörpern und Raketen wurden Elemente der selbsttätigen Steuerungen für Flugzeuge verwendet und den besonderen Anforderungen entsprechend verändert. Selbsttätige Steuerungen für Flugkörper sind in der Regel Bestandteil einer integrierten Bordanlage mit Fernlenkeinrichtungen über Funk oder Draht. Die zahlreichen, über Funk oder Draht ferngelenkten Flugkörper sind im Band 10 dieser Buchreihe über die Entwicklungsgeschichte der deutschen Luftfahrttechnik: »Flugkörper und Lenkraketen« ausführlich beschrieben. Die Funklenk-Verfahren sind in Band 7 von Fritz Trenkle »Bordfunkgeräte – Vom Funkensender zum Bordradar« enthalten. Aus diesem Grund werden hier nur die automatischen Steuerungen für unbemannte Flugzeuge und Raketen beschrieben, die ohne Funkfernlenkung zum Einsatz kamen. Schließlich wurde auch – wie schon gegen Ende des Ersten Weltkrieges – die Anwendung der Ruderhilfssteuerung (Servosteuerung) für Großflugzeuge wieder notwendig. Eine weitere Aufgabe wurde auf Grund der immer schneller werdenden Flugzeuge wieder aktuell: die künstliche Stabilisierung und Dämpfung der Flugzeugbewegungen.

Steuerung für ein unbemanntes Flugzeug Fi 103 (»V 1«)

Die Entwicklung der automatischen Steuerung für den unbemannten Flugkörper Fi 103 erfolgte in den Askania-Werken (Berlin). Ab 1935 war *Kurt Wilde* als Leiter einer Sonderabteilung mit der Entwicklung einer Einrichtung zur Fernsteuerung von Flugzeugen zur Zieldarstellung für Flugabwehrgeschütze beschäftigt. Wegen der angenommenen Zielsicherheit der Flakgeschütze wurde auf die Forderung der Landung des Zielflugzeuges verzichtet. Die Entwicklung der Fernsteuereinrichtung unter Verwendung der Geräte der Askania-Kurssteuerung Lz 12 war erfolgreich; sie wurde in dem Askania-Werkflugzeug Junkers W 34 mit *Kurt Wilde* und *Melitta Schiller* als Piloten erprobt. Zur Einführung bei der Luftwaffe kam es jedoch nicht; die Zweifel an der Treffgenauigkeit der Flakgeschütze überwogen!
Georg Zink, ein enger Mitarbeiter von *Kurt Wilde,* schilderte den weiteren Verlauf der Entwicklungsarbeiten der Sonderabteilung wie folgt:

». . . DER ZWEITE WELTKRIEG
Alles wurde radikal umgestellt. Das Interesse wandte sich der Entwicklung von Gleitbomben zu, d. h. selbstfliegenden Bomben, die, in einem Gleitkörper untergebracht, von einem Trägerflugzeug aus gezielt auf das anzugreifende Objekt hin abgeworfen werden sollten: Sie mußten also wie ein Geschoß eine möglichst geradlinige Bahn einhalten, die nach dem Abwurf nicht mehr beeinflußbar war.
In aller Eile wurden geeignete Spezialflugkörper entwickelt. Wir bekamen eine Gußzelle angeliefert in der Erwartung, ihre Flugstabilisierung ließe sich mit einem ähnlich einfachen Kreiselgerät erreichen, wie bei der W 34. Mit dem Wildeschen Erfindungsgedanken, mit der Tonfrequenzfernsteuerung oder mit Elektrotechnik hatte diese Sache überhaupt nichts mehr zu tun. Der Schwerpunkt lag einzig und allein auf der Stabilisierung. Einige Anfangskenntnisse auf diesem Gebiet hatten wir uns freilich im Flugzeug gewissermaßen ›ersessen‹, soweit das für die frühere Aufgabe eben notwendig war. Jetzt indessen war alles anders und schwieriger.
Die Gleitkörper hatten – im Gegensatz zu den gutmütigen Flugzeugen – so gut wie keine Eigenstabilität, an ihre Flugbahn mußte man ein Lineal anlegen können, mitfliegen und dabei die Vorgänge beobachten, konnte man auch nicht mehr. Dabei drängte die Zeit. In dieser Situation tat Herr Wilde damals das einzig Mögliche: Er holte den Rat unserer Fachabteilung für Kreiselgeräte ein und bekam die Kombination eines neu entwickelten, komplizierten sogenannten Beschleunigungskreisels mit einer verkleinerten pneumatischen Rudermaschine empfohlen. Wir brauchten angeblich nur diese fertig beziehbaren Teile in die Zelle einzubauen. Im übrigen waren wir voll damit beschäftigt, die durch den Abwurf notwendig werdenden Zusatzeinrichtungen (Stecker, Nabelschnur etc.) schnellstens zu entwickeln und zu erproben. Die fertig ausgerüstete Zelle wurde unter das Trägerflugzeug gehängt und die Bewegungen ihres Ruders bei Kurvenflügen optisch vermessen. Dieses mühsame Verfahren lieferte den einzigen Anhaltspunkt für die Ruderaufschaltwerte. Die ersten Abwürfe hatten denn auch katastrophale Ergebnisse: Einige wenige Flugbahnen pendelten wenigstens um die Sollgerade herum, die meisten Zellen aber kamen unmittelbar nach dem Auslösen zum Absturz. Unsere Situation als verantwortliche Entwicklungsstelle wurde kritisch. Zu allem Unglück war auch noch kurz zuvor Herrn Wilde eine wichtige Organisationsaufgabe auf dem Gebiet der Fertigung übertragen worden, so daß er praktisch nicht mehr als unser Abteilungsleiter fungierte. Diese Regiepause, die später auch noch mit einer räumlichen Trennung verbunden war, hat übrigens bis etwa Herbst 1944 gedauert. Obwohl also dieser Zeitraum de facto ohne Wildesche Mitwirkung verlief, können seine wichtigen Ereignisse hier nicht übergangen werden, weil sie für den noch späteren Lauf der Dinge von Bedeutung wurden.
In der erwähnten prekären Lage kam von wohlmeinender Seite der Rat, mich doch an einen Mann zu wenden, der zu den erfahrensten ›alten Hasen‹ auf dem Steuerungsgebiet überhaupt gehörte, an Herrn Waldemar Möller. Er hatte sich als Diplom-Ingenieur und gleichzeitig als erfahrener Flugzeugführer mit der einschlägigen Entwicklung schon in ihrem status nascendi befaßt, und er war – was die Sache besonders erleichterte – durch den Krieg zu Askania zurückgekehrt, wo er bereits früher viele Jahre erfolgreich tätig gewesen war. Wie geraten, so getan: Herr Möller erkannte die Wurzel des Übels sofort. Das ganze empfohlene Steuerverfahren unter Verwendung des Beschleunigungskreisels war für den vorliegenden Zweck denkbar ungeeignet. Es gab dem Ruder allenfalls ›gute Ratschläge‹ anstatt brutaler Befehle. Abhilfe versprach die

Verwendung einer alterprobten Kurssteuerung mit Lage- und Dämpfungskreisel und einer wirklich leistungsfähigen kleinen Rudermaschine mit Stellungszuordnung, die nun im Schnellgang entwickelt wurde. Ein nach Möllerschen Ideen improvisierter einfacher Drehtisch simulierte das Verhalten der Zelle im Flug und ermöglichte eine genaue Justierung der Geräte schon im Labor! – Der Erfolg der getroffenen Maßnahmen war durchschlagend. Alle Abwürfe hatten von jetzt an eine schnurgerade Flugbahn zur Folge, selbst wenn das Ausklinken des Flugkörpers unter künstlich erschwerten Bedingungen erfolgt.

ENTWICKLUNG EINER ›VERGELTUNGSWAFFE‹

Bald darauf aber wurde wieder einmal die militärische Strategie geändert. Die zunehmende Kampfkraft der gegnerischen Luftwaffe ließ auch den Einsatz von Gleitbomben aus respektvoller Entfernung nicht mehr besonders verlockend erscheinen. Vor allem aber: Die allmählich unangenehm werdenden Luftangriffe auf unsere Städte ließen den Wunsch nach einer Vergeltungswaffe entstehen. Wenn man die Zelle mit einem Antrieb versah, ließ sich die Reichweite vervielfachen, und das Ziel könnte dann London heißen! Anstatt den Flugkörper vom Flugzeug abzuwerfen, sollte er katapultiert werden. Das war die neue Aufgabe. Das Projekt bekam die höchste Dringlichkeitsstufe und lief zuerst unter dem Decknamen ›Kirschstein‹, später unter der Bezeichnung ›V 1‹. Für uns bedeutete es keine größere Neuentwicklung außer einem Höhenregler-Zusatz, der es erlaubte, vor dem Abschuß die gewünschte Flughöhe zu wählen und die Zelle bei deren Erreichen vom Steigflug in den Horizontalflug umzulenken. Wegen der größeren Flugbahnlänge mußte der Kurssteuerung ein Magnetkompaß aufgeschaltet werden. Einige Sorge bereitete die erforderliche Beschleunigungsfestigkeit von 15 g für sämtliche Geräte. Jedes einzelne wurde auf einer improvisierten Preßluft-Schleuder daraufhin geprüft. Der bewährte Möller-Drehtisch konnte auch das Geradeausflugverhalten der neuen, größeren Zelle simulieren, die von der Firma Fieseler entwickelt war, während der Rückstoßantrieb, ein sogenanntes ›Schmitt‹-Rohr, von der Firma Argus beigesteuert wurde. Es lief alles wie am Schnürchen, und schon der erste Abschuß von der Peenemünder Schleuder (ich glaube um Weihnachten 1942), allerdings ein reiner Steigflug ohne Umlenkung, wurde ein voller Erfolg . . .«

Soweit die Schilderung von *Georg Zink* über die Entwicklungsarbeiten der automatischen Steuerung für den Flugkörper Fi 103 in den Askania-Werken.

In dem Steuergerät sind der Lagekreisel, die Wendekreisel für Gier- und Nickbewegung, der barometrische Höhenmesser und das Zeitschaltwerk enthalten.

Als Magnetkompaß fand der Askania-Fernkompaß ohne die Ferneinstellung mit dem Kursgeber und ohne Kurszeiger Verwendung. Da die starken Schallwellen und Vibrationen des Triebwerkes die Funktion des Magnetkompasses sehr nachteilig beeinflußten, wurde der Kompaß in einer Holzkugel von den Schallwellen abgeschirmt und das Ganze durch Gummiisolatoren von den Vibrationen des Triebwerkes isoliert. Das Luftlog an der Spitze des Flugkörpers bestand aus einem vom Fahrtwind angetriebenen Propeller von 20 cm Durchmesser; die Umdrehungen der kugelgelagerten Achse wurden durch ein Untersetzungsgetriebe im Verhältnis 30:1 herabgesetzt. Zwei elektrische Kontakte wurden bei jeder Umdrehung betätigt, d. h. ein Impuls bei 15 Umdrehungen des Propellers. Durch diese Impulse wurde ein vierstelliges elektromechanisches Zählwerk betätigt und gegen Null verstellt. In dem Zählwerk waren drei Kontakte angeordnet, die nacheinander verschiedene Funktionen auslösten. Die pneumatischen Stellzylinder für die Betätigung der Ruder werden von der Differenzdruckdose über das Steuerventil durch Druckluft von 6 atü bewegt. Eine Rückführung der Kolbenbewegung auf das Steuerventil erfolgt über eine Schraubenfeder. Die Anordnung der Geräte der Steuerung im Flugkörper Fi 103 ist folgende: An der Spitze befindet sich das Luftlog zur Messung der zurückgelegten Entfernung, dahinter in einer Holzkugel der Magnetkompaß. Am hinteren Ende werden die pneumatischen Stellzylinder zur Betätigung des Seiten- und Höhenruders, davor das Steuergerät mit dem Lagekreisel und den Dämpfungskreiseln für die Gier- und Nickbewegungen angeordnet.

Steuergerät der »V 1« mit Lagekreisel für Gier- und Längssteuerung, rechts Zeitschaltwerk für Kurvenflug (Winkelschluß).

Steuergerät der »V 1« mit Dämpfungskreisel für Gier- und Längsdämpfung, Höhenregler mit Höheneinstellungsskala.

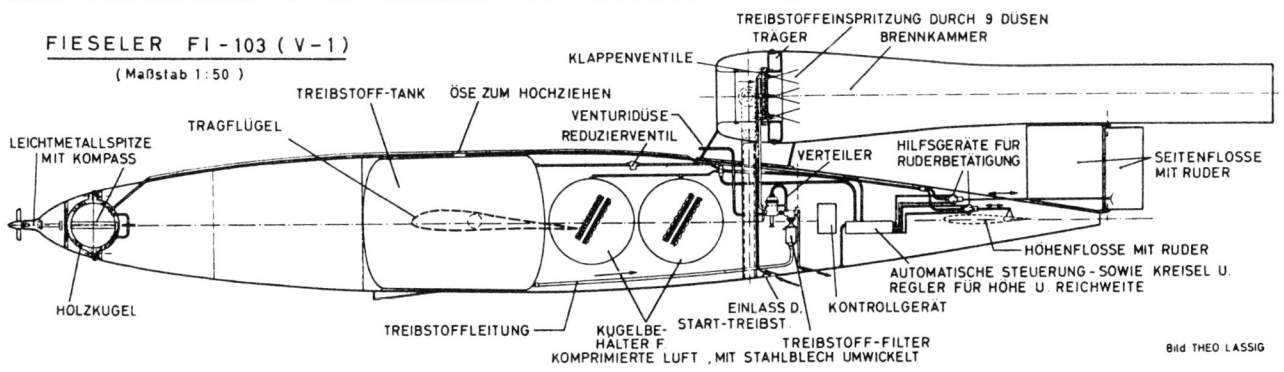

Anordnung der Steuerungsgeräte im Flugkörper Fi-103 (V 1), von links nach rechts: Luftlog, Kompaß, Steuergerät, Rudermaschinen.

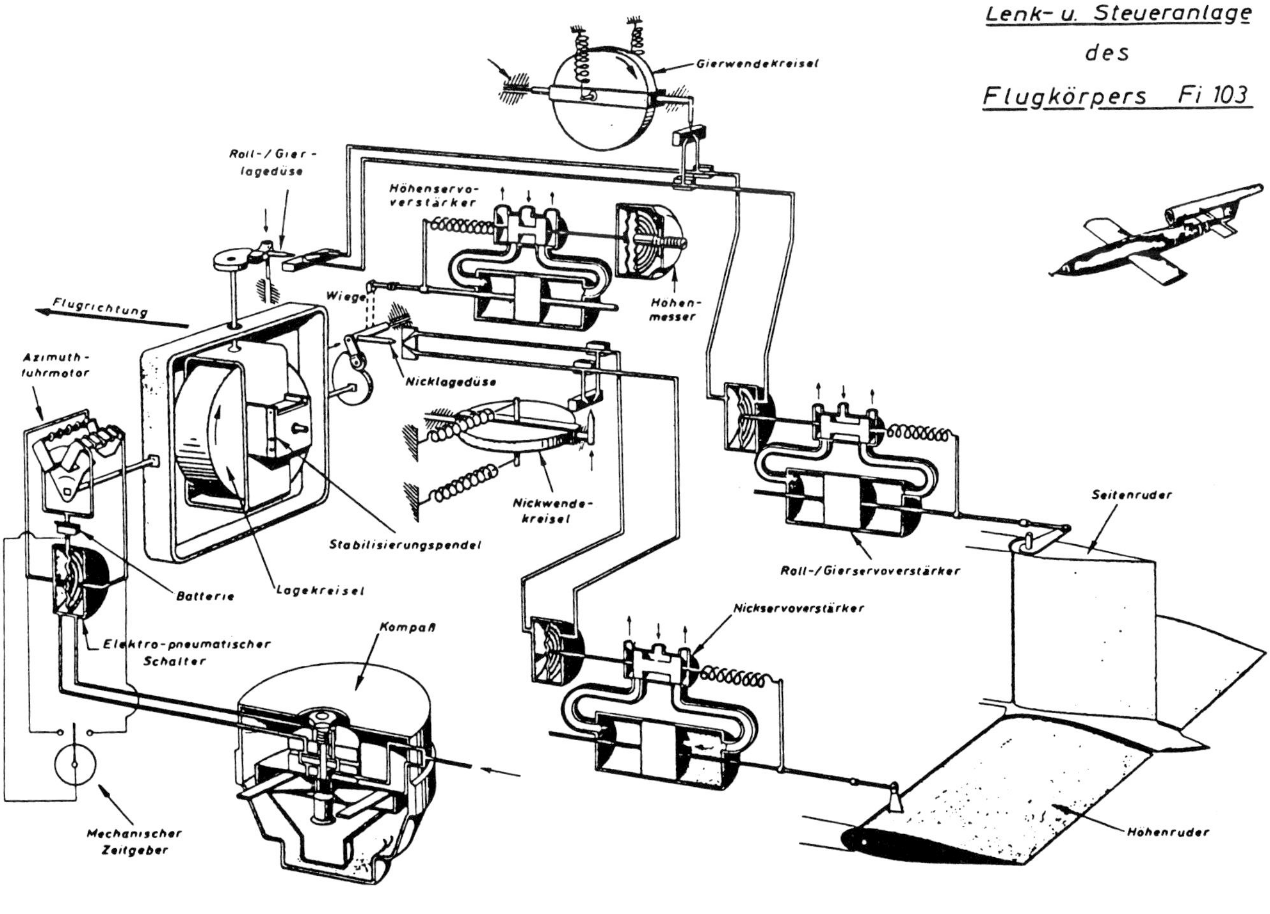

Wirkungsweise der Steuerungsanlage im Flugkörper Fi-103 (V 1): Der Lagekreisel und die Wendekreisel messen die Flugkörperbewegung und steuern bei Abweichungen durch Differenzdruck die pneumatischen Rudermaschinen zum Ausgleich durch das Seiten- und Höhenruder.

Vor dem Start wird am Zählwerk des Luftloges die Umdrehungszahl entsprechend der gewünschten Entfernung zum Ziel eingestellt und für die Richtungsbestimmung der Kompaß auf den gewünschten Kurs gebracht. Bei einem Winkelschuß wird am Zeitwerk der Schalter für die Richtung auf links oder rechts gedreht, die Vorlaufzeit (max. 4 min) und die Drehzeit (max. 60 s) eingestellt. Nach diesen Vorbereitungen für den Flugweg des Flugkörpers ist die automatische Steuerung startbereit. Während der Vorflugprüfung laufen die Kreisel an; der Lagekreisel ist durch einen Elektromagneten in seiner Normalstellung gefesselt, er wird erst nach dem Start am Ende der Startrampe freigegeben. Mit diesem Kontakt wird gleichzeitig die Arretierung des Zeitwerkes aufgehoben, die Flugzeit für die Schaltvorgänge des Zeitwerkes beginnt. Die Flugbahn des Flugkörpers nach Verlassen der Startrampe folgt zunächst der Richtung und Neigung der Startbahnverlängerung und wird durch die automatische Steuerung in dieser Weise geführt. Abweichungen in der Seitenrichtung werden von der Roll-/Gierlagedüse am Lagekreisel gemessen, der entstehende Differenzdruck zur Differenzdruckdose am Roll-/Gier-Servoverstärker geleitet und vom Seitenruder ausgeglichen. Durch Neigung des Rahmensystems um einen Winkel von 15–20° in Flugrichtung nach oben wird auch eine Rollbewegung des Flugkörpers durch den Lagekreisel gemessen und wirkt über den Gierabgriff und dem Roll-/Gier-Servo ebenfalls auf das Seitenruder. Über das Gier-Rollmoment des Flugkörpers wird so auch die Rollage stabilisiert. Eine gesonderte Rollstabilisierung ist also nicht vorhanden. Zur Dämpfung von entstehenden Gierschwingungen ist ein Dämpfungskreisel mit horizontaler Drehachse vorhanden, dessen Abgriffsdüse parallel zu den Steuerleitungen für den Roll-/Gier-Servoverstärker angebracht sind. Die Rückführung vom Kolben des Servoverstärkers sorgt für die Stabilität der Regelbewegungen. Auf gleiche Weise erfolgt die Lageregelung für die Längslage des Flugkörpers von der Nicklagedüse am Lagekreisel über die Differenzdruckdose am Nickservoverstärker und dem Nickservo zum Höhenruder. Der Dämpfungskreisel mit vertikaler Drehachse ist parallel geschaltet und sorgt für die erforderliche Dämpfung der Nickbewegung.

Der Steigflug des Flugkörpers mit einem Steigwinkel von 7,5° entspricht der Steigung der Startrampe und wird bis zum Erreichen einer Flughöhe von etwa 275 m unterhalb der eingestellten Flughöhe vom Lagekreisel geregelt. In dem Bereich von 275 m bis zum Erreichen der Sollhöhe wird der Lagekreisel – in einer Wippe gelagert – vom Höhenmesser über den Höhen-Servoverstärker nach unten verdreht und so der Steigflug bis zum Erreichen der Sollhöhe langsam verringert. Die Sollhöhe kann in einem Bereich von 1000 mb bis 700 mb, entsprechend 300 bis 2500 m Höhe an dem barometrischen Höhenmesser eingestellt werden. Der Flugkörper fliegt in der vorgegebenen Höhe und in der beim Start vorhandenen Richtung bis nach Ablauf der Vorlaufzeit: Der Kurvenflug (Winkelschuß) beginnt. Der Kurvenflugkontakt im Zeitschaltwerk ist während der Drehzeit geschlossen und

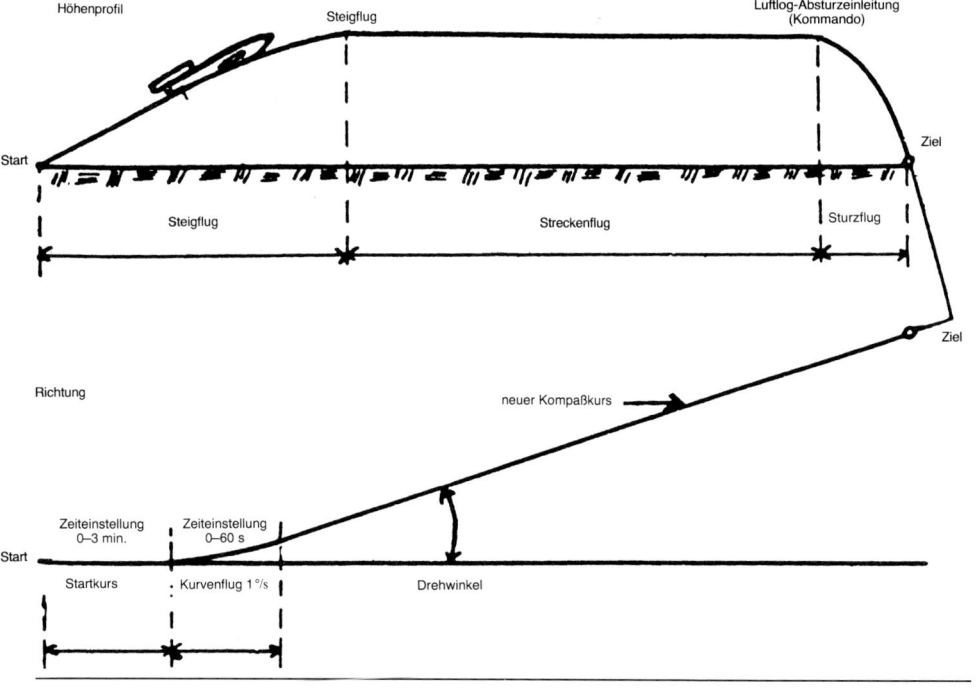

Flugweg des Flugkörpers Fi-103 (V 1) mit den einzelnen Flugphasen Start, Steigflug, Kurvenflug, Streckenflug und Sturzflug ins Ziel.

leitet Strom zum Azimutführmotor; dieser erzeugt ein Moment an dem äußeren Rahmen des Lagekreisels, der Kreisel präzediert, der innere Rahmen wird verdreht. Durch die Drehung des inneren Rahmens wird die Roll/Gierlagedüse verstellt, und der Flugkörper wird über das Seitenruder in einen Kurvenflug mit einer Drehgeschwindigkeit von 1,5°/s in der eingeschalteten Richtung gebracht. Nach Beendigung des Kurvenfluges wird der Magnetkompaß aufgeschaltet und korrigiert den Kursteil des Lagekreisels mit einer Drehgeschwindigkeit von 4°/min während der Flugzeit von etwa 20–25 min, je nach Fluggeschwindigkeit und Zielentfernung. Hat der Flugkörper einen Flugweg von etwa 65 km zurückgelegt, so wird vom Zählwerk des Luftloges ein Kontakt geschlossen, der die Zündeinrichtungen für die Sprengladung scharf schaltet. Kurz vor Erreichen des Zieles, wenn das Zählwerk nach Null gelaufen ist, wird der letzte Kontakt am Zählwerk geschlossen und der Absturz eingeleitet. Durch den Kontakt am Zählwerk werden die beiden Sprengpatronen gezündet und die Arretierung des Hebels freigegeben, der Hebel wird durch die Feder nach links gezogen; dadurch werden die Höhenruder in der Mittelstellung arretiert, die Klappen zum Sinkflug ausgeklappt und die Zuleitungen zum Roll-/Gierservo durchgeschnitten. Auf diese Weise sind die Ruder in der neutralen Stellung, und der Flugkörper befindet sich im Sturzflug auf das Ziel.
Der vollständige Flugweg des Flugkörpers Fi 103 mit den einzelnen Flugphasen Steigflug, Winkelflug, Streckenflug und Sturzflug ist im Bild dargestellt.
In etwa 10% der Flugkörper war ein Peilsender FuG 23 eingebaut, der während der letzten 60 km Flugstrecke ein Peilsignal im Langwellenbereich 340–500 KHz sendete. Mit Hilfe der Bodenpeilungen des Senders sollten die Kursabweichungen durch Windeinfluß festgestellt werden und zur Berechnung der Korrektur der folgenden Abschüsse herangezogen werden. Der Peilsender FuG 23a besteht aus der Senderöhre LS 50 mit dem Oszillator mit induktiver Rückkopplung. Die Sendefrequenz wird vor dem Start durch Abtrennen einer der Kondensatoren C 4 bis C 13 eingestellt. Die Peilsignale werden durch den Zeichengeber ZG und dem Kontakt Zg im Gitterkreis des Oszillators im Rhythmus von Morsezeichen getastet. Vor dem Start kann an der Skalenscheibe am Sender der für diesen Flug gewünschte Morsebuchstabe A, D, G, K, N, R, U oder W eingestellt werden. Beim Einschalten des Senders durch das Zählwerk, etwa 60 km vor dem Zielpunkt, wird durch einen Elektromagneten das Antennenkabel von 160 m Länge ausgefahren und ein Peilsignal mit dem eingestellten Morsebuchstaben bis zum Auftreffen in das Ziel gesendet. Nach dem Einsatz des Flugkörpers Fi 103 als »V 1« wurden jedoch durch die Auswertung eines Blindgängers diese Peilsignale durch starke englische Störsender so überlagert, daß eine Auswertung durch die deutschen Peilstellen nicht möglich war. Die daraufhin auf den UKW-Bereich 3,0 bis 3,5 MHz umgebauten Peilsender FuG 23 E wurden nach kurzer Einsatzzeit ebenfalls durch Störsender unbrauchbar. So konnte eine Auswertung der Zielorte während des gesamten Einsatzes der »V 1« durch diese Peilsender nicht erfolgen.
Die Flugerprobung des Flugkörpers Fi 103 wurde durch die Erprobungsstelle der Luftwaffe in Peenemünde-West durchgeführt. Die technische Erprobung leitete Dipl.-Ing. *Heinrich Temme* von der DFS (Deutsche Forschungsanstalt für Segelflug, Ainring). Temme berichtete später über die Flugversuchsergebnisse wie folgt:

». . . Die allgemeinen Laborprüfungen des Flugreglers wurden von der Fa. Askania durchgeführt. Dort war es möglich, auch sein Verhalten bei 25 g zu prüfen. Weitere Laborprüfungen wurden mit den Testeinrichtungen der Luftwaffe in Peenemünde und der Deutschen Forschungsanstalt für Segelflug in Ainring vorgenommen. Die Stabilitätsberechnungen wurden von der DFS in Ainring ausgeführt. Es ist allgemein bekannt, daß die Flugerprobung des Flugreglers im Flugerprobungszentrum in Peenemünde vorgenommen wurde. Unglücklicherweise mußte die Flugerprobung gleichzeitig mit der Erprobung der Zelle, des Triebwerkes und der Abschußvorrichtungen stattfinden. Aus diesem Grunde waren Schwierigkeiten sehr oft schwer einzuordnen. Einige wurden nie aufgeklärt. Es war auch von Nachteil, daß die Erprobungen über See durchgeführt wurden. Deshalb konnten die Flugkörper nicht zurückgeholt und untersucht werden, um die Gründe für das Versagen festzustellen. Die meisten V 1-Flugkörper wurden von einer Abschußvorrichtung abgeschossen, nur wenige von einem Trägerflugzeug abgeworfen.

Anfangs, als kurze Entfernungen von 30 km für die Erprobung genügten, wurden die Flüge in nördlicher Richtung durchgeführt. Später, nachdem die Entfernungen bis 250 km betrugen, erfolgten die Flüge längs der Küste Pommerns. Insgesamt wurden etwa 300 Testflüge vor dem Einsatz ausgeführt. Bei diesen Erprobungen wurden die Eigenschaften des Flugweges, das Lageverhalten des Flugkörpers und die Bewegungen der Seiten- und Höhenruder als Zeichen der Qualität des Steuerverhaltens gemessen sowie das Verhalten einzelner Bestandteile des Flugreglers bei verschiedenen Varianten.

Die einzelnen Starts wurden gefilmt. Deshalb war es möglich, den Flugweg und das Verhalten der V 1 während des ersten Teils des Fluges zu verfolgen. Im zweiten Teil, noch innerhalb der Sichtweite, wurde der Flugweg durch Kinotheodoliten verfolgt und außerhalb der Sichtweite durch Rechnergeräte. Gelegentlich wurde der letzte Teil des Flugweges auch durch einen kleinen Langwellensender verfolgt, und zwar mit Hilfe einer Peilung von Bodenstationen. Einige der Testflugkörper, etwa 40 Stück, wurden ausgerüstet mit einem Einkanal-4-MHz-Sender, mit dem verschiedene Daten, z. B. Fluglage, Flughöhe und Stellung der Ruder zu Bodenstationen oder Begleitflugzeugen übermittelt werden konnten. Für einige Daten mußten zusätzliche Meßgeber eingebaut werden. Alle Testdaten wurden elektrisch gemessen mittels eines Widerstandsgebers und wurden in den Sender über einen umlaufenden Schalter gegeben. Die Schaltfrequenz betrug 10 Hz. Die Signale wurden in der Empfängerstation von einem Oszillographen aufgezeichnet. Die Flugerprobung verlief folgendermaßen: Zuerst wurde das Verhalten der V 1 während des kurzen Aufstieges untersucht: Die Funktion des Flugreglers ohne Kompaßüberwachung, ohne Höhenmeßsystem und ohne Zeitprogrammgerät für Kurvenflug. Dann wurde der Höhenmesser hinzugefügt, so daß der Übergang vom Steigflug zum

Horizontalflug untersucht werden konnte. Danach wurde die Höhenhaltung und die Funktion bei höheren Geschwindigkeiten untersucht. Später war die Kompaßüberwachung bei den Prüfungen eingeschlossen. Dadurch war es möglich, die Seitenabweichung zu bestimmen. Schließlich, zur Prüfung des Kurvenfluges, wurde das Zeitprogrammwerk installiert... Problem war die Beseitigung der starken Abweichungen, die von der Zelle herrührten, die fast völlig aus Stahlblech gebaut war. Es war unmöglich den Kompaß zu justieren, da die Triebwerksvibration während des Fluges diese Abweichungen unbestimmt veränderten. Um eine kleine, aber bekannte Ablenkung zu erhalten, wurden jene Teile der Zelle in der Nähe des Kompasses mit Holzhämmern geschlagen, nachdem die Zelle innerhalb eines geschlossenen Raumes auf den gewünschten Kurs ausgerichtet wurde. Die zeitweiligen Deformationen, die durch das Klopfen entstanden, ließen zu, daß die meisten der magnetischen Dipole die Richtung des magnetischen Erdfeldes einnahmen. Auf diese Weise wurde die Abweichung auf 1° und weniger verringert.

Ein zweites Problem beim Test des Kompasses war, wie Ablesefehler bis zu ± 10° vermieden werden konnten, die beim Triebwerkslauf entstanden. Man stellte fest, daß Vibrationen und Schallwellen vom Triebwerk die Ursache waren. Es war möglich, diesen Fehler auf 0,5 bis 1° zu verringern, indem man den Kompaß von der Vibration isolierte und die Reibung der Kompaßnadel verringerte. Die Isolation müßte gegen beide Arten der Vibration, wie oben erwähnt, wirksam sein; so wurde der Kompaß innerhalb einer Holzkugel in Gummiseilen aufgehängt, die Holzkugel selbst wurde in der Zelle mit Spiralfedern befestigt. Die Federn absorbierten die mechanischen Vibrationen, die Holzkugel isolierte die Schallwellen vom Kompaß.

Große Schwierigkeiten tauchten z. B. dabei auf, die Ursache der Abstürze zu erkennen, die häufig nach dem Übergang der Flugkörper von dem Steig- in den Horizontalflug erfolgten. Es war nicht der Flugregler, der für diese Abstürze verantwortlich war, wie zuerst vermutet wurde, sondern ein Rollmoment der Zelle, verursacht von einem Unterschied zwischen den Anstellwinkeln beider Tragflächen infolge der Beschleunigung beim Start. Der Flugregler konnte dieses Rollmoment nicht kompensieren...«

Die Anzahl der Arbeitsstunden für die Fertigung der Steuerung für den Flugkörper Fi 103 und damit der Preis waren zu Beginn der Fertigung im September 1943 recht hoch. Die meisten Einzelteile waren, wie in der Luftfahrtindustrie üblich, aus legiertem Leichtmetallguß hergestellt. Wegen der erforderlichen großen Stückzahlen wurde die Konstruktion zur Verringerung der Herstellkosten geändert:
– Wesentliche Vereinfachung einiger Einzelteile, z. B. des Abgriffes am Lagekreisel
– Ersatz der Leichtmetallgußteile durch gezogenes Stahlblech.

Durch diese Maßnahmen gingen die Herstellkosten erheblich zurück; die Fertigung erfolgte in vielen Firmen innerhalb der von den deutschen Truppen besetzten Gebiete. Insgesamt wurden bis März 1945 über 32 000 Stück des Flugkörpers Fi 103 und damit auch der Steuerungen gefertigt.

Ab Juni 1944 erfolgte der Einsatz des Flugkörpers Fi 103 als »Vergeltungswaffe V 1« gegen das Hauptziel London. Bis März 1945 wurden insgesamt über 22 000 Flugkörper »V 1« gestartet. Die spätere Auswertung der Schußergebnisse zeigte, daß die ursprünglich geforderte Zielgenauigkeit von 50% der Abschüsse in einem Zielkreis innerhalb 4% der Entfernung, d. h. ± 4,5 km vom Zielpunkt bei einer Entfernung von 225 km nicht erreicht wurde. Die Streuung betrug etwa den doppelten Wert.

Die Hauptursachen der großen Streuung im Zielgebiet waren die störenden Momente der Zelle um die Rollachse, die durch die fehlende Rollstabilisierung der automatischen Steuerung nicht ausgeglichen werden konnten, sowie der Kompaßfehler. Die entsprechenden Weiterentwicklungen einer integrierenden Querneigungs-Trimmung und eines gegenüber den Triebwerksvibrationen unempfindlichen Kompasses kamen nicht mehr zum Einsatz; ebenso der Ersatz des Lagekreisels durch integrierende Wendekreisel zur Verringerung der Fertigungszeiten.

Die **Startrampe** hatte eine Länge von 50 m und eine Steigung von 6° und 30 Minuten. Ein Rohr von 300 mm Durchmesser hatte oben einen Schlitz über die ganze Länge, durch den eine Nase des Kolbens herausragte, die unter den Flugkörper faßte und diesen mitnahm. Das Rohr enthielt unmittelbar unter dem Schlitz ein Abdeckrohr, das durch den Kolben hindurchgeht. Der Antrieb des Kolbens erfolgte durch chemischen Dampf; dadurch wurde der Kolben mit hoher Geschwindigkeit durch das Rohr geschossen. Schlitten und Kolben fielen hinter der Startrampe ab, während der Flugkörper mit 430 km/h im Steigflug auf Kurs ging. Der herabfallende Kolben glich einem ausgespuckten Kirschkern und führte zu dem Tarnnamen »Kirschstein« für das Vorhaben des Flugkörpers Fi 103 (»V 1«).

Im Herbst 1944 kam eine zweite Startart zum Einsatz. Der Flugkörper wurde unter der rechten Tragfläche einer He 111 gehängt und zum Startort, einer holländischen Insel, geflogen. Dort wurde dann die Last ausgelöst. Die Abwehrmaßnahmen der Engländer durch Nachtjäger brachten solch starke Flugzeugverluste, daß ein systematischer Einsatz aufhören mußte.

Die britische Flugabwehr wurde auf Grund der Einflüge des Flugkörpers »V 1« umgestaltet, sie bestand aus einem großen Aufgebot von Jagdflugzeugen in Alarmbereitschaft, die ihren Einsatzraum in einem ersten Abfanggebiet über dem Kanal hatten. Die zweite Sperre bestand in einem Flakgürtel längs der britischen Kanalküste, danach befand sich ein zweiter Einsatzraum für die Abfangjäger und vor London wurde noch eine Ballonsperre errichtet. Die Jäger hatten bald eine besondere Absturztaktik entwickelt. Durch die fehlende Rollagenstabilisierung des Flugkörpers gelang es durch die Flügelspitze des eigenen Flugzeuges den Flugkörper zum Umkippen in die Rollage zu bringen und auf diese Weise den Absturz herbeizuführen. Durch den großen Einsatz der britischen Luftabwehr gelang es einen beachtlichen Teil der anfliegenden Flugkörper vor dem Eintreffen im Zielgebiet zum Absturz zu bringen.

Steuerung für Rakete Aggregat A 4 (»V 2«)

Die Entwicklung der automatischen Steuerungen für die Fernrakete Aggregat A 4 erfolgte parallel zu den Entwicklungsschritten für den Flugkörper. Zunächst sollte für die Stabilisierung der Flugbahn der bei der Artillerie übliche Drall des Flugkörpers benutzt werden. Da jedoch Schwierigkeiten in der Treibstofförderung des Flüssigantriebes befürchtet wurden, entschloß man sich, nur einen Teil des Flugkörpers in Umdrehung zu versetzen.

Bei dem Aggregat A 1 sollte nur die Raketenspitze vor dem Start mit Hilfe einer Stahllitze von einem Elektromotor im Startgestell auf eine Drehzahl von 9000 min^{-1} gebracht werden. Die ersten Aggregate wurden bei Bodenversuchen zerstört, so daß es bei den Aggregaten A 2 zu einigen Veränderungen kommen mußte. Der Kreisel wurde, um eine Kopflastigkeit zu vermeiden, in der Mitte der Rakete untergebracht. Der Antrieb erfolgte vor dem Start durch einen speziell von der AEG entwickelten Drehstrommotor mit einer Frequenz von 160 Hz. Der Kurzschlußrotor bildete den Kreisel im Flugkörper, der Stator blieb im Startgestell am Boden zurück. Mit einer direkten Kreiselstabilisierung gelangen die ersten Raketenabschüsse der beiden Aggregate A 2, »Max und Moritz« genannt, im Dezember 1934 auf der Nordseeinsel Borkum. Die erreichte Flughöhe betrug etwa 2 km.

Nach diesen erfolgreichen Versuchen wurde das vergrößerte Aggregat A 3 in Angriff genommen. Eine direkte Stabilisierung durch einen großen Kreisel konnte nicht mehr erfolgen, vielmehr sollte eine Stabilisierung durch Kreisel und Stellmotoren hergestellt werden. Über den Beginn dieser Entwicklung berichtete *Johannes G. Gievers* später wie folgt:

». . . Wieder war es Boykow, der die Lösung für dieses alte Problem fand. Er schlug vor, zunächst die Rakete durch eine Rudersteuerung zu stabilisieren. Erfahrungen, die er mit seinen Autopiloten bei der Firma ›Meßgeräte Boykow‹ gesammelt hatte, kamen ihm dabei zustatten. Es wurden Steuerruder aus Graphit in den Antriebsstrahl gesetzt, die durch Rudermaschinen betätigt wurden. Die Rudermaschinen wurden von Kreiseln überwacht . . .

. . . Da man mit einem nur von Kreiseln überwachten Autopiloten allein eine Rakete nicht genau zu dem gewünschten Ziel leiten kann, schlug Boykow vor, auf eine kreiselstabilisierte Plattform drei Beschleunigungsmesser zu setzen. Die Empfindlichkeitsachse des ersten Beschleunigungsmessers liegt in der Schußrichtung. Die Empfindlichkeitsachsen der beiden anderen nehmen dazu Winkel von 90 Grad ein und messen die Beschleunigungen in den beiden senkrecht zur Schußrichtung liegenden Achsen. Jede der gemessenen Beschleunigungen wird integriert und so die Geschwindigkeit und gegebenenfalls der Weg ermittelt. Die in der senkrecht zur Schußrichtung liegenden Geschwindigkeitswerte werden durch die Rudersteuerung auf Null gehalten. Der in Schußrichtung messende Beschleunigungsmesser schaltet bei einer bestimmten Geschwindigkeit und nach Zurücklegung eines bestimmten Weges den Antrieb ab.

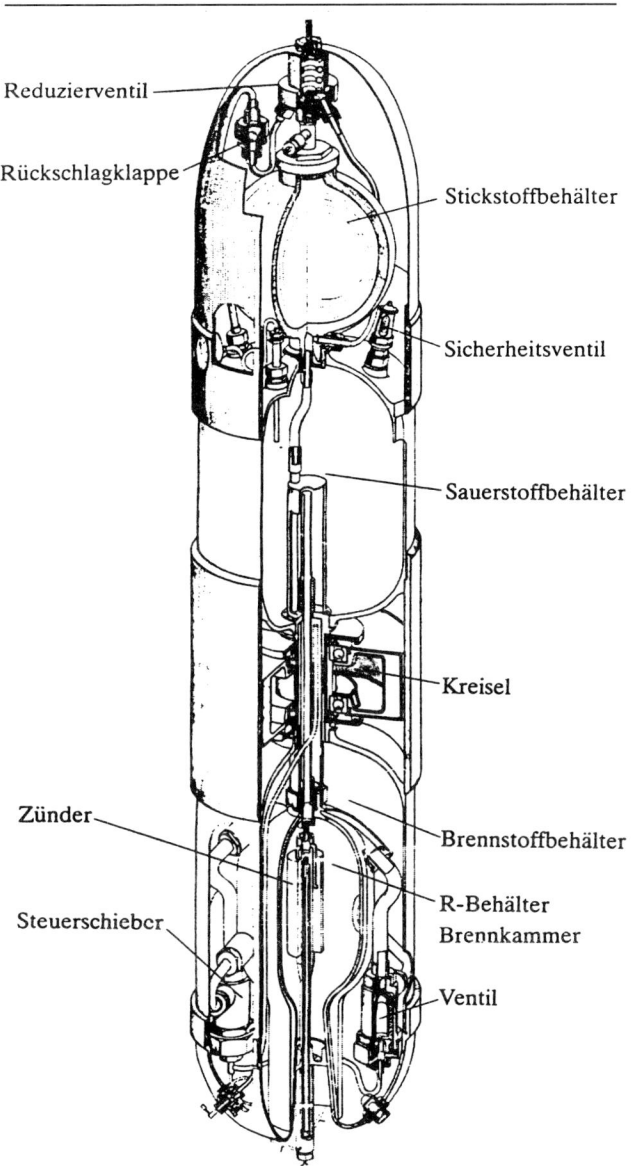

Aggregat A-2, genannt »Max« und »Moritz«, mit Stabilisierungskreisel in der Mitte.

Den Grundgedanken von Boykows Idee kann man sich am einfachsten vergegenwärtigen, wenn man sich, wie er es selbst beschrieb, ein imaginäres Kanonenrohr vorstellt, das viele Kilometer lang ist. Die Rakete wird durch die Beschleunigungsmesser, die senkrecht zur Schußrichtung wirken, über die Rudermaschinen, in diesem imaginären Rohr geführt. Wenn die Rakete nach einem bestimmten Weg eine bestimmte ›Mündungsgeschwindigkeit‹ am Ende des imaginären Kanonenrohres erreicht hat, dann fliegt sie wie das Geschoß einer Kanone in einer ballistischen Flugbahn zum Ziel. Das imaginäre Kanonenrohr braucht natürlich nicht geradlinig zu

Stabilisierte Plattform SG 33 der Kreiselgeräte GmbH mit integrierten Beschleunigungsmessern für die Nick- und Seitenbewegung.

sein. Es ist durchaus möglich, wie das bis heute geschieht, die Rakete senkrecht zu starten und sie nach dem Start in die gewünschte Schußrichtung umzulenken . . .«

Die nach diesen Gedanken von der Kreiselgeräte GmbH, vormals Aerogeodetic (Berlin-Zehlendorf), entwickelte Stabilisierte Plattform SG 33 wird im folgenden beschrieben: Die Stabilisierte Plattform SG 33 besteht aus dem Gestell mit einem äußeren und inneren Kardanrahmen, der eigentlichen Stabilisierten Plattform. Die in der Plattform gelagerten, um 90° versetzt angeordneten Kreisel bewirken eine Stabilisierung der Plattform in der Horizontalen. Die Kreisel haben einen Durchmesser des Rotors von 13 cm; sie werden mit Drehstrom von 120 Volt und einer Frequenz von 333 Hz vor dem Start vom Boden aus angetrieben. Sie haben im Augenblick des Starts eine Drehzahl von 20 000 min^{-1}. Treten um die Meßachsen der Kreisel Störmomente auf, z. B. durch die Bewegung der auf der Plattform befindlichen Beschleunigungsmesser, so wirken die Kreisel auf Grund ihres Dralles diesen Momenten entgegen, und die Plattform verbleibt in ihrer ursprünglichen Lage. Dabei präzedieren jedoch die Kreisel und betätigen Kontakte, die über Hubmagnete die Ventile in der Stickstoffleitung öffnen oder schließen. Der unter einem Druck von 10 bis 12 atü stehende Stickstoff strömt durch Düsen auf die an dem inneren und äußeren Kardanring angebrachten Schaufeln und übt durch seinen Aufprall ein Moment aus, daß dem um die Kardanachsen wirkenden Störmoment entgegengesetzt gerichtet ist. Diese Stützung dauert so lange an, bis der Kreisel in seine Nullstellung zurückpräzediert, dadurch der Kontakt unterbrochen ist und damit auch der Stickstoffstrom abgestellt wird.

Zur Messung der seitlichen Beschleunigungen, z. B. durch Windeinfluß, und zur Messung der Beschleunigungen senkrecht dazu in Richtung der Kippbewegung, sind auf der stabilisierten Plattform zwei Trägheitsmeßeinrichtungen angebracht. Diese bestehen aus einem kleinen, auf Schienen laufenden Wagen und einem auf diesem befindlichen zweiten Wagen. Der zweite Wagen ist gegenüber dem unteren Wagen mit Federn gefesselt. Beim Auftreten von seitlichen Beschleunigungen rollt der untere Wagen mit einer Geschwindigkeit entsprechend dieser Beschleunigung. Der zurückgelegte Weg des Wagens entspricht dann dem Produkt aus der Geschwindigkeit und der Zeit, d. h. dem zurückgelegten Weg. Der an dem oberen Wagen angebrachte Schleifer erzeugt in Verbindung mit seinem Potentiometer ein Signal entsprechend der Summe der beiden Wagenbewegungen. Zur Dämpfung der Wagenbewegungen laufen die Wagen innerhalb einer mit Öl gefüllten Wanne; dadurch wird zusätzlich durch die anfängliche Verzögerung der Bewegung noch ein Anteil der seitlichen Beschleunigung dem Summensignal hinzugefügt.

Zur Korrektur der seitlichen Abweichung der Rakete von ihrer Flugbahn wird das Summensignal der Trägheitsmeßeinrichtung auf den Momentengeber an dem Wendekreisel für die Nick- bzw. Gierbewegung geführt und damit der Abweichung entgegengewirkt. Die Funktion des Autopiloten für die Stabilisierung der Nick- und Gierbewegung ist folgende: Die Drehbewegung der Rakete um die entsprechende Achse wird von dem Wendekreisel gemessen. Durch den Kreiselausschlag der Präzessionsbewegung wird über den Kontaktarm der Nachlaufmotor betätigt. Durch Verschiebung der Spindelmutter erfolgt die Stellungsrückführung zum Fesselpunkt der Feder. Gleichzeitig werden über die Umlenkhebel und die Stoßstangen die Druckstücke im Gasstrahl bewegt. Bei andauernden Störmomenten muß die erforderliche Ablage durch einen dauernden Ausschlag des Wendekreisels kompensiert werden; d. h. die Rakete dreht sich langsam um die Nick- oder Gierachse zur Erzeugung dieses Kreiselausschlages. Zur Kompensation dieser Drehung dient ein an der Präzessionsachse des Wendekreisels angebrachter Momentengeber. Dieser erhält die entsprechenden Korrektursignale von der Trägheitsmeßeinrichtung

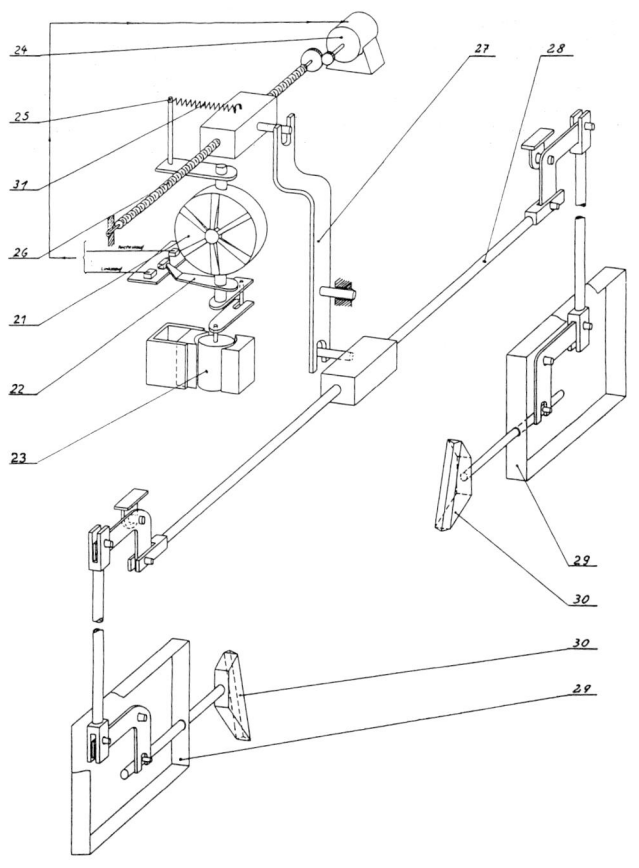

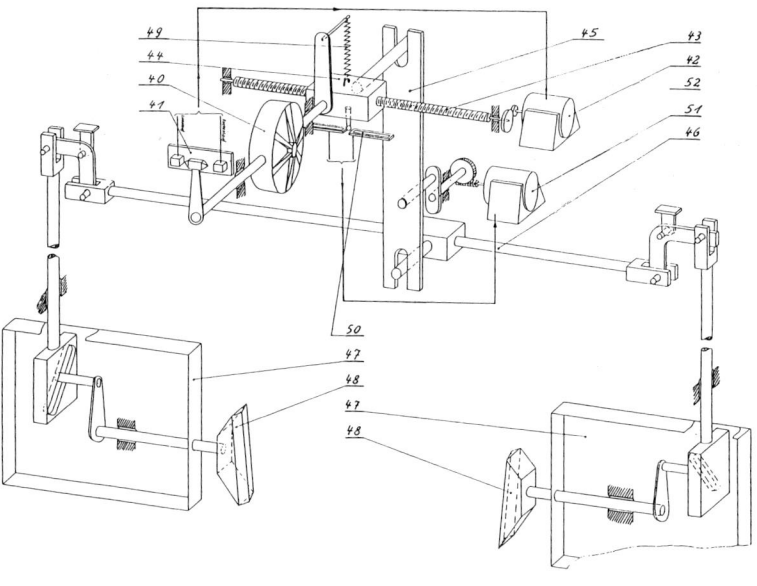

Stabilisierung der Drallbewegung durch Wendekreisel (40), Nachlaufmotor (Stellmotor) (51), Steuergestänge (46, 47) und Verdrehung der Druckstücke (48); Nullpunkt-Trimmung durch zusätzlichen Trimmotor (42).

Stabilisierung der Nick- und Gierbewegung mit Wendekreisel (21), Momentgeber (23), Nachlaufmotor (Stellmotor) (24), Steuergestänge (27, 28, 29) und Druckstücke (30) im Gasstrahl.

auf der Stabilisierten Plattform. In ähnlicher Weise arbeitet der Autopilot für die Stabilisierung der Rollachse und steuert über die Kontakte den Nachlaufmotor zur Drehung der Spindel. Die Spindelmutter verschiebt sich, und über die Hebel werden die Stoßstangen, die zu den Druckstücken im Gasstrahl führen, betätigt. Die Drehung der Druckstücke im Gasstrahl wirkt der Drehung der Rakete entgegen, so wird die Rolldrehung verlangsamt. Die restliche Drehung wird durch eine Trimmeinrichtung, bestehend aus den Kontakten an der Spindelmutter und dem Trimmotor mit Getriebe, kompensiert. Die Kontakte befinden sich in der neutralen Stellung, wenn die Feder die Präzessionsachse des Wendekreisels zur Mitte gefesselt hat, d. h. die Rakete führt keine Drehbewegung um die Rollachse mehr aus. Der durch den Trimmotor erzeugte andauernde Ausschlag der Druckstücke ist gegen die Unsymmetrie der Rakete gerichtet, es ist also kein Ausschlag des Wendekreisels und damit auch keine Drehung der Rakete erforderlich.

Alle genannten Bauteile des Autopiloten und der stabilisierten Plattform sind in dem Steuergerät SG 33 körperlich

Schaltwerk

Umformer

Akkumulator

Steuerschieber

Aktionsbeschaufelung für Stickstoffstützung

Äußerer Kardanring

Kniehebel zum Strahlrudergestänge

Relaisbrücke

Sauerstoff-Behälter

Steuergerät SG 33, eingebaut in der Spitze der Rakete Aggregat A-3.

Steuergerät SG 33 der Kreiselgeräte GmbH, stabilisierte Plattform mit integrierenden Beschleunigungsmessern, Wendekreiseln und Nachlaufmotoren. Stützung der Plattformkreisel durch Stickstoffdruck auf die Schaufeln an den Kardanrahmen.

zusammengefaßt. In der Ansicht von oben sind links die Düsen und Schaufeln für die Stützung des inneren Kardanrahmens, rechts sind die Schaufeln für die Stützung des äußeren Kardanringes zu sehen. Auf der Plattform ist die Wagenanordnung zur Messung der seitlichen Beschleunigungen erkennbar. In der Ansicht von unten sind die drei Wendekreisel, Schaltrelais und die Nachlaufmotoren (Rudermaschinen) abgebildet. Außerdem ist noch die Registriereinrichtung für die Bewegungen der drei Ruder während des Fluges zu sehen.

In der Zeichnung des Aggregates A 3 ist der Einbau des Steuergerätes SG 33 in der Raketenspitze und die Anordnung des Gestänges zu den Rudern im Gasstrahl (auch Druckstücke genannt), gezeigt.

Wegen seines frühen Todes im Jahr 1935 konnte *Boykow* die praktische Erprobung dieser Steuerung nicht mehr erleben. Nach dem Tod von *Boykow* wurden diese Arbeiten von seinem früheren Assistenten *Johannes Gievers* als Leiter der

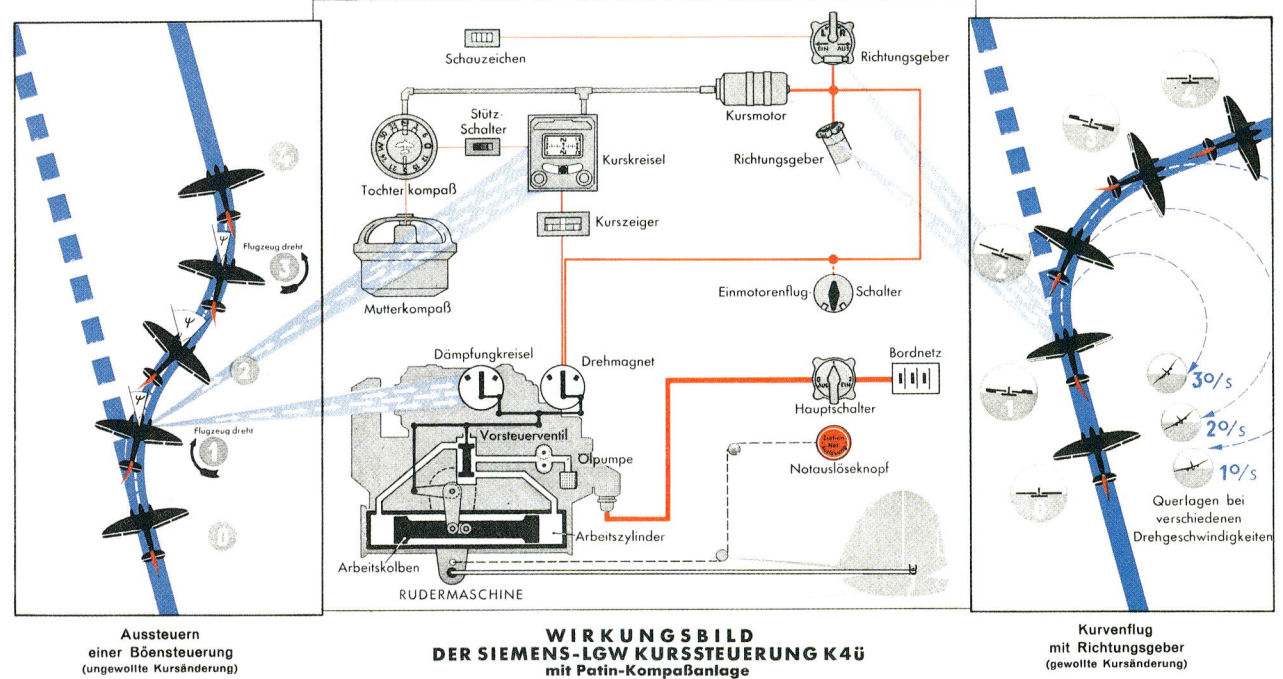

Wirkbild der Siemens-Kurssteuerung K 4ü mit PATIN-Kompaßanlage.

Wirkbild der Kreiselführung durch die PATIN-Fernkompaßanlage.

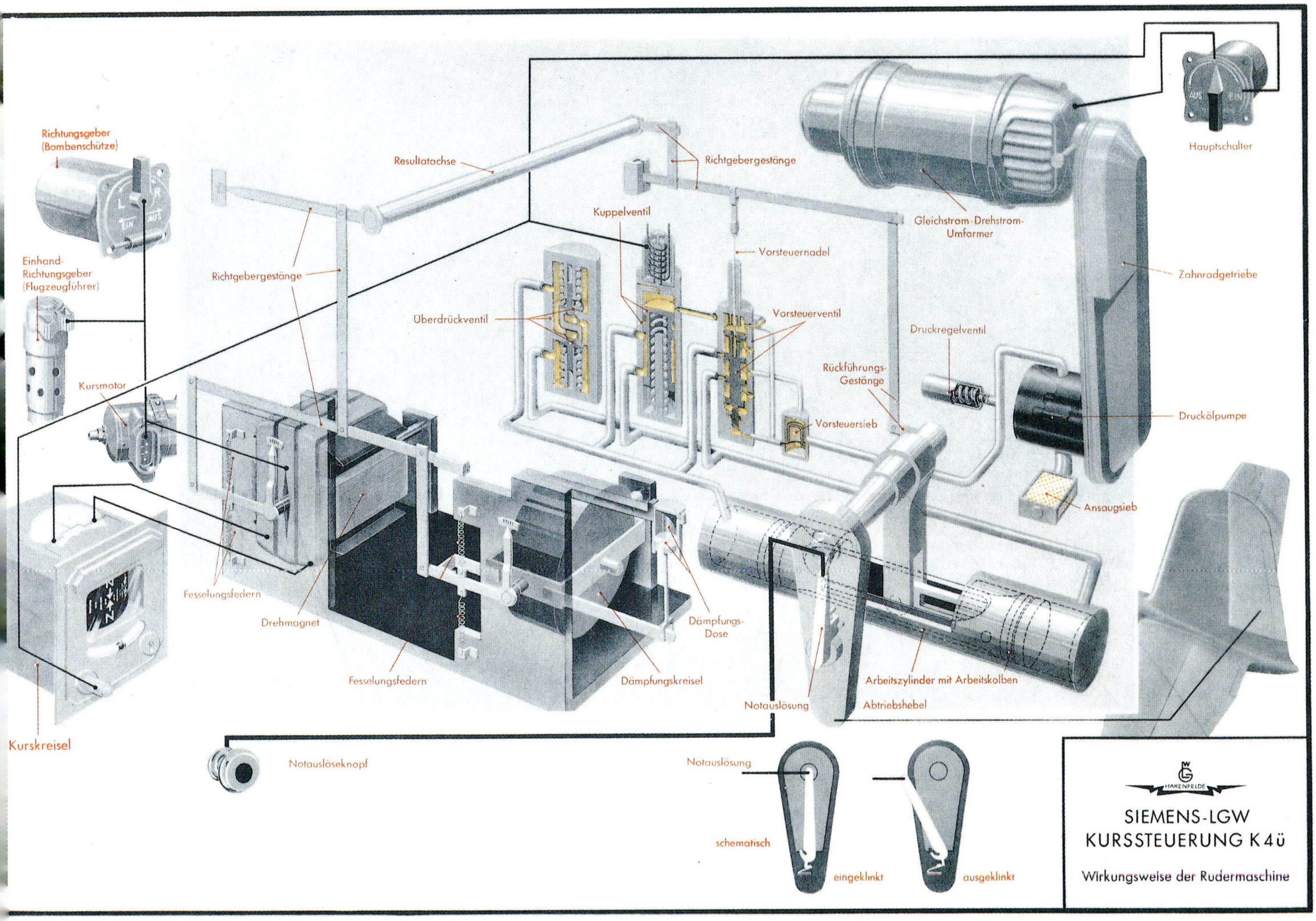

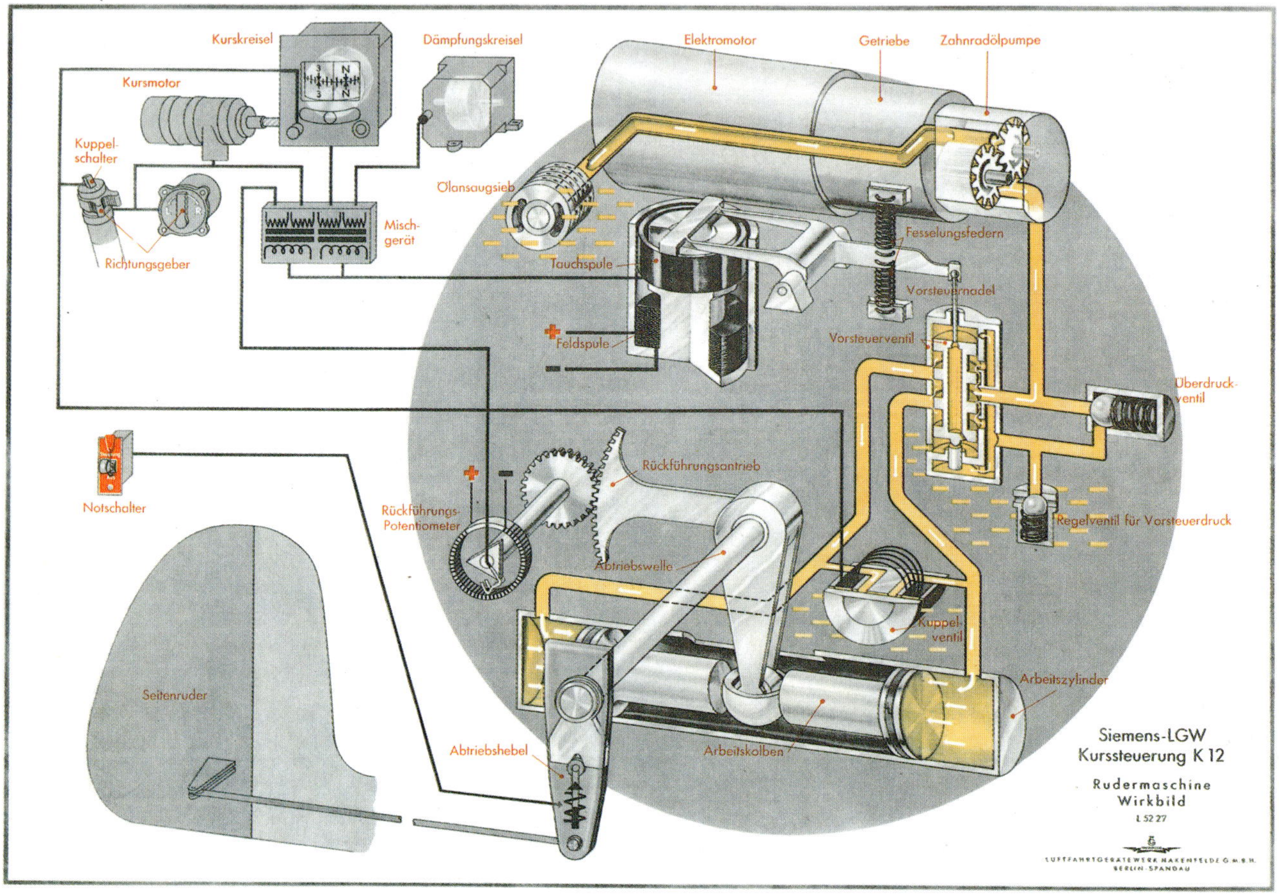
Kurskreisel
Dämpfungskreisel
Elektromotor
Getriebe
Zahnradölpumpe
Kursmotor
Kuppel-
schalter
Ölansaugsieb
Misch-
gerät
Richtungsgeber
Fesselungsfedern
Tauchspule
Vorsteuernadel
Feldspule
Vorsteuerventil
Überdruck-
ventil
Rückführungsantrieb
Notschalter
Rückführungs-
Potentiometer
Regelventil für Vorsteuerdruck
Abtriebswelle
Kuppel-
ventil
Arbeitszylinder
Seitenruder
Abtriebshebel
Arbeitskolben
Siemens-LGW
Kurssteuerung K 12
Rudermaschine
Wirkbild
L 52 27

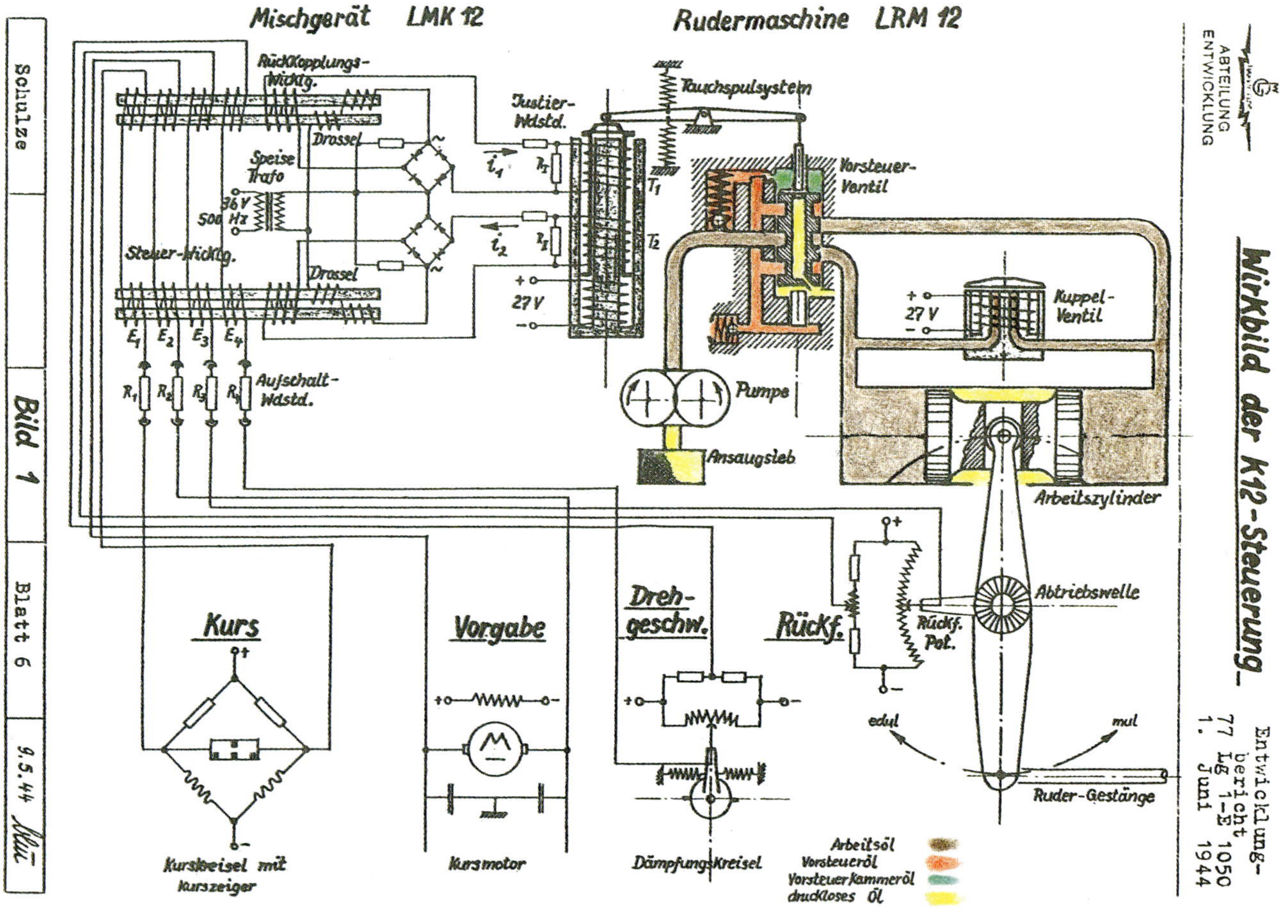
Mischgerät LMK 12
Rudermaschine LRM 12
Rückkopplungs-
Wicklg.
Drossel
Speise
Trafo
36 V
500 Hz
Steuer-Wicklg.
Drossel
E_1 E_2 E_3 E_4
R_1 R_2 R_3 R_4
Aufschalt-
Wdstd.
Justier-
Wdstd.
i_1
i_2
r_1
r_2
+ 27 V −
Tauchspulsystem
T_1
T_2
Vorsteuer-
Ventil
+ 27 V −
Kuppel-
Ventil
Pumpe
Ansaugsieb
Arbeitszylinder
Abtriebswelle
Rückf.
Pot.
Kurs
Vorgabe
Dreh-
geschw.
Rückf.
edul
mul
Ruder-Gestänge
Kurskreisel mit
Kurszeiger
Kursmotor
Dämpfungskreisel
Arbeitsöl
Vorsteueröl
Vorsteuer Kammeröl
druckloses Öl
Wirkbild der K12-Steuerung
Abteilung
Entwicklung
Entwicklungs-
bericht
77 Lg 1-E 1050
1. Juni 1944
Schulze
Bild 1
Blatt 6
9.5.44

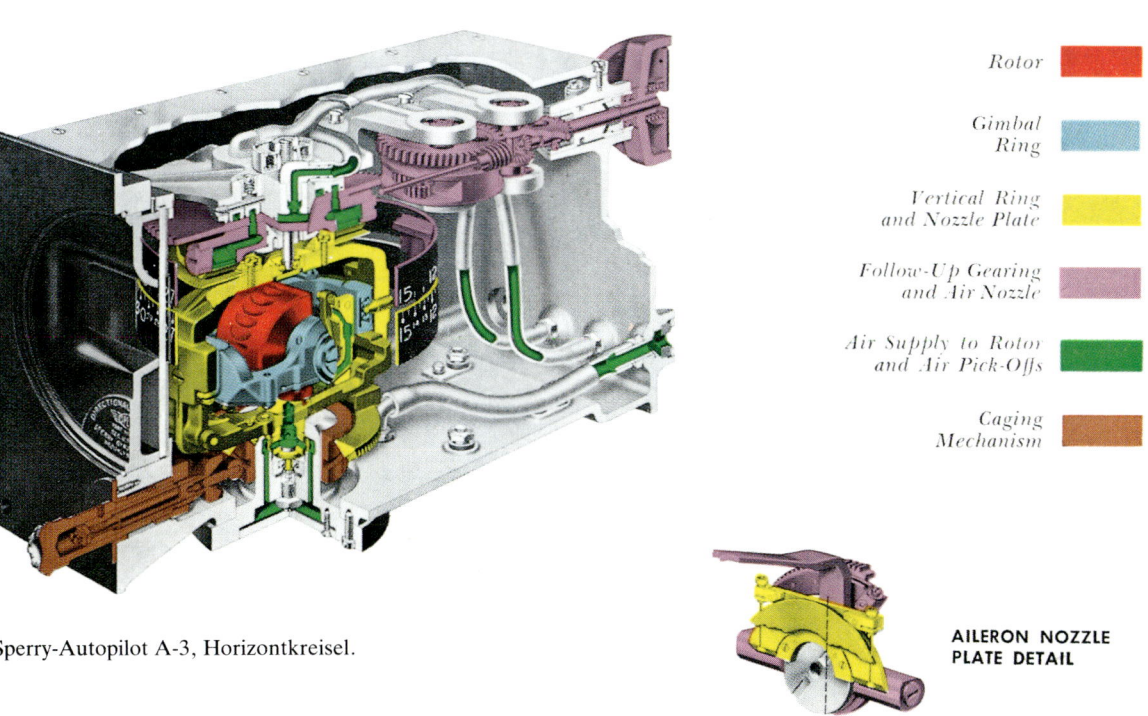

Rotor	🟥
Gimbal Ring	🟦
Vertical Ring and Nozzle Plate	🟨
Follow-Up Gearing and Air Nozzle	🟪
Air Supply to Rotor and Air Pick-Offs	🟩
Caging Mechanism	🟫

Sperry-Autopilot A-3, Horizontkreisel.

AILERON NOZZLE PLATE DETAIL

Rotor	🟥
Gyro Housing Pendulum Assembly, Bail Arm and Elevator Nozzle Plate	🟦
Gimbal Ring and Dial Assembly, and Aileron Nozzle Plate	🟨
Follow-Up Mechanism and Air Nozzles	🟪
Air Supply to Rotor and Air Pick-Offs	🟩
Caging Mechanism	🟫

Sperry-Autopilot A-3, Richtungskreisel.

Sperry-Autopilot A-3, hydraulischer Arbeitskolben.

◁ Wirkbild Rudermaschine K 12 (oben).
Elektrisches Wirkbild Kurssteuerung K 12.

Path of Oil 🟦

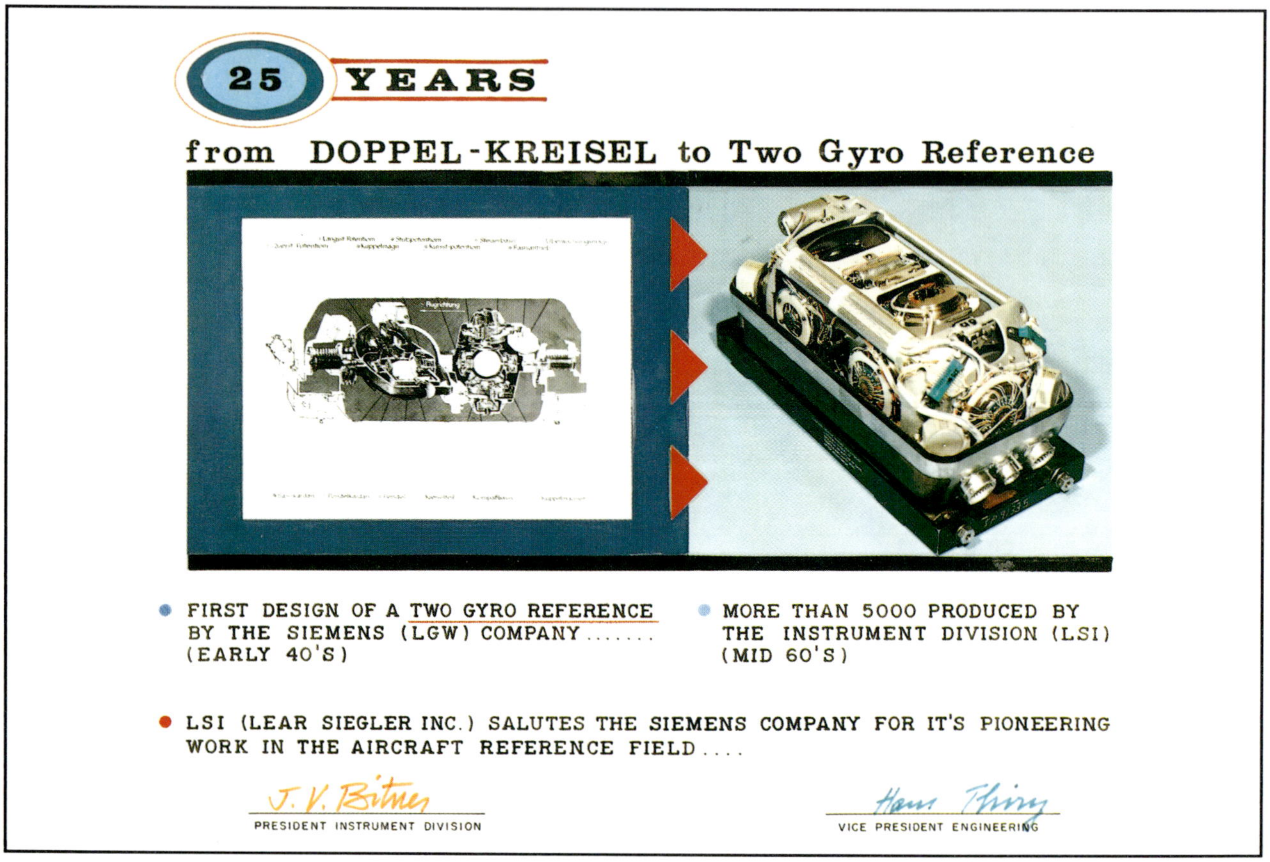

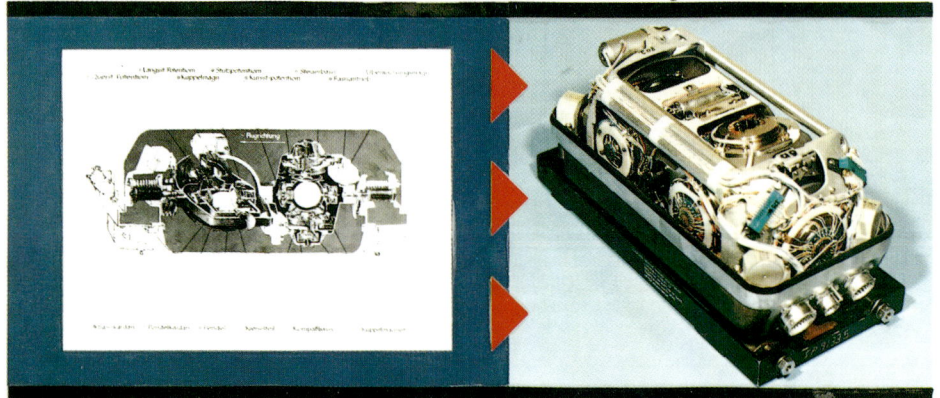

Gegenüberstellung Siemens-LGW-Doppelkreisel und Lear »Master Reference«-Gerät nach 25 Jahren.

VFW VAK 191 B, Gesamtansicht.

Ferngesteuertes Experimentalgerät E 1 »Aerodyne« im strahlgetragenen Schwebeflug.

Über Kabel ferngesteuerter Hubschrauber Do 32 U im Schwebeflug.

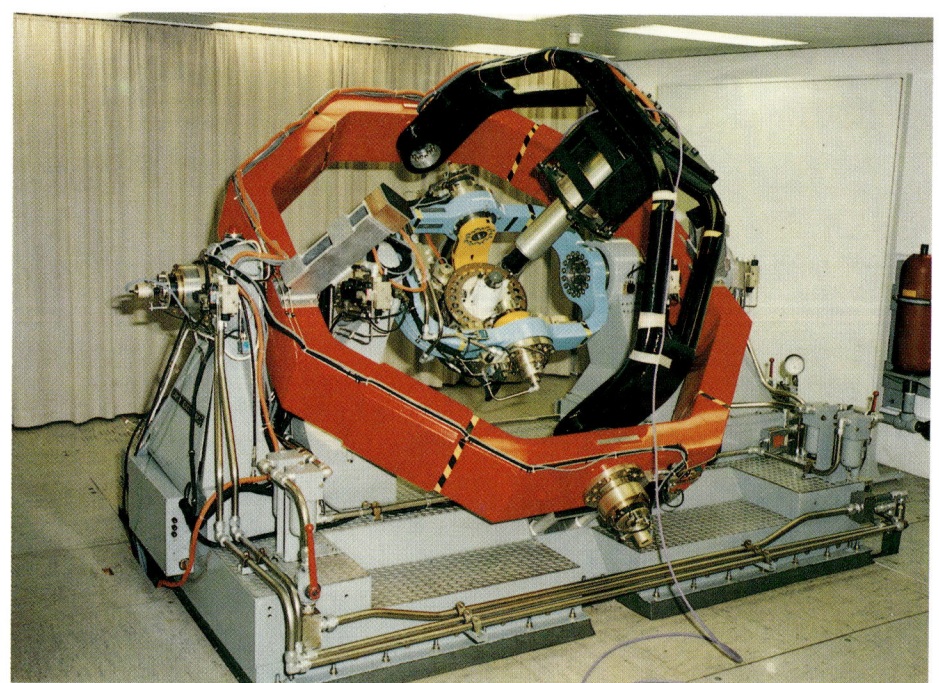

Hydraulischer 5-Achsen-Prüftisch mit Zieldarstellungskammer zur Darstellung von Zielsignaturen (Bodenseewerk).

TORNADO, Primäres Steuerungs- und Stabilisierungssystem mit elektrischer Übertragung der Steuersignale durch das CSAS-System, hydraulischen Stellmotoren für die Ruderbetätigung und mechanischer Notsteuerung. ▽

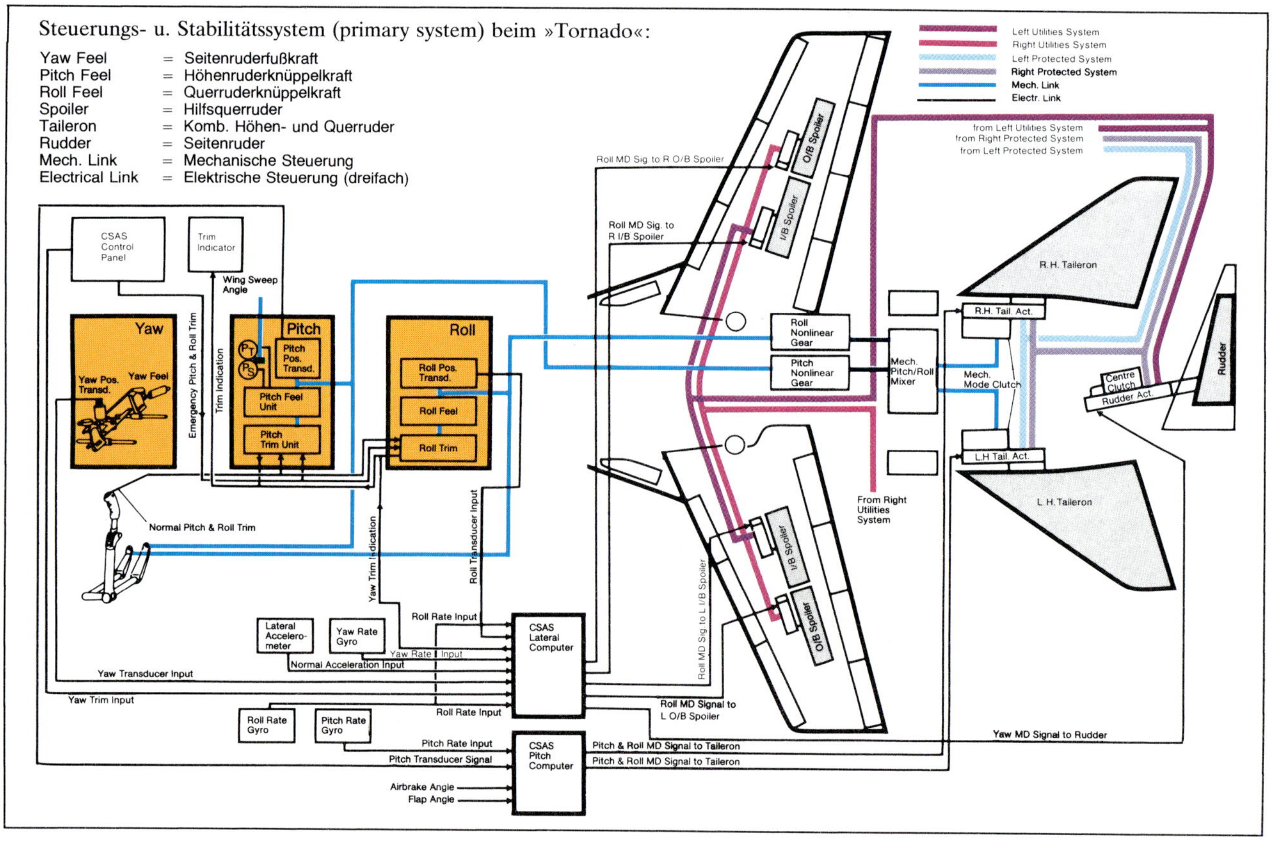

Steuerungs- u. Stabilitätssystem (primary system) beim »Tornado«:

Yaw Feel	= Seitenruderfußkraft
Pitch Feel	= Höhenruderknüppelkraft
Roll Feel	= Querruderknüppelkraft
Spoiler	= Hilfsquerruder
Taileron	= Komb. Höhen- und Querruder
Rudder	= Seitenruder
Mech. Link	= Mechanische Steuerung
Electrical Link	= Elektrische Steuerung (dreifach)

Oben links: CSAS, Lateral Computer im ARINC 3/4 atr short-Gehäuse mit verdreifachten Rechnerkarten und Stromversorgungen sowie eingebauter Testeinrichtung (BITE).

Oben rechts: Fluglagenanzeiger ADI, künstlicher Horizont mit zusätzlicher Anzeige der Wendegeschwindigkeit und seitlicher Beschleunigung (Libelle). Kreuzzeiger für die Flugführung durch Flugleitrechner (FD).

SAHR, Plattform mit zwei trokkenen, dynamisch abgestimmten Kreiseln als Meßkreisel. ▷

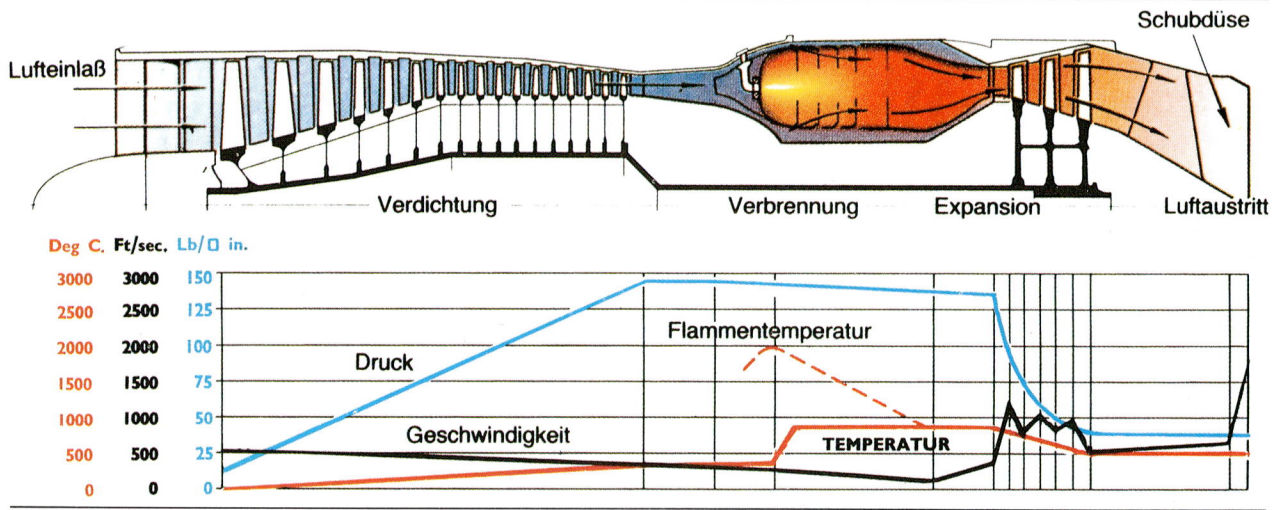

Triebwerk RB 199-34 R, Luftdruck-, Luftgeschwindigkeits- und Temperaturverlauf.

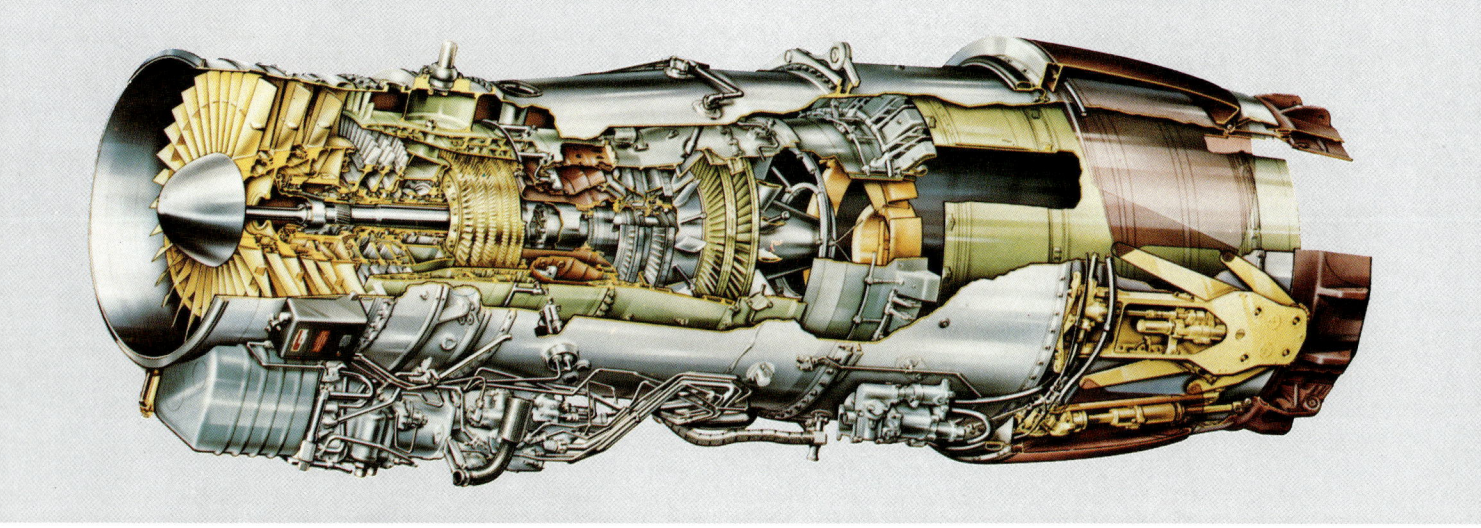

Einblick in das Triebwerk RB 199-34 R.

Digitaler Triebwerksregler-Rechner TWR-80 D mit hochfrequenzdichtem Gehäuse.

Geräte des Vortriebsreglers und des Nick-Trimmsystems (Lieferanteil vom Bodenseewerk Gerätetechnik GmbH, Vortriebsregler-Rechner, zwei Nick-Trimm-Rechner, zwei Kupplungseinheiten und Vortriebsregler-Stellmotor).

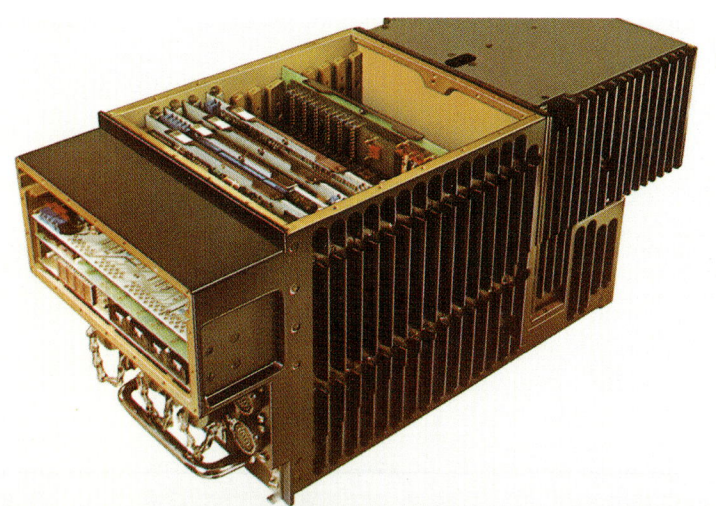

Airbus A-310, Primäres Anzeigegerät PFD als Ersatz für den künstlichen Horizont ADI und der Fahrtmesseranzeige. In der oberen Reihe wird die Betriebsart des Autopiloten angezeigt. Darstellung im Reiseflug.

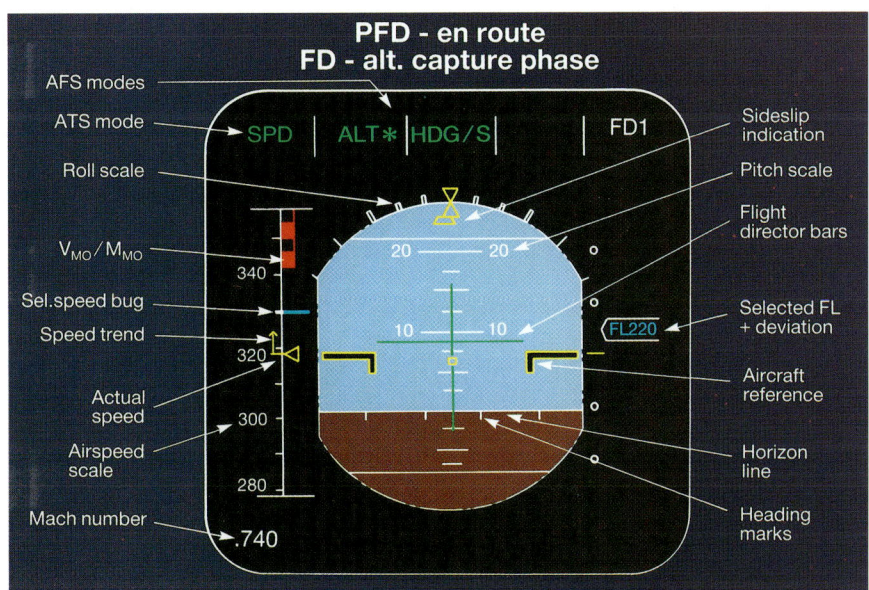

Airbus A-310, Navigations-Anzeige ND in der Betriebsart Rose-mode als Ersatz für den Kursanzeiger HSI.

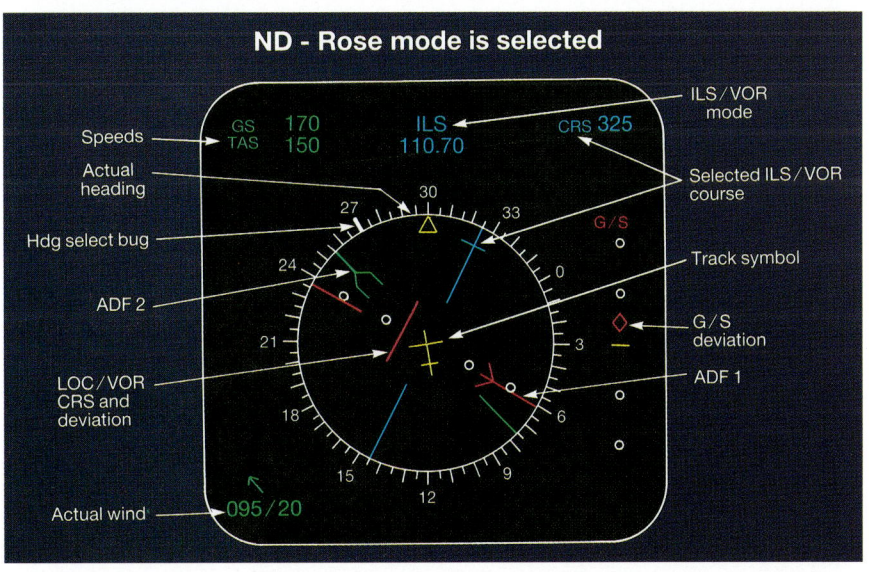

Airbus A-310, Navigations-Anzeiger ND in der Betriebsart MAP. Darstellung des Flugplanes mit einem zweckmäßigen Umleitungsweg um das vom Wetterradar angezeigte Gewitter.

BARO
1013
in Hg
hPa
FD
ILS
CSTR
WPT
VOR.D
NDB
ARPT
ROSE
NAV
VOR
ARC
PLAN
ADF
OFF
SPD
HDG
LAT
ALT
LVL/CH
V/S
22000
AP 1
AP 2
A/THR
LOC
EXPED
APPR
UP
DN

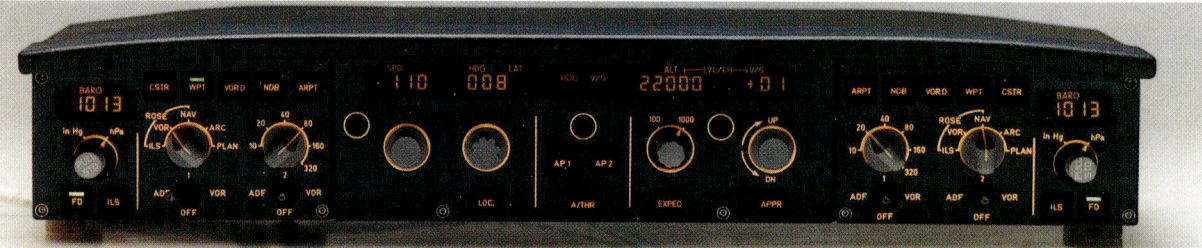

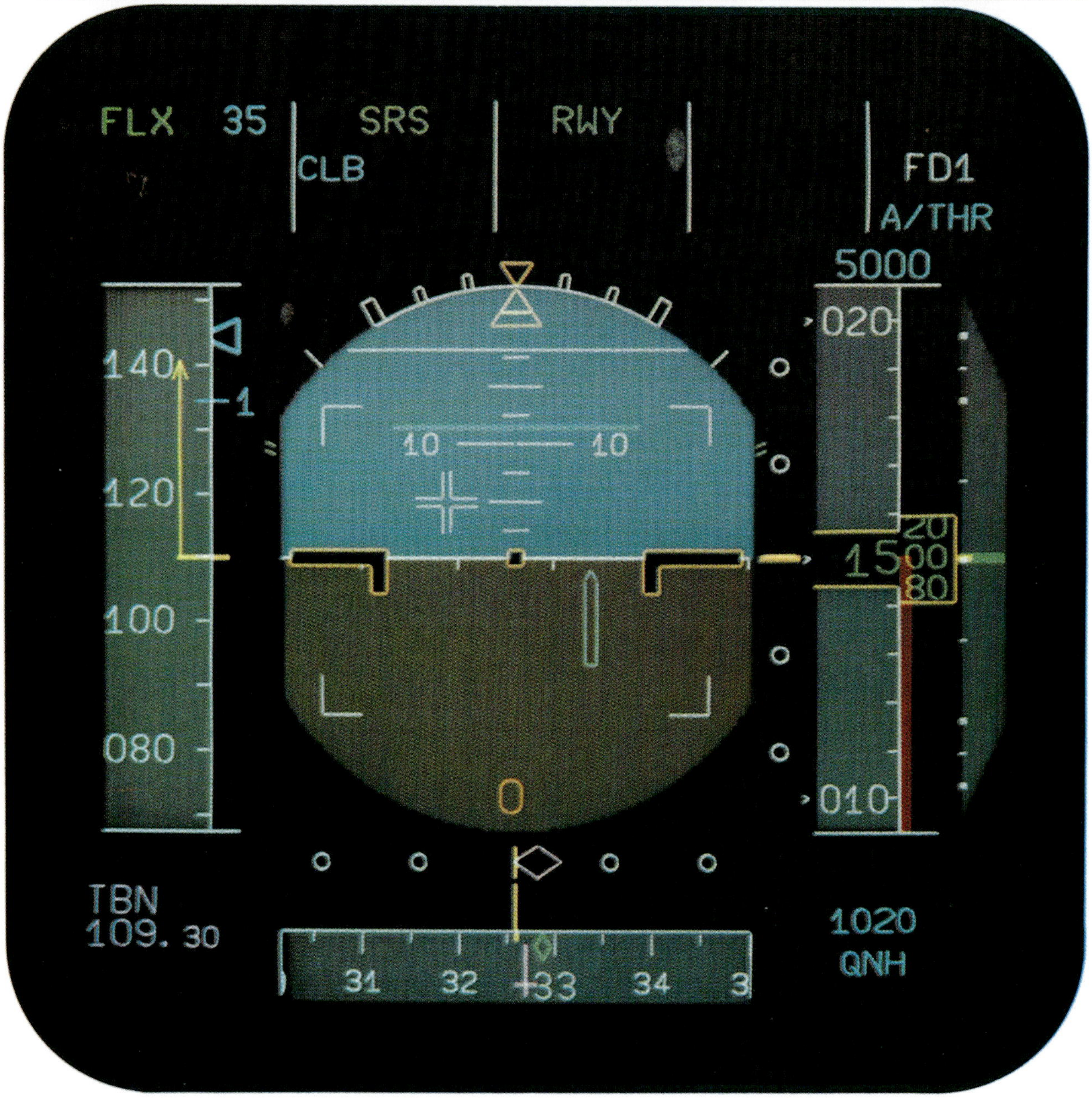
FLX 35
SRS
CLB
RWY
FD1
A/THR
5000
140
120
100
080
020
010
10
10
TBN
109.30
1020
QNH
31
32
33
34

Navigationsanzeige im ROSE/NAV-Betrieb, Flug nach Radio-Kompaß ADF.

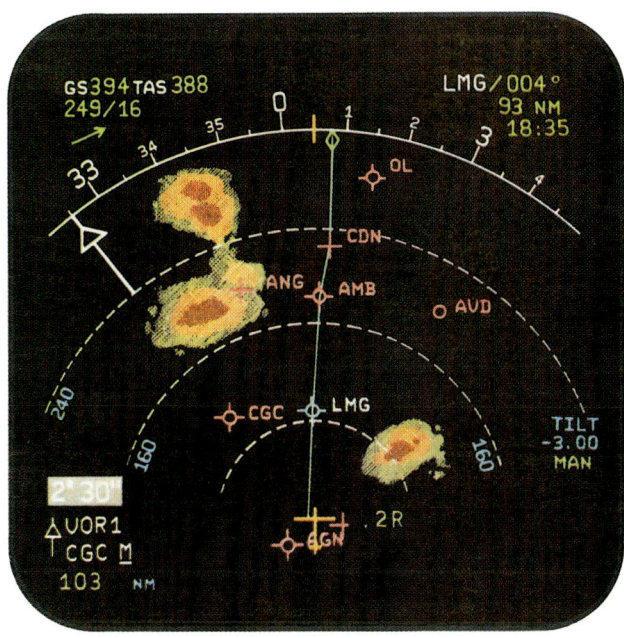

Navigationsanzeige im ARC-Betrieb, Flugwegdarstellung mit zusätzlicher Wetterradaranzeige.

Triebwerksanzeige im oberen DU 1, Primäre Triebwerksdaten, Treibstoffvorrat, Klappen und Vorflügelstellung, Checklisten nach Bedarf wählbar.

◁ Linke Seite oben: Autopiloten-Bediengerät FCU (Flight Control Unit), Bodenseewerk Gerätetechnik.

Primär-Fluganzeige mit künstlichem Horizont, Fahrtmesser (links), Höhenmesser (rechts), Statusanzeige des Autopiloten (oben) und Anzeigen für den Landeanflug Radarhöhe (Mitte), Leitstrahlkurs (unten Mitte).

Cockpit Airbus A-320 mit Bildschirmanzeigegeräten (von links nach rechts): Primär-Fluganzeige PFD 1, Navigationsanzeige ND 1 in der Betriebsart rose mod, Triebwerks- und Warnanzeige ECAM E/W mit Triebwerksdaten (oben), System oder Zustandsanzeige ECAM S mit Anzeige der Türen (unten). In der Mittelkonsole sind die Anzeigen der Flugwegrechner MCDU 1 und 2. Auf der rechten Seite wiederholen sich Navigationsanzeige und Primär-Fluganzeige für den Co-Piloten.

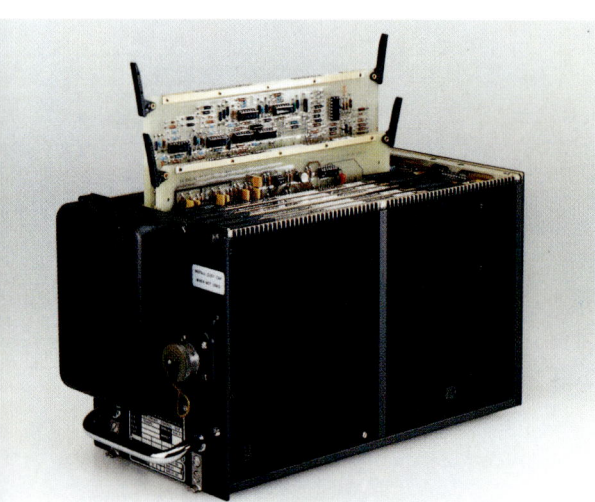

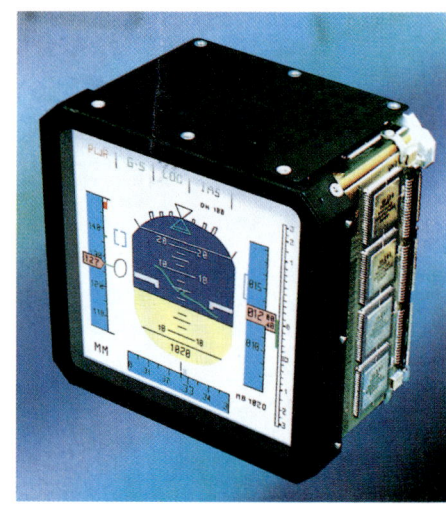

Flacher Farbdisplayschirm auf Flüssigkristallbasis (VDO Luftfahrtgeräte-Werk). ▷

◁ Triebwerksregler-Gerät ECB (Engine Control Box) für die Hilfsturbine APU (Auxiliary Power Unit), Bodenseewerk Gerätetechnik.

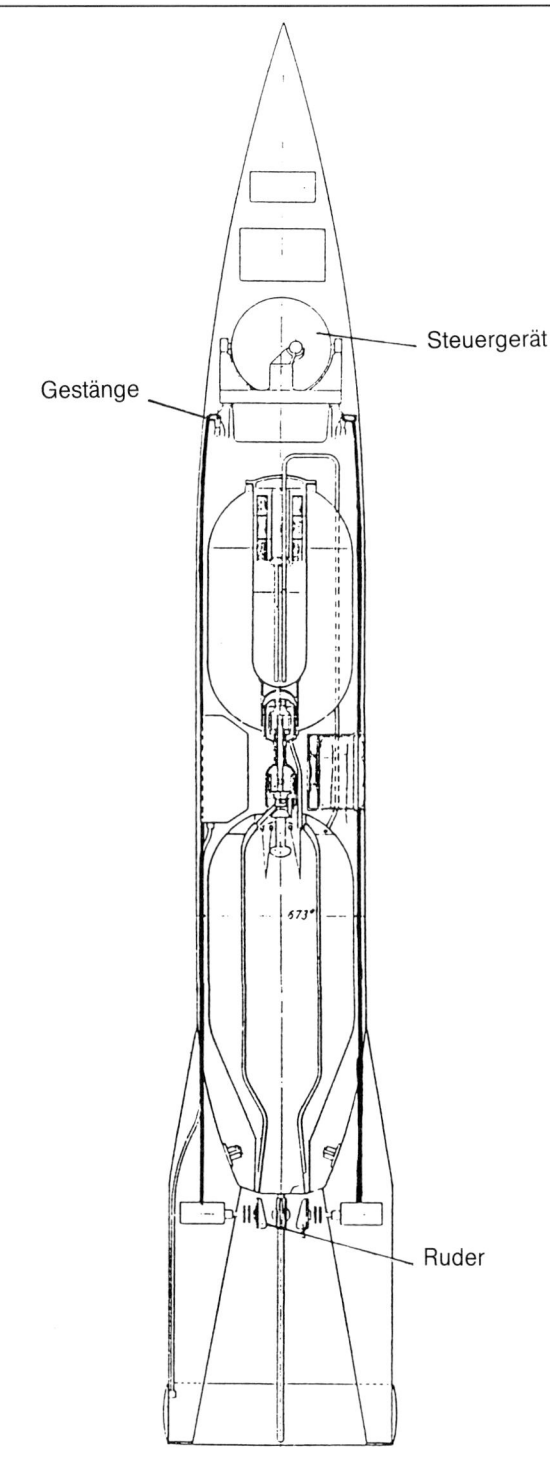

Aggregat A-3 mit Steuergerät SG 33, Steuergestänge und Druckstücke (Ruder) im Gasstrahl.

Kreiselgeräte GmbH weitergeführt. Die im Dezember 1937 auf der Greifswalder Oie durchgeführten vier Startversuche mit dem Aggregat A 3 verliefen alle erfolglos. Nach einem Flug von etwa 3–4 s kamen die Raketen außer Kontrolle und zum Absturz. Als Ursache für das Versagen der Steuerung wurde in einem Abschlußbericht das Versagen der Rollsteuerung festgestellt. Durch die schnelle Drehung in der Rollachse kamen die Rahmen der Stabilisierten Plattform in die Anschläge und führten so zum Absturz. Der Entwurf dieser sehr fortschrittlichen automatischen Steuerung war seiner Zeit und den damit gegebenen technischen Möglichkeiten weit voraus.

Noch vor dem Start der ersten Rakete A 3 wurde die Entwicklung einer Steuerung für Raketen einer weiteren Firma angetragen. Über den Beginn der Entwicklungsarbeiten bei Siemens berichtete *Dr. Karl Wilfried Fieber* später wie folgt:

»... Zur Zusammenarbeit Peenemünde-Siemens
Im Herbst 1937 wurde ich als Leiter des Selbststeuerlabors nach Dienstschluß zu einer sehr geheimen Konferenz geladen. An dieser nahmen unsererseits Werksdirektor Kapitän Altvater, Entwicklungschef Dr. Fischel und ich und partnerseits ein drahtiger Oberstleutnant, der spätere Generalmajor Dr. e.h. W. Dornberger und ein blutjunger Zivilist – Dr. W. v. Braun teil. Nachdem den uns damals noch nicht so ganz gewohnten, besonderen Geheimhaltungshinweisen mit Todesstrafeandrohungen und einer allgemeinen Information durch Oberstleutnant Dornberger, erklärte uns Dr. v. Braun den Stand der Raketenentwicklung anhand der bisher gebauten Versuchsaggregate und die zu stellenden Anforderungen an eine Raketensteuerung. Zu den dabei am Rande gestreiften bisherigen Arbeiten auf dem Steuergebiet schien man schon damals kein rechtes Vertrauen gehabt zu haben, obwohl sich das völlige Versagen dieser Wege erst bei den Flugversuchen auf der Greifswalder Oie im Dezember 1937 erwies. Nach diesen zusammengefaßten Darlegungen wurde uns also etwa folgende Aufgabe gestellt: (hier nur mit Senkrechtstart bezeichnet):
Technische Forderungen und Folgerungen
Wenn nach dem Bild das Ziel Z mit ausreichender Genauigkeit ballistisch getroffen werden sollte, mußte das Geschoß nach einer, uns noch freigestellten Startart nach etwa 60 Sekunden Flugdauer mit einer Endgeschwindigkeit von ca. 1500 m/s (ca. 4,5fache Schallgeschwindigkeit) an einen bestimmten Ort III im Raum in ca. H = 30 km Höhe (Brennschlußzeit) in eine azimutal frei vorwählbare und gegen den Horizont unter 45° geneigte Sollflugbahn gebracht werden. Zu diesem Zeitpunkt mußten sämtliche aufgetretenen Störungen oder willkürlich eingebrachten Korrekturen statisch und dynamisch vollständig ausgeregelt sein. Entsprechend dieser Forderung bezeichnete man die lotrechte Azimutebene, in der sich das Geschoß vom Start bis zum Ziel bewegen sollte, als ›Bahn- oder Zielebene‹ und jene, zur ersteren senkrechten Ebene, in der das Geschoß schräg aufwärts geführt werden und die es bei ›Brennschluß‹ tangential verlassen sollte, als ›Dachebene‹. Daraus ergaben sich für uns folgende Voraussetzungen und Steuerungsprobleme:
1. der steuertechnisch zu beherrschende Fluggeschwindigkeitsbereich, der damals bei selbstgesteuerten Flugzeugen zwischen 120 und 300 km/h, also in einem maximalen Änderungsbereich von 1:2,5

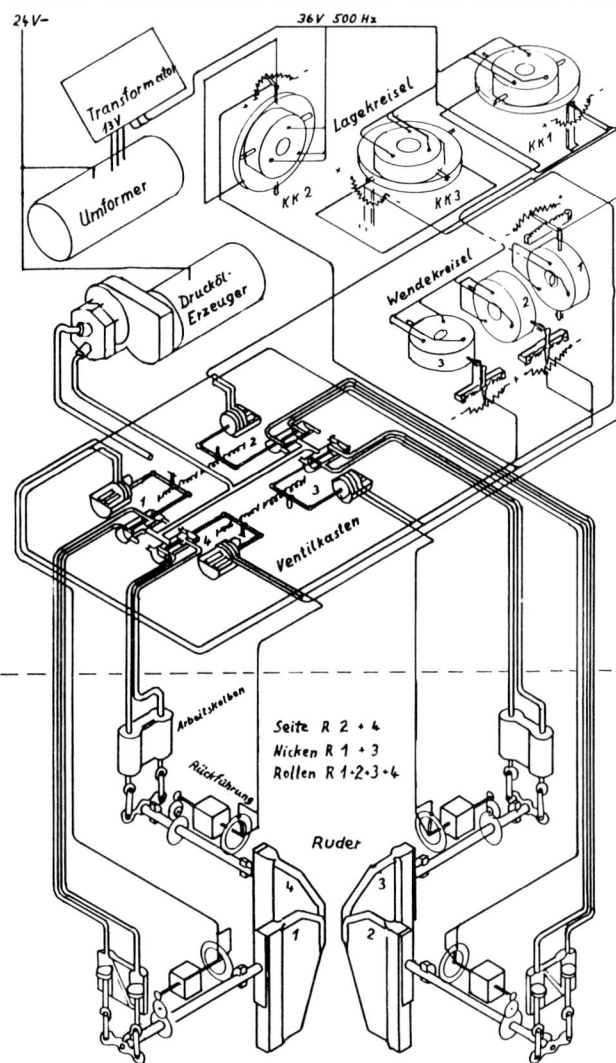

Wirkungsschema der Siemens-Steuerung D 13 für das Aggregat A-5 mit Lagekreiseln, Wendekreiseln, Tauchspulen mit Ventilen und Einzelruderantrieb durch hydraulische Arbeitskolben.

lag, erstreckte sich hier von V = 0 bis V = 4,5facher Schall entsprechend 5000 km/h; also im Vergleich zu obigen Zahlen auf 1:∞.

2. Zum Einschwenken in die Sollbahn und Ausregeln von Störungen standen kaum 60 Sekunden zur Verfügung. Die notwendigen Steuervorgänge mußten sich daher außerordentlich schnell abspielen und trotzdem ein hohes dynamisches Dämpfungsmaß besitzen. Hohe Eigenstabilität des Geschosses mußte mit Rücksicht auf die Bahnumlenkung aber eher schaden als nützen.

3. Damit ergibt sich auch die Aufgabe, außerordentliche Beschleunigungen über längere Zeiträume zu beherrschen und jedes eingesetzte Gerät gegen diese unempfindlich zu machen.

4. Über Stabilitätsverhältnisse und Eigendämpfung des Flugkörpers war so gut wie nichts bekannt. Sie würden sich auch bei einem derartigen Geschwindigkeits- und Luftdichte-Änderungsbereich vom Start bis auf solche Höhen weder näher vorausberechnen noch regeltechnisch verwerten lassen. Ebenso unbekannt war der dynamische Auftrieb des Flugkörpers im Schrägflug, über den man den für die Sollflugbahn erforderlichen, höhen-veränderlichen Anstellwinkel hätte errechnen können.

5. Die Trägheitsmomente des Flugkörpers um die beiden Querachsen waren für den Start bei vollen Tanks theoretisch errechenbar, änderten sich aber im Flug durch den Flüssigkeitsverbrauch ständig. Außerdem stellte die Flüssigkeit in den Tanks eine freie Masse und damit eine gefährliche Störgröße dar. Das Trägheitsmoment um die Längsachse aber war wegen der Schlankheit des Körpers und der mangelnden Teilnahme der Flüssigkeit an den Drehbewegungen um Größenordnungen kleiner und verlangte daher ganz andere Regelkonstanten.

6. Ebenso unbekannt waren die zu erwartenden Störgrößen auf den Flugkörper durch äußere und innere Kräfte sowie die erforderlichen Steuer- und Rudermomente.

7. Weiterhin bestand keinerlei Möglichkeit einer Flugjustierung, also einer Variation der Regelgrößen im Flug, wie sie für uns in der Flugzeugselbststeuertechnik selbstverständlich war, und zunächst noch keine Hoffnung auf ein Wiedergewinnen abgeschossener Geräte – bei der absoluten Unbekanntheit fast aller regeltechnischen Konstanten ein wahrhaft verzweifeltes Unternehmen.

8. Schließlich fehlte es an den wichtigsten Helfern bei einem solchen Unternehmen, nämlich an Entwicklungszeit, Entwicklungskapazität und Führungswillen. Das Steuergerät sollte innerhalb von 1–1,5 Jahren fliegen. Nach langem Ringen auf höchster Konzernebene wurden als Entwicklungskapazität 2 Dipl.-Ing., ein Fachschuling. und 2 Mechaniker sowie der Bau einiger Rudermaschinen bewilligt. Die Entwicklung des von mir geplanten Kreiselgerätes ›Vertikant‹ wurde von unserer Direktion mangels Kapazität vorerst überhaupt abgelehnt und dann von Dr. v. Braun nach unserer Patentanmeldung einer Fremdfirma (Anschütz) übertragen, die mit unserer Versuchsarbeit natürlich auch nicht zurecht kam. Wir mußten uns also in allem mit mehr oder weniger tauglichen Ersatzmitteln behelfen.

Dazu kam noch, daß unser Werk als Luftfahrtindustrie bei der ohnehin schon angespannten Entwicklungskapazität offenbar keine Ambition für Heeresaufträge hatte und an die Realität dieser Aufgabe keineswegs glaubte. Mein Werksdirektor sagte mir damals, wir müßten die Aufgabe zwar übernehmen, ich solle mir aber darüber völlig im klaren sein, daß das Ganze nicht mehr als eine Scharlatanerie sei. Nun, er hatte nicht mit der technischen Besessenheit seiner Laborleute gerechnet, denn in weniger als 2 Jahren glückten die Flüge der ersten drei vollautomatisch gesteuerten Großraketen der Welt von der Greifswalder Oie aus ohne auch nur einen einzigen Fehlstart...«

Nach diesem Beginn wurden umfangreiche Überlegungen, Labor- und Bodenversuche für die Steuerung einer Großrakete durch die Entwicklungsgruppe bei Siemens angestellt. Andererseits hatte die Entwicklungsstelle in Peenemünde nach den mißglückten Startversuchen mit dem Aggregat A 3 über die Weiterführung der Entwicklung entschieden: Es wurde ein weiteres Aggregat, A 5 genannt, konzipiert. Die Triebwerksanlage blieb unverändert, der

Flugkörper in seiner aerodynamischen Form leicht verändert. Durch die Neubenennung zum A 5 sollte auch der durch die mißglückten Starts angekratzte Ruf des Aggregats A 3 in Vergessenheit geraten. Die Bodenversuche bestanden im wesentlichen in der Aufhängung der Rakete in einem um zwei Achsen schwenkbaren Gestell, in dem mit den Original-Triebwerken Stabilisierungsversuche mit um 90° versetzt eingebauten Siemens-Kurssteuerungen K 4ü durchgeführt werden konnten. Die so gewonnenen Erkenntnisse der Stabilisierung einer Rakete bei der Eigengeschwindigkeit Null mit Hilfe der im Gasstrahl befindlichen Ruder trugen sehr entscheidend zum Erfolg der späteren Flugversuche mit dem Aggregat A 5 bei.

Der weitere Verlauf der Entwicklung wird von *Fieber* wie folgt geschildert:

». . . Die Flugversuchssteuerung

Wir waren also in kurzer Zeit tief in das Problem eingedrungen und konnten an die Planung der Schußversuchssteuerung gehen. Hier aber ergaben sich die ersten und – wie es schien – fast unüberwindlichen Schwierigkeiten, und zwar sowohl problematischer wie kapazitätsmäßiger Art. Es ist möglich, labormäßig mit billigen Mitteln eine größere Anzahl von hydraulischen Rudermaschinen zu bauen, wenn man die Anforderungen an sie einigermaßen kennt und serienmäßige Erfahrungen über die nötigen und geeignete Steuerorgane, z. B. ein empfindliches trägheitsfreies, vorgesteuertes Regelventil mit Tauchspulbetätigung besitzt. Dasselbe gilt auch für Zusammenbau von Wendekreiseln mit Abgriffen und Mischverstärkern verschiedener Art in Baukastenform, wenn man über deren theoretische Grundlagen und Bauelemente verfügt.

Das galt aber keineswegs auch für den Bau leichter, freier Einkreiselgeräte wie Vertikanten, weil sich solche damals in Deutschland erst mitten in der Entwicklung befanden, genügend erprobte Bauelemente wie rückwirkungsfreie Drehmomentengeber, Abgriffe und Stromzuführungen usw. noch fehlten und ihr Verhalten bei hohen Beschleunigungen noch ganz unbekannt war. Auch ist zu ihrer Herstellung höchste Werkstättenpräzision erforderlich, kommt es doch z. B. bei der Schwerpunktlage des Kreisels gegenüber seiner Kardanlagerung auf Genauigkeiten von 10 μ an. Deshalb ist jeder solcher Kreisel auch auf eine ganz bestimmte Raumlage möglichst genau und deformationssicher, d. h. beschleunigungsunempfindlich getrimmt.

Eine solche Entwicklung ließ sich also keinesfalls unter Termindruck und mit ganz beschränkter Arbeitskapazität befriedigend lösen, und leider hatte unsere Direktion daher die Übernahme dieses, unseres ureigensten Gerätes vorläufig abgelehnt. Peenemünde vergab diese Arbeit nach unseren Vorschlägen an eine andere Kreiselfirma.

Damit war aber die Frage des Lagerichtgeberteiles für unsere erste terminisierte Schußversuchsserie keineswegs gelöst, denn auch obige Fremdfirma konnte zu diesem Termin kein neues Gerät herausbringen. Als unsere Entwicklungspläne an diesem Punkt aus Termin- und Kapazitätsgründen überhaupt zu scheitern drohten, kam mir der fast verzweifelte Auswegegedanke, die beiden Kreisel des Vertikant-Patentes für die ersten Schußversuche durch drei im Raum um 90 Grad verdrehte Flugzeugkurskreisel, wie sie damals bei uns schon in Serie gebaut wurden, zu ersetzen . . .

Aus dieser gespannten Zeit ist mir ein für unsere damalige Zusammenarbeit mit Peenemünde typisches Erlebnis in Erinnerung: Just am Abend vor jenem Tage, an dem die Versuchsstückzahlen und Termine mit Peenemünde auf höchster Siemens-Halske-Direktionsebene festgelegt werden sollten – unter anderem waren auch unsere Vorstände Dr. v. Buol und Dr. Lüschen erschienen – war mir jener Auswegegedanke mit den Flugzeugkurskreiseln gekommen. Als nun Dr. v. Braun am nächsten Morgen in mein Labor kam, um mich zu fragen, welche Versuchsstückzahlen er vernünftigerweise fordern dürfte, um nicht ein glattes Nein zu riskieren – er träumte – von seinem Standpunkt angesichts der Problemschwierigkeiten mit vollem Recht – von 20–25 Steuerungen, während unsere Werksleitung aus der Flugzeuggeräteerfahrung und Kapazitätsbetrachtung heraus höchstens an eine Zahl von 2–3 Versuchsgeräten dachte –, schilderte ich ihm ganz offen die technische, terminliche und kapazitätsmäßige Lage und meinen vagen Auswegegedanken in der Kreiselfrage. Zu meiner höchsten Überraschung erklärte er dann auf der Konferenz in der Stückzahlfrage, die ganze Angelegenheit sei durch meine Ausweichlösung mit den Kurskreiseln termin- und kapazitätsmäßig vollkommen entschärft, die Sache wäre klar und durch Versuche erhärtet, und es bestünde daher gar keine Schwierigkeit, seine Stückzahlforderungen zu erfüllen. Angesichts dieser überzeugenden Darstellung gab Dr. Lüschen tatsächlich sein Einverständnis, und ich konnte die Sache kaum dementieren, ohne das ganze Projekt zu gefährden. Wir jüngeren Laborleiter hätten es niemals gewagt, unserer Konzernleitung gegenüber auch erfolgversprechende Pläne ohne eindeutige Versuchsbestätigung als erhärtete Tatsachen hinzustellen. Als ich aber Dr. v. Braun darüber nachträglich wütend Vorhalte machte, schlug er mir ganz einlenkend auf die Schulter und sagte lächelnd: ›Aber, Dr. Fieber, kühn behauptet, ist halb bewiesen!‹ Ich schwitzte ein paar Wochen Blut, er aber hatte gewonnen und auch recht behalten, es glückte eben! . . .

Schußversuche auf der Greifswalder Oie

Nach Beendigung dieser stürmischen Entwicklungsarbeit wurden die ersten flugtauglichen Steuerungen in den Versuchsträger – Aggregat A 5 – eingebaut und zum Schußversuch auf die Greifswalder Oie, eine kleine, Greifswald vorgelagerte Insel, gebracht. Was an vernünftiger Vorversuchs- und Sicherungsarbeit nur vorgenommen werden konnte, wurde getan. Jetzt ging es um die praktische Entscheidung, die Peenemünde ebenso tat wie uns. Es war Oktober 1939 geworden, der Krieg hatte bereits begonnen. Nach einer letzten Kontrolldurchsicht, die auch nach Einbau und Transport nicht einen einzigen Fehler ergab, warteten wir gespannt auf den Start.

General Dornberger berichtet über diese Versuche und ihren schicksalentscheidenden Erfolg in seinem Buch: ›V-2 Der Schuß ins Weltall‹ Seite 70 ff., wie folgt:

›Diesmal sollten nun drei Geräte abgeschossen werden, zwei senkrecht, das dritte im Schrägschuß. Sie waren mit Siemenssteuermaschinen versehen.

An einem klaren, schönen Spätherbsttag mit glatter, ruhiger, blauer See erhob sich die erste Rakete vom Abschußtisch. Senkrecht stieg sie in den blauen Himmel. Sie drehte sich nicht um die Längsachse und neigte sich nicht gegen den Wind. Immer höher und höher stieg der Flugkörper, immer schneller beschrieb er seine Bahn. In fast 7 km Höhe und nach 45 Sekunden Brennzeit Sekunden später . . . Tragfallschirm.

Der zweite Abschuß am nächsten Tag bot fast genau das gleiche Bild. Auch die zweite Rakete wurde, nur wenige 100 m von dem Ort der ersten entfernt, aus dem Wasser gefischt.

Wir wagten es noch nicht, uns zu freuen. Erst der nächste Schuß konnte uns darüber Gewißheit bringen, ob die Hauptaufgabe des damaligen Schießens, die Umlenkung der fliegenden Rakete in eine vorgeschriebene Richtung, gelöst war.
Durch ein nach einem bestimmten Zeitplan arbeitendes Räderwerk sollte die Achse des Kreisels, der bisher den senkrechten Aufstieg bewirkt hatte, langsam in die Schußrichtung gekippt werden.
Auch dieser Versuch brachte uns vollen Erfolg. Nach vier Sekunden senkrechten Aufstieges begann die Rakete sich langsam mit der Spitze nach Osten zu neigen. Mit zunehmender Geschwindigkeit überquerte sie die Oie und flog in hohem Bogen hinaus über das Meer. Auf dem Gipfelpunkt der Flugbahn, etwa 6 km von der Startstelle entfernt, in 4 km Höhe, wurden die Fallschirme ausgestoßen . . . Auch diese Rakete wurde geborgen. Endlich war uns ein großer Erfolg beschieden . . .‹

Nach diesen Versuchen sagte mir *Dr. v. Braun* glückstrahlend noch auf der Oie: ›*Dr. Fieber,* das war das erste Mal auf der Welt, daß es glückte, eine Großrakete gesteuert in den Himmel zu schicken.‹«

Nach diesen erfolgreichen Flugversuchen mit der improvisierten Laborausführung begann ab April 1940 mit der Siemens-Dreiachsensteuerung D 13 eine Reihe von Versuchsflügen. Das Wirkschema der Steuerung D 13 zeigt den gerätetechnischen Aufbau. Es werden immer noch die Kurskreisel Lku 4 als Lagegeber verwendet. Der Wendezeigerblock enthält die federgefesselten Wendekreisel. Im Verteilerkasten sind die Tauchspulen zur Summierung und Verteilung der Kreiselsignale auf die entsprechenden Ruder mit ihren Steuerventilen für die Ansteuerung der hydraulischen Arbeitskolben enthalten. Von der Ruderstellung werden noch die Signale der Stellungsrückführung zu den Tauchspulen geleitet und den Kreiselsignalen entgegengeschaltet. Ein Drehstromumformer mit Transformator erzeugt den Drehstrom von 36 V und 500 Hz. Die Drucköl-erzeugung wird von der Ölpumpe für alle Rudermaschinen gemeinsam erzeugt. Das Foto zeigt oben die drei versetzt angeordneten Kurskreisel. Der Wendezeigerblock befindet sich darunter, weiter unten ist der Verteilerkasten mit den Tauchspulen und Ventilen angeordnet. Die Ölleitungen führen zu den am Heck angebrachten Arbeitszylindern zur Betätigung der Ruder im Gasstrahl.

In der Zeit nach den ersten geglückten Starts des Aggregates A 5 im Dezember 1939 und dem ersten erfolgreichen Start des Aggregates A 4 am 3. Oktober 1942 blieb das A 5 das relativ billige Prüfgerät für die A 4-Rakete.
Es wurden die verschiedensten Steuerungsanlagen in unzähligen Varianten mit Erfolgen und Mißerfolgen eingebaut, in Bodenversuchen justiert und im Flugversuch erprobt. Durch die vorgesehene Bergung des Aggregates im Scheitelpunkt der Flugbahn durch Fallschirm konnten viele der abgeschossenen Raketen mehrfach benutzt werden. So erfolgten etwa 100 Starts mit dem Aggregat A 5. Von der Kreiselgeräte GmbH unter der Leitung von *Dr. Johannes Gievers* wurde eine verbesserte Ausführung eines Steuergerätes SG-52 mit drei KA-13-Kreiseln in der stabilisierten Plattform, drei Wendekreiseln, Kohledruckwiderständen und elektrischen Rudermaschinen entwickelt und im Aggregat A 5 erprobt. Gievers berichtete später darüber:

». . . Die vereinfachte Dreikreiselplattform war mit drei KA-13-Kreiseln ausgerüstet. Das waren Kreisel, die einen Schwungraddurchmesser von 13 cm und einen Impuls von $1,5 \cdot 10^5$ g cm s hatten. Die Plattform, die nur eine Minute lang bis zum Schluß des Raketenantriebs zu arbeiten brauchte, besaß weder Stützmotoren noch Beschleunigungsmesser. Bis zum Start wurden die Kreisel und das Kardangehänge durch Elektromagnete in der Nullstellung festgehalten und die Kreisel von außen gespeist. Kurz vor dem Start wurde die Fesselung gelöst und die Drehstromspeisung unterbrochen. Die Kreisel liefen dann ohne elektrischen Antrieb weiter. Ihre Auslaufzeit war sehr viel länger als eine Minute . . .
Erwähnenswert ist noch die zusätzliche Drehfreiheit, die die Plattform in der Ebene der Schußrichtung hatte. In dieser vierten Achse des Kardangehänges wurde nach dem Start die Umlenkung der Rakete aus der Senkrechten in die genaue, für den Augenblick des Brennschlusses geforderte Richtung eingedreht.
Diese vereinfachten Plattformen wurden zu Ende des Krieges, als die Schußgenauigkeit nicht eine so große Rolle spielte, in großen Stückzahlen für Peenemünde gebaut . . .«

Eine weitere Steuerungsanlage wurde erprobt. Die von *Waldemar Möller* bei der Erprobungsstelle der Luftwaffe, Rechlin, entwickelte und als »Einheitssteuerung der Luftwaffe« eingeführte Flugzeug-Dreiachsensteuerung wurde an Forderungen der Rakete angepaßt. *Waldemar Möller,* der inzwischen wieder bei der Firma Askania arbeitete, berichtete darüber später:

». . . Reglerentwicklung für Rakete ›V2‹.
Schon in Rechlin hatte sich Dr. von Braun für unseren Flugregler

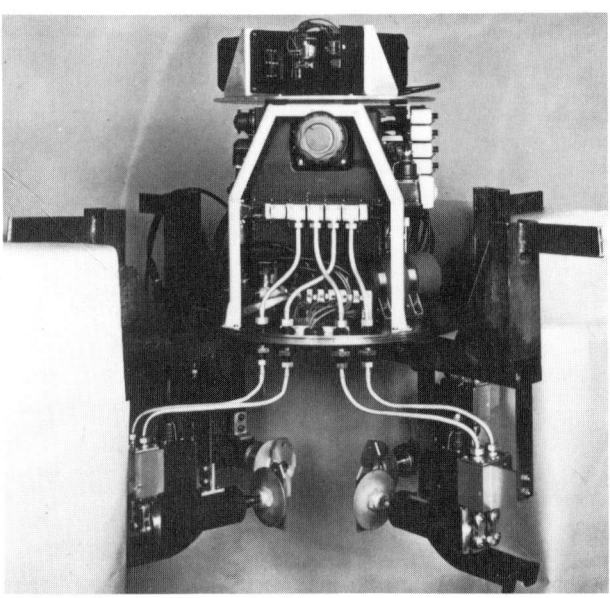

Siemens-Steuerung D-13 für Aggregat A-5 mit drei Kurskreisel als Lagekreisel (oben).

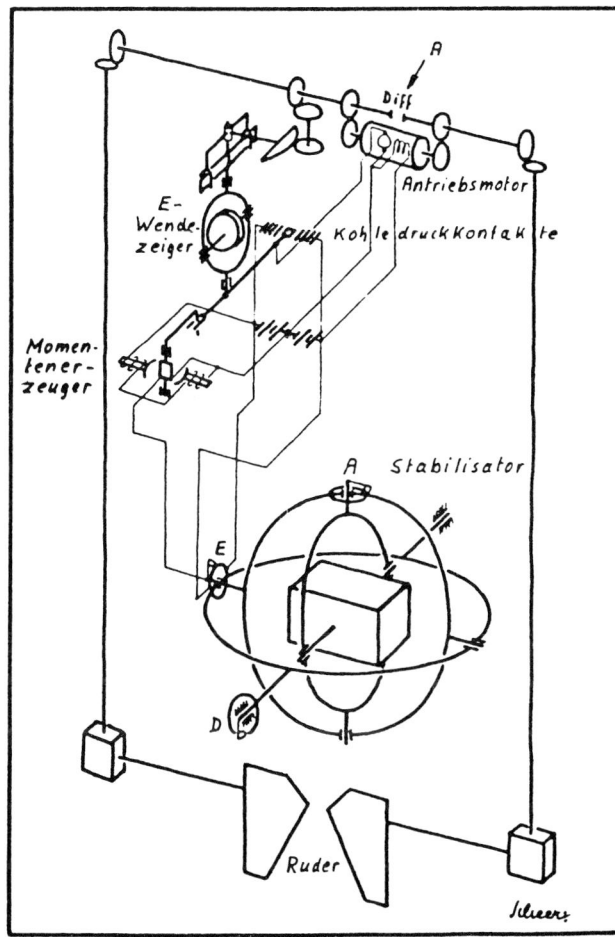

Prinzipbild der E-Achse der Kreiselgeräte-Steuerung SG 52 für Aggregat A-5 mit Stabilisator (stabilisierte Plattform), Wendekreisel mit Momentenerzeuger und Kohledruckkontakte, Antriebsmotor, Differentialgetriebe und Gestänge zu den Rudern.

interessiert, weil die Versuchsraketen ohne Regler sofort nach dem Start abstürzten. Zwar hatte bereits R. Gievers von der Kreiselgeräte GmbH in Lichterfelde einen Stabilisator gebaut, der für die Rakete aber viel zu schwer war. Die Kreiselgeräte GmbH war in ihren Konstruktionen auf die Belange der Marine ausgerichtet, und die waren schon allein vom Gewicht her in ganz anderen Dimensionen angesiedelt. So wog die einfache Kreiselbasis ohne Stützung und Führung bereits weit mehr als 50 kg. Aber auch gegenüber der Flugreglerentwicklung war uns vieles neu und ungewohnt. Zwar nicht bezüglich des Steuerverfahrens, das theoretisch sogar noch einfacher war. Aber dafür gab es andere Probleme. Schon alleine vom Arbeitsfeld her: In Rechlin waren wir zu Hause und konnten uns dort vollkommen frei bewegen. In Peenemünde war alles ›Geheime Kommandosache‹, und alle Arbeitsstellen waren in streng voneinander getrennte Sektoren aufgeteilt. Für das Betreten jedes Sektors war eine Sondergenehmigung erforderlich, gekennzeichnet durch ein großes, offen zu tragendes buntes Emailleabzei-

chen. Da ich es nun mit vielen Sektoren zu tun hatte (Prüfstände, Auswertungsgebäude, Konstruktion, wissenschaftliche Abteilung, Werkstatt usw.), war meine Brust in Peenemünde mit einer solchen Anzahl von ›Orden‹ geschmückt, daß selbst der Reichsmarschall Göring neidisch geworden wäre. Wegen der extrem strengen Geheimhaltungsvorschriften stehen mir deshalb auch keine Bilder der von uns gebauten Regler zur Verfügung. Weiter handelte es sich hier um einen unbemannten Flugkörper, in dem wir den Regler nicht während des Fluges abgleichen konnten. Nicht zuletzt hatte gerade die sorgfältige Harmonisierung aller Signalkomponenten in hunderten von Flugstunden ganz wesentlich zum Erfolg unseres Reglers beigetragen; und noch wichtiger war die Ausmerzung aller der unvermeidlichen Kinderkrankheiten einer Konstruktion in der langen Erprobungszeit gewesen . . .

Unser größtes Sorgenkind waren die im Brennstrahl liegenden Graphitruder, die schon nach wenigen Sekunden in heller Weißglut erstrahlten. Nicht nur, daß sie durch eine starke Strahlerosion an den Vorderkanten ihre Momentencharakteristika, Scharniermomente und Nullpunkte schnell änderten, manchmal brachen sogar ganze Stücke aus dem Ruderkörper heraus. Wenn auch der nicht an eine Ruderstellung gebundene Regler diese Verschiebungen ausglich, so gab es für ihn doch Grenzen. Sei es, daß die Scharniermomente zu groß wurden, die Ruder zum Anschlag kamen oder das zum Ruder führende Zwischengestänge den Belastungen nicht mehr gewachsen war.

Die sich drehenden Steuergestänge waren von dem kegeligen Vorderteil der Rakete mit dem Steuergerät bis zu den Rudern im Heck geführt, vorbei an den Brennstofftanks und dem Brennofen. Die gekrümmte Führung erforderte die Zwischenschaltung von einigen Kardangelenken, die bei starken Belastungen besonders gefährdet waren. Jeder Versuchsstart auf der Greifswalder Oie wurde damit zu einer starken Nervenbelastung für alle unmittelbar Verantwortlichen. Nie werde ich einen Fehlstart vergessen, bei dem offenbar ein Kardangelenk kurz nach dem Start brach. Die Rakete kippte um 90 Grad in die Horizontale und nahm ihren Kurs über das einige hundert Meter entfernte Schießhaus, auf dessen Dach sich die ganze Prominenz der SS versammelt hatte, um das Schauspiel zu beobachten. Wie ein Drache aus der Sagenwelt, brüllend und

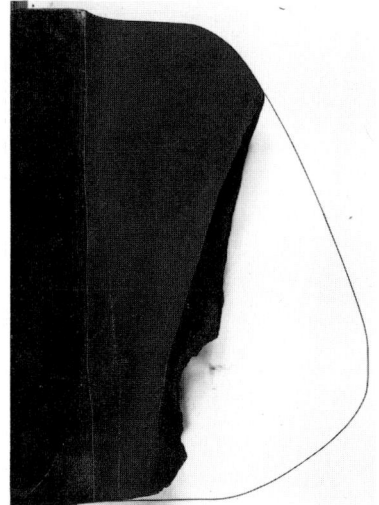

Abbrand an den Graphitrudern nach einem Triebwerkslauf.

feuerspeiend kam das Ungeheuer auf uns zu. Jedesmal, wenn das Gestänge nach einer halben Umdrehung einmal kurz wieder faßte, richtete sich die Rakete etwas auf, um gleich darauf ihren Kurs wieder abwärts zu nehmen. Die gesamte Prominenz warf sich längelang in den Dreck – was allerdings auch nicht viel geholfen hätte. Ich erinnere mich nur, daß ich mich wie erstarrt an das Geländer der Balustrade klammerte, bis mich die Rakete in ihrem wellenförmigen donnernden Vorbeiflug auch zu Boden schleuderte und dann nach zwei Sekunden in etwa 100 m Entfernung vom Ufer in der Ostsee aufschlug und in einer ohrenbetäubenden Explosion zerbarst. Bleich und reichlich derangiert erhoben sich auch die hohen schwarzen Spitzen aus dem Dreck. Einer von ihnen trat auf mich zu, musterte mich finster und fragte kurz und hart: ›Die Ursache?!!!‹, denn ›natürlich‹ hatte nur der Regler die Schuld. Sowas geht schon an die Nerven, denn in dem damaligen Entwicklungsstadium mußte man bei jedem Start mit allem Denkbaren und Undenkbaren rechnen, nur eines stand immer fest: Die stete Anwesenheit einer großen Zahl von Spitzenfunktionären, aber gerade sie trugen nicht zur Entlastung der Nerven bei.

Ein anderes Bild steht noch vor meinen Augen. Kurz nach dem Start fing das Triebwerk an zu stottern. Steigend und wieder fallend tanzte die Rakete senkrecht auf ihrem Feuerstrahl und trieb langsam mit dem Wind ab. Ihre Bahn war durch entwurzelte, brennende und durch die Luft fliegende Bäume gekennzeichnet. Sie trieb auf eine, in größerer Entfernung postierte Gruppe von Fotografen und Kinoleuten zu, die in wilden Sätzen zur Seite ihr Heil in der Flucht suchten. Ich sehe noch die im Stich gelassenen Kino-Apparate samt ihren Stativen durch die Luft wirbeln. Zu bewundern ist nur die Nervenkraft des Dr. von Braun, auf dem schließlich alles lastete. Überall war er der treibende und stets positiv wirkende Pol. Oft suchte er unsere kleine Gruppe des Abends in unserem Zinnowitzer Hotel auf. In seinem Optimismus meinte er dann, er würde noch einmal als Passagier in einer Rakete von Europa nach Amerika fliegen. Aber manchmal lag auch eine leise Verzweiflung in einer Äußerung: ›Und schon wieder wollen die Ofenleute die Form der Schubdüse ändern. Wie soll ich dann der von mir geforderten Termin der Serienherstellung halten?‹ Seinem öfters geäußerten Wunsch, mich ganz seiner Mannschaft anzuschließen, konnte ich nicht entsprechen, zu sehr hing ich doch an der Fliegerei . . .«

Infolge Krankheit und fortgeschrittenen Alters war *Möller* nicht mehr in der Lage, seine Erinnerungen: »Stationen auf dem Werdegang eines deutschen Flugreglers« zu beenden. Ein enger Mitarbeiter und Augenzeuge dieser Erprobung der Rechliner Steuerung, *Hans Westphal,* hat in einem späteren Bericht folgende Schilderung dieser Ereignisse gegeben:

». . . Als in den Jahren 1940/41 die Entwicklung der V 2 so weit fortgeschritten war, daß bald an einen Startversuch gedacht werden konnte, beauftragte Dr. von Braun Herrn Möller mit dem Bau einer Stabilisierungseinrichtung für die Rakete. Möller nahm mich und den Feinmechaniker Hubl mit zu den Vorbesprechungen nach Peenemünde. Abends nach Dienstschluß saßen wir oft mit den Peenemünder Fachleuten zusammen, und Dr. von Braun erläuterte uns seine Zukunftspläne der friedlichen Anwendung der Rakete, nämlich in den Weltraum vorzustoßen und u. U. auch andere Planeten zu erreichen. Wir hörten ihm interessiert zu, waren aber überzeugt, daß diese Ausweitung der Raketenentwicklung in den Bereich der Science-Fiction-Romane gehöre.

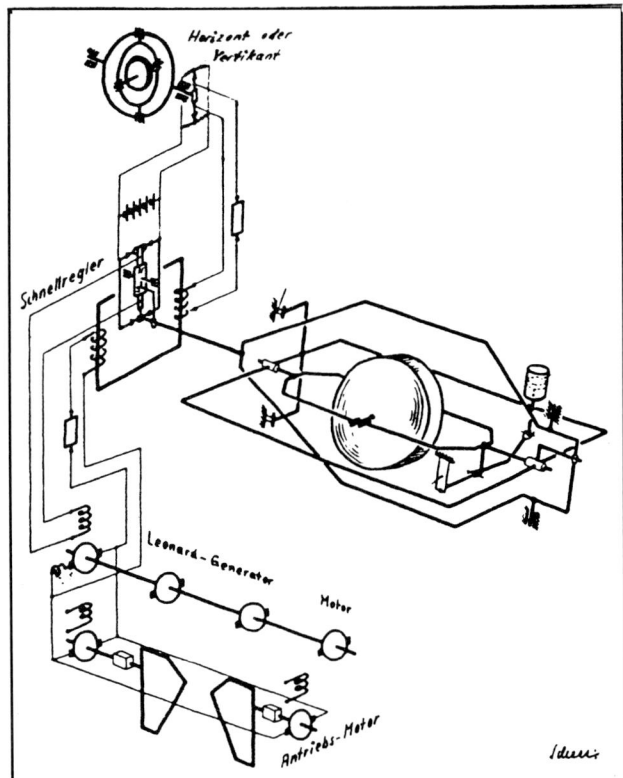

Prinzipbild einer Achse der Möller-Steuerung für Aggregat A-5 mit Horizont oder Vertikant, Wendekreisel mit Abgriff für Winkelgeschwindigkeits- und Beschleunigungsanteil, Schnellregler, Leonard-Generator und Antriebsmotor für die Ruder.

Die ersten Versuche mit der Stabilisierungseinrichtung fanden auf einem Prüfstand für Raketenmotoren statt. Hier war die V 2 (richtiger Aggregat A 5, der Verf.) kardanisch aufgehängt und konnte zur Kontrolle des Einschwingverhaltens mit einem an der Spitze der Rakete angebrachten Seilzug aus ihrer senkrechten Lage gebracht werden. Dieser Flugkörper hatte bekanntlich keine Flächen. Lageänderungen erfolgten damals noch durch Auslenkung des Brennstrahles. Zu diesem Zweck befanden sich vier einander diametral gegenüberstehende Graphitruder im Brennstrahl. Je zwei Ruder waren der Kurs- und Nickachse zugeordnet, während alle vier Ruder zusammen die Rotation um die Längslage verhinderten. Die Größe der von der Kreiselzentrale an die Ruder gegebenen Kommandos konnte an Potentiometern einjustiert werden. Diese Potentiometer befanden sich im Bunker, dem Beobachtungsraum neben dem Prüfstand; sie waren über flexible Drähte mit der Steuerung in der Rakete verbunden. Das Auftanken der Rakete mit (damals) Spiritus und flüssigem Sauerstoff dauerte ca. 1½ Stunden, dann mußte nochmal eine Stunde gewartet werden, bis der Sauerstoff, der als Treibmittel diente, durch Erwärmung den nötigen Druck erreicht hatte. Die Brenndauer, entsprechend dem Fassungsvermögen der Tanks, betrug nur 35 bis 40 s. Nur diese kurze Zeit stand uns für die Justierung zur Verfügung. Man kann sich gut vorstellen, welche Aufregung bei brüllendem, feuerspeiendem Raketenmotor mit solch' einer Justierung verbunden war. In 30 s also mußte die Rakete in der entsprechenden Achse mit dem Seilzug ausgelenkt, losgelassen und die für ein möglichst aperiodisches Einschwingen erforderliche Stelle an der Potentiometerskala gefunden werden. So ganz ohne Pannen ging das am Anfang nicht ab. Infolge unzureichender Ruderlaufgeschwindigkeit kam es zu Aufschaukelungen der Rakete, deren Antrieb dann rasch abgeschaltet werden mußte. Aber Möller mit seinem sensiblen Gefühl für gesteuerte Einschwingvorgänge beherrschte recht bald die Kunst, in dieser zwangsläufig kurzen Versuchszeit die richtigen Parameter zu ermitteln.

Schließlich war es soweit, daß der erste Start einer gesteuerten Rakete auf der Greifswalder Oie, einer Rügen vorgelagerten Insel in der Ostsee, vorgenommen werden konnte. Die hohen Herren von den Ministerien und vom Heer versammelten sich auf dem Beobachtungsturm, während Möller mit seinen beiden Trabanten im Bunker am Startplatz die letzten Funktionsprüfungen vornahm. Am Stand funktionierte noch alles zur besten Zufriedenheit, aber nachdem der Antrieb gezündet und die Rakete sich vom Boden erhoben hatte, lenkte sie nach ca. 5 s um 90° um und kippte nach schnell über Funk abgeschaltetem Antrieb nach wenigen hundert Metern ›Höhen‹-Flug in ein Wäldchen ein. Aus den sorgfältigen Untersuchungen ging hervor, daß ein Befestigungsstift eines Zahnrades in der Rudermaschine abgeschert war und dadurch das Ruder, trotz heftigem Gegenkommando der Steuerung, in Endlage lief und dort stehen blieb. Man kann sich vorstellen, was ein derartiges Versagen der Stabilisierung vor den kritischen Augen der hohen Herren für Möller bedeutete. Obwohl Dr. von Braun Möller immer wieder versicherte, daß das erste Schiefgehen eines Versuches absolut kein Maßstab für die Qualität der eingesetzten Mittel sei und er sehr oft in seinem Leben, stets zum Vorteil der Versuchsserie, solche Pannen erlebt hätte, war Möller so schockiert, daß er zu keinem Versuch mehr nach Peenemünde reisen wollte und mich beauftragte, die nächsten Starts vorzubereiten. Wir hatten inzwischen aus dem ersten Startversuch und aus dem Fehlschlag soviel gelernt, daß es praktisch nur noch Routinearbeit war, den nächsten Flugkörper einzujustieren. Von nun an klappten dann auch alle weiteren Flüge programmgemäß, und Dr. von Braun kam noch oft nach Rechlin geflogen, um mit Möller die Weiterentwicklung zu besprechen. Auch hier möchte ich nochmal betonen, daß bei dieser von einer Flugzeugsteuerung doch wesentlich abweichenden Stabilisierungseinrichtung Möller nicht gerechnet hat und die von ihm gewählten Aufschaltgrößen praktisch auf Anhieb stimmten. Der Mathematiker Dr. Steuding mit seinen Mitarbeitern vom Peenemünder ›Rechenzentrum‹ kam oft zu uns auf den Prüfstand, ließ sich die ›erprobten‹ Einstellwerte geben und bestätigte uns hinterher, daß er bei seiner Nachrechnung unter Anwendung der Schwingungsgleichung zu demselben Ergebnis gekommen sei . . .«

Auch die Firma Siemens-LGW wurde weiter an den Versuchsstarts mit ihrer LGW-Steuerung D 13 beteiligt. Diese Steuerung war als Behelfssteuerung immer in der Reserve, um bei eventuellen Fehlentwicklungen zum Einsatz bereitzustehen. Eine Weiterentwicklung dieser LGW-Steuerung erfolgte jedoch zunächst nicht.

In Planung befand sich eine Siemens-LGW-Steuerung D 15 mit zwei Vertikanten als Lagegeber und drei Wendekreisen als Dämpfungsglieder. Die Summierung der Steuersignale und die Verteilung auf die einzelnen Rudermaschinen erfolgten durch Magnetverstärker. Als Rudermaschinen wurden in der Leistung verstärkte hydraulische Rudermaschinen K 12 vorgesehen. Über den weiteren Verlauf der Steuerungsentwicklung bei Siemens berichtete *Dr. Kurt Fieber:*

». . . Die endgültige Steuerung der V 2
An der späteren Reifentwicklung der endgültigen V 2-Steuerung wurden wir zunächst nicht weiter beschäftigt. Meiner Meinung nach hatte dies im wesentlichen drei Gründe:
1. War es trotz dieses entscheidenden Erfolges und Vorführung vor hohen Stellen des Reiches den Herren von Peenemünde zunächst nicht gelungen, für das Projekt höhere Dringlichkeitsstufen zu erwirken. Infolgedessen wären auch wir bei der schon äußerst knappen Kapazität an allen menschlichen wie sachlichen Mitteln gezwungen gewesen, höchstens Schwarz-Entwicklung zu treiben.
2. Waren wir unserer Bestimmung nach ein Luftfahrtgerätewerk und unsere Werksleitung war offenbar – wenn auch sehr gegen das technische Interesse seiner Ingenieure – für außerhalb dieses Gebietes liegende Aufgaben höchstens zur Hilfestellung, kaum aber zur Entwicklung um ihrer selbst willen bereit. Außerdem gab es auch innerhalb unseres Werkes starke Kräfte, die diese Fremdentwicklung und den Erfolg der Labordienststellen etwas mißgünstig ansahen. Daraus folgten einerseits eine durchaus laue Entwicklungsinitiative seitens unserer Werksführung und anderseits – begreiflicherweise – Enttäuschung und Verärgerung bei den Peenemünder Dienststellen, die natürlich ihre Belange für die wichtigsten hielten. (Leider führte dies notgedrungen auch zu einer Abkühlung meiner, in den vorhergehenden Jahren sehr herzlichen kameradschaftlichen Beziehung zu Dr. von Braun. Noch 1941 flog mich dieser in seinem Fieseler Storch lange über allen Prüfständen von Peenemünde herum und zeigte mir die gewaltige Arbeitsentfaltung in der irrigen Meinung, daß unser sachlicher Einsatz vom Willen des Laborchefs abhinge.) und
3. hatte Peenemünde bei den oben geschilderten Labor-Prüfstand- und Schußversuchen in Steuerungsfragen genügend an Methodik, Geräte- und Reglertechnik gelernt – wir hatten in Anbetracht der gemeinsamen Ziele und Aufgaben Peenemünde all unser Wissen und Können rückhaltlos gegeben – und auch genügend Versuchsgerät erhalten, um auch allein weiterarbeiten zu können, und, wenn man die Tendenz der heutigen V 2-Literatur verfolgt, kann man sich leicht vorstellen, daß diese Entwicklung der Dinge auch ein wenig im Interesse dieser Stellen – ich meine damit aber durchaus nicht Herrn Dr. von Braun selbst – lag.

Erst zu Beginn der Serienfertigung der V 2 trat man wieder an uns heran mit der Bitte um Entwicklung und Bau des Steuerungsherzens, nämlich der beiden Vertikantkreiselgeräte, eine Aufgabe, die wir dann – entsprechend der bei uns inzwischen weiter fortgeschrittenen Kreiseltechnik ohne weiteres prinzip- und fertigungsmäßig erfüllen konnten. Die Entwicklung dieses Gerätes außerhalb unseres Hauses hatte entweder nicht befriedigt oder nicht zur Serienfertigungsreife geführt. Wir waren damals sicher für diesen Zweck eine der bestgeeigneten Firmen Deutschlands. Man mußte hierfür nämlich nicht nur auf hohe Kreiseltechnik selbst, sondern auch auf deren billige Massenerzeugung eingestellt sein . . .«

Abschließend zu diesem Thema über die sehr erfolgreiche Zusammenarbeit der Heeresversuchsanstalt mit den auf dem Gebiet der Flugzeugselbststeuerungen erfahrenen Firmen Siemens und Askania noch eine Schilderung des *Dr. von Braun:*

». . . Strahlruder und Steuerung der V 2 warfen viele Fragen auf. Die bei der A 3 und A 5 verwendeten Systeme waren von Industriefirmen geliefert worden, die sie entworfen und selbst erprobt hatten, nachdem die Spezifikationen in Zusammenarbeit mit von Braun erarbeitet worden waren. Das Heereswaffenamt verfolgte das Prinzip, daß militärische Dienststellen ihre Forderungen genau spezifizierten und dann der Privatindustrie Detail-Konstruktion und Bau überlassen sollten – ungeachtet der sozialistischen Tendenzen in der nationalsozialistischen Staatsführung. Die Anforderungen an Peenemünde wurden immer schwieriger, denn die Vertragsfirmen begannen Fragen zu stellen, auf die befriedigende Antworten nicht ohne genaue Studien gegeben werden konnten.

›Welche Stabilität und Dämpfung werden für das Steuerungssystem der A 4 in den verschiedenen Geschwindigkeitszonen, Luftdichten und bei der allmählichen Massenabnahme durch Tankentleerung gebraucht?‹ ›Wie sieht das optimale Neigungswinkelprogramm einer normalen Flugbahn mit verschiedenen Reichweiten aus?‹

Um solche Fragen beantworten zu können, wurde ein Rechenzentrum für Flugmechanik unter dem hervorragenden Dr. Hermann Steuding eingerichtet. Bald schon stand die Entwicklung von Kriterien auf dem Gebiet der Leitwerktechnik unter Aufsicht Steudings und seiner Mitarbeiter an. Zur Lösung ihrer Aufgaben mußten Analogrechner und elektronische Simulatoren angeschafft werden. Ein Freund Steudings, Dr. Ernst Steinhoff, wurde mit der Einrichtung eines Labors für Elektronik betraut.

Dr. Steinhoff, damals Inhaber mehrerer Weltrekorde im Segelflug, war ein Mann, der die Ärmel hochkrempelte und sich auch nicht vor finanziellen Forderungen für seine Einrichtungen scheute. Innerhalb eines Jahres leitete er in Peenemünde ein solches Labor, das mehrere Millionen Mark gekostet hatte und in dem er eigene Ruder- und Steuerungsanlagen entwickelte und nur für Dinge wie Kreisel, hydraulische Ventile und Servomotoren auf die Hilfe der Industrie zurückgriff . . .

Der Kriegsausbruch im Herbst 1939 brachte für die Peenemünder zunächst noch keine Forcierung ihrer Arbeit. Die Führungsspitzen des Dritten Reiches glaubten nicht, daß in Peenemünde Dinge von militärischem Wert für sofortigen Einsatz fertiggestellt werden konnten. Einige der erfahrensten Peenemünder Männer wurden sogar zur Wehrmacht eingezogen, und die Zurückbleibenden litten unter strenger Kontrolle des scharf gekürzten Budgets. Die Raketenentwicklung hatte einen Tiefstand erreicht, bis Feldmarschall Walther von Brauchitsch, der damalige Oberbefehlshaber des Heeres, eingriff. Er war einer der wenigen, die an Dornbergers Erfolgsprognose glaubten, und er stellte unter erheblich riskanter persönlicher Mißachtung der Schwarzmalerei Hitlers, der die Ansicht geäußert hatte, die großen Raketen würden doch nie fliegen, rund 3500 Offiziere und Mannschaften nach Peenemünde ab. Offiziell kamen sie zur Ausbildung, aber in Wirklichkeit wurden sie zur Beschleunigung der Entwicklungsarbeiten herangezogen.

Als Ergänzung dieses Zugangs an Arbeitskräften veranstalteten wir einen ›Weisheitstag‹ – so nannten wir das –, zu dem wir 36 Professoren der Ingenieurwissenschaften, der Physik und der Chemie die notwendigen Geheimhaltungspapiere beschafften und

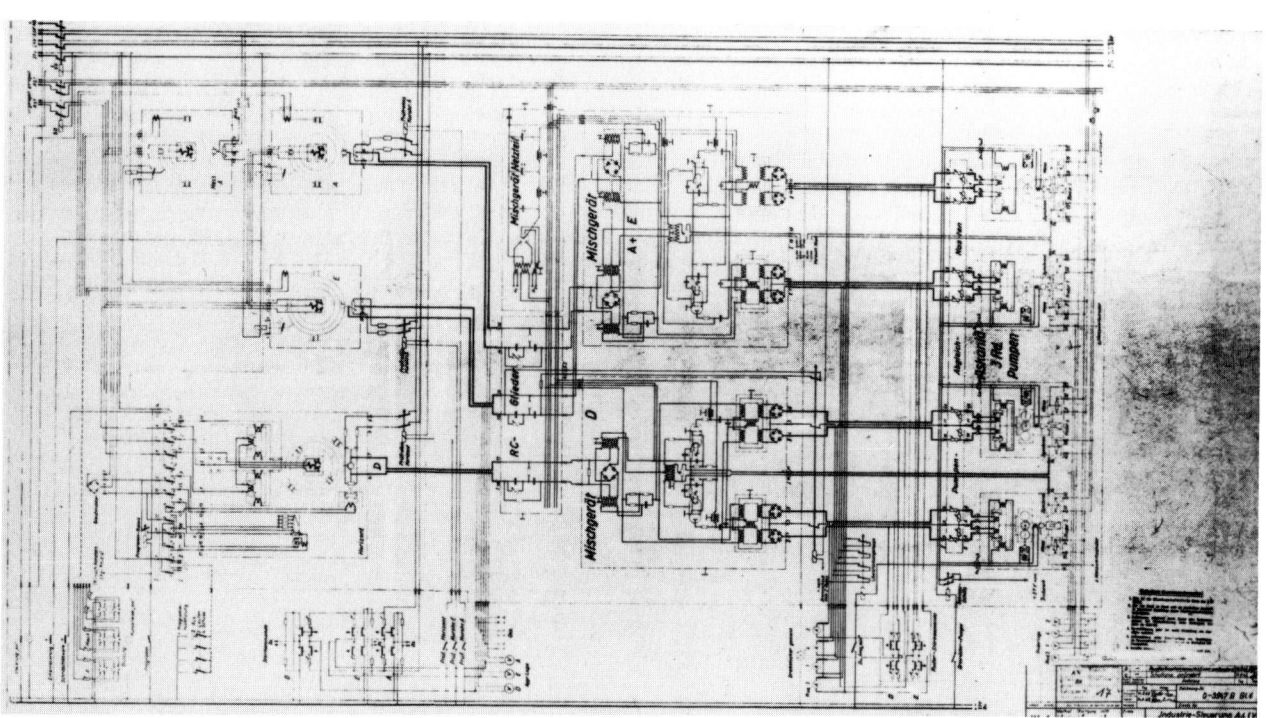

Industrie-Steuerung der Peenemünder Entwicklung für Aggregat A-4, Versuch Nr. 4, mit Anschütz-Horizont, Siemens-Kurskreisel E und A, R-C-Glieder anstelle der Wendekreisel, Mischgeräte und Askania-Dreiräderpumpen (Stellmotoren) für Einzelantrieb der Ruder.

sie nach Peenemünde einluden, um ihr Interesse zu wecken und sie zur Mitarbeit zu gewinnen. Da auch die Universitäten unter der Einberufung ihrer Assistenten litten, waren die Professoren um so erpichter darauf, sich an einem wissenschaftlichen Unternehmen zu beteiligen, das ihr betreffendes Institut ›kriegswichtig‹ machte. Voll guten Willens kehrte jeder von ihnen in sein Institut oder an seine Universität zurück mit einem oder mehreren von unseren Problemen in der Aktentasche. Die Professoren hatten sich die Aufgaben selbst ausgesucht, je nach den Einrichtungen, die ihnen zur Verfügung standen. Auf diese Weise wurde die Lösung der Probleme sozusagen in ›Heimarbeit‹ vergeben. Dazu gehörten unter anderem integrierende Beschleunigungsmesser, Verbesserung der Pumpenflügelräder, Flugbahnverfolgung durch Dopplerradio, verbesserte Kreisellager, Untersuchung der elektromagnetischen Wellenfortpflanzung durch die Stratosphäre, Antennenformen, neue Meßmethoden für den Überschallwindkanal, Rechenmaschinen für Flugmechanik und vieles andere. Selbst der erste Versuch einer elektrischen Digitalrechnung war in diese Aufgabensammlung eingeschlossen.

Die Zusammenarbeit mit den Professoren war höchst harmonisch und konstruktiv, dazu noch äußerst demokratisch. Es gab viele Aussprachen, erhitzte Debatten, Arbeitssitzungen und gegenseitige Besuche. Die Verträge über die wissenschaftliche Mitarbeit waren sehr tolerant formuliert worden, um den Instituten breiten Spielraum zu lassen. Deren Mitarbeiter waren zudem mit allen praktischen Aspekten unseres Endzieles gründlich vertraut. Das spornte zu vielen schöpferischen Beiträgen an. Wenn der Prototyp eines neuen Gerätes im Universitätslaboratorium einwandfrei arbeitete, wurde sofort Kontakt mit einem geeigneten entsprechenden industriellen Hersteller aufgenommen. Peenemünde testete natürlich dann noch die Geräte auf Genauigkeit, Robustheit sowie Verhalten unter Flugbedingungen und benutzte sie bei Probeabschüssen.

Das Abkommen mit den 36 Professoren widerstand dem späteren Versuch einer für wissenschaftlichen Kriegseinsatz geschaffenen Gruppe von nationalsozialistischen Parteibonzen, alle kriegswichtigen Forschungsarbeiten ›gleichzuschalten‹. Wenn großmäulige und inkompetente Parteigrößen den Universitäten Listen und Fragebogen vorlegten, lehnten diejenigen, die für von Braun arbeiteten, das Ausfüllen höflich ab mit dem Hinweis, daß sie mit äußerst dringlicher und streng geheimer Arbeit für Peenemünde völlig ausgelastet seien . . .«

Es entstand in dem Peenemünder Steuerungs- und Meßlabor eine weitere Ausführung der Steuerung für Aggregat A 5 und A 4, die Industrie-Steuerung genannt wurde. Die wesentlichen Bestandteile dieser Industrie-Steuerung waren: Horizont und Vertikant von Anschütz, Wendekreisel von Siemens, Magnet- und Röhrenverstärker von Lorenz, Rudermaschinen mit Dreiräder-Pumpen von Askania sowie Drehstrom-Umformer von Oemig. Auf Grund von Berechnungen und Untersuchungen der Steuerungen am Simulator wurde von *Helmut Hölzer* nachgewiesen, daß eine Dämpfung der Raketenbewegungen um die Drehachsen auch durch die Differenzierung der Lagesignale anstelle der von den Dämpfungskreiseln gemessenen Drehgeschwindigkeitssignale möglich ist. Durch Flugversuche konnte diese Annahme bestätigt werden. Infolgedessen wurden in der Serienausführung der Steuerung für die A 4 die drei Dämpfungskreisel durch entsprechende R-C-Glieder ersetzt. Dazu war allerdings erforderlich, die Signalverstärkung und -summierung mit Gleichstromverstärkern vorzunehmen. Im Rahmen der Flugversuche mit den Aggregaten A 5 und A 4 wurden laufend die verschiedensten Kombinationen und Verfahren der Steuerung und Leitstrahllenkung ausprobiert, so daß jeder Start praktisch mit einer anderen Schaltung erfolgte. Als Beispiel ist die Industrie-Steuerung A 4 (V 4) mit Einzelantrieb gezeigt. Diese Steuerung war zufällig auch die des ersten erfolgreichen Startversuches des Aggregates A 4, Versuch Nr. 4. Wie aus dem Grundschaltplan hervorgeht, wurde die Dämpfung der Drehachsen durch R-C-Glieder erreicht; die Wendekreisel konnten also entfallen. Der erste Kurzbericht über die Auswertung des Startes Nr. 4 am 3. Oktober 1942 führt die technischen Daten der Flugbahn auf:

Einschlagzeit: 295,5 s ($\mp$ 0,5 s) nach Abheben
Schußweite: 190,640 km ($\pm$ 190 m = 1‰)
Seitenabweichung des Einschlagpunktes von der Sollschußrichtung (73° 24′ 15″): 17 720 m ($\mp$ 260 m) links (nördlich)
Höchstgeschwindigkeit des Aggregates in Richtung der Bahntangente: 1340 m/s ($\mp$ 7 m/s)
Vorläufiger Wert der Scheitelhöhe 84,5 km ($\mp$ 1,5 km)

Steigerung der Schußgenauigkeit

Nach diesen ersten erfolgreichen Weitschüssen mit dem Aggregat A 4 erfolgte die Weiterentwicklung der Steuerungseinrichtungen in Richtung der Erhöhung der Schußgenauigkeit. Die Auftraggeber des Waffenamtes hatten als Entwicklungsziel für die Rakete eine Entfernung von 250 km und eine Trefferwahrscheinlichkeit von 50% in einem Zielkreis von 2,5‰ vorgegeben. Um dieses Ziel zu erreichen, mußte die Rakete durch das Triebwerk und die Steuereinrichtung mit großer Genauigkeit am Ende der Antriebsbahn mit dem richtigen Neigungswinkel und der richtigen Geschwindigkeit in den ballistischen Flug übergehen. Natürlich mußte auch der Ort des Beginns des ballistischen Fluges möglichst genau erreicht sein.

Die Regelung des Neigungswinkels erfolgt durch den Horizontkreisel der automatischen Steuerung, wird also auch durch die Genauigkeit dieses Kreisels bestimmt. Infolge der kurzen Flugzeit bis zum Erreichen des Freifluges ist die Auswanderung des Horizontkreisels gering. Nach dem in senkrechter Richtung erfolgten Start der Rakete beginnt die Umlenkung der Flugbahn in den am Ort des ballistischen Fluges erforderlichen Neigungswinkel. Die Umlenkung der Rakete in den Umlenkbogen geschieht durch einen Programmablauf in fünf Stufen, um eine sanfte Einleitung in den Neigungswinkel zu erreichen. Für einen Neigungswinkel von 47 Grad arbeitete das Umlenkprogramm wie folgt: Nach dem senkrechten Start gibt es 4 s lang kein Umlenkkommando, da die Ruderwirksamkeit der

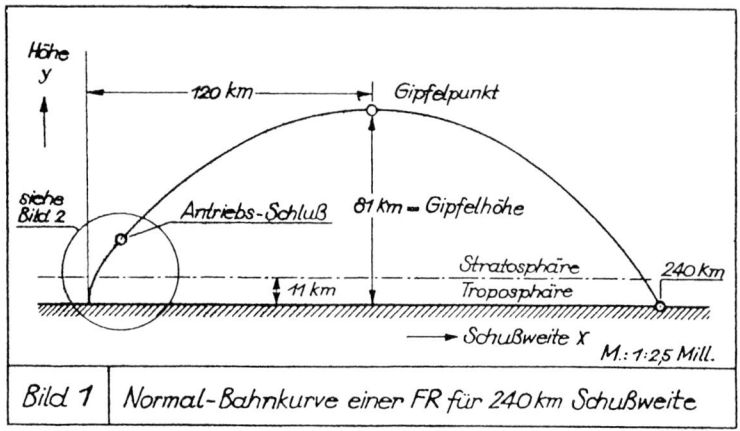

Bild 1 | Normal-Bahnkurve einer FR für 240 km Schußweite

Flugbahn Aggregat A-4 mit Senkrechtstart, Umlenkbogen, Flugbahntangente, Antriebsschluß und ballistischem Flug.

Einzelheiten der Flugbahn »Umlenkungsbogen« im gesteuerten Bereich mit Antrieb.

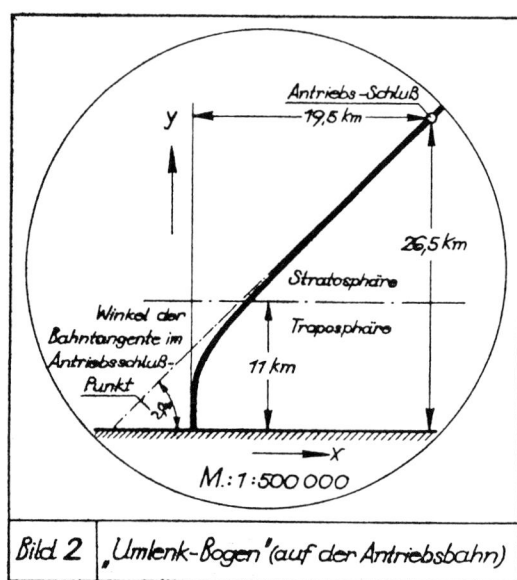

Bild 2 | „Umlenk-Bogen" (auf der Antriebsbahn)

Graphitruder im Gasstrahl noch zu klein ist; danach wird für
 7 s lang ein Neigungskommando von 1,8°/s,
 3 s lang ein Neigungskommando von 1,2°/s,
 16 s lang ein Neigungskommando von 0,9°/s,
 18 s lang ein Neigungskommando von 0,8°/s,
 4 s lang ein Neigungskommando von 0,5°/s gegeben und
so der Umlenkwinkel von 47° langsam erreicht. Für den Rest der Antriebzeit von 5,5 bis 12,1 s erfolgt kein Kommando, um einen möglichst schwingungsfreien Flug bei Beginn des ballistischen Fluges zu erreichen. Zunächst wurde durch einen Programm-Motor im Anschütz-Horizontkreisel LZ 39 (Lotzentrale 39) ein über Widerstände abgeglichenes Drehmoment auf den entsprechenden Kardanrahmen erzeugt und so der Kreisel zur Präzessionsbewegung veranlaßt. Die Rakete folgt dieser Präzessionsbewegung durch das am Nickrahmen angebrachte Potentiometer und dem davon erzeugten Lenksignal für die Regelung in der Dachebene.
Von Siemens-LGM wurde 1942 ein Horizont- und Vertikantkreisel LEV 2/3 entwickelt, bei dem das Umlenkprogramm durch ein Zeitschaltwerk ZSW gesteuert wurde. Zur Erzeugung des Umlenkwinkels wird das Potentiometer an der Nickachse durch einen Motor verstellt und so die Kreiselachse nicht beeinflußt. Die Genauigkeit der Verstellung des Umlenkwinkels betrug ± 0,1° Der gleiche Kreiseltyp wurde auch als Vertikant für das Lagesignal der anderen beiden Regelachsen benutzt. Die insbesondere in der Seitenrichtung erforderliche Genauigkeit wurde unter anderem durch die Verwendung des KA-7-Kreiselmotors mit 65 mm Durchmesser der Kreiselgeräte GmbH, gegenüber dem von Anschütz verwendeten Kreisel mit einem Rotordurchmesser von 50 mm besser. Die Auslaufzeit betrug etwa 0,1°/min bei dem Vertikant LEV 2/3.

Bei Erreichen der vorbestimmten Geschwindigkeit wird durch das Brennschlußventil die Treibstoffzufuhr abgestellt und damit die Rakete in den ballistischen Flug übergeführt. Zur Messung der Geschwindigkeit wurden verschiedene Verfahren entwickelt.

Siemens-LGW-Vertikant LEV 2 mit Kreiseltyp KA-7 zur Basisverstellung des Nick-Potentiometers. Neben dem Stecker die zwei Anschlagflächen zum Ausrichten der Nickachse.

Zeitschaltwerk ZSW 2 für Umlenkprogramm zur Bahntangente und weiteren Schaltvorgängen für Leitstrahlsender, Zündung usw.

Bestimmung der Brennschlußgeschwindigkeit durch Doppler-Verfahren

Schon ab 1939 wurde von der TH Dresden *(Prof. Barkhausen, Prof. Stäblein, Prof. Wolmann)* eine Geschwindigkeitsmeßanlage zur Bestimmung des Brennschlusses entwickelt. Die später im Einsatz verwendete Geschwindigkeitsmeßanlage »Campania« wurde 12 km hinter der Startstelle errichtet. Sie bestand aus dem Sender mit der Frequenz von 30 Mz, dem Hilfssender mit 60 Mz, dem Empfänger für die Frequenz von 60 Mz und der Meßbrücke zur Messung der Differenzfrequenz zwischen dem Sendersignal und dem durch die Eigengeschwindigkeit der Rakete veränderten Antwortsignal sowie dem Kommandosender zur Übermittlung des Brennschlusses. An Bord der Rakete befand sich der Empfänger für 30 Mz, der Frequenzverdoppler, der Rücksender für die verdoppelte Frequenz 60 Mz und der Kommandoempfänger für den Empfang des Brennschlußkommandos.

Weitere Verfahren zur Brennschlußbestimmung

Innenschaltgerät J 1

Um den sehr erheblichen Aufwand für Sender und Empfänger des Dopplerverfahrens zu vermeiden, wurde von der Kreiselgeräte GmbH *(Dr. Gievers, F. Müller)* ein integrierender Beschleunigungsmesser entwickelt. Ein kardanisch in einem Pendelrahmen aufgehängter Kreisel mißt die gegen das Pendel wirkenden Beschleunigungskräfte, der Kreisel präzediert um die vertikale Achse. Die Verdrehung dieser Achse ist proportional der Summe der auftretenden Be-

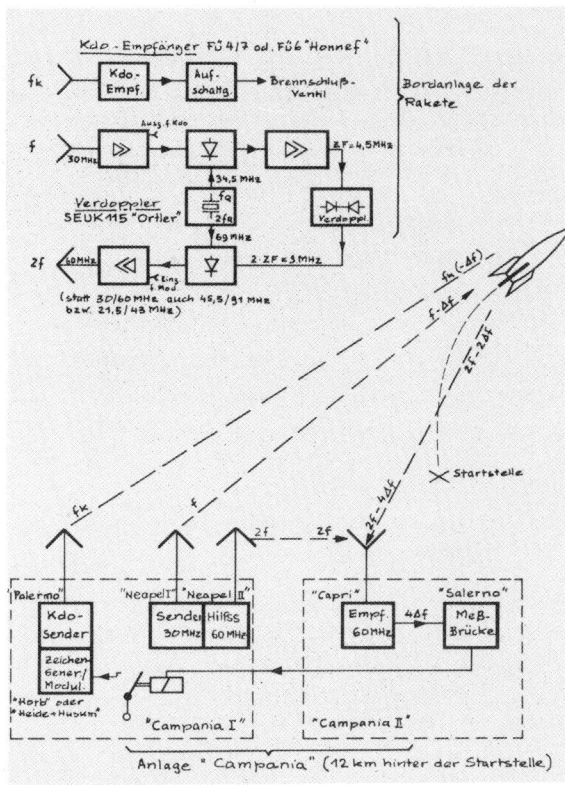

Anlage zur Brennschlußbestimmung »Campania« mit der Bodenanlage: Sender für f und 2f, Empfänger 2f mit Meßbrücke und Kommandosender. Bordanlage: Empfänger für f, Frequenzverdoppler, Sender für 2f und Kommandoempfänger fk für Brennschlußkommando.

1	Nachdrehmotor	8	Einstellmechanismus für die Zielentfernung
2	Rahmen		
3, 5	Getriebe	9	Einstellskala 360°
4	Kontakt für Brennschluß	10	Schaltkontakt für Nachdrehmotor
6, 7	Kreisel	11, 12	Arretiermagnet vor dem Start

Innenschaltgerät J 1 der Kreiselgeräte GmbH nach Gievers.

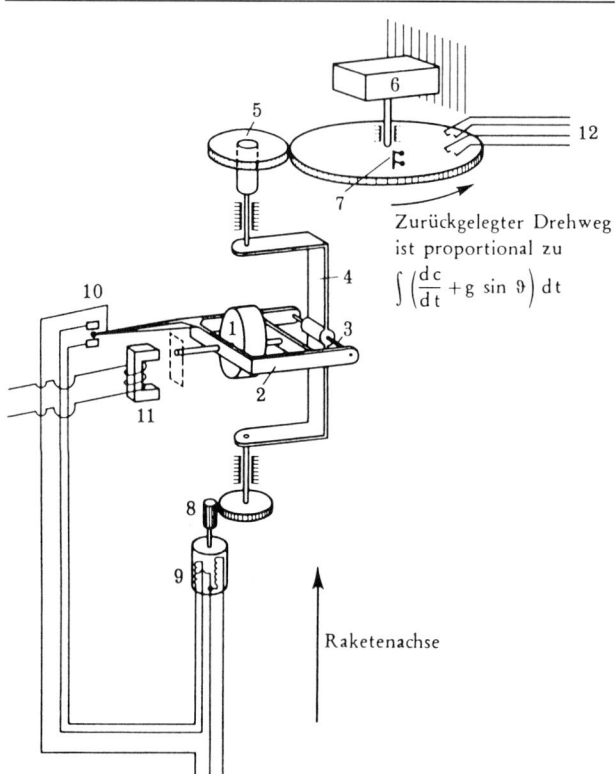

1 Kreisel 2 Rahmen 3 Pendelachse 4 Außenrahmen 5 Getriebe 6 Einstellmechanismus für die Zielentfernung 7 Steuerkontakt 8 Getriebe 9 Nachdrehmotor 10 Schaltkontakte für Nachdrehmotor 11 Arretierungsmagnet vor dem Start 12 Signalleitungen zu den Treibstoffventilen

Prinzip des integrierten Kreisel-Beschleunigungsmessers nach Gievers.

Innenschaltgerät J 2

Ein weiteres Gerät zur Brennschlußbestimmung mit erhöhter Genauigkeit wurde von *Prof. Theodor Buchhold* und *Prof. Carl Wagner* entwickelt. Ein Drehspulsystem trägt an einem Arm einen induktiven Abgriff, der über einen Röhrenverstärker und Gleichrichter zur Rückführung auf die Drehspule wirkt und so das Drehspulsystem in der Nullage hält. Beim Auftreten einer Beschleunigung wird der

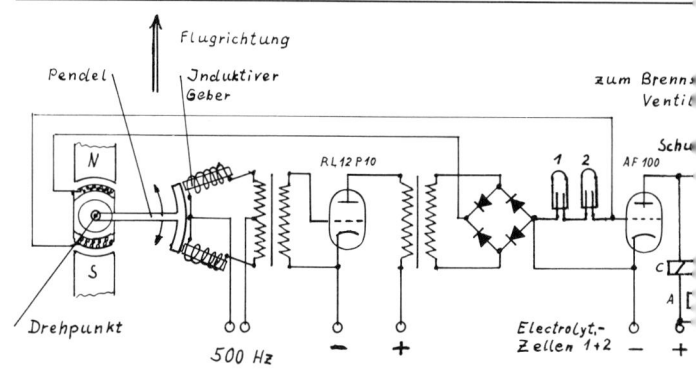

Innenschaltgerät J 2 nach Buchhold/Wagner, Prinzip des Pendel-Beschleunigungsmessers mit Integration durch Elektrolyt-Zellen auf Schaltrelais A, C.

Arm abgelenkt; der Rückführstrom ist ein Maß für die auftretende Beschleunigung. Außerdem wird der Rückführstrom noch über eine aufgeladene elektrolytische Zelle geleitet. Die Entladung wird in dieser Zelle integriert, sie ist somit ein Maß für die Geschwindigkeit. Wird die Zelle bei Erreichen der errechneten Geschwindigkeit vollständig

schleunigungskräfte (Erdbeschleunigung und Beschleunigung der Rakete in der Flugrichtung), also der Geschwindigkeit. Zur Kompensierung der auftretenden Lagerreibung wird über die am Pendelrahmen befindlichen Kontakte ein Stützmotor am unteren Ende der vertikalen Achse gesteuert. Dieser Motor unterstützt mit seinem Moment das Präzessionsmoment des Kreisels und sorgt für die Einhaltung der Mittelstellung des Pendelrahmens und damit für die Ausrichtung der Meßachse des Kreisels. Erreicht die so gemessene Geschwindigkeit den vorher nach Schußtafeln eingestellten Wert, wird ein Vorkontakt zur Betätigung des Treibstoffventiles geschlossen und damit der Antrieb zunächst auf 25% Schub reduziert. Bei Erreichen des Hauptkontaktes wird der Schub des Triebwerkes vollständig abgeschaltet, die Rakete fliegt auf einer ballistischen Flugbahn weiter. Um die Nullstellung des Meßsystems sicherzustellen, wird vor dem Start der Rakete der Pendelrahmen durch einen Magneten in der Mittelstellung gefesselt.

Integrierender Kreiselbeschleunigungsmesser mit nachfolgender Integration zum Weg durch Reibradgetriebe.

entladen, entsteht ein Spannungssprung, der zur Betätigung des Relais für das Brennschlußventil führt. Durch Verwendung einer zweiten Elektrolytzelle wird ebenfalls der Triebwerksschub zunächst reduziert und bei Erreichen der Brennschlußbedingung vollständig abgeschaltet.

Zur Erhöhung der Genauigkeit in der Entfernung waren noch weitere Verfahren mit zweifacher Integration der Beschleunigung in der Entwicklung und Erprobung, kamen jedoch nicht mehr zum Einsatz, z. B.: der mechanische Ausgang der Geschwindigkeit des Innenschaltgerätes I 1 nach *Gievers* wurde über ein Reibradgetriebe nochmals zum Weg integriert.

Das elektrische Signal des Innenschaltgerätes I 2 wurde durch das Signal eines zweiten Beschleunigungsmessers auf der stabilisierten Plattform SG 66 – ebenfalls mit nachfolgender Integration durch eine Elektrolytzelle – stufenweise korrigiert.

Bestimmung der Seitenrichtung

Zur Bestimmung und als Lagengeber für die automatische Steuerung diente zunächst der Anschütz-Richtkreisel LZ 40. Zu Anfang wurde zur Steigerung der Richtungsgenauigkeit eine Leitstrahlung durch Funk entwickelt. Während der Versuchsreihen mit dem Aggregat A 5 wurden schon erste Versuche mit einer Leitstrahl-(LS-)Fächeranlage »Viktoria« von Lorenz durchgeführt.

Hervorgegangen aus dem Landefunkfeuersender wurde ein UKW-Leitebenensender etwa 15 km hinter dem Startplatz aufgebaut, der mit zwei Antennen im seitlichen Abstand von

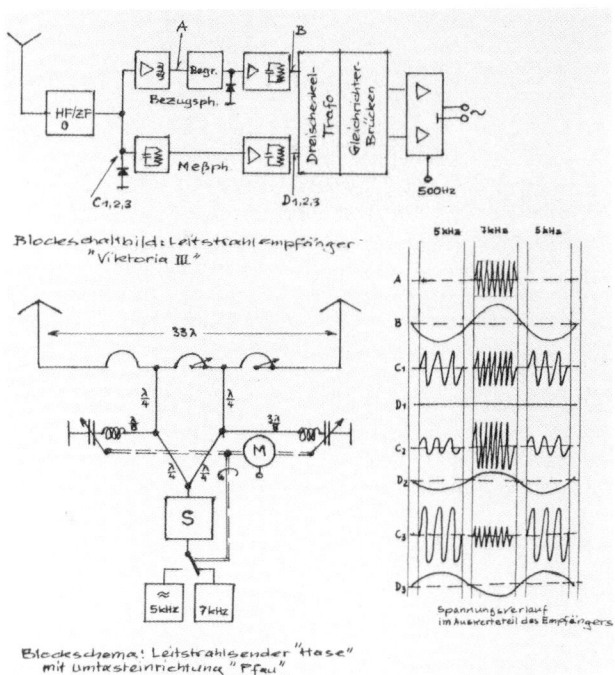

Leitstrahlfächeranlage »Hawaii Ib« mit Leitstrahlsender »Hase«, Umtasteinrichtung »Pfau« und Leitstrahlempfänger »Viktoria III«.

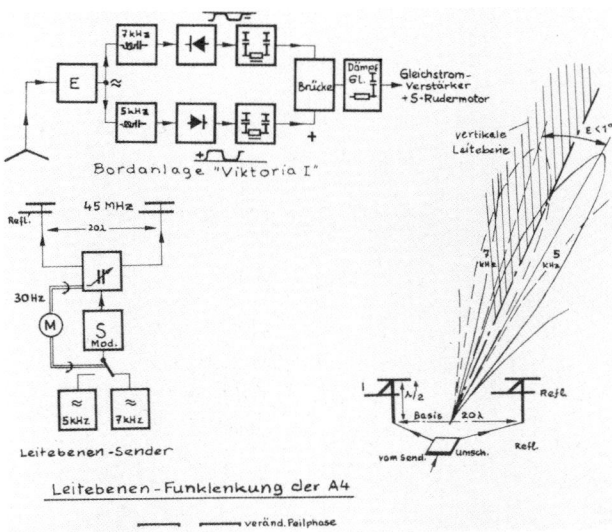

Leitstrahlfächeranlage »Viktoria« mit Leitebenen-Sender und Bordanlagen »Viktoria I« sowie Strahlungsdiagramm der beiden Antennen zur Bildung der Leitstrahlebene.

20 Wellenlängen zwei fächerförmige Strahlungsdiagramme erzeugte; diese wurden zur Unterscheidung zwischen links und rechts etwa 30mal in der Sekunde in der Phase um 90° versetzt umgeschaltet. Synchron mit dieser Umschaltung wurde auch der Modulationston zwischen 5 und 7 kHz umgeschaltet.

Zum Einsatz kam die inzwischen von Telefunken entwickelte motorisierte Leitstrahlfächeranlage »Hawaii Ib«. Um schmalere Leitstrahlen zu erhalten, wurden die Antennen in 33 Wellenlängen Abstand aufgestellt; die Umtastung der Senderstrahlung auf die Antennen erfolgte 50mal in der Sekunde, ebenso die der Modulationsfrequenz zwischen 5 und 7 kHz.

Eine Verbesserung in der Seitengenauigkeit konnte durch den Einsatz des inzwischen eingeführten Siemens-LGW-Vertikanten LEV 2 erreicht werden, so daß die Leitstrahllenkung im Einsatz oft entfallen konnte. Auch die inzwischen von der Kreiselgeräte GmbH entwickelte Stabilisierte Plattform SG 66 hatte eine geringere Kreiselauswanderung gegenüber dem Anschütz-Richtkreisel, sie wurde ebenfalls im Einsatz ohne Leitstrahllenkung verwendet. Die Plattform SG 66 verwendete drei Kreisel KA 12, sie hatte im Azimut und in der Rollage volle Drehfreiheit um 360°.

Die vollständige Unabhängigkeit von den Funkanlagen sollte durch die Einführung der Stabilisierten Plattform SG 70 der Kreiselgeräte GmbH erreicht werden. Auf dieser

Stabilisierte Plattform SG 66 der Kreiselgeräte GmbH mit drei KA-10-Kreiseln und voller Drehfreiheit in der Azimut- und Rollachse sowie Platz auf der Plattform für Beschleunigungsmesser.

»Plattform« mit Horizont, Vertikant und Innenschaltgerät J 1.

Plattform war der Platz für einen integrierenden Seitenbeschleunigungsmesser vorgesehen. Der Beschleunigungsmesser nach *Schlitt* bestand ähnlich dem B-Messer nach *Buchhold/Wagner* aus einem Pendel mit Momentengeber und induktiven Abgriff. Die Integration der Beschleunigungsbewegungen erfolgte durch die mehrfache Differentation mit R-C-Gliedern in der Rückführung vom induktiven

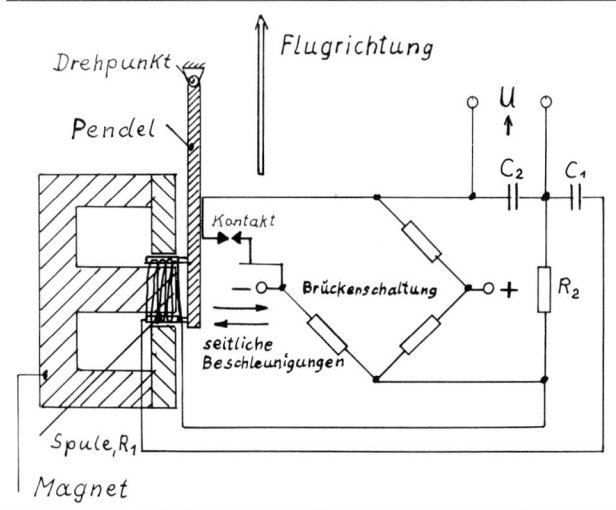

Beschleunigungsmesser nach Schlitt für die Messung der seitlichen Beschleunigungen mit zweifacher Integration zum Abstand. Integration durch R-C-Glieder in der Rückführung.

Abgriff auf den Momentengeber an dem Pendel. Durch einen Kontakt am Pendelarm wird der Rückführstrom unterbrochen, durch die Beschleunigung wieder geschlossen; der Pendelarm vibriert und sorgt so für eine geringere Reibung im System. Infolge der Brückenschaltung in der Rückführung spricht das System auf die Beschleunigung in beiden Richtungen an. In einer Versuchsserie konnte diese vollständige Trägheitsführung einer Rakete erprobt werden, eine Bestätigung der errechneten Genauigkeit konnte jedoch nur durch einen einzigen Start im Einsatz nachgewiesen werden.

Einsatz des Aggregates A 4 als »Vergeltungswaffe V 2«
Über den Einsatz der Rakete A 4 im Zweiten Weltkrieg ist an anderer Stelle berichtet worden. Hier nur soviel: Es wurden in der Zeit zwischen September 1944 und März 1945 etwa 6000 Stück Raketen A 4 verschossen. Über die Treffgenauigkeit dieser im Einsatz verschossenen Raketen liegen keine eindeutigen Angaben vor. In der ersten Zeit versuchte man aus den Traueranzeigen der Londoner Zeitungen eine Häufigkeit in bestimmten Stadtteilen zu ermitteln, um daraus auf die Treffer der V 2 zu schließen. Nach einiger Zeit wurde die Angabe der Straßen eingestellt, und auch diese statistischen Auswertungen mußten eingestellt werden. Anfang 1945 konnten Aufnahmen des Fernaufklärers Arado 234 eine gewisse Treffsicherheit nachweisen. Insgesamt kann man davon ausgehen, daß die Annahmen in einer Führerbesprechung am 17. Juni 1944 über die Streuung der Rakete A 4 zwischen 15 bis 18 km in etwa mit den Ergebnissen des späteren Einsatzes übereinstimmten.

Ruderhilfssteuerung (Servo-Steuerung) für Großflugzeuge

Zur Aufbringung der erforderlichen Ruderkräfte in einem oder mehreren Rudern müssen bei Großflugzeugen mechanische Kraftverstärker eingesetzt werden. So hatte schon während des Ersten Weltkrieges *Franz Drexler* eine hydraulische Hilfssteuerung entwickelt und erprobt. In einem Bericht der Erprobungsstelle der Luftwaffe Rechlin vom Februar 1944 über Forderungen der automatischen Steuerung an die Gestaltung der Zelle und an die Flugeigenschaften werden in dem Abschnitt Steuerbarkeit Forderungen an die zellenseitigen Servosteuerungen gestellt:

»... In manchen Fällen z. B. bei Großflugzeugen, wo die Ruderbetätigung trotz weitgehenden aerodynamischen Ausgleichs wegen zu großer Ruderkräfte oder wegen zu langer Ruderleitung von Hand nicht mehr möglich ist, müssen sogenannte Servosteuerungen eingesetzt werden. Für solche Fälle sind unbedingt die in den Anlagen der automatischen Steuerung im Flugzeug sowieso vorhandenen Rudermaschinen zu verwenden, die wahlweise für Servobetrieb oder für automatischen Betrieb verwendet werden können. Im ersteren Fall erhalten sie ihre Impulse von beschaffungsmäßig bereits vorhandenen Servogebern und im zweiten Falle von den Impulsgebern der automatischen Steuerung. Abgesehen davon, daß es unverantwortlich ist, zusätzlich zu der automatischen Steuerung noch einmal dieselbe Leistung mit anderen Geräten im Flugzeug zu installieren, sind vor allem auch Funktionsgründe maßgebend. Die Rudermaschinen der automatischen Steuerung sind auf Grund der Genauigkeitsforderungen steuerungstechnisch einwandfrei aufgebaut und mit entsprechend hohem Arbeitsvermögen und großer Leistung versehen, so daß auch der Servozweck in seinen diesbezüglichen Anforderungen mit Sicherheit erfüllt werden kann. In Fällen, wo, wie z. B. im Querruder der He 177 der andere Weg einer besonderen zellenzugehörigen Servosteuerung gegangen wurde, hat sich gezeigt, daß – abgesehen von den ungenügenden Servoeigenschaften – ein Anschluß einer automatischen Steuerung hinter dieser Servosteuerung wegen ihrer großen steuertechnischen Nachteile und Fehler nicht möglich ist. Eine zellenseitige Servosteuerung schließt also einen automatischen Steuerungsbetrieb immer dann aus, wenn sie nicht mindestens ebenso genau arbeitet wie diese. Es ist deshalb grundsätzlich der Servozweck mit den Geräten der automatischen Steuerung zu erfüllen, wie es z. B. im Falle Me 323 mit bestem Erfolg durchgeführt ist. Die Frage, ob Servosteuerung mit oder ohne Ruderkraftrückmeldung steht hier nicht zur Debatte, es ist jedoch in allen Fällen wo die Möglichkeit besteht, die Rückmeldung anzuwenden, die sich mit den eben angeführten Servogebern nach Wahl in jedem Verhältnis der Ruderkraft einstellen läßt ...«

Als Beispiel einer Servosteuerung mit den Geräten der automatischen Steuerung wird die Siemens-LGW-Anlage unter Verwendung der Siemens-Rudermaschine K 12 beschrieben.

Siemens-LGW-Ruderhilfssteuerung K 12 im Flugzeug Me 323

Die bei Betätigung der Querruder vom Flugzeugführer aufzuwendenden Ruderkräfte sind im Flugzeug Me 323 so hoch, daß ihre Aufbringung dem Flugzeugführer für längere Zeit nicht zugemutet werden kann. Die in das Querrudergestänge der Me 323 eingebaute Ruderhilfssteuerung übernimmt bei Betätigung der Querruder zur Entlastung des

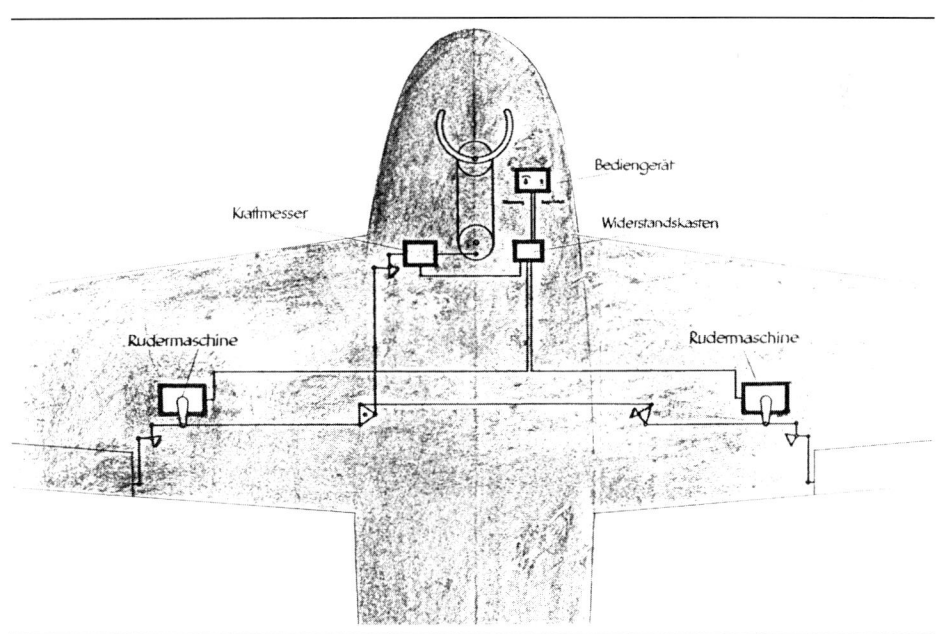

Siemens-LGW-Ruderhilfssteuerung mit hydraulischen Rudermaschinen LRM 12 für Querruder im Flugzeug Me 323 »Gigant«.

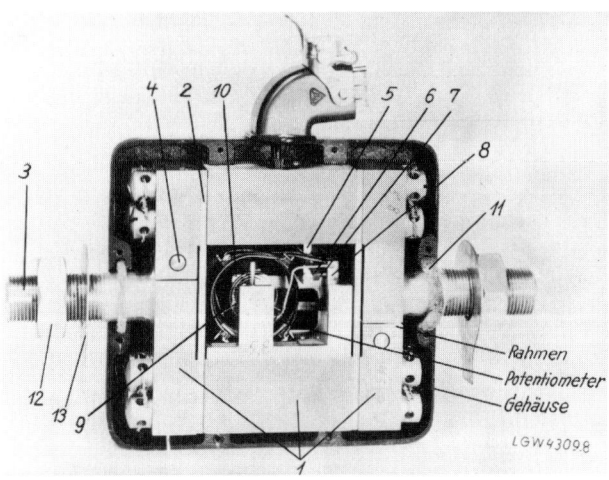

Kraftmesser in Rudergestänge, wirkend auf Zug und Druck.

Flugzeugführers einen verhältnisgleichen Anteil der für dieses Ruder aufzubringenden Gesamtkraft. Mittels eines Kraftmessers, der in das Querrudergestänge eingebaut ist, werden die vom Flugzeugführer bei Betätigung der Querruder aufzuwendenden Kräfte als Zug und Druck gemessen. Die Meßwerte werden in Form von Steuerströmen zwei Rudermaschinen (elektrisch-hydraulische Verstärker) zugeführt. Die beiden am Querrudergestänge angreifenden Rudermaschinen bringen zusätzlich zur Handkraft des Flugzeugführers Kräfte auf, die zu den jeweiligen Handkräften in einem bestimmten Verhältnis stehen. Das Bediengerät enthält einen Kuppelschalter für das Aufschalten der betriebsbereiten Anlage auf das Steuergestänge. Ein im Bediengerät untergebrachter Trimmwiderstand gibt die Möglichkeit Lastigkeits-Änderungen, z. B. bei einseitigem Ausfall von zwei bzw. einem Außenmotor, elektrisch auszutrimmen.

»Künstliche« Stabilisierung und Dämpfung für Flugzeuge

Zur Verbesserung der Flugeigenschaften für die Steuerung des Flugzeugs durch den Piloten wurden Elemente und Geräte der selbsttätigen Steuerungen benutzt, wie es auch schon in der Anfangsphase der Fliegerei angestrebt wurde. Bei der Erprobung des sechsmotorigen Flugbootes BV 222 »Wiking« ergaben sich Schwierigkeiten bei der Aufrechterhaltung der Nicklage während des Wasserstartes. Die unregelmäßig angreifenden Kräfte des unruhigen Wasserspiegels ergaben große, vom Piloten nur schwer aussteuerbare Nickmomente. Von *Richard Vogt* wurde etwa 1942/43 die Erhöhung der Längsstabilität des Flugbootes BV 222 durch eine zusätzliche Längslagenregelung erprobt. Beim Wasserstart und bei der Wasserung konnte damit eine ausreichende Längsstabilität erzielt werden. Der Lageregler arbeitete auf einem (kleineren) Teil des getrennten Höhenruders, parallel zu der Handsteuerung des Piloten. Verwendet wurden zunächst Geräte der Firma Askania wie Horizontkreisel, Dämpfungskreisel und Rudermaschine. Bei einer Weiterentwicklung wurden die inzwischen verfügbaren Geräte der elektrischen Steuerung der Firma Patin angewendet.

Die bei der Erprobung der Flugzeuge Hs 129 auftretenden Probleme der unzureichenden Flugeigenschaften führten dazu, daß die DVL, Berlin-Adlershof, in die Bearbeitung mit eingeschaltet wurde. Durch den extrem kleinen Rumpfquerschnitt, des Gewichts der Panzerung und der ungünstigen Gestaltung des Steuerknüppels (bedingt durch die kleinen Abmaße der Pilotenkabine) war die Dämpfung um die Hochachse unzureichend. Von *Karl Heinz Doetsch* wurden 1942/44 Versuche zur Erhöhung der Dämpfung mit einfachen automatischen Mitteln durchgeführt.

Dies führte zur späteren Entwicklung der automatischen Dämpfer für Flugzeuge, die lediglich die Flugeigenschaften im Handflug verbesserten, jedoch keine Autopilotenfunktionen übernahmen. Eine weitere Aufgabe der automatischen Dämpfung bestand darin, die für das Zielen erforderliche Beruhigung der Flugbahn zu erreichen. Zur Messung der Gierbewegung wurde ein federgefesselter Wendekreisel mit einem Kreiselmotor KA 10 verwendet. An der Präzessionsachse befindet sich ein Schleifer, der bei Auslenkung des Kreisels auf zwei Kontaktbahnen einen Strom zu einem Zweistellungs-Drehmagneten leitet. Dieser veranlaßt das

Versuchsausführung eines Gierdämpfers für Flugzeug Henschel Hs 129 mit Wendekreisel, Kontaktbahnen, Nachführmotor mit Getriebespiel und Zweistellungs-Drehmagnet (links) zur Betätigung des Hilfsruders.

schmale Seitenhilfsruder der Hs 129 in einem solchen Sinne und in solcher Phase mit der Gierschwingung auszuschlagen, daß es die Gierbewegung dämpft. Kleine Ausschläge von etwa 2° genügen. Die Anlenkung der Handsteuerung wird durch diese kleinen Ausschläge nicht beeinflußt, die Bewegung des Drehmagneten wird durch Spiel und Elastizität der Seilzüge aufgenommen. Die Kontakte am Wendekreisel steuern außerdem noch einen Nachführmotor für die Kontaktbahnen. Zwischen dem Nachführmotor und den Kontaktbahnen befindet sich ein Getriebespiel. Beim Kurvenflug mit lang andauernder Drehgeschwindigkeit des Flugzeuges um die Hochachse wird also die Kontaktbahn zum neuen Nullpunkt des Wendekreiselausschlages verdreht. Auf diese Weise wird der Drehgeschwindigkeit im Kurvenflug kein Gegenkommando vom Wendekreisel entgegengesetzt, während die kleinen Wendegeschwindigkeiten der zu dämpfenden Gierschwingungen durch den Gierdämpfer bekämpft werden. Die gesamte Anordnung des Gierdämpfers war im Seitenleitwerk der Hs 129 eingebaut.

Ausland-Entwicklungsstand 1945 und Weiterführung deutscher Entwicklungen im Ausland nach 1945

Nach der Beschreibung der Entwicklungsarbeiten für Instrumente und automatischen Steuerungen in Deutschland werden die parallel laufenden Arbeiten im Ausland kurz erläutert. In der Anfangszeit der industriellen Entwicklung arbeiteten alle Stellen isoliert, es war die Zeit der Erfinder; solche sind meist »Einzelkämpfer« auf ihrem Gebiet. Ab Mitte der 30er Jahre wurden die Arbeiten der einzelnen Stellen durch Geheimhaltungsvorschriften der militärischen Auftraggeber voneinander abgegrenzt. Aus diesem Grunde und aus den unterschiedlichen Anforderungen der militärischen Auftraggeber weichen die Ergebnisse der einzelnen Entwicklungen auf dem Gebiet der automatischen Steuerungen außerhalb Deutschlands erheblich voneinander und von der deutschen Entwicklung ab. Die Entwicklung der Instrumente läßt dagegen die Eigenheiten der Erfinder und Firmen deutlicher hervortreten.

Zusammenfassung der Entwicklungen in Deutschland und im Ausland, Stand 1945

Die Entwicklung der Instrumente für die Anwendung in Flugzeugen verlief in den wichtigsten Ländern parallel. Hervorzuheben ist die Entwicklung des pneumatischen Kurskreisels und des künstlichen Horizonts durch die Firma Sperry in den USA und deren Weiterentwicklungen in England, Deutschland und der UdSSR. Ebenso ist die Entwicklung des Wendezeigers in den USA, Deutschland und England von entscheidender Bedeutung für die Entwicklung der Verkehrsluftfahrt gewesen. Die Entwicklung des Fernkompasses in Deutschland und England war die Voraussetzung für die automatische Überwachung des Kurskreisels und wurde in diesen Ländern auch zuerst eingeführt. Die Entwicklung von Kurskreisel und Fernkompaß in der UdSSR schloß sich der deutschen Entwicklung an. Ebenso wurde die Entwicklung des elektrisch angetriebenen Horizonts und des Wendehorizonts in der UdSSR von der deutschen Entwicklung beeinflußt. In Frankreich war die Entwicklung des Horizonts mit mechanischer Stützung von *Robert Alkan* von Bedeutung. Ende der 20er Jahre wurde von *Elmer Sperry jr., Preston Bassett* und anderen Sperry-Ingenieuren die Entwicklung von Richtungskreisel und künstlichem Horizont mit Erfolg betrieben. Die erste Bewährungsprobe bestanden diese Instrumente bei den ersten Blindlandungen von Leutnant *H. Doolittle* am 24. September 1929 in Mitchel Field, Long Island, New York; mit Hilfe der Sperry-Instrumente Richtungskreisel, Wendekreisel, Variometer und einem empfindlichen Höhenmesser von Kollsmann. Zusätzlich waren noch ein Zielflugsender und Empfänger installiert. *Doolittle* sagte danach:

»Der künstliche Horizont war wie das Schneiden eines Loches durch den Nebel und die Sicht auf einen wirklichen Horizont.«

Entwicklungen in den USA

Autopilot Sperry A-2 und A-3
Aufbauend auf den Erfahrungen mit den frühen Versuchen in den Jahren 1912 bis 1920 begann die Firma Sperry 1929/1930 mit der Entwicklung eines Autopiloten für die Anwendung in Verkehrsflugzeugen. Ab 1932 wurde der Autopilot Sperry A-2 in das Flugzeug Douglas DC-2 und

Sperry-Autopilot A-3, Anzeige- und Bediengerät.

später auch in die DC-3 »Dakota« serienmäßig eingebaut. Eine Beschreibung des Autopiloten A-2 findet sich auf Seite 96. Ab 1940 wurde eine verbesserte Ausführung des Autopiloten mit der Bezeichnung Sperry A-3, insbesondere für die Anwendung in der militärischen Version der DC-3, der C-47 »Skytrain« und der C-53 »Skytrooper« eingeführt. Unter der Typenbezeichnung Autopilot A-3A wurden ab 1941 von der Firma Jack & Heintz große Stückzahlen für den Bedarf der US-Luftwaffe gefertigt.

Autopilot Sperry A-4
Für den Einsatz in leichten Flugzeugen wie Aufklärer, Jagdflugzeuge usw. wurde 1940 von Sperry eine vereinfachte Ausführung des Autopiloten A-3 entwickelt. Um den Einbau der hydraulischen Rudermaschinen zu erleichtern, wurden die Arbeitskolben nicht in einem Block, sondern für jedes Ruder einzeln angeordnet. Die für die Stellungsrückführung erforderlichen Seilzüge entfallen; d. h. die Ruder werden mit der Ruderkraft angesteuert. Der für die Dämpfung der Flugzeugbewegung erforderliche Signalvorhalt wird durch einen zusätzlichen Wendekreisel in der Kursachse gebildet. Für die Regelung im Quer- und Höhenkanal erfolgt die Vorhaltbildung des Signals durch eine pneumatische Verzögerung in der Rückführung zum Abgriff am Horizontkreisel.

Autopilot Sperry A-5
Für den Einsatz in den großen Bombenflugzeugen Boeing B-17 »Flying Fortress« und Consolidated B-24 »Liberator« wurde von Sperry in den Jahren 1940/41 der Autopilot Typ A-5 entwickelt, der außer der Aufgabe der automatischen Steuerung des Flugzeuges im Streckenflug insbesondere den Zielanflug mit Hilfe des Bombenzielgerätes (Norden) ermöglichen sollte.
Die Funktion des Autopiloten A-5 entspricht der Funktion der Askania-Kurssteuerung Lstz 14 und Lstz 17: Die Summenbildung der Steuersignale erfolgt jedoch elektrisch und nicht auf mechanischem Wege.
Der Autopilot Sperry A-5 wurde in großen Stückzahlen gefertigt und kam parallel zum Minneapolis Honeywell C-1-Autopiloten in den Bombenflugzeugen B-17 und B-24 zum Einsatz. Von den Piloten wurde die hohe Genauigkeit des Autopiloten A-5 gelobt, der Aufwand für die Herstellung und Wartung war jedoch sehr groß.

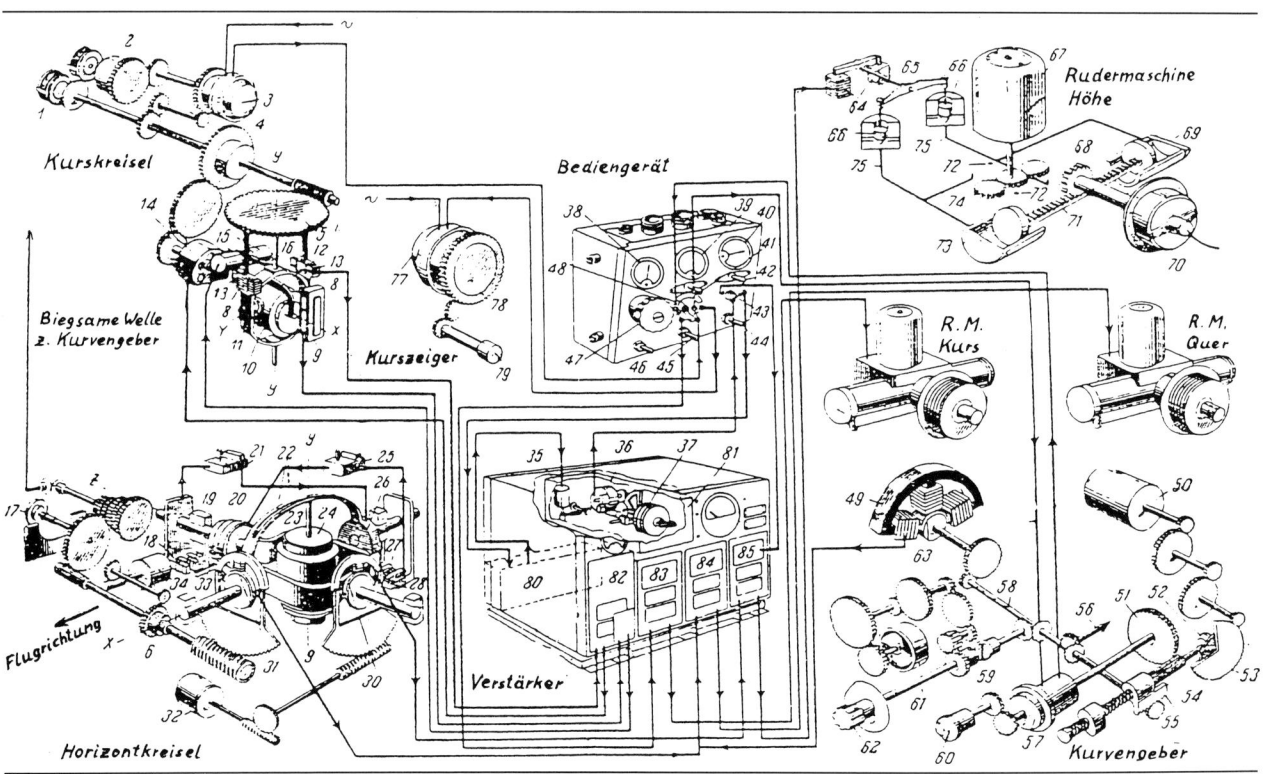

Sperry-Autopilot A-5, Wirkschema mit Richtungskreisel, Horizontkreisel, Bediengerät mit Kurvengeber, Verstärker mit Statoskop, hydr. Rudermaschinen.

Minneapolis Honeywell C-1 Autopilot

Im Jahr 1940 bekam die Firma Minneapolis Honeywell den Auftrag, das bei der Temperaturregelung von Wohnräumen sehr bewährte elektronische System »Moduflow« auch für die Regelung der Kabinen-Temperatur in Flugzeugen zu verwenden. Die erste, sehr erfolgreiche Anwendung erfolgte im Flugzeug C-54 »Skymaster«, der militärischen Version der DC-4. Auf Grund dieser Entwicklung wurde Honeywell mit der Entwicklung eines Autopiloten für die Anwendung des »Norden«-Bombenzielgerätes beauftragt.

Carl L. Norden hatte 1935 sein Bombenzielgerät mit einem Autopiloten kombiniert, um den vom Bombenschützen gesteuerten Zielanflug zu erleichtern. Das System wurde Stabilized Bomb Approach Equipment (S.B.A.E.) genannt; es bestand aus einem Autopiloten mit Lagekreiseln, Relaissteuerung und elektrischen Stellmotoren sowie aus dem kreiselstabilisierten Bombenzielgerät, gekoppelt mit einem mechanischen Vorhaltrechner. Der Bombenschütze konnte mit einem Einstellknopf den Kurs des Flugzeuges über den Autopiloten zum Zielanflug steuern.

Bei der Überarbeitung zur Serienfertigung wurden die mechanischen Geräte Kurskreisel, Horizontkreisel und elektrische Rudermaschinen von dem S.B.A.E. übernommen, die mechanischen Verbindungen und Rückführungen jedoch durch das »Meduflow«-System mit Potentiometer, Wechselstromspeisung 400 Hz und Röhrenverstärker ersetzt.

Die Bewegungen des Flugzeuges werden von Kurskreisel und Lotkreisel gemessen. Abweichungen von der im Augenblick des Einschaltens vorhandenen Lage des Flugzeuges werden von den Schleifern der Potentiometer festgestellt, die Wechselstromsignale werden zum Röhrenverstärker geleitet und von dort über Relais zu den Stellmotoren für Seiten-, Quer- und Höhenruder geführt. Über die Steuerorgane erfolgt die Rückführung des Flugzeuges in die ursprüngliche Lage. Der Autopilot C-1 war der erste, serienmäßig eingeführte, voll elektronische Autopilot. Insgesamt wurden etwa 35 000 Stück hergestellt und vorwiegend in den Bombenflugzeugen B-17 und B-24 eingesetzt. Weiterer Einsatz erfolgte in den Bombenflugzeugen AT-11 und B-26. Die Beurteilung der beiden Autopiloten Sperry A-5 und Honeywell C-1 in der Anwendung in den Bombenflugzeugen B-24 durch die Piloten war unterschiedlich. Bei dem A-5 wurde der problemlose Einschaltvorgang gelobt. Der C-1-Autopilot verlangte die Nullstellung der Kreisel durch den Piloten vor dem Einschalten. Während des Fluges erforderte und erlaubte der C-1 die Einstellung der Empfindlichkeit des Reglers, je nach Wetterbedingungen und die Einstellung der Aufschaltungsgröße der Lagesignale. Der Kurvenflug konnte zwar durch den Kurvengeber eingeleitet werden, es mußte jedoch die Koordinierung der Drehgeschwindigkeit im Kurs mit der erforderlichen Querlage bei der jeweils anliegenden Fahrt durch den Piloten zusätzlich erfolgen. In dem Bild des im Flugzeug eingebauten Bediengeräts sind die vielen Einstellknöpfe zu sehen. Der als »George« bezeichnete Autopilot war auch bei schlechten Wetterbedingungen eine große Entlastung für die Piloten, verlangte jedoch einen versierten Meister für die optimale Einstellung während des Fluges. Je nach Übung und Veranlagung der Piloten wurden diese

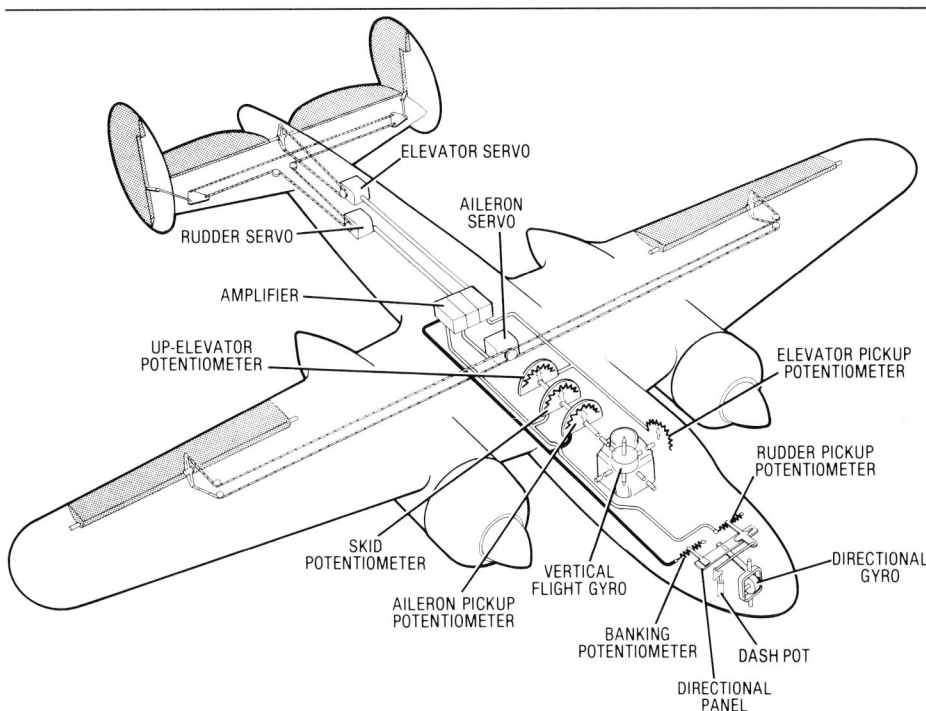

Minneapolis Honeywell-Autopilot C-1, Wirkschema im Flugzeug.

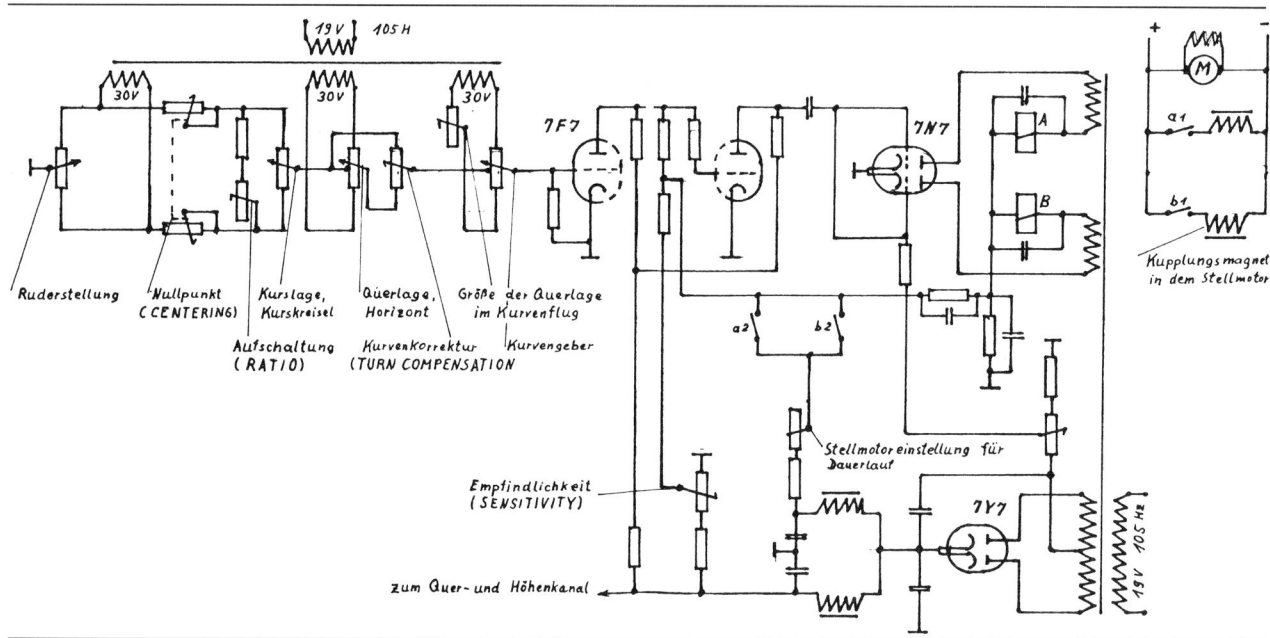

Minneapolis Honeywell-Autopilot C-1, vereinfachtes Schaltbild der Kursachse.

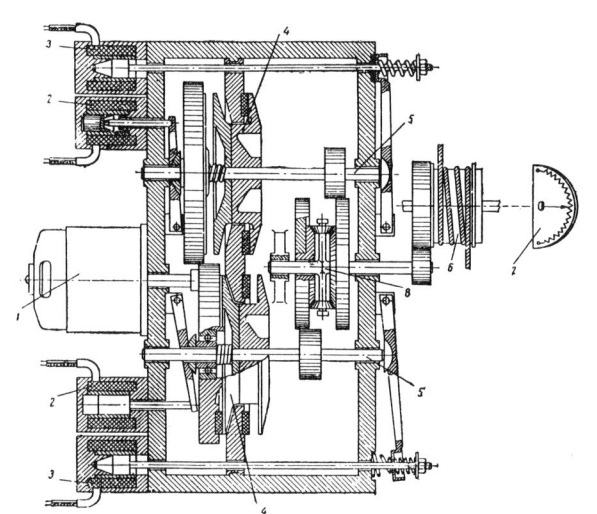

1 Gleichstrommotor 2 Arbeitsmagnete 3 Bremsmagnete 4 Friktionsscheiben
5 Arbeitswellen 6 Seiltrommel 7 Rückführpotentiometer 8 Differentialgetriebe

Minneapolis Honeywell-Autopilot C-1. Schnittbild elektrischer Stellmotor.

Minneapolis Honeywell-Autopilot C-1, Bediengerät mit Einstellknöpfen für Nullpunkt, Empfindlichkeit, Aufschaltgröße und Kurvenkoordination, eingebaut im Flugzeug B-17F.

Möglichkeiten gelobt oder getadelt; überwiegend war es wohl von Vorteil, daß der Pilot die Möglichkeit hatte, ständig etwas zu tun zu haben.

Entwicklungen in Großbritannien

Die Entwicklung von Autopiloten wurde in Großbritannien vom Royal Aircraft Establishment (Farnborough) bestimmt, es wurden die Autopiloten Mark I bis Mark VIII entwickelt, die Industrie mit der Fertigung beauftragt. Mitte der 20er Jahre wurde unter der Leitung von *R. McKinnon Wood* eine automatische Steuerung für ein unbemanntes Zielflugzeug entwickelt und erprobt. Aufbauend auf diesen Erfahrungen wurde 1930 von *F. W. Meredith, P. A. Cooke* und *P. S. Kerr* der erste Autopilot des RAE, Mark I, entwickelt und erprobt. Mit der Fertigung wurde die Firma Smiths Aircraft Instruments beauftragt. Später wurde dieser Autopilot für die Anwendung in Verkehrsflugzeugen deshalb auch »Smiths Autopilot« oder »Britischer Autopilot« genannt. Der Autopilot MK I bestand aus zwei Baugruppen, dem freien Kreisel für die Kurs- und Längslage und dem freien Kreisel für die Längslage. Im Bild ist der Aufbau des Kreisels mit den Ventilen und Stellzylindern für die Steuerung des Seiten- und Höhenruders dargestellt. Der pneumatisch angetriebene Kreisel mit horizontaler Laufachse ist in zwei Kardanrahmen gelagert. Am äußeren Rahmen ist das Ventil zur Steuerung des pneumatischen Arbeitszylinders für das Seitenruder direkt angelenkt. Der innere Rahmen betätigt über ein pneumatisches Relais das Ventil zur Steuerung des Arbeitszylinders für das Höhenruder. Über ein Gestänge wird die Ruderstellung direkt auf das Gehäuse des Ventils zurückgeführt. Die Änderung des Kurses erfolgt durch einen pneumatischen Kolben, der ein Moment auf den äußeren Rahmen ausübt. Die Einstellung der Längslage kann über eine mechanische Übertragung vom Nickhebel auf den Kreiselrahmen erfolgen. Um die Querlage über das Seitenruder mit zu beeinflussen, ist die Laufachse des Kreisels etwa auf 10–15° angestellt.

Da während des Krieges die Fertigungskapazität für den Autopiloten MK IV auf etwa 800 bis 900 Stück pro Monat begrenzt war, wurde eine vereinfachte Version, MK VIII, vom R.A.E. entwickelt. Der Kreisel für die Kurs- und Längslage wurde unter 45° geneigt und die Kursabweichung auf die Querruder geleitet. Das Seitenruder wurde vom Piloten gesteuert und lediglich zum Vermeiden von Schiebezuständen während des Kurvenfluges benutzt; dadurch konnte der Regler für die Querlage entfallen, und so wurden Fertigungsstunden eingespart. Im Bild sind das Kreiselgerät mit den Ventilen für die Steuerung der Arbeitszylinder für die Quer- und Höhenruder zu sehen.

Der Autopilot Mark VIII war die letzte, in großen Stückzahlen produzierte Ausführung eines Autopiloten in Großbritannien bei Kriegsende 1945.

Zu erwähnen ist noch ein aus dem Richtungsanzeiger »Deviator« für die Flugrichtung und Längslage von *Pollock Brown* 1930 abgeleiteter Autopilot für die Regelung eines Flugzeuges in der Kurs- und Längslage, hergestellt von der Firma P. B. Deviator Ltd. Die Kreiseldrehachse ist in der Längslage des Flugzeuges ausgerichtet. Eine durch Drucköl angetriebene Turbine setzt die Achse in Umdrehung, der

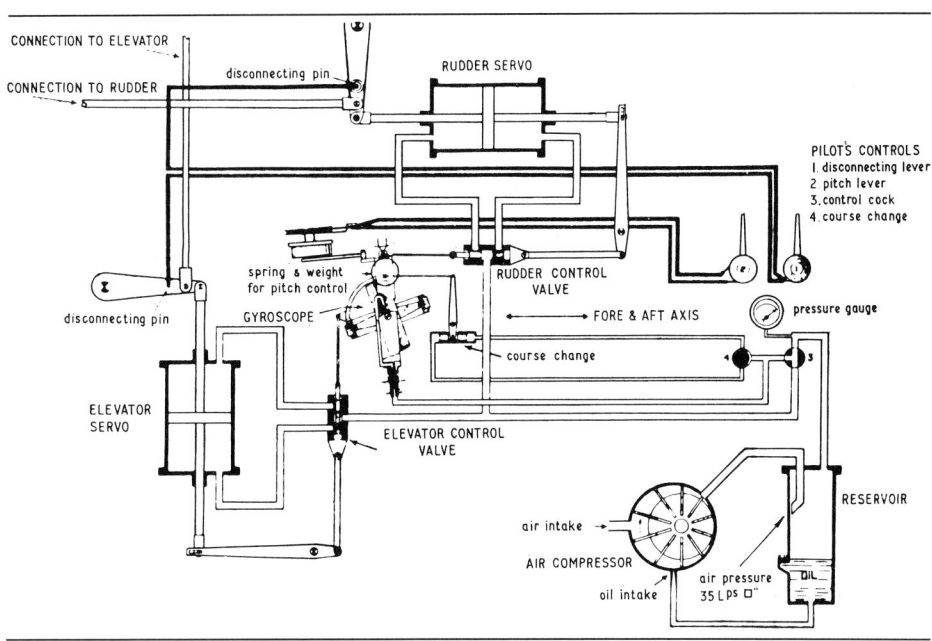

R.A.E.-Autopilot Mark I oder Smiths-Autopilot, Wirkschema der Kurs- und Längsachse.

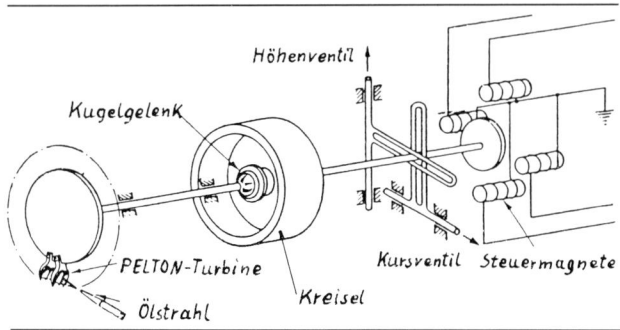

Autopilot Pollock Brown, Kreiselanordnung mit Kreuzschieber für die Steuerventile und Steuermagnete.

Kreiselrotor wird über ein Kugelgelenk durch Reibung und Schlupf mitgenommen und so ebenfalls in Umdrehung versetzt. Bei auftretenden Bewegungen des Flugzeugs präzediert der Kreisel, und die fest mit ihm verbundene Stange verschiebt über die Schlitzführungen die hydraulischen Ventile, diese steuern die Arbeitskolben zur Betätigung der Seiten- und Höhenruder.

Entwicklungen in Frankreich

Die Entwicklungen in Frankreich wurden durch die Arbeiten von *Alkan* und *Constantin* bestimmt. Von *Robert Alkan* wurde in den 30er Jahren ein Horizont mit einer mechanischen Ausrichtung durch bewegliche Kugeln entwickelt. Der elektrisch mit 24 Volt Gleichstrom angetriebene Kreisel mit vertikaler Drehachse ist mit einem zusätzlichen Untersetzungsgetriebe zum Antrieb einer oben befindlichen Kreisscheibe versehen. Eine zwischen Anschlägen frei bewegliche Kugel erzeugt bei Abweichungen von der horizontalen Lage der Kreisscheibe und damit des Horizontkreisels Stützmomente an dem Kreisel und bewirkt so die Ausrichtung zur Horizontalen. Die Weiterentwicklung dieses Alkan-Horizontkreisels durch die Firma SFENA nach dem Zweiten Weltkrieg führte zu einer weltweiten Einführung in der zivilen und militärischen Luftfahrt; insbesondere als Nothorizont, da die Anzeige auch bei Ausfall der Stromversorgung durch die kinetische Energie des Kreiselrotors noch einige Minuten erhalten bleibt.

Etwa 1936 hatte der französische Erfinder *Robert Alkan* einen pneumatischen Dreiachsen-Autopiloten Typ 105 entwickelt und im Flug erprobt. Der Autopilot besteht aus drei Geräteteilen: dem Kursregler mit einem Sperry-Richtkreisel, dem Regler für das Höhenruder mit einem Horizontkreisel, einem wahlweise zuschaltbaren Fahrtmesser oder Statoskop sowie dem Regler für die Querruder mit einem eigenen Horizontkreisel als Meßfühler. Über pneumatische Abgriffe werden die pneumatischen Arbeitskolben zur Betätigung der Ruder gesteuert. Eine Stellungsrückführung erfolgt auf die Steuerventile. Durch die Zwischenschaltung von mechanischen, uhrwerkähnlichen Drehzahlreglern in der Übertragung von den Abgriffen zu den Ventilen wird ein Signalvorhalt entsprechend der Drehgeschwindigkeit erzeugt und so das Ventil mit einem Summensignal von Lage- und Geschwindigkeit gesteuert. Der Kurvenflug erfolgt mit dem Kurvengeber durch Verstellung der Kursbasis und der Querlagebasis; die Verstellung der Querlage wird durch ein uhrwerkähnliches Zwischenglied etwas verzögert und so ein querlagenrichtiger Kurvenflug erreicht.

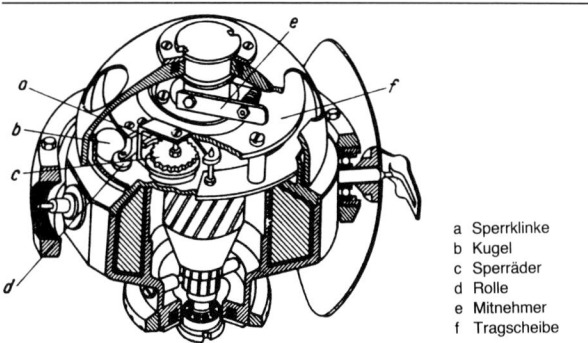

a Sperrklinke
b Kugel
c Sperräder
d Rolle
e Mitnehmer
f Tragscheibe

Alkan-Horizont mit mechanischer Stützeinrichtung.

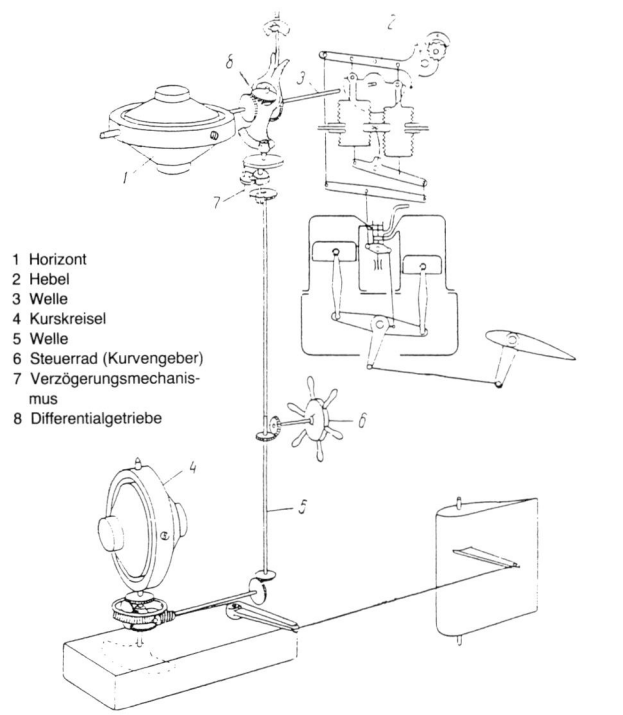

1 Horizont
2 Hebel
3 Welle
4 Kurskreisel
5 Welle
6 Steuerrad (Kurvengeber)
7 Verzögerungsmechanismus
8 Differentialgetriebe

Alkan-Dreiachsenregler, Querregler auf Quer- und Seitenruder wirkend.

Im Bild sind der Kurs- und Querkreisel mit den pneumatischen Stellmotoren für das Seitenruder und die Querruder zu sehen. Der Kreiselantrieb erfolgte zunächst durch Druckluft, in späteren Ausführungen wurden die Kreisel elektrisch angetrieben.

Von diesem Alkan-Autopiloten sind etwa 2000 Stück für die französische Luftwaffe hergestellt worden, sie kamen in Bombenflugzeugen zum Einsatz.

Windfahnenstabilisator von Constantin

Die schon zu Beginn der 20er Jahre von *Louis Constantin* begonnene Entwicklung der Windfahnenstabilisierung wurde bis 1935 mit dem Einbau und der Flugerprobung in einem Farman F 71 und einem zweimotorigen Leo-20-Flugzeug fortgeführt. Die Flugerprobung zeigte die erwünschten Ergebnisse; hervorgehoben wurden insbesondere die guten, automatisch gesteuerten Flugeigenschaften im Gleitflug bei ausgeschalteten Motoren. Diese automatische Steuervorrichtung mittels Windfahnen wurde vom französischen Luftfahrtministerium 1936 mit dem ausschließlichen Recht der Verwendung erworben. Nachdem jedoch die Anwendung der Windfahnenstabilisierung durch die Flugzeughersteller wegen der anfälligen äußeren Anordnung abgelehnt wurde und außerdem sich die Forderungen der militärischen Stellen an automatische Steuerungen für Bombenflugzeuge geändert hatten, kam der Windfahnenstabilisator von Constantin nicht zum Einsatz.

Die Entwicklungen in der UdSSR

In Abwandlung des Sperry-Horizontes wurde der Horizont AGP-2 entwickelt. Die Rahmenanordnung entspricht dem Sperry-Horizont, die Anzeige der Querneigung wird jedoch durch ein drehbares Flugzeugsymbol dargestellt. Zur sinn-

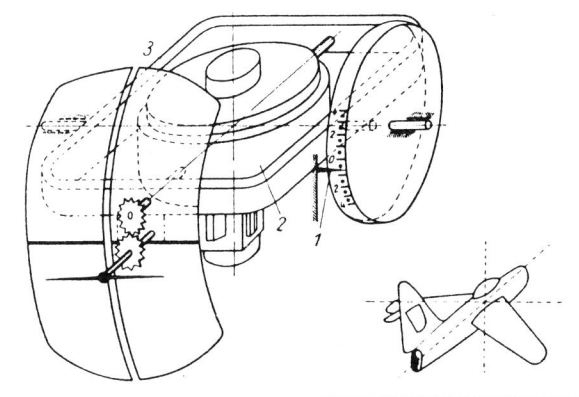

Horizont AGB-2, Anordnung der Rahmen mit Übertragung zum beweglichen Flugzeugsymbol und zusätzlicher Skala für die Längslage.

gemäßen Anzeige wird durch eine Zahnradübertragung zwischen dem Querrahmen und dem Flugzeugsymbol die Drehrichtung umgekehrt. Die Anzeige der Längslage erfolgt durch Auf- und Abbewegen des Flugzeugsymbols; außerdem kann die Längslage noch an einer Skala abgelesen werden. Damit entspricht diese Darstellung der Lage des Flugzeuges gegenüber dem Horizont der von *Waldemar Möller* mit großem Einsatz vertretenen Meinung der für den Piloten sinnvollsten Anzeige. Durch den weltweiten Einsatz des Sperry-Horizontes wurde praktisch eine Norm geschaffen, die auch durch noch so gute Argumente nicht mehr zu ändern war.

Die Entwicklungen von Autopiloten in der UdSSR verliefen abweichend von den oben beschriebenen. Zunächst wurden in Anlehnung an die Entwicklung von Askania pneumatische Dreiachsensteuerungen entwickelt und mit dem kompaßüberwachten pneumatischen Fernkurskreisel versehen. Am Schluß der Entwicklung bis 1945 wurde eine Kombination des Sperry-Autopiloten A-2 mit dem kompaßüberwachten Fernkurskreisel vorgenommen; eine Kurssteuerung mit dieser Kombination wurde ebenfalls ausgeführt. So wurden die Vorteile der deutschen und der amerikanischen Autopilotenentwicklung vereint.

Ab 1932 wurden in der UdSSR pneumatische Steuerungen auf der Basis der Askania-Steuerungen entwickelt und erprobt. Die Verwendung der pneumatischen Autopiloten ist durch die extremen Wetterbedingungen in der UdSSR (+60 bis −50° C) stark eingeschränkt. Die nicht zu vermeidende Feuchtigkeit führt bei Kälte zur Vereisung und damit zum Versagen des Autopiloten.

Lizenzbau und Weiterentwicklung des Sperry-Autopiloten A-2, Autopilot AWP-12 und AWP-12 D

Parallel zum Lizenzbau des amerikanischen Verkehrsflugzeuges Douglas DC-3 in der UdSSR unter der Bezeichnung Lisunow Li-2 erfolgte auch der Lizenzbau des Sperry-Autopiloten A-2. Unter der Typenbezeichnung AWP-12 wurden die ersten Kopien des Autopiloten in der UdSSR gefertigt. Die Erprobung zeigte jedoch erhebliche Mängel, insbesondere bei tiefen Temperaturen. So wurden diese Muster lediglich für Schulungszwecke benutzt. Die modernisierte Ausführung mit der Bezeichnung AWP-12 D kam in den Flugzeugen LI-2 und dem Großflugzeug L-760 zum Einsatz. Die Modernisierung bestand im wesentlichen in der geänderten Luftführung der Kreiselantriebe und der pneumatischen Abgriffe an den Lagekreiseln. Dadurch konnte die Einsatzhöhe des Autopiloten von 6000–7000 m auf 8500–9500 m erhöht werden. Das Statoskop des Sperry-Autopiloten A-2 entfiel, und der Temperaturbereich wurde von −20° C auf −35° C erweitert. Durch Vergrößerung des Rohrdurchmessers der Zuleitungen zu den Stellzylindern von 4,5 mm auf 8–10 mm konnte eine ausreichende Laufgeschwindigkeit auch bei niedrigen Temperaturen erreicht werden.

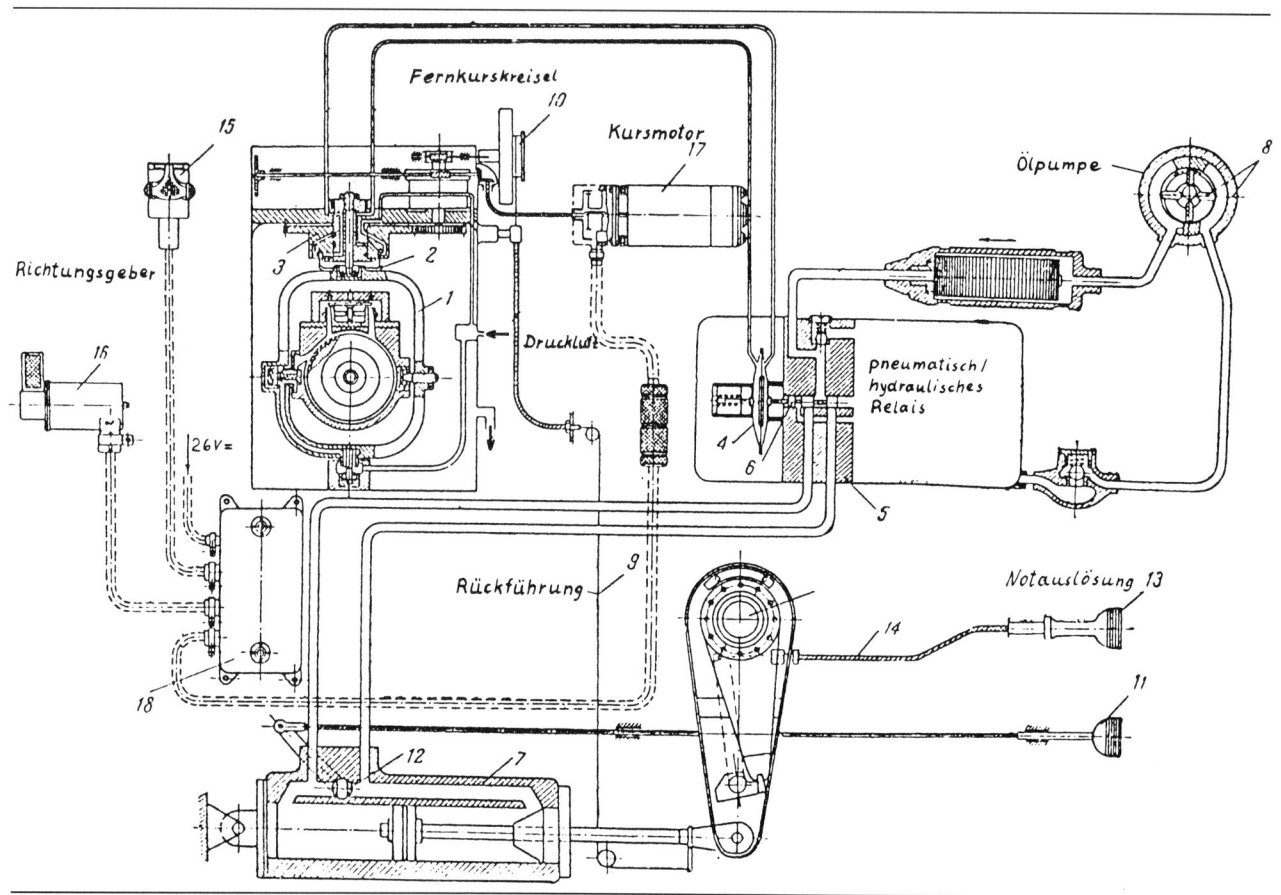

Kurssteuerung AK-1, Wirkschema.

Kurssteuerung AK-1

Eine Kurssteuerung AK-1 wurde von dem Ingenieur *Sorkin* auf der Basis des Kursteiles des Autopiloten AWP-12D entwickelt. Wie bei den deutschen Kurssteuerungen wurde der Kurskreisel vom Magnetkompaß überwacht. Zum Einsatz kam der Askania-Fernkompaß, ähnlich dem Askania-Fernkurskreisel. Die Kurseinteilung und der Kurvenflug erfolgte durch Richtungsgeber und Kursmotor am Fernkurskreisel. Der Abtriebshebel der hydraulischen Rudermaschine war – wie bei der Siemens-Kurssteuerung K 4ü – mit einer mechanischen Notauslösung versehen.

Autopilot AP-42

Eine vollständige Weiterentwicklung des Autopiloten AWP-12 D erfolgte unter der Typenbezeichnung AP-42 durch die Ingenieure *Semenowa* und *Olmann*. Im Kursteil wurde der Fernkompaß (Typ Askania) und ein Fernkurskreisel (ähnlich dem Fernkurskreisel Askania) verwendet. Für den Einsatz in Bombenflugzeugen kam eine Ergänzung durch Richtungsgeber für den Piloten und/oder Bombenschützen und einem Kursmotor zur Verstellung des Steuerkurses am Kurskreisel hinzu. Die Stellzylinder konnten wahlweise in einem Block oder getrennt montiert werden. Anstelle des Fernkompasses konnte auch ein Zielflugempfänger für den automatischen Zielanflug auf ein Funkfeuer aufgeschaltet werden. In dem Montageschema des Autopiloten AP-42 mit dem Fernkurskreisel, Kursmotor und Richtungsgeber sind die einzelnen Geräte des Autopiloten zu sehen.

Mit dieser Erweiterung entsprach der Kursteil des Autopiloten AP-42 der Entwicklung der Kursregler in Deutschland. Die prinzipielle Wirkungsweise des Autopiloten AP-42 entsprach dem des Autopiloten AWP-12 D. Mit dieser Konstruktion war der Stand der Entwicklung in der UdSSR im Jahr 1945 erreicht.

Zusammenfassung

Über die Entwicklung der automatischen Steuerungen in den verschiedenen Ländern hat *Gert Zoege von Manteuffel* in einem Bericht im Jahr 1954 wie folgt geschrieben:

». . . Es bildete sich damals bei den beiden deutschen Firmen (Askania und Siemens) eine Entwicklungstendenz heraus, die man als die ›deutsche Schule‹ bezeichnen möchte. Ihre grundlegenden Gedanken seien deshalb nochmals festgehalten:
a) Nur eine Achse, die Kursachse, wird automatisiert.
b) Ein Fernkompaß richtet den Kurskreisel aus.
c) Der Kurskreisel liefert den sog. Lagen-Meßwert für die Selbststeuerung.
d) Ein Dämpfungskreisel bleibt (auch nach Einführung des Kurskreisels) zusätzlich in den Regelvorgang eingeschaltet, und zwar stärker als der Lagen-Meßwert.
e) Ein pneumatischer oder hydraulischer Kraftschalter steuert die Energie zum Stellmotor.
f) Eine Rückführung sorgt für die Proportionalität zwischen Meß-Mischwert und Ruderbewegung.
g) Die Beherrschung flacher Kurven ist, obwohl ihr Zeitanteil gering ist, entsprechend ihrer Bedeutung für Blindflugsicherheit gefordert.

Über frühe Abarten der verwendeten Rückführ-Methoden müssen hier noch nähere Angaben eingefügt werden, weil ihre Kenntnisse bei der ihnen für die Beherrschung von Regelvorgängen zukommenden Bedeutung wichtig erscheint.
Während die Siemens-Steuerungen wie die noch zu besprechenden ausländischen Baumuster die im vorigen Abschnitt behandelte Stellungsrückführung mit starrem Wegvergleich verwendeten, führte Möller die Entwicklung bei Askania über andere Wege, die an Hand der Abbildungen verfolgt werden können.
Der Wegvergleich setzt voraus, daß die Bauelemente, insbesondere Kraftschalter und Stellmotor, starr miteinander verbunden sind. Das bedingt gewisse Nachteile beim Einbau im Flugzeug. Sehr bald ging Askania daher auf die sog. Kraftrückführung über, die aus dem gleichen Grunde heute bei Industriereglern viel verwendet wird.
1934 wurde in die Rückführleitung eine Kapillare eingesetzt und damit zunächst eine ›Nachgiebigkeit großer Zeitkonstante‹ geschaffen. War der Anlaß die Höhenabhängigkeit des Rückführ-Luftvolumens gewesen, so lag der unmittelbare Vorteil in der Aufhebung der Proportionalität zwischen Kursfehler und Ruderausschlag! Die nachgiebige Rückführung ist dadurch gekennzeichnet, daß bei fortbestehendem Ruderausschlag der diesen Weg zurückmeldende Rückführwert mit einer Zeitkonstante abklingt und zu Null wird. Bei Ausfall eines Seitenmotors konnte daher der erforderliche Ruderausschlag entstehen, ohne daß hierfür ein proportionaler Kursfehler nötig war: Das Flugzeug blieb auch bei einseitigem Vortrieb genau auf dem Kurs.
1935 wurde dieselbe Nachgiebigkeit mit sehr kleiner Zeitkonstante eingestellt. Das verursachte eine erhebliche Änderung des vektoriellen Verhaltens der Rudermaschine. Der Rückführwert entsprach nun der Ruderlaufgeschwindigkeit, die damit (anstelle des Ruder-Ausschlages) dem Meß-Mischwert zugeordnet wird. Die Phasenlage der Ruderbewegungen wird dadurch verbessert, das Ruder antwortet schneller auf Störungen, und der geringeren Eigendämpfung der Flugzeuge wird infolgedessen ein größeres Maß an künstlicher, von der Automatik geschaffener Dämpfung zugefügt. Da der resultierende Vektor oder die Phasenlage des

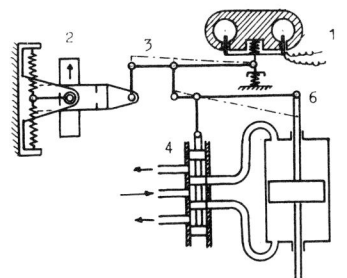

1 Kurs-Meßwert auf federgefesselte Tauchspule
2 Winkelgeschwindigkeit aus federgefesseltem Dämpfungskreisel
3 Summengestänge für die Mischung der beiden Meßwerte
4 Kraftschalter als hydraulischer Schieber
5 Rudermaschine als Drucköl-Stellmotor
6 Starre, mechanische Weg-Rückführung

Stellmotor mit Stellungs-Zuordnung durch starre Weg-Rückführung (Siemens K 4 und Askania Lz 4, Lz 10).

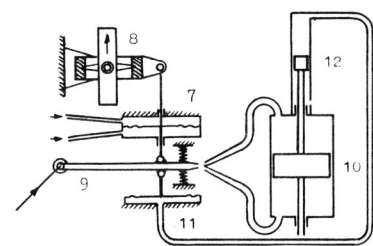

7 Kurs-Meßwert auf Differenzdruck-Membran
8 Winkelgeschwindigkeit
9 Kraftschalter-Strahlrohr
10 Pneumatischer Stellmotor
11 Rückführ-Membran
12 Rückführ-Kolben

Stellmotor mit Stellungs-Zuordnung durch starre Kraft-Rückführung (Askania Lz 11a).

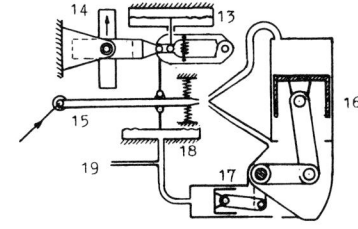

13 Kurs-Meßwert über Differenzdruck-Membran und Grenzwert-Schere
14 Winkelgeschwindigkeit
15 Kraftschalter-Strahlrohr
16 Pneumatischer Stellmotor als Kurbelzylinder
17 Rückführ-Zylinder
18 Rückführ-Membran
19 Kapillare

Stellmotor mit Ruder-Laufgeschwindigkeits-Zuordnung durch nachgiebige pneumatische Kraft-Rückführung kleiner Zeitkonstante (Askania Lstz 512).

Meß-Mischwertes vorwiegend vom Dämpfungskreisel bestimmt ist, wurde ein neues Regel-Gesetz verwirklicht: Dem Mischwert, der eine große Winkelgeschwindigkeits- und eine kleine Winkel-Komponente besitzt, werden Bewegungen des Stellmotors zugeordnet, die dieselbe Dimension haben, eher noch etwas voreilen, womit andere Verzögerungen im Regelkreis ausgeglichen werden . . . Wir kommen hier zu der Feststellung, daß die »ausländische Schule« folgende gemeinsame Richtlinien befolgt:
a) Alle 3 Achsen werden selbsttätig gesteuert.
b) Ein freier Kreisel liefert Meßwerte für 2 Achsen.
c) Ein zweiter Kreisel erfaßt die dritte Achse.
d) Dämpfungskreisel sind nicht vorhanden.
e) Der Magnetkompaß hat keinen Einfluß auf den Kurs, der Mensch führt Vergleiche und Korrekturen aus.
f) Die Stellmotoren sind ebenfalls pneumatisch bzw. hydraulisch und oft in die Steuerseile eingeschaltet.
g) Starre Weg-Rückführungen sind vorhanden.
h) Vielfach ist ein Meßwert für Höhenabweichungen in die Längssteuerung einbezogen.

Besonders betonen möchte man, daß keine Dämpfungskreisel angewendet wurden. Da die Entwicklung der Kursachse nicht vom Magnetkompaß ausging, waren sie keine zwingende Notwendigkeit. Später traten in größeren Flugzeugen, deren Eigendämpfung gering war, oft Schwierigkeiten auf, die sich in Schwingungen des Flugzeuges um die jeweilige Null-Lage äußerten. Es gelang aber immer wieder durch Verbesserung anderer Einzelheiten, dieser Schwierigkeiten Herr zu werden. Das zur Anwendung kommende Regel-Gesetz ordnete jeder Lage-Abweichung einen proportionalen Ruderausschlag zu. Das Fehlen der zeitlichen Ableitung erforderte ein sehr präzises Einhalten des Regel-Gesetzes, und die technischen Verbesserungen bezogen sich darum stets auf strengere Einhaltung der Bewegungsbedingungen. Man denke dabei z. B. an das Trägheitsmoment der Douglas-Seitenruder, die oft als Scheunentore bezeichnet worden sind . . .«

Die Entwicklungen während des Zweiten Weltkrieges brachten in Deutschland und den USA weitere Anforderungen an die automatischen Steuerungen, insbesondere auch für unbemannte Flugkörper und Raketen. Die Entwicklungstendenzen während dieser Zeit werden in dem Bericht von *Gert Zoege v. Manteuffel* wie folgt zusammengefaßt:

». . . Abschließend sei für die ›amerikanische Schule‹, wie wir sie während des Krieges kennenlernten, die Einbeziehung der elektronischen Verstärker als Hauptmerkmal festgehalten. Hierbei geben einfache oder zweifache elektrische Differenzierung das Zugeständnis, daß die von der ›deutschen Schule‹ seit Beginn (1929) vertretene Ansicht über die Bedeutung der Winkelgeschwindigkeit und ebenso die von Möller vorgenommene Erweiterung auf Winkelbeschleunigung richtig waren. Die Kennzeichen sind:
a) Drehmelder-Abgriffe;
b) elektronische, d. h. Röhrenverstärker;
c) elektrische Bildung der Dämpfungs-Meßwerte;
d) elektrische Stellmotoren mit Seiltrommel-Abtrieb . . .

Inzwischen hatten die deutschen Entwicklungen aber folgende wesentliche, voneinander unabhängige Merkmale:
a) Bevorzugung der Fahrtsteuerung, anstelle der Längsneigungs-Stabilisierung mit Aufschaltung der barometrischen Höhenabweichung. Nur der Fahrtmeßwert erzwingt z. B. bei Ausfall der Triebwerke den erforderlichen Gleitflug. (Man sagte damals: Amerikanische Triebwerke fallen nicht aus. Heute beweist die Stratocruiser-Statistik das Gegenteil.)
b) Zusammenfassung der 3 Winkelmessungen im Dreikreiselgerät, dessen kinematische und gerätetechnische, ja sogar fertigungstechnische Vorzüge aufzuzeigen hier kein Platz ist.
c) Entwicklung der Integrations-Schaltungen für Dämpfungskreisel anstelle der Differenzierschaltungen für freie Kreisel, wie sie in USA noch heute bevorzugt werden.
d) Hier ging die Entwicklung der Stellmotoren auf von Leonard-Umformern oder Tirill-Schwingrelais geschaltete Gleichstrommotoren. Daneben lief die hydraulische Entwicklung einmal in der K 12 zu Vorsteuernadel und Schieberventil, nebenher aber zu Dreiräderpumpe und Schieberwippe . . .«

Weiterführung der deutschen Entwicklung im Ausland nach 1945

Schon vor Beendigung des Zweiten Weltkrieges hatten die alliierten Siegermächte jeweils getrennte spezielle Arbeitsgruppen zur Erfassung der Kriegsbeute auf dem Gebiet der Rüstungstechnik aufgestellt. Zunächst waren diese Aktivitäten mehr oder weniger zufällig von einzelnen militärischen Dienststellen eingeleitet worden. In den USA war es die Operation »Alsos« zur Erkundigung des Standes der Atombombenentwicklung in Deutschland. Eine weitere Operation wurde vom Combined Intelligence Objectives Subcommittee (CIOS) eingeleitet. Im Sommer 1945, nachdem die erste Runde der Befragung von deutschen Wissenschaftlern beendet war, wurde diese Organisation in ein British Intelligence Objectives Subcommittee (BIOS) und in eine Field Information Agency, Technical (FIAT) der USA aufgeteilt. Damit begann die zweite Runde der Befragung von deutschen Wissenschaftlern, jetzt intensiver mit Ausarbeiten von zusammenfassenden Berichten durch die deutschen Spezialisten selbst. Zu diesem Zweck wurden auch ausgewählte Wissenschaftler nach Großbritannien und den USA verbracht. Während die Fachleute aus England in der Regel nach etwa $1/2$ Jahr wieder nach Deutschland zurückgebracht wurden, war die Situation in den USA gänzlich anders. An ein Zurückbringen nach Deutschland war zunächst nicht zu denken, man befürchtete ein Abwandern dieser Wissenschaftler nach der UdSSR. Andererseits war aber eine offizielle Einwanderung nach den USA zunächst noch nicht möglich. So wurde die Operation »Overcast« in den USA zur Überführung einer begrenzten Anzahl von deutschen Wissenschaftlern in die USA gebildet. Die in dieser Aktion erfaßten und für eine Überführung in die USA vorgesehenen Wissenschaftler wurden mit einer Büroklammer gekennzeichnet; daraus entstand die weitere Bezeichnung »Paperclip«. Das Militär, insbesondere die Armee, bestand auf der Aufnahme der Entwicklungsgruppe um *Wernher von Braun,* während die Luftwaffe, die Marine sowie die Luftwaffenmediziner und Wissenschaftler für ihr Arbeitsgebiet kämpften. Bedenken bestanden auch in Großbritannien für die Einreise von deutschen Wissenschaftlern nach dem Zweiten Weltkrieg. Anders war die Situation in Frankreich. Während der deutschen Besatzung hatte die französische Luftfahrtindustrie gute Kontakte mit der deutschen Industrie gehabt und war bereit, den Wiederaufbau der französischen Luftfahrtindustrie auch mit Hilfe von deutschen Fachleuten zu beschleunigen. Aus diesem Grunde waren französische Anwerber in der französischen Besatzungszone unterwegs. Alle diese Sorgen hatte die sowjetische Besatzungsmacht nicht. Hier waren Spezialeinheiten zur Erfassung von deutschen Wissenschaftlern und Ingenieuren auf dem Gebiet der Rüstungstechnik unterwegs und sammelten alles brauchbare und unbrauchbare Personal zunächst einmal ein. Zur besseren Erfassung wurden sehr bald in der sowjetisch besetzten Zone sowjetische Betriebe und Institute eingerichtet und die Fachleute mit gutem Gehalt eingestellt. Eine weitere Möglichkeit war die Auslese von Spezialisten, wie sie bald genannt wurden, aus allen möglichen Gefangenenlagern.

Weiterführung deutscher Entwicklungen in den USA

Albert Patin war unter den ersten sechs Luftfahrtexperten, die am 17. November 1945 in Wright Field in Ohio eintrafen. Hier begann eine mehrjährige Zeit des Ausfragens und des Wartens auf ein Einreisevisum in die USA. Ohne die offizielle Einreise und die nachfolgende Einbürgerung war eine Arbeitserlaubnis und Beteiligung an der amerikanischen Entwicklung nicht zu erreichen. Im Laufe der Zeit wurde die NS-Vergangenheit von *Patin* immer mehr bekannt, die *Patin* bewußt abgestritten hatte. Bis zum Sommer 1948 waren etwa 500 Wissenschaftler und 644 Angehörige inoffiziell in Amerika eingetroffen. Der offiziellen Einreise standen die Sicherheitsberichte über eine NS-Vergangenheit entgegen. Die militärischen Dienststellen hatten ein vitales Interesse an der Tätigkeit der deutschen Wissenschaftler in den USA. So wurden die Sicherheitsberichte einfach umgeschrieben und die Konsulate angewiesen, die Einreisevisa zu erteilen. Zu diesem Zweck fuhren die bereits in den USA befindlichen Deutschen in Begleitung eines Offiziers in das benachbarte Ausland zu den amerikanischen Konsulaten: mit einem mitgebrachten medizinischen Attest sowie mit drei Paßfotos und 18 Dollars. Dann wurde das Einreisevisum in sein Reisedokument gestempelt und der legalen Einreise in die USA stand nichts mehr im Wege. Diesen Weg hat auch *Albert Patin* gehen müssen. Erst die spätere Einbürgerung in die USA ermöglichte *Patin* 1950 seine neue Firma American Patin Company, AMPATCO Laboratories Corporation in Ohio zu gründen. Bald darauf gelang es ihm, weitere deutsche Fachleute, die er aus Deutschland holte, einzustellen:

Günter P. Heinze, früher Siemens-LGW und R.A.E., Farnborough England;
Arran K. Hoffmann, früher Albert Patin Werkstätten, Berlin, und SFENA, Paris;
Kurt A. Marggraf, früher Siemens-LGW und R.A.E., Farnborough England;
Werner F. Massmann, früher Albert Patin Werkstätten und Electro Vacuum GmbH;
Walter B. Panzer, früher Kreiselgeräte GmbH und British Admiralty, Department of Research, London;
Herbert M. Rosin, Albert Patin Werkstätten und Wright-Patterson Air Force Base, Dayton;
Gerhard M. Schützmann, früher Albert Patin Werkstätten und Technical Agencies, US Army;
Johann Gievers, früher Kreiselgeräte GmbH;
Hildegard Sonnenberg, früher Albert Patin Werkstätten.

Mit diesen deutschen Mitarbeitern und weiteren US-Ingenieuren hat *Patin* einen Autopiloten ohne die Verwendung von Vacuumröhren entwickelt. Dieser Autopilot wurde 1955 an die US Air Force (USAF) für die Durchführung von Abnahmetests geliefert. Die Erprobung erfolgte in einem Jagdflugzeug Northrop F-89. Die Zeit für Autopiloten mit Feindrahtpotentiometer und Relais war aber abgelaufen, zu einer Einführung dieses Autopiloten kam es nicht mehr. *Patin* übergab die Firma an die Aero Equipment Corporation und kehrte bald danach nach Deutschland zurück.

Lear, Incorporated

Die Firma LEAR, insbesondere *William P. Lear* selbst, hat in Zusammenarbeit mit der US Air Force die Ergebnisse der deutschen Entwicklung auf dem Gebiet der Flugzeugselbststeuerungen sorgfältig ausgewertet und weiterentwickelt. Die deutschen Fachleute *Hans Thiry,* früher Siemens-LGW, und *H. Pöschl,* früher Askania-Werke, haben diese Arbeiten maßgebend beeinflußt. In einem Vortrag bei der WGL-Jahrestagung 1955 hat *William Lear* die Bedeutung der deutschen Entwicklung bis Kriegsende ausführlich gewürdigt, eine sehr rühmliche Ausnahme bei der Industrie! So hat man bis zum Jahr 1956 eine Anzahl von Dreiachsen-Autopiloten und Einachs-Dämpfungsregler unter weitgehender Anwendung der deutschen Geräteentwicklung hergestellt. Dabei wurden im Gegensatz zur amerikanischen Schule so fortschrittliche Prinzipien wie »künstliche« Dämpfung und Stabilität, Drehgeschwindigkeits-Stabilisierung der flugzeugfesten Achse (Wendekreisel), Servo-Steuerung, Jägersteuerung als Hilfsmittel für den Zielanflug sowie die Knüppelkraftsteuerung (Kommandogabe auf den Autopiloten über den Steuerknüppel oder Pedale anstelle über Drehknöpfe) verwirklicht. Als Beispiel für die enge Verbindung zur deutschen Entwicklung s. Abbildung mit dem Siemens-Doppelkreisel und der Lear Two Gyro Reference.

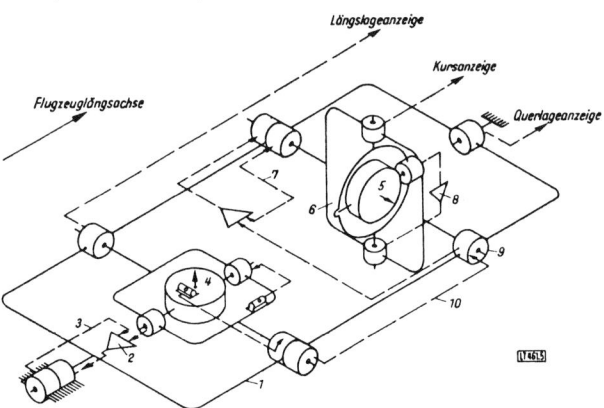

1 Außenrahmen 2 Steuerkreis des Außenrahmens 3 Dämpfung 4 Lotkreis
5 Kurskreisel 6 Kurskreiselrahmen 7 Dämpfung 8 Stützkreis 9 Differential-Stellungsgeber 10 elektrische Kopplung beider Achsen

Prinzipschema der Rahmenanordnung des »Master Reference«-Gerätes von Lear, ähnlich Siemens-LGW-Doppelkreisel.

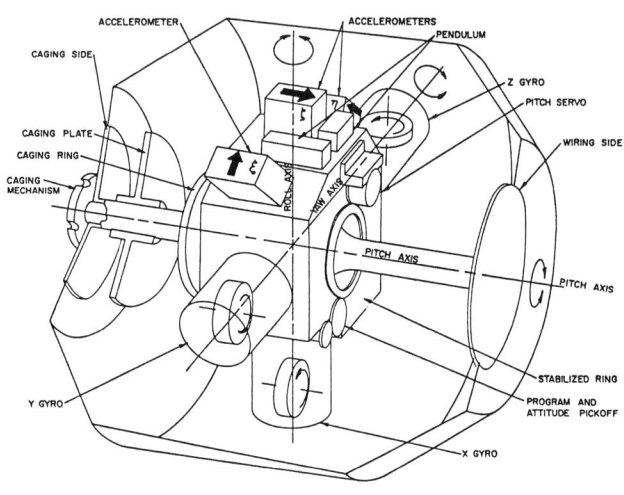

Rahmenanordnung einer stabilisierten Plattform mit innenliegendem Kardanrahmen. Durch die außenliegenden Montageflächen ist der Einbau der Meßelemente erleichtert.

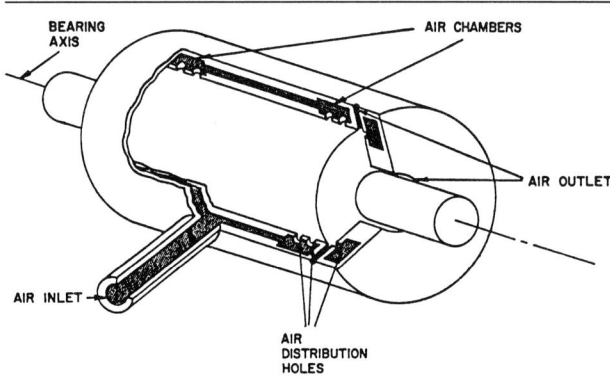

Verteilung des Luftstromes in der Präzessionsachse des Meßkreisels.

Siegfried Knemeyer

Der Flugbaumeister und Testpilot bei der Erprobungsstelle der Luftwaffe Rechlin, *Siegfried Knemeyer,* kam nach Kriegsende als Berater zum französischen Luftfahrtministerium, war von 1947 bis 1954 als Berater im Funk- und Navigationslabor in Wright Field/Ohio, USA, tätig und ab 1954 als Berater im Bereich der automatischen Piloten des Laboratoriums der Air Force Flight Dynamics. In der Begründung für die Verleihung der Auszeichnung des US-Verteidigungsministeriums für hervorragende zivile Dienste für *Siegfried Knemeyer* wird insbesondere sein Anteil an der Einführung der Knüppelkraftsteuerung (control stick steering) in der Luftfahrt gewürdigt. *Knemeyer* war einer der wenigen Zivilisten, die den Status des fliegenden Personals nach militärischen Luftfahrtbedingungen besitzen. Weitere wichtige Arbeiten bestanden in der Optimierung der Bordanzeigen in Militär-Flugzeugen und in der Bestimmung der Verhaltensweise von Piloten in einem »Pilot Factors Program«. So wurden die Erfahrungen und Kenntnisse, die *Knemeyer* als Testpilot erworben hatte, auch bei der US Air Force ausgewertet und weitergeführt.

Weitere deutsche Steuerungsfachleute
Eine Anzahl von deutschen Wissenschaftlern und Fachleuten mit ihren Erfahrungen auf dem Gebiet der Steuerungs- und Regelungstechnik waren nach dem Zweiten Weltkrieg in den USA an den verschiedensten Orten in den entsprechenden militärischen Dienststellen und der einschlägigen Industrie tätig:

z. B. *Hans Schaberg,* früher Askania-Werke, bei Honeywell Inc.;
Dr. Johannes Gievers, früher Kreiselgeräte GmbH, bei Ampatco Laboratories und Chrysler Corporation;
Franz Fischer, früher Siemens-LGW; und andere.

Raketenexperten unter der Leitung von Wernher von Braun
Unter den 118 Raketenexperten, die im Rahmen der Operation »Paperclip« 1945/46 in die USA kamen, waren auch eine Anzahl von Fachleuten auf dem Gebiet der Steuerungs- und Regelungstechnik. Nach der »offiziellen« Einreise in die USA 1949 und dem Umzug zum Redstone-Arsenal in Huntsville, Alabama, im Jahr 1950 beteiligten sie sich an der Projektierung und Entwicklung des Steuerungssystems für die später »Redstone« genannte Rakete, einer

Weiterentwicklung der Peenemünder Rakete Aggregat A 4. Ziel war ein vom Boden unabhängiges Steuerungssystem, also ohne Funklenkung und ohne Brennschlußbestimmung über Funk. Von *Fritz Müller* und *Heinrich Rothe*, ehemaligen Mitarbeitern von *Johannes Gievers* in der Kreiselgeräte GmbH, wurde die Stabilisierte Plattform mit den darauf befindlichen Beschleunigungsmessern in der Genauigkeit so verbessert, daß die erforderliche Treffsicherheit der bis zu einer Entfernung von 320 km reichenden Schußweite erreicht wurde. Die Genauigkeit der Meßkreisel auf der Stabilisierten Plattform wurde durch die Entwicklung von Luft-, später Gaslagern der Präzessionsachse erreicht. Diese Entwicklung ging auf eine Entwicklung der Kreiselgeräte GmbH (Gievers) mit Luftlagern für die Präzessionsachse der Meßkreisel für den »Übergrundkompaß«, einer Art Trägheitsnavigation, zurück. Weitere Elemente wie Lotgeber zur Ausrichtung der Plattform vor dem Start nach dem Erdlot und Beschleunigungsmesser zur Messung der seitlichen Beschleunigungen wurden ebenfalls mit Gaslagern versehen. Die Vereinfachung der Rahmenanordnung der Stabilisierten Plattform wurde erst durch den eingeschränkten Winkelbereich eines Innenkardans ermöglicht.

Das Steuerungssystem für die Rakete »Redstone« wurde vom ehemaligen Peenemünder *Walter Häußermann* entwickelt. Die Signale der Stabilisierten Plattform wurden mit

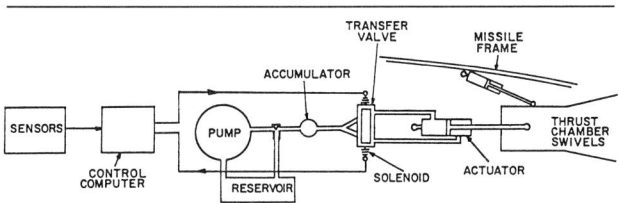

Reglerachse mit hydraulischem Stellzylinder zum Schwenken des Triebwerkes nach der Seite und in der Höhe (verwendet in den Raketen Jupiter, Thor, Pershing und Saturn).

polarisierten Relais summiert, durch Kraftrelais verstärkt und dem elektrischen Stellmotor zur Verstellung der Ruder im Gasstrahl und der Luftruder zugeführt; eine Schaltung, die von *Dudenhausen* bei Siemens-LGW für die Kurssteuerung K 23 entwickelt worden war. Die spätere Serienausführung der »Redstone«-Rakete verwendete anstelle von Relais Magnetverstärker. Bei den nachfolgenden Entwicklungen der Steuerungssysteme für die Raketen »Pershing«, »Jupiter« und »Saturn« wurden diese Elemente des Trägheits- und Steuerungssystems stetig weiterentwickelt, die Grundlagen blieben jedoch die gleichen; lediglich die Stellmotoren wurden durch hydraulische Stellzylinder ersetzt. Der Kraftbedarf für das Schwenken der gesamten

Raketenvater Wernher von Braun und seine Peenemünder Mannschaft. Dieses Bild entstand 1958 und zeigt Wernher von Braun und seine alten Peenemünder Mitarbeiter, die jetzt in Huntsville an der amerikanischen Raumfahrt-Entwicklung arbeiteten (von links): Dr. Ernst Stuhlinger (Physik, Astronomie), Dr. Helmut Hölzer (Mathematik, elektronische Rechenmaschinen), Dipl.-Ing. Karl Heimburg (Chef Prüffeld), Dr. Ernst Geißler (Flugmechanik, Aerodynamik), Dipl.-Ing. Erich Neubert (Qualitätskontrolle, Abnahme), Dr. Walter Häussermann (Steuerung, Navigation, Elektronik), Wernher von Braun, Dr. Willy Mrazek (Leiter Konstruktionsbüro), Dr. Hans Hüter (Bodengeräte), Dr. Eberhard Rees (von Brauns langjähriger Stellvertreter), Dr. Kurt Debus (Schießbetrieb; seit 1963 Leiter des NASA Kennedy Space Center), Dipl.-Ing. Hans Maus (Chef Planung).

Triebwerke in der Seiten- und Höhenrichtung war für die elektrischen Stellmotoren zu hoch.

Nach Einbürgerung der deutschen Wissenschaftler in die USA im Jahr 1955 verließen einige Fachleute der Steuerungstechnik das Entwicklungsteam *Wernher von Brauns*. *Dr. Ernst Steinhoff* ging zur Luftwaffenbasis Holloman, *Dr. Theodor Buchhold* zur Firma General Electric, *Dr. Eduard Fischel* zur Firma Kearfott und *Dr. Helmuth Schlitt* zur Bell Company in Niagara.

Als 1961 von Präsident *John F. Kennedy* der Startschuß für die Erforschung des Mondes gegeben wurde, stellte *Wernher von Braun* seine Führungsmannschaft für das George C. Marshall-Raumfahrtflugzentrum in Alabama neu zusammen. Auf dem Gebiet der Steuerungs- und Regelungstechnik waren ehemalige Peenemünder Mitarbeiter als Laboratoriumsdirektoren benannt: *Dr. Ernst Geissler* (Aeroballistik), *Dr. Walter Häussermann* (Steuerung und Navigation), *Dr. Helmut Hölzer* (Elektronische Rechenmaschinen).

Die Stabilisierte Plattform wurde wieder in der klassischen Konstruktion mit Außenrahmen versehen, die Bewegungsfreiheit für das Projekt »Saturn« als Bestandteil des »Apollo«-Programms verlangte uneingeschränkte Winkelfreiheit der Rahmen. Die Gaslagerung der Meßelemente wurde beibehalten, jedoch mit einem geschlossenen Gaskreislauf und Pumpen anstelle von Druckluftspeicher in den Raketen »Redstone«, »Pershing« und »Jupiter«. Die Fertigung dieser Plattform St 124-M wurde von der Firma Bendix Corporation, Navigation and Control Division, Teterboro N.J. ausgeführt, ebenso die Entwicklung des geschlossenen Gassystems.

Für die Dämpfung der Drehbewegungen der Rakete »Saturn« wurden an verschiedenen Stellen der Rakete montierte Wendekreisel verwendet; dadurch sollte verhindert werden, daß eventuell auftretende Zellenschwingungen durch Fehlmessungen der Wendekreisel die Stabilisierung der Rakete störend beeinflussen könnten. Die umfangreichen Rechenoperationen des Stabilisierungs- und Navigationssystems wurden mit Hilfe von Digitalrechnern durchgeführt, eine Entwicklung der Firma IBM (Owea). Das Schwenken der Triebwerke für die Stabilisierung der Rakete wurde durch hydraulische Stellzylinder bewirkt, die mit dem Treibstoff als Hydraulikmedium betrieben wurden, eine Entwicklung der Firma Hydraulic Research and Moog Inc. Das Steuerungssystem für die Trägerrakete »Saturn« im »Apollo«-Programm wurde unter der Leitung ehemaliger Peenemünder Mitarbeiter *v. Brauns* erarbeitet. Das Steuerungssystem für die Mondfähre »Apollo« wurde unter der Leitung *Charles Stark Draper* vom Instrumentation Laboratory im Massachusetts Institute of Technology entwickelt. Insbesondere kamen dabei die von *Draper* entwickelten flüssigkeitsgelagerten Kreisel in der Plattform zum Einsatz. Mit der Beteiligung deutscher Wissenschaftler an dem Mondflugprogramm ist der Traum *Wernher von Brauns* für einen bemannten Raumflug verwirklicht worden.

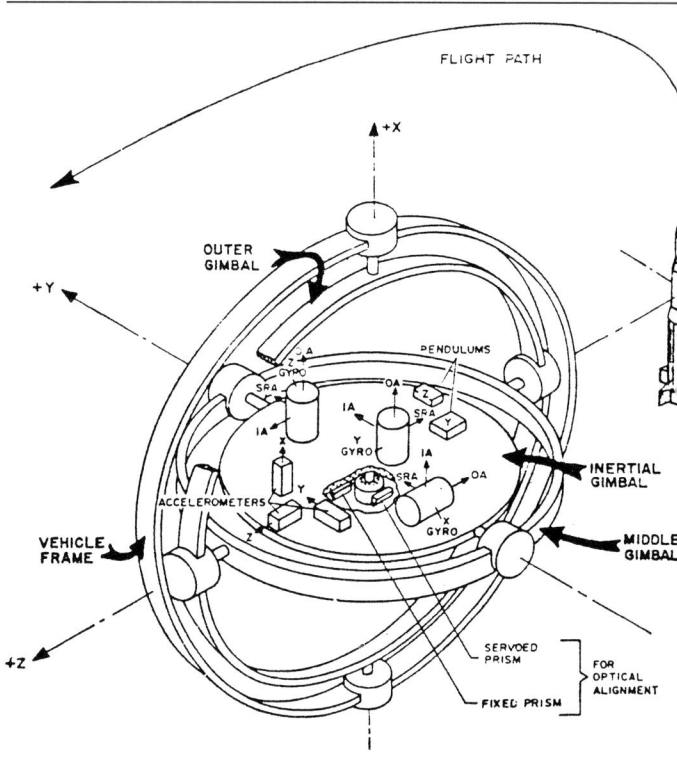

Anordung der Rahmen und Meßelemente der stabilisierten Plattform ST-124 für die Saturn-Rakete.

Weiterführung deutscher Entwicklungen in Großbritannien

Nach den Befragungen deutscher Luftfahrtexperten durch die britischen Teams, bestehend aus Offizieren der Royal Air Force und Fachleuten des RAE in Farnborough, im Rahmen der Operation BIOS (British Intelligence Objectives Subcommittee) wurde eine Auswahl deutscher Fachleute aus dem Gebiet der Luftfahrt zur eingehenden Befragung und zum Abfassen von zusammenfassenden Berichten nach Wimbledon in das Lager »Inkpot« gebracht. Hier wurden sie von den Fachleuten des staatlichen Entwicklungszentrums der Luftfahrt, dem Royal Aircraft Establishment in Farnborough, ausgiebig über den Stand der Entwicklung in Deutschland befragt.

Nach diesem, in der Regel etwa ½ Jahr dauernden Aufenthalt in England, wurden die Deutschen wieder nach Deutschland zurückgebracht. Lediglich eine kleine Anzahl von Fachleuten, darunter *Dr. Karl Heinrich Doetsch, Gert Zoege von Manteuffel, Gerald Klein, Dr. Siegfried Reisch*, Fachleute auf dem Gebiet der Steuerungs- und Regelungstechnik, verblieben in Farnborough. Hier wurden die von *Doetsch* bei der DVL begonnenen Arbeiten auf dem Gebiet

Deutsche Luftfahrtexperten zur Befragung in Farnborough, 1946. Oben von links: 2× P.O.W., Dipl.-Ing. Görth, Dr. Emte, Dr. Jordan, Dr. Sissingh, Dr. Küchemann, 2× P.O.W. Mittlere Reihe von links: Dipl.-Ing. Marggraf, Dr. Doetsch, Dr. Neubert, Dr. Hilpert, Dr. Hahnemann, Dipl.-Ing. Winter, H. Wulthop, Dr. Havemann, Dr. Korbacher, Dr. Egging. Untere Reihe von links: Dr. Wolfhardt, Dipl.-Ing. Klein, Dr. Busemann, Dr. Tollmien, Betreuer Mr. Allum, Dr. E. Schmidt, Dr. Brenner, Dr. Schlichting, Dr. Eggersglüß.

der »künstlichen« Dämpfung von Flugzeugen fortgesetzt. Unter der Leitung von *Doetsch* wurde der RAE-Autostabilisator entwickelt und in den Flugzeugmustern Meteor, Hunter, Lightning, Valiant, Victor, Vulkan u. a. serienmäßig eingebaut. Der Regelkreis für den Gierdämpfer bestand aus dem Siemens-LGW-Dämpfungskreisel, Hochpaßfilter, Magnetverstärker, ITA-Regler, 25 W-Kursmotor mit Gegen-EMK-Rückführung statt Tachogenerator.
Nach der Einbürgerung in Großbritannien (1953), als eine der Voraussetzungen für die weitere Tätigkeit in England, wurde *Doetsch* als Superintendent of Controls Division im RAE verantwortlich für die Entwicklung der gesamten Industrie für Autopiloten, hydraulischen Flugzeugsteuerungen, Fernsteuerungen und Flugregelung von Zieldarstellungsflugzeugen, Flugsteuerung und -regelung von Senkrechtstartern. 1961 kehrte *Dr. Karl Heinrich Doetsch* nach Deutschland zurück und übernahm als Professor und Ordinarius die Leitung des Instituts für Flugführung an der TU Braunschweig bis zum Jahr 1980. Gleichzeitig wurde er Leiter des DVL-Instituts für Flugführung in Braunschweig.
Gert Zoege von Manteuffel, früher Leiter der Fluggeräte-Entwicklung in den Askania-Werken, war nach den Vernehmungen in Deutschland und England ebenfalls im RAE,
Farnborough, tätig. Einer 1946 geplanten Verschleppung durch den sowjetischen Geheimdienst aus Lübeck in der britischen Zone entging *v. Manteuffel* nur durch einen Zufall. Beim RAE wurde er in der Kreiselabteilung mit der Entwicklung von Hochgenauigkeitskreiseln für die Trägheitsführung beauftragt. Die weitere Tätigkeit in England bestand in der Entwicklung von Kreiselgeräten in der Firma Sperry Gyroscope, London. Im Jahr 1953 erfolgte die Rückkehr nach Deutschland.
Gerald Klein, früher Entwicklungsleiter bei Siemens-LGW, war vom Herbst 1945 bis 1950 ebenfalls im RAE, Farnborough, tätig. *Dr. Siegfried Reisch,* früher Siemens-LGW, war zunächst vom November 1945 bis August 1946 im Interrogation Camp Wimbledon. Die erste Befragung erfolgte nach neun Monaten Aufenthalt im Camp. *Reisch* schrieb später sehr ungehalten über den langsamen Ablauf der Entscheidungen über die Weiterentwicklungen der Trägheitsnavigation in England. Ab 1947 bis 1949 war *Reisch* als »German Scientist« im RAE in Farnborough beschäftigt. Die Arbeiten gingen jedoch sehr schleppend voran, und *Reisch* hatte den Eindruck, daß die deutschen Wissenschaftler lediglich beschäftigt wurden, um eine Tätigkeit für die UdSSR zu verhindern. Nach Ablauf des ersten Arbeitsver-

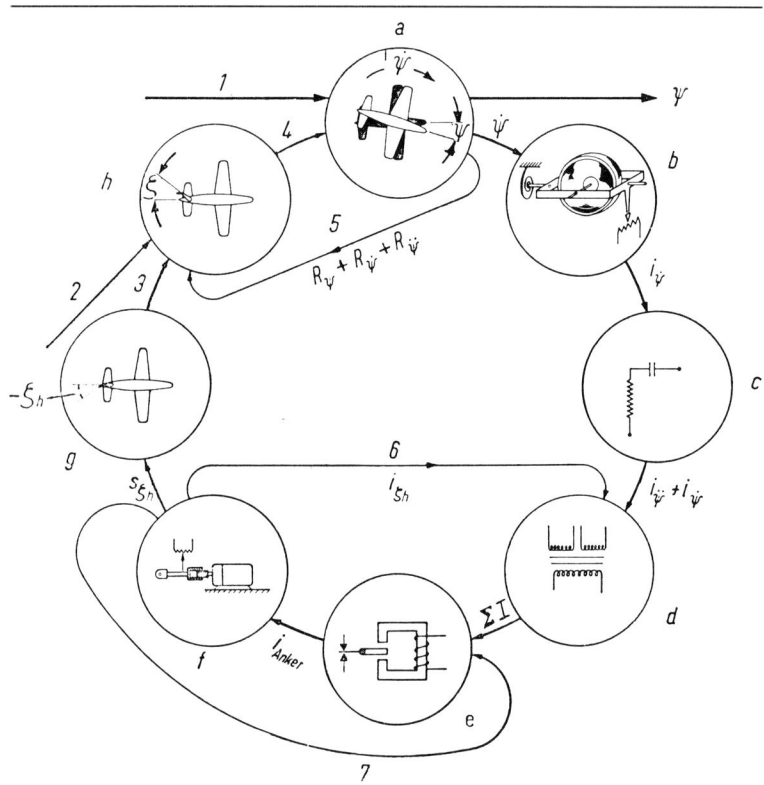

a = Flugzeug, b = Wendekreisel, c = Differenzier-Netzwerk, d = Mischverstärker, e = ITA-Regler, f = Verstellmotor, g = Hilfsruder, h = Seitenruder.

1 = Störmoment N, 5 = Rudermomente,
2 = Rudermomentenstörung, 6 = Stellungsrückmeldung,
3 = Rudermoment, 7 = Ankerspannungs- und
4 = Giermoment, Stromrückmeldung.

Regelkreis des von Dr. Doetsch entwickelten R.A.E.-Autostabilisators.

trages hat *Reisch* diesen nicht verlängert, sondern eine Tätigkeit in den USA angestrebt. Dazu ist es jedoch seitens der USA nicht gekommen. *Reisch* kehrte nach Österreich zurück, weitere Arbeiten auf dem Gebiet der Trägheitsnavigation blieben ihm versagt.

Dr. Johannes Gievers, früher Leiter der Kreiselgeräte GmbH, war von 1945 bis 1950 in England im Royal Research Laboratories, Teddington, zusammen mit zehn ehemaligen Mitarbeitern der Kreiselgeräte GmbH tätig. Hier wurde eine Drei-Rahmen-Stabilisierte-Plattform für den Übergrundkompaß unter Anwendung luftgelagerter Kreisel entwickelt. Diese Entwicklung wurde 1950 abgebrochen, und *Gievers* kehrte zunächst nach Deutschland zurück. In seinen »Erinnerungen an Kreiselgeräte« im Jahrbuch 1971 der DGLR hat *Gievers* insbesondere auch die Entwürfe und Entwicklungen des Übergrundkompasses (später Trägheitsnavigation genannt) aus den Jahren 1940 bis 1945 beschrieben, die der Weiterentwicklung in England als Basis dienten. Die Arbeiten deutscher Wissenschaftler in England auf dem Gebiet der Trägheitsnavigation für die Anwendung in der Luftfahrt und bei der Marine gingen unabhängig voneinander vor sich; sie wurden 1950 aus nicht bekannten Gründen abgebrochen und erst einige Jahre später auf der Grundlage der Entwicklung von *Draper* wieder aufgenommen.

Weiterführung deutscher Entwicklungen in Frankreich

Zum Aufbau der französischen Luftfahrtindustrie wurden in der französischen Besatzungszone Technische Zentren eingerichtet. Darin wurden deutsche Fachleute zunächst als Berater eingestellt und später mit entsprechenden Arbeitsverträgen für Entwicklungsarbeiten in Frankreich verpflichtet. Im Auftrag des Ministère de l'Armament wurde das Centre Technique de Wasserburg eingerichtet. Eine Gruppe von zwölf Ingenieuren wurde ausgewählt; sie trat im Januar 1947 die Reise nach Frankreich an und war zunächst in dem kleinen Badeort Bagneres de Bigorre untergebracht. Im September 1947 erfolgte der Umzug nach Paris zu der neu gegründeten Firma SFENA mit *Robert Alkan* als Leiter. Hier bestand die Tätigkeit der deutschen Ingenieure in der Rekonstruktion und der Anfertigung von Musteranlagen, die dem Stand der Technik bei Kriegsende in Deutschland entsprachen. So wurden die Patin-Dreiachsensteuerung, Siemens-LGW-Kurssteuerung K 12, Siemens-LGW-Kurssteuerung K 23 und Siemens-LGW Kurssteuerung K 23b mit Pedalkraftsteuerung, Askania-Dreikreiselzentrale (stabilisierte Plattform) und andere Geräte nachgebaut. Nach dem Umzug der SFENA in eine ehemalige Feuerwehrkaserne in Neuilly erfolgte sehr rasch der Aufbau der Firma zu einer modernen Entwicklungs- und Fertigungsstätte für Luftfahrtgeräte. *Hans Rolla,* früher Patin Werkstätten, hat sehr maßgebend diese Aufbauphase mitgestaltet und ein Labor für die Entwicklung von Bauelementen für automatische Steuerungen erstellt. In diesem Labor, mit *Hans Rolla* als Laborleiter, entstanden in den folgenden Jahren: rotative und lineare Stellmotoren mit Momentenbegrenzern und Rückführpotentiometern. Die dazu erforderlichen Gleichstrommotoren mit kleiner Zeitkonstante wurden ebenfalls in diesem Labor entwickelt. Weiterhin Wendekreisel und Beschleunigungsmesser mit Potentiometerabgriffen, später mit induktiven Abgriffen versehen. Die Entwicklung von Verstärkern führte vom Relais-Verstärker über Röhren- und Magnetverstärker zu Transistorverstärkern und Integrierten Schaltkreisen. Die zunächst für die Dauer von drei Jahren abgeschlossenen Arbeitsverträge wurden nur für drei Deutsche verlängert, darunter auch für *Rolla*. Nach dem Wiederaufbau der deutschen Luftfahrtindustrie Ende der 50er Jahre begann eine Zusammenarbeit der SFENA mit der

Firma Bodenseewerk Perkin-Elmer & Co in Überlingen. Hier hatte ein ehemaliges Askaniazweigwerk unter der Leitung von *Kurt Wilde* ein Werk für chemische Analysegeräte mit einer angegliederten Luftfahrtabteilung geschaffen. Erste Kontakte zwischen ehemaligen Patin-Ingenieuren führten zu einer Lizenzfertigung der von der SFENA entwickelten Horizonte mit einer mechanischen Stützung (nach Alkan), die als Standard-Horizont in der Luftwaffe der Bundeswehr und später auch in der Zivilluftfahrt als Nothorizont eingeführt wurden. Aus dieser Zusammenarbeit entstand Ende der 60er Jahre die gemeinsame Entwicklung des Autopilotensystems der Airbusfamilie.

Über die Entwicklung der Strahltriebwerke in Frankreich mit der Beteiligung deutscher Ingenieure haben *Kyrill von Gersdorff* und *Kurt Grasmann* in: Die Deutsche Luftfahrt, Band 2, »Flugmotoren und Strahltriebwerke«, berichtet. Hier soll die Beteiligung deutscher Ingenieure an der Entwicklung von Steuerungs- und Stabilisierungssystemen für senkrecht startende und landende Flugzeuge, speziell dem »fliegenden ATAR«, beschrieben werden. Über die Entwicklungen von Steuerungs- und Stabilisierungssystemen bei der SNECMA hat *Günter Ernst* verschiedentlich berichtet. Ausgehend von der Erkenntnis, daß bei dem senkrechten Flug eines strahlgetragenen Flugzeugs jede Eigenstabilität, hervorgerufen durch aerodynamische Kräfte, fehlt, wurde die Entwicklung einer »künstlichen« Stabilisierungseinrichtung parallel mit der Entwicklung des fliegenden Gerätes betrieben. Auf Grund von Simulationen und Versuchen am Bodenstand wurde die PID-Regelung der Lage des Fluggerätes als erforderlich festgestellt. PID-Regelung bedeutet: Proportional der Flugzeuglage, Integral der Flugzeuglage und Differential zur Flugzeuglage. Die Steuerung der Flugzeuglage ermöglicht dem Piloten eine

Strahlsteuerung (Strahlablenkung) durch Druckluft beim »fliegenden ATAR«.

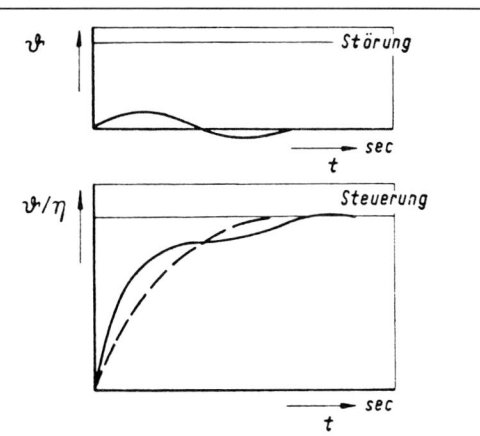

Regelsystem für den »fliegenden ATAR«. Eigenschaften der PID-Lageregelung der Nicklage, Verhalten bei einer Störung und bei einem Lagekommando des Piloten.

Steuerung der Seitengeschwindigkeit, das Integral der Flugzeuglage sorgt für die Kompensierung von dauernden Störmomenten und das Differential der Flugzeuglage stellt die erforderliche Dämpfung der Flugzeugbewegung sicher. Die für die Steuerung erforderlichen Momente für die Seiten- und Nickbewegungen wurden bei dem »fliegenden ATAR« durch die Steuerung einer Strahlablenkung des Triebwerkstrahles erreicht. Die erforderliche Druckluft wurde dem Verdichter des Triebwerkes entnommen. Für die Rollstabilisierung wird die Druckluft zu Steuerdüsen an den Standbeinen geführt und vom Stellmotor entsprechend gesteuert.

Der Aufbau der Stabilisierungseinrichtung bestand aus Lagekreiseln, Wendekreiseln, Magnetverstärkern, Relaisverstärkern und elektrischen Stellmotoren mit Stellungs- und Laufgeschwindigkeitsrückführung. Mit dem Versuchsgerät C-400 P2 als bemannten »fliegenden ATAR« wurden auf dem Pariser Aerosalon 1957 Flugvorführungen gezeigt, die die guten Steuereigenschaften demonstrierten.

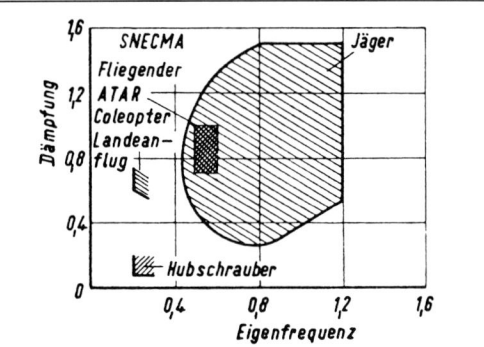

Erfüllung der gewünschten Flugeigenschaften durch den Stabilisator im »fliegenden ATAR«. (Nach S. B. Anderson: Handling qualities criteria for V/STOL aircraft.)

Während der Weiterentwicklung des senkrechtstartenden Fluggeräts zum Ringflügler »Coleopter« C 450 wurde das Steuerungssystem für die »künstliche Stabilisierung« nach dem gleichen bewährten Prinzip des »fliegenden ATAR« C-400 P2 aufgebaut, die technische Ausführung jedoch dem Fortschritt der Technik angepaßt. Neben den bewährten Lage- und Wendekreiseln wurden Transistorverstärker und hydraulische Stellzylinder verwendet. Um die Flugsicherheit auch bei Ausfall von Bauteilen des Stabilisierungssystems sicherzustellen, wurde die Verdoppelung der Reglerkette, einschließlich der Hydraulik, eingeführt. Bei Auftreten eines Fehlers sollte vom Piloten eine Umschaltung von dem aktiven Kanal auf den Reservekanal vorgenommen werden. Nach einigen Versuchsflügen im Sommer 1958 stürzte das Versuchsflugzeug »Coleopter« ab; die Entwicklung wurde abgebrochen.
Weitere deutsche Wissenschaftler und Fachleute mit ihren Erfahrungen auf dem Gebiet der Steuerungstechnik waren in Frankreich in den verschiedensten Dienststellen und Firmen tätig: z. B. *Werner Hörath* in der Firma SFIM (Société de Fabrication d'Instruments de Mesure) bei der Entwicklung von Stabilisierten Plattformen für die Trägheitsnavigation. *Dr. Conrad Himmler,* früher DVL, im CRH (Centre de Recherches Hydrauliques et Electriques) für die Entwicklung von Steuerventilen und hydraulischer Stellsysteme für die Steuerung von Raketen und später auch für redundante Systeme für senkrechtstartende Flugzeuge. *Georg Zink,* früher Askania-Werke, ab Mai 1946 mit einigen Mitarbeitern für zehn Jahre bei der französischen Marine mit der Weiterentwicklung und Erprobung des Torpedo-Hochgeschwindigkeitsgleiters L 50. Der Torpedo wurde für den Abwurf vom Flugzeug mit zusätzlichen Tragflächen aus Holz versehen. Die Steuerung, eine von der »V 1« abgeleitete Dreiachsensteuerung, mußte in den Tragflächen untergebracht werden. In der linken Tragfläche die Anlage für die Höhen- und Kurssteuerung (der Magnetkompaß der »V 1«-Steuerung konnte entfallen) und die Batterie; in der rechten Tragfläche die Anlage für die Quersteuerung und die Preßluftflasche für den Kreiselantrieb und die Stellzylinder. Eine Entwicklungsabteilung der Askania-Werke unter der Leitung von *Kurt Wilde* war im Februar 1945 nach Konstanz verlagert worden. Sie befaßte sich mit der Entwicklung der automatischen Steuerung für den Torpedo-Hochgeschwindigkeitsgleiter L 50 und befand sich nach Kriegsende in der französischen Besatzungszone.

Weiterführung deutscher Entwicklungen in der UdSSR

Nach Kriegsende wurden die Betriebe der Luftfahrtindustrie in der sowjetischen Besatzungszone als sowjetische Firmen weitergeführt, die erforderlichen Fachleute entweder freiwillig mit guten Gehältern eingestellt oder auf Grund von Befragungen der technischen Intelligenz dazu verpflichtet. So wurde auch das Besondere Konstruktions-Büro (OKB 4) in einem ehemaligen Askania-Zweigwerk in Berlin-Friedrichshagen unter der Leitung von Oberst *Leontjew* gebildet. Die Technische Leitung hatte *Dr. Peter Lertes,* ein früherer Askania-Direktor. Die Mitarbeiter wurden aus den verfügbaren Fachleuten der Firmen Askania, Siemens der DVL, Patin, der Erprobungsstelle der Luftwaffe Rechlin, dem Luftfahrtministerium und anderen Stellen zusammengestellt. Als Aufgabe wurde die Entwicklung einer automatischen Steuerung, geeignet für die Blindlandung, gestellt. In einem Projektvorschlag, die »Bibel« genannt, wurden die bisherigen Kenntnisse, insbesondere der von *Möller* bei Askania konzipierten »Dynuktiv«-Steuerung, beschrieben und der Weg zur weiteren Entwicklung gezeigt. Am 22. Oktober 1946, zwei Tage nach den ersten freien Wahlen in Berlin, wurde das von den Sowjets genannte OKB 4 mit einem ausgewählten Teil der Mitarbeiter in die UdSSR verbracht. Über diese Aktion berichtete *Kurt Kracheel* später:

». . . Am 22. Oktober 1946 wurde das OKB 4 auf Befehl der sowjetischen Militärverwaltung in einer Nacht- und Nebelaktion, mit etwa 50% der deutschen Mitarbeiter einschließlich der Angehörigen, in die UdSSR verlegt; etwa 60 Spezialisten, mit den Angehörigen etwa 200 Personen, in zwei Sonderzügen. Waldemar Möller wurde aus dem sowjetischen Gefangenenlager Oranienburg bei Berlin direkt in den Transportzug gebracht.
Zur gleichen Zeit wurden auch insgesamt etwa 5000 Spezialisten auf dem Gebiet der Luftfahrt- und Raketentechnik (mit den Angehörigen etwa 20 000 Personen) aus der sowjetischen Besatzungszone zur Arbeitsleistung für die Dauer von 5 Jahren in die UdSSR verbracht. Der Transport erfolgte in 92 bereitstehenden Sonderzügen, bestehend aus Personenwaggons und Güterwaggons für den jeweiligen Hausrat.
Das OKB 4 kam nach Uprawlentscheski Gorodok (Verwaltungsstädtchen), einem Ort am Wolgaufer etwa 50 km nördlich von Kujbyschew, jetzt als OKB 3 in dem Versuchswerk Nr. 2 des Ministeriums für Flugindustrie. In diesem Werk waren die deutschen Spezialisten der Junkers-Motoren-Werke, Dessau, zur gleichen Zeit eingetroffen. Insgesamt waren etwa 2000 Personen nach

Uprawlentscheski bei Kujbyschew verbracht worden. Es entstand ein kleines deutsches Städtchen an der Wolga.

Nach erfolgter Wiederherstellung der Betriebsstätten des OKB wurde die Weiterentwicklung und Flugerprobung von Prototypen des Flugreglers Askania ›Dynuktiv‹ betrieben. Die Flugerprobung fand in einem amerikanischen Flugzeug B-25 statt. Die Entwicklung des Flugreglers bestand im wesentlichen in der Weiterentwicklung des von Waldemar Möller betriebenen Verfahrens der Laufgeschwindigkeitszuordnung der Ruderbewegung zu den Stabilisierungssignalen der Lagen, Fahrt- oder Höhensignalen sowie der Dämpfungssignale der speziellen Dämpfungskreisel mit Drehgeschwindigkeits- und Drehbeschleunigungssignalen. Als Besonderheit ist die Einführung eines kleinen Kommandosteuerknüppels in dem Bediengerät zu erwähnen. Damit konnte der Pilot Steuerkommandos über den Autopiloten für den Kurvenflug und den Längslagenwinkel eingeben.

Eine weitere Aufgabe bestand in der Instandsetzung von erbeuteten Flugreglern für die ›V 1‹, sowie eine Weiterentwicklung des Flugreglers für die russische ›V 1‹ von Prof. Tschalomei. Es wurde die pneumatische Signalübertragung vom Kompaß, Lagekreisel und Dämpfungskreiseln der Askania-Steuerung für die V 1 durch eine elektrische Signalübertragung mit Potentiometerabgriffen ersetzt. Zu diesem Zweck mußte auch die pneumatische Rudermaschine mit einem Drehmagneten ausgerüstet werden. Zusätzlich wurden die drei Dämpfungskreisel mit einer pneumatischen Integrationseinrichtung versehen und das Signal des Lagekreisels über einen Momentengeber auf die Präzessionsachse geleitet. So konnte der Proportionalfehler einer Lagensteuerung zu Null gebracht werden.

Die technische Leitung des OKB 3 hatte Dr. Lertes, ab 1950 Waldemar Möller.

Die letzte Ausführung des in der UdSSR entwickelten Autopiloten kam später nach Dresden, um für die zu entwickelnde Blindflugausrüstung für das Flugzeug BB 152 als Muster zur Verfügung zu stehen.

Im September 1950 wurde die deutsche Entwicklungsgruppe des OKB 3 nach Moskau zum Institut Nr. 108, später Konstruktionsbüro Nr. 1 des Ministeriums für mittleren Maschinenbau (Rüstungsministerium) versetzt. Hier erfolgte die Zusammenführung von Spezialisten aus den Gruppen: Uprawlentscheski (Askania), Gorodomlia (Peenemünde), Monio (Telefunken) und Tuschino (Spezialisten-Kontingent Nr. 1).

Die erste und sehr dringliche Aufgabe für die etwa aus 100 Spezialisten bestehende Arbeitsgruppe bestand in der Entwicklung und Erprobung der Stabilisierung und Lenkung für ein Flugabwehrsystem (einer Weiterentwicklung des Peenemünder Projektes ›Wasserfall‹). Nach kurzer Entwicklungszeit wurde der von *Möller* konzipierte Flugregler, eingebaut in die Original-Rakete von etwa 12 m Länge und einem Durchmesser von 0,6 m, im großen Windkanal des ZAGI (Zentrales Aero- & Hydrodynamisches Institut) bei Moskau vermessen. Die Meßstrecke war entsprechend groß, so daß *Möller,* als wir die Halle betraten, zu mir sagte: ›Das hat gar keinen Zweck, was die hier machen.‹ Einen Modellversuch hielt *Möller* für unbrauchbar. So wurde er durch die Größe der Anlage getäuscht. Die weitere Erprobung der Flugabwehrrakete erfolgte ab Sommer 1951 auf dem Versuchsgelände bei Kapustin Jar, einem Ort östlich von Stalingrad (Wolgograd), unter der Mitwirkung der Spezialisten Georg Orlamünder und Kurt Kracheel. Der Start der Rakete erfolgte senkrecht vom Startplatz, danach wurden nach etwa 7 Sek. Flugzeit die Gasruder abgeworfen und die Umlenkung in die Zielebene eingeleitet. Die weitere Flugführung wurde von Leitstrahlen übernommen, die von Rechengeräten nach Auswertung der Ortungssignale des Zieles und der Abwehrrakete gesteuert wurden. Zur Stabilisierung der Rakete wurden die Signale eines Dämpfungskreisels mit pneumatischer Integration der Drehgeschwindigkeit über Röhrenverstärker auf eine pneumatische Rudermaschine geleitet. Die Druckluft von 12 at wurde dem Arbeitskolben der Rudermaschine durch einen Drehmagneten und einen Strahlrohrverstärker zugeleitet. Zur Stabilisierung der Flugbahn auf den Leitstrahlen wurden die Signale von verzögertem Beschleunigungsmesser gemeinsam mit den Leitstrahlsignalen auf die Rudermaschinen geleitet. Zur Stabilisierung der Flugbahn auf den Leitstrahlen wurden außer den Abstandssignalen noch zusätzlich die Signale von Linear-Beschleunigungsmessern, versehen mit großer Dämpfung, auf den Reglerkanal geschaltet. Um die Steuerung der Rakete auf den beiden Leitstrahlen für Richtung und Höhe auch bei Auftreten von großen Störmomenten um die Rollachse sicherzustellen, wurde für die Rollstabilisierung zusätzlich ein Lagekreiselsignal über den Momentengeber am Dämpfungskreisel für die Rollachse aufgeschaltet.

Parallel zu diesen Arbeiten der Gruppe Möller wurden unter der Leitung von Eitzenberger die Einrichtungen für die Ortung, Zielverfolgung und Errechnung der Leitstrahlen für die Flugabwehrraketen zur Einsatzreife gebracht. Für die Steuerung von 25 Raketen auf 25 verschiedene Ziele wurde ein Kommandosystem mit 5 Operatoren entwickelt. Jeder Operator hatte 5 Raketen zu steuern. Mit einem Steuerknüppel konnte ein Fadenkreuz auf dem Bildschirm verschoben werden. Sie führten das Fadenkreuz an einen Zielpunkt so heran, daß das Flugzeug in das Fadenkreuz hineinflog. In dem Augenblick, da das Fadenkreuz und das Ziel in einem Punkt waren, wurde der Startknopf für eine Rakete betätigt. Gleichzeitig blieb das Fadenkreuz am Ziel hängen und das Ziel war für alle anderen Raketen gesperrt. Der Operator konnte das Fadenkreuz zum nächsten Ziel führen und eine weitere Rakete auslösen, womit auch dieses Ziel für andere Raketen gesperrt war. Alle erfaßten Ziele waren so durch Kreuze gekennzeichnet und auf allen Bildschirmen sichtbar. Hatte eine Rakete das Ziel erreicht und vernichtet, verschwand das Kreuz vom Bildschirm.

Als weitere Aufgabe wurde die Entwicklung des Flugreglers für eine zweistufige Flugabwehrrakete mit Katapultstart gestellt. Der Flugregler für diese Rakete entsprach weitgehend der ersten Ausführung.

Es folgten weitere Projektierungsarbeiten für Flugabwehrraketen, so für eine Luft-Luft-Rakete. Hier wurde nach den Angaben von Möller eine Ausführung eines pneumatischen Flugreglers mit direkter Steuerung des Strahlrohrverstärkers durch den Dämpfungskreisel entwickelt.

Weitere Entwicklungen betrafen einen dynamischen Prüfstand für die Prüfung der Stabilisierung des Flugkörpers um eine Achse, der auch die Stückprüfungen der Flugregler Verwendung fand (W. Möller), und Simulatorentwicklungen für die Bewegung des Flugkörpers in der Flugbahn, einer Weiterentwicklung des Peenemünder Bahnmodells (Dr. Hans Hoch).

Als letzte Aufgabe wurde Möller die Entwicklung einer stabilisierten Plattform hoher Genauigkeit als Lagegeber für die automatische Steuerung einer Fernrakete übertragen. Es wurde ein Versuchsmuster mit KA-5-Kreiseln und gegenläufig rotierenden Kugellagern in der Präzessionsachse erstellt und im Labor vermessen. Die weitere Entwicklung zur Serienreife fand ohne unsere Beteiligung statt.

Parallel zu den genannten Aufgaben wurde ab etwa 1950 ein sogenanntes Spezialisten-Kontingent Nr. 1 (zusammengestellt aus

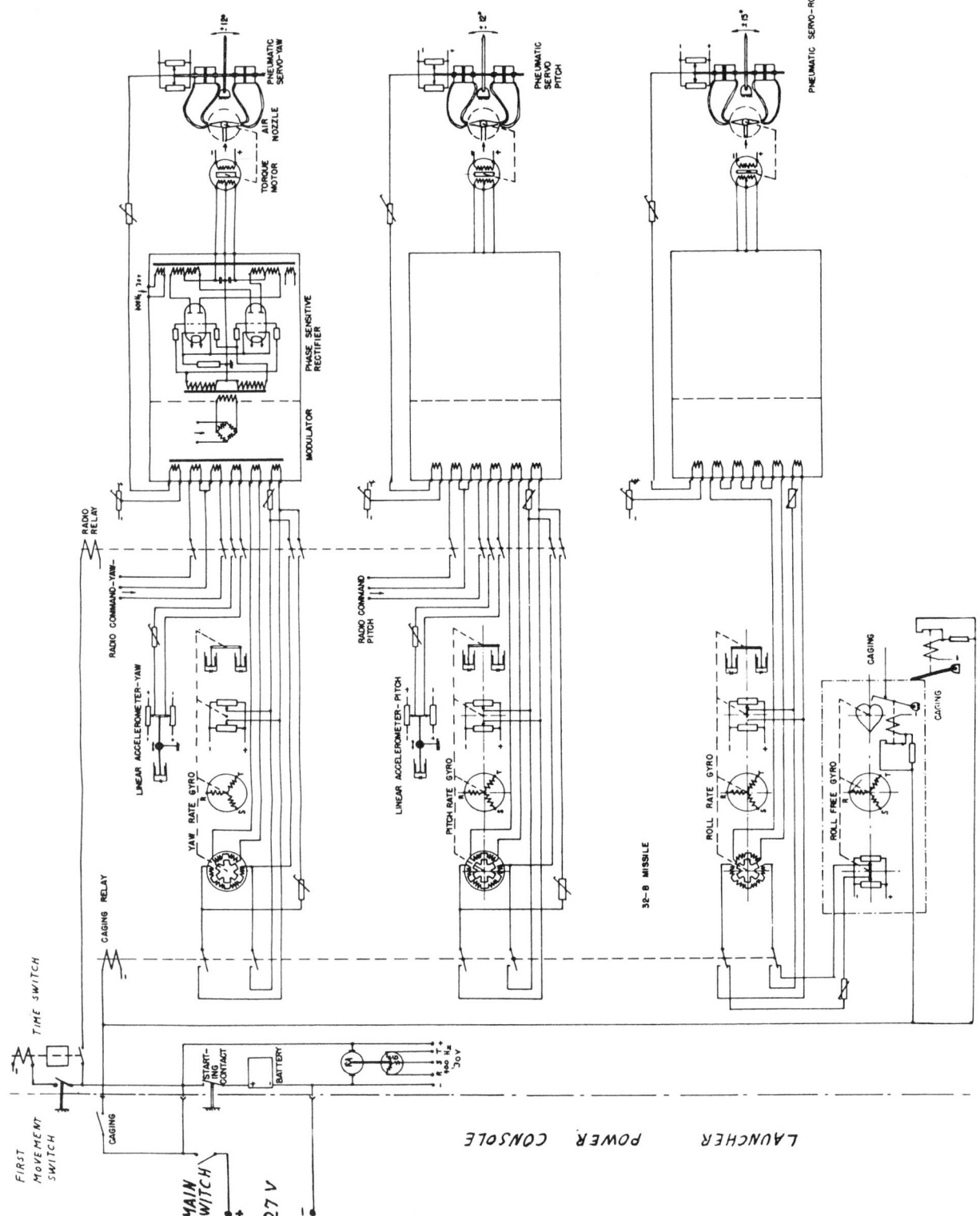

Steuerungssystem für eine zweistufige Flugabwehrrakete mit Katapultstart: Gierachse mit Wendekreisel, Magnetmodulator, Phasenempfindlicher Röhrenverstärker, Drehmagnet, Strahlrohrventil und pneumatischer Stellzylinder für die Betätigung der Ruder. Linearbeschleunigungsmesser und Eingang des Funkkommandos für die Leitstrahlsteuerung.

Deutsche Spezialisten während der Erprobung erbeuteter »V 2«-Raketen in Kapustin Jar (UdSSR), Oktober 1947. Von links: Dr. Viebach, Dr. Hoch, Dipl.-Ing. Gröttrup, Dr. Stolpe, Ing. Vilter.

deutschen Fachleuten aus allen möglichen Gefangenenlagern) in Tuschino an der Entwicklung und Erprobung eines Flugreglers für einen Flugkörper Schiff-Schiff ›Komet‹ auf Basis der Siemens-LGW Kurssteuerung K 23 mit zusätzlichem Lagekreisel beteiligt. Die Flugerprobung verlief sehr erfolgreich. Durch die Verleihung eines Stalin-Preises gemeinsam mit sowjetischen Ingenieuren an Dr. Wilhelm Fischer und Bruno Golecki wurden diese unter sehr erschwerten Bedingungen durchgeführten Arbeiten deutscher Spezialisten gewürdigt.

Ab 1946 bis 1953 war auch ein Teil des deutschen Raketen-Kollektivs auf der Insel Gorodomlia im Seligersee bei Ostashkow mit der Projektierung des Flugreglers für eine ballistische Fernrakete R-14 betraut. Schon bei den ersten Starts der erbeuteten ›V 2‹-Raketen im Oktober 1947 auf dem Versuchsgelände Kapustin Jar leisteten deutsche Steuerungs-Spezialisten des Raketen-Kollektivs Schützenhilfe. So wurden die Projektierungs- und Entwicklungsarbeiten auch von diesen frischen Erfahrungen beeinflußt. Das Ergebnis war eine einfache Stabilisierung an Bord, die Genauigkeit der Flugbahnführung sollte durch Funklenkung vom Boden aus erfolgen. Für die Stabilisierung der Rakete wurden elektrisch gefesselte Wendekreisel mit elektrischer Integration zum Lagewert vorgesehen. Die Stabilisierung der Rakete erfolgte durch Schwenken des Triebwerkes in zwei Achsen, die Rollstabilisierung durch zusätzliche Schubdüsen. Die Bewegungen der Steuerorgane wurden durch hydraulische Stellzylinder bewirkt.

Wegen des bevorstehenden Besuches der deutschen Regierungsdelegation unter der Leitung von Konrad Adenauer erfolgte im September 1955 die Verlagerung der deutschen Spezialisten von Moskau nach Agudsery am Schwarzen Meer, einem Ort etwa 15 km südlich Suchumi zum Physikalisch-Technischen Institut des Staatskomitees zur Ausnutzung der Atomenergie der UdSSR in Suchumi, Außenstelle Agudsery. Die vorher hier beschäftigten deutschen Atomspezialisten unter der Leitung von Professor Gustav Hertz und

Sowjetische Raketen SAM-1 mit Steuerungssystemen, die unter Mitwirkung deutscher Spezialisten entstanden sind. Militärparade in Moskau, 1. Mai 1963.

Baron Manfred von Ardenne waren kurz zuvor nach Dresden entlassen worden. Hier begann die eigentliche ›Quarantänezeit‹ für die letzten deutschen Spezialisten auf dem Gebiet der Steuerungstechnik!

Wir wurden unter anderem mit der Entwicklung von Hilfsaggregaten für einen Präzisions-Massenspektrographen, einem von Manfred von Ardenne begonnenen Projekt, beschäftigt.

Im Herbst 1956 konnte die Mehrzahl der deutschen Steuerungs-Spezialisten in die DDR heimkehren. Die Ausreise der letzten deutschen Spezialisten in die BRD konnte erst im Februar 1958 erfolgen.«

Entwicklung der Bordinstrumente und Autopiloten nach 1955

Neubeginn in Deutschland mit Wartung und Lizenzfertigung ausländischer Instrumente und Flugregler

Nach Inkrafttreten der Pariser Verträge und Erlangung der Lufthoheit im Mai 1955 konnte die deutsche Luftfahrtindustrie eigene Entwicklungen planen. Für den Beginn von Entwicklungsarbeiten fehlte es jedoch an den notwendigen finanziellen Mitteln. Für die Belange der Verteidigung wurden als Erstausstattung ausländische Flugzeuge beschafft, diese waren natürlich auch mit den erforderlichen Instrumenten und Flugreglern ausgerüstet. Für die deutsche Luftfahrt- und Ausrüstungsindustrie in der Bundesrepublik Deutschland bestand der praktische Neuanfang nach dem Zweiten Weltkrieg in der Betreuung und Wartung der für die Verteidigung beschafften Flugzeuge. Die Beschreibung der technischen Funktion der ausländischen Instrumente und Flugregler ist von Interesse, da der mehr oder weniger große Einfluß der deutschen Entwicklung als Kriegsbeute, bestehend aus Material **und** Menschen, erkennbar wird. Im Rahmen der zweiten Beschaffungsphase für die Luftwaffe erfolgte die Lizenzfertigung in Deutschland. Hierbei wurde der erhebliche Fortschritt in der Fertigungstechnologie, insbesondere in den USA, auf die deutsche Luftfahrtindustrie übertragen. Die Lizenzfertigung der Ausrüstung führte zu einer Anzahl von Neugründungen von Zweigwerken der amerikanischen Industrie in der Bundesrepublik Deutschland. Diese Firmen waren auch an der späteren Entwicklung von deutschen Flugzeugprojekten und den europäischen Gemeinschaftsentwicklungen tätig.

Verwendung ausländischer Flugregler

Smiths-Autopilot S.E.P. 2 im Transportflugzeug der Luftwaffe Nord Aviation, Nord 2501 »Noratlas«

Vom Royal Aircraft Establishment (Farnborough) wurde 1944 die Projektierung eines elektrischen Autopiloten als Nachfolger des bis dahin verwendeten pneumatischen Autopiloten Mk. VIII betrieben; dadurch sollte insbesondere die Aufschaltung der Funksignale für die automatische Landung erleichtert werden. Für die Auslegung der Flugregelung wurden die von den Untersuchungen der erbeuteten Autopiloten Patin-Dreirudersteuerung und der Siemens-LGW-Kurssteuerung K 23 gewonnenen Erkenntnisse berücksichtigt. Im Jahr 1945 erhielt die Firma Smiths Aircraft Instruments Ltd. den Auftrag für die Entwicklung des Mark IX genannten elektrischen Autopiloten. Hierbei wurde erstmals die Grundstabilisierung der Flugzeugachsen von Signalen der Wendekreisel und die Einhaltung der Lage- oder Höhenwerte durch Korrekturen der Grundstabilisierung vorgenommen.

Die Entwicklung des Autopiloten Mark IX der Firma Smiths führte zu der Verwendung in englischen Militärflugzeugen – der für zivile Anwendung bestimmte Autopilot SEP 1 (Smith's Electric Pilot) auch in englischen Verkehrsflugzeugen. Der gerätemäßige Aufwand des Autopiloten SEP 1 war jedoch beträchtlich. So wurde bald danach der Autopilot Mk X, in der zivilen Version SEP 2 genannt, entwickelt. Er kam in den Flugzeugen Hawker Siddeley »Comet«, Vickers »Viscount«, Bristol 175 »Britannia«, Armstrong-Whitworth AW 650, Fokker F-27 »Friendship« und in dem Bundeswehrflugzeug Nord 2501 »Noratlas« zum Einsatz. Insgesamt wurden über 1000 Stück Flugregler SEP 2 hergestellt.

In der »Noratlas« der Bundeswehr kam die Ausführung des Flugreglers SEP 2B zur Anwendung. Die Grundstabilisierung jeder der drei Flugzeugachsen wird durch die Signale eines Wendekreisels bewirkt. Diese werden gleichgerichtet, differenziert, verstärkt und in einem Leistungsmagnetverstärker in Wechselstrom für die Steuerung des Drehstrom-Stellmotors umgewandelt. Die Rückführung der Ruderlaufgeschwindigkeit erfolgt durch einen am Motor angebrachten Tachogenerator zu den Eingangswicklungen des Magnet-Vorverstärkers; hier wird gleichzeitig auch das direkte Signal des Wendekreisels zugefügt. Diese Schaltungsart bestimmt das »rate-rate-prinzip« des Flugreglers SEP 2. Auf diese Weise ist das Einschalten des Flugreglers in jeder Flugzeuglage möglich, ohne daß ein Einschaltruck spürbar wird. Die drei Wendekreisel sind auf einer gemeinsamen Plattform montiert, die gegenüber dem Flugzeug in der Nick- und Rollachse verstellbar gelagert ist. Die Bewegungsfreiheit des innen liegenden Nickrahmens beträgt ± 15° und des Rollrahmens ± 25° Zur Überwachung der Nicklage ist auf der Plattform ein Längslagenpendel angebracht. Das Signal des Pendels wird zusätzlich auf den Stabilisierungskanal für

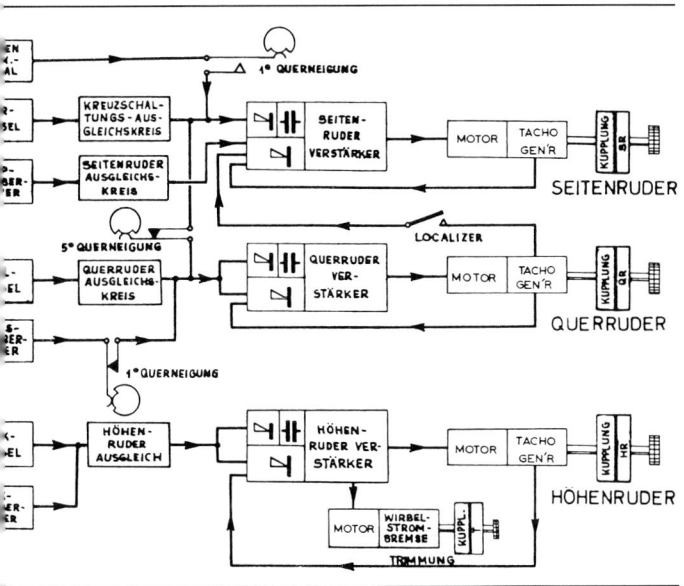

Smiths-Autopilot S.E.P. 2 für Flugzeug Nord-2501 »Noratlas«. Blockschema der drei Steuerkanäle für Seitenruder, Querruder und Höhenruder.

das Höhenruder aufgeschaltet. Auf diese Weise wird erreicht, daß die Plattform und damit auch das Flugzeug immer in der horizontalen Lage fliegt. Durch Kommandos des Piloten am Hauptbedienschaltpult kann durch einen Motor die Plattform nach unten oder oben verdreht und so ein Sinkflug oder Steigflug vorgegeben werden. Das Flugzeug folgt dieser Plattformbewegung solange, bis sich die Plattform wieder in der horizontalen Lage befindet. Die Aufschaltung von Höhensignalen oder Gleitpfadsignalen geschieht ebenfalls über den Verstellmotor für den Nickrahmen, d. h. durch Änderung der Nicklage des Flugzeuges. Für die automatische Trimmung des Höhenruders wird vom Leistungsverstärker für das Höhenruder zusätzlich ein Trimmotor zur Verstellung des Trimmruders angesteuert. In der Gierachse wird das Signal eines flugzeugfest eingebauten Querlagenpendels zusätzlich auf den Gierregelkanal geschaltet, auf diese Weise wird das Schieben des Flugzeugs verhindert. Die Überwachung in der Rollachse erfolgt durch einen kompaßüberwachten Kurskreisel, dadurch wird das Flugzeug über die Querruder auf Kurs gehalten. Kurvenkommandos vom Hauptbedienschaltpult werden gleichzeitig auf den Seitenruder- und Querruderkanal geschaltet; dadurch wird ein koordinierter Kurvenflug ermöglicht. Bei Überschreitung des Kommandogebers von einer Querlage von 1° wird das Kurskreiselsignal abgeschaltet. Wird die Querlage von 5° überschritten, wird auch das Kurvenkommando auf das Querruder abgeschaltet, die Überwachung der scheinlotrichtigen Querlage im Kurvenflug wird jetzt ausschließlich durch das Querlagenpendel geregelt. Die Wechselstromsignale der Meßgeber werden in einer phasenabhängigen Gleichrichterschaltung in Gleichstromsignale umgewandelt und in einen vierstufigen Magnetverstärker geleitet; dessen Leistungsstufe steuerte direkt einen Drehstrommotor. Durch diese induktive Belastung wurde das Drehstromnetz des Flugzeuges stark verzerrt, zum Ausgleich wurde eine Anordnung von Kondensatoren in

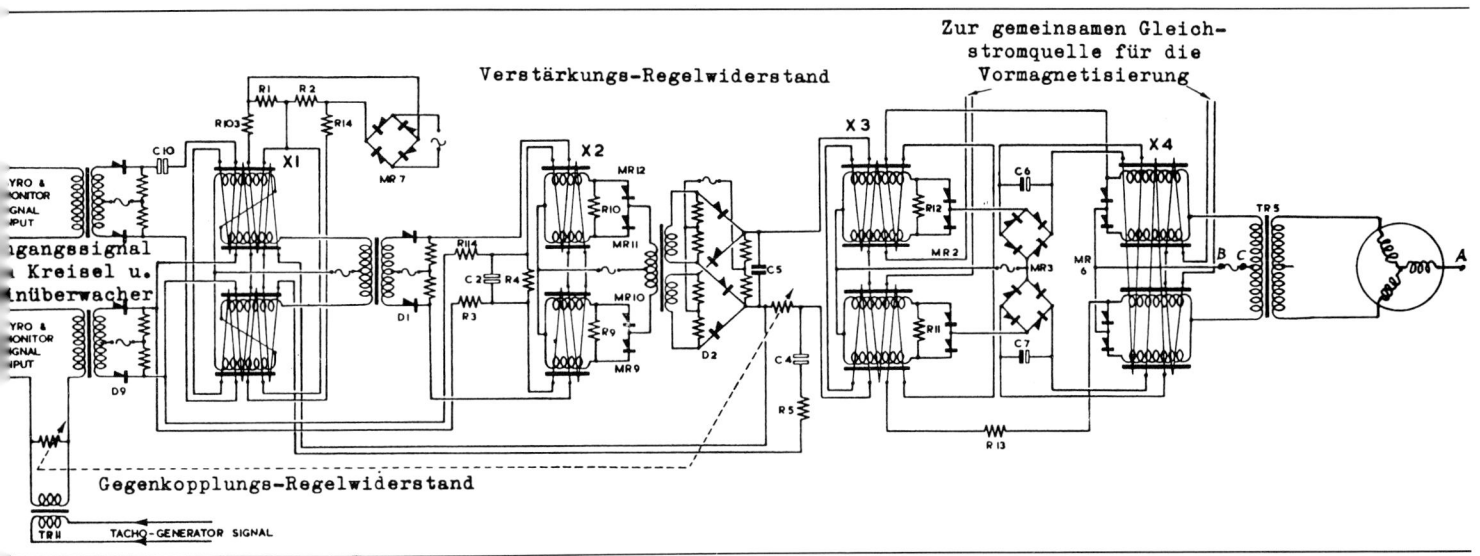

Smiths-Autopilot S.E.P. 2. Schaltbild für einen Steuerkanal mit Magnetverstärker und Drehstrommotor im elektrischen Stellmotor.

einem Kondensatorkasten eingebaut. Die Höhenhaltung wurde von einem Höhenmesser mit induktiven Abgriff und einem Nachlaufsystem gesteuert. Sollte die anliegende Höhe automatisch eingehalten werden, wurde das Nachlaufsystem abgeschaltet und das entstehende Höhenabweichungssignal auf den Nicklagenrahmen des Kreiselgerätes geschaltet. Auf diese Weise wurde die Höhenhaltung durch Nicklagenkommandos des Höhenmessers erreicht. Mit dem Kurswähler, einem Tochterkompaßgerät, und dem Funkkopplungs-Wähler konnten die gewünschten Steuerkurse und Funknavigationssignale eingeschaltet werden.

Durch die sehr robuste Ausführung der einzelnen Geräte des Autopiloten SEP 2 und der Verwendung von Magnetverstärkern, auch in dem Vorverstärker anstelle von Röhren wie bei dem Autopiloten SEP 1, wurde eine sehr hohe Betriebszuverlässigkeit erreicht.

Autopilot Sperry A-12 in Lufthansa-Flugzeugen Convair CV-340 »Convair Liner« und CV-440 »Metropolitan«

Der Autopilot Sperry A-12 wurde unter Berücksichtigung der durch die Kriegsbeute bekannt gewordenen Eigenschaf-

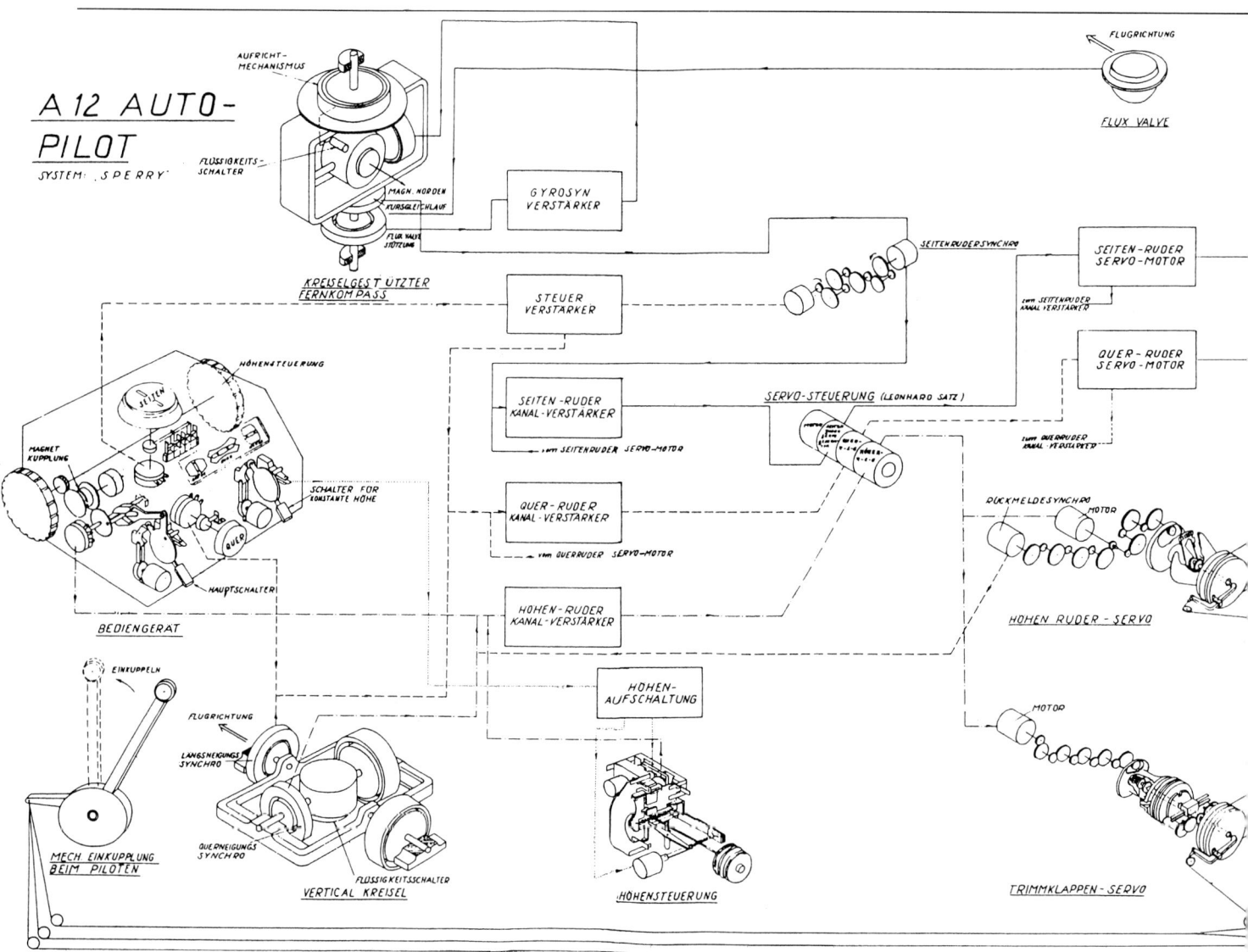

Sperry-Autopilot A-12 für Flugzeug Convair CV-340 und CV-440. Schema des Autopiloten mit Bediengerät, Kurskreisel, Vertikalkreisel, Höhengeber, Röhrenverstärker, Leonard-Umformer und elektrischen Stellmotoren.

ten der Patin-Dreirudersteuerung entwickelt. Hierbei wurde die »amerikanische Schule« der Stabilisierung einer Flugzeugachse durch Lagesignale und Rückführung der Ruderstellung beibehalten. Lediglich die Leistungsverstärkung durch einen Leonard-Umformer und ein entsprechender elektrischer Stellmotor wurden von der deutschen Entwicklung übernommen. Die Stabilisierung einer Flugzeugachse erfolgt also durch Lagesignale; der für die Dämpfung erforderliche Signalvorhalt wurde durch Differenzierung der Lagesignale im Röhrenverstärker erreicht. Die Kurshaltung wird durch einen Kurskreisel mit Überwachung durch die Magnetsonde (Flux Valve) geregelt. Weiter war eine Höhenhaltung und die Aufschaltung von Funksignalen der Localizer- und Gleitweg-Bake vorhanden. Die Verstärker für die Signalverstärkung und -mischung enthielten 38 Röhren.

Mit einer modifizierten Autopilotanlage Sperry A-12 wurde von der All Weather Flying Division in Wright Field, USA, im Jahr 1947 ein automatischer Flug eines Transportflugzeuges Douglas C-54 von Stephensville, Neufundland, über den Atlantik nach Brize Norton Aerodrome bei London in 10 Stunden und 15 Minuten durchgeführt. Zu diesem Zweck war der Autopilot mit verschiedenen Zusatzeinrichtungen versehen: eine Einrichtung für die automatische Steuerung der vier Triebwerke auf Gleichlauf, automatische Betätigungen der Flugzeugkonfiguration wie Fahrwerk und Landeklappen, ein Luftlog zur Messung der zurückgelegten Flugstrecke und Einrichtungen zur automatischen Erfassung der Funkhilfen wie Radiokompaß, Localizer und Glide Path Control sowie ein zusätzlicher Funkhöhenmesser. Das Luftlog wurde von der »V 1«-Steuerung und der Funkhöhenmesser von der Siemens-LGW-Dreiachsensteuerung übernommen. Der gesamte Flugweg war von der Startposition bis zum Aufsetzen auf die Landebahn in 12 Abschnitte unterteilt. Die Fortschaltung von einem Abschnitt zum anderen mit Hilfe des Hauptwahlschalters erfolgte automatisch; an Bord befand sich eine Sicherheitsbesatzung, griff aber während des vollautomatischen Fluges nicht ein.

Flugregelanlage Sperry SP 40 TR im Transportflugzeug C 160 »Transall«

Die Flugregelanlage SP 40 ist volltransistorisiert. Als Lagengeber für den Kurs wird die Kreiselplattformanlage Sperry SYP 820 bzw. die Kurskreiselanlage Sperry C 11 benutzt. Die Lagewerte für den Höhen- und Rollkanal werden dem Lotkreisel Sperry VG 203 entnommen. In der Gierachse werden zwei Linearbeschleunigungsmesser –

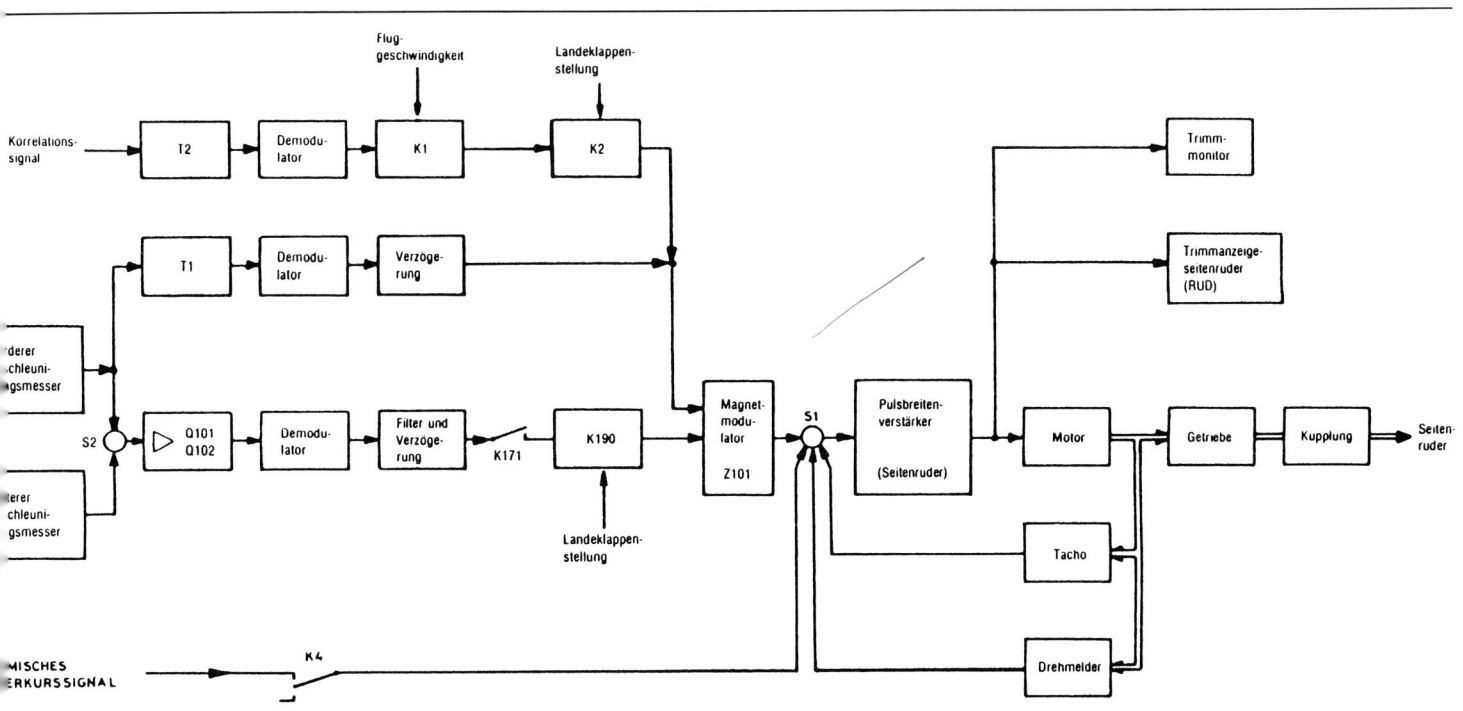

Flugregelanlage Sperry SP 40 TR für Flugzeug C-160 »Transall«. Blockschema der Seitenrudersteuerung mit zwei Beschleunigungsmessern anstelle der Dämpfungskreisel für die Messung der Gierdrehgeschwindigkeiten.

vorn und hinten im Flugzeug angebracht – als Dämpfungssignalgeber verwendet; der vordere Beschleunigungsmesser dient außerdem noch zur Messung des Schiebezustandes. Die Wechselstromsignale der Meßgeber werden demoduliert, um eine Signalverarbeitung mit R-C-Gliedern zu ermöglichen. In einem Magnetmodulator werden die Signale summiert, in Wechselstrom von 400 Hz umgewandelt und dem Leistungsverstärker, einem Impulsbreitenverstärker, zugeführt. Der Gleichstrom-Stellmotor betätigt über ein Getriebe und Magnetkupplung das entsprechende Ruder. An dem Motor sind zur Rückführung der Stellgeschwindigkeit ein Tachogenerator und zur Rückführung der Ruderstellung ein Drehmelder angebracht.

Das Kurssignal, das Kurvenkommando und die Rollage sind die Meßsignale für den Rollkanal. Die Dämpfung erfolgt lediglich durch die Signalverarbeitung mit R-C-Gliedern. Auf ähnliche Weise geschieht die Signalverarbeitung der Meßsignale vom Lotkreisel, dem barometrischem Höhenmesser, dem Nickkommando und dem Ziehkommando im Kurvenflug im Höhenkanal.

Autopilot Bendix PB-10 A in der Lockheed L-1049 G »Super Constellation«

Bedingt durch die Übernahme der Firma Eclipse Pioneer durch die Bendix Aviation Corp. wurde die Typenbezeichnung der folgenden Autopilotenentwicklungen in PB- umgewandelt. Der erste Autopilot mit dieser neuen Typenbezeichnung, der Bendix-Autopilot PB-10 A, war in den Flugzeugen der Lufthansa Lockheed L-1049 G »Super Constellation« eingebaut. Wie aus dem Blockschema er-

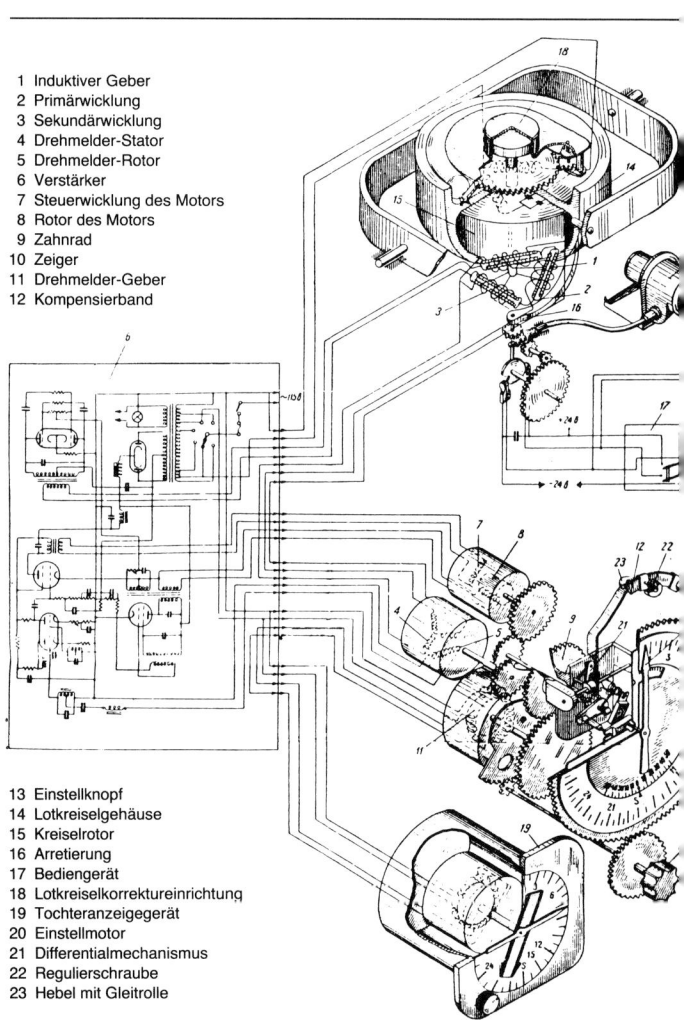

1 Induktiver Geber
2 Primärwicklung
3 Sekundärwicklung
4 Drehmelder-Stator
5 Drehmelder-Rotor
6 Verstärker
7 Steuerwicklung des Motors
8 Rotor des Motors
9 Zahnrad
10 Zeiger
11 Drehmelder-Geber
12 Kompensierband

13 Einstellknopf
14 Lotkreiselgehäuse
15 Kreiselrotor
16 Arretierung
17 Bediengerät
18 Lotkreiselkorrektureinrichtung
19 Tochteranzeigegerät
20 Einstellmotor
21 Differentialmechanismus
22 Regulierschraube
23 Hebel mit Gleitrolle

Autopilot Bendix PB-10 A für Flugzeug Lockheed L-1049 G »Super Constellation«. Blockschema der Steuerkanäle für Querruder und Seitenruder (oben), Blockschema des Höhenruderkanals (unten).

Autopilot Bendix PB-10 A, Flux-gate Gyro-Kompaß mit kreiselstabilisierter Dreieck-Magnetsonde und Nachlaufsystem mit Röhrenverstärker zur Anzeige und Signalabgabe für den Autopiloten.

sichtlich, ist der Autopilot PB-10 A in der klassischen Art der »amerikanischen Schule« aufgebaut. Lagegeber und Ruderstellungsgeber sind die Hauptsignalgeber. Die vom Tachogenerator gemessene Ruderlaufgeschwindigkeit wird zur Dämpfung der Ruderbewegung ebenfalls zum Vorverstärker zurückgeführt. Induktive Abgriffe, Röhrenverstärker, Phasendiskriminator, Magnetverstärker und ein Zweiphasen-Induktionsmotor für die Ruderbewegung sind die Elemente der Signalverarbeitung. Der Stellmotor relativ kleiner Leistung reicht aus, da die Ruderbetätigung über hydraulische Kraftverstärker erfolgt. Die Kurshaltung durch den Flux-Gate-Erdfeldgeber wird über den Querruderkanal ausgerichtet. Über das Seitenruder wird lediglich das Schieben des Flugzeuges verhindert. Der Flux-Gate-Erdfeldgeber wird durch einen Vertikalkreisel horizontiert; dadurch entfällt der bei einem Kurskreisel vorhandene Kardanfehler im Kurvenflug. Die Regelung der Längslage kann durch eine barometrische Höhenaufschaltung ergänzt werden.

Autopilot Bendix PB-20 D und Flugleitanlage Bendix FDS 300 »Flight Director« in Lockheed L-1649A »Super Star«, Boeing 707 und 720

Der ab 1957 gefertigte Autopilot Bendix PB-20 ist eine Weiterentwicklung des Autopiloten Bendix PB-10. Die wesentliche Änderung besteht in der Verarbeitung der Signale im Vorverstärker durch Transistoren anstelle von Röhren. Die für die Flugzeuge der Deutschen Lufthansa Boeing 707 und 720 angepaßte Version PB-20 D verwendete auch in der Nickachse einen zusätzlichen Wendekreisel zur Dämpfung der Nickbewegung. Die Steuerung der Stellmotoren durch Magnetverstärker wurde beibehalten. Zur Sicherstellung der Flugsicherheit bei Störungen im Regler wurde eine Reihe von Begrenzungen eingeführt: Ruderausschlag, Lagenänderung und Ruderlaufgeschwindigkeit wurden in Abhängigkeit der Betriebsarten begrenzt. Eine weitere Sicherheit gegen Fehlfunktionen des Reglers wurde durch ein zusätzliches Überwachungsgerät geschaffen. Die Funktion der Höhen- und Querruder werden überwacht. In eigenen Meßgebern und Schaltkreisen werden – getrennt vom Regler – Signale erzeugt und mit den Signalen des Reglers verglichen. Signaldifferenzen führen bei Überschreiten bestimmter Toleranzgrenzen zum Abschalten des Reglers und zur Alarmanzeige. Beim Einschalten der Betriebsarten VOR- oder ILS-Anflug wird das Flugzeug durch den Autopiloten automatisch auf den Funkleitstrahl geführt. In der Betriebsart »Dämpfer« wird die Gierachse künstlich gedämpft, die Steuerung des Flugzeuges muß durch den Piloten vorgenommen werden. Der Vertikalkreisel des Autopiloten PB-20 D versorgt auch die Flugleitanlage Bendix FDS 300 »Flight Director«; diese steht für den Handflug und zusätzlich für den funkgeführten Flug zur Verfügung. In der Flight Director-Anlage werden die

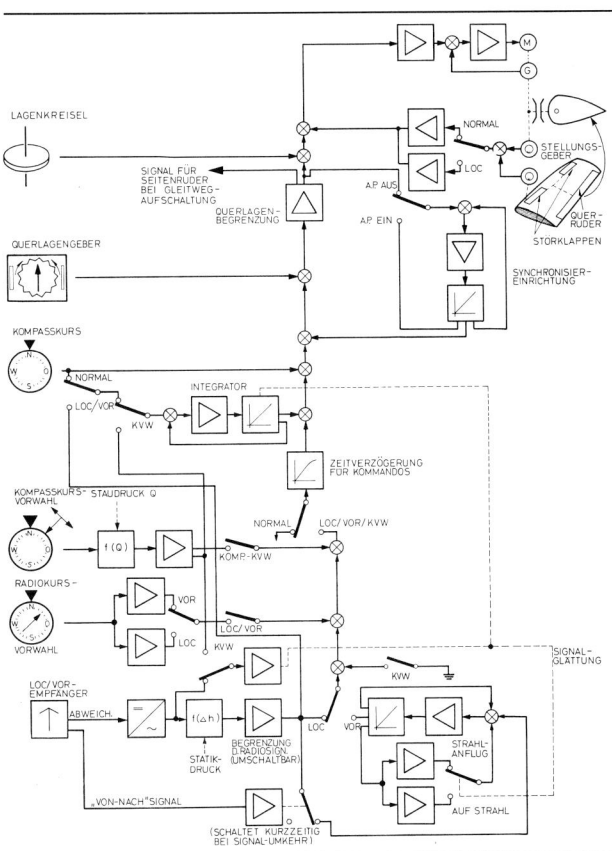

Autopilot Bendix PB 20 D für Flugzeuge Lockheed L-1649A »Super Star«, Boeing 707 und Boeing 720. Blockschema des Querruderkanals mit Aufschaltung der Kurssignale auf das Querruder.

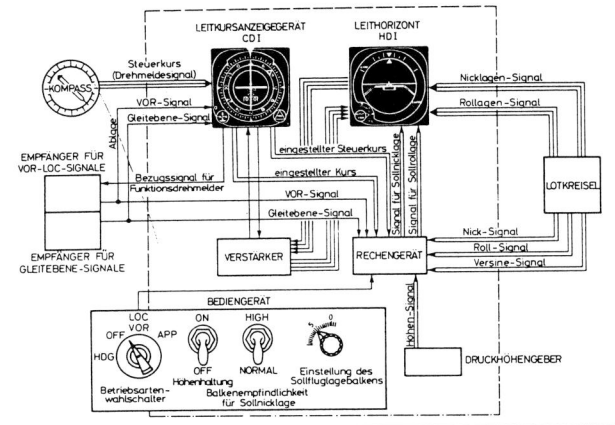

Flugleitanlage Bendix »Flight Director« FDS 300 für Flugzeug Lockheed L-1649 A, Boeing 707 und Boeing 720. Blockschema der Zusammenschaltung mit Funkempfänger für VOR-LOC und Gleitpfad-Signale, Lotkreisel, Rechner und Anzeigegeräte.

von den Funkempfängern gelieferten VOR- oder LOC-Signale angezeigt (Kreuzzeiger) und zusätzlich nach Verarbeitung im Rechengerät als Kommandozeiger dem Piloten angezeigt. Durch die Verarbeitung der Funksignale mit den Lage- und Kurswerten der Kreiselgeräte wird ein sicheres Einschwenken auf den Strecken- oder Landekurs sowie auf die Gleitebene beim Landeanflug erleichtert. Bei Einhaltung der Kommandoanzeigen auf Null im Leithorizont und im Leitkursanzeigegerät durch die Handsteuerung des Piloten wird das Flugzeug auf den Funkleitstrahl geführt.

Der Bendix-Autopilot PB-20 war als Baukasten konzipiert, wurde an die verschiedensten Flugzeugmuster angepaßt und viele Jahre weltweit eingesetzt.

Autopilot AP-6 E in Interflug-Flugzeugen Iljuschin Il-18 und Tupolow TU-134

Der Autopilot AP-6 wurde nach dem Zweiten Weltkrieg in der UdSSR für Anwendungen in Bombenflugzeugen in Verbindung mit dem Bombenzielgerät »Norden« entwickelt. Im Rahmen des Pacht- und Leihabkommens mit den USA ist der Minneapolis Honeywell C-1-Autopilot auch in die UdSSR geliefert worden. In verschiedenen Zwischenstufen ist daraus der bei der Interflug verwendete Autopilot AP-6 E entstanden. In wesentlichen Teilen wurde die Signalverarbeitung und die Steuerung der elektrischen Stellmotoren mit Röhren und Leistungsrelais beibehalten. Die Hauptmeßgeber jedoch sind eine eigene Entwicklung, sie haben prinzipielle Ähnlichkeit mit deutschen Entwicklungen. Der Horizontkreisel ZGW-4 besteht aus einer Stabilisierten Plattform mit je einem Vertikalkreisel für die Roll- und Nickachse mit Stützungen, die in der Vertikalen durch Flüssigkeitsschalter korrigiert werden. Die Abnahme der Roll- und Nickwinkel am Kardanrahmen wird durch Ringpotentiometer gemessen. Eine ähnliche Anordnung wurde von Siemens im Zweikreiselhorizont angegeben. Durch die Verwendung der Meßkreisel nur in einer Achse mit Stützung wird eine große Genauigkeit der Lagenwinkel erreicht. Im Kurvenflug wird die Korrektur durch den Flüssigkeitsschalter für den Rollkreisel abgeschaltet. Die Potentiometergeber dienen auch zur Steuerung der Roll- und Nicklagengeber im Horizontanzeigegerät. Außerdem wird für das Kurssystem KS-6 noch der Rollwinkel für die Horizontierung des Rollrahmens zur Verfügung gestellt. Das Kurssystem KS-6 besteht aus dem Magnetinduktionsgeber ID-2, dem Korrekturmechanismus KM-4, dem Kreiselgerät GA-1 sowie den Anzeigegeräten und Verstärkern. Der Kurskreisel GA-1 ist mit einem zusätzlichen Rahmen, der über ein Fernübertragungssystem, vom Neigungskreisel gesteuert, auch beim Kurvenflug immer in der waagerechten Lage gehalten wird, versehen. Eine ähnliche Anordnung zur Beseitigung des Kardanfehlers beim Kurskreisel wurde auch in der Patin-Kurszentrale PKZ 16 angewendet. Die Überwachung des Kurskreisels in der Betriebsart Kompaß erfolgt vom Erdfeldgeber mit einer Dreiecksonde über den Korrekturmechanismus. In diesem geschieht die Beseitigung der Gerätefehler und der flugzeugfesten Störfelder mit Hilfe eines Korrekturbandes im Korrekturmechanismus.

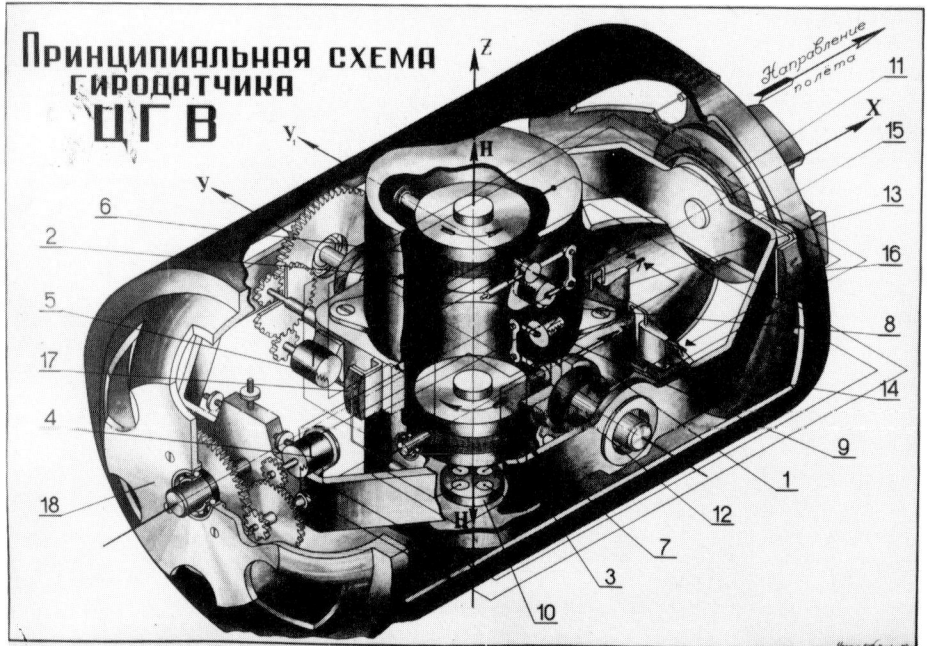

1 Innenrahmen
2 Querlagenkreisel
3 Längslagenkreisel
4 Stützmotoren für die Querlage
5 Stützmotor für die Längslage
6 Potentiometer für die Querlagenstützung
7 Potentiometer für die Längslagenstützung
8 Korrekturmotor für die Querlage
9 Korrekturmotor für die Längslage
10 Flüssigkeitsschalter
11 Potentiometer für die Querlagen-Anzeige
12 Potentiometer für die Längslagen-Anzeige
13 Pendel für die Querneigung
14 Pendel für die Längsneigung
15 Außenrahmen
16 Feinpotentiometer für die Querlage
17 Feinpotentiometer für die Längslage
18 Gehäuse
Pfeil = Flugrichtung

Autopilot AP-6 E. Vertikal-Kreisel-Zentrale ZGW mit je einem Kreisel für die Roll- und Nickachse. Stützung der Kreisel-Stützmotoren an den Kardanrahmen. Potentiometerabgriffe für Roll- und Nickwinkel für Anzeigegeräte und Autopiloten.

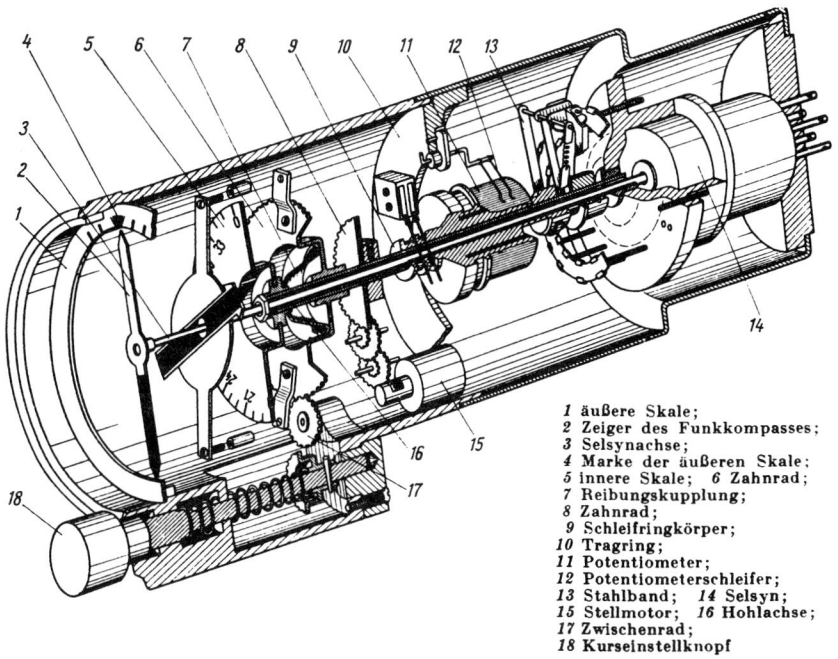

Autopilot AP-6 E. Kursanzeigegerät mit mechanischer Kompensiereinrichtung für den Methodenfehler der Potentiometer-Fernübertragung vom Kurskreisel zum Anzeigegerät.

1 äußere Skale;
2 Zeiger des Funkkompasses;
3 Selsynachse;
4 Marke der äußeren Skale;
5 innere Skale; *6* Zahnrad;
7 Reibungskupplung;
8 Zahnrad;
9 Schleifringkörper;
10 Tragring;
11 Potentiometer;
12 Potentiometerschleifer;
13 Stahlband; *14* Selsyn;
15 Stellmotor; *16* Hohlachse;
17 Zwischenrad;
18 Kurseinstellknopf

Hervorzuheben ist die weitere Verwendung der elektromechanischen Stellmotoren, eine Entwicklung von »Norden« aus dem Jahr 1935! Damit gehört dieser Autopilot zu den seltenen erfolgreichen Konstruktionen, die in der schnellebigen Luftfahrt weit über 50 Jahre Anwendung fanden.
Zur Erzielung der künstlichen Dämpfung der Flugzeugachsen wurden Wendekreisel mit Kreuzfederfesselung und Potentiometerabgriffen zugefügt.

Elektrischer Stellmotor mit Seilabtrieb und Potentiometer für Stellungsrückführung.

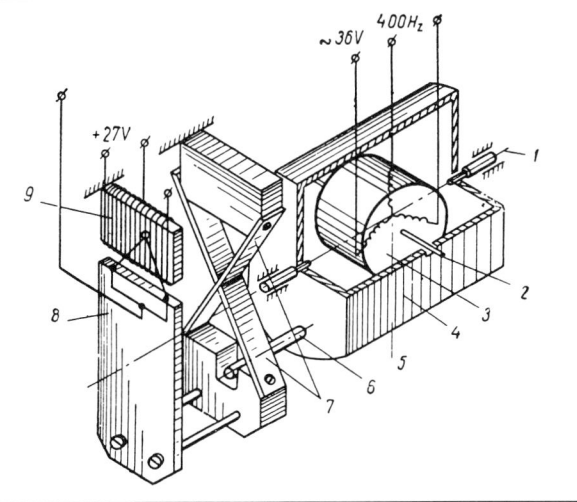

Autopilot AP-6 E, Dämpfungskreisel mit Kreuzfederlagerung und Potentiometerabgriff an der Präzessionsachse.

1 Präzessionsachse, 2 Achse der eigenen Drehung, 3 Kreiselmotor, 4 Rahmen, 5 Meßachse, 6 Stift, 7 flache Federn, 8 Bürste mit Bürstenhaltern, 9 Potentiometer.

Autopilot SAU-1 im Interflug-Flugzeug Iljuschin IL-62

Die Autopilotanlage (System automatischer Steuerung, SAU-1) hat man in den Interflug-Flugzeugen Iljuschin IL-62 eingesetzt. Als Meßfühler für den Roll- und Längslagenwinkel wurde die Horizontzentrale ZGW-10 versehen mit Wechselstrom-Drehmelder verwendet. Ebenso konstruierte man die Kurskreiselanlage TKS-P mit Wechselstrom-Drehmelder. Transistor- und Magnetverstärker bildeten die Steuerströme für den elektrischen Stellmotor mit Drehstrommotor. Die Zusammenarbeit mit weiteren Systemen wie Luftdatenrechner SWS-PN-15, Bord-Navigations- und Landeanlage Kurs-MP, Navigationsrechner NW-PB und Doppleranlage DISS-013 sowie Trägheitsnavigationsanlage I-11 erlaubten einen weltweiten Einsatz der automatischen Flugzeugsteuerung SAU-1. Zur Erhöhung der Zuverlässigkeit und Verfügbarkeit wurden einzelne Anlagen redundant ausgeführt: die Horizontzentrale ZGW-10 verdreifacht, die Kurskreiselanlage TKS-P und der eigentliche Autopilot verdoppelt. Zur Schnellabschaltung des Autopiloten im Notfall war die Abtrennung der elektrischen Stellmotoren durch Sprengpatronen vorgesehen.

Zusätzlich wurde für die Erhöhung der Gierdämpfung im handgesteuerten Flug noch ein Gierdämpfer mit Gierdämpfungskreisel und hydraulischem Stellmotor, integriert im Booster (Hydraulischer Kraftverstärker zur Betätigung des Seitenruders), zugefügt.

Lizenzbauten ausländischer Instrumente und Flugregler

Anzeigehorizont SFENA 703 BD, 644 BD, 800 BD und 903 BD

Für die Verwendung in Flugzeugen der Bundeswehr wurde 1960 vom Institut für Luftfahrzeugführung der Deutschen Forschungsanstalt für Luftfahrt in Braunschweig eine Untersuchung über die Eigenschaften von künstlichen Horizonten durchgeführt. Als Ergebnis dieser Prüfungen wurde der von der französischen Firma SFENA entwickelte Horizont Typ 703 als Standard-Horizont der Luftwaffe ausgewählt. Die Lizenzfertigung wurde der Firma Bodenseewerk Perkin-Elmer & Co in Überlingen, einer ehemaligen Tochterfirma der Askaniawerke, übertragen. Der Horizont 703 ist eine Weiterentwicklung des von *Alkan* in den 30er Jahren geschaffenen Horizontes mit mechanischer Stützeinrichtung. Der Kreiselantrieb erfolgt durch einen Asynchronmotor mit Drehstrom 400 Hz und 115 V; die Drehzahl des Kreiselrotors ist entsprechend etwa 22 800 min^{-1}. Zur Stützung des Horizontkreisels dreht ein vierstufiges Untersetzungsgetriebe zwei Mitnehmerfinger, die die zwei frei beweglichen Kugeln auf der horizontalen am Rahmen befestigten Scheibe, mit etwa einer halben Umdrehung pro Sekunde umlaufen lassen. Entsprechend der Neigung der Kreisscheibe ist die Verweildauer der Kugeln in den frei beweglichen Sektoren unterschiedlich; die durch die Kugeln

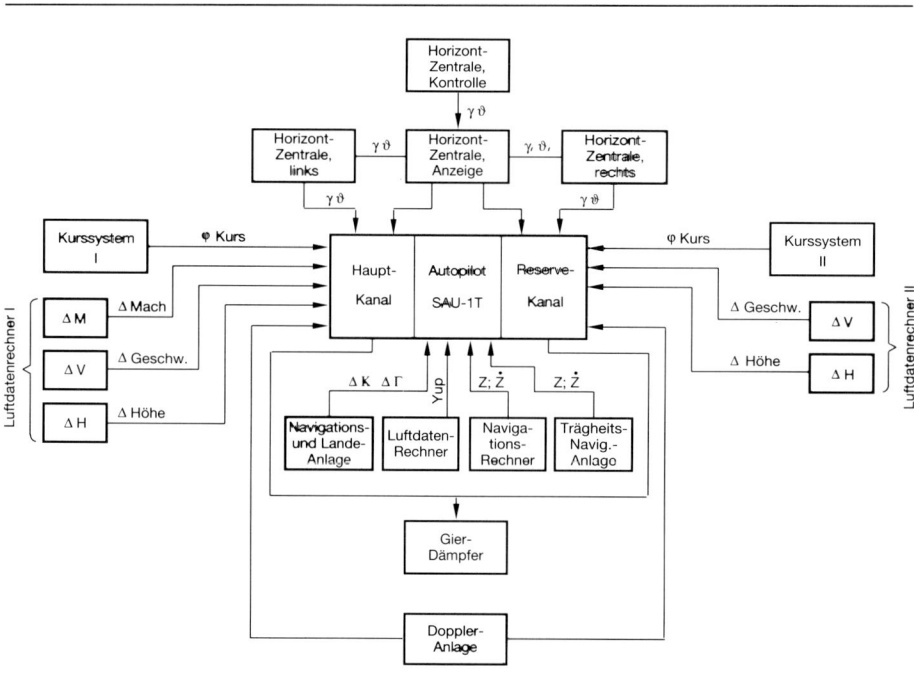

ϑ Längsneigungswinkel
φ laufender Kurs
Z Seitenneigung von der Teilorthodrome
γ Querneigungswinkel
Z Seitenabweichung von der Linie des vorgegebenen Weges
Ż Geschwindigkeit der Seitenabweichung von der vorgegebenen Weglinie

Autopilot SAU-1 für Flugzeug Iljuschin IL-62. Blockschema der Verbindungen mit anderen Anlagen: Horizontzentrale ZGW-10 (dreifach), Kurskreiselanlage TKS-P (zweifach), Luftdatenrechner SWS-PN-15 (zweifach), Bord-Navigations- und Landeanlage Kurs-MP, Navigationsrechner NW-PB, Doppleranlage DISS-013 und Trägheitsnavigationsanlage I-11. Der Autopilot ist doppelt ausgeführt: Arbeitskanal und Reservekanal. Zusätzlich ist noch ein Gierdämpfer DR-2M vorhanden.

Anzeigehorizont SFENA: Aufrichtmechanismus mit umlaufenden Greifarmen und frei beweglichen Kugeln, Trommelanzeige für Quer- und Längslagewinkel.

hervorgerufenen Stützmomente veranlassen den Kreisel zur horizontalen Lage zurückzukehren. Die am Rahmen über Zahnräder angetriebene Trommelanzeige erlaubt eine große Dehnung der Nicklageanzeige von ± 80° und eine Rollanzeige von 360° durchdrehend. Die Funktion des Horizontes 703 ist auch nach Ausfall der Stromversorgung noch etwa 8 min lang erhalten (infolge der Trägheit des Kreiselauslaufs und der mechanischen Stützeinrichtung).

Für die Verwendung des Horizontes 703 in dem Flugzeug F-104 G war die Baulänge jedoch groß, und es wurde der ältere Typ 644 BD mit einer herkömmlichen Balkenanzeige eingesetzt.

Weitere Verbesserungen führten zum Typ 903 BD mit Horizontalpendeln, geeignet für die Anwendung in Hubschraubern, sowie zum Horizont Typ 800 BD in kleiner 2-Zoll-Norm, geeignet als Nothorizont.

Bedingt durch die erforderliche Umstellung der Höhenangaben in Fuß, anstelle der bisher in Deutschland verwendeten Höhenangaben in Meter, ist eine Höhenanzeige mit zwei Zeigern nicht ausreichend, die Anzeige mit drei Zeigern jedoch nicht übersichtlich genug. Aus diesem Grunde wurden die Anzeigen in Fuß entweder auf zwei Zeiger und einer Trommelanzeige (Transall) oder mit einem Zeiger und zwei Stellen der Trommelanzeige (F-104 G) aufgeteilt. Für die Fertigung der Höhenmesser wurde in München die Tochterfirma kollsman luftfahrt-instrumente GmbH gegründet.

Anzeigehorizont SFENA 644 mit Balkenanzeige und Querlagenskala.

Höhenmesser mit Trommelanzeige (Kollsman)

Für die Anwendung eines barometrischen Höhenmessers in den Flugzeugen der Bundeswehr wurde der Höhenmesser mit einer Trommelanzeige der Firma Kollsman ausgewählt.

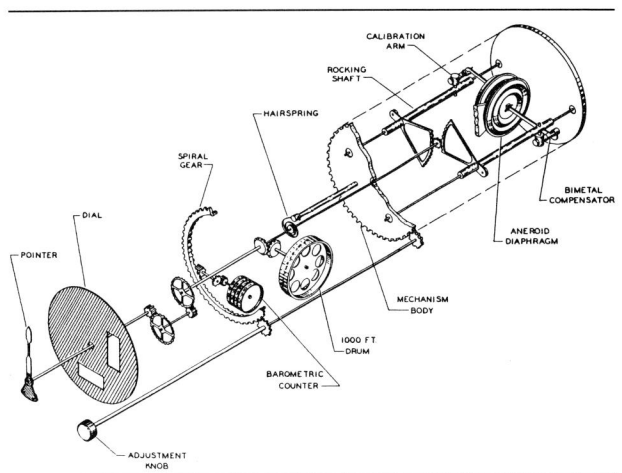

Höhenmesser Kollsman mit Trommelanzeige (F 104). Prinzipbild der mechanischen Übertragung von den Membrandosen zum Zeiger für 100 feet und der Trommel für 1000 feet.

Kurskreiselanlage Sperry C-2 G in F-104 G und C-11 in »Transall« C-160

Für die Anfangsausrichtung der Trägheitsanlage Litton LN-3 in die Nordrichtung und als Notkompaßsystem wurde die Sperry-Kompaßanlage C-2 G ausgewählt. Die Anlage besteht aus dem induktiven Erdfeldgeber, dem Kurskreisel mit Verstärkern, dem Kompaßbediengerät und dem Kursanzeigegerät.

Für den Einsatz im Transportflugzeug C-130 der Bundeswehr wurde die Sperry-Kompaßanlage C-11 ausgewählt. Ähnlich der Kompaßanlage C-2 G besteht die Anlage C-11 aus dem Erdfeldgeber, Kurskreisel, Bediengerät und Kursanzeigegerät. Um die für den weltweiten Einsatz erforderliche Genauigkeit der Kursinformation zu erreichen, wurde der Präzisions-Kurskreisel DG 234 verwendet. Um die Kreiseldrift zu reduzieren, werden bei diesem Kurskreisel die äußeren Ringe der Rahmenlager durch einen Elektromotor gegenläufig verdreht. In bestimmten Zeitabständen (etwa 2 min) wird die Drehrichtung des Motors umgekehrt. Auf diese Weise wird die Lagerreibung über einen längeren Zeitraum gemittelt; mit anderen Worten, es wird die Ruhereibung der Lager durch die kleinere Bewegungsreibung ersetzt.

Die Lizenzfertigung der Sperry-Kompaßanlagen für den Bedarf der Bundeswehr wurde von der Firma Apparatebau Gauting, einer ehemaligen Tochterfirma der Askaniawerke, ausgeführt.

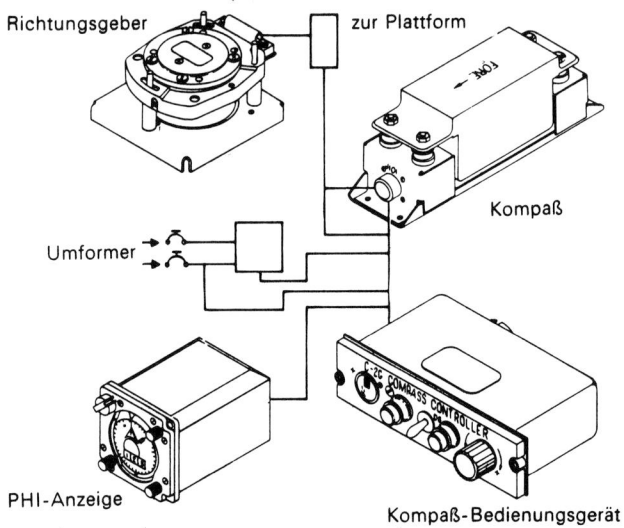

Sperry-Kompaßanlage C-2 G mit Richtungsgeber (Magnetsonde), Kurskreisel mit Verstärker (Kompaß), PHI-Anzeigegerät und Bediengerät.

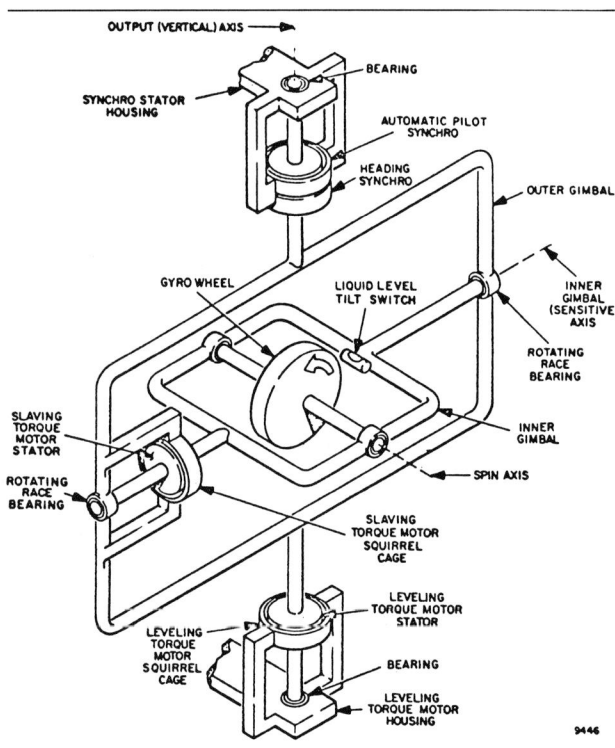

Sperry-Kurskreisel DG 234. Rahmenanordnung mit alternierend rotierenden Lagern in der Präzessionsachse.

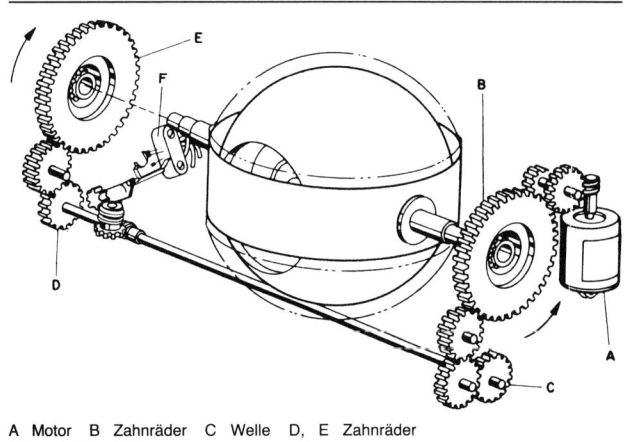

A Motor B Zahnräder C Welle D, E Zahnräder F Umschaltkontakte

Sperry-Kurskreisel DG 234. Anordnung der Rotorace-Kugellager mit Antriebsmotor und Umschaltmechanismus für die Drehrichtung.

Instrumentensysteme Sperry IIS und Sperry SYP 820

Als Flugleitanlage wurde für das Aufklärungsflugzeug FIAT G-91 und das Transportflugzeug Transall C-160 das Sperry Integriertes Instrumentensystem IIS ausgewählt. Dieses Anzeigesystem stellt eine vollständig neue Anzeige für den Piloten dar: Es werden nicht nur die Meßwerte der Kursabweichung von dem gewählten Steuerkurs angezeigt, sondern die für die Einhaltung dieses Kurses und des Gleitweges erforderlichen Quer- und Nicklagen des Flugzeuges. Der Pilot erhält also einen Kommandoanzeiger, dessen Kommandos er für den Instrumentenflug zu folgen hat. Die Anlage besteht aus dem Bediengerät, Leitkursanzeiger R-4 A, Leithorizont HZ-4, den Flugleitrechnern Z 14 P und Z 14 L sowie dem Lotkreisel VG 203. Die Flugleitanlage Z 14 errechnet aus den Steuerkurs-, Nick- und Rolldaten sowie aus der Abweichung vom Leitstrahl eines Allrichtungsfeuers oder bei Benutzung des Instrumenten-Landeverfahrens (ILS) einen sich aus der Augenblickssituation ergebenden Flugverlauf. Diese Angaben werden von den beiden Rechengeräten Z-14 L für den Rollkanal und Z-17 P für den Nickkanal in die zur Ausführung der gewünschten Flugmanöver benötigten Lenkinformation umgewandelt. Diese Lenkkommandos werden von den Kreuzzeigern im Leithorizont HZ-4 als Abweichungen von der Mittelstellung angezeigt. Der Pilot hat also die Aufgabe, durch entsprechende Steuerbewegungen die Kreuzzeiger in die Mittelstellung zu bringen und auf diese Weise den gewünschten Steuerkurs zu fliegen. Je nach gewünschter Betriebsart – Höhenhaltung oder Gleitweg im Instrumentenlandeverfahren – wird auf gleiche Weise durch den Piloten die Nicklage gesteuert.

Das Plattformsystem Sperry SYP 820 dient während des Streckenfluges und zur Koppelnavigation zur genauen Kursbestimmung; außerdem werden noch die Roll- und

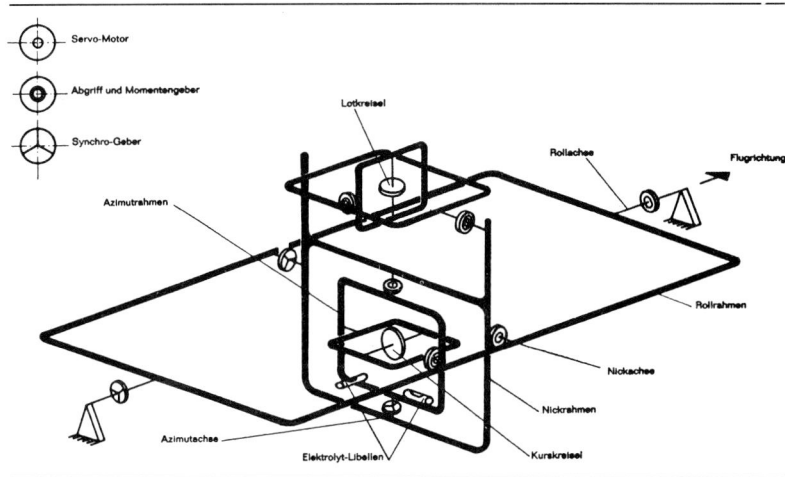

Sperry-Plattform-System SYP 820. Rahmenanordnung der Kombination des Vertikal- und Kurskreisels.

Nickwinkel über Drehmelder für Anzeigegeräte und Flugregler ausgegeben.

Die Anlage besteht aus Kreiselgerät, Bediengerät und Verstärkereinheit. Zur Vermeidung des bei einem Kurskreisel auftretenden Kardanfehlers wird der Nick- und Rollrahmen des Kurskreisel von den Rahmen eines Vertikalkreisels über Servosysteme ständig in der horizontalen Lage gehalten. Zur Verminderung der Reibung sind die Rahmenlager des Kurs-Lotkreisels mit ROTO-RACE-Lager versehen (siehe Sperry Kurskreisel DG 234). In der Betriebsart »SLAVE« wird der Kurskreisel von einem Erdfeldgeber ausgerichtet; in der Betriebsart »GRID« wird die Genauigkeit der Kursinformation durch die Drift des Kurskreisels

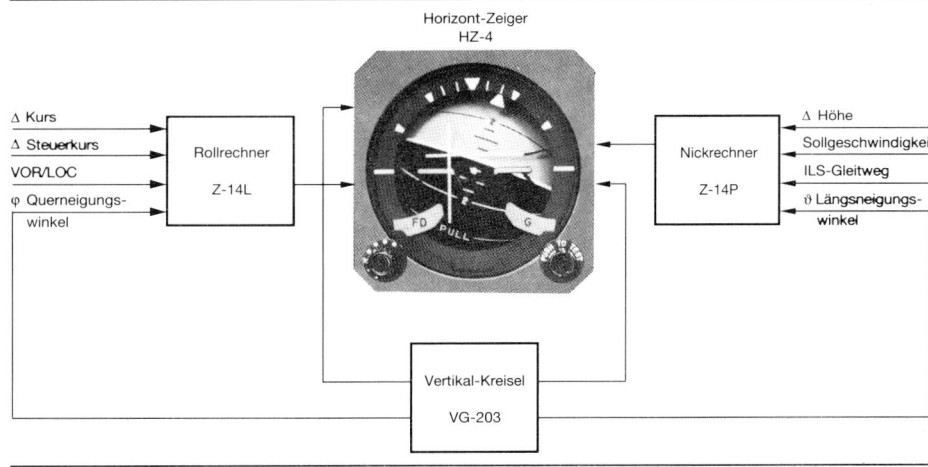

Sperry-Instrumentensystem IIS. Blockschema der Zusammenschaltung mit Funkempfänger, Vertikalkreisel VB 203, Rechner Z 14 L, Rechner Z 14 P und dem Horizont-Zeiger HZ-4.

Horizont HZ 4 mit Flugweganzeige. Es werden die Fluglage, die Flugwegsteuerungs-, Wende- und Steuerkurs-Angaben dargestellt.

bestimmt. Zusätzlich werden noch die Roll- und Nickwinkelsignale über Drehmelder für Anzeigegeräte und Autopiloten ausgegeben.

Die Lizenzfertigung der Sperry ILS-Anlage und des Plattformsystems SYP 820 wurde vom Bodenseewerk Fluggerätewerk, Überlingen, ausgeführt.

Nickdämpfungsregler Lear 7804 G in FIAT G-91

Zur Verbesserung des Dämpfungsverhaltens des Flugzeugs FIAT G-91 um die Querachse, insbesondere im Bereich höherer Fluggeschwindigkeiten, wurde von der amerikanischen Firma Lear die Dämpfungsanlage 7804 entwickelt. Ähnliche Dämpfungsanlagen, auch mit elektromechanischen Stellmotoren, wurden in Anlehnung an frühere deutsche Entwicklungen nach dem Zweiten Weltkrieg für eine Reihe von neuen Flugzeugen geliefert. Die Anlage besteht aus dem Dämpfungskreisel, einem volltransistorisierten Verstärker und dem hydraulischen Stellmotor. Dieser ist in das Steuergestänge des Höhenruders eingefügt und verändert bei Betätigung die Länge um ± 4,7 mm entsprechend etwa 10% des Steuerweges. Durch das Signal des Dämpfungskreisels und des Rechenwerkes im Verstärker wird eine Voreilung der Ruderbewegung gegenüber der auftretenden Nickschwingung erreicht und so eine ausreichende Dämpfung der Nickbewegung des Flugzeuges sichergestellt.

Für die Fertigung des Lear-Dämpfungssystems wurde die Tochtergesellschaft LEAR-ELECTRONIC, Gesellschaft für Luftfahrttechnik mbH, in München gegründet.

Elektronik-System im Flugzeug F-104 G »Starfighter«

Für die Ausrüstung des Flugzeugs F-104 G wurde für die Verwendung in Europa ein neues Elektronik-System, besonders geeignet für die hier herrschenden Schlechtwetterbedingungen, zusammengestellt. Die Fertigung für den europäischen Bedarf wurde geeigneten Firmen in Italien, den Niederlanden und Deutschland übertragen, bzw. es wurden entsprechende Tochtergesellschaften gegründet. Einige dieser zur Elektronik zählenden Anlagen werden im folgenden beschrieben (siehe auch Band 7 dieser Buchreihe: Fritz Trenkle, »Bordfunkgeräte – Vom Funkensender zum Bordradar«).

Luftwerterechner Garrett-AiResearch CADC in F-104 G

Als Zentraler Meßwertgeber der Luftdaten im Elektroniksystem des Flugzeuges F-104 G wurde ein Luftwertrechner der kanadischen Firma AiResearch ausgewählt. Die Meß-

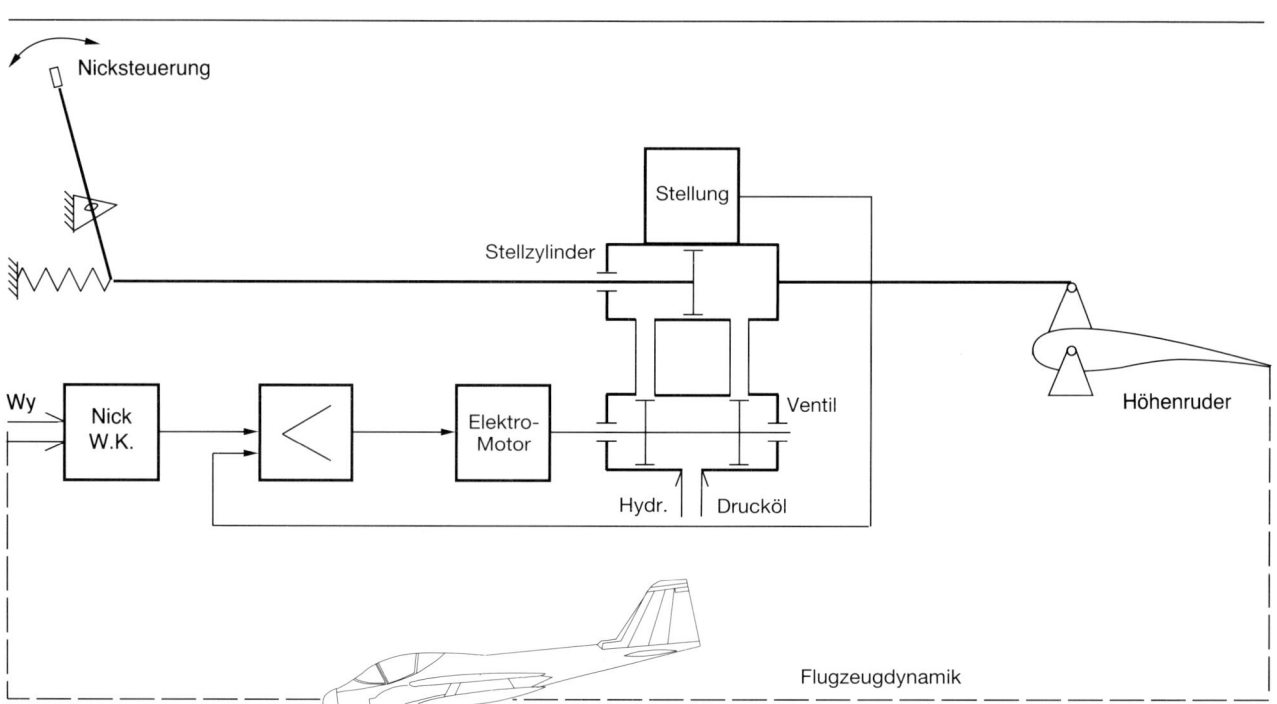

Nickdämpfungsregler Lear 7804 für Flugzeug FIAT G 91, Blockschema mit Dämpfungskreisel, Verstärker, Ventil und hydraulischem Stellmotor.

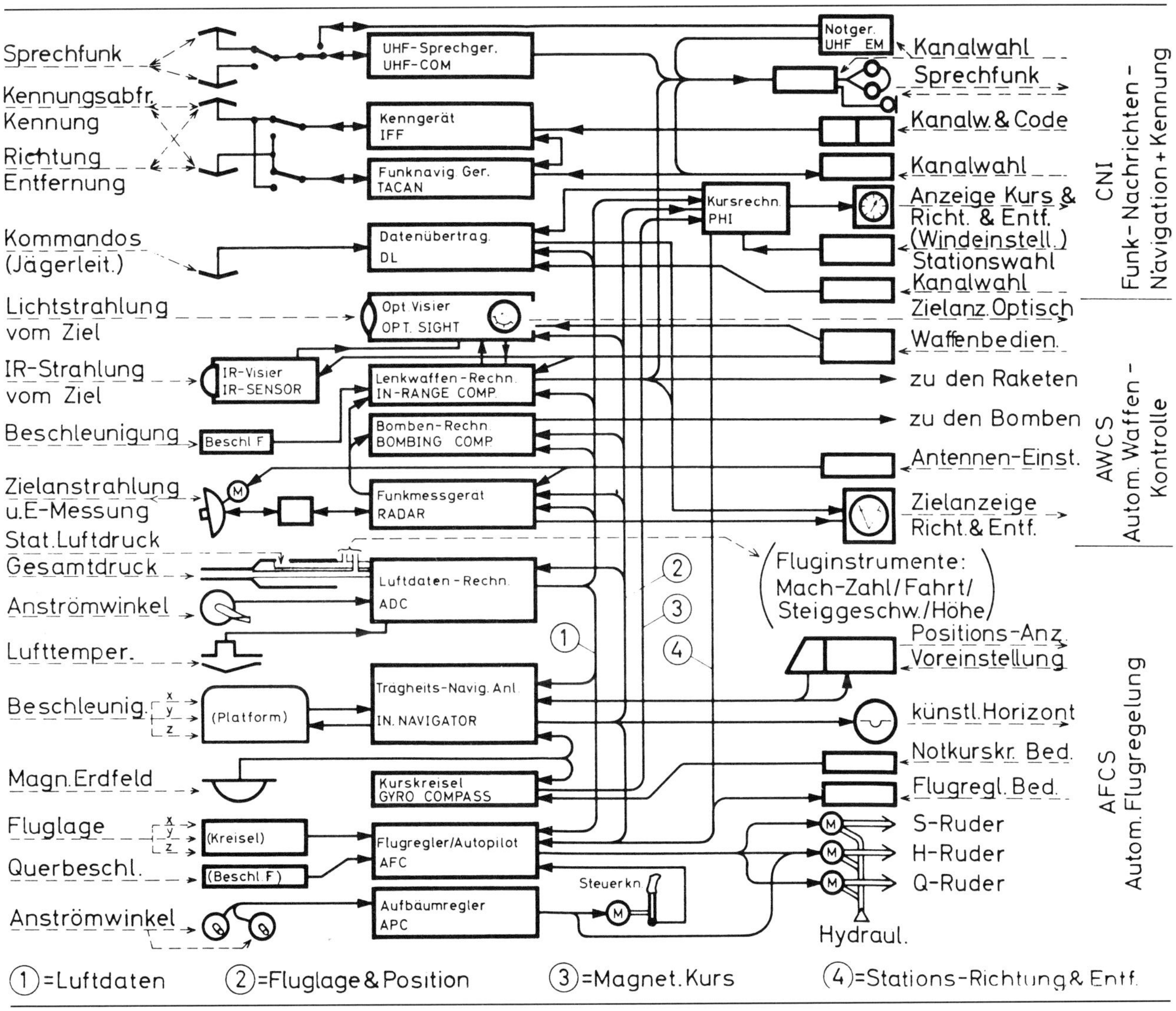

Elektronik-Ausrüstung für Flugzeug F 104 G. Blockschema der Signalverbindungen zwischen den Elektroniksystemen.

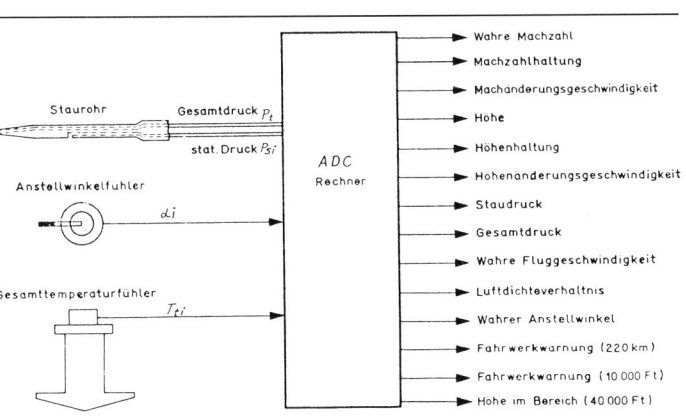

Luftwerterechner Garret-AiResearch CADC für Flugzeug F 104 G. Blockschema mit Meßfühlern für Gesamtdruck, statischer Druck, Anstellwinkel und Gesamttemperatur sowie den Ausgangssignalen für die anderen Systeme. ▷

werte der Flugdaten Temperatur, statischer Druck, Gesamtdruck und Anstellwinkel werden in elektrische und mechanische Werte umgewandelt und daraus Höhe, Geschwindigkeit (Fahrt) und Machzahl errechnet. Die Ausgangswerte der Rechenanlage werden elektrisch an die Systeme Autopilot, Radar, Trägheitsnavigation und dem Flugnavigationsrechner (PHI) gegeben. Durch die zentrale Aufbereitung der Luftwertedaten wird durch die Berücksichtigung aller verfügbaren Korrekturwerte eine größere Genauigkeit der für die Verwendung in den einzelnen Systemen verfügbaren Luftdaten erzielt. Die Anlage besteht aus den Meßfühlern Staurohr, Anstellwinkelfühler und Gesamttemperaturfühler sowie dem Luftwerterechner (Air data computer). Für die Fertigung der Luftdatenrechner wurde eine Tochtergesellschaft Nord-Micro Elektronik Feinmechanik AG in Frankfurt gegründet.

Trägheitsnavigationssystem Litton LN-3 in F-104 G

Die Trägheitsanlage dient zur bodenunabhängigen Navigation sowie zur Erzeugung der Lagesignale der Roll-, Nick- und Gierwinkel für Anzeige, Radargerät, Waffenrechner und Autopilot. Die Anlage besteht aus der Trägheitsplattform, Rechner, Anpassungsgerät, Bediengerät und Startpunkteinstellgerät.

Die Trägheitsplattform besteht aus vier Kardanrahmen mit zwei Litton G-200-Meßkreiseln und drei Litton A-200-Drehmoment-Beschleunigungsmessern. Die vier Kardanrahmen (äußere Querneigung, Längsneigung, innere Querneigung und Azimut) erlauben eine uneingeschränkte Manövrierfähigkeit. Die Ausgangswerte der Plattform bestehen aus den Signalen der Beschleunigungsmesser in den drei Achsen X,

LN-3, Trägheitsplattform mit Meßkreisel Litton G-200 (oben).

Y, Z und Signalen der Lagewinkel um die drei Achsen. Die Eingänge bestehen aus drei Kreisel-Drehmoment-Signalen, die zur Einhaltung der Ortshorizontalen und der Gitter-Nord-Ausrichtung der Plattform dienen, während sich das Flugzeug über die gekrümmte Oberfläche der sich drehenden Erde bewegt. Der Meßkreisel Litton G-200 ist ein kugelgelagerter Schwimmkreisel mit zwei Meßachsen; die Aufteilung der Meßachsen ist folgende: ein Kreisel für

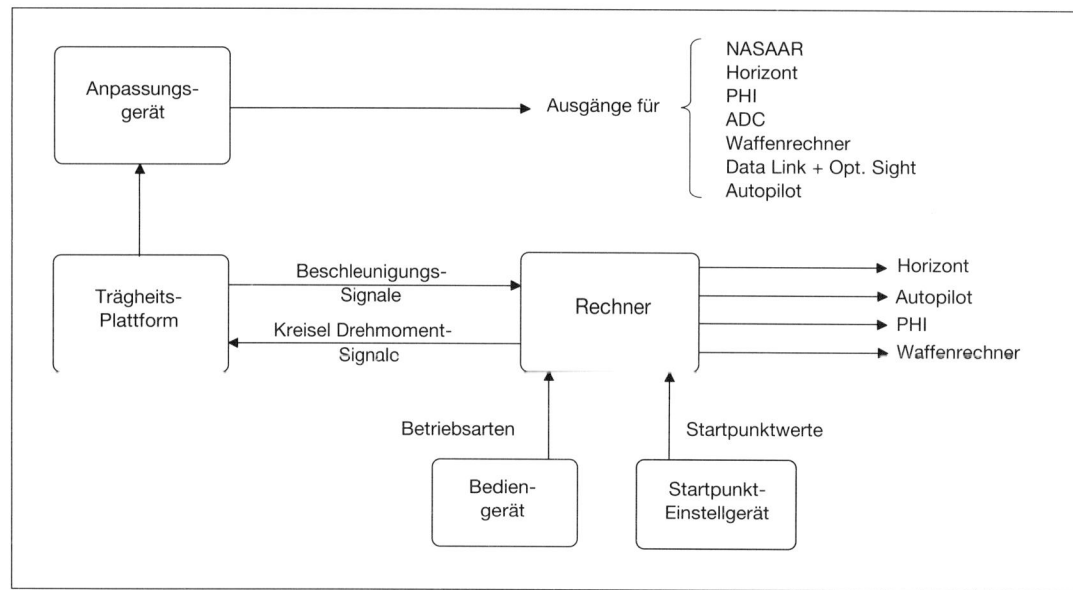

Trägheitsnavigationssystem Litton LN-3, Blockschema mit den Geräten Trägheitsplattform, Rechner, Anpassungsgerät, Bediengerät und Startpunkteinstellgerät sowie den Ausgangssignalen.

die X- und Z-Achse, der zweite Kreisel für die Y- und Z-Achse.
Der Rechner enthält die Servostabilisierungs-Verstärker für die Trägheitsplattform und einen Analogrechner, um die Gitterstandortkoordinaten aus den Werten der Beschleunigungsmesser zu erhalten. Diese werden auch zur Erzeugung der Drehmomentsignale für die Kreisel verwendet. Die Standortkoordinaten werden mit Hilfe mechanischer Integratoren aus den Werten der Beschleunigungsmesser gebildet.
In dem Anpassungsgerät sind Servosysteme vorhanden, die die Signale der Plattform – für alle Verbraucher angepaßt – ausgeben.
Im Bediengerät sind die Schalter für die verschiedenen Betriebszustände Bereitschaft, Ausrichtung, Navigation und Kompaß vorhanden. Für die Grobausrichtung der Plattform im Azimut wird das Signal der Sperry-Kurskreiselanlage C-2 G benutzt, während die Feinausrichtung mit Hilfe der Kreisel-Kompaß-Methode erfolgt. Es werden die Signale des Ost-West-Kreisels als Drehmoment auf den Azimut-Kreisel geschaltet, bis die Signale zu Null werden, d. h. bis die Ost-West-Kreiselachse rechtwinklig zur Drehachse der Erde steht. In der Betriebsart »Navigation« sind die Stromkreise zur Ausrichtung abgeschaltet, und das System arbeitet in seinem normalen Navigations-Betriebszustand.
In der Betriebsart »Kompaß« werden die Azimutsignale der Plattform abgeschaltet, und es werden die Signale der Kurskreiselanlage Sperry C-2 zum Standort- und Zielanzeigegerät (PHI 4A) gegeben. Dieser Notzustand soll bei einem fehlerhaften Plattformsignal den Weiterflug mit verringerter Kursgenauigkeit ermöglichen.
Im Startpunkteinstellungs-Gerät werden die Startpunktkoordinaten vor dem Flug eingestellt; die Einstellung ist nur bei einem Wechsel seiner Operationsbasis zu verändern.
Die Lizenz-Fertigung der Trägheitsnavigationsanlage LN-3 wurde von der Litton Industries GmbH mit folgender Aufteilung übernommen:
Kreisel und Beschleunigungsmesser – Fritz Hellige & Co, Freiburg; Plattform-Zusammenbau, Systemintegration und Vertrieb – C. Plath, Hamburg; Rechner-Einheit – Bell Telephone Manufacturing, Antwerpen; Bediengerät, Anpassungsgerät, Bodengerät – Litton-Italia, Rom.

Flugwegrechenanlage Bendix PHI 3B in FIAT G-91 und PHI-4A in F-104 G

Um den Piloten von einsitzigen Flugzeugen zu entlasten, wurde von der kanadischen Firma Computing Devices of Canada, einer Tochterfirma der Bendix Corp., ein automatisches Kurskoppelgerät PHI (Position and Home Indicator) entwickelt. Für das Aufklärungsflugzeug FIAT G-91 wurde der Typ PHI 3B, gestützt auf Meßwerte vom Doppler-Gerät, Luftdatensystem und Kurskreiselsystem sowie einer Auf-

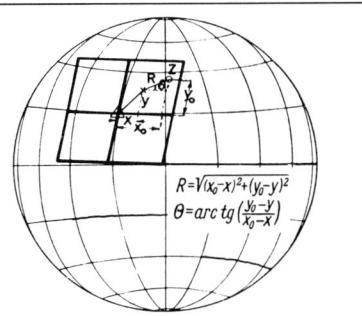

Flugwegrechenanlage Bendix PHI 4A für Flugzeug F 104 G. Die Berechnung der Koordinaten erfolgt vom Startpunkt im UTM-Gittersystem.

schaltung von TACAN oder ADF ausgewählt. Zur Anzeige für den Piloten werden der Steuerkurs und die Entfernung für ein eingestelltes Ziel errechnet. Es wird also nicht der Standort des Flugzeugs gegenüber den Kartenkoordinaten, sondern gegenüber dem Zielort angezeigt. Als Zielort kann natürlich auch der vorgesehene Landeplatz eingestellt

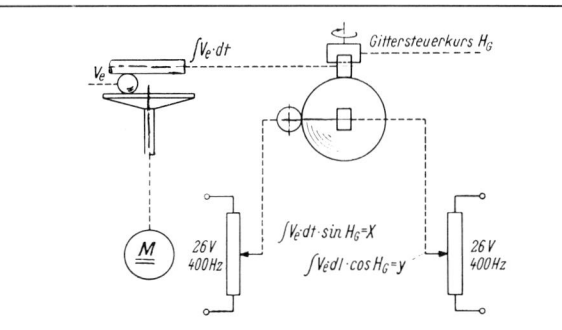

Mechanische Berechnung der Koordinaten für den Steuerkurs durch den Kugel-Koordinatenwandler.

werden. So kann der Pilot, z. B. nach einem Luftkampf, seinen Heimatplatz sicher erreichen. Die erforderlichen Rechenvorgänge erfolgen mit elektromechanischen Rechnern wie Scheiben-Integriergetriebe zur Integration der Eigengeschwindigkeit (Bestimmung des zurückgelegten Weges), Kugel-Koordinatenwandler zur Zerlegung des Weges in Nord-Süd- und Ost-West-Komponenten sowie Servokreise für die Betätigung der Anzeigen für den Kurs und der Entfernung.
Die für die Anwendung im Flugzeug F-104 G ausgewählte Flugwegrechenanlage PHI 4A ist ähnlich der Anlage PHI 3B aufgebaut. Die in der F-104 G zur Verfügung stehenden Meßwerte der Trägheitsnavigationsanlage Litton LN-3

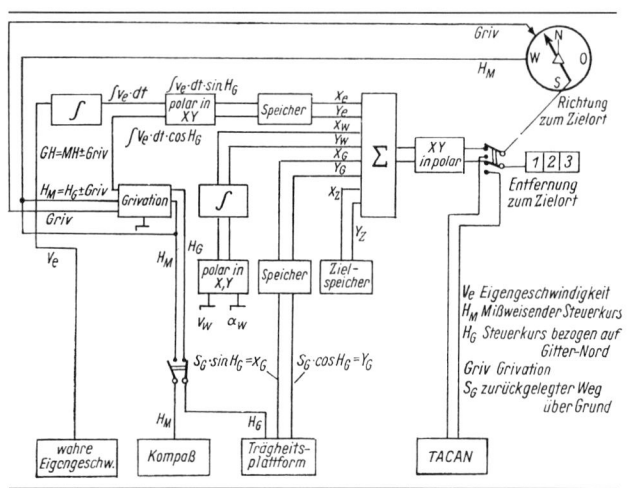

Flugwegrechenanlage Bendix PHI 4A. Blockschema der Rechenvorgänge in Verbindung mit dem Luftwerterechner, Kompaßanlage, Trägheitssystem und TACAN (Radar).

Flugwegrechenanlage PHI-4A, Anzeigegerät mit Anzeige für Steuerkurs, Entfernung und Betriebsart.

1 Betriebsartenwahlschalter
2 Grivationsmarke
3 Richtungszeiger
4 Steuerstrich
5 Grivationsknopf
6 Kursrose
7 Entfernungszählwerk
8 Richtungsknopf
9 Skala mit Einstellmarke
10 Entfernungsknopf

Minneapolis Honeywell-Flugregelanlage MH-97 G für Flugzeug F 104 G, Geräteübersicht.

ergeben jedoch eine höhere Genauigkeit bei der bordautonomen Navigation.
Für die Fertigung der Flugwegrechenanlagen wurde von Bendix und Telefunken die Teldix Luftfahrt-Ausrüstungs GmbH in Heidelberg gegründet.

Flugregelsystem Minneapolis Honeywell MH-97 G in F 104. Dämpfer, Autopilot, Aufbäumregler

Um den Anforderungen der Bundeswehr zu genügen, wurde für das Flugzeug F-104 G von der Firma Minneapolis Honeywell die Flugregelanlage MH-97 entwickelt und in der Tochtergesellschaft Honeywell GmbH, Dörningheim/Hanau, für den europäischen Bedarf gefertigt. Die Flugregelanlage MH-97 besteht aus drei Untersystemen.
Der **Dämpfungsregler** ist während des Fluges ständig eingeschaltet; er verleiht dem Flugzeug eine künstliche Stabilität um die Roll-, Nick- und Gierachse. Dadurch werden gleichzeitig die Zielsicherheit beim Einsatz der Bordwaffen wie beim Bombenwurf sowie indirekt auch die Manövrierfähigkeit des Flugzeuges erhöht. In der Gierachse der F-104 G treten ständig kleine Schwingungen auf, die unter der Wirkung des Gierdämpfungssystems verschwinden. Ähnliche Schwingungen treten auch in der Roll- und Nickachse bei höheren Fluggeschwindigkeiten auf, die durch das Dämpfungssystem beseitigt werden.

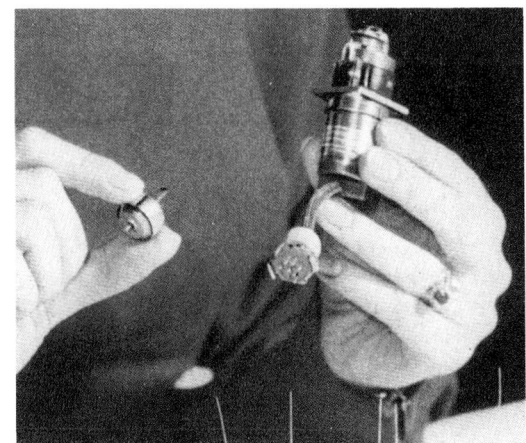

Honeywell-Miniaturwendekreisel »Golden Gnat«.

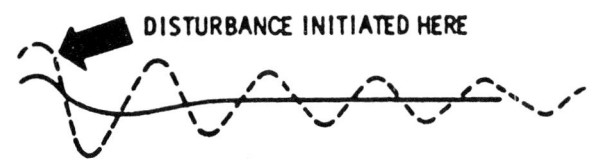

F 104 G, Verhalten der Gierachse ohne (-----) und mit (―――) Gierdämpfer bei Fluggeschwindigkeiten unter 400 Knoten.

Als Meßfühler für das Dämpfungssystem wird für jede der drei Drehachsen des Flugzeugs ein Miniaturwendekreisel, »Golden Gnat« genannt, verwendet. Dieser Wendekreisel hat einen Maßbereich bis 50°/s und auf Grund seiner schwimmend gelagerten Rahmenachse eine sehr geringe Ansprechempfindlichkeit.
Die Einspeisung der Dämpfungssignale für die erforderliche Ruderbewegung erfolgt mit Hilfe kleiner hydraulischer Stellzylinder, die direkt an den Hauptsteuer-Servozylinder für die Steuerung der Ruder angebracht sind. Der Regelkreis für die Dämpferfunktion besteht aus Wendekreisel, Verstärker mit Rechneranpassung, elektrohydraulischem Steuerventil mit Modulationskolben und der Hebelanlenkung an das mechanische Steuerventil für den Hauptsteuerzylinder sowie den entsprechenden Stellungsrückführungen.

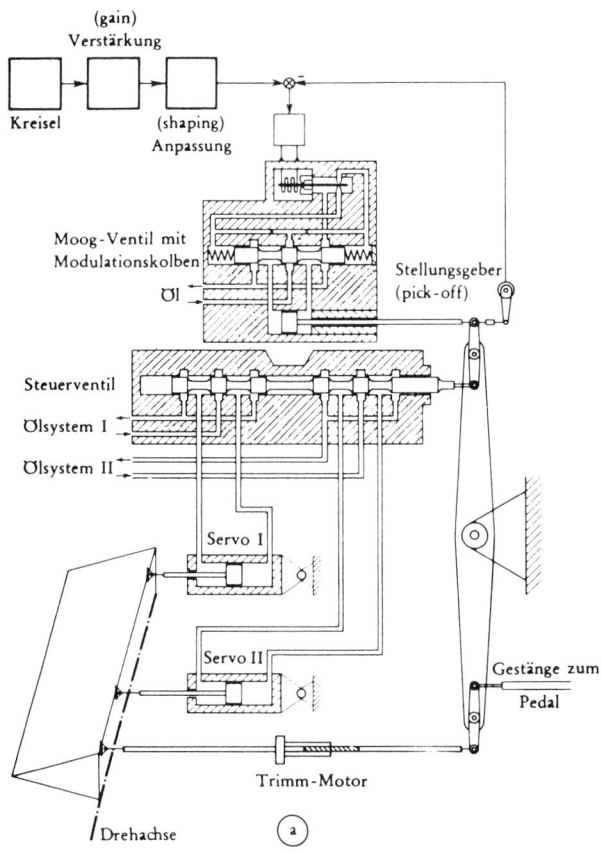

Honeywell-Dämpfungssystem im Flugzeug F 104 G mit Wendekreisel, Verstärker, elektrohydraulischen Ventilen mit Modulationskolben, Hauptsteuerzylinder und mechanischer Anlenkung zum Seitenruder.

Der **Flugregler** für das Flugzeug F-104 G steuert das Flugzeug über eigene hydraulische Steuerzylinder, die parallel zum Steuergestänge für die Querruder und den Stabilisator angelenkt sind.

Die Hauptbetriebsarten des Flugregelsystems sind:
- Automatische Steuerkurshaltung,
- Automatische Roll- und Nicklagenhaltung,
- Knüppelkraftsteuerung,
- Standardkurve,
- Machzahlhaltung,
- Höhenhaltung,
- Aufschaltung von Navigationsanlagen (TACAN oder Trägheitsnavigationsanlage über PHI),
- Begrenzung der Normalbeschleunigung und der Nickdrehgeschwindigkeit,
- Automatische Nicktrimmung.

Als Meßfühler werden je ein Nick- und Rollwendekreisel, Knüppelkraftgeber, Beschleunigungsmesser sowie Meßwerte vom TACAN und Trägheitsnavigator über das PHI-System, Luftwerte vom Luftwertrechner und Lagewerte von der Trägheitsplattform verwendet. Diese Signale werden im Rechner verarbeitet und den elektrohydraulischen Ventilen zur Betätigung der Steuergestänge zugeführt.

Um die Überschreitung des kritischen Anstellwinkels (bei der die Flugzeugnase plötzlich hochschnellen würde) zu verhindern, ist im Flug ständig der **Aufbäumregler** eingeschaltet. Aus den Meßwerten eines eigenen Nickwendekreisels und eines Anstellwinkelgebers werden die kritischen Anstellwinkel des Flugzeugs errechnet. Kommt das Flugzeug in die Nähe des kritischen Anstellwinkels, so wird zunächst zur Warnung für den Piloten über einen Servo der Steuerknüppel in Vibration versetzt. Leitet der Pilot nicht die entsprechenden Gegenmaßnahmen ein, wird kurz vor Erreichen des kritischen Anstellwinkels der Steuerknüppel vom Aufbäumregler nach vorn gedrückt. Zur Sicherheit wird der jeweilige Anstellwinkel dem Piloten zur Anzeige gebracht; dadurch kann der Pilot das Flugzeug so steuern, daß in der Regel dieser gefährliche Flugzustand vermieden wird.

Alle Verstärker- und Rechnerschaltungen der Flugregelanlage MH-97 G sind voll transistoriert und im Rechnergehäuse untergebracht.

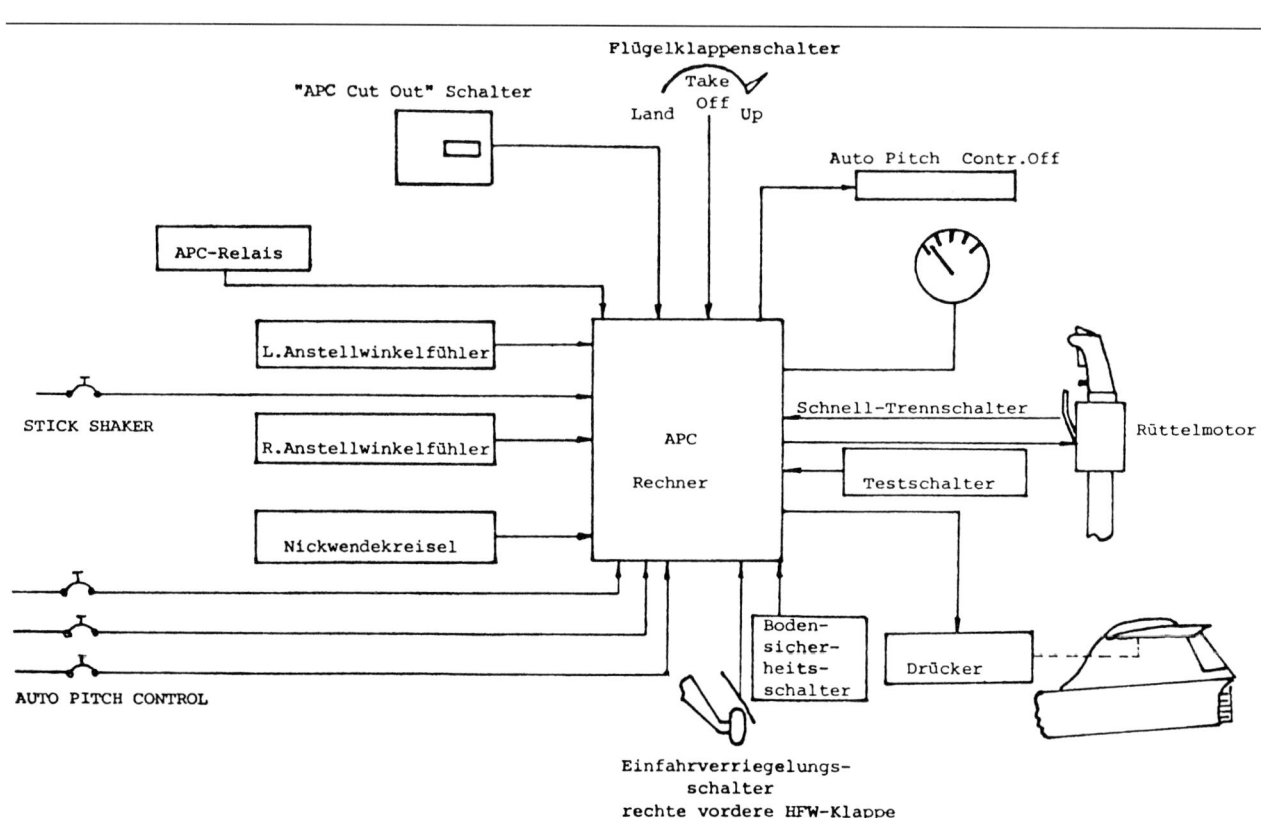

Aufbäumregler für F 104 G, Blockschema der Verbindung der Geräte.

Neubeginn der Flugreglerentwicklungen in Deutschland

Flugreglerentwicklungen im Bodenseewerk Gerätetechnik GmbH

Das Bodenseewerk in Überlingen ist aus einem Verlagerungsbetrieb der Askania-Werke, Berlin, hervorgegangen. Es wurde 1949 als selbständige Gesellschaft gegründet und ist seitdem auf dem Gebiet der Luftfahrttechnik tätig. Im Jahr 1954 erfolgte die Erweiterung des Arbeitsprogrammes auf Analysengeräte für die chemische Industrie und die Umbenennung des Unternehmens auf den Namen Bodenseewerk Perkin-Elmer & Co. GmbH.

Ab 1958 fand unter der Leitung von *Waldemar Möller,* der mit einer Anzahl langjährig erfahrener Fachleute aus der UdSSR zurückkam, der Aufbau einer eigenen Entwicklungsabteilung für Luftfahrtgeräte statt. Diese Luftfahrtabteilung wurde im Jahr 1965 in die 1960 gegründete Tochtergesellschaft Fluggerätewerk Bodensee GmbH eingegliedert und im Jahr 1968 entsprechend seinem erweiteren Aufgabenbereich in Bodenseewerk Gerätetechnik GmbH umbenannt. In den folgenden Ausführungen wird die Firma, unabhängig vom Zeitpunkt der Tätigkeit, kurz Bodenseewerk genannt.

Kursregler

Eine der ersten Arbeiten der neu geschaffenen Entwicklungsabteilung für Luftfahrtgeräte war die Entwicklung eines Kursreglers für kleinere Flugzeuge. Nach den ersten Flugversuchen in einer Do 27 mit dem Kursregler FRG 1, versehen mit einem PID-Wendekreisel, Magnet- und Tran-

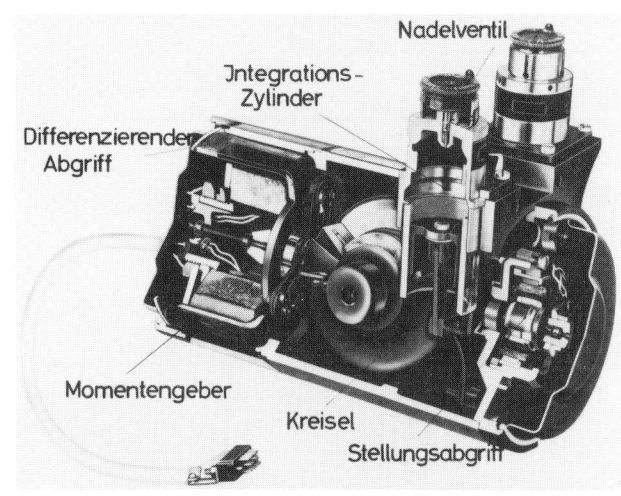

PID-Wendekreisel mit Stellungsabgriff, differenzierendem Abgriff, Momentgeber, Integrationszylinder und Nadelventil.

Kursregler FRG 5-3, Kreiselgerät, Funkaufschaltung, Stellmotor und Bediengeräte.

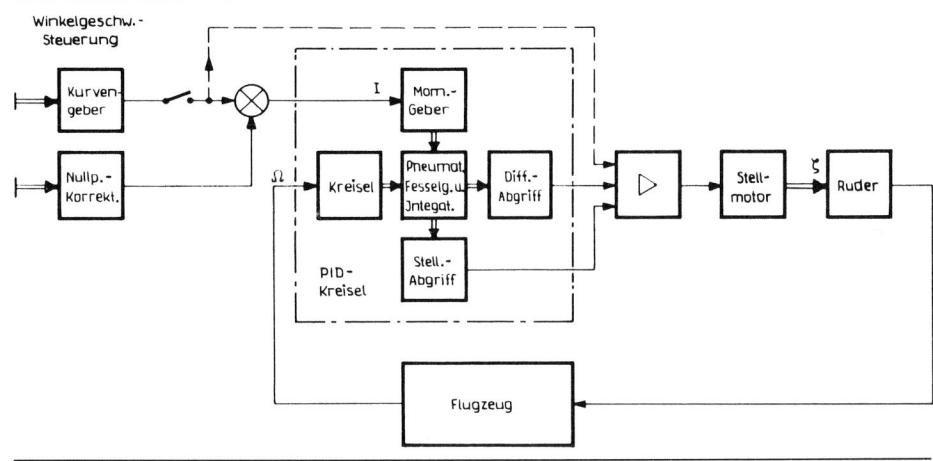

Kursregler FRG 5-3, Blockschema der Kursregelung (ohne Funkaufschaltung).

sistorverstärker sowie mit einem elektrischen Stellmotor der Firma Lear, wurde die Entwicklung des Kursreglers mit dem Typ FRG 5-3 abgeschlossen. Mit einem transistorisierten Leistungsverstärker konnte der neu konstruierte elektrische Stellmotor direkt gesteuert werden. Dieser elektrische Stellmotor kam in der Do 27, D 28 und dem VTOL-Flugzeug Do 31 zur Anwendung.

»Einheitsflugregler«, Dreiachsenflugregler

In Anlehnung der Entwicklung eines Flugreglers bei der Erprobungsstelle der Luftwaffe, Rechlin, im Jahre 1938 durch *Möller* wurde das Bodenseewerk 1961 vom Verteidungsministerium mit der Entwicklung eines »Dreiachsenflugreglers mit Triebwerksregelung« beauftragt. Dieser Flugregler sollte zum Einsatz in verschiedenen Starrflügel-Flugzeugen der Bundeswehr geeignet sein.

1964 ist in einem Änderungsvertrag die Entwicklung eines »Einheits-Flugregler-System mit Triebwerksregelung« der Anwendungsbereich des Flugreglersystems auf die in Entwicklung befindlichen VTOL-Flugzeuge und Hubschrauber ausgedehnt worden. In der Tabelle 7 sind die vom Bodenseewerk auf Grund dieses und weiterer Aufträge entwickelten Flugreglertypen aufgelistet.

Die Entwicklung begann mit den Flugregler FRG 10-101 – ebenfalls mit den Stellmotoren der Firma Lear ausgestattet – und führte zur Flugerprobung in dem Flugzeugmuster Fouga »Magister«.

Die weiteren Flugregler FRG 10 der ersten Entwicklungsstufe wurden in der Zeit von 1962 bis 1963 in den Flugzeugen der Bundeswehr Noratlas, F-84 F, Piaggio 149 D und Do 27 erprobt. Der grundsätzliche Aufbau der Flugregelung mit PID-Wendekreisel als Meßfühler für die Stabilisierung, Summierung der Signale im Magnetmodulator, Wechselstromverstärker mit phasenempfindlicher Gleichrichtung, Leistungsverstärker mit Dreileiterausgang und elektrischem Hauptstrom-Stellmotor mit Tachogenerator wurde in allen Flugreglern beibehalten; die Gegebenheiten der einzelnen Flugzeugtypen erforderten jedoch eine Anpassung der Geräte und der Optimierung der Aufschaltwerte der Signale. Insbesondere wurden die Lage- und Kurssignale den jeweilig vorhandenen Geräten entnommen. Bedingt durch die stürmische Entwicklung auf dem Gebiet der elektronischen Bauelemente war die Entwicklung des Flugreglers in der Entwicklungsstufe 2 erforderlich. Den PID-Wendekreisel versah man anstelle des induktiven Abgriffs mit einem Hall-Abgriff. Auf diese Weise erzeugte auch der Stellungsabgriff am Kreisel ein Gleichstromsignal und konnte so mit den anderen Gleichstromsignalen mit dem ebenfalls neu eingeführten Hall-Modulator summiert und in eine Wechselspannung für die nachfolgende Verstärkung umgewandelt werden. Die weitere Verbesserung bestand in der Leistungsverstärkung in Zweileiterausführung und im Ersatz des Tachogenerators durch eine Drehzahlmeßbrücke.

Flugregler FRG 10-303, Kreisel- und Elektronikgerät für eine Achse im ATR 1/2 short-Gehäuse.

Dreiachsenflugregler FRG 10-105 für Flugzeug Noratlas 2501, Lagehaltung durch Horizont mit Roll- und Nicklageabgriffen.

Grundsätzliches Blockschema des Bodenseewerk-Dreiachsenflugreglers FRG 10.

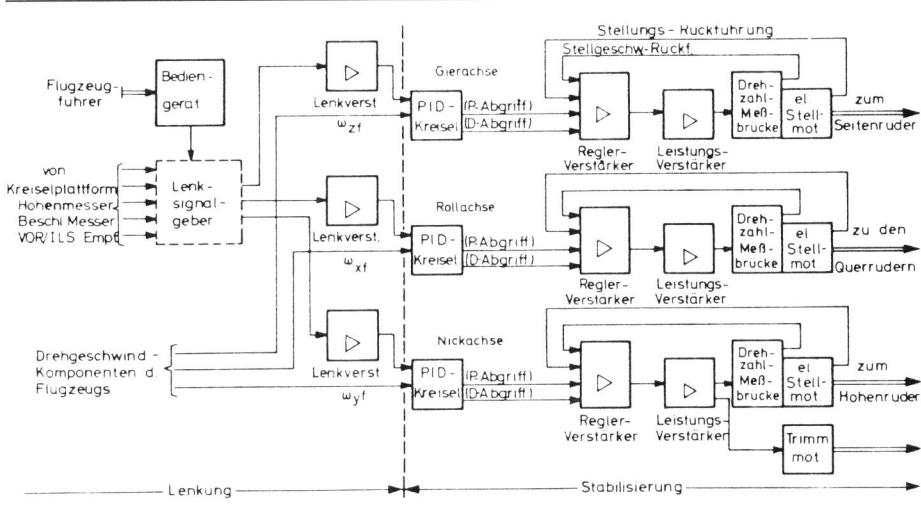

Die Flugregler FRG 10 der zweiten Entwicklungsstufe kamen in den Flugzeugmustern F-104 G und Do 27 zur Erprobung, insbesondere sind auch die Vorversuche für die VTOL-Flugzeuge VJ 101 C, Do 31 und VAK 191 B auf den Wippen und Schwebegestellen mit diesem Flugreglertyp ausgeführt worden.

Zum Abschluß dieser Entwicklung war der Flugregler FRG 10 der Entwicklungsstufe 3 mit Gleichspannungsverstärker aufgebaut, nach Achsen getrennt und in den Normgehäusen ARING 1/2 ATR short gemeinsam mit einem kleinen PID-Wendekreisel untergebracht worden. Dadurch sollte der Einbau im Flugzeug erleichtert werden; der Einbau des kompakt aufgebauten Kreiselgerätes mit integrierten Verstärkern der Entwicklungsstufe 2 bereitete oft Schwierigkeiten beim Einbau in Flugzeugen mit beschränkten Platzverhältnissen.

Flugregler »Pilotboy«

Da für die fertig entwickelten und erprobten Flugregler FRG 10 bei der Bundeswehr kein Bedarf vorhanden war, entschloß sich *Möller* zu einer vereinfachten Version des Flugreglers für den zivilen Markt. Dieser, bewußt mit einfachen Mitteln erstellte »Pilotboy« genannte Flugregler (FRG 12), konnte in kleineren Reiseflugzeugen den Flug nach Instrumentenflugregeln ohne einen Co-Piloten erlauben. So sollte ein Absatz auf dem zivilen Markt erschlossen werden. Die erhoffte Genehmigung des Luftfahrtbundesamtes für den Instrumentenflug ohne Co-Pilot bei Benutzung eines Autopiloten blieb jedoch aus, obwohl eine eingehende Flugerprobung in dem werkseigenen Flugzeug Do 28 erfolgte.

Mit der Typenbezeichnung FRG 17 hat *Dr. Waldemar Möller* nach seiner Pensionierung 1968 mit einigen Mitarbeitern noch eine Entwicklung eines einfachen Flugreglers für zivile Anwendungen in Angriff genommen. Auch diese Arbeiten führten, ebenso wie die Entwicklung des Flugreglers FRG 12, nicht zu der gewünschten Einführung auf dem zivilen Markt. Die amerikanischen Entwicklungen der Autopiloten für diesen Bedarf waren bei den Flugzeugherstellern eingeführt und wurden zusammen mit den Flugzeugen angeboten.

Flugregler für Hubschrauber

Schon im Jahr 1964 fanden erste Flugversuche mit einem abgewandelten Flugregler FRG 10 – mit einer Vertikalregelung ergänzt – auf einem über Kabel ferngesteuerten Hubschrauber Do 32 U (U für unbemannt) statt. Diese Versuche setzte man in den Jahren 1965 und 1968 mit dem Flugregler FRG 10 auf dem Hubschrauber Do 32 K »Kiebitz« (K für Kabel) fort. Hierbei hatte man den Flugregler mit zusätzlichen Seitenbeschleunigungsmessern versehen, um die Bewegungen durch Windeinfluß des an einem Kabel gefesselten Hubschaubers zu dämpfen.

Auf Grund der Erfahrungen mit den Flugreglern auf dem Hubschrauber Do 32 K war 1971 – mit der Typenbezeichnung FRG 18 – ein Flugreglersystem für das ebenfalls neu entwickelte Do 32 ARGUS-Kiebitz-System entwickelt worden, dabei Lage-, Kurs- und Wendekreisel und Beschleunigungsmesser in einem inertialen Meßpaket zusammengefaßt. Die Flugreglerelektronik-Einheit verarbeitete die Meßsignale mit Gleichspannungsverstärkern zur Ansteuerung der hydraulischen Stellmotoren zur Betätigung der Stellorgane. Die Entwicklung der elektro-hydraulischen Steller erfolgte durch die Feinmechanische Werke, Mainz.

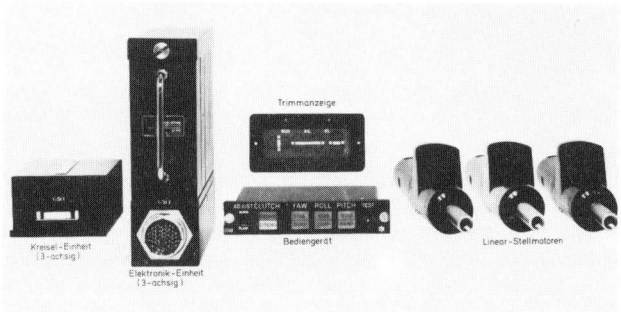
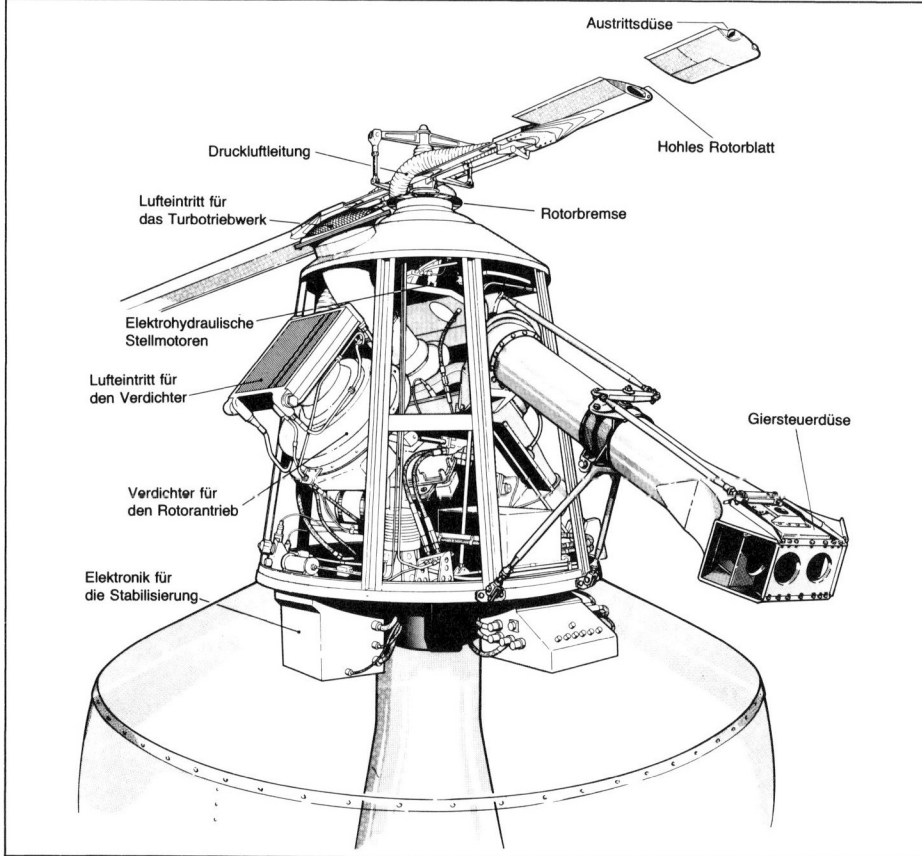

Oben links: Über Kabel gefesselte Rotor-Plattform Do 32 K »Kiebitz«. Die Treibstoffversorgung und Fernsteuerung erfolgt über das Spezialkabel der Fesselung.

Oben rechts: Dreiachsenflugregler FRG 10-113 für Rotorplattform Do 32 K »Kiebitz« mit Lagesignalen vom Horizont und Seitenbeschleunigungsmessern.

Beobachtungsplattform ARGUS »Kiebitz«.
Mitte rechts: Flugregler FRG 14/Stab, Geräte des Dreiachsen-Stabilisators für Hubschrauber.

Flugregler FRG 14/Stab, Blockschema einer Regelachse.

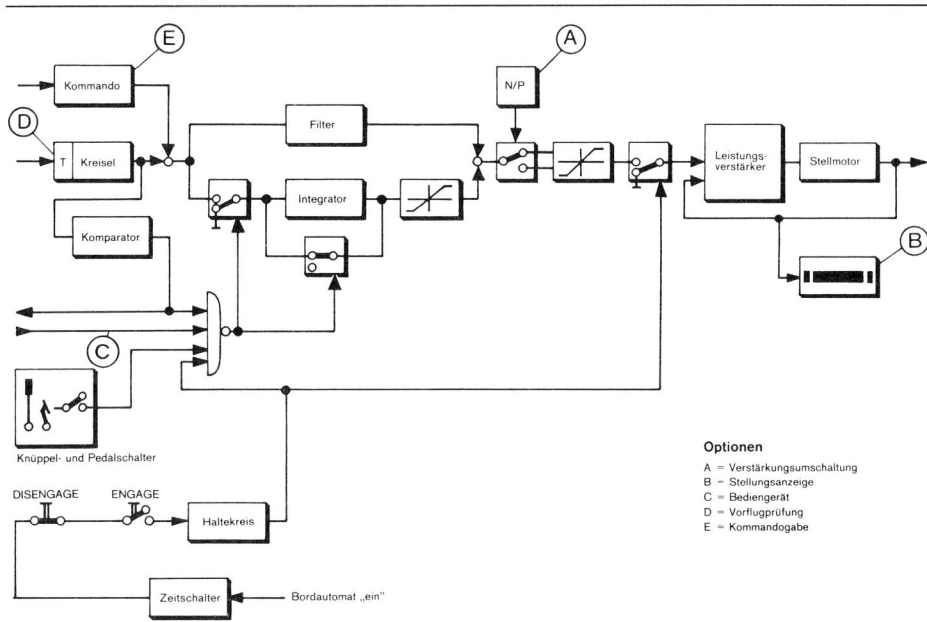

In den Jahren 1969 bis 1975 wurden unter der Typenbezeichnung FRG 14 eine Anzahl von Versuchsausführungen von Flugreglern für den Einsatz im Hubschrauber Bo 105 entwickelt und erprobt. Mehrere Einsatzmöglichkeiten für Flugregler kamen zur Untersuchung: Stabilisator für einen ruhigen Flug und Entlastung für den Piloten, oder Stabili-

Gierregler FRG 19 für Panzerabwehrhubschrauber PAH-1, vereinfachtes Blockschema mit Meßfühler, Rechner und hydr. Rudermaschine HR.

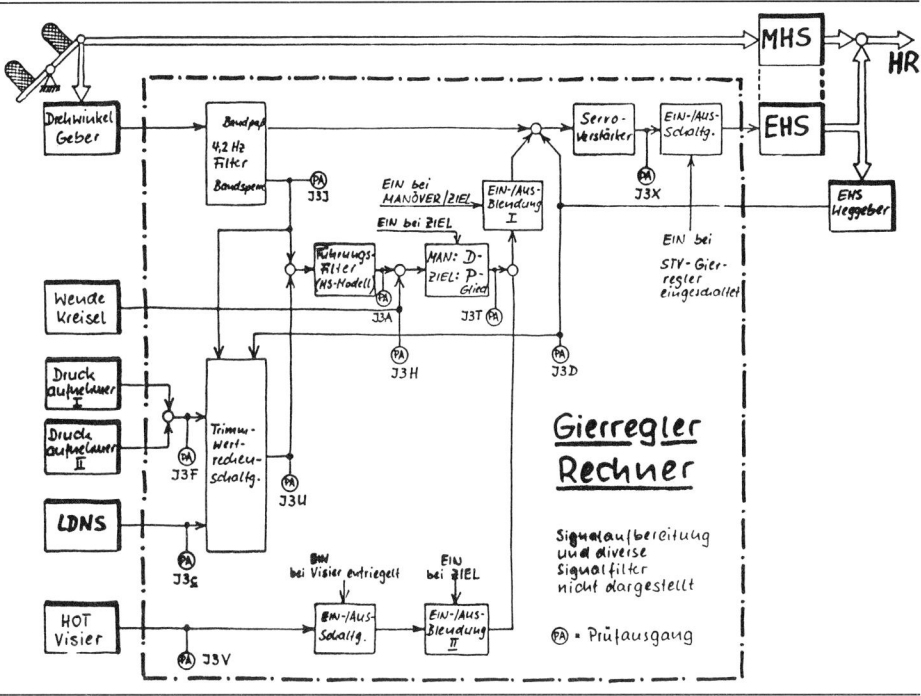

sator für den Schießanflug (Hubschrauber als Waffenplattform) und Erweiterung des Stabilisators zum Autopiloten für Schlechtwetterflüge mit Aufschaltung von Lage-, Kurs- und Funksignalen. Eine Erprobung dieser verschiedenen Möglichkeiten fand im Hubschrauber Bo 105 statt.

Im Jahr 1976 kam für den Hubschrauber Bo 105, PAH I der Bundeswehr, ein von MBB entwickelter Flugregler für die Gierachse, vom Bodenseewerk serienreif gemacht und in Serie gefertigt. Im Stand-by-Betrieb wird bei Pedalsteuereingaben ein Signal zur Vermeidung von Torsionsschwingungen der Heckrotorwelle abgeleitet. Im Manöverbetrieb unterstützt der Rechner Steuereingaben über die Pedale, Störungen durch Windeinfluß werden vermindert. Während des Zielbetriebes wird der Differenzwinkel zwischen Visierlinie und Hubschrauberlängsachse ausgeregelt. Bei Zielnachführung des Visiers wird die Längsachse dem Ziel nachgeführt. Der Rechner des Flugreglers FRG 19 erhält Eingangssignale vom Gierwendekreisel, Winkelgeber an den Pedalen, Weggeber am Stellmotor, Druckaufnehmer TW 1, TW 2 an den Triebwerken als Maß für die Triebwerksleistung, Fahrtabweichung von 0-Wert 150 km/h und den Visierablagewinkel. Aus diesen Signalen werden im Rechner die Steuersignale für den elektrischen Eingang des hydraulischen Stellmotors gebildet. Der elektrische Stellmotor verkürzt oder verlängert die Abtriebsstange des mechanisch-hydraulischen Servos. Der verwendete hydraulische Stellmotor mit mechanischem und elektrischem Eingang ist von der Firma Liebherr-Aero-Technik entwickelt und in Serie gefertigt worden.

Vortriebsregler

Vortriebsregler sind im allgemeinen Fluggeschwindigkeitsregler oder richtiger Fahrtregler über den Schub der Triebwerke. Zur Vervollständigung der Dreiachsenflugregler wurden vom Bodenseewerk ab 1965 auch diese Vortriebsregler entwickelt und Prototypen in den Flugzeugen »Transall« und Boeing 707 im Flug erprobt. In Zusammenarbeit mit der Deutschen Lufthansa folgte in der Entwicklung der Vortriebsregler FVR 02 mit Erprobung von über 4000 Flugstunden in dem Verkehrsflugzeug Boeing 707. Nach der Zulassung durch das Bundesluftfahrtamt begann die Serienfertigung des Vortriebsregler FVR 02 und der Einbau in allen Flugzeugen Boeing 707 der Lufthansa.

Der Vortriebsregler besteht aus:
– Bediengerät mit Eingabemöglichkeit für die Sollfahrt, Anzeige der Sollfahrt und dem Betriebsarten-Wahlschalter;
– Rechner mit Beschleunigungsmesser und Selbsttesteinrichtung;
– Fahrtmesser mit elektrischem Abgriff und Sollfahrtanzeige;
– Servomotor nach ARING 558, der über eine Kupplung auf die Gashebel wirkt und
– Landeklappenschalter zur Steuerung des Landesklappenprogramms.

Der lineare Regelteil erhält die Fahrtabweichung vom Fahrtmesser und den Nickwinkel vom Lotkreisel. Der

Geräte des Vortriebsreglers FVR 02: Fahrtmesser mit Sollwertmarke, Landeklappenschalter, Rechner mit eingebautem Beschleunigungsmesser, Servomotor zur Gashebelverstellung, Bediengerät mit Einstellung der Sollfahrt und Betriebsarten-Wahlschalter.

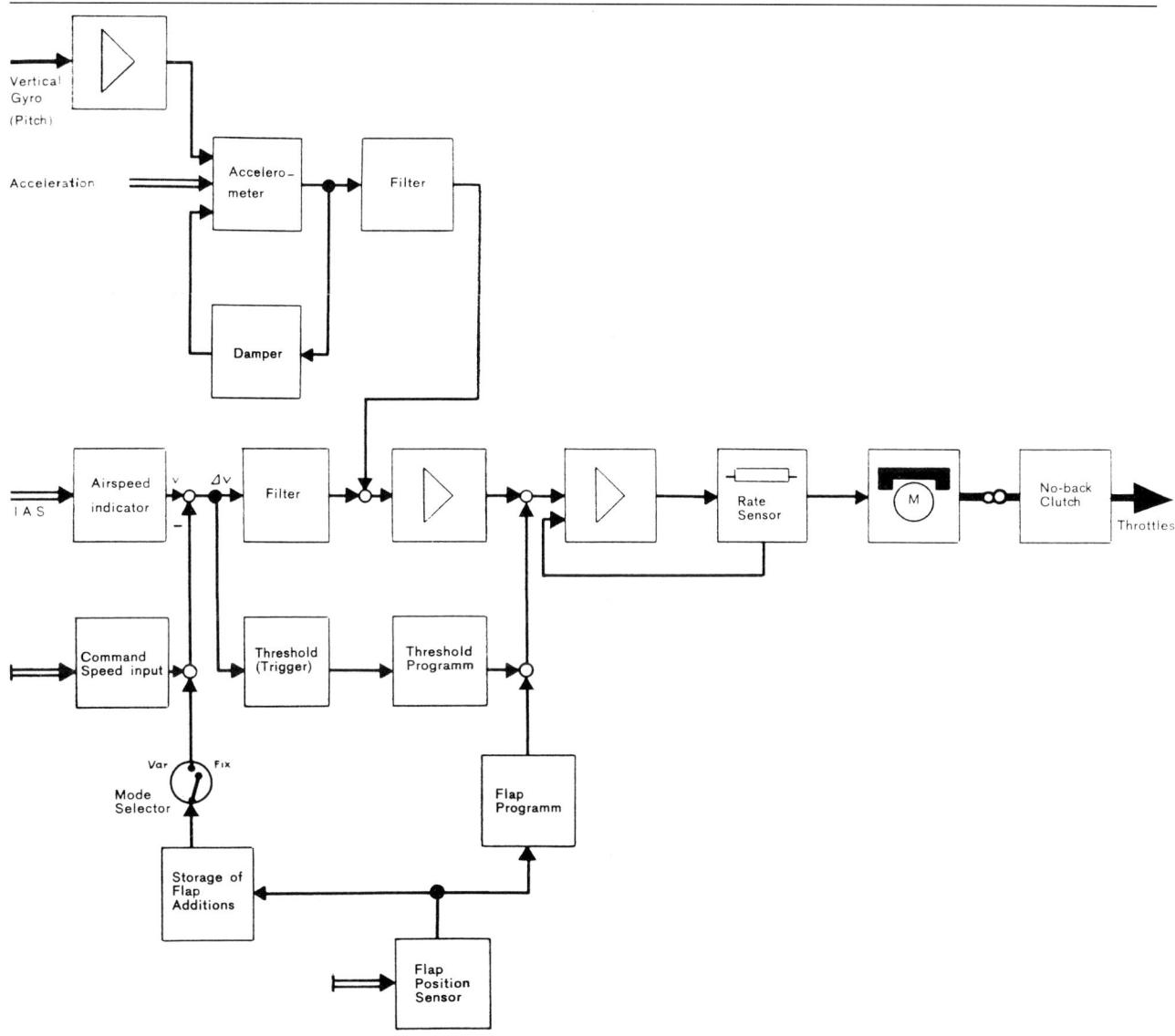

Vortriebsregler FVR 02, Blockschema mit linearem Reglerteil, Schwellwertprogramm mit Landeklappenprogramm.

Nickwinkel wird zur Korrektur der Erdbeschleunigung bei einem Längslagenwinkel des Flugzeugs verwendet. Die Signale der Fahrtabweichung und des Längsbeschleunigungsmessers werden über ein Filter auf den Reglerverstärker zur Steuerung des Servomotors gegeben. Das Filter sorgt für eine langsame Schubänderung und trägt zu einem ruhigen, für die Passagiere angenehmen Flug bei.
Ein nichtlinearer Programmsteuerungsteil, bestehend aus dem Schwellwertprogramm und dem Landeklappenprogramm, sorgt für weiteren Passagierkomfort.

Das Schwellwertprogramm regelt Unterschreitungen der Sollfahrt aufgrund größerer Störungen aus. Hierbei wird zeitweise von Fahrt- auf Beschleunigungsregelung übergegangen.
In der Betriebsart variabel (VAR) wird ein Landeklappenprogramm eingeleitet, entsprechend der Stellung der Landeklappen eine vorher eingegebene Sollfahrt vorgegeben und der Pilot während des Landesanflugs von der Einhaltung der jeweils erforderlichen Fahrt entlastet.

STOL-Flugreglersysteme

In mehreren Varianten wurde ein programmierbarer **Flugregler FRG 70** für den Erprobungsbetrieb im werkseigenen Flugzeug Do 28 D »Skyservant« entwickelt. Mit diesem Dreiachsenflugregler mit zusätzlicher Vortriebsregelung konnten die Voraussetzungen für die Erprobung möglicher Flugbahnen für kurzstartende und -landende (STOL-)Flugzeuge mit Hilfe eines Flugbahnrechners geschaffen werden. Um Hindernisse zu überfliegen und die Lärmbelästigung minimal zu halten, sind steile, in vielen Fällen gekrümmte Anflugprofile notwendig. Die Trennung

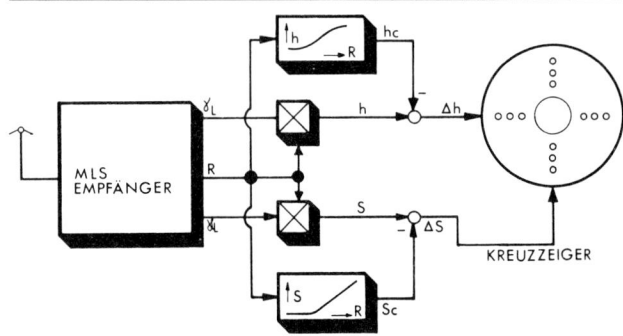

Flugbahnführungssystem zur Erzeugung gekrümmter Flugbahnprofile.

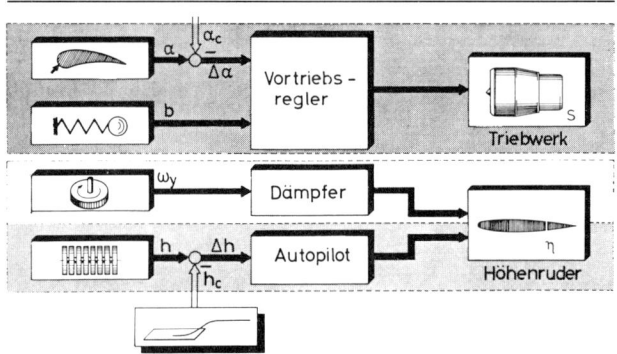

Konventionelles Flugregelungssystem mit getrennten Regelachsen.

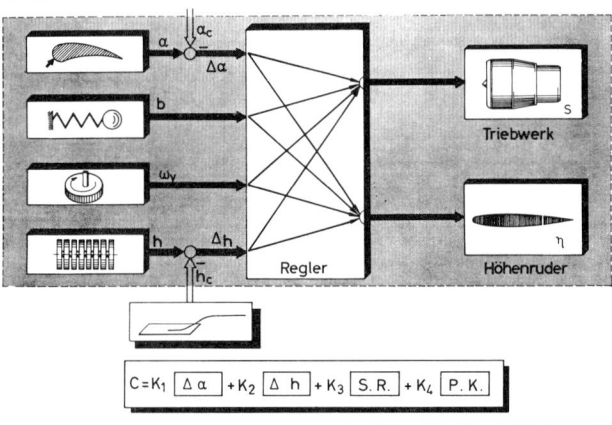

STOL-Flugregelungssystem mit vermaschten Regelachsen.

der Reglerkanäle eines klassischen Flugregelungssystems wurden durch eine Vermaschung der Reglersignale zwischen den Rudern und der Vorschubregelung ersetzt, in der Nickachse die schnellen Schwingungen durch Höhenruderausschläge und die langsamen (Bahn-)Schwingungen durch den Triebwerksschub gedämpft. Um bei einer steilen Anflugbahn die Landestrecke möglichst kurz zu halten, muß das Flugzeug langsam, beim Aufsetzen so langsam wie möglich fliegen. Aus diesem Grund wurde anstelle der Fahrt der Auftriebsbeiwert geregelt. So lassen sich wesentlich höhere Genauigkeiten erreichen, der Sicherheitsabstand kann verringert werden.

Die so geforderte Flugbahn (Steilanflug und Einhaltung des aerodynamischen Strömungszustands) kann der Pilot nur bei großer Aufmerksamkeit und ruhigem Wetter einhalten. Das Flugregelungssystem FRG 70 in Verbindung mit dem Flugbahnrechner GCU 70 kann den Piloten bei der Erfüllung dieser automatisch durchführbaren Tätigkeit so weit entlasten, daß ihm genügend Zeit zur Überwachung und für Entscheidungen bleibt. Für die Durchführung gekrümmter Anflugbahnen ist die Anwendung des konventionellen ILS-Verfahrens nicht möglich. Einige der Mikrowellen-Lande-Systeme (MLS) sind prinzipiell zur Erzeugung gekrümmter Anflugprofile geeignet:

a) Der kommandierte Leitstrahlwinkel ist in Azimut und Elevation frei wählbar.

b) Es steht eine Entfernungsanzeige zur Verfügung (DME = Distance Measurement Equipment).

Für die Flugbahnführung wird die Soll-Flugbahn in einem vom DME-Signal gesteuerten Funktionsgeber erzeugt und mit den gemessenen Winkelsignalen verglichen. Die so gebildeten Abweichungen können an einem Kreuzzeigerinstrument angezeigt oder auch auf den Flugbahnrechner GCU 70 aufgeschaltet werden.

Die Flugerprobung mit dem Flugzeug Do 28 ergab die prinzipielle Anwendbarkeit der STOL-Flugbahnen auch in Verbindung mit gekrümmten Anflugprofilen. Es wurden über 500 vollautomatische Landungen einschließlich Anflug, Abfangen und Rollen bis herab zu Rollgeschwindigkeiten von 25 km durchgeführt.

Nachdem mit einem Labormuster eines digitalen Flugreglerrechners im werkseigenen Flugzeug Do 28 D brauchbare Ergebnisse erzielt wurden, begann 1977 die Entwicklung des

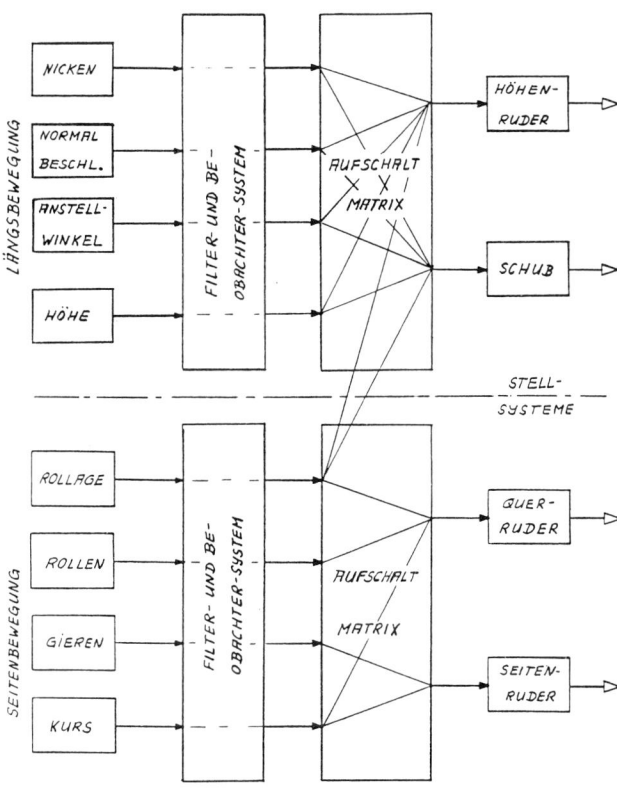

Digitales Flugregelungssystem FRG 70 D, Basisstruktur der Längs- und Seitenbewegung.

Flugregelungssystems FRG 70 D. Unter Verwendung der von Dornier-System entwickelten digitalen Schnittstelle MUDAS und der MUDAS-Module wurde vom Bodenseewerk das Flugregelungssystem FRG 70 D, bestehend aus dem Bedien- und Anzeigegerät (intelligentes Terminal) und Regler-Rechner, entwickelt und im Flugzeug Do 28 D erprobt. Beide Geräte enthalten je einen Datenprozessor, Programmspeicher, Arbeitsspeicher, Interfaceschaltungen sowie Stromversorgungsteile.

Der im Bediengerät vorhandene Prozessor organisiert den Datenverkehr zwischen Regler und Bediengerät über eine serielle Datenleitung. Daneben übernimmt der Bedienegeräteprozessor auch weitere Aufgaben wie Formatisierung und Aufbereitung von Anzeigedaten, er trägt somit zur Entlastung des Datenprozessors im Flugreglerrechner bei. Zwei Drehschalter erlauben die Auswahl der über Ziffern angezeigten Soll-Werte, eine in der Mitte befindliche Tastatur ermöglicht die Eingabe von Zahlenwerten für die Sollvorgabe der Regelung, und auf der rechten Seite befinden sich die Tasten zur Wahl der Betriebsarten der Regelung:

- Dämpfer für Nick-, Roll-, Gierachse,
- Anstellwinkelregelung,
- Höhenhaltung,
- Steigflug,
- Sinkflug,
- Kurshaltung,
- Kurvenflug links,
- Kurvenflug rechts.

Im Regler-Rechner wird das Rechnerprogramm in drei Aufgabenbereiche aufgeteilt:
- Regleralgorithmen,
- Fehlerselbsterkennung,
- Betriebssystem.

Die für die Flugregelung erforderliche Vermaschung der Signale der Sensoren auf die ausführenden Stellorgane ist im Bild für die Längsbewegung und Seitenbewegung aufgeteilt. In Flugversuchen mit der Do 28 D ist eine gute Übereinstimmung der Simulatorvorgaben mit den Flugergebnissen festgestellt worden. Aus diesem Grund war eine Optimierung der Reglerparameter durch zusätzliche Flugversuche nicht erforderlich.

Entwicklungen von Instrumenten, Flugreglern und Flugzeugen als integriertes System

Die Entwicklung von Flugzeugbordinstrumenten und automatischen Piloten ging bis zum Ende des Zweiten Weltkrieges weitgehend unabhängig von dem zur Verwendung kommenden Flugzeugtyp vor sich. Lediglich die Flugzeugart – Verkehrsflugzeug, Jagdflugzeug, Bomber oder Fernaufklärer – wurde zum Teil berücksichtigt. Bei der Entwicklung von Flugzeugen nach 1955 mußte entsprechend den höheren Fluggeschwindigkeiten – insbesondere bei den Jagdflugzeugen – künstliche Dämpfung und Stabilisierung schon beim Entwurf berücksichtigt werden. Die Entwicklung der Dämpfungseinrichtungen und der Autopiloten wurde gleichzeitig mit der Entwicklung der Flugzeuge als maßgeschneiderte Einrichtung zur Verbesserung der Flugeigenschaften eingeleitet. Diese Vorgehensweise ist für die heutige Entwicklung von Flugzeugen und Flugreglern allgemein üblich. Entsprechend den Forderungen von NATO und Bundeswehr begann in der Bundesrepublik Deutschland ab 1959 die Entwicklung von senkrechtstartenden und -landenden Flugzeugen (VTOL-Flugzeugen). Über diese Entwicklungen hat *Otto E. Pabst* in Band 6 dieser Buchreihe »Kurzstarter und Senkrechtstarter« ausführlich berichtet. Über die Probleme bei der Steuerung und Stabilisierung von VTOL-Flugzeugen schreibt *Pabst*:

Steuerung und Stabilisierung

Es ist schon erwähnt worden, daß sich die verschiedenen Strahlarten bei Bewegung oder Drehung der Strahlerzeuger verschieden verhalten. Während Hubschrauberrotoren bei Bewegung nach irgend einer Seite durch das Anheben der der Bewegung zugewandten Seite der Blätter eine Drehung der Kraftresultierenden im Sinne einer Rückführung der Bewegung ausführen, bleibt eine ähnliche Erscheinung beim Schweben auf Turbostrahltriebwerken fast völlig aus. Der Hubschrauber hat also gegen Orts- und Lageveränderungen eine gewisse Stabilität, während ein strahlgetragenes Flugzeug dagegen, zumindest bei relativ geringen Geschwindigkeiten, sich fast indifferent verhält und eine Bewegung unverändert beibehält, oder bei einer Neigung gegen die Senkrechte sogar beschleunigt. Diese Betrachtungen gelten nur bei kleinen Seitenbewegungen, da die aerodynamischen Einwirkungen dabei noch klein sind. In gewisser Hinsicht gilt dies auch für Luftschrauben, die für Senkrechtstart hochgestellt sind, obwohl auch hier die Blätter und die ganze Schraube einen rückstellenden Einfluß ausüben, der geringfügig stabilisierend wirkt. Bei Hubschraubern ohne Schlaggelenke wird dies ausgenutzt; es werden stark biegsame Blätter eingebaut, die den stabilisierenden Einfluß auf einen genügend großen Wert bringen.

Bevor näher auf die Bekämpfung des indifferenten Verhaltens eingegangen wird, muß zunächst erklärt werden, wie ein schwebendes Objekt gesteuert werden kann. Wenn von Hubschraubern abgesehen wird, dann hängt diese Frage sehr von der Anordnung der Triebwerke im Flugzeug ab. Konzentriert man die senkrecht arbeitenden Triebwerke etwa in Schwerpunktnähe der Maschine, so muß man Kräfte an möglichst weit davon entfernten Punkten, also an Flügelenden, Rumpfspitze und -ende, eventuell sogar an besonderen Auslegern erzeugen können, mit denen man das Flugzeug drehen kann. Die Kräfte können erzeugt werden, indem man dort entweder besondere Gebläse anordnet, oder – was einfacher ist – den Triebwerken Verdichterluft entnimmt und sie die nötige Reaktion an den Außenpunkten erzeugen läßt. Da die Kraft regelbar sein muß, können solche Steuerdüsen gedrosselt werden. Beide Einrichtungen, Gebläse oder Luftabzapfung, kosten Energie, die von den Triebwerken aufzubringen ist und dem Hubauftrieb verloren geht. Diese Energiebeträge sind jedoch nicht sehr groß, außerdem ordnet man die Steuerorgane so an, daß sie mehr oder weniger nach unten blasen, womit dann etwas Hubkraft von dem zurückgewonnen wird, was an Triebwerksschub verloren geht.

Sind die Triebwerke im Flugzeug verteilt, etwa an den Flügelenden und im Rumpf nicht zu nahe am Schwerpunkt, so kann die Steuerung auch durch Änderung der Schübe vorgenommen werden. Diese Art wird als »Schubmodulation« bezeichnet, während das Anzapfverfahren mit »Steuerdüsen« arbeitet.

Das Verhalten bei den Steuerverfahren ist etwas unterschiedlich. Während eine Steuerdüse sozusagen momentan arbeitet, da der Druck an den Düsen immer vorhanden ist, hat die Schubmodulation den Nachteil, daß sie erst mit einer gewissen Verzögerung einsetzt, da der Schub einer Turbine nicht augenblicklich auf einen anderen Wert verändert wird, wenn mehr oder weniger Gas (d. h. der Schubhebel vorgeschoben) gegeben wird. Das Erzeugen eines höheren Schubes hat dazu noch zwei Ursachen. Zuerst erhöht sich der Schub schon etwas, wenn nur die Brennraumtemperatur erhöht wird. Dann erst holt die Turbine in der Drehzahl auf, bis sich wieder ein Gleichgewicht eingestellt hat. Erst dann ist die volle Schubänderung da. Durch sehr leichte Läufer im Triebwerk versucht man den Effekt zu vermindern, aber ganz ist er damit nicht zu beseitigen. Auch regeltechnische Maßnahmen kann man hinzunehmen. Trotzdem arbeiten Steuerdüsen schneller als eine gute Schubregelung, deren Zeitkonstante größer ist.

Die Steuerung, d. h. das Einstellen eines bestimmten Schwebezustandes seitlicher Bewegung oder der Ruhe geht so vor sich, daß eine der Steuermöglichkeiten, die mit der Steuersäule in der Kabine des Flugzeugs verbunden sind, auch für eine Drehung um die Hochachse mit den Fußpedalen im Flugzeug vom Piloten ausgelöst wird. Das bedeutet, daß er z. B. an einem Flügelende eine Steuerdüse öffnet, womit er eine Kraft an dieser Stelle nach oben, in manchen Fällen auch nach unten erzeugt; die Maschine beginnt dadurch, sich um ihre Längsachse zu drehen. So lange der Knüppelausschlag beibehalten wird, bleiben die Düsenkräfte bestehen und beschleunigen die Drehung. Man nennt daher diese Steuerungsart »Beschleunigungssteuerung«. Sie ist vom Piloten, wenn er nicht außerordentlich geschickt ist, sehr schwer zu beherrschen, denn er will ja unter einem bestimmten Winkel zum Stillstand kommen, wozu er dann Gegenausschläge mit seiner Steuersäule aufbringen muß, währenddem er noch die aufgetretene Drehgeschwindigkeit und Drehlage richtig einzuschätzen hat. Bei einem schwebenden Objekt, das praktisch sonst an keiner Seitenbewegung gehindert ist, stellt es sich schon als äußerst schwierig heraus, auch nur über einem bestimmten Punkt über dem Boden zu verbleiben. Diese Schwierigkeit steigt noch, wenn die Zeitkonstante groß ist, da dann der Pilot auch noch die Verzögerung der von ihm gewünschten Maßnahme mit abschätzen muß.

Man kann die Schwierigkeiten vermindern, wenn man ein mechanisch-hydraulisches oder elektrisches Element einbaut, mit dem erreicht wird, daß nach einer kleinen Beschleunigung durch den Knüppelausschlag diese aufhört und damit dem sich drehenden Objekt nur einer nun gleichbleibenden Geschwindigkeit überläßt. Etwas derartiges leistet am übersichtlichsten ein senkrecht zu seiner Drehachse mit Federn gefesselter Kreisel. Es ist die gleiche Einrichtung, die man im Wendezeiger wiederfindet. Der Pilot gibt mit seinem Steuersäulenausschlag auf einen elektrischen Sammelpunkt eine gewisse Gleichspannung. Der Sammelpunkt leitet dies an die Düsenverstelleinrichtung weiter. Gegen die Spannung im Sammelpunkt wird nun eine, von einem Potentiometer durch den gefesselten und nun ausgelenkten Kreisel abgenommene Spannung entsprechend seinem Ausschlag geschaltet, die die vom Piloten gegebene Spannung zu Null macht und damit die Steuerdüse schließt, oder das Gas für eine Schubänderung zurücknimmt. Damit fällt eine weitere Beschleunigung weg, und das schwebende Objekt dreht mit gleichbleibender Geschwindigkeit weiter. Diese Art der Steuerhilfe wird »Geschwindigkeitsregelung« genannt.

Es ist möglich, noch einen Schritt weiter zu gehen und die in ähnlicher Weise erzeugte Gegenspannung eines nichtgefesselten Kreisels, also eines Lagekreisels, auf den Sammelpunkt zu schalten. Damit ergibt sich bei jeder Flugzeuglage eine Gegenspannung des Lagekreisels, die über die Steuerorgane in jeder Drehlage ein Gegenkommando gibt und die Drehung beendet. Da die elektrischen Vorgänge sehr rasch ablaufen, ist das Flugzeug in seiner Lage an den Ausschlag der Steuersäule praktisch gefesselt. Man spricht hier von einer »Lagesteuerung«.

Während die Flugzeugführer einen Schwebezustand mit der Geschwindigkeitssteuerung meist gerade noch beherrschen, ist die Lagesteuerung nach verhältnismäßig kurzer Zeit von jedem Piloten mit Erfolg zu bedienen. Das hört sich etwas seltsam an, da man leicht glaubt, mit Beherrschung der Drehlage das Flugzeug im Schweben sicher in der Hand zu haben. Man darf jedoch nicht übersehen, daß die Drehlage eines schwebenden Flugzeugs über Grund zunächst einmal eine nach der Neigungsseite gerichtete Kraft ergibt, die wiederum für das Flugzeug eine seitliche Beschleunigung bedeutet. Die gleiche Aufgabe, die man mit der Drehung der Maschine hat, besteht für die Bewegung über Grund noch einmal. Das vorstehende

210

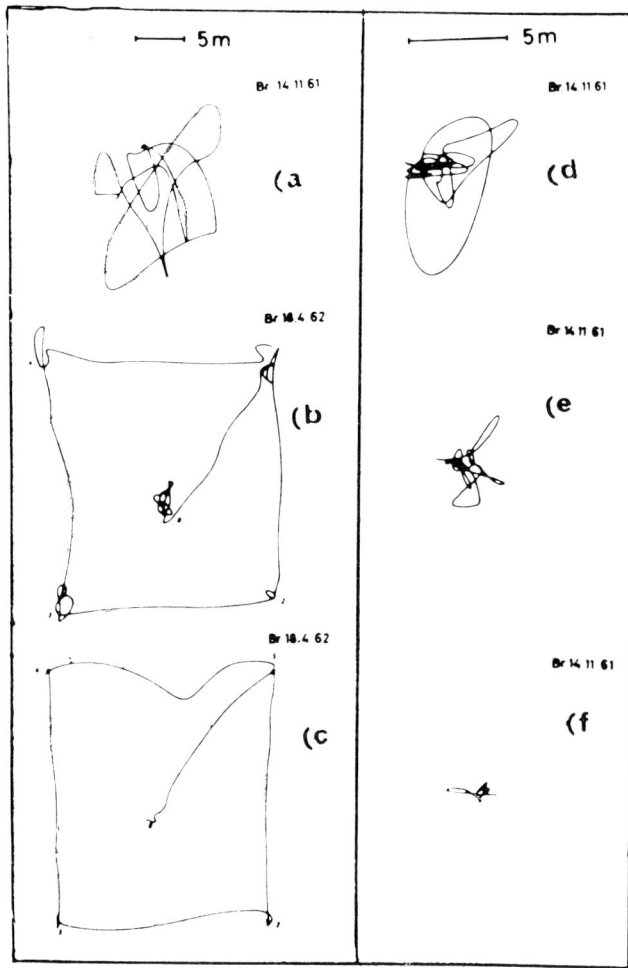

Ergebnisse einer Schwebesimulation am elektronischen Simulator mit Bildschirm und Schreiber.

Bild zeigt Linien von Übergrundbewegungen, wie sie von einem Testpiloten auf einem Simulator (für EWR VJ 101 C) erstellt wurden. Auf dem rechten Teil des Bildes sind die Versuche des Piloten zu sehen, wie er sich bemüht, über einem festen Punkt zu bleiben, angefangen mit Beschleunigungssteuerung a) und d) in den Flugzeugdrehungen bis zur Lagesteuerung c) und f) unten. Auf der linken Seite sollte er ein vorgegebenes Viereck umschreiben. Man erkennt, daß es selbst diesem erfahrenen und sensiblen Piloten mit der Beschleunigungssteuerung die Aufgabenerfüllung in beiden Situationen nicht möglich war. Die dabei unerwünschten Bewegungen spielen sich in einer Fläche mit Abmessungen von 10 × 10 m und mehr ab. Dies alles bessert sich mit Geschwindigkeitssteuerung b) und e) schon erheblich, obwohl Schwankungen im Bereich von 5 m noch immer auftreten. Erst bei Lagesteuerung für Drehungen wird die Übergrundbewegung weitgehend beherrschbar. Die wiedergegebene Simulation war allerdings etwas schwieriger, weil in den Drehbewegungen die Zeitkonstante für Schubregelung im Simulator einprogrammiert war. Es ist anzunehmen, daß bei einer Simulation von Steuerdüsen schon bei Geschwindigkeitssteuerung etwas bessere Resultate möglich wären. Tatsächlich ist Geschwindigkeitssteuerung in manchen Fällen auch bei Schwebeflugzeugen benutzt worden, meist allerdings nur bei einer der drei Achsen, wobei die Hochachse häufig damit eingerichtet war.

Auch für das Austrimmen des Schwebefluges werden wie für die Steuerungen kleine Schubkräfte benötigt. Sie müssen vom Piloten durch Extraschaltungen gegeben werden, die es erlauben, den Knüppel oder die Fußpedale in die Mittelstellung zu bringen. Benutzt werden dafür die gleichen Krafterzeuger, also Steuerdüsen und Schubänderungen. Zunächst wird der Pilot durch einen Steuerausschlag der Steuersäule oder der Richtungspedale eine Unsymmetrie ausgleichen. Mit den Trimmschaltern werden dann die Steuerorgane nach Gefühl des Piloten in ihre Nullstellung zurückgeführt.

Auf die Vertikalsteuerung der Senkrechtstarter muß ebenfalls noch eingegangen werden. Es sollen dabei auch Probleme der Vertikalsteuerung von Strahltriebwerken näher betrachtet werden. Beim Vorhandensein der verschiedenen beschriebenen Steuerungen für Schwebedrehungen des Flugzeuges kann man von Seitenbewegungen bei Senkrechtbewegungen absehen. Ein vertikales Steigen tritt natürlich nur ein, wenn der Gesamtschub aller Triebwerke, die einen senkrechten Strahl hergeben, größer ist als das Startgewicht des Flugzeugs. Dieser Überschuß weist klein gehalten, da er nur für Steigmanöver, höhere Lufttemperaturen der Umgebung, die den Triebwerksschub verkleinern, und Bodeneffekte benötigt wird. Man will ja meist gar nicht senkrecht in größere Höhe steigen, sondern in möglichst geringer Höhe und nach kurzer Zeit – schon wegen des hohen Brennstoffverbrauchs – in Horizontalflug übergehen. Wegen der geringen Schubüberschüsse ist für das Steigen der Schubhebel als Regelung meist völlig ausreichend, obwohl es sich um eine Beschleunigung handelt. Die Beschleunigungen sind aber nur sehr klein und vom Flugzeugführer gut zu beherrschen.

Bei senkrechtem Abstieg – um eine Landung durchzuführen – ist die Sache kritischer. Eine große Sinkgeschwindigkeit benötigt bei geringem Schubüberschuß eine große Höhe, um die Sinkgeschwindigkeit auf einen für das Fahrwerk erträglichen Wert herabzusetzen. Es hat sich gezeigt, daß die Piloten dieses Problem dadurch lösen, daß sie in normalem Gleitflug den Landepunkt anfliegen und dabei die Umschaltung auf die Vertikalsteuerung so vornehmen, daß sie in geringer Höhe – 10 bis 20 m über dem Landepunkt – zum Schweben am Ort gelangen. Danach gehen sie durch vorsichtiges Gaswegnehmen in einen von vornherein langsamen Sinkflug über, so daß die Landung »weich« erfolgt. Schwierigkeiten können sich ergeben, wenn der Abstieg in Bodennähe zu langsam ist. Dann heizen die mit Vollschub laufenden Triebwerke die Umgebungsluft auf, oder sie bewirken durch Bodenreflexion einen direkten Eintritt heißer Gase in die Triebwerke. Dadurch tritt dann ein starker Schubverlust ein, und das Flugzeug sackt durch. Es kann dann zu sehr hartem Aufsetzen kommen, was gelegentlich auch die Fahrwerksfestigkeit überschreitet und einen Bruch verursacht. Nach längeren Flügen hat der Pilot einen Vorteil durch den inzwischen verbrauchten Brennstoff, wodurch der Schubüberschuß – bis zu 40% – gewachsen ist.

Nachdem das Problem der verschiedenen Steuermöglichkeiten behandelt wurde, muß wohl die Frage gestellt werden, wie die Flugzeugführer es bei normalen Flächenflugzeugen mit der Steuerung gewohnt sind. Die üblichen Steuerungen beruhen auf dem Geschwindigkeitsprinzip. Ein Ruderausschlag z.B. des Querruders ergibt entgegengesetzte aerodynamische Kräfte außen an den Flügeln. Die Drehung beginnt beschleunigt, wird aber durch die Änderung des Anstellwinkels außen infolge der Auf- bzw. Abwärtsgeschwindigkeit des Flügels entgegengesetzten Dämpfungsmomenten ausgesetzt. Die Drehgeschwindigkeit um die Längsachse wird damit gebremst, bis ein Gleichgewichtszustand zwischen Querruderwirkung und örtlicher Auftriebserzeugung erreicht ist. Entsprechend sind beim hochgehenden Flügel die Gegenkräfte Abtriebe. Die Drehung wird dann gleichmäßig; dies ist ein Charakteristikum der Geschwindigkeitssteuerung, die hier also automatisch, ohne Hilfsmittel besonderer Geräte auftritt.

Diese Feststellung zeigt, daß ein Flugzeugführer sich bezüglich der Steuerung beim Senkrechtstart und Schweben am Ort gegenüber der Situation im normalen Flugzeug doch umstellen muß. In der Praxis hat sich jedoch gezeigt, daß diese Umstellung – zumindest bei Lagesteuerung in den Drehbewegungen – verhältnismäßig rasch erlernt wird. In der obigen Abhandlung wurden, so weit es geht, alle Feinheiten der Steuerungstechnik weggelassen, um die Prinzipien klarer herauszustellen. Die tatsächlichen Verhältnisse sind wesentlich komplizierter, da noch Zusatzeinrichtungen eingebaut werden, die einmal die Anpassung der erwähnten Regelgeräte aufeinander, sowie auf das spezielle Flugzeug vornehmen, um es im Schwebeflug – dazu gehören auch horizontale Bewegungen bis zu 30 und 40 Knoten – beherrschbar zu machen.

Übergangsflug (Transition)

Von einer anderen Seite her waren schon bei der Beschreibung des Verhaltens der Dornier Do 29 im extrem langsamen Flug die Grenzen der aerodynamischen Steuerungsmittel aufgetreten. Beim Schwebeflug kommt man nun von der anderen Seite. Alle Mittel sind da, um das Flugzeug bei kleinsten Geschwindigkeiten zu beherrschen, aber das Steuerungssystem ist ein anderes als im aerodynamischen Flug. Es heißt also eine Übergangsmöglichkeit in der Steuerung zu finden. Die einfachste Methode, wohl auch die meist angewandte, ist die, daß man, abhängig von der Vorwärtsgeschwindigkeit von Null aus, das Schwebesteuersystem allmählich in seiner Wirksamkeit vermindert bis zu einer Fahrt, bei der die aerodynamischen Ruder den Flug ganz beherrschen. Im Schwebeflug läßt man die Ruder einfach mitlaufen, da sie wegen der kleinen Geschwindigkeiten nicht stören. Bei größer werdender Fahrt vermindert man etwa durch eine Gestängeveränderung oder Verringerung der elektrischen Spannungen den Effekt der Schwebesteuerung langsam auf Null bei Erreichen des Normalfluges. Die Art, wie eine genügend große Vorwärtsgeschwindigkeit erreicht wird, ist dabei unwichtig, kann aber durch entsprechende Auslegung des Flugzeugs und der Strahltriebwerke neue Probleme bringen. Bei der Beschreibung der verschiedenen deutschen Senkrechtstarter wird noch näher darauf eingegangen. Das Problem ist zu verschiedenartig, um es hier allgemein zu behandeln. Im entgegengesetzten Falle eines Überganges vom Normalflug zum Schweben spielen sich die Steuerungswechselvorgänge in umgekehrter Reihenfolge ab, indem die Schwebeflugsteuerung mit fallender Geschwindigkeit wieder zugeschaltet wird.

Wie schon erwähnt, ergibt sich für den Flugzeugführer eine Änderung des Steuerverhaltens vom Schwebe- zum aerodynamischen Flug und auch umgekehrt. Zur Übung sind daher Simulationsanlagen, die beide Zustände und ihre Übergänge simulieren können, für die Piloten äußerst wichtig. Bei der Entwicklung werden die Simulatoren, die nach den theoretisch ermittelten Vorgängen programmiert sind, den Flugzeugführern, in diesem Fall den Testpiloten, an die Hand gegeben, indem ein regelrechter Führersitz mit Instrumenten besetzt, oft sogar in einem Bildschirmgerät eine Landebene vorgegeben wird. Ihre Aussagen über die Brauchbarkeit oder Nichtfliegbarkeit werden durch Änderungen in den Steuerungsanlagen in der Simulation allmählich berücksichtigt...

Flugreglerentwicklungen für V/STOL-Flugzeug VJ 101 C, Entwicklungsring Süd (EWR)

Das Flugzeug VJ 101 C wird während der Schwebeflugphase von den im Dreieck angeordneten Strahlen der Strahltriebwerke getragen. Für die Stabilisierung der horizontalen Lage des Flugzeuges wird der Schub dieser Triebwerke verändert. Zum Nachweis der Funktion dieser Steuerung durch Schubmodulation der Triebwerke wurde bei Rolls Royce in Hucknell, England, eine Wippe unter Verwendung des Hubtriebwerks RB 108 für die Nick- und Rollbewegung aufgebaut. Es wurden vier Firmen beauftragt, die erforderlichen Stabilisierungseinrichtungen für eine Achse zu erstellen. Als besondere Schwierigkeit für die künstliche Dämpfung der Nick- und Rollbewegung durch die Schubmodulation zeigt sich das verzögerte Ansprechen des Hubtriebwerkes auf die Ansteuerung des Kraftstoffreglers, d. h. der Regler muß zur ausreichenden Dämpfung der Flugzeugbewegung einen hohen Signalvorhalt bilden. Mit diesen Versuchen gelangte der Nachweis über die prinzipielle Eignung der Schubmodulation der Hubtriebwerke für die Stabilisierung eines Flugzeugs im Schwebeflug. Außerdem wurden im Rahmen dieser Versuche auf der Wippe die Fähigkeiten der Piloten zur Stabilisierung der Fluglage um eine Achse ermittelt. So wurden die Beschleunigungssteuerung (reine Handsteuerung), Geschwindigkeitssteuerung (Handsteuerung mit zugeschalteter Dämpfungsregelung) und Lageregelung (Stabilisierung der Lage durch den Regler) für die Steuerung der Lage erprobt und vermessen. Als Ergebnis dieser Versuche wurde festgestellt: Bei der Schubmodulation ist die Beschleunigungssteuerung für die Stabilisierung der Flugzeuglage nicht ausreichend.

Entsprechend den Ergebnissen dieser Versuche wurden für die Entwicklung der Stabilisierungseinrichtungen für das geplante Schwebegestell die Firmen Honeywell GmbH, Dörningheim, und Bodenseewerk Perkin-Elmer & Co, Überlingen, beauftragt. In den Blockschaltbildern für eine Achse ist der Unterschied für das von den Firmen angewendete Reglerverfahren ersichtlich. Von Honeywell wurde ein konventionelles Pseudo-»Fly-by-wire«-System mit Wendekreisel, Lagekreisel und Knüppelstellungsgeber als Meßgeber entwickelt. Vom Bodenseewerk wurde die Grundstabilisierung vom PID-Wendekreisel als Meßgeber vorgenommen; die weiteren Meßgeber Lagekreisel und Knüppelstellungsgeber wurden zur Kommandogabe durch den Piloten und zur Ausregelung von Lagestörungen verwendet. In dem PID-Wendekreisel besonderer Bauart wird die gemessene

Wippe A zur Erprobung der Nickachsenstabilisierung durch Schubmodulation des Hubtriebwerkes, Versuch für VJ 101 C.

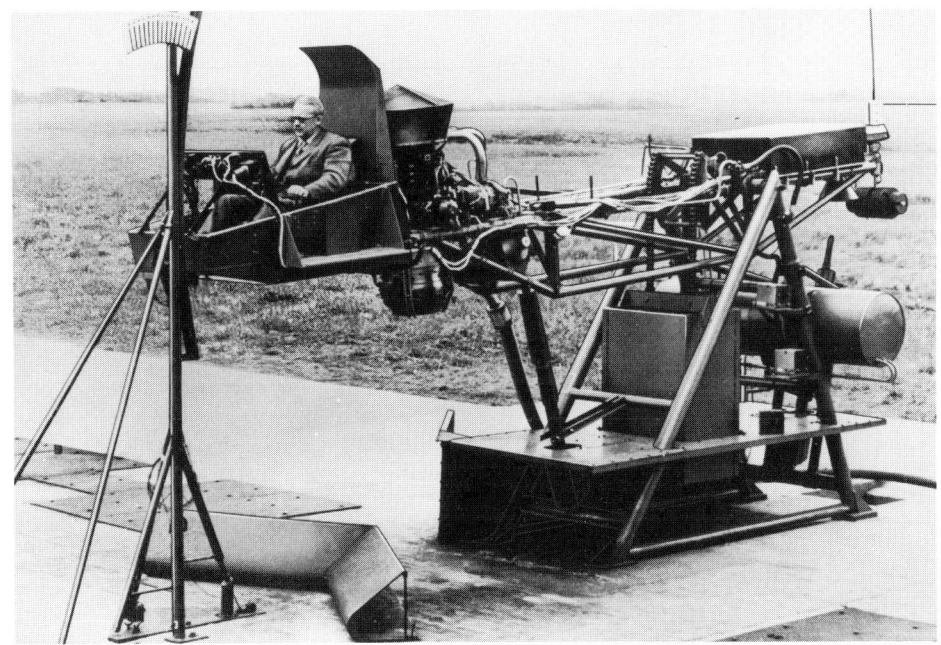

Konventionelles Fly-by-wire-System mit Lage- und Wendekreisel als Signalgeber.

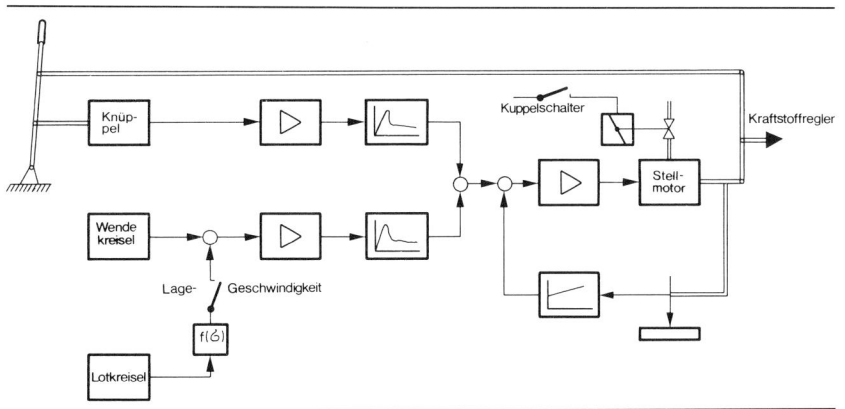

Fly-by-wire-System mit PDI-Wendekreisel als Signalgeber.

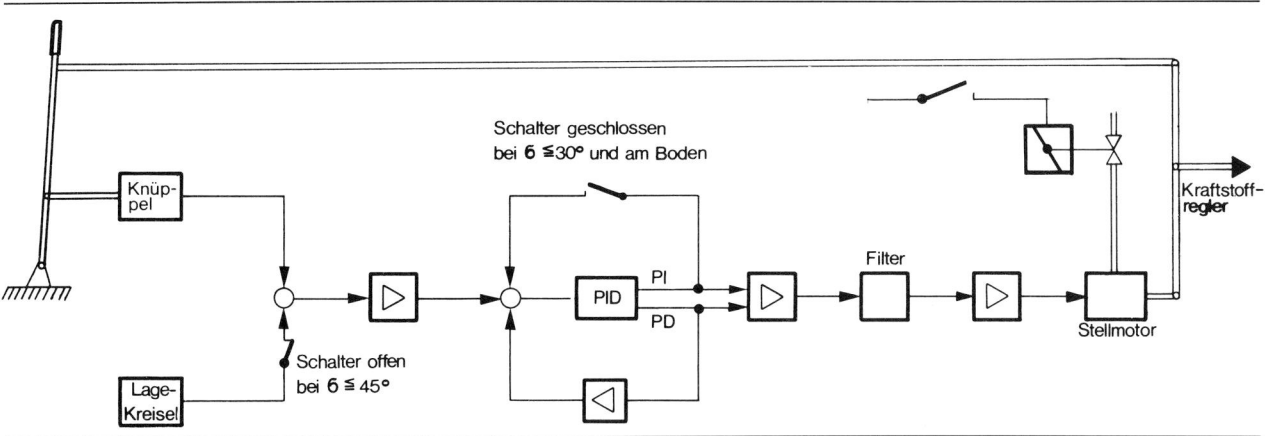

Drehgeschwindigkeit (P-Anteil der Drehgeschwindigkeit) pneumatisch integriert (I-Anteil der Drehgeschwindigkeit – Lageanteil) und in einem dynamischen Abgriff differenziert (D-Anteil der Drehgeschwindigkeit – Drehbeschleunigung).

Gemeinsame Merkmale der Flugsteuerungs-Flugregelungssysteme im Schwebegestell waren:
- Die Signalübertragung erfolgt sowohl mechanisch (Handsteuerung) als auch elektrisch, es handelt sich somit um Pseudo-»Fly-by-wire«-Technik.
- Die Flugregler sind nur einkanalig (einfache elektrische Signalübertragung) aufgebaut.
- Die Regler haben eine geringe Autorität, d. h. ihr Stellbereich ist kleiner als der des Piloten, somit kann der Pilot bei Ausfall des Reglers diesen überdrücken.

Drei Betriebsarten sind möglich:
- Handsteuerung, d. h. der Regler ist ausgeschaltet;
- Geschwindigkeitssteuerung, d. h. der Lagekreisel ist nicht aufgeschaltet;
- Lagesteuerung.

Die Ergebnisse der Flugerprobung mit dem Schwebegestell in den Jahren 1961 bis 1964 können wie folgt zusammengefaßt werden:

Die Anwendung der Lagesteuerung im Schwebeflug ergibt:
- Minimalen Treibstoffverbrauch,
- minimalen Schubbedarf für die Steuerung und Regelung,
- zielgenaue Steuerung über Grund,
- geringsten Einfluß durch äußere Störmomente,
- geringste Pilotenbelastung.

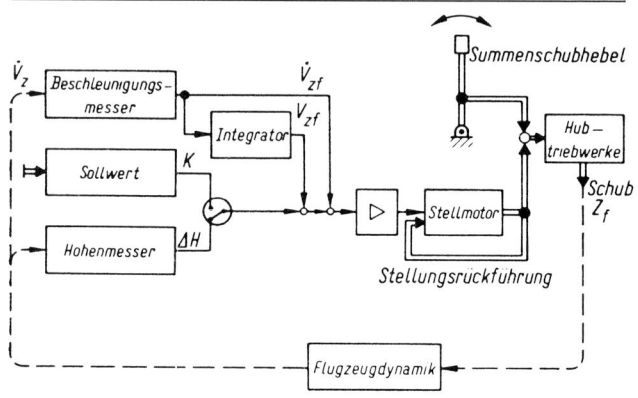

Höhenregler für Schwebegestell, Stabilisierung und Regelung der Vertikalbewegung.

Schwebegestell im strahlgetragenen Schwebeflug, Versuch für VJ 101 C.

Die Geschwindigkeitssteuerung im Schwebeflug ist vom Piloten nur für eine Achse vorübergehend beherrschbar. Um dem Piloten die Steuerung in der Vertikalen zu erleichtern, wurde vom Bodenseewerk ein Vertikaldämpfer – mit Aufschaltung eines Höhenmessers auch ein Höhenregler – entwickelt und im Schwebeflug erprobt. Als Meßgeber dient ein Beschleunigungsmesser mit nachfolgender Integration, bei der Betriebsart Höhenregelung zusätzlich ein Radar-Höhenmesser.

Für die Entwicklung der Regeleinrichtung für das Flugzeug VJ 101 C wurde auf Grund der Ergebnisse am Schwebegestell gefordert: Lageregelung im Schwebeflug und Überblenden von Lagesteuerung auf Geschwindigkeitssteuerung während des Übergangs vom Schwebeflug zum aerodynamischen Flug (Transitionsflug); so ergibt sich eine optimale Anpassung der Steuereigenschaften an den jeweiligen Flugbereich. Wieder wurden die beiden Firmen Honeywell und Bodenseewerk mit der Entwicklung von Flugreglern für das Flugzeug VJ 101 C beauftragt. Um bei der Lageregelung eine ausreichende Zuverlässigkeit sicherzustellen, wurde zunächst eine Zweikanalausführung mit Fehlersicherheits-Eigenschaft (»Fail-Safe«) gefordert. Sobald ein Fehler im elektrischen System auftritt, wird der Stellmotor in Mittelstellung gebracht und der Regler abgeschaltet. Diese Ausführung wurde von Honeywell entwickelt und kam 1963 bis 1965 im Flugzeug VJ 101 C X1 (für Unterschallflug) zur Flugerprobung. Der erste Schwebeflug fand am 10. April 1963 mit dem Testpiloten G. Bright statt. Infolge der Vorerprobung des Steuerungssystems mit dem Schwebegestell und des Flugzeugs VJ 101 C auf der Teleskopsäule wie auch den verschiedenen elektronischen Simulationen war alles so gut vorbereitet, daß am Flugzeug und dem Schweberegler kaum etwas geändert werden mußte. Die weitere Flugerprobung führte zu konventionellem Start und Landung, V/STOL-Flugzeug mit anschließenden Transitionsflug und zu Hochgeschwindigkeitsflügen. Am 14. September 1964 ging das Flugzeug bei einem konventionellen Start verloren. Der Pilot Bright konnte sich – zwar verletzt – mit Hilfe des Schleudersitzes retten. Ursache war ein falschgepolter Wendekreisel im Ausfallkreis für Triebwerke bei Geradeausflug.

Steuerung und Regelung der Nickbewegung von VJ 101 C, Zweikanalausführung mit Lage- und Wendekreisel (Honeywell).

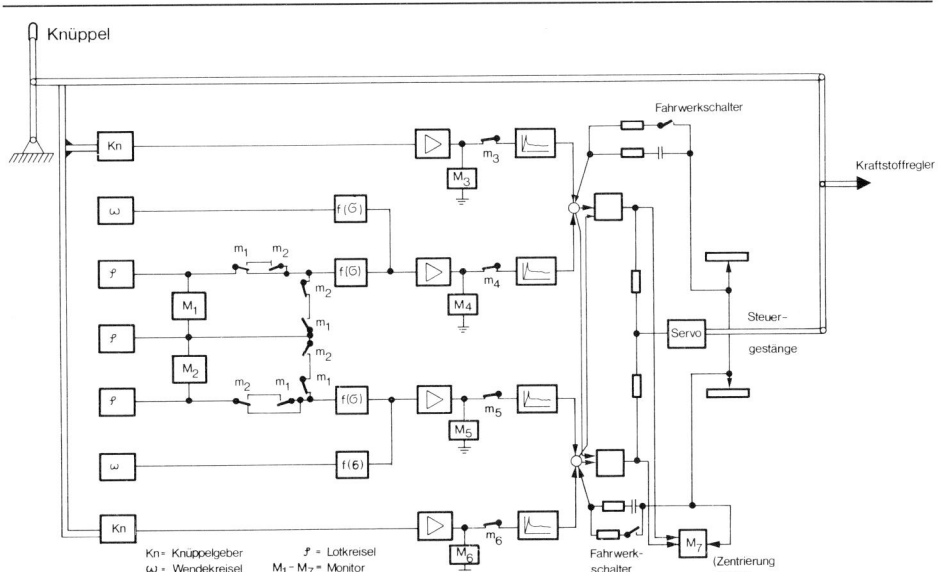

Steuerung und Regelung der Nickbewegung von VJ 101 C, Zweikanalausführung mit PID-Wendekreisel (Bodenseewerk).

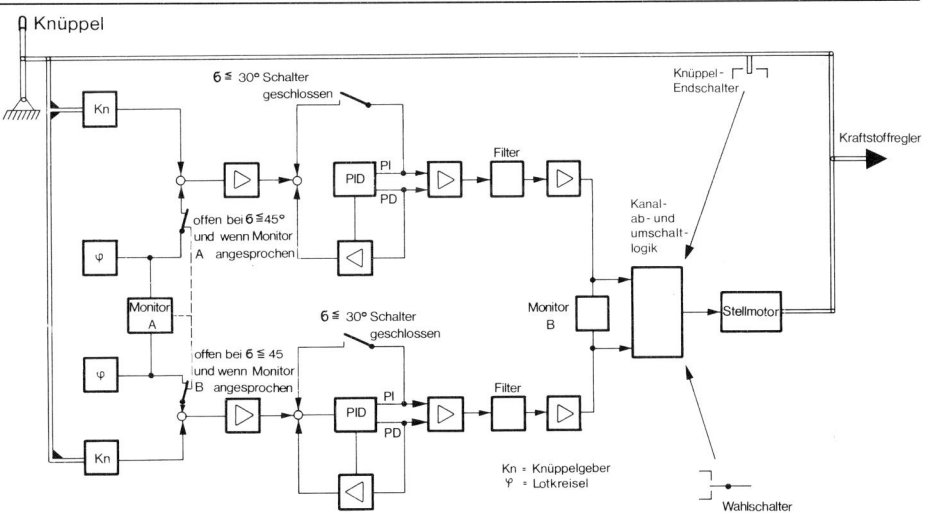

Steuerung und Regelung der Nickbewegung von VJ 101 C X2, Triplexausführung mit Lage- und Wendekreisel (Bodenseewerk).

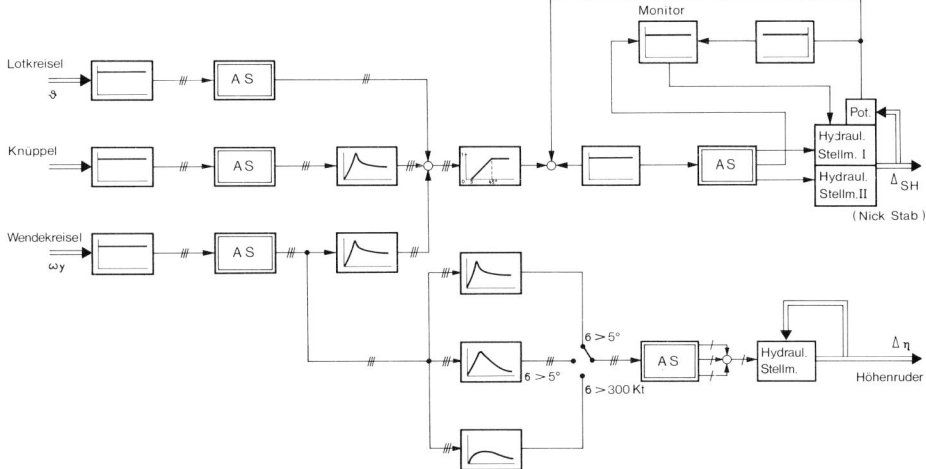

Im Juni 1965 konnten die Versuche mit dem Flugzeug VJ 101 C K2 mit Nachbrennertriebwerken am Flügel ihren ersten Schwebeflug ausführen, nachdem sie ebenfalls auf dem Teleskop eingehend untersucht und mit den geänderten Triebwerken abgestimmt worden waren. Im Flugzeug VJ 101 C X2 kam der vom Bodenseewerk entwickelte Flugregler in Zweikanalausführung mit PID-Kreisel und »Fehlerbetrieb durch den Piloten Eigenschaft« (Fail Operational) zur Anwendung. Sobald ein Fehler auftritt, kann der Pilot mittels Wahlschalter oder Endschalter am Steuerknüppel auf den zweiten Kanal umschalten. Nur ein Kanal jeder Achse ist jeweils im Eingriff.

Mit dem Flugzeug VJ 101 C X 2 wurden nach den Nachweisflügen für V/STOL-Flüge, Transitionsflüge und Hochgeschwindigkeitsflüge, jeweils auch mit Nachbrennern, umfangreiche Versuche des Umschaltverhaltens bei Auftreten von Systemfehlern verschiedenster Natur durchgeführt. Als Ergebnis der Erprobung mit dem Zweikanalsystem wurde festgestellt:
- Null-Fehler (Signalausfall) in den aktiven Reglerkanälen können durch rasches Handeln des Piloten beherrscht werden.
- Hartlagen-Fehler können bis zu einem Verhältnis von 40% Fehler zur vollen Autorität* beherrscht werden.

Diese Ergebnisse haben jedoch die Konsequenz, daß
- der Zwei-Kanal-Regler auf 40% Autorität beschränkt werden muß,
- bei Triebwerksausfall jedoch 100% Autorität zur Verfügung stehen müssen und somit
- eine Logik entwickelt werden müßte, die Hartlagensignale auf Grund von Systemfehlern von Großsignalen auf Grund von Triebwerksausfällen unterscheiden kann.

Die günstigste, billigste und auch technisch einwandfreieste Lösung für dieses Problem ist ein
- Drei-Kanal-»Fly-by-wire«-Flugsteuerungs- und Flugregelungssystem.

Für die weitere Erprobung des Flugzeugs VJ 101 X 2 und die Verwendung als Komponentenerprobungsträger im Rahmen eines deutsch-amerikanischen VTOL-Technologie-Programms wurde vom Bodenseewerk in Zusammenarbeit mit MBB ein Flugsteuerungs- und Flugregelungssystem FRG 32 in Drei-Kanal-Ausführung entwickelt. Die wichtigsten Merkmale sind:
- Erstes echtes »Fly-by-wire«-Flugsteuerungs-Flugregelungssystem für alle Betriebsbereiche mit Schubsteuerung d. h. Start, Landung, Schwebeflug, Transitionsflug und Flug bei Triebwerksausfall im aerodynamischen Flugbereich;
- Dreifach elektrische Signalübertragung;
- automatische Warnung für den Piloten bei Komponentenausfällen;
- keine Änderung im Flugverhalten nach einem Komponentenausfall;
- stetige Anpassung des Führungs- und Störverhaltens an alle Flugbereiche;
- größter Bedienkomfort für den Piloten, keine zusätzlichen Bedienhebel für den Transitionsflug und den Schwebeflug.

Im Rahmen der weiteren Verwendung als Erprobungsträger wurde von MBB noch ein zusätzlicher Kanal – die Regelung der Vertikalbewegung – entwickelt und erprobt. Auf Grund der Ergebnisse der Höhenstabilisierung und -regelung mit dem Höhenregler im Schwebegestell wurde die erste Ausbaustufe für ein automatisches Landesystem für VTOL-Flugzeuge entwickelt und erprobt.

Flugreglerentwicklungen für VTOL-Transportflugzeug DO 31 E, Dornier-Werke

Das Transportflugzeug DO 31 ist mit zwei Bristol-Siddeley »Pegasus«-Triebwerken und 2 x 4 Rolls Royce RB 162-Hubtriebwerken an den Flügelenden ausgerüstet. Die Steuerung im Schwebeflug erfolgt in der Gierachse durch Strahlumlenkklappen an den Hubtriebwerken, in der Rollachse durch Schubmodulation der Hubtriebwerke und in der Nickachse mit einer Luftdüsenklappe am Heck des Flugzeugs.

Ähnlich wie bei der Entwicklung des Steuerungssystems für das Flugzeug VJ 101 C wurde auch bei der Entwicklung der DO 31 in mehreren Entwicklungsschritten vorgegangen. Insbesondere mußten die Anforderungen an den Flugregler für die künstliche Dämpfung und Stabilisierung im Schwebeflug empirisch ermittelt werden. Die Flugzeugkonstrukteure mußten lernen, daß ein Flugzeug im Schwebeflug (ohne Dämpfung und Stabilisierung durch Luftkräfte und mit der Zeitverzögerung der Schubmodulation der Triebwerke) vom Piloten nicht mit der erforderlichen Sicherheit fliegbar ist.

Auf der Wippe A, in Manching aufgebaut, wurde in Vorversuchen die Stabilisierung der Rollachse mit Schubmodulation erprobt, eine zweite Wippe DM von Dornier in Immenstaad für Vorversuche in der Nickachse gebaut. Sie war am Ende mit einem Turbomeca »Palouste«-Triebwerk zur Erzeugung der Druckluft für die Düsensteuerung ausgerüstet. Für diese Versuche auf den Wippen erstellte das Bodenseewerk Perkin-Elmer & Co je einen Einachsenflugregler. Die Versuche sind mit Differentialanlenkung der Reglerstellmotoren durchgeführt worden. Die Flugzeugkonstrukteure vertreten i. a. die Ansicht, die Steuerung des Flugzeugs sei – wie üblich – primär vom Piloten vorzunehmen; der Flugregler sollte lediglich die Stabilisierung unterstützen. Außerdem bestand zunächst eine große Abneigung gegen die künstliche Stabilisierung – dazu auch noch mit Hilfe der Elektronik! Die Differentialanlenkung der Reglerstellmotoren mit begrenzter Autorität sollte vor allem bei einer Reglerfehlfunktion dem Piloten die Sicherheit der

---

* 100% Autorität entspricht einem vollen Ruderausschlag.

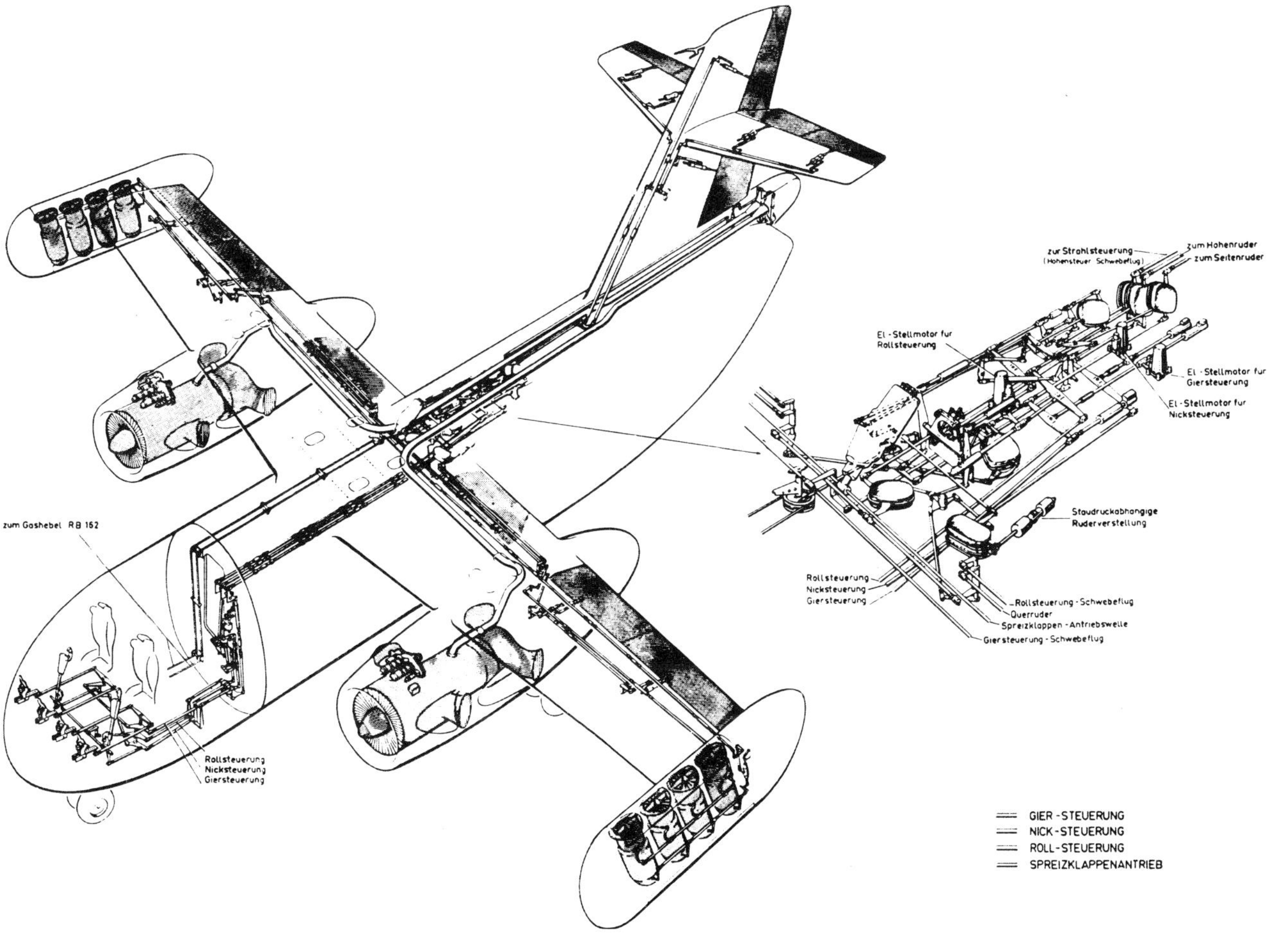

Anordnung der Steuerorgane im VSTOL-Flugzeug Do 31: Nicksteuerung durch Heckdüse und Höhenruder, Rollsteuerung durch Schubmodulation der Hubtriebwerke und Querruder, Giersteuerung durch Strahlenablenkung der Hubtriebwerke und Seitenruder.

Überdrückbarkeit bieten. Das Ergebnis der Wippenversuche: In der Rollachse konnte der Pilot die Stabilisierung nach einiger Übung von Hand vornehmen; das verhältnismäßig große Trägheitsmoment um die Rollachse führte zu langsamen Schwingungen, die von Hand gut beherrschbar waren. Die Stabilisierung um die Nickachse war erwartungsgemäß noch einfacher, da die Luftdüsensteuerung ohne Zeitverzögerung anspricht.

Zur weiteren Klärung der Steuereigenschaften und deren Beherrschung durch den Piloten entwickelte und erprobte Dornier ein Reglerversuchsgestell, das Bodenseewerk erstellte das Reglersystem. Die Grundstabilisierung und Dämpfung in den einzelnen Achsen erfolgten in der von *Möller* angegebenen üblichen Weise durch je einen PID-Kreisel mit nachfolgenden Transistorverstärkern sowie elektrische Stellmotoren. Zur Lagehaltung in der Roll- und

Reglerversuchsgestell für Do 31, Versuch auf dem Teleskopgestell.

Nickachse waren die Signale eines Lotkreisels zusätzlich aufgeschaltet. Für Versuchszwecke diente ein separater Rolldämpfer mit zusätzlich einem PD-Wendekreisel, Verstärker und hydraulischem Stellmotor in einer Differentialanlenkung. In der Gierachse erfolgte das Schwenken der Hubtriebwerke über eine elektrische Übertragung von den Pedalen zu den elektrischen Stellmotoren (»Fly-by-wire«) – bei Steuerung durch den Piloten – und ebenso auch bei der Stabilisierung durch den Flugregler. Die Flugerprobung mit dem Reglerversuchsgestell ergab: Die Steuerung durch den Piloten (ohne Regler) bereitete in der Nick- und Gierachse keine Schwierigkeiten, ebenso nicht in der Rollachse – jedoch mit eingeschaltetem Dämpfer.

Aber aus einem zusätzlichen Hinweis der Piloten ergab sich: Die reine Handsteuerung ist unangenehm für den Piloten, laufendes Training des Piloten ist erforderlich.

Zur weiteren Klärung der Flugeigenschaften im Schwebeflug baute Dornier das große Schwebegestell im Maßstab 1:1. Dieser Zwischenschritt war erforderlich, um das Flugzeug für die Bodenprüfungen auf der Säule aufnehmen zu können. Das Bodenseewerk entwickelte auf Grund der Erfahrungen mit dem Reglerversuchsgestell und entsprechend den Spezifikationen von Dornier ein Flugreglersystem, dazu als Signalgeber für die Lageregelung eine stabilisierte Plattform, Dreikreiselzentrale genannt. Dieses Kreiselgerät stellte gleichzeitig auch den kardanfehlerfreien Kurs zur Verfügung. Die Konstruktion dieser Plattform war eine Weiterentwicklung der von *Möller* bei Askania und in der UdSSR entwickelten Dreikreiselzentrale.

1 Nickrahmen 4 Stützmotor
2 Drehmelder (Nickwinkel) 5 Kursrahmen
3 Rollrahmen

Lageplattform, Kurs-, Nick- und Rollrahmen.

Entwicklung und Fertigung des Flugreglers FRG 10-206 übernahm dann das Bodenseewerk.

Im Schwebeflug wird das Flugzeug um alle drei Achsen lagegeregelt. Für die Lageregelung werden die Meßsignale der Stabilisierten Plattform verwendet. Die Vorstabilisierung in den drei Achsen wird von den Signalen der jeweils zugeordneten PID-Wendekreisel gesteuert. Nach Summierung und Verstärkung in Transistorverstärkern werden in Leistungsverstärkern die Ströme zur Ansteuerung der elektrischen Stellmotoren erzeugt.

Großes Schwebegestell Do 31 im strahlgetragenen Schwebeflug.

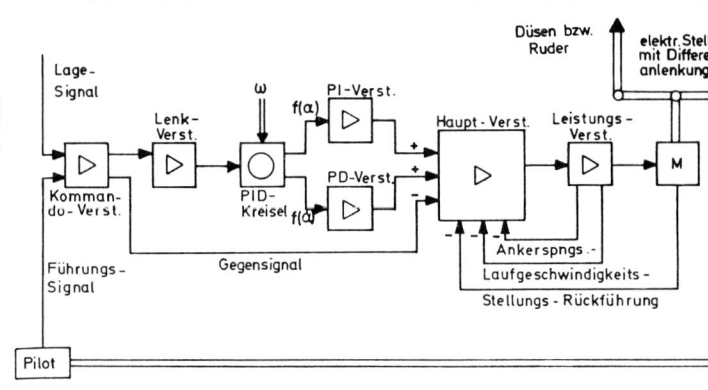

Schema der Regelung für Do 31; Lage- und PID-Wendekreisel als Signalgeber, elektrischer Stellmotor mit Differentialanlenkung.

Nach den sehr gründlichen Vorversuchen mit den Wippen, dem Reglerversuchsgestell und großem Schwebegestell entwickelte die Firma Dornier in Zusammenarbeit mit dem Bodenseewerk die Spezifikation für das Flugregelsystem.

Bei Ausfall eines Hubtriebwerkes während des Schwebefluges sorgt der Regler im Rahmen seiner Autorität für den Momentenausgleich. Bei Ausfall einer Reglerachse wird die Stabilisierung vom Piloten übernommen. Die Handsteuerung in der Rollachse ist infolge der Schubmodulation besonders erschwert; aus diesem Grund ist ein zusätzlicher, unabhängiger Rolldämpfer mit eigenem Wendekreisel, Verstärker und hydraulischem Stellmotor, versehen mit einer Autorität von 25%, vorhanden. Dieser unabhängige Rolldämpfer wird in der Betriebsart Aerodynamischer Flug auf einen zweiten hydraulischen Stellmotor, ebenfalls in differentialer Anlenkung mit einer Autorität von 15%, zur Betätigung der Querruder geschaltet.

Nach der Umschaltung des Betriebsarten-Wahlschalters von VTOL auf AP (Autopilot im aerodynamischen Flug) werden die Verstärkungen der Stabilisierungssignale für ein optimales Verhalten des Flugzeugs verändert. Die Lagesignale der Stabilisierten Plattform bleiben erhalten. Die Kommandogabe im VTOL-Flug über die am Steuerknüppel befindlichen Kommandogeber wird abgeschaltet. Vom Piloten gewünschte Lageänderungen werden über die Kommandogeber TURN (Kurve) und PITCH DOWN-UP (Nicklage aufwärts-abwärts) in das Bediengerät eingegeben. In der Betriebsart Aerodynamischer Flug ist außerdem noch ein Trimmregler für die Nickachse in Betrieb, dadurch soll insbesondere im Landeanflug dem Piloten die Einhaltung des erforderlichen Lagewinkels von 12° erleichtert werden.

Zur Erhöhung der Betriebssicherheit der Lagesignale ist die Stabilisierte Plattform zweifach vorhanden, die Lagesignale der einzelnen Achsen werden außer zur Stabilisierung über den Flugregler und der Anzeige in Tochtergeräten zusätzlich einem Lagesignal-Überwachungsgerät zugeleitet. Durch Vergleich wird ein eventuell fehlerhaftes Signal ermittelt, im Fehlerfall das fehlerhafte Signal vom Flugregler abgeschaltet und so eine möglicherweise gefährliche Fluglage vermieden.

Nach umfangreichen Simulator- und Bodenversuchen erfolgte der Erstflug mit dem Experimental-Flugzeug

VSTOL-Flugzeug Do 32 im strahlgetragenen Schwebeflug.

Do 31 E3 am 14. August 1967. Nach den konventionellen Flugerprobungen fanden noch im gleichen Jahr die ersten Schwebeflüge, Start- und Landetransitionsflüge statt.

Auf Grund der Erfahrungen aus den umfangreichen Flugversuchen mit den Schwebegestellen und dem Flugzeug Do 31 E3 wurde die Notwendigkeit eines mit dem Flugzeug integrierten Flugregelsystems erkannt. Dieses Flugregelsystem ist für einen operativen Einsatz des VTOL-Transportflugzeuges zur Entlastung des Piloten unbedingt erforderlich. Aus diesem Grund wurde zur Erreichung der Zuverlässigkeit ein redundantes Flugregelsystem gefordert. Die von den Firmen Dornier und Bodenseewerk erarbeitete Spezifikation ging von einem verdreifachten System mit automatischer Fehlererkennung und Abschaltung des fehlerhaften Reglerkanals aus. Ein hydraulischer Stellmotor der Firma Hobson mit verdreifachten Ventilen und Stellzylindern war vorgesehen. Ein eingebautes Prüfgerät (BITE, Built-in Test Equipment) mit digitaler Anzeige des fehlerhaften Prüfschrittes erlaubte die schnelle Fehlerlokalisierung. Das Bodenseewerk Gerätetechnik entwickelte, fertigte und prüfte einen diesen Forderungen entsprechenden Flugregler FRG 31. Infolge der Einstellung des Erprobungs-

Flugregler für Do 31, Geräte des Stabilisators: Kreisel- und Verstärkergerät, elektr. Stellmotoren, Rechner, Bediengerät und induktive Stellungsgeber.

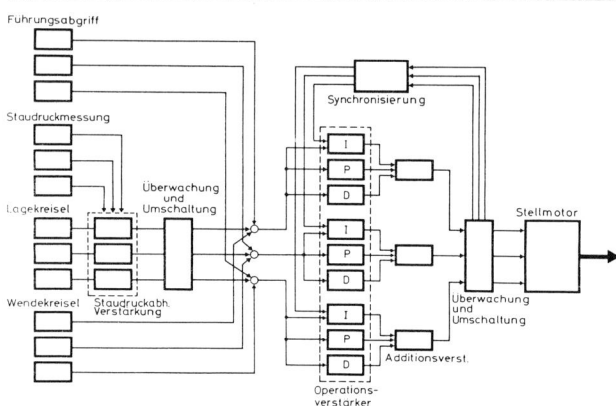

Do 31, Schema der Rollachse des Triplex-Flugreglers.

Do 31, Geräte des Triplex-Flugreglers mit Lage- und Wendekreisel, Verstärker für Nick-, Roll- und Gierachse, Bordprüfgerät, hydraulischen Triplex-Stellmotoren und Bediengeräten.

programmes der Do 31 konnte jedoch der Einbau und die Flugerprobung im Flugzeug nicht mehr erfolgen, der Flugregler befindet sich heute im Wehrtechnischen Museum in Koblenz.

Flugreglerentwicklungen für das VTOL-Flugzeug VAK 191, Vereinigte Flugtechnische Werke (VFW)

Im Jahr 1960 begannen in der Firma Focke-Wulf, Bremen, Projektierungsarbeiten für ein tieffliegendes Kampf- und Aufklärungsflugzeug entsprechend NATO BASIC MILITARY REQUIREMENT 3. Mit diesem Konzept sollten die operationellen Vorzüge der Senkrechtstart- und -landefähigkeit gekoppelt und ausgenützt werden. Die Arbeiten an einem integrierten Flugsteuerungs- und Regelungssystem wurden von einigen Ingenieuren, die am »Coleopter« – einem französischen VTOL-Hecksitzer – gearbeitet und zu Focke-Wulf übergewechselt hatten, maßgebend beeinflußt. Auf Grund der in Frankreich gemachten Erfahrungen wurde eine künstliche Stabilisierung durch eine Lageregelung mit hoher Autorität für den operationellen Einsatz von VTOL-Flugzeugen als unumgänglich erkannt. Wegen der hohen Autorität waren Fehler im Reglersystem besonders kritisch. Um ausreichende Zuverlässigkeit und Sicherheit zu erreichen, mußten Redundanzen eingeführt werden, die einen oder auch zwei Fehler ohne gefährliche Flugzustände zu überstehen gestatteten. Über den im Rahmen der ersten Studien entwickelten Mehrfach-Lageregler für den Schwebeflug berichteten *R. Staufenbiel* und *S. Girlatschek* auf der WGLR-Tagung 1962 in Braunschweig. Die Lagesignale eines Vertikalkreisels werden in einen Operatorverstärker

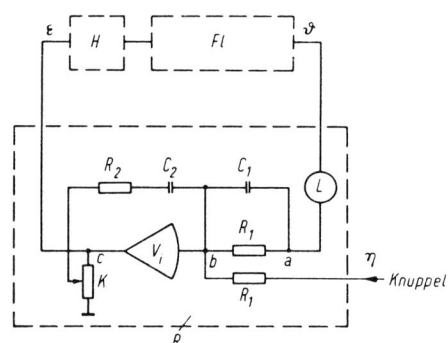

R = Regelkette, L = Lagekreisel, V_i = innere Verstärkung des Operatorverstärkers, K = Potentiometer zum Einstellen der Reglerverstärkung, H = Hydraulik, Fl = Flugzeug

Versuchsausführung für VAK 191, Prinzipschema einer Reglerkette mit Operationsverstärker. Eingang: Knüppel und Lagekreisel L. Ausgang: hydraulischer Stellmotor H. Flugzeugdynamik Fl.

integriert und differenziert und dem Ventil eines hydraulischen Stellmotors zugeführt. Der Gleichspannungsverstärker mit großer innerer Verstärkung, hohem Eingangswiderstand und hinreichender Nullpunktsicherheit wurde in Transistortechnik realisiert. Das Eingangssignal wird mittels Transistormodulator zerhackt, wechselspannungsmäßig verstärkt und am Ausgang wieder phasenabhängig gleichgerichtet. Die Schaltung des Operatorverstärkers erlaubt die für den Regler erforderliche Übertragungsfunktion zu erreichen.

Die Ausgangssignale der in einer Triplexanordnung ausgeführten Reglerkette – Lagekreisel und Operatorverstärker – werden in einem verketteten System von Transduktoren miteinander verglichen. Bei Abweichung eines Signals von den beiden anderen sprechen zwei Relais an und schalten den defekten Regler ab.

Als nächster Schritt wurde auf der Basis des Versuchsreglers von VFW mit Schwebeflugregler entwickelt. In der Nickachse erfolgt die Lagesteuerung durch den Piloten über Potentiometer am Steuerknüppel gegen das Lagesignal vom Vertikalkreisel, dem Reglerverstärker und dem Stellmotor

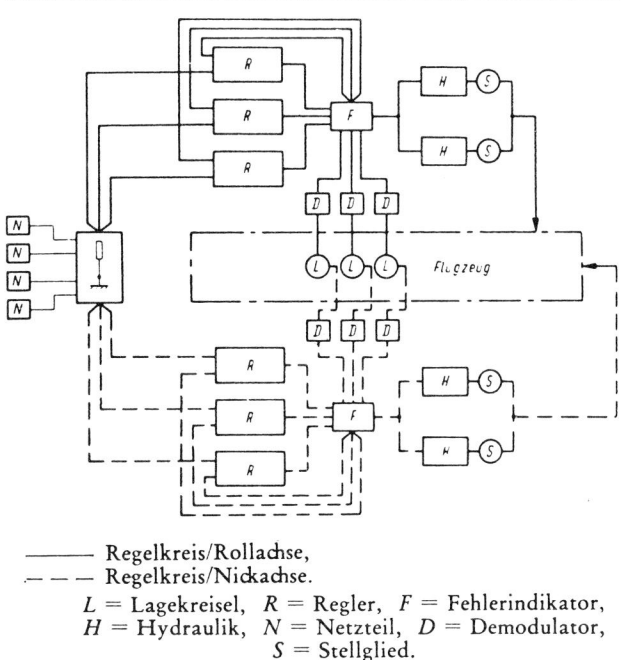

——— Regelkreis/Rollachse,
– – – Regelkreis/Nickachse.
L = Lagekreisel, R = Regler, F = Fehlerindikator,
H = Hydraulik, N = Netzteil, D = Demodulator,
S = Stellglied.

Versuchsausführung für VAK 191, Schema des Triplex-Flugregler für Roll- und Nickachse.

durch die Verstellung der Luftdüsen am Bug und Heck des Schwebegestells. Eine Nicktrimmeinrichtung verändert den Schub der zusätzlichen Hubtriebwerke derart, daß die Nickdüsensteuerung immer im Arbeitsbereich verbleibt.
Die Rollachsensteuerung ist analog aufgebaut, die Trimmeinrichtung entfällt. In der Gierachse arbeitet das Schwebegestell mit einer Geschwindigkeitssteuerung, d. h. jeder Pedalstellung ist eine Drehgeschwindigkeit – gemessen vom Wendekreisel – zugeordnet.

Die Flugerprobung des Schwebegestells SG 1262 folgte nach eingehenden Versuchen auf einer hydraulisch verstellbaren Fesselsäule und führte zum ersten Freiflug im August 1966. Das mit Hilfe des Steuerungssystems und des Schwebeflugreglers erreichte Flugverhalten erlaubte exakte Flugmanöver; auch bei extremen Knüppeleingaben (volle Sprungkommandos über den gesamten Stellbereich) wurde eine exakte Ausführung der kommandierten Lageeingaben erzielt. Ein vom Bodenseewerk Gerätetechnik für das Schwebegestell SG 1262 entwickelter Duplex-Schweberegler FRG-204 wurde vergleichsweise in Boden- und Säulenversuchen untersucht. Auf Flugversuche verzichtete man aus Kostengründen.
Auf Grund der Ergebnisse der Flugsteuerungs- und Flugregler-Entwicklungen und Flugerprobungen von VFW und dem Bodenseewerk Gerätetechnik wurde von beiden Fir-

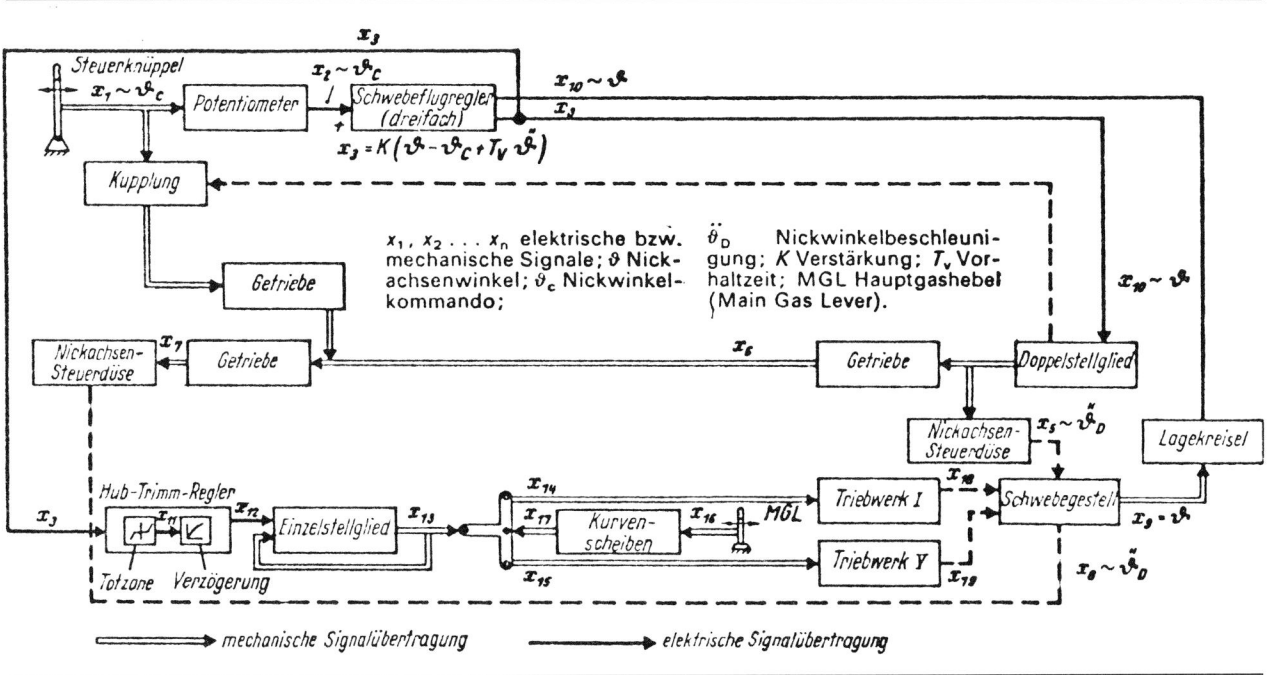

Schwebegestell SG 1262, Blockschema der Nickachsensteuerung.

Schwebegestell SG 1262 (Versuch VAK 191 B) im strahlgetragenen Schwebeflug.

men gemeinsam der Flugregler FRG 30-302 für das VTOL-Flugzeug VAK 191 B entwickelt, vom Bodenseewerk in vier Exemplaren hergestellt und mustergeprüft. Der Einsatz des Flugreglers erfolgte in den drei Prototypen der VAK 191 B. Der Flugregler FRG 30-302 besteht aus dem Steuerungsteil für die elektrische Übertragung der Steuerkommandos vom Steuerknüppel und den Pedalen auf einen hydraulischen Stellzylinder (»Fly-by-wire«-Technik). Außerdem aus dem Stabilisierungsteil für die Lage-, Wende- und Dämpferregelung entsprechend der jeweiligen Flugphase und dem Autopilotenteil mit den Betriebsarten Lageregelung in der Nick- und Rollachse, Kursregelung in der Gierachse, einer Knüppelkraftsteuerung (Stick Steering) und Dämpferfunktion bei der Handsteuerung durch den Piloten.

Der Steuerungs- und Stabilisierungsteil besteht aus einer Triplex-Ausführung mit Monitor und Pannenschalter und den Duplex-Stellzylindern mit Überwachung. Der Steuerungsteil besteht aus je drei Potentiometern am Steuerknüppel und den Pedalen als Kommandogeber, drei Summierverstärkern mit nachfolgendem Monitor und Pannenschalter. Im Monitor werden die drei Signale verglichen und zu einem Signal zur Ansteuerung der Duplex-Servozylinder zusammengefaßt. Stellt der Schaltmonitor unzulässige Abweichungen eines Signals fest, schaltet das fehlerhafte Signal ab und zeigt dies dem Piloten am Bediengerät an. Der hydraulische Duplex-Servo-Stellzylinder ist eine Entwicklung der Feinmechanischen Werke, Mainz, und ist mit hydraulischen Ventilen der Weston Hydraulics Ltd. versehen. Das Duplex-Servogerät besteht aus einer Parallelanordnung zweier separater Servohälften, die elektrisch angesteuert werden und auf einen gemeinsamen mechanischen Ausgang arbeiten. Die beiden Servohälften werden durch einen Monitor überwacht. Bei einer Fehlerfeststellung wird der fehlerhafte Servo abgeschaltet, der verbleibende Servo arbeitet mit voller Autorität weiter.

Der Stabilisierungsteil besteht aus drei Lotkreiseln für die Messung der Lagesignale in der Nick- und Rollachse, aus je drei Wendekreiseln für die Messung der Drehgeschwindigkeiten um die Nick-, Roll- und Gierachse, je einem Rechenverstärker und Synchronisationsverstärker und dem nachfolgenden Monitor und Pannenschalter. Das gemittelte Stabilisierungssignal wird dem Steuerungsteil zugeleitet. Die erforderlichen Umschaltungen der Betriebsarten des Stabilisators werden, entsprechend den jeweiligen Flugphasen, durch den Piloten am Bediengerät oder automatisch von einem Staudruckgeber gesteuert, vorgenommen.

Im »aerodynamischen« Flug übernimmt der Autopilotenteil die Einhaltung der im Augenblick des Einschaltens vorhandenen Fluglage, dabei wird bei einem Rollwinkel unter 7° der anliegende Kurs gehalten, bei einem Rollwinkel darüber bleibt er konstant. Die Betriebsart »Knüppelkraftsteuerung« wird durch einen Knüppelausschlag über 50% automatisch eingeschaltet, der Pilot steuert das Flugzeug über die am Knüppel befindlichen Potentiometer und das Steuerungsteil des Flugreglers. Dem Knüppelausschlag entspricht eine proportionale Drehgeschwindigkeit der Flugzeugachse, die Lagesignale des Autopilotenteils sind auf Nachlauf geschaltet. Bei einer Knüppelauslenkung über eine zweite, höhere Schwelle wird vom Flugregelsystem auf Handsteuerung mit zugeschalteter Dämpferfunktion umgeschaltet. Zu den Funktionen des Autopilotenteiles zählt noch eine automatische Trimmung des Nullpunktes des Steuerknüppels, diese automatische Trimmung ist nur in der Autopilotenbetriebsart wirksam; in der Betriebsart Schwebeflug und Handflug mit Dämpfer erfolgt die Trimmung von Hand mit einem Trimmknopf am Steuerknüppel.

Das Kreiselgerät ist für die Durchführung der automatischen Vorflugprüfung besonders konstruiert: Die drei Lotkreisel sind auf einer Wippe montiert, die über ein selbsthemmendes Getriebe und einem Motor während der Prüfung in der

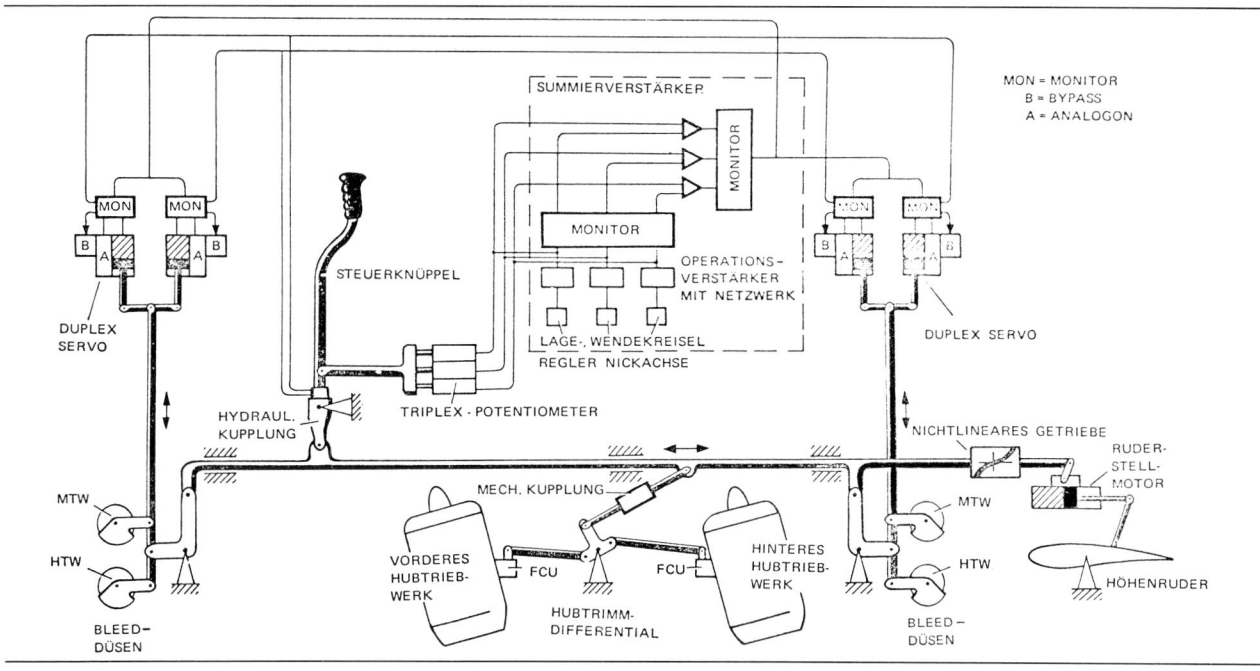

VAK 191 B, Schema der Flugsteuerung in der Nickachse.

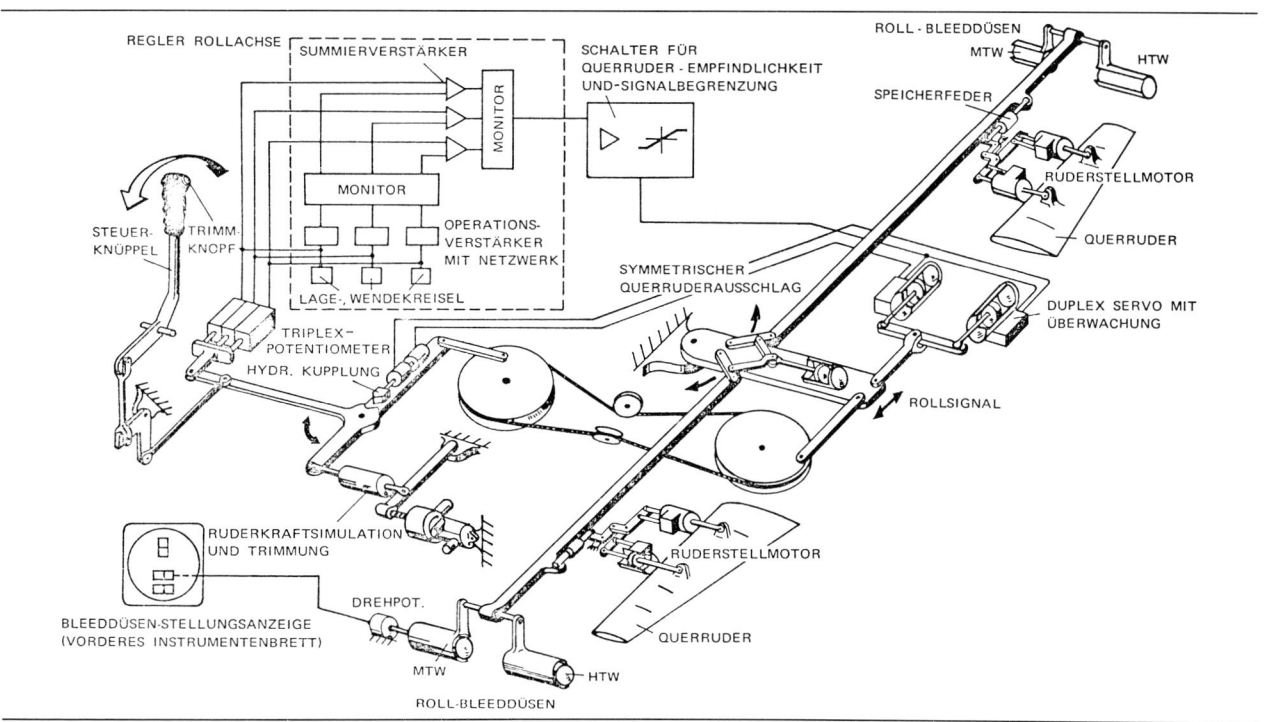

VAK 191 B, Schema der Flugsteuerung in der Rollachse.

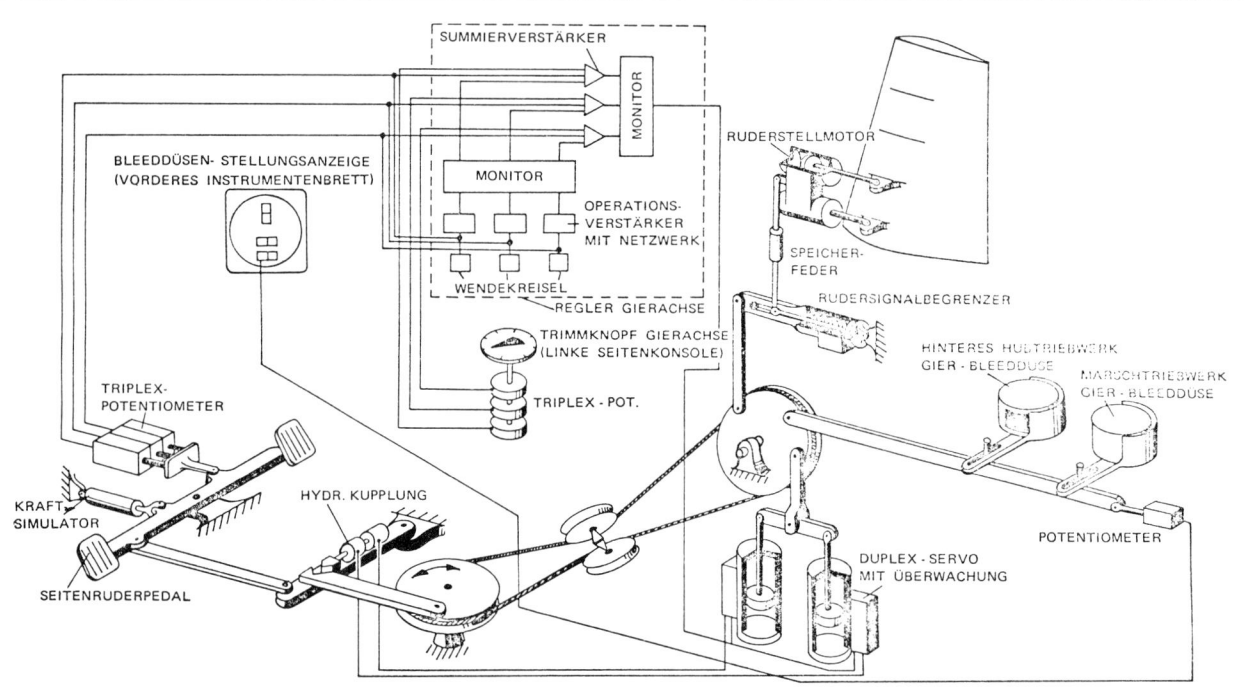

VAK 191 B, Schema der Flugsteuerung in der Gierachse.

Triplex-Kreiselgerät mit Lage- und Wendekreisel. Zur Prüfung der Lagekreisel mit motorisch angetriebenen Wippe.

Triplex-Wendekreiselgerät mit für Prüfzwecke motorisch angetriebener Wippe.

VSTOL-Flugzeug VAK 191 B bei der Prüfung auf der Teleskopsäule.

Simulatoren für die Flugzeugbewegung um den Schwerpunkt

Mit dem Beginn der Entwicklung von Flugreglern begann auch die Entwicklung von Labor-Prüfgeräten für die Prüfung und Optimierung der Bewegungen des Flugzeugs um den Schwerpunkt. So hat *Franz Drexler* während seiner Entwicklung von Servo-Steuerungen und Lagereglern für Groß- und Riesenflugzeuge in den Jahren 1916 bis 1918 auch entsprechende Bodengeräte konstruiert. Seine »Lehrschaukel« genannte Einrichtung diente zur Schulung von Piloten mit dem Servo-System, Drexlersche Hilfssteuerung genannt. Diese entsprechend abgeänderte Lehrschaukel wurde auch zur Prüfung eines Zweiachsenflugreglers mit Lotkreisel als Meßfühler verwendet.

Bei seinem Vortrag »Motorische Flugzeugsteuerung« auf der WGL-Tagung 1927 in Wiesbaden hat *Johann Maria Boykow* eine Einrichtung für die Simulation der Nickbewegung mit aufgebautem Nicklagenregler vorgeführt. Auf

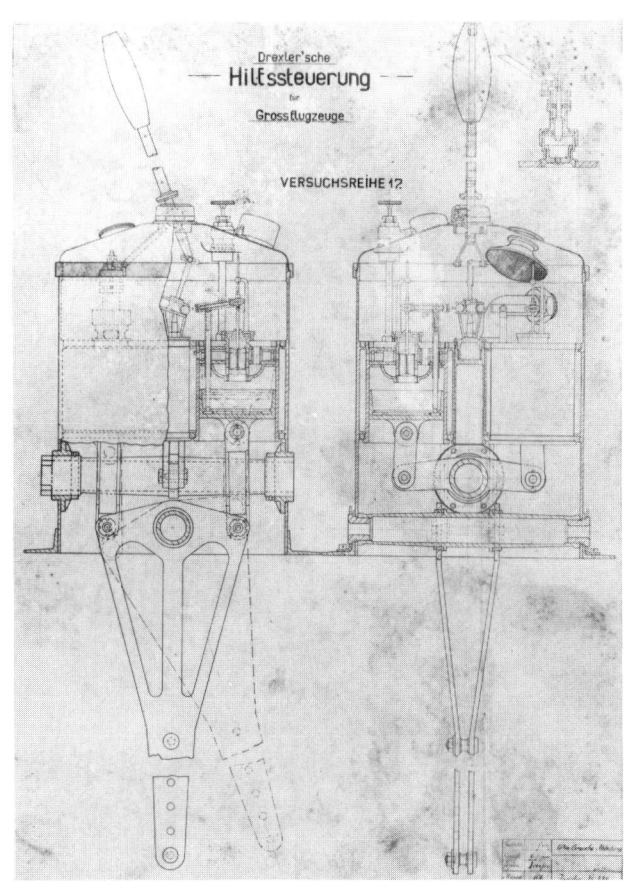

Drexlersche Hilfssteuerung (Servo-Steuerung) für Großflugzeuge.

Diagonale in einem Winkel von 6° ausgelenkt werden kann; dadurch wird erreicht, daß die Nick- und Rollwinkel gleichzeitig um 4° ausgelenkt werden. In ähnlicher Weise sind die jeweils auf einer Wippe montierten Wendekreisel während der Prüfung in Sinusschwingungen versetzt. Die entsprechenden Ruderbewegungen werden mit einem Reglermodell verglichen und so die einwandfreie Funktion des Reglers überprüft.

Flugreglerentwicklung für ferngesteuertes Experimentalgerät E 1 »Aerodyne«, Dornier-Werke

Für den senkrechtstartenden Aufklärungsflugkörper »Aerodyne« wurde vom Bodenseewerk der Flugregler FRG 16 entwickelt. Die Lageregelung erfolgte in üblicher Weise mit Lot- und Wendekreisel als Meßgeber und Verarbeitung der Reglersignale mit Gleichspannungsverstärkern zur Ansteuerung der hydraulischen Steller. Die Entwicklung der elektrohydraulischen Stellmotoren erfolgte bei der Firma Liebherr-Aero-Technik.

Die »Lehrschaukel« mit der Hilfssteuerung im Betrieb.

Abgeänderte Lehrschaukel mit Zweiachsen-Stabilisator.

Boykow-Steuermaschine als Nickachsen-Simulator (Momentenerzeugung durch Verschiebung des Gegengewichtes).

Zweiachsen-Stabilisator von Drexler mit Lotkreisel als Lagegeber für die Roll- und Nickachse.

einer Wippe ist der Nicklagenregler verschiebbar angebracht. Die Verschiebung des Reglers, als Gewicht wirkend, wird vom Stellmotor des Reglers vorgenommen. Die Lage der Verschiebung wird durch eine Steuerfläche gekoppelt und dient zur Anzeige des Höhenruderausschlags. Nach dem Einschalten des Reglers wird das Gewicht so verschoben, daß die Wippe ins Gleichgewicht übergeht und aperiodisch gedämpft in die horizontale Lage einschwingt.

Bei den Untersuchungen der Kurssteuerung im Geradeausflug in der DVL 1937 hat *Winfried Oppelt* einen Prüftisch für Kurssteuerungen gebaut, um das Verhalten des kursgesteuerten Flugzeugs nachzuahmen. Die Federfesselung und das Trägheitsmoment des Drehtisches wurden im gleichen Verhältnis wie am Flugzeug ermittelt und eingestellt; auf

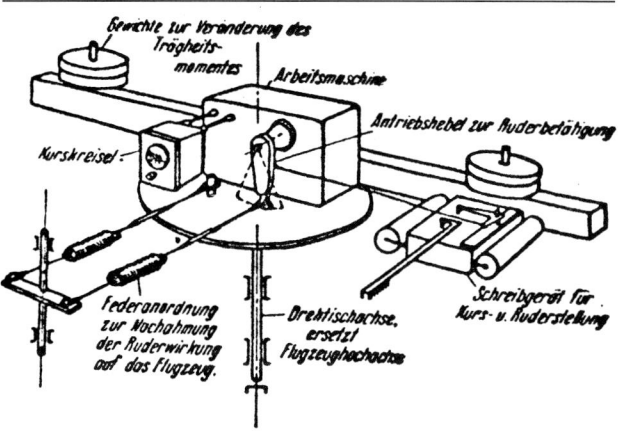

Oppelt-Prüftisch für Kurssteuerungen.

diese Weise entsprach das Schwingungsverhalten dem des Flugzeugs. Der auf dem Prüftisch aufgebaute Kursregler wirkte über seinen Stellmotor direkt auf die Drehtischbewegung ein.

Zur Prüfung von Stabilisierungseinrichtungen für die Raketenentwicklung der Fernrakete Aggregat A 4 in Peenemünde wurde von *Dr. Hermann Steuding* eine Plattform zur Simulation der Lagebewegung einer Achse entwickelt. Dieser ebenfalls federgefesselte Prüftisch war auf einer Schneide gelagert. Die Federfesselung und das Trägheitsmoment wurden entsprechend den Verhältnissen der Rakete eingestellt. Die Wirkung der Regeleinrichtung auf die Wippe erfolgte direkt durch den Stellmotor des Reglers durch Verschiebung der Fesselung eines zweiten Federpaares. Es konnte die gesamte Reglereinrichtung auf den Prüftisch montiert und die Funktion geprüft werden, lediglich die Simulation der Ruderkräfte war mit dieser Anordnung nicht möglich.

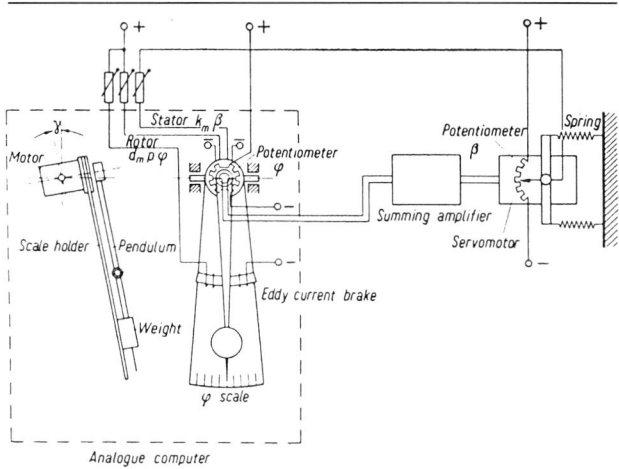

Simulation der Lagebewegung durch Pendel bei der Raketenentwicklung in Peenemünde (Walter Häußermann).

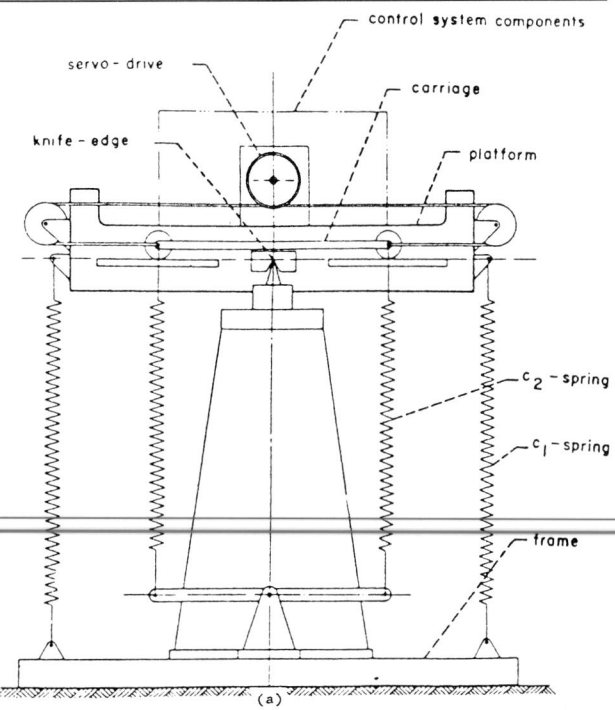

Mechanischer Prüftisch für Nachbildung der Lagebewegungen bei der Raketenentwicklung in Peenemünde (Dr. Stauding).

Für die Prüfung des Stabilisators ohne Wendekreisel wurde von *Walter Häußermann* ein einfacher Simulator unter Verwendung eines Pendels entwickelt. (Der Wendekreisel im Stabilisator wurde zu dieser Zeit durch ein das Lagesignal differenzierendes Netzwerk ersetzt.) Die Lagerreibung des Pendels wurde durch Vibration des Lagers durch einen Motor verringert. Ein verschiebbares Gewicht und eine Wirbelstrombremse gestatteten die Einstellung der gleichen Schwingungsverhältnisse wie an dem zu untersuchenden Objekt. Das an der Pendellagerung abgenommene Lagesignal wurde anstelle des Lagekreiselsignals dem Regler zugeführt. Mit dieser Einrichtung konnten auch die getrennt angeordneten Stellmotoren unter Last geprüft werden.

Eine elegantere Lösung für einen Simulator für die Schwerpunktbewegung wurde von *Waldemar Möller* 1958 mit der »Dynamischer Prüfstand« genannten Einrichtung geschaffen. Die Bewegung eines Flugzeuges um seine Achsen ist die Folge der Summe aller um die betreffende Achse wirkenden

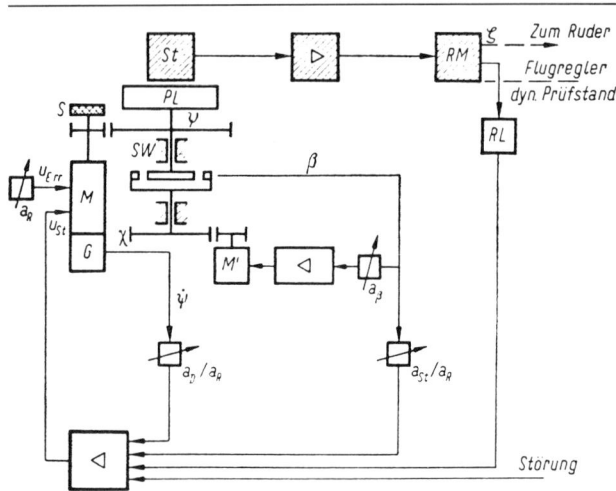

Elektrischer Prüftisch für die Simulation der Drehbewegungen um eine Achse »Dynamischer Prüfstand« (Waldemar Möller), Blockschema der Momentenbildung.

Dynamischer Prüfstand mit aufgebautem Nicklagenregler, Prüfung am Flugzeug.

Momente, d. h. die Drehbeschleunigung entspricht der Summe der Momente, geteilt durch das Trägheitsmoment. Diese Beziehung bleibt auch erhalten, wenn die Drehmomente und die Trägheitsmomente im gleichen Maßstab verkleinert werden; sie bildet die Grundlage für den Dynamischen Prüfstand. Die Nachbildung der auf das Flugzeug einwirkenden Momente wird durch einen Drehfeldmomentengeber (Ferraris-Motor) erzeugt. Die Steuerung der Momente auf das simulierte Trägheitsmoment erfolgt elektrisch über einen Leistungsverstärker. Es werden folgende Momente bei der Simulation der Drehbeschleunigung berücksichtigt:
- Ruderwirksamkeit durch einen Ruderstellungsgeber;
- Dämpfung durch einen auf der Motorachse befindlichen Tachogenerator;
- Eigenstabilität durch Ermittlung des Schiebewinkels und der Einstellung des Verhältnisses, Eigenstabilität zur Ruderwirksamkeit;
- Schiebewinkel durch Messung der Lage des Flugzeuges und Bildung des Schiebewinkels in einem integrierenden Nachlaufsystem.

Mit dem Dynamischen Prüfstand können Flugregler in einer Achse geprüft und die Ruderkräfte durch einen eigenen Simulator nachgebildet werden. Der Dynamische Prüfstand ist leicht transportabel; er gestattet auch die Prüfung am Flugzeug unter Einbeziehung aller Original-Komponenten des Flugzeuges. Durch einen Zusatz am Dynamischen Prüfstand ist auch die Simulation einer vertikalen Linearbewegung möglich, z. B. bei der Prüfung der Vertikalregelung von VTOL-Flugzeugen.

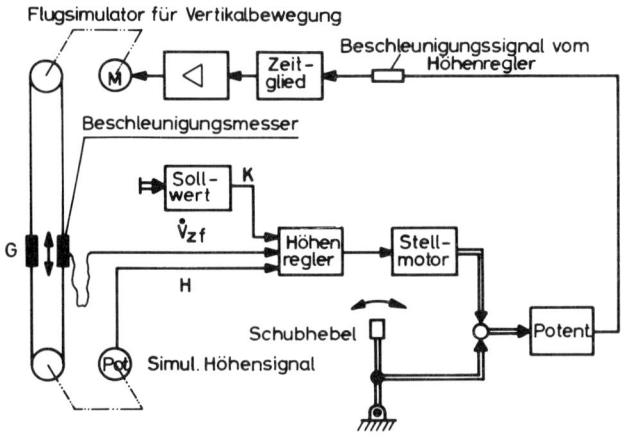

Dynamischer Prüfstand mit Vertikalzusatz, Blockschema mit Prüfung des Vertikalreglers.

Die Prüfung von Drehbewegungen um drei Achsen erfordert größere Momente, die durch hydraulische Stellmotoren erzeugt werden. Die Stellung der einzelnen Achsen wird in Rechenanlagen unter Berücksichtigung der Flugzeugdynamik errechnet und von den Stellmotoren an den Rahmen kopiert. Es können Original-Komponenten des Reglers auf der in Kardanrahmen gelagerten Plattform montiert und auf ihre Funktion geprüft werden.

Eine weitere Ausführung eines hydraulischen Bewegungssimulators stellt der 5-Achsen-Tisch im Bodenseewerk dar. Speziell für Flugkörper geeignet, werden Original-Flugkörperteile auf der Plattform montiert. In einer Zieldarstellungskammer wird das Ziel simuliert; zwei zusätzliche Bewegungen in der Seite und Neigung für den Suchkopf am Flugkörper erlauben die Prüfung auch dieses Teils der Regeleinrichtung.

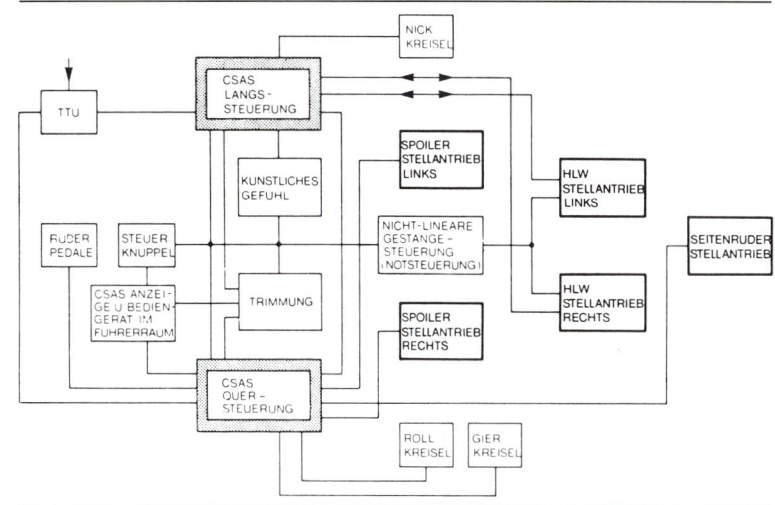

MRCA, Primärsteuerung.

Europäische Gemeinschaftsentwicklungen für Instrumentierung, Flug- und Triebwerksregler

Steuerungs-, Flugregelungs- und Triebwerksreglerentwicklungen für MRCA-Flugzeug »Tornado«

Primäres Steuerungs- und Stabilisierungssystem (CSAS)

Das grundsätzlich Neue am elektrischen Steuerungssystem des Flugzeugs »Tornado« und dem darin integrierten Stabilisierungssystem hat *Helmut Langfelder* (MBB) vom Standpunkt des Flugzeugkonstrukteurs bei seinem Vortrag auf der Jahrestagung der DGLR vom 17. bis 19. September 1974 in Kiel wie folgt beschrieben:

»Primärsteuerung

Das MRCA ist das erste operationelle Kampfflugzeug, das von Anfang an mit einer rein elektrisch signalisierten Steuerung und automatischen Stabilisierung ausgelegt wurde. Bei jeder Primärsteuerung spielt das Sicherheitskonzept zur Beurteilung der Ausfallwahrscheinlichkeit und Fehlerabfolge eine bedeutende Rolle. Das Auftreten eines ersten Fehlers in einer so komplexen Verkettung von Systemen wie der Steuerung kann auch beim heutigen Stand der Technik nicht mit einer kleineren Wahrscheinlichkeit als etwa 10^{-2} angegeben werden. Man muß also beim ersten Fehler mit einer einigermaßen wahrscheinlichen Fehlererwartung rechnen. Aber dann ist das Entstehen eines zweiten unabhängigen Fehlers bereits viel unwahrscheinlicher, etwa 10^{-2} bis 10^{-4}, und erst recht das Auftreten eines dritten Fehlers kann als sehr unwahrscheinlich gelten, entspricht also der sehr geringen Wahrscheinlichkeit von 10^{-4} bis 10^{-7}. Diesen drei Fehlererwartungszuständen sind beim MRCA entsprechende Betriebszustände des Steuer- und Stabilisierungssystems CSAS (Command and Stability Augmentation System) zugeordnet. Da das Flugzeug auch nach dem Auftreten von zwei unabhängigen Fehlern noch zu steuern sein muß, wurde einmehrfach redundantes, analoges System für Rollen, Gieren und Nicken mit einer Notumschaltung auf eine mechanische Steuerung mit künstlichem Gefühl für Nicken und Rollen am verstellbaren Höhenleitwerk vorgesehen.

Zur Erläuterung der Primärsteuerung kann das stark vereinfachte Schema (siehe Abb. oben) zugrunde gelegt werden. Der Pilot steuert mit seinem konventionellen Knüppel und Ruderpedalen, mit Abgriffen zur Umwandlung der mechanischen Kräfte und Wege in elektrische Signale, welche im CSAS zur künstlichen Stabilisierung modifiziert werden, die elektrisch-hydraulischen Servoventile der entsprechenden Stellantriebe der Ruderflächen an. Für die Längssteuerung sind das die beiden gleichsinnig laufenden Höhenleitwerkstellantriebe, für die Seitensteuerung, im Fall des Rollens, dieselben nun gegensinnig bewegten Höhenleitwerkstellantriebe sowie bei kleineren Pfeilwinkeln je zwei der vier Stellantriebe der Unterbrecherklappen am Flügel und für das Gieren der Seitenruderstellantrieb. Die Rückkopplungen bestehen einerseits aus direkten Signalrückführungen der Stellantriebsausgänge sowie aus den entsprechenden Drehgeschwindigkeiten der Flugzeugbewegung, wozu Kreisel als Sensoren dienen. Die mechanische Notsteuerung wird im betroffenen Stellantrieb automatisch eingekuppelt, wenn nach Ablauf einer sehr kurzen Entscheidungszeit ein zweiter Fehler in der Logikschaltung dauerhaft vorliegt. Im ersten Moment behält das Ruder seine Stellung und wird dann während einer

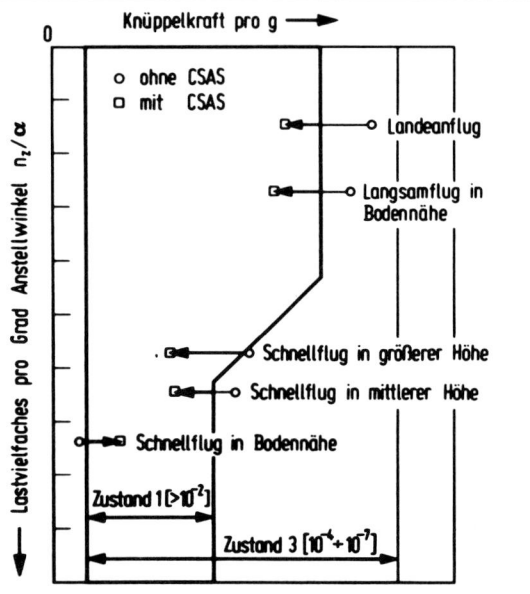

Verbesserung der Knüppelkraftcharakteristik durch CSAS.

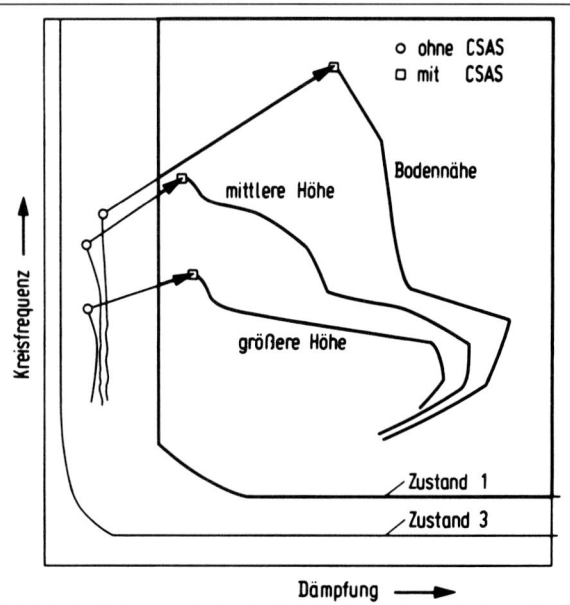

Verbesserung der »Dutch-Roll«-Bewegung durch CSAS.

mehrere Sekunden dauernden Verweilzeit in eine der Knüppelstellung entsprechende Lage gebracht. Ein künstliches Gefühl verbessert auch in diesem Fall die Knüppelkraftcharakteristik pro g, und ein nichtlineares Getriebe paßt den Knüppelausschlag pro Grad Höhenruderverstellung optimalen Verhältnissen an. Die Trimmung ist eine Paralleltrimmung durch Verstellung des Kraftnullpunktes des Knüppels in Abhängigkeit von Staudruck und Flugzeugkonfiguration.

Der große Einfluß des CSAS auf die Flugeigenschaften in kritischen Fällen soll an einigen Beispielen gezeigt werden. Die erhebliche Verbesserung der Knüppelkraftcharakteristik vor allem beim Schnellflug in Bodennähe und beim Landeanflug ist aus der Darstellung in Abb. oben links zu entnehmen. Auch die kurzperiodische Schwingung, die hauptsächlich in großen Höhen und bei großen Geschwindigkeiten sonst zu Begrenzungen des operationellen Flugbereiches führen würde, wird, wie die Abb. links zeigt, stark verbessert. Die gefährliche Seiteninstabilität, die sogenannte ›Dutch-Roll‹-Bewegung, tritt besonders bei Schnellflug in Bodennähe und bei ausgefahrenen Klappen beim Landeanflug auf. Die Abb. oben rechts ist eine vergleichende Auftragung der Frequenz und Dämpfung dieser Schwingung des nichtstabilisierten Flugzeugs und unter Einfluß der künstlichen Stabilisierung.

Bevor wir diese sehr kurze Beschreibung des CSAS abschließen, müssen noch einige Worte über das Kernstück jeder redundanten Steuerung, nämlich die Fehlerüberwachungs- und Auswahlschaltung, gesagt werden. Wie bereits erwähnt, gilt es, in bestimmten kritischen Überwachungsschnitten fehlerhafte Signale zu erkennen und entsprechende Umschaltungen vorzunehmen. Die Abb. S. 231 oben zeigt das Prinzip. Der triplizierte Eingang wird über eine Auswahlschaltung als Mittelwert der Signale 1 und 3 weitergeführt, wobei Signal 2 unterdrückt wird und in Reserve bleibt. Die Überwachungsschaltung besteht aus duplizierten Komparatoren zum paarweisen Vergleich der Eingangssignale. Das Ansprechen der Komparatoren identifiziert das fehlerhafte Signal und bewirkt über die Logikschaltung Speicherung des Fehlers und entsprechende Umschaltung in der Auswahlschaltung. (Ist 1 oder 3 fehlerhaft, wird auf 2 umgeschaltet; ist 2 fehlerhaft, muß nicht umgeschaltet werden. In beiden Fällen wird der Fehler gespeichert.) Das CSAS ist mit einer Selbstprüfeinrichtung versehen, mit der eine

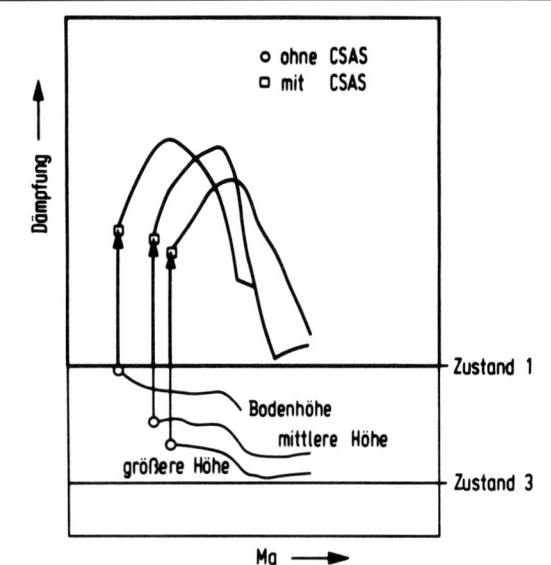

Verbesserung der kurzperiodischen Dämpfung durch CSAS.

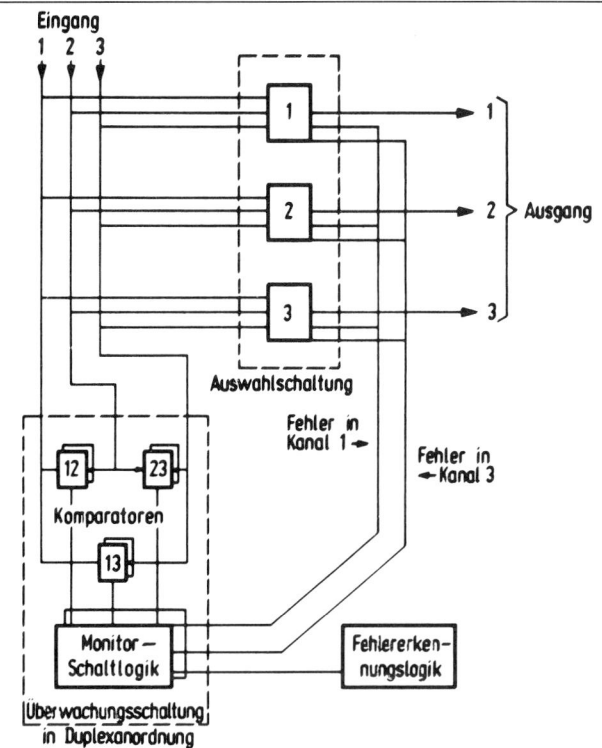

Fehlererkennung im Triplexsystem.

automatische Vorflugprüfung möglich ist, um beim Start den ersten Fehlererwartungszustand sicherzustellen. Fehleranzeige erfolgt sowohl am Bediengerät des Piloten wie an einer gesonderten Anzeigetafel für das Wartungspersonal als Hinweis für den Austausch der defekten Einheit. Die Elektronikgeräte des CSAS werden von den Firmen Elliott und Bodenseewerk gebaut.

Die Stellantriebe der Primärsteuerung gehören zu den kompliziertesten Geräten des Flugzeugs und müssen natürlich trotzdem den strengen Zuverlässigkeitskriterien eines so lebenswichtigen Teiles genügen. Es handelt sich dabei um quadruplex (duoduplex) elektro-hydraulische Stellglieder zur Umwandlung der elektrischen Steuersignale in hydraulischen Servos zur mechanischen Verstellung stark belasteter Steuerflächen. In der Quadruplex-Anordnung werden beide Hydrauliksysteme je zwei Servos zugeordnet. Der Stellantrieb behält also seine Funktion auch nach Auftreten eines ersten Fehlers, sei es ein Hydraulikausfall oder ein elektrischer Signalausfall. Erst ein weiterer elektrischer Fehler in der noch nicht betroffenen Servogruppe führt über Mikroschalter zu Einkupplung des mechanischen Stranges. Mit doppeltem Hydraulikausfall muß in keinem Fehlererwartungszustand gerechnet werden, da die Hydraulikversorgung der Stellantriebe ein sogenanntes ›geschütztes‹ System ist. Die Abb. rechts zeigt den von der englischen Firma Fairey entwickelten Stellantrieb für das Höhenleitwerk, dessen Einbauort im Flugzeug eine sehr gedrungene, raumsparende Bauweise erzwungen hat. Das Gewicht dieses Stellantriebs beträgt etwa 40 kg, und er bewegt Lasten bis zu 30 t. Die Auflösung, bezogen auf den gesamten Verstellbereich, ist in der Größenordnung 10^{-4}.«

Aus diesen Ausführungen folgt die Bedeutung der Anpassung des Flugverhaltens des Flugzeugs an den Menschen, d. h. eine Normierung des Flugverhaltens auch in allen Grenzbereichen der Flugmission.

Das Steuerungs- und Stabilisierungssystem (CSAS = Command Stability Augmentation System) für das MRCA-Flugzeug wurde unter der Systemverantwortung von MBB von den Firmen Elliott (jetzt GCE)/Rochester und Bodenseewerk/Überlingen gemeinsam entwickelt und in Serie hergestellt. Das CSAS besteht aus dem Pitch- und Lateralcomputer, den Wendekreiselgeräten für die Roll-, Nick- und Gierbewegung, den Stellungsgebern am Steuerknüppel und den Pedalen, einem Seitenbeschleunigungsmesser und dem Bediengerät.

Der deutsche Anteil besteht aus dem Rechner für die Seitenbewegung (Lateralcomputer) und den Wendekreiselpaketen für die Messung der Drehbewegung um die Roll-, Nick- und Gierachse. Das Blockschema zeigt die umfangreiche Verknüpfung der Signale im Lateralcomputer, auch zwischen der Roll- und Gierachse. Aus diesem Grund sind die Stabilisierungen der beiden Achsen in einem Gerät, dem Lateralcomputer, zusammengefaßt. Die Ausgangssignale werden den hydraulischen Stellzylindern für das Seitenruder und den Außen- und Innenspoilern zugeführt und mit den Rückführsignalen der Stellbewegungen überwacht. Die Signale für die Querrudersteuerung werden zum Pitchcomputer geleitet und dort mit den Signalen der Nicksteuerung so gemischt, daß die Querruderwirkung der rechten und linken Steuerflächen durch entgegengesetzte Ruderausschläge und die Höhenruderwirkung durch gleichsinnige Ruderausschläge erreicht wird. Zur Verbesserung der Flugeigenschaften in allen Flugbereichen werden dem CSAS noch die Stellungen der Luftbremsen, der Flügel, der Klappen zugeführt sowie der jeweilige Staudruck.

Die aus Sicherheitsgründen erforderliche Triplexausführung verlangt einen hohen Grad von Genauigkeit, so mußten z. B. 0,1% Widerstände in den elektrischen Schaltungen verwendet werden, um ein unnötiges Abschalten einer Reglerkette zu vermeiden. Die hohe Packungsdichte im

CSAS, Wendekreisel mit eingebautem Momentengeber für die automatische Vorflugprüfung (Honeywell).

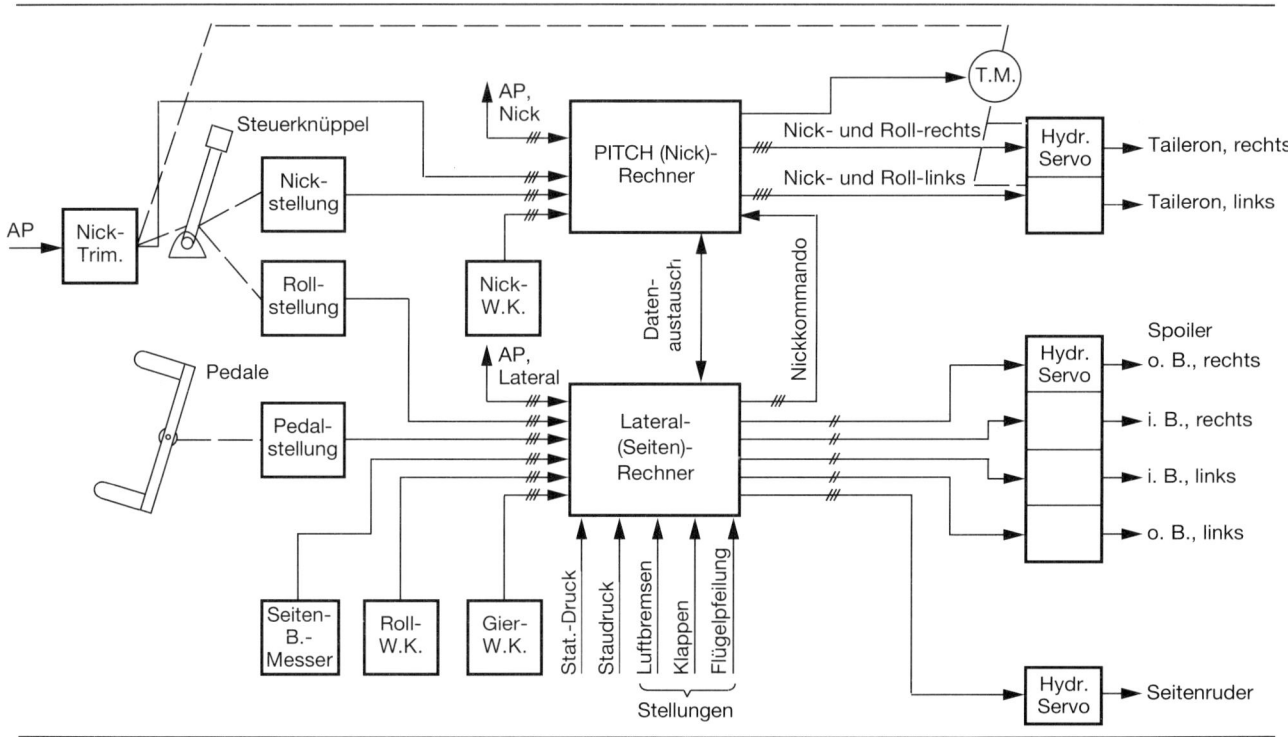

Steuerungs- und Stabilisierungssystem CSAS, vereinfachtes Blockschema mit Angabe der Redundanz und Aufteilung der Steuersignale auf Taileron, Spoiler und Seitenruder.

Lateral-Computer, vereinfachtes Blockschema der Roll- und Giersteuerung mit den Signalen der Flugeigenschaftsverbesserung.

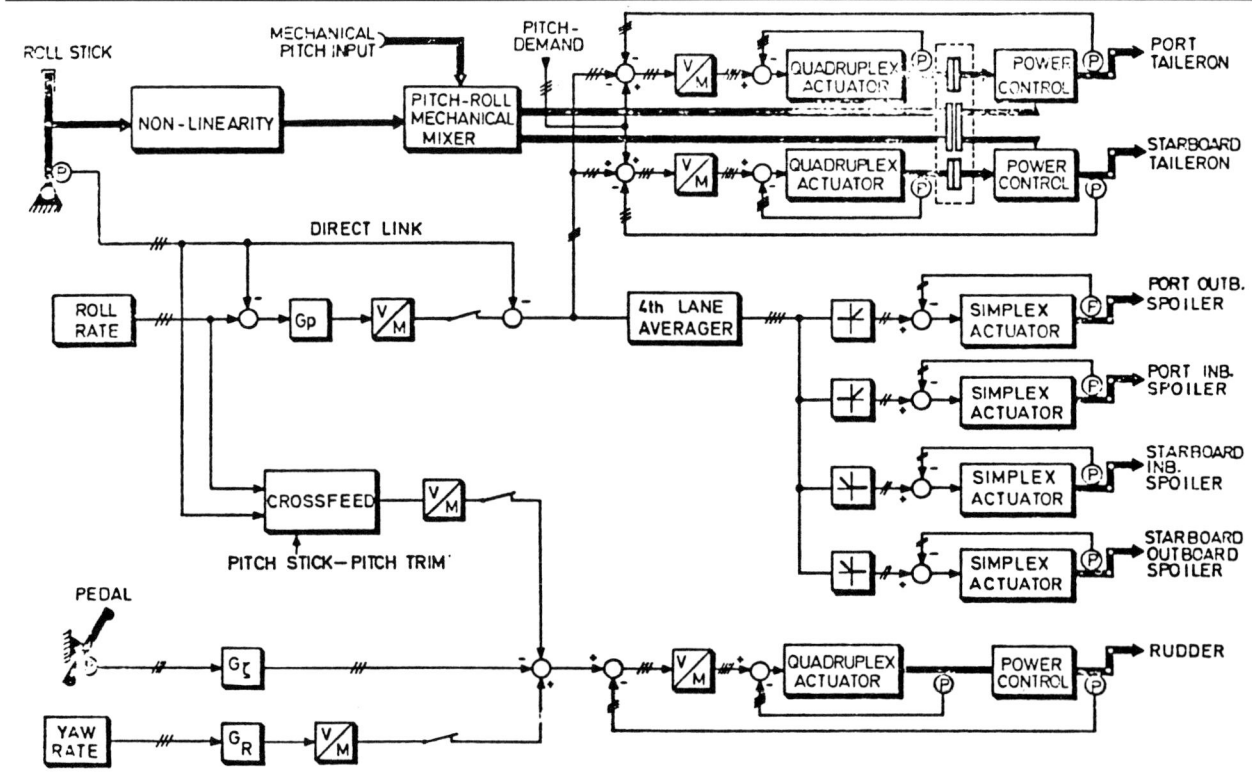

Rechner verlangt eine Zwangsbelüftung auf etwa 40 °C, um die Temperatur der Bauelemente und damit die Ausfallraten nicht zu hoch werden zu lassen.

Die Wendekreiselpakete wurden von der Firma Honeywell/Hanau entwickelt und gefertigt. Der Wendekreisel aus dem Flugregler für das Flugzeug F-104 G wurde in seiner Genauigkeit verbessert und durch einen Momentengeber für die automatische Vorflugprüfung ergänzt. In dem Paket wurde außerdem die Elektronik für die Stromversorgung der Kreiselmotoren und der Abgriffe sowie Gleichrichter für die Umwandlung der Signale in Gleichspannung untergebracht.

Flugregler- und Flugleitanlage AFDS

Unter dem Begriff AVIONIC sind die elektronischen Geräte des Flugzeugs MRCA »Tornado« zusammengefaßt. Dazu zählt auch die Flugregel- und Flugleitanlage (AFDS) für die automatische Flugbahnführung, den Autopiloten (AP) und die Flugleitanlage (FD) für die Steuersignale der Anzeige an der Frontscheibenprojektionsanlage (HUD) sowie dem Fluglageanzeiger (ADI). Die Flugregel- und Flugleitanlage in digitaler Technik wurde von der Firma Elliott (jetzt GCE)/Rochester entwickelt und hergestellt.

Das AFDS besteht aus dem Flugleitrechner 1 und 2, dem Roll- und Nickkraftfühler mit Schalter, dem Stellmotor für die Leistungshebelverstellung und einem Bediengerät für die Betriebsartenumschaltung.

In den Flugleitrechnern werden die Signale der AVIONIC-Navigations-Systeme entsprechend der eingeschalteten Betriebsart in Steuersignale für den Nick- und Querkanal des CSAS-Systems umgewandelt. In der Tabelle Seite 234 oben sind die Betriebsarten des AFDS und die dazu erforderlichen Signale der AVIONIC-Systeme aufgeführt.

Mit den Knüppelkraftschaltern kann vom Piloten eine Schnellabschaltung des Autopiloten vorgenommen und das Flugzeug über das CSAS-System von Hand gesteuert werden. Aus Zuverlässigkeitsgründen erfolgt die Signalverarbeitung in den beiden Flugleitrechnern parallel, die Ergebnisse werden am Ausgang miteinander verglichen, bei Nichtübereinstimmung die Signale nicht zum CSAS zur Ausführung weitergeleitet; es folgt dann eine Fehlerwarnung im Bediengerät.

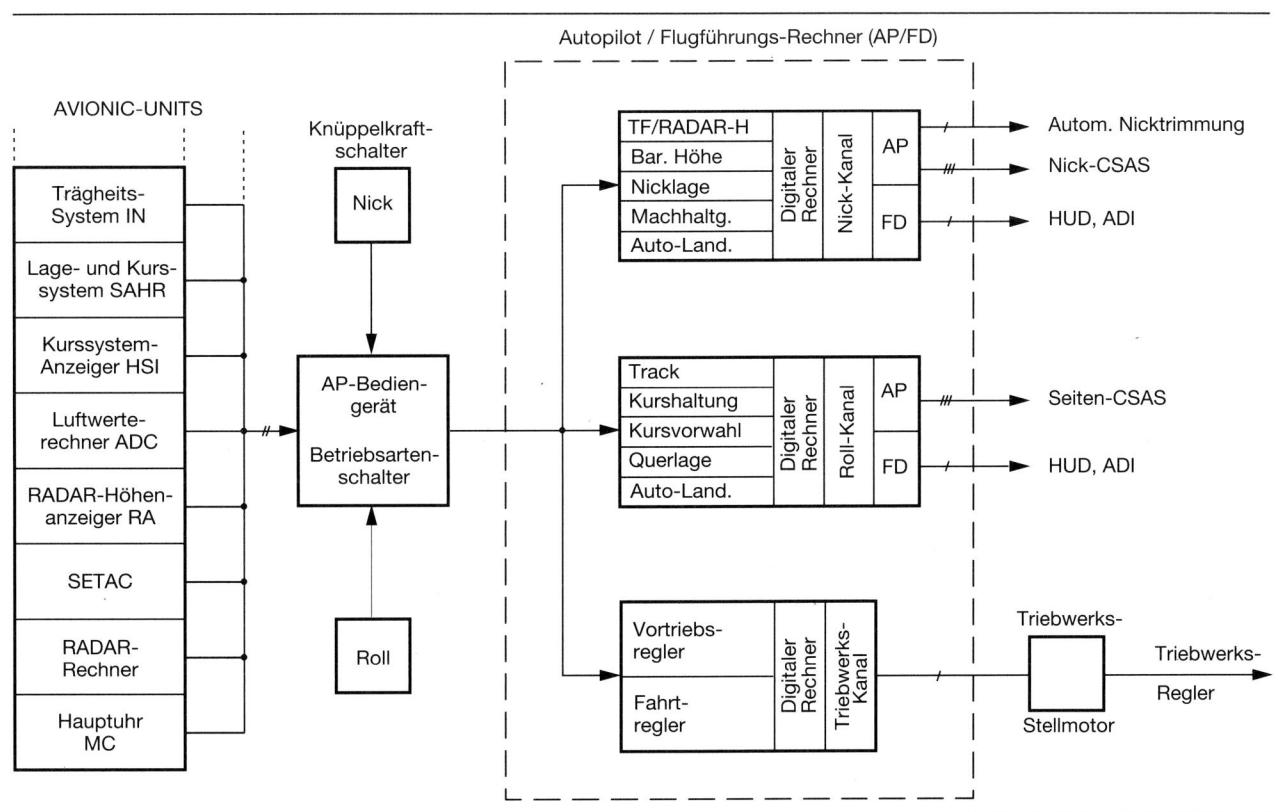

Autopilot- und Flugsteuerungssystem AFDS, vereinfachtes Blockschema mit Angaben der Redundanz und Aufteilung der Signale auf die Nick- und Rollflugführung zum CSAS.

Betriebsarten des AFDS	Informationen vom AVIONIC-System						
	IN/SAHR	HSI	MC	ADC	RA	SETAC	RA-DAR-C
Lage-/Kurshaltung (ATT/HDG HOLD)	X						
Steuerkursauffassung (HDG)	X	X					
Flugwegführung (TRAK)	X		X				
Höhenhaltung (ALT)	X			X			
Machhaltung (MACH)	X			X			
Landeanflug (APRCH)	X	X		X	X	X	
Radarhöhenhaltung (RH)	X				X		
Geländefolgeflug (TF)	X						X
Leistungssteuerung (THROT)	X			X			

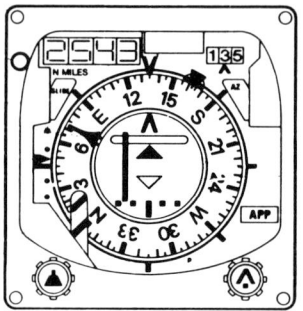

Leitkursanzeiger HSI für Horizontalnavigation, Landeanflugdaten und Funknavigation.

Anzeigegerät für Flugzustand und Flugführung

Die primären Anzeigegeräte im AVIONIC-System zur Anzeige des Flugzustandes im Tornado:

- HSI-Leitkursanzeiger im vorderen Führerraum liefert eine vollständige Darstellung der Horizontalnavigation, der Landeanflugdaten und der Funknavigation.
  Hersteller: Smith Industrie, Cheltenham
- ADI-Fluglagenanzeiger im vorderen Führerraum zeigt eine Quer- und Längsneigung – bezogen auf den Horizont – an. Ein eingebauter Horizontkreisel bewegt mit der kugelförmigen Kulisse den künstlichen Horizont der Roll- und Nicklage. Zur Anzeige einer seitlichen Beschleunigung dient eine Kugellibelle. Die Anzeige der Wendegeschwindigkeit von einem separat angeordneten Wendekreisel ist ebenfalls vorhanden, auf diese Weise wird ein scheinlotrichtiger Kurvenflug ermöglicht. Für die Flugzeugführung stehen ein horizontales und ein vertikales Flugleitsymbol, gesteuert vom Flugleitrechner, zur Verfügung. Die Konstruktion basiert auf dem SFENA-Kreiselhorizont, angepaßt an die Forderungen des »Tornado«-Flugzeuges.
  Hersteller: Bodenseewerk, Überlingen
- RA-Radarhöhenmesser zeigt die Höhendaten in dem Meßbereich bis 5000 ft. Die wichtigste Aufgabe ist die Überwachung des automatischen Geländefolgeflugs (TF).
  Hersteller: TRT, Paris
- HDU-Frontscheibenprojektionsanlage zeigt alle Navigations- und Waffenzieldaten in Form von Symbolen in der vorderen Frontscheibe projiziert an. Durch diese Projektion werden den außerhalb des Flugzeuges liegenden Bildern die synthetischen Bilder überlagert.
  Hersteller: Smith Industries, Cheltenham; Teldix, Heidelberg; OMI, Rom

Fluglagenanzeiger ADI, künstlicher Horizont mit zusätzlicher Anzeige der Wendegeschwindigkeit und seitlichen Beschleunigung (Libelle). Kreuzzeiger für die Flugführung durch Flugleitrechner (FD).

Weitere wichtige Navigationsinformationen für das AFDS werden von den bodenunabhängigen, nicht strahlenden Sensoren folgender Systeme geliefert:

- ADC-Luftwerterechner errechnet aus Luftdaten, die das Flugzeug umgeben, verschiedene Parameter, die in den angeschlossenen Systemen weiterverarbeitet werden.
Eingangssignale: Anstellwinkel, Gesamttemperatur, barometrischer Referenzdruck, Gesamtluftdruck, statischer Luftdruck. Im Rechner werden diese gemessenen Werte korrigiert, aus ihnen die Ausgangswerte berechnet und als digitale Werte an die Teilsysteme abgegeben.
Hersteller: Microtecnica, Turin

- IN-Trägheitsnavigationsanlage ist im »Tornado«-Navigationssystem der Hauptsensor für Lage- und Geschwindigkeitsinformationen. Der IN-Rechner ermittelt aus den Meßwerten der Trägheitsplattform die Ausgangsdaten: Position, Entfernung zu einem vorgegebenen Ort, Kursabweichungen, Geschwindigkeiten, Kurswinkel, Steigwinkel in Form von digitalen Signalen.

Die Trägheitsplattform wird von den Signalen der auf der inneren Plattform befindlichen Kreisel und Beschleunigungsmesser über den Rechner in der horizontalen Lage und in der Nordrichtung stabilisiert, d. h. die Plattform wird nach den Erdkoordinaten ausgerichtet. Die Abgriffe an den Kardanrahmen liefern direkt die Lageinformation der Roll- und Nicklage sowie den Steuer-

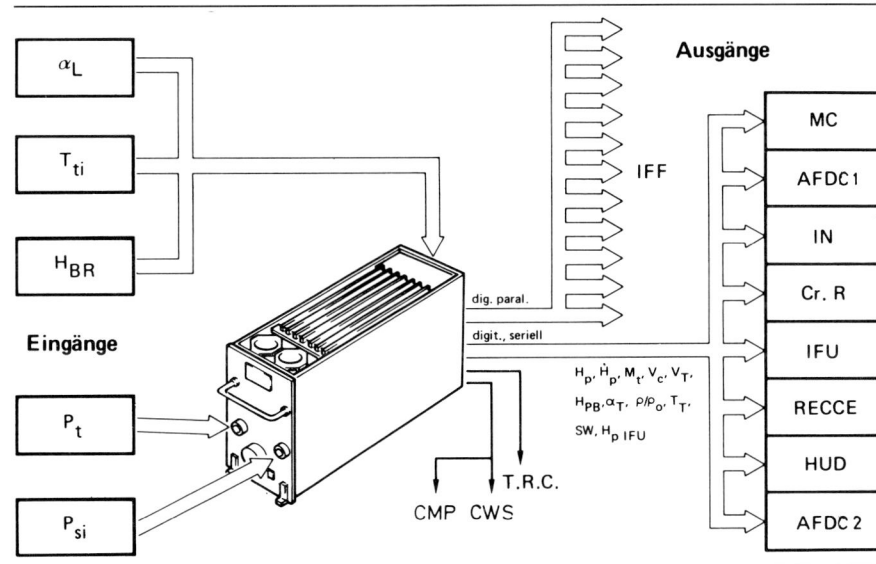

Luftwertrechner ADC, Eingangs- und Ausgangswerte zu den Systemen.

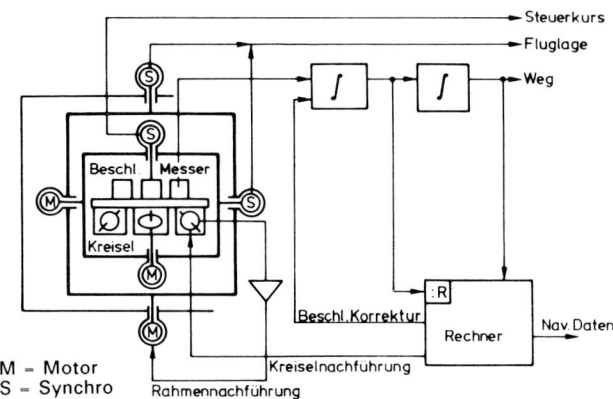

Trägheitsnavigationsanlage IN, vereinfachtes Blockschema mit Trägheitsplattform, Beschleunigungskorrektur, Kreiselnachführung, Rahmennachführung und Rechner für die Navigationsdaten Position, Entfernung, Geschwindigkeit, Kurs- und Steigwinkel.

kurs. Die weiteren Navigationsdaten werden vom Rechner aus den Meßwerten errechnet und den Systemen als Ausgangssignale zugeleitet. An dem Trägheitsnavigations-Bediengerät werden die Anfangskoordinaten, die Zielkoordinaten und die Betriebsarten eingestellt und angezeigt.

Hersteller: Ferranti, Edinburgh

- SAHRS-Fluglage-/Steuerkurs-Bezugssystem ist der zweite Lagesensor im »Tornado«-Navigationssystem. Da das System keine Flugzeuggeschwindigkeiten messen kann, ist es allein zur Navigation nicht ausreichend. Bei einem IN-Fehler dient es als Lage- und Kursreferenz für das Navigationssystem. Außerdem wird in der Betriebsart TF eine Überwachung des Trägheits-Systems durch den Vergleich IN-SAHRS ermöglicht. Der rechtweisende Kurs wird zur Anfangsausrichtung der IN und zur Anzeige im ADI und HUD verwendet. Der mißweisende Kurs führt zur Anzeige im BDHI-Anzeiger und im Leitkursanzeiger HSI.

Das System SAHRS besteht aus dem Kreisel- und Rechnergerät, dem Bediengerät für die Anzeige des Kurses und der Betätigung der

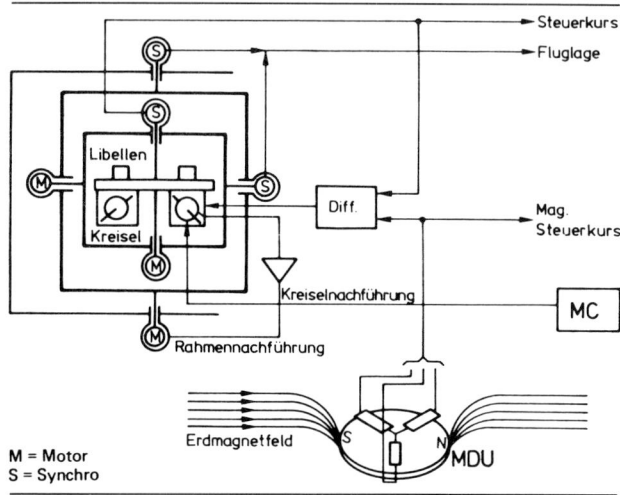

Fluglage-/Steuerkurs-Bezugsanlage SAHR, vereinfachtes Blockschema mit Plattform, Kreiselnachführung, Rahmennachführung und Ausrichtung nach magnetisch Nord durch Erdfeldgeber. Die weitere Signalverarbeitung erfolgt im Hauptrechner (MC).

Betriebsartenschalter sowie dem Magnet-Detektor zur Messung des magnetischen Steuerkurses für die Ausrichtung der Plattform nach magnetisch Nord.
Als Meßkreisel auf der Plattform werden zwei 2achsige Schwimmkreisel K-250K von LITEF verwendet.

Hersteller: LITAL, Rom; LITEF, Freiburg, und Sperry

Triebwerksregler für das Triebwerk Turbo-Union RB 199-34 R

Für das Zweikreisturbinenstrahltriebwerk, einem Dreiwellen-Läufer von Rolls-Royce, Motoren-Turbinen-Union und Fiat-Aviazione, wurde erstmals ein elektronisches Steuerungs- und Überwachungsgerät eingesetzt. Bei einer Betätigung des Leistungshebels zur Schubanforderung dürfen eine Reihe von Bedingungen innerhalb des Triebwerks nicht überschritten werden: Die Drehzahlen der Wellen der Hochdruckturbine und der Niederdruckturbine, die Brennkammertemperatur, die Einlauftemperatur und der Einlaufdruck. Die Betriebsbedingungen sind außerdem noch von der Flughöhe, der Lufttemperatur, der Geschwindigkeit des Flugzeuges und der Zapfluft- und Leistungsabnahme abhängig. Ein konstanter Schub oder eine konstante Turbinendrehzahl kann nur erreicht werden, wenn man die Kraftstoffzumessung fortlaufend regelt. Bei Überschreitung der Grenzwerte kann ein Versagen des Triebwerks eintreten, oder die Lebensdauer wird bei einer vorübergehenden Abweichung erheblich verkürzt. Anfang der 70er Jahre konnte der Triebwerksregler nur in der Analogtechnik ausgeführt werden. Unter der Systemführung von Rolls-Royce wurde von der Firma Lucas Aerospace, Birmingham, die MECU (Main Engine Control Unit) entwickelt und für den deutschen Bedarf vom Bodenseewerk, Überlingen, in Lizenz gefertigt. In der MECU werden die Eingangssignale von den Sensoren für Drehzahlen, Druck und Temperatur verarbeitet, mit den Grenzwerten verglichen und als Aus-

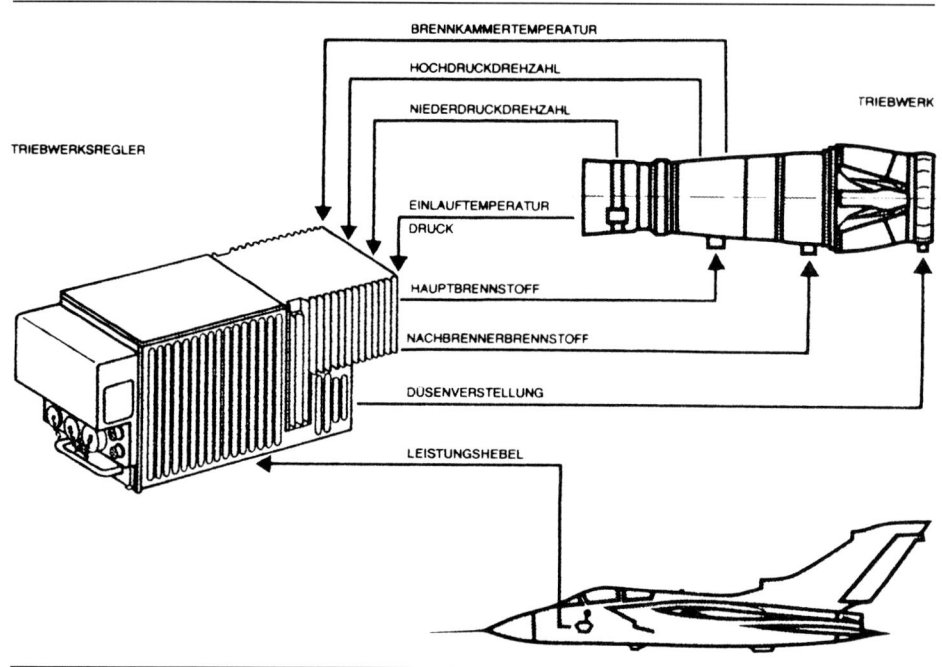

Elektronischer Triebwerksregler, vereinfachtes Blockschema mit den Eingängen Einlaufdruck, Nieder- und Hochdruckdrehzahl, Einlauf- und Brennkammertemperatur sowie Stellung des Leistungshebels. Ausgänge für Hauptbrennstoff- und Nachbrennerbrennstoffregler und für die Düsenverstellung.

gangssignale zur Betätigung der Kraftstoffregler für die Turbine und dem Nachbrenner sowie zur Düsenverstellung am Ausgang des Triebwerks geleitet. Um die geforderte Sicherheit zu erreichen, ist der Rechenteil in zweifacher Ausführung vorhanden. Die Ausgangssignale werden verglichen, bei unzulässigen Abweichungen wird der Rechner abgeschaltet und sichere, fest eingestellte Werte den Kraftstoffreglern zugeführt.

Ab 1978 wurde vom Bodenseewerk in Zusammenarbeit mit der MTU Motoren und Turbinen Union, München, ein digital arbeitender Triebwerksregler DECU (Digital Engine Control Unit) entwickelt. Das Gerät sollte mit der MECU austauschbar sein, d. h. die Anschlüsse und Abmaße sowie die elektrischen Werte müssen vollständig übereinstimmen. Der digitale Rechner kann wesentlich höhere Genauigkeiten erzielen und gestattet so den Sicherheitsabstand zu den Grenzwerten des Triebwerks zu verringern. Auf diese Weise kann dem Triebwerk eine höhere Leistung abverlangt werden, oder die Betriebsdauer wird verlängert. Wie aus dem Blockschema der DECU ersichtlich, wird die Berechnung ebenfalls doppelt ausgeführt. Bei einer Fehlerfeststellung wird durch die Eigenüberwachung der Rechner eine Umschaltung auf den Reservekanal vorgenommen und so die Funktion des Reglers aufrecht erhalten. Lediglich der Regler für den Nachbrenner ist einfach ausgeführt, eine Fehlerselbsterkennung schaltet auf feste Werte um. Um die hohen Forderungen bezüglich der Strahlungsunempfindlichkeit gegenüber äußeren elektromagnetischen Wellen zu erfüllen, wurde der Rechner in einem hochfrequenzdichten Gehäuse eingebaut und die Eingangs- und Ausgangsleitungen über Filter gesichert. Nach eingehender Erprobung auf den Prüfständen und im Flugversuch wurde die MECU für die Ausrüstung der »Tornado«-Flugzeuge in Deutschland und Italien vom Bodenseewerk in Serie gefertigt.

Instrumentierung und Flugreglerentwicklungen für Flugzeug Airbus A-300

Mit der Gründung der Airbus Industrie, Toulouse, im Dezember 1969 durch die französische und deutsche Luftfahrtindustrie begann die Entwicklung des Verkehrsflugzeuges Airbus A-300 B, aus dem später eine ganze Airbus-Familie entstand. Der große Rumpfdurchmesser gestattet eine Sitzanordnung von 2 + 4 + 2 = 8 Sitze in einer Reihe mit zwei Längsgängen im Passagierraum. Zur gleichen Zeit begann auch die gemeinsame Entwicklung der Bordausrüstung für den Airbus durch europäische Partnerfirmen. An der Entwicklung des Flugregelsystems AFCS (Automatic Flight Control System) beteiligten sich die Firmen SFENA (Société Francaise d' Equipments pour la Navigation Aérienne), Paris, Smiths Industry-Aviation Division, Cheltenham, und Bodenseewerk Gerätetechnik, Überlingen.

Das Flugregelsystem AFCS für den Airbus A 300 B erfüllte alle Anforderungen, die zu dieser Zeit bei modernen Verkehrsflugzeugen gestellt wurden.

Das AFCS besteht aus den Untersystemen: Autopilot-Flugleitsystem AP/FD, automatische Nicktrimmung PITCH TRIM, Vortriebsregler AUTO-THROTTLE, Gierdämpfer YAW DAMPER, Geschwindigkeitsreferenzsystem SRS und dem Testsystem TEST.

Die Hauptbetriebsarten des AFCS sind:
– Lagehaltung um alle drei Achsen,
– Turbulenz-Betrieb,
– Höhen- oder Fahrthaltung,
– Landeanflug mit Höhen- und Kurs-Erfassung und Führung auf VOR/LOG und Gleitpfad, ICAO-Kategorie 3 A,
– Handsteuerung über den Autopiloten CWS (Control Wheel Steering).

Sicherheit und Redundanz

Im Reiseflug arbeiten zwei identische Reglerkanäle, die in einer Auswahl- und Monitorschaltung zu einem Servoausgang mit mechanischer Begrenzung vereinigt werden. Zusätzlich werden die Amplituden und Geschwindigkeiten der Kommandos begrenzt und die Funktion der Servos mit einer elektronischen Ersatzschaltung überwacht.

Im Landeanflug wird ein zweiter, ebenfalls verdoppelter Reglerkanal mit Eigenüberwachung und eigenem Servo über eine federnde Anlenkung auf die Rudersteuerung wirksam. Auf diese Weise wird bei Auftreten eines ersten Fehlers und sogar noch beim Abschalten infolge eines zweiten Fehlers die Funktion des Autopiloten sichergestellt.

Das Autopilot/Flugleitsystem AP/FD besteht aus den Geräten:
2 × Nickrechner mit Vertikal-Beschleunigungsmessern,
2 × Seitenrechner,
2 × Logik-Rechner,
1 × Bediengerät,
2 × Betriebsartenanzeigegerät,
2 × Nick-Knüppelkraftmesser und
2 × Roll-Knüppelkraftmesser.

Die Lagesignale für den Autopiloten werden den zentralen Vertikal- und Kursreferenzsystemen des Flugzeugs entnommen. Ebenso werden die für den Autopiloten erforderlichen Signale vom Luftwerterechner, den VOR/ILS-Empfängern und dem Funkhöhenmesser geliefert.

Nicktrimmsystem PITCH TRIM

Das automatische Nicktrimmsystem verändert den Anstellwinkel des Flugzeugs durch die Verstellung der Höhenflosse zum Zweck des Ausschaltens einer dauernden Beanspruchung des Höhenruders.

Im Handflug kann die Trimmung in der Nickachse durch

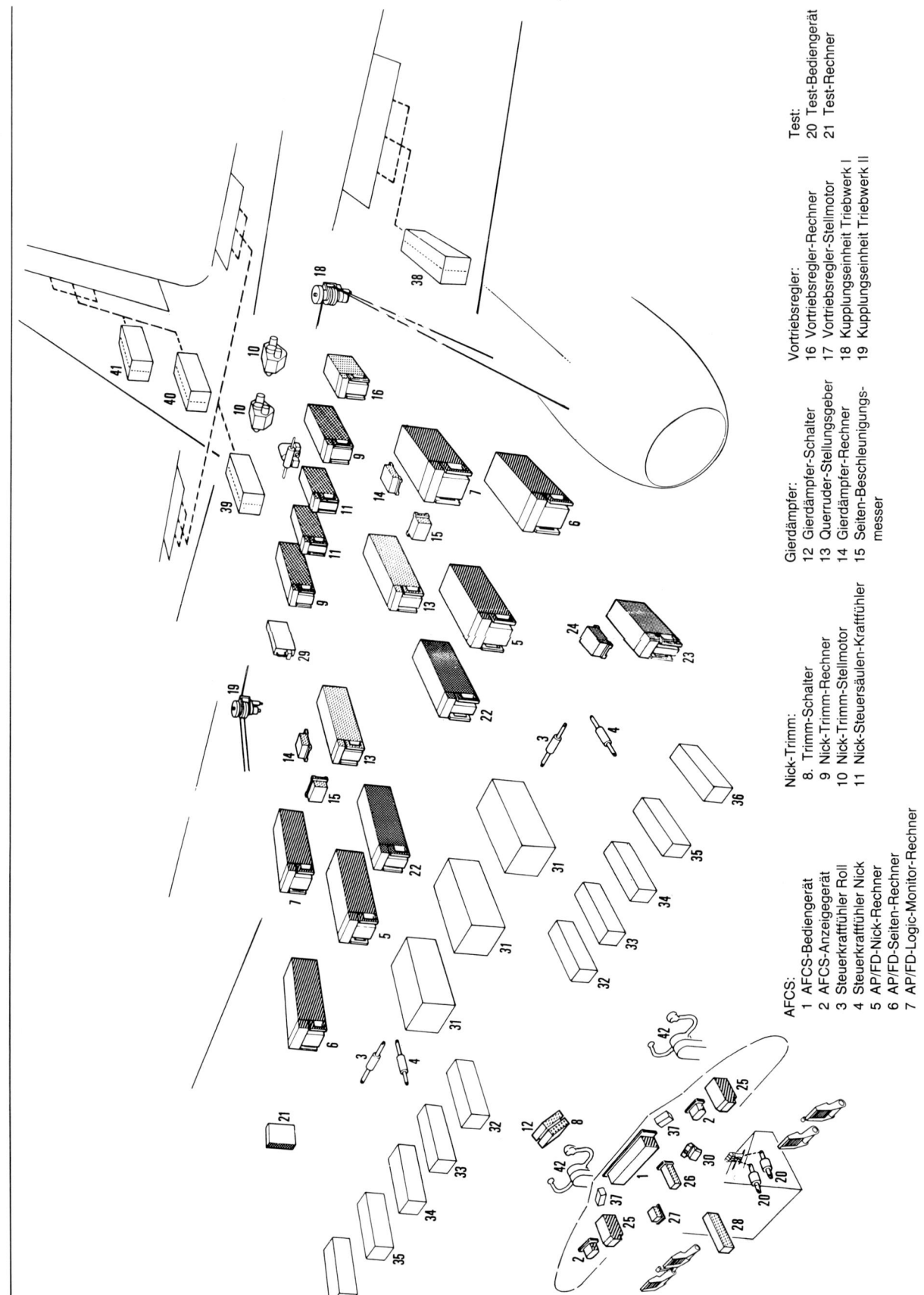

Zusammenstellung der Geräte für das Flugregelsystem AFCS im Airbus A-300 B.

AFCS:
1 AFCS-Bediengerät
2 AFCS-Anzeigegerät
3 Steuerkraftfühler Roll
4 Steuerkraftfühler Nick
5 AP/FD-Nick-Rechner
6 AP/FD-Seiten-Rechner
7 AP/FD-Logic-Monitor-Rechner

Nick-Trimm:
8. Trimm-Schalter
9 Nick-Trimm-Rechner
10 Nick-Trimm-Stellmotor
11 Nick-Steuersäulen-Kraftfühler

Gierdämpfer:
12 Gierdämpfer-Schalter
13 Querruder-Stellungsgeber
14 Gierdämpfer-Rechner
15 Seiten-Beschleunigungsmesser

Vortriebsregler:
16 Vortriebsregler-Rechner
17 Vortriebsregler-Stellmotor
18 Kupplungseinheit Triebwerk I
19 Kupplungseinheit Triebwerk II

Test:
20 Test-Bediengerät
21 Test-Rechner

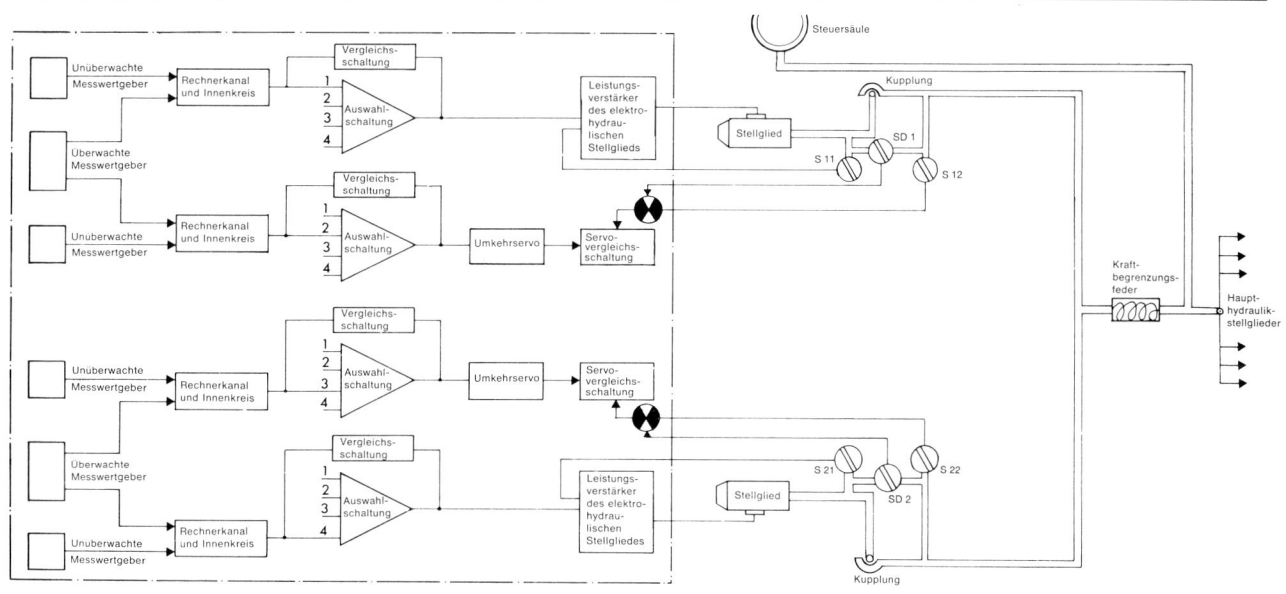

Vereinfachtes Blockschema AFCS für den Flugreglerbetrieb während der Landung (Nick- oder Rollachse).

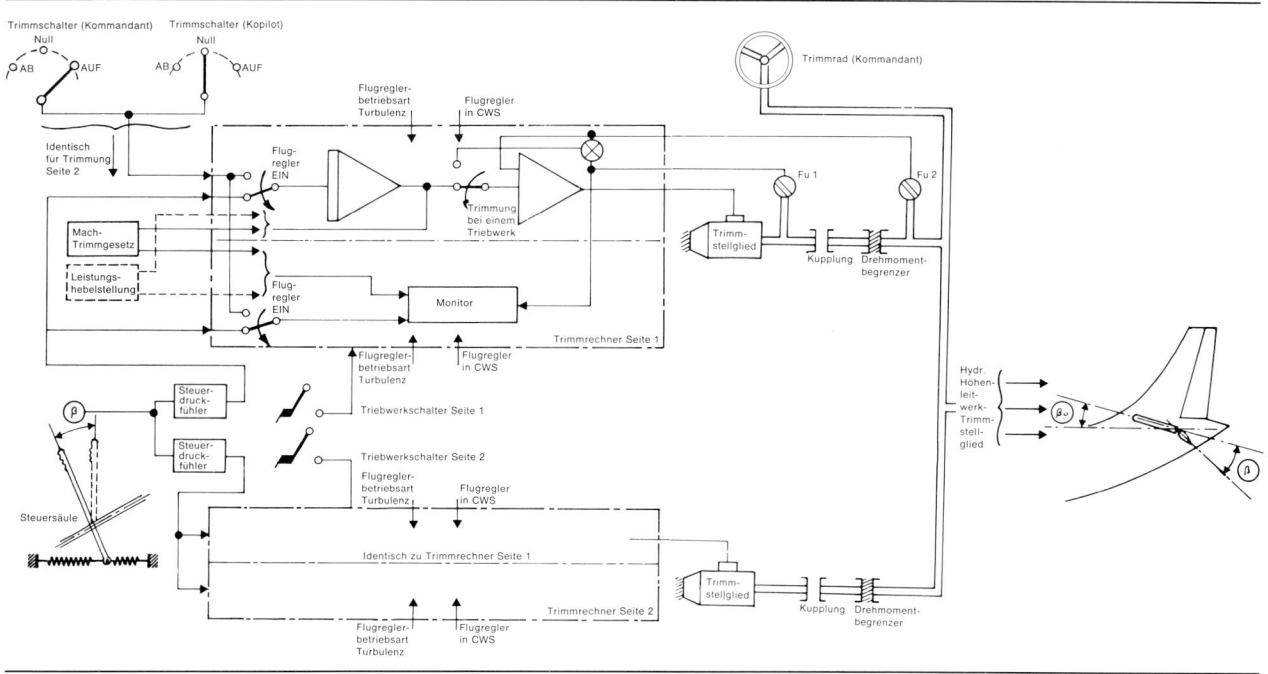

Vereinfachtes Blockschema Nick-Trimmsystem.

Trimmschalter an den Steuersäulen des Piloten und Co-Piloten betätigt werden. In der Autopiloten-Betriebsart erfolgt eine automatische Trimmung durch die Feststellung der Belastung an der Höhenrudersteuersäule. Eine weitere Betriebsart der automatischen Trimmung besteht in der Steuerung der Trimmung als eine Funktion der Machzahl durch den Nick-Kompensations-Rechner.

Das Nicktrimmsystem besteht aus den Geräten:
2 × Nick-Trimmrechner,
2 × Nick-Kompensationsrechner,
2 × Trimm-Stellmotor und
1 × Trimm-Bediengerät.

Im Nick-Kompensationsrechner werden die Kommandos für den Nick-Trimmrechner entsprechend den Eingangssignalen der Anstellwinkelmesser errechnet. Der Nick-Kompensationsrechner ist mit einer Eigenüberwachung ausgestattet und schaltet im Fehlerfall das entsprechende Nick-Trimmsystem ab. Im Nick-Trimmrechner werden die Signale vom Trimmschalter, Steuerdruckfühler und Nick-Kompensationsrechner unter Berücksichtigung von der Autopilotenbetriebsart Turbulenz, Knüppelkraftsteuerung und Ausfall eines Triebwerks für die Steuerung des Trimm-Stellmotors errechnet. Der elektromechanische Trimm-Stellmotor betätigt über die Trimmspindel die Höhenflosse. Durch die vollständige Trennung der Nicktrimmung in zwei parallele Kanäle, beginnend von den Nicktrimmschaltern über die Nick-Kompensationsrechner, Nick-Trimmrechner, Trimm-Stellmotor und rechter und linker Höhenflosse wird ein hohes Maß an Sicherheit erreicht. Die Eigenüberwachung der Funktion erfolgt durch Verdoppelung in jedem Rechner und Vergleich der Ausgangssignale. Im Fehlerfall wird auf das parallele System umgeschaltet, das eigene System abgeschaltet und so die Funktion aufrecht erhalten. Bei einem zweiten Fehler erfolgt die Abschaltung des automatischen Trimmsystems, die erforderliche Trimmung kann durch die Betätigung der mechanischen Handtrimmung erfolgen.

Die Zusammenarbeit der europäischen Firmen wird am Beispiel des Nick-Trimmsystems besonders deutlich. Die Systemverantwortung und der Nick-Kompensationsrechner wurden von SFENA, der Nick-Trimmrechner vom Bodenseewerk und der Trimm-Stellmotor von Smiths Industries entwickelt und hergestellt.

Gierdämpfer YAW DAMPER

Der Gierdämpfer ist normalerweise während des ganzen Fluges eingeschaltet, er verbessert die Stabilität in allen Flugzuständen und den Passagierkomfort.
Die Signale vom Seitenbeschleunigungsmesser und Gierwendekreisel werden mit dem Rollwinkelsignal für den Kurvenflug in dem Gierdämpferrechner zu einem Ausgangssignal für den elektrohydraulischen Stellmotor verarbeitet. Der Dämpfer-Stellmotor wirkt in einer Differentialanlenkung in die mechanische Steuerung für das Seitenruder.
Zwei getrennte, völlig unabhängige Dämpferkanäle arbeiten auf zwei hydraulische Stellmotoren in die Steuerung für das Seitenruder. Jeder Dämpferkanal ist mit einer Eigenüberwachung durch Verdoppelung der Sensoren und Rechner versehen. Die Dämpferkanäle arbeiten ständig parallel.
Bei einer Fehlerfeststellung wird der fehlerhafte Kanal abgeschaltet, der intakte Kanal übernimmt die Gierdämpfung allein.

Vortriebsregler AUTO-THROTTLE

Der Vortriebsregler basiert auf der Entwicklung des Bodenseewerk-Vortriebsreglers FVR 02, er betätigt die Kraftstoffregler der Triebwerke in den Betriebsarten:

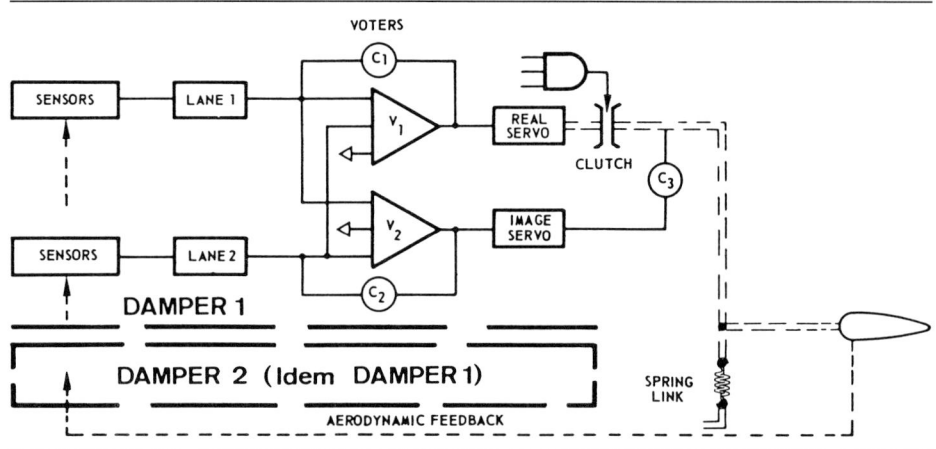

Vereinfachtes Blockschema Gierdämpfer.

Flugregelungssysteme aus dem BGT

**Airbus A320
Intelligentes Bediengerät
an der Nahtstelle
zwischen Pilot und Autopilot**

BGT liefert sicherheitsrelevante, rechnergestützte Geräte höchster Zuverlässigkeit und Leistung für sämtliche Airbus-Flugzeuge der Typen A300 bis A330/340.

Seit mehr als zwei Jahrzehnten tragen wir durch ständige Innovationen und die Anwendung neuester Technologien zur Verbesserung der Flugzeugausrüstung bei, um die steigenden Anforderungen der Zivilluftfahrt zu erfüllen.

 Bodenseewerk
Gerätetechnik GmbH

Postfach 10 11 55
D-7770 Überlingen
Telefon (0 75 51) 89-0
Telex 7 33 924
Telefax (0 75 51) 89-28 22

FASZINATION FLIEGEN

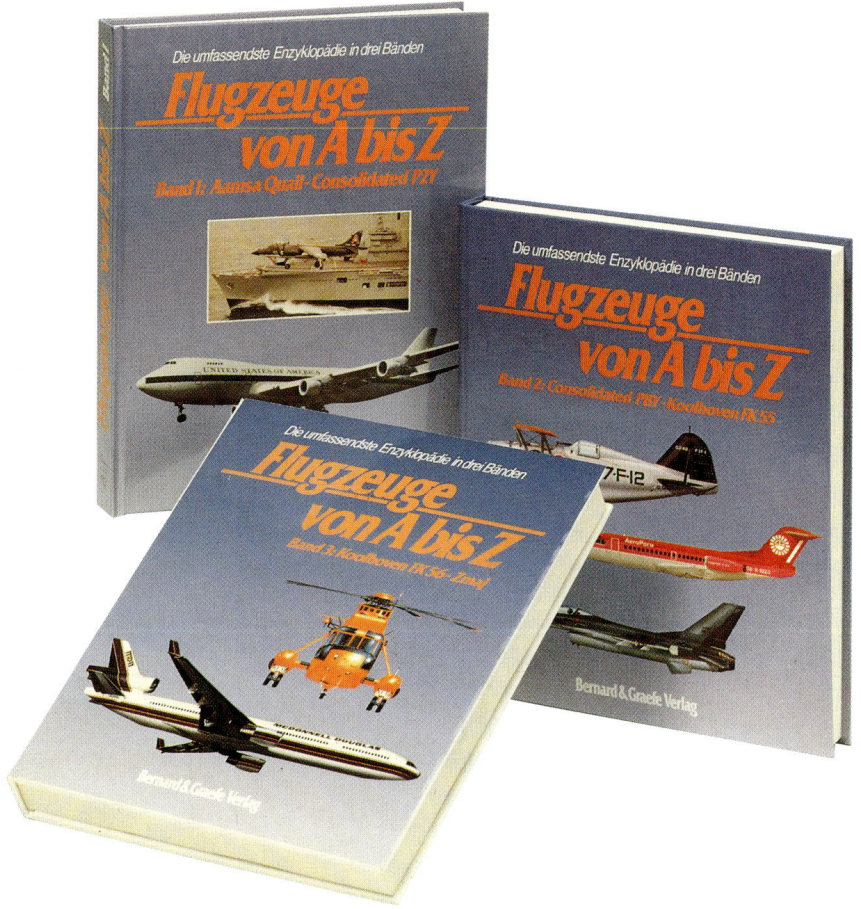

Flugzeuge von A bis Z
3 Bände, insges. 1296 Seiten, 5085 Farb- und Schwarzweißabbildungen (Fotos, Zeichnungen und Skizzen). Bildbandgroßformat. Geb.
Vorzugspreis bei Bestellung des Gesamtwerkes.
ISBN 3-7637-5903-4 (Gesamtwerk)

Band 1
Aamsa Quail – Consolidated P2Y
ISBN 3-7637-5904-2

Band 2
Consolidated PBY – Koolhoven FK55
ISBN 3-7637-5905-0

Band 3
Koolhoven FK56 – Zmay
ISBN 3-7637-5906-9

Die außergewöhnliche Enzyklopädie aller Zivil- und Militärflugzeuge und Hubschrauber der Welt von den Anfängen bis heute.

»Für Luftfahrt- und Flugzeugfreaks ein absolutes Muß . . . unerschöpfliche Fundgrube.«
Münchner Merkur

»Dieses außergewöhnliche Nachschlagewerk . . .«
Luft- und Raumfahrt

Werner Schwipps
Der Mensch fliegt
Lilienthals Flugversuche in historischen Aufnahmen
238 Seiten, 244 Abbildungen (Fotos und Zeichnungen). Bildbandformat. Leinen. ISBN 3-7637-5838-0

Die vollständige Bilddokumentation über die Flugexperimente Otto Lilienthals.

»Außer durch den dokumentarischen Charakter bestechen diese Bilder aus der Frühzeit der Momentphotographie durch hervorragende Qualität und reportagehafte Dynamik . . . in Wort und Bild liefert es so viel an Information, daß es sich hervorragend dazu eignet, Lilienthals Werk intensiv und unmittelbar anhand belegter Quellen kennenzulernen und dadurch einen fast persönlichen Gesamteindruck von diesem genialen Menschen zu gewinnen.«
Spektrum der Wissenschaft

Heinz J. Nowarra
Focke-Wulf Fw 200 Condor
Die Geschichte des ersten modernen Langstreckenflugzeuges der Welt

155 Seiten, 181 Fotos, 88 Zeichnungen und Skizzen. Bildbandformat. Geb. ISBN 3-7637-5855-9

Gesamtdarstellung eines der faszinierendsten Flugzeuge in der Luftfahrtgeschichte, des Wegbereiters des Transatlantikfluges.

». . . der Fw 200 und den mit ihr verbundenen Ingenieuren, Technikern und Besatzungen wurde ein würdiges, dokumentarisches Denkmal gesetzt.«
Zeitschrift für Flugwissenschaften und Weltraumforschung

Diese Titel sind nur eine Auswahl aus unserem interessanten Buchprogramm. Fordern Sie bitte unverbindlich Informationen zu den Themenbereichen »Geschichte/Politik/Wehrwesen«, »Luftfahrt« und »Marine« an.

Unsere Bücher sind über jede gute Buchhandlung zu beziehen.

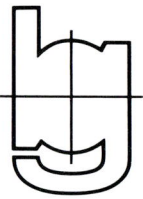

Stanley Stewart
Flugkatastrophen, die die Welt bewegten
254 Seiten, 47 Fotos, 38 Zeichnungen und Skizzen. Geb. ISBN 3-7637-5859-3

Aufsehenerregende Luftfahrtkatastrophen und ihre Ursachen.

». . . lohnendes, sehr sachkundiges Buch, das viel Wissen über die Entwicklung der Luftsicherheit und die im Laufe der Zeit immer aufwendigeren Unfalluntersuchungen vermittelt . . . zu empfehlen.«
Einkaufszentrale für öffentliche Bibliotheken

Bernard & Graefe Verlag · Heilsbachstraße 26 · D-53123 Bonn

WIR ENTWICKELN, FERTIGEN UND BETREUEN FORTSCHRITTLICHE

LUFTDATENSYSTEME

LUFTEINLASS-REGELSYSTEME

UND FLUGFÜHRUNGSSYSTEME FÜR DIE MODERNSTEN EUROPÄISCHEN FLUGZEUGPROGRAMME.

Innovative Lösungen durch Zukunftstechnologie

NORD-MICRO Elektronik Feinmechanik AG · Victor-Slotosch-Straße 20 · D-60388 Frankfurt/Main 60
Telefon 0 61 09/303-0 · Telefax 0 61 09/303-233 · Telex 4185-909 · SITA:FRANOCR

Luftfahrtbücher für Kenner und Liebhaber

Heinz J. Nowarra
Die deutsche Luftrüstung 1933–1945
4 Bände, insges. 986 Seiten, 749 Fotos, 1106 Zeichnungen und Skizzen. Bildbandformat. Geb. Vorzugspreis bei Bestellung des Gesamtwerkes.
ISBN 3-7637-5464-4 (Gesamtwerk)

Band 1
Flugzeugtypen AEG – Dornier
ISBN 3-7637-5465-2

Band 2
Flugzeugtypen Erla – Heinkel
ISBN 3-7637-5466-0

Band 3
Flugzeugtypen Henschel – Messerschmitt
ISBN 3-7637-5467-9

Band 4
Flugzeugtypen MIAG – Zeppelin, Flugkörper, Flugmotoren, Bordwaffen, Abwurfwaffen, Funkgeräte, sonstiges Luftwaffengerät, Flakartillerie
ISBN 3-7637-5468-7

Die umfassende Dokumentation aller militärischen Flugzeugtypen, Raketen, Flugmotoren usw., die in Deutschland zwischen 1933 und 1945 gebaut oder geplant wurden.

»... eine faszinierende Dokumentation...« Die Welt

»Wo man den Band auch aufschlägt, ist er interessant, informativ und voller oft unbekannter Angaben und Abbildungen.« Wehrtechnik

Josef Pointner
Mit dem Raumgleiter ins 21. Jahrhundert
183 Seiten und 32 Bildtafeln, 71 Abbildungen. Geb.
ISBN 3-7637-5824-0

In Wort und Bild werden dargestellt: Die Erfolge des amerikanischen Spaceshuttle, die Tragödie des »Challenger«-Unglücks, ihre Ursachen, unglaubliche Details und die Konsequenzen, den Neubeginn und die erfolgreichen Flüge der »Atlantis«, »Columbia« und »Discovery«.

Den Abschluß bilden konkurrierende Projekte anderer Länder u. a. »Buran«, »Hermes«, »Hotol« und »Sänger«.

Peter Meyer
Luftschiffe
Die Geschichte der deutschen Zeppeline
172 Seiten und 4 Farbtafeln, 175 Fotos, 5 Farbreproduktionen, 9 Karten und Skizzen. Bildbandformat. Geb.
ISBN 3-8033-0302-8

»... eine lückenlose Biographie aller Luftschiffe... bietet einen lebendigen Rückblick auf Jahrzehnte erfolgreicher deutscher Luftschiffahrtsgeschichte.«
Südwest-Presse

»... erhält das Buch den Rang eines zuverlässigen Nachschlagewerkes, dessen Besonderheit in der Vielfalt seines dokumentarischen Bildmaterials liegt.«
Das Historisch-Politische Buch

Rolf Besser
Technik und Geschichte der Hubschrauber
Von Leonardo da Vinci bis zur Gegenwart
2. Auflage/Sonderausgabe
310 Seiten, 233 Fotos, 74 Zeichnungen und Skizzen. Bildbandformat. Geb. ISBN 3-7637-5873-9

Die spannende Geschichte der internationalen Hubschrauberentwicklung von den ersten Ideen da Vincis bis zu den modernen Entwicklungen unserer Tage.

»... lesenswert von Anfang bis zum Ende.«
Deutsche Presse-Agentur

»... eine anschauliche und technisch fundierte Geschichte der faszinierenden Entwicklung des Hubschraubers.« aerokurier

Hermann Neuber
Mayday – Mayday...
SAR-Hubschrauber im Rettungseinsatz auf See
1988. 336 Seiten und 24 Bildtafeln, 53 Fotos, 45 Skizzen, Graphiken, Seekarten und Dokumente. Geb.
ISBN 3-7637-5844-5

»Ein packendes Buch, das eindrucksvoll Zeugnis von menschlicher Opferbereitschaft ablegt, unterstützt von moderner Technik. Der packende Text wird auch durch im Einsatz gemachte Fotos auf fesselnde Weise unterstrichen.«
Luft- und Raumfahrt

Günther W. Gellermann
Moskau ruft Heeresgruppe Mitte...
Was nicht im Wehrmachtbericht stand: Die Einsätze des geheimen Kampfgeschwaders 200 im Zweiten Weltkrieg
1988. 326 Seiten, 78 Fotos, 61 Dokumente. Geb.
ISBN 3-7637-5851-8

»... sauber recherchiert und ohne luftige Spekulationen...« Das Historisch-Politische Buch

Diese Titel sind nur eine Auswahl aus unserem interessanten Buchprogramm. Fordern Sie bitte unverbindlich Informationen zu den Themenbereichen „Geschichte/Politik/Wehrwesen", „Luftfahrt" und „Marine" an.

Unsere Bücher sind über jede gute Buchhandlung zu beziehen.

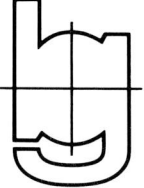

Klassiker der Lüfte
Berühmte Oldtimer 1913–1935
255 Seiten, 247 Farb- und 155 Schwarzweißfotos, zahlreiche Zeichnungen. Bildbandgroßformat. Geb.
ISBN 3-7637-5902-6

Eine faszinierende Parade 30 berühmter Flugzeuge, die Luftfahrtgeschichte geschrieben haben.

»Der großartige Bildband... kenntnis- und anekdotenreicher Streifzug durch einen wichtigen Abschnitt der Historie.« Welt am Sonntag

»... wird nicht nur Luftfahrt-Fans begeistern...«
Luftfahrt

Georg Hentschel
Die geheimen Konferenzen des Generalluftzeugmeisters
1989. 240 Seiten. Brosch.
ISBN 3-7637-5880-1

Ausgewählte und kommentierte Dokumente zur Geschichte der deutschen Luftrüstung und des Luftkrieges 1942–1944.

Ulf Balke
Der Luftkrieg in Europa
Die operativen Einsätze des Kampfgeschwaders 2 im Zweiten Weltkrieg
1989/90. 2 Teilbände, insges. 1067 Seiten, 97 Abbildungen, 63 Kartenskizzen. Brosch. Vorzugspreis bei Bestellung des Gesamtwerkes.
ISBN 3-7637-5882-8

Teil 1: Das Luftkriegsgeschehen 1939–1941: Polen, Frankreich, England, Balkan, Rußland

Teil 2: Der Luftkrieg gegen England und über dem Deutschen Reich 1941–1945

Eine Chronik von Tag zu Tag mit einer Fülle von Informationen und authentischen Einsatzberichten.

Rudi Schmidt
Achtung – Torpedos los!
1991. 381 Seiten und 16 Bildtafeln, 34 Fotos, 7 Zeichnungen. Brosch.
ISBN 3-7637-5885-2

Der strategische und operative Einsatz des Kampfgeschwaders 26 – Löwengeschwader – Das Torpedogeschwader der deutschen Luftwaffe im Zweiten Weltkrieg.

Kurt W. Schütt
Heeresflieger
Truppengattung der dritten Dimension – Die Geschichte der Heeresfliegertruppe der Bundeswehr
1985. 232 Seiten, 154 Fotos, 22 graphische Darstellungen. Bildbandformat. Geb.
ISBN 3-7637-5451-2

»... bietet das Buch auch Informationen und Bildmaterial, die anderswo kaum erhältlich sind... machen das Buch zu einem wertvollen Nachschlagewerk.«
Flugzeug

Bernard & Graefe Verlag · Heilsbachstraße 26 · D-53123 Bonn

- SPEED SELECT, eingestellte Geschwindigkeit erreichen und halten. Die am Bediengerät eingestellte Fahrt wird unter Beachtung der maximalen Drehzahl N 1 der Triebwerke geregelt.
- N 1 LIMIT, die von dem N-1-Limit-Rechner in Abhängigkeit von den Flugumgebungsbedingungen errechnete maximale Drehzahl wird auch bei der Regelung nach der vom Piloten am Bediengerät eingestellte N 1-Drehzahl nicht überschritten.
- GO AROUND, Durchstarten des Flugzeuges nach Einschalten der Betriebsart unter Beachtung des N 1-Limits für Durchstarten.
- FLARE, Herabsetzen der Triebwerksleistung während des automatischen Landeanfluges und Ausschalten der Triebwerke nach dem Aufsetzen.

Der Vortriebsregler besteht aus dem Vortriebsrechner, dem elektromechanischen Stellmotor für die Verstellung der Leistungshebel, zwei Kupplungseinheiten, um den Piloten die sichere Leistungseinstellung auch bei einem Fehlverhalten des Vortriebsreglers zu ermöglichen, zwei Kraftmessern zum Überdrücken des Stellmotors durch den Piloten und dem Bediengerät.
Die Eigenüberwachung wird durch zwei parallele Reglerkanäle mit Vergleich der Ausgangssignale erreicht. Im Fehlerfall wird der Vortriebsregler automatisch abgeschaltet.

TEST

Ein digitaler Rechner mit Ringkernspeicher erlaubt die automatische Prüfung des AFCS-Systems am Boden auf Funktion und Redundanz sowie die Überwachung des Systems während des Fluges und der Speicherung eventuell auftretender Fehler. So wird die Wartung am Boden erheblich vereinfacht und erlaubt die Feststellung des fehlerhaften Gerätes im Austausch. Zwei identische TEST-Rechner sind dem verdoppelten AFCS-System zugeordnet, um die vollständige Trennung der Kanäle nicht zu unterbrechen.

Geschwindigkeitsreferenz-System SRS

Das Geschwindigkeits-Referenzsystem hat eine Doppelfunktion: Erzeugung eines Nickkommandos während des Starts und des Durchstartens (nach dem Ausschalten des Autopiloten als Flugleitkommando), es schaltet den Vortriebsregler in die Betriebsart N 1 im Fall eines abnormalen Anstellwinkels oder bei Auftreten eines Scheerwindes im Landeanflug ab. Im normalen Start wird die Kommandoanzeige für die Nickbewegung errechnet. Beim Start mit Triebswerksfehler wird die Nickkommandoanzeige für die Geschwindigkeit V 2 errechnet. Beim Durchstarten wird das Nickkommando für einen minimalen Höhenverlust errechnet. Alle Nickkommandoanzeigen erfolgen im ADI-Anzeigegerät.
Die Verdoppelung der Rechnerkanäle erlaubt eine Selbstüberwachung. Beim Feststellen eines Fehlers wird die Anzeige im ADI auf den Flugleitrechner umgeschaltet.

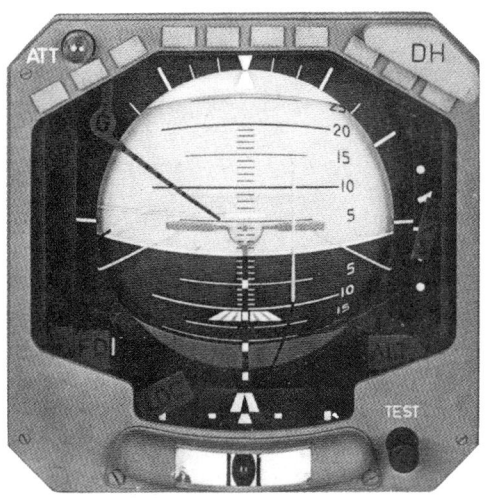

Künstlicher Horizont ADI (Attitude Director Indicator) SFENA, Tochteranzeigegerät für Roll- und Nickwinkel, Querlibelle, Anzeigesystem für Seiten- und Höhenlage vom Flugleitrechner FD und Radar-Höhenmesser.

Primärinstrumente für Flugzustand und Kursinformation
ADI-Anzeigegerät (Attitude Director Indikator)

Der künstliche Horizont besteht aus dem Anzeigegerät ADI, der stabilisierten Plattform HAS (Heading and Attitude Sensor) und INS (Inertial Navigation System) als Lagebezugssystem für den Roll- und Nickwinkel.
Die Lagewerte von den Plattformsystemen werden über Drehmelder-Nachlaufsysteme und eine Fehlerschaltung auf das Anzeigesystem übertragen. Das ADI-Gerät enthält außerdem noch eine Querlibelle für den scheinlotrichtigen Kurvenflug und Warnflaggen zur Fehleranzeige. Ein Anzeigesystem dient zur Anzeige der Führungskommandos vom Flugleitrechner FD für den Landeanflug; zusätzlich wird auch die Flughöhe vom Radar-Höhenmesser angezeigt.

HSI-Anzeigegerät (Heading System Indicator)

Die Kursinformationen vom Plattform- oder Trägheitsnavigationssystem werden über ein Drehmelder-Nachlaufsy-

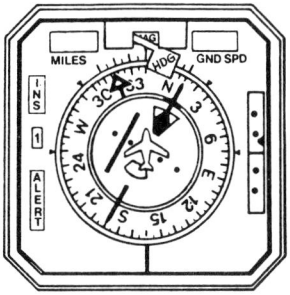

Kurs-Anzeigegerät HSI (Heading System Indicator) zur Anzeige der Kursinformation und der Navigationsdaten Entfernung und Geschwindigkeit über Grund vom Trägheitsnavigationssystem.

stem vom Kompaß-Koppler übertragen und mit der Kursrose angezeigt. Weitere Informationen vom Trägheitsnavigationsrechner wie Entfernung zum Zielpunkt und Geschwindigkeit über Grund werden ebenfalls angezeigt.

Plattform- und Trägheitsnavigationsanlagen

Als Sensoren für die Fluglagenwinkel werden Vertikalkreisel (VG) und Kurskreisel (DG) verwendet. Eine andere Art der Sensoren besteht in der Zusammenfassung von VG und DG zu einer kreiselstabilisierten Plattform. Im Airbus A 300 B werden für die Instrumentenanzeige und Navigation das Kurs- und Lagesystem (HAS) der Plattformanlage MGC 10 von SAGEM und das Trägheitsnavigationssystem (INS) LTN 72R von Litton verwendet. Zur Sicherheit ist das HAS-System verdreifacht: Eine MGC-10-Anlage und zwei LTN-72R-Anlagen. Die Ausgangssignale der Lage- und Kurswerte werden durch Vergleich geprüft und zu den Anzeigegeräten ADI und HSI sowie den anderen Systemen geleitet.

Die Plattformanlage MGC 10 besteht aus einer Anordnung von vier Kardanrahmen und drei Kreiseln mit je zwei Freiheitsgraden. Die Ausrichtung und Überwachung der Plattform während des Betriebs in den Horizontalen erfolgt mit Hilfe von Elektrolyt-Libellen. Um die Kursfehler zu verringern, wird die scheinbare Kursdrift durch Eingabe des Breitengrades kompensiert. Die Ausgangssignale werden von den Kardanrahmen in Form von Drehmelder-Signalen an den Kurs- und Lagewiederholer (Repeator) für die Kurs- und Lagewinkelinformationen der Anzeige- und Reglersysteme geleitet.

Das Trägheitsnavigationssystem LTN 72R besteht aus dem Betriebsartenschalter, dem Steuer- und Anzeigegerät und dem Trägheitsnavigationsgerät. Mit dem Betriebsartenwahlschalter können die für die Inbetriebnahme erforderlichen Schritte wie Kreiselanlauf, selbsttätige Ausrichtung

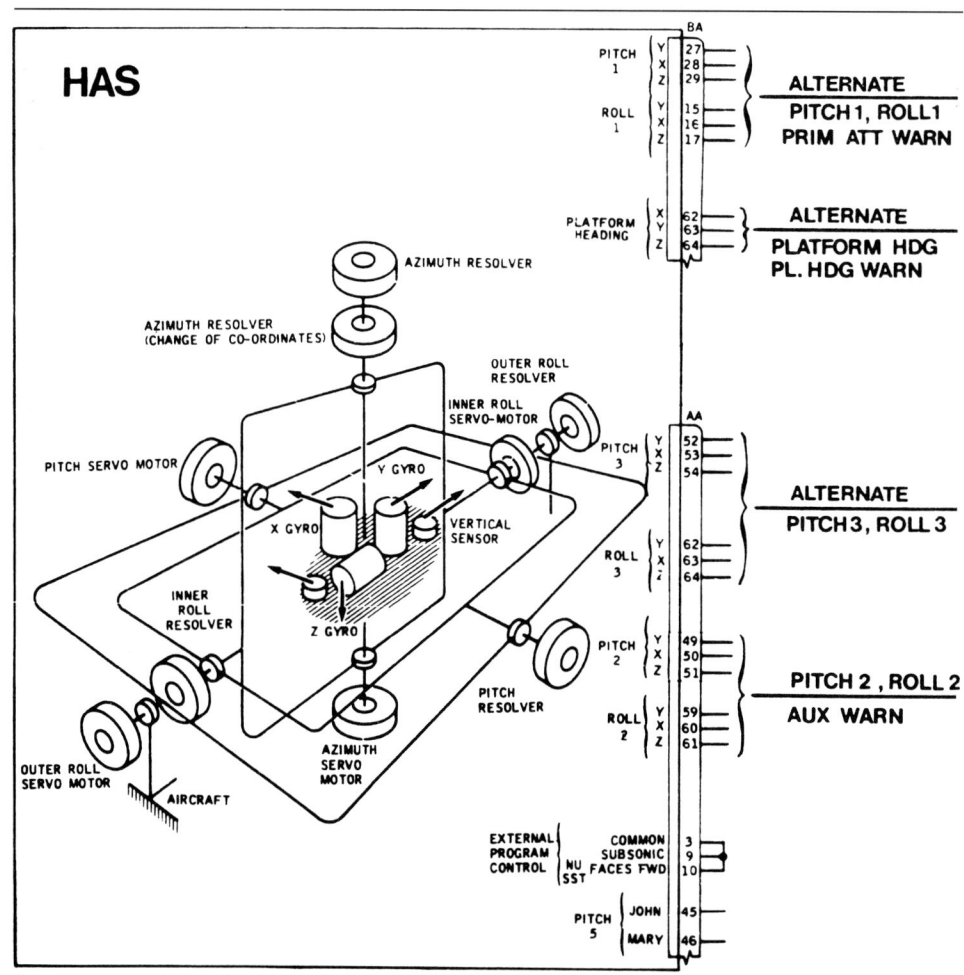

Rahmenanordnung der Kurs- und Lagereferenzplattform MGC 10, SAGEM, mit drei Meßkreiseln und Elektrolyt-Libellen zur Horizontierung.

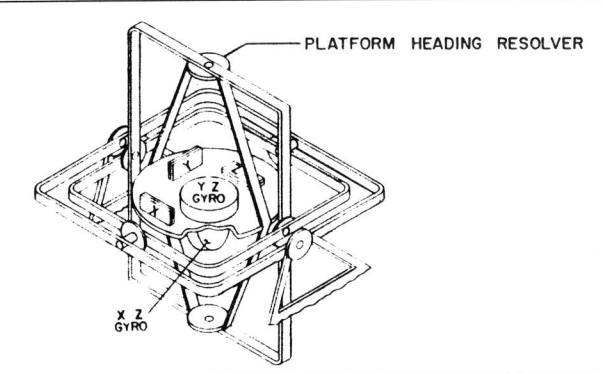

Rahmenanordnung der Trägheitsplattform LTN-72, LITTON, mit zwei 2achsigen Kreiseln und drei Beschleunigungsmessern.

nach Nord oder die Anwendung als Lagebezugssystem (ohne Navigationsrechner) geschaltet werden. Das Steuer- und Anzeigegerät dient zur manuellen Eingabe des Standortes und der Zieldatenkoordinaten oder zur Eingabe der im Rechner gespeicherten neun Wegpunkte. Die eingegebenen oder gespeicherten Werte werden über Ziffernanzeige dargestellt. Das Trägheitsnavigationsgerät besteht aus der Plattform mit Plattformelektronik, einem Digitalrechner, einem Datenumwandler und der Stromversorgung.

Die Plattform besteht aus vier Kardanrahmen mit zwei dynamisch abgestimmten trockenen Kreiseln G-2, drei Beschleunigungsmessern A-2 und der zugehörigen Plattformelektronik. Der an einem elastischen Schaft rotierende Kreisel ist sehr robust, er benötigt keine Flüssigkeitsdämpfung. Diese Vereinfachung der Konstruktion hat eine hohe Lebensdauer zur Folge. Der Beschleunigungsmesser A-2 ist eine Pendelausführung mit kapazitivem Abgriff und elektrischer Fesselung über einen Verstärker und Momentengeber. Der Fesselstrom ist ein Maß für die auftretende Beschleunigung. Die einfache Konstruktion ist ebenfalls sehr robust und von langer Lebensdauer. Die Plattformelektronik enthält die Schaltkreise für die Steuerung der Plattform, wandelt die Signale der Beschleunigungsmesser in digitale Signale für den Digitalrechner um und verarbeitet die Führungssignale vom Digitalrechner für die Horizontierung der Plattform. Der Digital-Rechner C-4000 und das Digital-Untersystem führen die erforderlichen Navigationsrechnungen aus bzw. wandeln die Signale in die für das Navigationssystem LTN-72R oder die anderen Systemen erforderliche Form um.

Ab 1982 wird in den Flugzeugen Airbus A 300 der Lufthansa das Trägheitsnavigationssystem LTR 81 von LITEF (Litton Technische Werke, Freiburg) mit »Strapdown«-Kreiseln als Kurs- und Lagereferenzsystem verwendet. Die von LITEF entwickelten, dynamisch abgestimmten Kreisel K-273 werden ebenso wie die Beschleunigungsmesser B-280 ohne

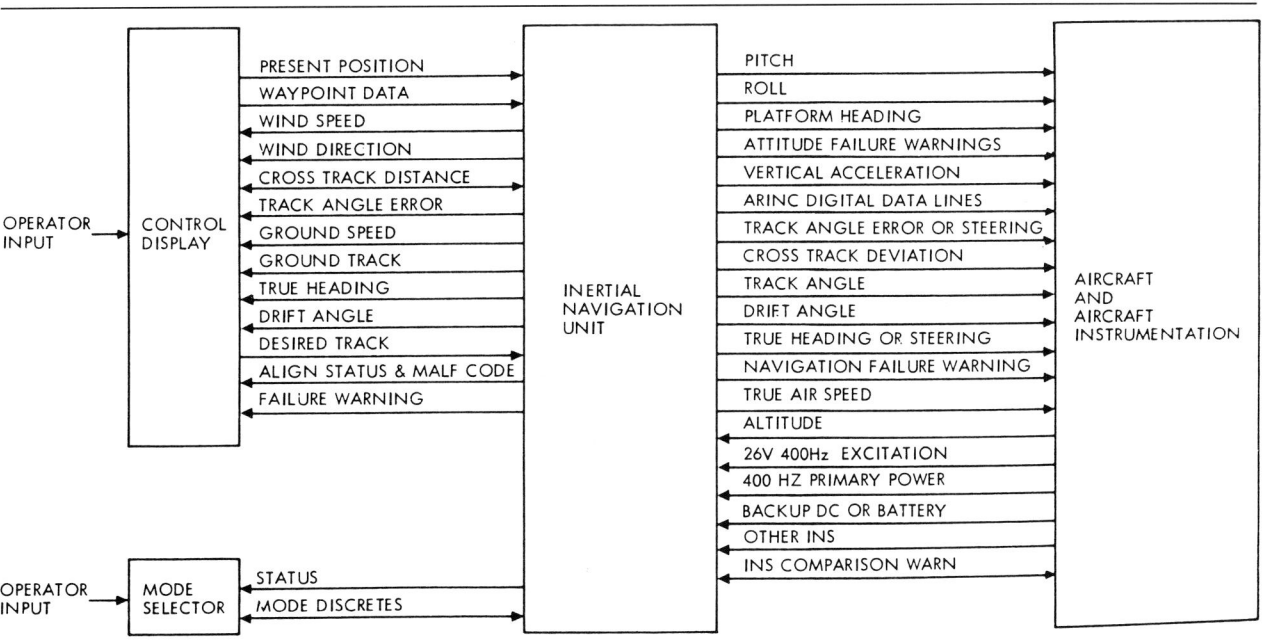

Trägheitsnavigationssystem LTN-72, LITTON, Blockschema der Signalverteilung Eingabe- und Ausgangssignale.

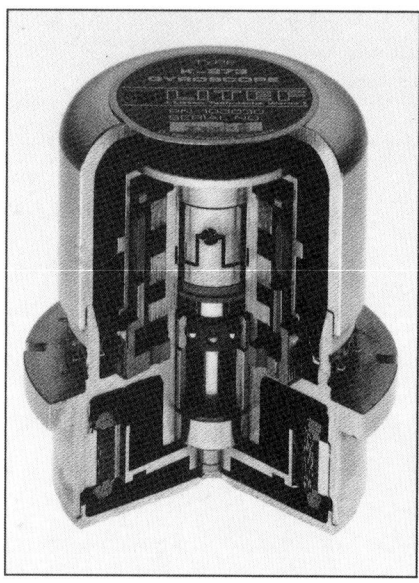

Dynamisch abgestimmter Kreisel K-273, LITEF, Schnittbild mit Kreiselantrieb, Kreiselrotor, Abgriff und Momentengeber.

Kardanrahmen direkt flugzeugfest montiert (Strap down oder to strap down bedeutet wörtlich übersetzt: festzurren). Es werden also die Flugzeugbewegungen um das flugzeugfeste Koordinatensystem gemessen. Die für die Kurs- und Lagebestimmung gegenüber dem erdfesten Koordinatensystem erforderlichen Umrechnungen erfolgen im digitalen Navigationsrechner. Die Ausgangssignale der »Strap down«-Trägheitsanlage LTR 81 entsprechen den Signalen einer Trägheitsnavigationsanlage mit stabilisierter Plattform.

Instrumentierung, Flugregler- und Flugleitrechner in digitaler Technik für Flugzeug Airbus A-310

Seit Frühjahr 1983 ist die verkleinerte Ausführung des Airbus A-300, der mit verkürztem Rumpf und einem neu entwickelten, kleineren Flügel versehene Airbus A-310 im Dienst. Die auffälligste Änderung ist im Cockpit erkennbar: Die Anzahl der Bordinstrumente ist wesentlich geringer; es sind kleine Bildschirme als Anzeigegeräte für den Piloten und Co-Piloten vorhanden. Dieser kleine, sichtbare Teil ist verbunden mit einer wesentlichen Neuerung der Bordelektronik – der Digitalisierung der Rechner – für das automatische Flugführungssystem AFS. Dazu gehören:

- Flug-Dämpfer-Rechner FAC,
- Flugregler/Flugleit-Rechner FCC,
- Schubregler-Rechner TCC und
- Flugwegrechner FMC.

Weitere Bestandteile des Flugführungssystems sind das Elektronische Fluginstrumentensystem EFIS, die Sensoren des Trägheitsnavigationssystems IRS und der digitale Luftwerterechner DADC. Als Ergänzung zum Fluginstrumentensystem ist das elektronische Warnungs- und Anzeigesystem ECAM vorhanden.

Flugdämpfer-Rechner FAC (Flight Augmentation Computer)

Der FAC-Rechner ist zweifach vorhanden und erfüllt drei Funktionen:
- Gierdämpfen,
- Nicktrimmsystem (Pitch Trim) und
- Fluggrenzwertesystem (Flight Envelope Protection).

Der Gierdämpfer sorgt für eine ausreichende Dämpfung der Gier-Roll-Schwingungen und erleichtert den koordinierten Kurvenflug bei der Handsteuerung durch den Piloten. Der Gierdämpfer erhält die Meßwerte der Gierdrehbewegung, der Seitenbeschleunigung und den Rollwinkel vom Trägheitsnavigationssystem und die Geschwindigkeitswerte TAS, CAS vom Luftwerterechner DADC. Nach der Signalverarbeitung im Rechner FAC wird das elektrische Ausgangssignal dem elektro-hydraulischen Gierdämpfer-Stellmotor zugeführt. Jeder Rechner FAC steuert einen Gierdämpfer-Stellmotor. Der Gierdämpfer ist normalerweise immer in Funktion, auch bei der Autopiloten-Betriebsart.

Das Nick-Trimmsystem betätigt die Höhenruderflosse über einen elektrischen Nick-Trimmotor zum Ausgleich dauernd vorhandener Höhenruderbelastungen, z. B. durch Treibstoffverbrauch oder bei Bewegungen der Passagiere. Die vier Betriebsarten des Nick-Trimmsystems sind:
- Elektrische Betätigung mit dem Trimmschalter (ELECTRIC TRIM);
- Automatische Trimmung bei eingeschaltetem Autopiloten (AUTO TRIM);
- Machzahl oder Geschwindigkeit Vc Trimmfunktion (MACH/Vc TRIM);
- Anstellwinkel Trimmfunktion (ALPHA TRIM).

Die Eingangswerte für die Steuerung der automatischen Trimmung: Anstellwinkel, Machzahl und Geschwindigkeit CAS werden vom Digitalen Luftwerterechner DADC und die vertikale Beschleunigung vom Trägheitssystem IRU geliefert. Die Ausgänge für die Nicktrimmung werden je einem elektrischen Stellmotor an der Nicktrimmspindel zugeführt. Zusätzlich zu der elektrischen Nick-Trimmung ist noch eine mechanische Verbindung vom Trimmrad im Cockpit zur Trimmspindel für die Höhenruderflosse vorhanden, die im Notfall von Hand zu bedienen ist.

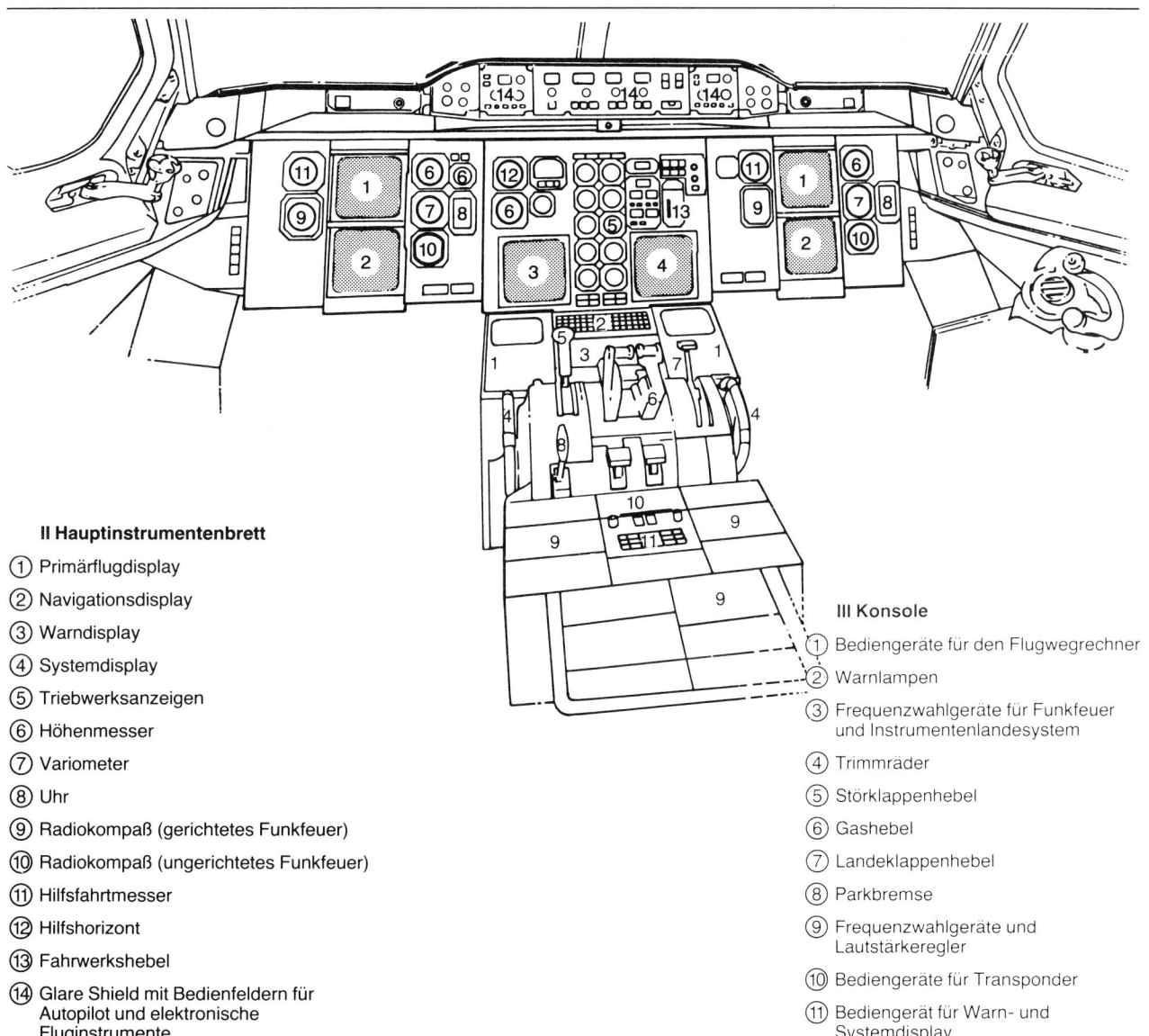

II Hauptinstrumentenbrett

1. Primärflugdisplay
2. Navigationsdisplay
3. Warndisplay
4. Systemdisplay
5. Triebwerksanzeigen
6. Höhenmesser
7. Variometer
8. Uhr
9. Radiokompaß (gerichtetes Funkfeuer)
10. Radiokompaß (ungerichtetes Funkfeuer)
11. Hilfsfahrtmesser
12. Hilfshorizont
13. Fahrwerkshebel
14. Glare Shield mit Bedienfeldern für Autopilot und elektronische Fluginstrumente

III Konsole

1. Bediengeräte für den Flugwegrechner
2. Warnlampen
3. Frequenzwahlgeräte für Funkfeuer und Instrumentenlandesystem
4. Trimmräder
5. Störklappenhebel
6. Gashebel
7. Landeklappenhebel
8. Parkbremse
9. Frequenzwahlgeräte und Lautstärkeregler
10. Bediengeräte für Transponder
11. Bediengerät für Warn- und Systemdisplay

Anordnung der Instrumente im Cockpit A-310: Hauptinstrumentenbrett, Konsole.

Jeder FAC-Rechner führt außerdem noch die laufenden Berechnungen für die Fluggrenzwerte durch, die an der Geschwindigkeitsskala des Primären Fluganzeiger PFD angezeigt werden:

– Geschwindigkeitstrends V_c (Beschleunigung des Flugzeugs);
– Geschwindigkeitsgrenzen:
  Geringste wählbare Geschwindigkeit V_{ls}, Steuersäulen-Rüttler Geschwindigkeit V_{ss} und höchste wählbare Geschwindigkeit V_{max}.
– Geringste Geschwindigkeit zum Einfahren der Lande- und Störklappen;
– Optimale Geschwindigkeit bei Leerlauf der Triebwerke (»Grüner Punkt«-Geschwindigkeit) für Abwärtsgleiten;
– Anstellwinkel-Überwachung bei Überschreitung eines zulässigen Anstellwinkels, z. B. durch Scheerwind. Außer der Anzeige des unzulässigen Flugzustandes wird auch dem automatischen Schubregler TCC ein Befehl zur Schuberhöhung gegeben (Throttle pusher) und damit ein Überziehen verhindert.

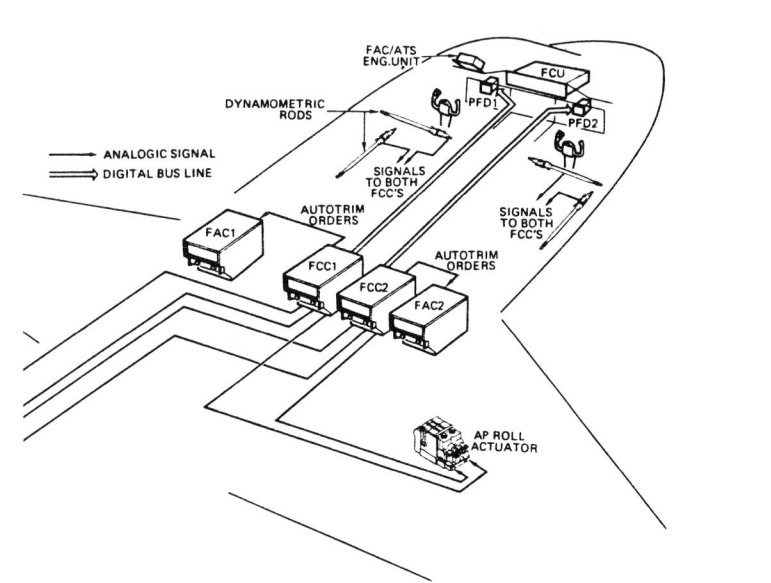

Airbus A-310, Anordnung der Geräte für Autopiloten/Flugleitsystem mit Bediengeräten und elektrohydraulischen Stellmotoren im Flugzeug: Flugdämpferrechner FAC, Flugregler und Flugleitrechner FCC, Flugregler-Bediengerät FCU, Primäre Flugzustandsanzeige PFD.

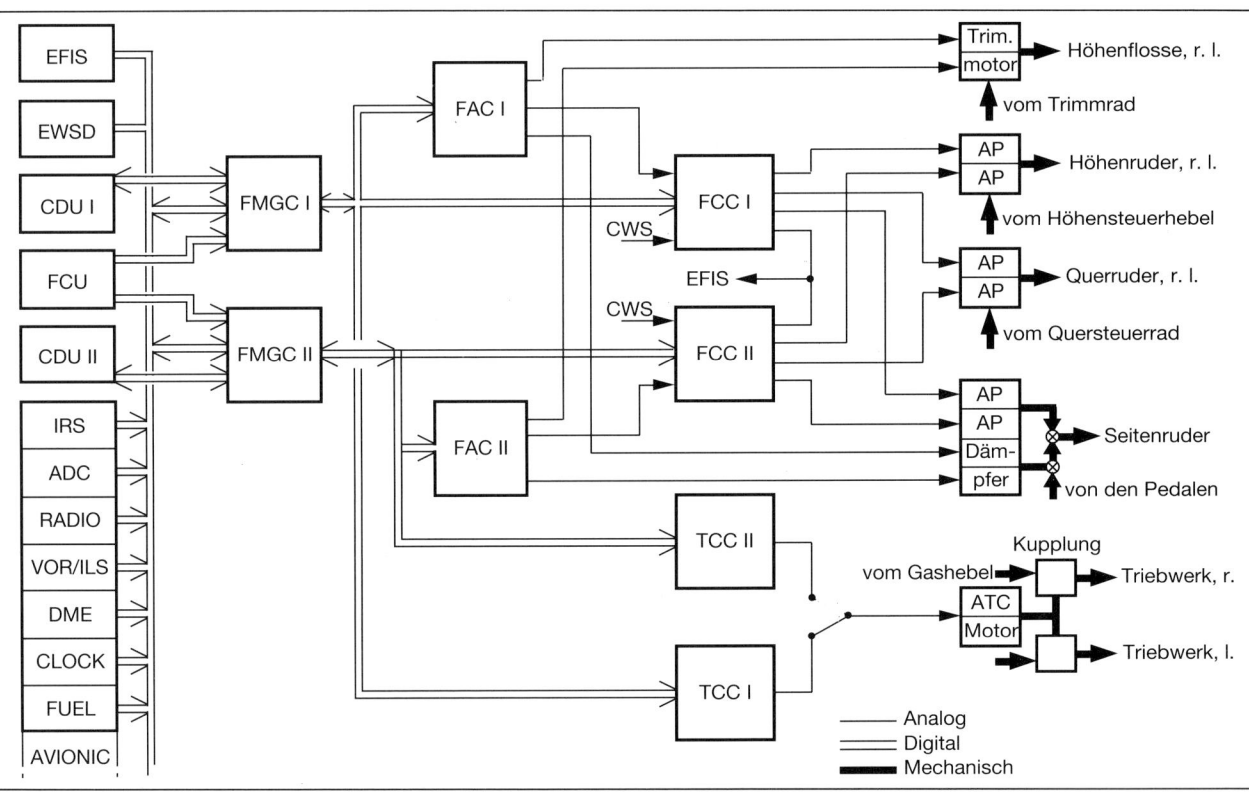

Airbus A-310, Übersicht über das automatische Flugregelungs- und Flugleitsystem, bestehend aus: Flugführungsrechner FMGC, Flugdämpferrechner FAC, Autopilot und Flugkommandorechner FCC, Schubreglerrechner TCC, Flugreglerbediengerät FCU.

Die Grenz-Geschwindigkeiten werden unter Beachtung der Flugkonfiguration und der Flugphase vom Rechner FAC errechnet und im primären Fluganzeigegerät PFD angezeigt: Zur Berechnung der Grenzflugzustände werden dem Rechner noch zusätzlich der Roll- und Nickwinkel sowie die Längs- und Seitenbeschleunigungswerte – gemessen vom Trägheitssystem – zugeführt.

Flugregler/Flugleit-Rechner FCC (Flight Control Computer)

Der Flugregler/Flugleit-Rechner ist doppelt vorhanden; er führt laufend die Berechnungen der Signale für Autopiloten-Betriebsarten und Flugleitanzeige durch. Die Eingangssignale werden vom Bediengerät FCU, Flugwegrechner FMS, Schubregler TCC und Dämpferrechner FAS geliefert. Die je nach der gewählten Betriebsart errechneten Ausgangssignale werden den Autopilot-Stellmotoren zur Betätigung der Höhen-, Quer- und Seitenruder zugeführt. Die in Funktion befindliche Betriebsart wird in der oberen Reihe am PFD angezeigt. Die Betriebsarten des Autopiloten sind:

- Steuersäulen-Kraftsteuerung CWS (CONTROL WEEL STEERING),
  Lageregelung in Nick- und Roll mit Kommandogabe über Steuersäulen-Kraft.
- Kurs- und Geschwindigkeitsregelung CMD (COMMAND),
  Einhaltung des Steuerkurses und der Steig- oder Sinkgeschwindigkeit im Augenblick des Einschaltens.
- Längsrichtungs-Betriebsarten:
  Vertikalgeschwindigkeit V/S,
  Höhenhaltung ALT,
  Höhenregelung auf eine vorgewählte Höhe V*,
  Flug auf eine vorgewählte Höhe mit geringster Pilotentätigkeit LEVEL CHANGE-LVL/CH, d. h. einschließlich der Schubsteuerung,
  Geschwindigkeitsregelung auf eine vorgewählte Geschwindigkeit PRESET FUNKTION,
  Flug auf einem vorgewählten vertikalen Flugprofil PROFILE, gesteuert von FMS über AP/FD und ATS.
- Seitenrichtungs-Betriebsarten:
  Kursregelung HDG,
  Kursregelung auf den am Bediengerät vorgewählten Kurs HDG SEL,
  Kursregelung nach dem vom FMC errechneten Kurs NAV,
  Kursregelung nach dem Funkrichtungsempfänger VOR/LOC.
- Gemeinsame Betriebsarten:
  Steigflug TAKE OFF,
  Landeanflug LAND,
  Durchstarten GO AROUND.
  Diese gemeinsamen Betriebsarten werden als koordinierte Kommandos für alle Ruder und den ATS errechnet und automatisch innerhalb der Grenzwerte vom AP/FD-Rechner geregelt.

Der Flugleitrechnerteil im FCC errechnet laufend die für eine manuelle Steuerung erforderlichen Informationen für die Nick-, Roll- und Gierachse zur Anzeige im Primären Fluganzeigegerät PFD.

Schubregler-Rechner TCC

Von zwei TCC-Rechnern ist einer im Betrieb und der andere als Reserve im stand-by. Die Regelung des Triebwerkschubes entsprechend den Kommandos vom Piloten, Flugregler- und Flugwegrechner, unter Beachtung der vom Triebwerk geforderten Grenzwerte, wird vom Schubregler-Rechner errechnet und zum Triebwerks-Stellmotor geleitet. Dem TCC-Rechner werden daher zusätzliche Informationen der Triebwerke, Radio-Höhenmesser, Luftwerterechner, Trägheitsnavigationssystem und dem Gierdämpfer-Rechner zugeführt.

Die Berechnung des Schubgrenzwertes erfolgt laufend und wird im Schub-Schätzung-Panel TRP angezeigt; Hauptparameter für die Triebwerksbeanspruchung ist die Drehzahl N1. Die für die automatische Schubregelung erforderlichen Berechnungen werden entsprechend der gewählten Betriebsart durchgeführt und dem elektrischen Triebwerksstellmotor zugeleitet:

- Schubregelung mit Autopiloten A/THR, alle vom FCC kommandierten Schübe werden vom ATH eingeregelt.
- Maximaler Schub THR L, bei ausgeschaltetem Autopiloten.

Der Trust Control Computer TCC wurde vom Bodenseewerk Gerätetechnik, aufbauend auf den Erfahrungen mit dem Vortriebsregler FVR 02 und dem Vortriebsregler AUTO-THROTTLE im Airbus A-300, entwickelt. Die Aufgabenstellung wurde um die Funktionen der Berechnungen der Triebwerksgrenzwerte erweitert. Die Geräteausführung erfolgte entsprechend der Elektronik-Ausrüstung im Airbus A-310 in digitaler Technik. Verwendung fand der Mikro-Prozessor Typ INTEL 8086; ein vollständiger Rechenzyklus dauert 62,5 ms. Zum Lieferumfang des Bodenseewerks für den Airbus A-310 gehören außer dem TCC-Rechner noch der elektromechanische Stellmotor und die zwei elektromechanischen Kupplungseinheiten.

Flugwegrechner FMC (Flight Management Computer)

Der Flugwegrechner unterstützt den Piloten bei der Auswahl des Flugweges entsprechend dem geforderten Zielflughafen. Zu diesem Zweck sind im Rechner der Karteninhalt für das Einsatzgebiet Europa/Nordafrika/Naher Osten gespeichert. Dazu gehören die Informationen über Flughäfen, An- und Abflugverfahren, Luftstraßen, Radionavigationshilfen und vieles mehr. Der Inhalt wird alle 28 Tage aktualisiert. Der Flugzeugführer gibt die Ausgangswerte wie Streckenführung, Wetter und Abfluggewicht ein. Der Rechner baut aus seinem Speicherfundus die Strecke mit den Wegpunkten auf und schlägt die für eine wirtschaftliche Flugdurchführung optimale Reiseflughöhe mit den günstigsten Geschwindigkeiten für Steig-, Reise- und Sinkflug vor. Er berechnet den Treibstoffverbrauch sowie die zum Erreichen von Ausweichflughäfen erforderlichen Reserven.

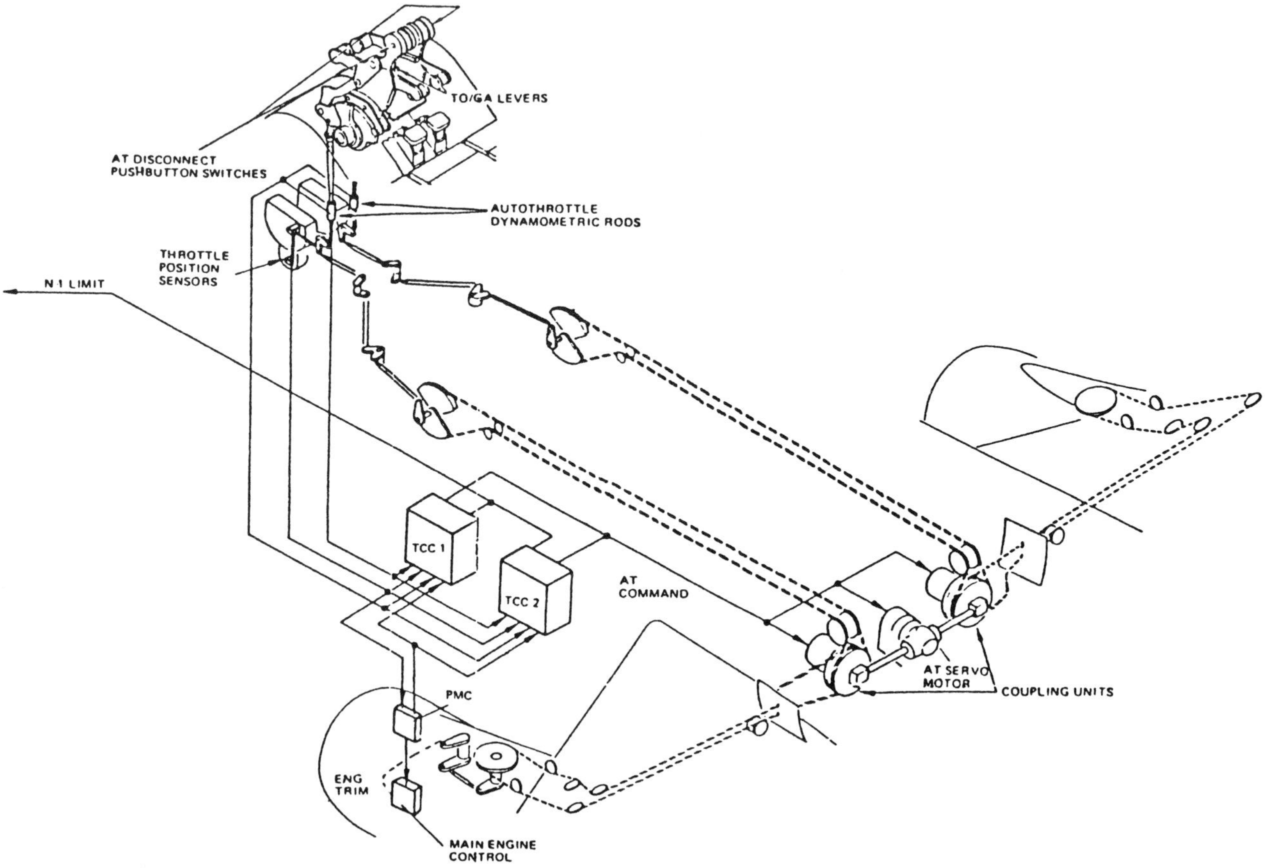

Airbus A-310, Anordnung der Geräte für die automatische Schubregelung TCC mit Servomotor und Kupplungseinheiten im mechanischen Schubsteuerungssystem.

Airbus A-310, Geräteumfang des automatischen Schubregelungssystems: Schubreglerrechner TCC, elektrischer Stellmotor für die Gashebelverstellung und zwei Kupplungseinheiten für die Triebwerkssteuerung.

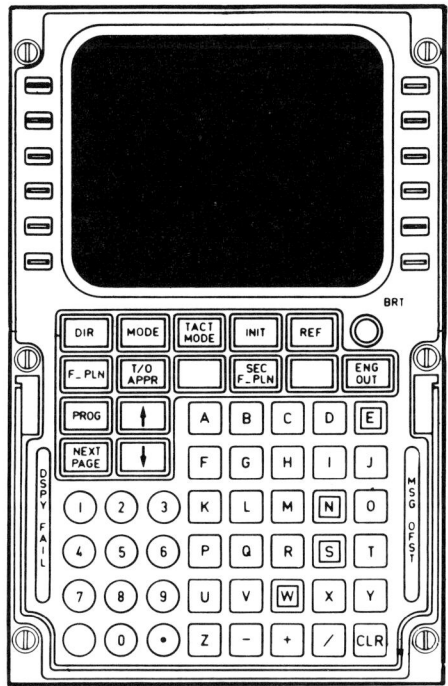

Airbus A-310, Bedien- und Anzeigegerät CDU für den Flugwegrechner FMC (Ausführung Sperry).

Der Flugplan kann vom Piloten durch Eingaben am Bediengerät variiert werden. Während des Fluges werden die für den Autopiloten erforderlichen Kommandos errechnet und den Rechnern FCC und FAC über einen digitalen Datenbus zugeführt. Zur Anzeige für die Piloten werden die errechneten Informationen dem Navigationsanzeigegerät ND und dem FMC-Bediengerät zugeleitet. Die für die automatische Berechnung des Flugweges während des Fluges erforderlichen Informationen werden dem Flugwegrechner FMC von dem Luftwerterechner ADC und dem Trägheitsnavigationsrechner TRS über den digitalen Datenbus zugeführt. Außerdem erhält der Rechner die Signale von den Radio-Navigationsempfängern VOR/LOC und den Entfernungsmeßempfänger DME.

Der Flugwegrechner für die Verwendung im Airbus A-310 der Lufthansa wurde von der Firma Sperry entwickelt, eine ähnliche Ausführung wurde von Smiths Industries entwickelt und kommt bei anderen Luftverkehrsgesellschaften zum Einsatz.

Elektronisches Fluginstrumenten-System EFIS
(Electronic Flight Instrument System)

Die im Cockpit des Airbus A-310 befindlichen Farbbildschirmgeräte für die Primärflug- und Navigationsanzeige PFD und ND, die Warnanzeige und die Systemanzeige sind der sichtbare Teil der elektronischen Fluginstrumente. Die

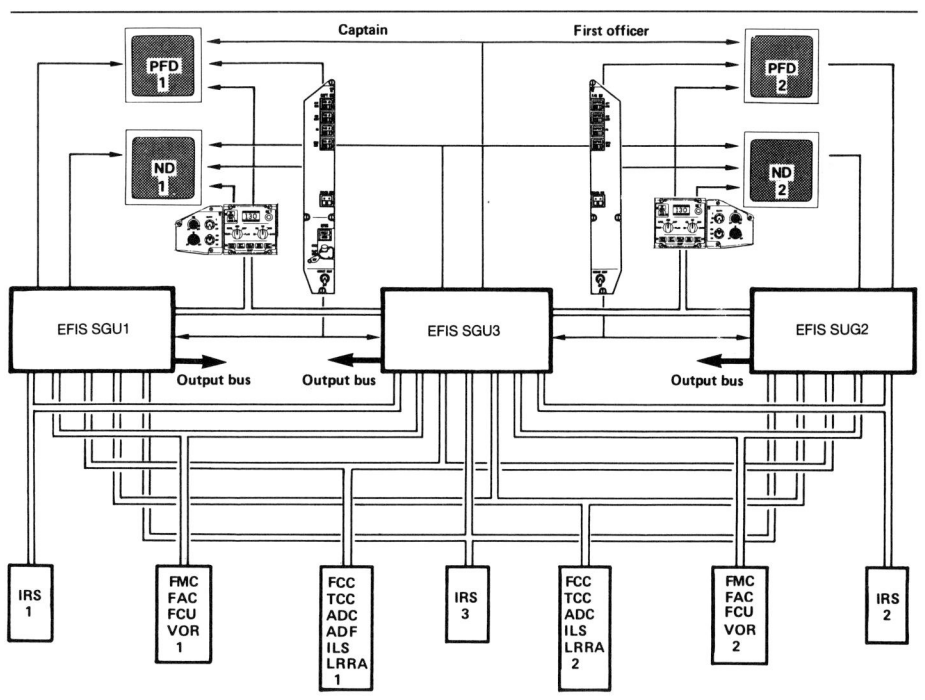

Airbus A-310, Elektronisches Fluginstrumentensystem EFIS mit Signalgeneratoren SGU, primären Fluginstrumenten PFD und Navigationsanzeiger ND.

Aufbereitung der über digitalen Datenbus eintreffenden Informationen erfolgt im Signalgenerator; hier wird der jeweilige Bildschirminhalt errechnet und seriell an die Bildschirmgeräte geliefert. Für eine flimmerfreie Anzeige im Bildschirm wurde eine Bildwiederholungsrate von 70 Hz gewählt. Um die Farbkonstanz von neun Informationsfarben sicherzustellen, wurden für jedes Exemplar der Bildröhren ein spezieller Speicherbaustein, mit den Daten der Farbkorrektur versehen, dem Gerät beigegeben. Im Primärfluganzeigegerät PFD wird die Anzeige des Flugleitrechners und der Geschwindigkeit elektronisch nachgebildet. Der Flugzeugführer soll die in jahrzehntelanger Erfahrung ausgebildeten Anzeigebilder wieder erkennen. Zusätzliche Informationen über die Betriebsart des Autopiloten und der Geschwindigkeitswarnungen vom Gierdämpferrechner vervollständigen die Anzeigeinformationen. Der darunter angebrachte Navigationsanzeiger ND zeigt die Horizontalinformation in verschiedenen, wählbaren Möglichkeiten:

- Kompaßrosen-Anzeige ROSE mode als elektronische Nachbildung des Horizontal-Anzeigers HSI,
- Rosensektor-Anzeige ARC mode mit einem Ausschnitt der Kompaßrose mit zusätzlichen Informationen vom Wetterradar und der Flugrichtung,
- Kartenanzeige MAP-Active flight plan mit der Sektor- und Kartendarstellung und Eintragung des gewählten Flugweges;
- Kartendarstellung MAP im Flughafenbereich mit einem Ausschnitt der Kompaßrose;
- Kartendarstellung PLAN mode mit einer zentralen Kartendarstellung für die An- und Abflugprozeduren am Flughafen.

Zum EFIS gehören drei Symbolgeneratoren, zwei in Funktion und das dritte als Reserve im stand-by.
Die beiden Bildschirme für die Informationen des Warnsystems und der Systemüberwachung werden von der elektronischen Flugzeug-Überwachung ECAM (Electronic Centralized Aircraft Monitor) über zwei eigene Symbolgeneratoren gesteuert. Die Entwicklungsarbeiten für diese neue Darstellung der Cockpit-Anzeigen wurden von den Firmen Thomson-CFS und VDO-Luftfahrtgeräte Werk, in enger Zusammenarbeit mit der Lufthansa als Erstkäufer, innerhalb von zehn Jahren durchgeführt. Vom VDO-Luftfahrtgeräte Werk wurden die Symbolgeneratoren entwickelt.

Digitaler Luftwerterechner DADC (Digitaler Airdata Computer)

Der digitale Luftwerterechner DADC erhält als Eingangsinformationen den Statischen Luftdruck und den Staudruck von den Staurohr- und Statikdruckabnahmen über Rohrleitungen zugeführt. Weitere Informationen kommen von dem Anstellwinkelmesser als Wechselspannungssignal und von der Außentemperaturmeßeinrichtung als Gleichstromsignal. Die zugeführten Luftdrücke werden in Druckumwandlern in eine Frequenz und in einer weiteren Wandlung in digitale Werke umgesetzt. Ebenso werden die Spannungssignale in digitale Werte gewandelt. Nach dieser Aufbereitung der Informationen in digitale Werte werden die erforderlichen Rechnungen im digitalen Luftwerterechner durchgeführt. Die über 20 Ausgangsinformationen werden auf vier identischen Datenbussen nach ARINC 429 den etwa 30 Verbrauchern zur Verfügung gestellt.

Zur Anzeige kommen die errechnete Luftgeschwindigkeit CAS in der linken Skala im PFD und die barometrische Höhe in ft sowie die Vertikalgeschwindigkeit in ft/min. Die barometrische Höhenanzeige BAI und die Vertikalgeschwindigkeitsanzeige VGI wandeln die Information des digitalen Datenbus in analoge Werte eines elektromechanischen Nachlaufsystems um und steuern die Zeiger und Zahltrommeln. Das äußere Bild des Höhenmessers und

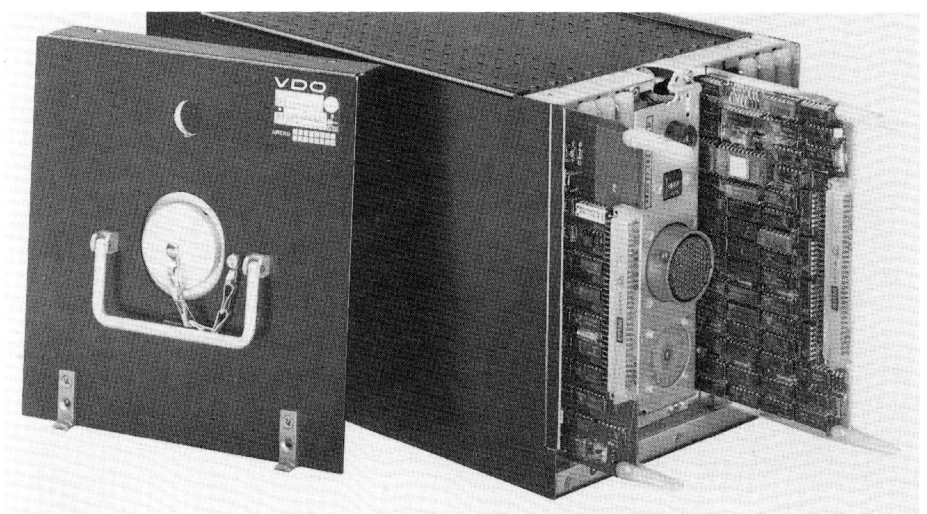

Airbus A-310, EFIS-Symbolgenerator mit einem Digitalrechner zur Verarbeitung der Eingangssignale und einem zweiten Rechner zur Erzeugung der farbigen Bilddarstellungssymbole zur Anzeige in den Bildschirmanzeigegeräten im Cockpit. Hersteller: VDO Luftfahrt Geräte Werk.

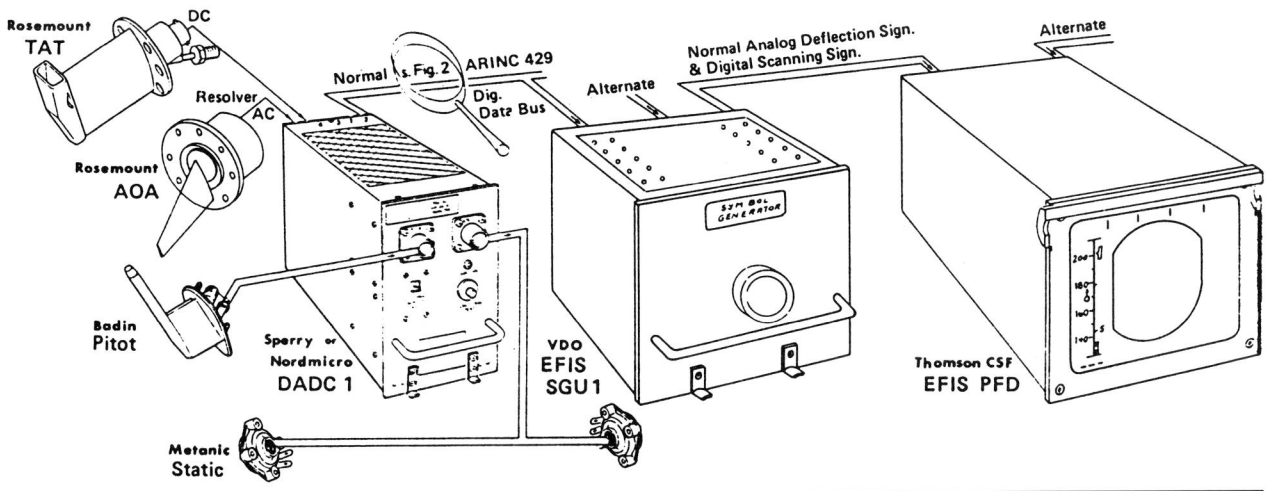

Airbus A-310, Digitaler Luftwerterechner DADC mit den Meßgebern Außentemperatur TAT, Anstellwinkel ADA, Staudruck Pitot und statischer Druck Static. Ausgänge in digitalem Datenbus nach ARINC 429 zur Versorgung von etwa 30 Verbrauchern.

des Variometers entsprechen ebenfalls der seit Jahrzehnten gewohnten Darstellung der barometrischen Membrandosen-Geräte. Der Höhenanzeiger und Vertikalgeschwindigkeitsanzeiger sind neben dem Primären Fluganzeiger angebracht.

Die Geräte des digitalen Luftwertesystems werden von folgenden Firmen gefertigt: Außentemperaturfühler TAT und Anstellwinkelfühler AQA von Rosemont, Staurohr PITOT von Bodin, Statischer Druckaufnehmer STATIC von Metanic und der Digitale Luftwerte-Rechner DADC von Sperry oder Nordmicro.

Trägheitsreferenzsystem IRS (Inertial Reference System)

Als Hauptmeßfühler der Flugzeugbewegung um die drei Drehachsen des Flugzeuges A-310 wird die Trägheitsanlage LTN-90 von LITTON verwendet. Diese »Strap-Down«-Ausführung benutzt drei Ringlaser-»Kreisel« als Meßeinrichtung für die Drehbewegungen. Drei Beschleunigungsmesser liefern die Werte der Bewegungen längs der Flugzeugachsen. Die gemessenen Drehgeschwindigkeits- und Beschleunigungswerte werden in digitale Signale gewandelt und in dem zugehörigen Rechner vom flugzeugfesten in das erdfeste Koordinatensystem transferiert. Die Integrationen der Geschwindigkeits- und Beschleunigungswerte ergeben den zurückgelegten Weg und damit auch den jeweiligen Standort. Während der Vorflugprüfung erfolgt die Selbstausrichtung des Trägheitsnavigationssystems, die ermittelten Werte werden mit den bekannten Werten am Startpunkt verglichen. Eine Ausrichtung nach dem magnetischen Nordpol erfolgt nicht, es ist kein Magnetsystem im Flugzeug vorhanden (vom Not-Magnetkompaß abgesehen). Alle Ausgangswerte werden den Verbrauchern über digitalen Datenbus nach ARINC 429 zugeleitet.

Trägheitsnavigationssystem LTN-90, Litton, als »Strap Down«-System mit Laserkreisel. Strahlengang mit Kathode und Anode zur Erregung der Laserstrahlen, Umlenkspiegel und Auskoppelpunkt für die Meßwerte der Drehgeschwindigkeit.

Der von LITTON Aero Products entwickelte Ringlaser-»Kreisel« ist kein Kreisel im herkömmlichen Sinn; es bewegt sich mechanisch nichts! In einem ringförmig geschlossenen Lichtkanal laufen zwei Laser-Strahlen in Gegenrichtung um. Die Laserstrahlen werden über eine Hochspannung an den zwei Anoden und der Kathode erregt und durch Spiegel in den Umlauf gelenkt. Der Ringlaser ist mit einer Helium/Neon-Gasmischung gefüllt und erzeugt so eine Resonanzschwingung. An einer Stelle werden die Laserstrahlen ausgeblendet und zu der Photozellen-Auswertungseinrichtung geführt. Eine Drehung des ganzen Systems verändert die Frequenz der Laserstrahlen in der einen oder der anderen Richtung. Diese Differenzfrequenz ist ein Maß für die aufgetretene Drehgeschwindigkeit und wird in Richtung und Größe in der Auswerteeinrichtung als digitales Signal abgenommen. Um die Meßempfindlichkeit bei kleinen Drehgeschwindigkeiten zu erhöhen, wird ein Teil oder das ganze Meßsystem in kleine Schwingungen versetzt (dither), ähnlich wie bei der Reibung eines mechanischen Meßsystems. Der Vorteil des Ringlaser-Kreiselsystems besteht im Fehlen von mechanisch bewegten Teilen und in der Ausgabe der Meßwerte direkt in digitaler Form. Die Funktion ist im Temperaturbereich von $-55°$ bis $+85°$ ohne zusätzliche Heizung bzw. Kühlung sichergestellt. Aus diesen Angaben resultiert eine hohe Lebensdauer des Systems.
Seit 1983 ist das Trägheitssystem LTN-90 in den Flugzeugen Airbus A-310 der Lufthansa im Einsatz.

Primäres und sekundäres Steuerungssystem sowie Triebwerkssteuerung mit elektrischer Übertragung (Fly-by-wire) für Airbus A-320

Seit 1988 fliegt der kleinere Bruder des Airbus A-300/310, der Airbus A-320. Der Rumpfdurchmesser ist so verringert, daß $3 + 3 = 6$ Sitze in einer Reihe mit einem Mittelgang im Passagierraum Aufstellung finden. Die Normal-Ausführung A-320 ist für 164 Passagiere ausgelegt. Die Ausrüstung mit digitalen Rechnern der zweiten Generation mit einer weiteren Automation der Flugsteuerung und der Systemüberwachung kennzeichnen die technologische Entwicklung. Im Cockpit sind die zwei Steuersäulen durch kleine, seitlich angebrachte Steuergriffe ersetzt, die Bildschirmanzeigen vergrößert und die Anzahl der Instrumente verringert. Die wichtigste Neuerung ist jedoch der Ersatz der mechanischen Seilübertragung von den Steuersäulen zu den hydraulischen Kraftverstärkern durch eine elektrische Signalübertragung von den Steuergriffen über Rechner zu den elektro-hydraulischen Kraftverstärkern zur Ruderbetätigung. Um die Steuerbarkeit des Flugzeuges auch bei Ausfall der Elektronik zu gewährleisten, ist die mechanische Seilübertragung von den Pedalen zu den Kraftverstärkern für die Seitenruderbetätigung beibehalten worden. Für den Notfall ist in der Nickachse die mechanische Trimmung der Höhenruderflosse als Steuerungsmöglichkeit für die Längsachse vorhanden. Die »Fly-by-wire«-Steuerung erlaubt die Rechnerunterstützung zur Verbesserung der Flugeigenschaften und die Begrenzung der Flugmanöver zur Vermeidung von kritischen Flugzuständen auch bei einer Handsteuerung durch die Piloten. Wie bei der primären Steuerung, so ist auch die Seilübertragung von den Gashebeln zu den Triebwerkstreibstoffventilen durch eine elektrische Signalübertragung ersetzt worden.

Das elektrische Steuerungssystem EFCS (Electrical Flight Control System) besteht aus:
Höhen- und Querruder-Rechner ELAC (Elevator Aileron Computer), Gierdämpfungsrechner FAC (Flight Augmentation Computer), Störklappen-Höhenruder-Rechner SEC (Spoiler Elevator Computer). Dazu kommt der Vorflügel- und Klappenrechner SFCC (Slate Flaps Control Computer) und der Flugwerteverdichter FCDC (Flight Control Data Concentrator). Für die Flugführung wird der Flugwegrechner FMGC (Flight Management and Guidance Computer) zur automatischen Flugregelung und Anzeige aufgeschaltet. Die elektrische Triebwerkssteuerung erfolgt über den digitalen Triebwerkssteuerungsrechner FADAC (Full Authority Digital Engine Control Computer).

Steuerung über die seitlichen Steuergriffe (Sidestick)

Die Steuerung des Flugzeuges durch die Piloten erfolgt über die seitlich angebrachten Steuergriffe. Diese sind in der Nullstellung federgefesselt und geben bei einer Auslenkung ein Stellungssignal an den Höhen- und Querruderrechner

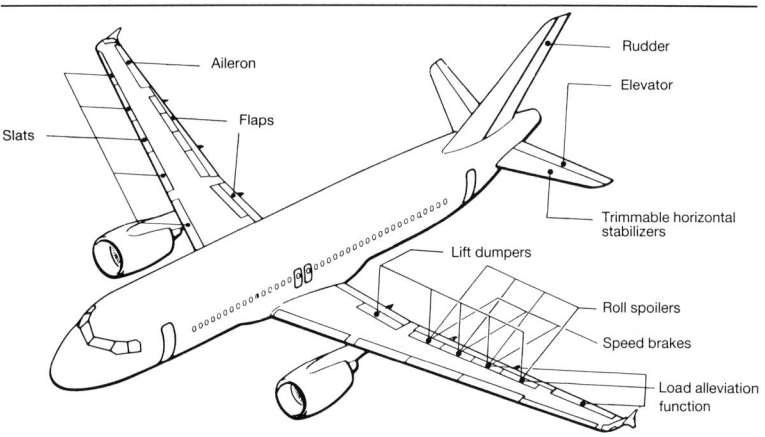

Airbus A-320, Anordnung der primären Steuerorgane.

Seitenruder (Rudder), Höhenruder (Elevator), Trimmbare Höhenflosse (Trimmable horizontal stabilizers), Querruder (Aileron) und Störklappen (Roll spoilers).
Sekundäre Steuerorgane: Vorflügel (Slats), Landeklappen (Flaps), Krügerklappen (Lift dumpers), Luftbremsen (Speed brakes).

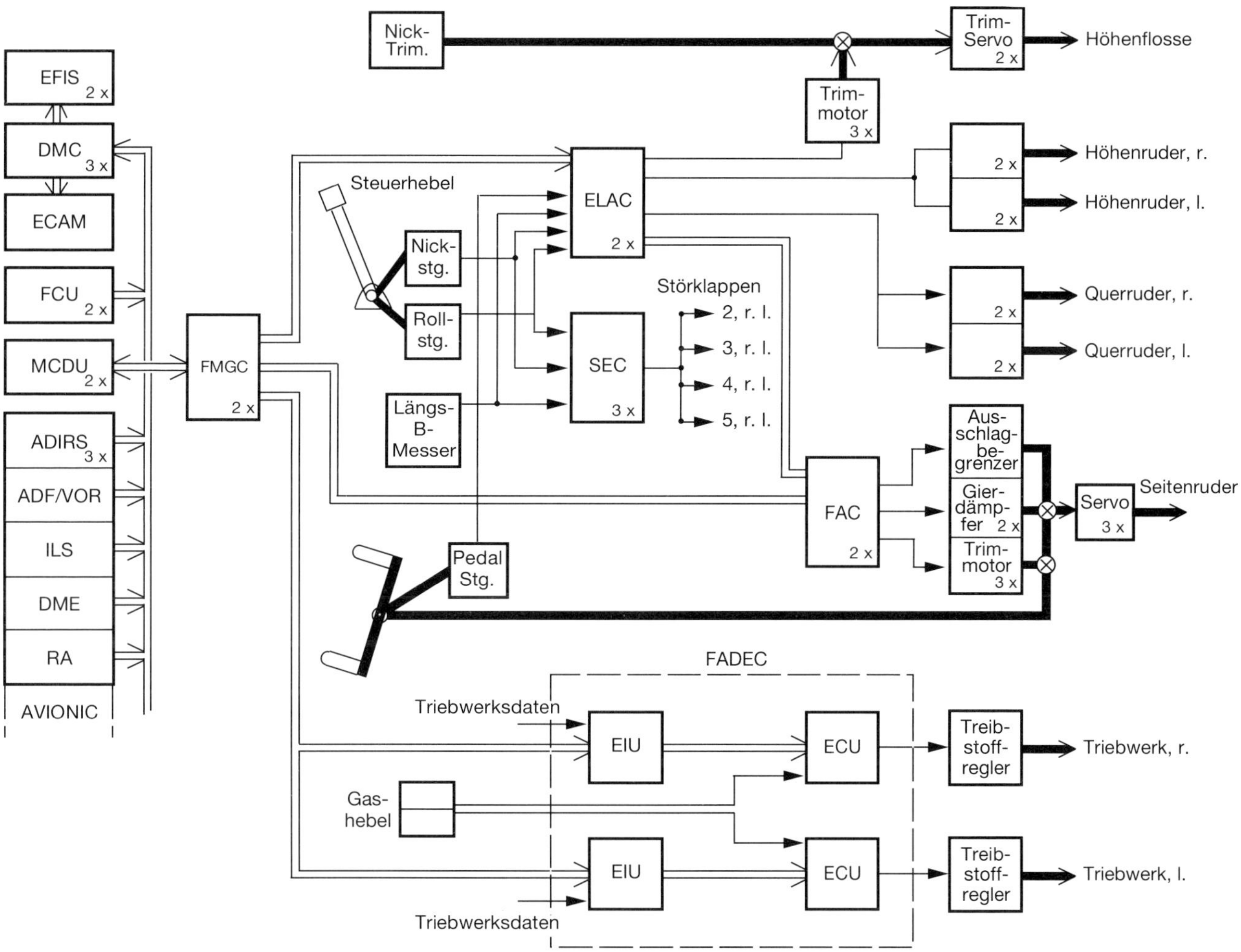

Airbus A-320, Flugsteuerungs- und Flugführungssystem.

ELAC ab. Vom ELAC-Rechner werden die Steuerkommandos an die elektro-hydraulischen Kraftverstärker der beiden Höhenruder und der Querruder geleitet. Außerdem wird noch der elektrische Trimmotor für die Höhenruderflossenverstellung vom Rechner angesteuert. Parallel zum ELAC wird auch der Störklappen-Höhenruder-Rechner SEC vom Steuergriff in Gang gebracht. Die Höhen- und Querruderausschläge sind nicht proportional der Steuergriffauslenkung, sie werden im ELAC-Rechner modifiziert um sicherzustellen:
- Optimale Flugsteuerung mit guter Steuerbarkeit und Stabilität,
- Sicherheit gegen Überschreitung und Unterschreitung der Geschwindigkeit, bei Auftreten von Scheerwinden, bei kritischen Manövern und Fluglagen.

Steuergriff (Sidestick) für Roll- und Nicksteuerung mit Federfesselung, Dämpfer und Stellungsabgriffen für die Rollstellung und Nickstellung.

In der Nickachse ist als Besonderheit die automatische Steuerung des Flugweges in der Vertikalen mit einem konstanten Wert der Normalbeschleunigung von 1 g über dem Wert der Auslenkung der Steuergriffe vorgesehen. Diese Regelung nach dem sogenannten C*-Gesetz ermöglicht eine sichere Steuerung durch den Piloten und verhindert unerlaubte Flugzustände.

Die Flugsicherheit wird durch weitere Vorgaben von Grenzwerten im Rechner erhöht, die weder infolge von eingeleiteten Manövern, noch durch atmosphärische Störungen überschritten werden können. Wesentlich ist dabei der laufend eingeschaltete, aber nicht aktive Vortriebsregler. Zusammen mit der elektrischen Flugsteuerung ermöglicht seine selbsttätige Aktivierung, Gefahrenzustände infolge Überschreitung der Betriebsgrenzen zu verhindern. Der Triebwerksschub wird automatisch heraufgesetzt, wenn der Anstellwinkel sich positiven Grenzwerten nähert; folglich ist es nicht möglich, das Flugzeug zu überziehen. Das Trimmsystem der Höhenruderflosse richtet das Flugzeug auf, wenn die maximal zulässige Betriebsgeschwindigkeit erreicht wird. Der Rechner sorgt durch entsprechende Steuergesetze dafür, daß die zulässigen Lastvielfachen während der Flugmanöver nicht überschritten werden. Auch bei einer vollen Betätigung der Steuergriffe, z. B. im Notfall, kann das Flugzeug nicht überzogen oder nachhaltig beschädigt werden.

In der Querachse ist als Besonderheit eine Böenlast-Abminderungsfunktion eingebaut. Die etwa im Schwerpunkt eingebauten Beschleunigungsmesser messen die auftretenden vertikalen Beschleunigungen, diese werden den Rechnern ELAC und SEC zugeführt und nach Wandlung für die Betätigung der Querruder und der äußeren Störklappen verwendet. Tritt z. B. eine Fallböe auf, werden durch den Luftwiderstand die Flügelenden nach oben gedrückt. Die entgegenwirkende Betätigung der Querruder und Störklappen drückt die Flügelenden nach unten, die auf die Flügel wirkende Last wird verringert. Diese Böenlast-Abminderungsfunktion erhöht den Passagierkomfort und erlaubt das Gewicht der Flügelstruktur zu verringern.

Steuerung über die Pedale

Die Steuerung des Seitenruders erfolgt konventionell mit den Pedalen über die Seilübertragung zu den hydraulischen Stellzylindern für die Betätigung des Seitenruders. Der Gierdämpfungsrechner FAC erfüllt die Funktionen Gierdämpfung, Ruderausschlagbegrenzung und der elektrischen Trimmung. Eine vom Gierdämpferrechner FAC gesteuerte Dämpfungsfunktion wird über einen hydraulischen Dämpfungsstellzylinder in der mechanischen Anlenkung zum Seitenruder eingeführt. Die Information über die Gierdrehgeschwindigkeit erhält der Rechner vom Trägheitsreferenzsystem. Der Gierdämpfer ist während des gesamten Fluges in Betrieb, er führt zusätzlich die Funktionen der Kurvenkoordination und der Kompensation des Seitenmomentes bei einem Triebwerksausfall durch. Zur Kurvenkoordination wird dem Rechner die Stellung der Pedale zugeleitet. Der Ruderausschlag wird in Abhängigkeit von der Geschwindigkeit begrenzt. Die elektrische Trimmung des Seitenruders wird über den Gierdämpferrechner vom Bediengerät gesteuert.

Elektrische Steuerung des Triebwerkschubes (Fly-by-wire)

Das elektrische Steuerungssystem für die Triebwerke FADEC (Full Authority Engine Control) besteht aus dem Triebwerksregelungsrechner ECU (Engine Control Unit) und dem Triebwerks-Anpassungsgerät EIU (Engine Interface Unit). Analog der elektrischen Steuerung der Höhen- und Querruderbetätigung erfolgt die Übertragung der Gashebelstellung zu den Treibstoffventilen am Triebwerk über eine elektrische Signalübertragung. Der Gashebel (thrust lever) dient hierbei in seinen Raststellungen als Betriebsarten-Wahlschalter für die Betriebszustände:

– O Leerlauf
– CL Maximaler Steigflug
– FLX flexibler Start = MCT maximaler ständiger Schub
– TO Maximaler Start = GA Durchstarten
– R_{idl} Umkehrschub Leerlauf
– R_{max} Maximaler Umkehrschub

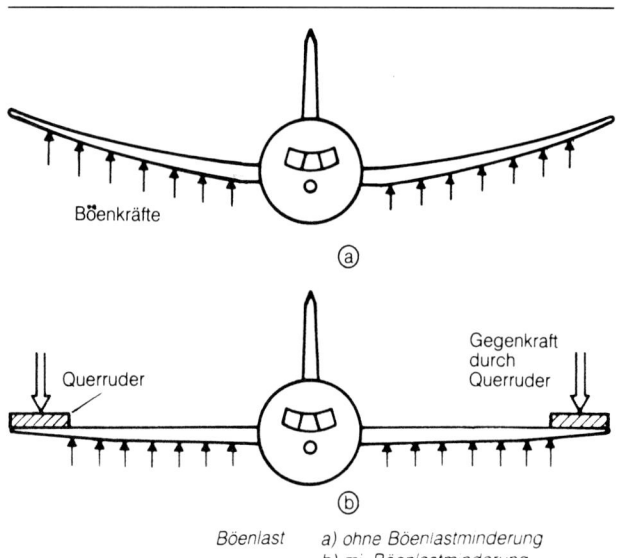

Funktion der Böenlastminderung. Entlastung der Flügelstruktur durch gegensinniges Ausschlagen der Querruder und der äußeren Störklappen.

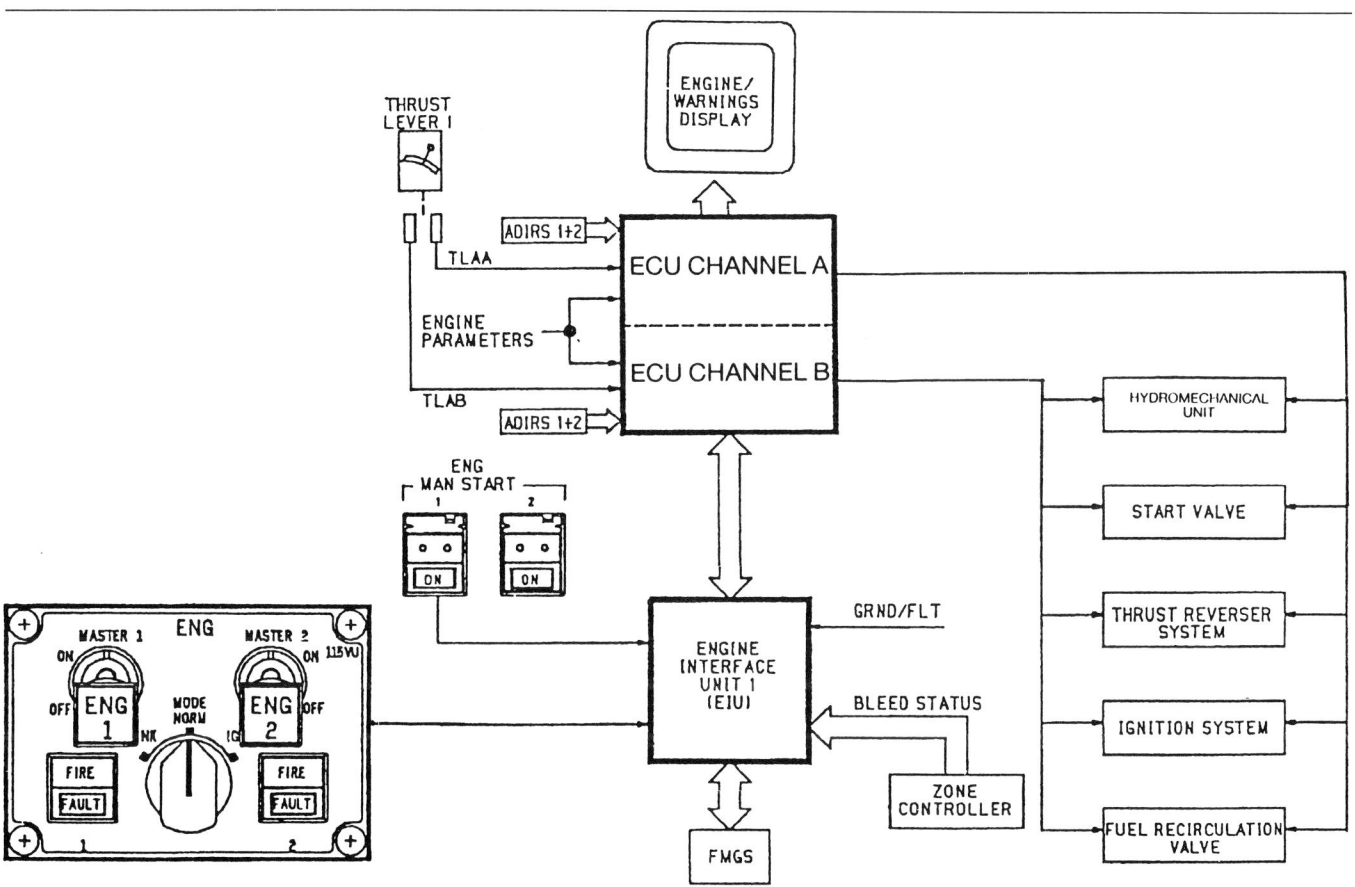

Triebwerksregler-Rechner FADEC, bestehend aus Triebwerks-Rechner ECU (Engine Control Unit) und Triebwerks-Anpassungsgerät EIU (Engine Interface Unit).

Die Signale der Gashebelstellungen werden dem Triebwerk-Regelgerät ECU (Engine Control Unit) zugeleitet. Die aktuellen Luftwerte Luftdruck und Außentemperatur kommen vom Luftwerterechner über den digitalen Bus. Der Rechner ECU errechnet die aktuellen Grenzwerte der Drehzahl N 1 für das Triebwerk. Das Ausgangssignal für das Treibstoffventil wird, entsprechend der Gashebelstellung und der Grenzwerte für N 1, in seiner Größe bestimmt. Zur Überwachung durch den Piloten werden der errechnete Grenzwert und der tatsächliche Drehzahlwert, jeweils in %, im Triebwerksbildschirm DU angezeigt. Für die automatische Vortriebsregelung und für die Schubregelung beim Auftreten von kritischen Flugzuständen wird das Schubkommando vom Flugwegrechner FMGC über den Datenbus dem Triebwerks-Anpassungsgerät EIU und von dort zum Triebwerksregler ECU geführt.

Sicherheit und Redundanz

Für die Entwicklung des elektrischen Steuerungssystems wurde als Forderung gestellt: Das elektrische Steuerungssystem »Fly-by-wire« soll mindestens so zuverlässig und sicher sein, wie die mechanischen Steuerungssysteme.
Um dieses Ziel zu erreichen, ist eine redundante Ausführung der kritischen Bauteile erforderlich. Die Rechner ELAC, FAC und FMGC wurden verdoppelt, die Rechner SEC verdreifacht. Je zwei Rechner arbeiten parallel, der dritte Rechner SEC ist als Reserve-Rechner vorhanden. Eine dissimilare Ausführung der Rechner soll die Gefahr von systematischen Fehlern verringern:

Rechner	Hersteller	Mikroprozessor	Programmiersprache
ELAC	THOMSON CSF	Motorola 68 000	COM + MON
SEC	SFENA	INTEL 80 186	COM + MON

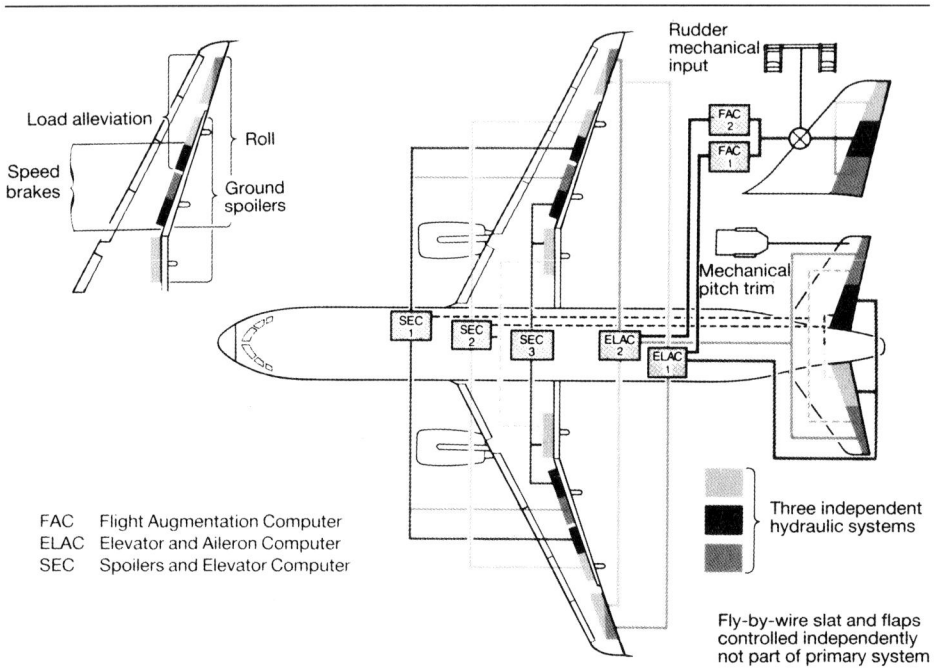

Redundanzschema der elektrischen Steuerung für das primäre Steuerungssystem mit den Rechnern: Gierdämpfer FAC, Höhen- und Querruder-Rechner ELAC, Störklappen- und Querruder-Rechner SEC.

FAC Flight Augmentation Computer
ELAC Elevator and Aileron Computer
SEC Spoilers and Elevator Computer

Three independent hydraulic systems

Fly-by-wire slat and flaps controlled independently not part of primary system

Cockpitgeräte für den Autopiloten und den Flugwegrechner: Autopilot Bediengerät FCU (Flight Control Unit), Mehrzweck-Bedien- und -Anzeigegerät MCDU (Multipurpose Control and Display Unit), Gashebel (Thrust levers), Anzeigegeräte PFD (Primary Flight Display), Navigationsanzeige ND (Navigation Display).

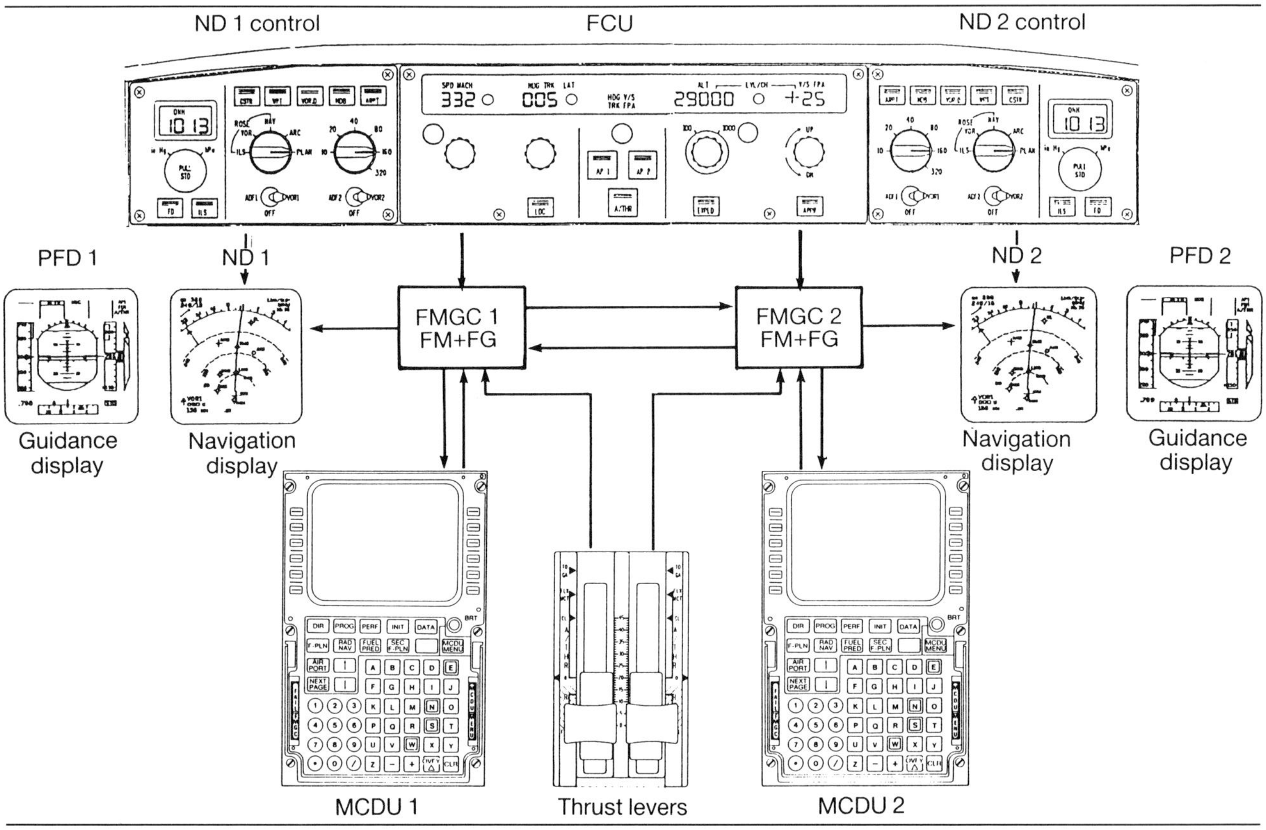

Die Rechner ECU und EIU für die Triebwerksregelung sind je einem Triebwerk zugeordnet.

Alle Rechner sind mit einer Eigenüberwachung BITE (Built in Test Equipment), in der Regel durch interne parallele Rechner verwirklicht, versehen; sie melden ihren Status dem zentralen Fehler-Anzeige-System CFDS (Centralized Fault Display System).

Automatisches Fliegen (Autopilot-Betriebsart)

Der Flugwegrechner FMGC (Flight Management and Guidance Computer) errechnet entsprechend der im Bediengerät FCU (Flight Control Unit) oder dem Mehrzweckbedien- und Anzeigegerät MCDU (Multipurpose Control and Display Unit) gewählten Betriebsart die Signale für die Betätigung der Ruder. Die Autopilotensignale werden den entsprechenden Rechnern ELAC, SEC, FAC für die Rudersteuerung und den Triebwerksrechnern EIU über den digitalen Datenbus zugeleitet. Außerdem werden die Anzeigebildschirme EFIS (Electronic Flight Instrument System) über die Anzeige-Rechner DMC (Display Management Computer) mit den entsprechenden Informationen versehen.

Das Autopiloten-Bediengerät FCU wird vom Bodenseewerk Gerätetechnik gefertigt, der Anzeigerechner DMC vom VDO Luftfahrtgeräte Werk.

Das Elektronische Instrumentenanzeigesystem EFIS und der Triebwerks- und Flugzeugsystem-Überwacher ECAM (Electronic Centralized Aircraft Monitor) sind über den Anzeige-Rechner DMC (Display Management Computer) mit den Rechnern FMGC, FAC, FADEC, dem Bediengerät FCU und den Systemen ADIRS, ADF, VOR, DME, ILS, RA über digitale Datenbusse verbunden und gestatten den Piloten die ständige Übersicht über den jeweiligen Status des Flugzustandes und der Systeme.

Die Bildschirme im Airbus A-320 haben ein größeres Format mit 7,25 Zoll im Quadrat erhalten. So wurde es möglich, die Symbolgeneratoren im Gehäuse der Bildschirme mit unterzubringen; die getrennten Symbolgeneratoren wie im Airbus A-310 entfallen.

Flugwegrechner FMGC (Flight Management Guidance Computer), System des Informationsflusses mit den Flugzeugsystemen. ▽

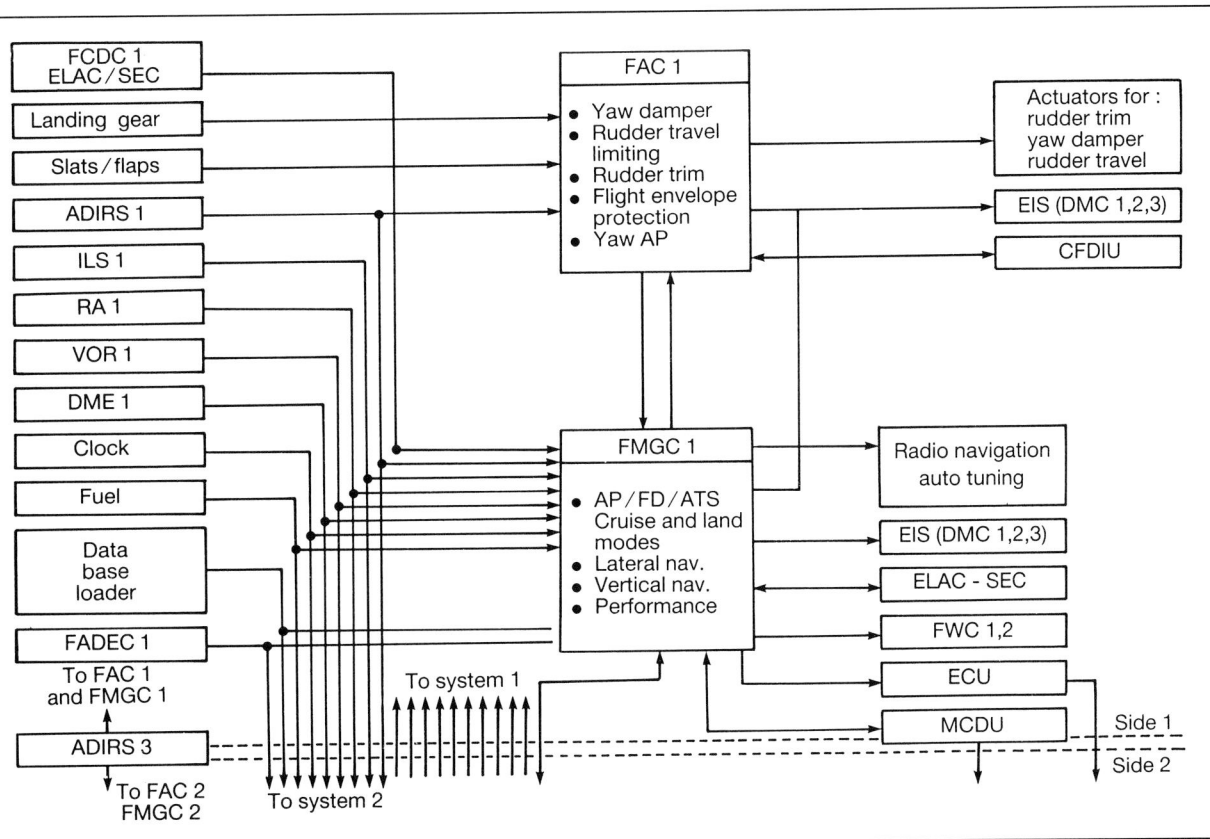

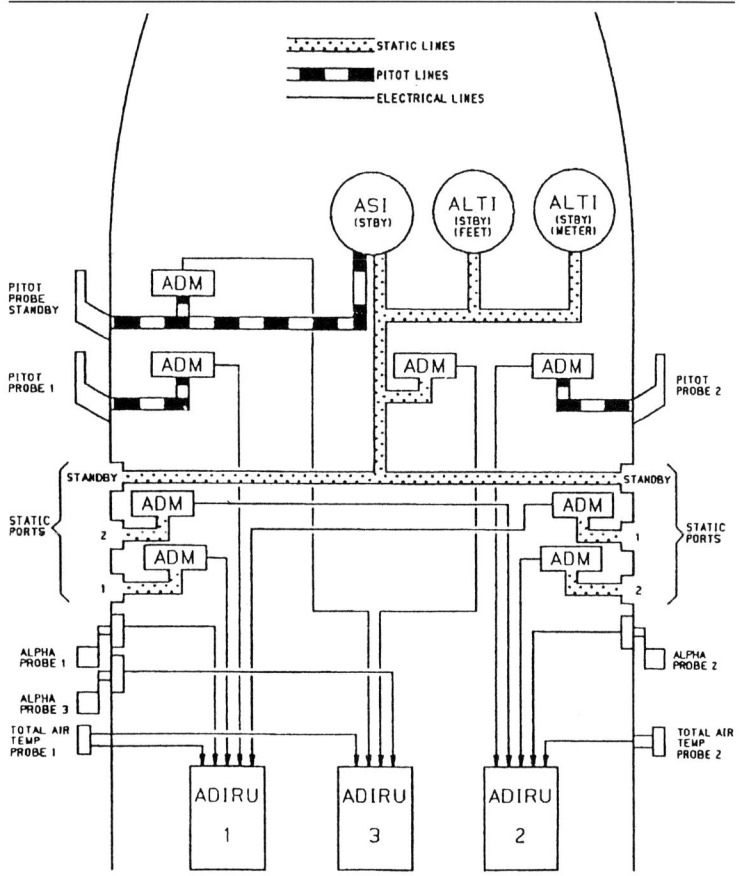

Integriertes Luftwerte- und Trägheitssystem ADIRS (Integrated Air Data and Inertial System), Anordnung der Meßgeber und der Redundanz.

Luftwerte- und Trägheitsnavigationssystem ADIRS (Integrated Air Data & Inertial System)

Das wichtigste Meßsystem für den Flugwegrechner FMGC und den anderen Flugzeugsystemen ist das Luftwerte- und Trägheitssystem ADIRS. Die Meßgeräte für den statischen und dynamischen Luftdruck sind mit Luftdatenmodulen versehen, in denen die Luftdruckwerte in elektrische digitale Signale gemäß ARINC 429 umgewandelt werden; eine erhebliche Einsparung von Druckleitungen ist die Folge. Die Anstellwinkelmesser und die Sensoren für die Außentemperatur liefern elektrische Signale, die dem Navigationsrechner des Trägheitssystems zugeführt werden. Es werden die Luftwerte als elektrische Signale im Navigationsrechner umgerechnet und gemeinsam mit den Flugzeugkoordinaten und den Navigationswerten der Trägheitsplattform über den digitalen Bus allen Verbrauchern an Bord zugeführt. Wegen der Bedeutung für die Flugsicherheit ist das Luftwerte- und Navigationssystem ADIRS verdreifacht ausgeführt.

Elektronische Triebwerksregelung für die Hilfsturbine APU

Die Hilfsturbine APU (Auxiliary Power Unit) sorgt für die Energieversorgung des Flugzeugs am Boden und während des Fluges bei Ausfall eines Haupttriebwerkes für die Sicherstellung der Funktionen der elektrischen und hydraulischen Steuerung. Im Airbus A 320 wird die Hilfsturbine GTCP 36-300 von Garrett mit dem Rechnergerät ECB (Engine Control Box) vom Bodenseewerk verwendet. Das Rechnergerät ECB war eine der Voraussetzungen für den vollautomatischen Betrieb in einem Zwei-Mann-Cockpit. Das Rechner-Gerät sorgt für die Regelung der Kraftstoffzumessung und Leitschaufelverstellung unter Einhaltung aller kritischen Betriebskenngrößen. Ein weiterer Teil des Rechners dient der Überwachung des Triebwerkes und erleichtert die Wartung.

Anforderungen an Flugzeugbordgeräte

Allgemeine Forderungen

Für Flugzeugbordgeräte werden hohe Anforderungen an die Genauigkeit und Zuverlässigkeit der Meßgeräte gestellt, hängt doch die Sicherheit des Flugzeugs und damit auch die der Piloten und Passagiere zu einem großen Teil vom einwandfreien Arbeiten der Bordgeräte ab. Die Funktion der Geräte muß auch bei den im Flugbetrieb erschwerten Umweltbedingungen sichergestellt sein. Temperaturbereich, Vibrationen, Luftdruck, Spannungsschwankungen der Stromversorgung, Feuchtigkeit, Salz- und Staubeinwirkung, Sonneneinstrahlung, elektromagnetische Welleneinstrahlung und anderes zählen zu den Umwelteinflüssen, der die Geräte ohne Beeinflussung der Funktion und Genauigkeit standhalten müssen.

Vorschriften, Normen und Richtlinien

Flugzeuge und Flugzeugbordgeräte unterliegen den jeweiligen Zulassungsbestimmungen der amtlichen Zulassungsbehörden. Zu diesem Zweck sind entsprechende Vorschriften als Voraussetzung für die Typen- oder Musterzulassung erforderlich.
Zu Beginn der Luftfahrt, insbesondere während des Ersten Weltkrieges, waren es die militärischen Auftraggeber, die die ersten Abnahmebedingungen für Flugzeuge und Bordgeräte aufgestellt haben. In Deutschland war die Inspektion der Flieger (IdFlieg) für die Auswahl und Abnahme von Flugzeugen und Geräten zuständig. Nach dem Ersten Weltkrieg war die Deutsche Versuchsanstalt für Luftfahrt in Berlin-Adlershof (DVL) vom Verkehrsministerium mit der Durchführung der Zulassung von Luftfahrtgerät beauftragt. Als Grundlage für die Flugprüfungen sind 1928 von

der DVL die ersten »Bauvorschriftren für Flugzeuge« (BVF) herausgegeben worden. Darin sind die Anforderungen an die Flugeigenschaften definiert.

Diese Bauvorschriften für das Flugverhalten sollten vor allem die Flugsicherheit und die Anpassung der Technik an den Menschen sicherstellen. Die Aufstellung der Luftwaffe nach 1935 führte zu der Verlagerung der Zulassungsautorität von der DVL zu der Erprobungsstelle der Luftwaffe, Rechlin.

Bei der militärischen Verwendung der Flugzeuge traten die auf Sicherheit bedachten Bauvorschriften der DVL in den Hintergrund; die Leistungsdaten für den Kampfeinsatz wurden ausschlaggebend. Vom Institut für Flugmechanik der DVL wurde 1943 ein »Neuentwurf von Flugeigenschaftsrichtlinien« erstellt, der die Klassifizierung der Flugeigenschaften nicht nach den bisher üblichen Gewichtsklassen, sondern nach dem Verwendungszweck vorsah; ein Ergebnis der Flugprüfungen der Erprobungsstelle der Luftwaffe, Rechlin. Besonderer Wert wurde bei den geforderten Flugeigenschaften auf die Steuerbarkeit des Flugzeugs gelegt. Außerdem sollten die für die Zulassung erforderlichen Kriterien durch Messung und nicht nur durch eine Beurteilung der Piloten erfolgen.

Parallel zu den Arbeiten der DVL an den Anforderungen an die Flugeigenschaften lief im Fachausschuß für Luftfahrtnormung FALU eine Normung für Luftfahrtbereiche. Es entstanden Normen für Anzeigegeräte und die Luftfahrt-Normenblätter LN. Die FALU für Einbaumaße wurde auch international von der ISA (International Federation of the National Standardizing Association) festgelegt.

Nach 1955 wurde das Luftfahrt-Bundesamt in Braunschweig für die Zulassung von zivilem Luftfahrtgerät zuständig, die Prüfstelle für Luftfahrtgerät bei der DVL/DFL in Braunschweig eingerichtet. 1967/68 hat man die »Prüfordnung für Luftfahrtgerät« (Luft Ger PO) erlassen, die Prüfstelle aufgelöst. Mit der Durchführung der Musterprüfung wurden die vom Luftfahrt-Bundesamt zugelassenen Luftfahrttechnischen Betriebe beauftragt, die Zulassung erfolgt von diesem Zeitpunkt an durch das Luftfahrt-Bundesamt.

Für die Anforderungen an die Flugeigenschaften wurden die Forderungen FAR der amerikanischen Zulassungsbehörde FAA (Federal Aviation Agency) und die in den TSO's (Technical Standard Order) festgelegten Mindestforderungen zugrunde gelegt. Für den militärischen Luftfahrtbereich blieb die getrennte Zuständigkeit der Zulassungsbehörden erhalten. In der Bundesrepublik Deutschland ist das Bundesamt für Wehrtechnik und Beschaffung mit seiner Musterprüfstelle der Bundeswehr für Luftfahrtgerät, München, zuständig. Zunächst wurden die amerikanischen militärischen Vorschriften »MIL-...«, insbesondere die MIL-F-8785 Flying Qualities of Piloted Airplanes, angewendet, die in der Zwischenzeit durch eigene VG-Normen (Verteidigungsgerät-Normen) ergänzt wurden.

BAUVORSCHRIFTEN FÜR FLUGZEUGE
(BVF)

DVL

August 1928

Herausgegeben von der
Deutschen Versuchsanstalt für Luftfahrt, E.V.
Berlin-Adlershof

[1929]

	Allgemeines
	Begriffserläuterungen
	Einteilung der Flugzeuge
	Baustoffeigenschaften
	Baustoffverarbeitung
	Flugwerk
	Triebwerk
	Ausrüstung
	Betriebseigenschaften
	Sachverzeichnis

4515 *Stabilität:* bei größtmöglicher Rücklage des Schwerpunktes wird mit ungeänderter Flossenstellung gefordert bei
   a) losgelassenem Höhensteuer und
      voller Motorleistung: steter Steigflug
      normaler Motorleistung: Wagerechtflug
      gedrosselter Motorleistung: steter Gleitflug
      (Geschwindigkeit nicht mehr als 110% des Wagerechtfluges);
   b) losgelassenem Seitensteuer:
      Richtungsstabilität und Geradeausflug, auch für mehrmotorige Flugzeuge bei Ausfall eines Seitenmotors unter Zuhilfenahme der Seitenflossenverstellung;
   c) losgelassenem Quersteuer:
      das vorher in die Schräglage gebrachte Flugzeug muß von selbst wieder in die Normallage zurückgehen und darin verbleiben.

4516 *Reibung in den Steuerungen und Ruderlagern* so gering, daß die losgelassenen Steuerteile von selbst in ihre Mittelstellung zurückkehren.

4517 *Steuerfähigkeit* so, daß das Flugzeug aus allen Fluglagen schnell und sicher in die normale Fluglage zurückzubringen ist, insbesondere aus der Trudellage.
Kunstflugtaugliche Flugzeuge siehe: 4541 bis 4544.

4518 *Höhensteuerkräfte* am Steuergriff bei Volleistung mit der Flossenstellung des Reisefluges im Wagerechtflug nicht mehr als 6 kg.

4519 *Gleiche Steuerkräfte* bei gleichen Ausschlägen der Quer-, Seiten- und Höhensteuerung.

Um Begriffe und Definitionen auf dem Gebiet Flugregler und Kreiselgeräte in Deutschland zu vereinheitlichen, erfolgte 1962 die Herausgabe von »VDI/VDE-Richtlinien 2170 Flugregelung, Begriffe und Benennungen« sowie die »VDI/VDE 2171 Benennungen auf dem Gebiet der Kreiselgerätetechnik«.

Bedingt durch die internationale Zusammenarbeit wurden die nationalen Vorschriften, Normen und Richtlinien Stück für Stück durch übergeordnete internationale Vorschriften ersetzt. Auf dem militärischen Gebiet entstanden die STANAG-Normen (Standardization Agrement) als verbindliche Normen der NATO. Auf dem Gebiet der zivilen Luftfahrt wurden die von den Luftverkehrsgesellschaften und der Luftfahrtindustrie erarbeiteten ARINC (Aeronautical Radio Inc.)-Spezifikationen angewendet. In diesen Spezifikationen sind nicht nur die äußeren mechanischen und elektrischen Verbindungen zum Flugzeug festgelegt, sondern auch die genauen Funktionseigenschaften der Geräte und Systeme.

Die wichtigsten ARINC-Spezifikationen für Bordgeräte der Airbus-Familie sind:

Radio Control Panels (ATC) ARING-SPEZ:	306
Air Trafic Racks (ATR)	404
Air Trafic Instruments (ATI)	408
Digital Data Transmission	426
Inertial Navigation System (INS)	561
Centralized Fault Display System (CFDS)	604
Automatic Flight Control System (AFCS)	701
Flight Management System (FMS)	702
Trust Control Computer (TCC)	703
Inertial Reference System (IRS)	704
Attitude Heading Reference System (AHRS)	705
Radio Altimeter (RA)	707
Weather Radar (WR)	708
Distance Measurement Equipment (DME)	709
Instrument Landing System (ILS)	710
Visual Omni Range (VOR)	711
Automatic Direction Finder (ADF)	712
Selective Call (SELCAL)	714
Passenger Address System (PAS)	715
VHF-Transceiver (VHF)	716
ATC-Transponder (ATC)	718
HF-SSB-Transceiver (HF)	719

Infolge der Arbeitsaufteilung bei der Entwicklung und Fertigung von Flugzeugen und Flugzeugbordgeräten auf verschiedene Firmen und Staaten wurde die Schaffung einer europäischen Zulassungsstelle JAA (Joint Aviation Authorities) erforderlich. Ab 1969 begann die Ausarbeitung von europäischen Luftfahrtforderungen (Joint Airworthness Requirements) JAR auf der Grundlage der amerikanischen FAR-Forderungen, aber in aktualisierter Form. Es ist vorgesehen, daß die JAR-Forderungen in Zukunft weltweit für die Zulassung von Luftfahrtgerät als eine Voraussetzung der gegenseitigen Anerkennungen in den einzelnen Staaten Anwendung finden.

Europäische Luftfahrt-Forderungen JAR
(Joint Airworthiness Requirements):

Definitions and Abbreviations	JAR 1
Certification	JAR 21
Gliders and Powered Gliders	JAR 22
Small Aeroplanes	JAR 23
Very Light Aircraft	JAR VLA
Large Aeroplanes	JAR 25
All Weather Operations	JAR-AWO
Rotorcraft Normal Category	JAR 27
Rotorcraft Transport Category	JAR 29
Engines	JAR-E
Propellers	JAR-P
Auxiliary Power Units	JAR-APU
Technical Standard Orders	JAR-TSO
Licensed Inspectors	JAR 65
Operations	JAR OPS
Maintenance	JAR 145

Wegen der fortschreitenden Integration der Instrumente, Flugregler- und Steuerungssysteme mit der Flugzeugzelle erfolgt die Zulassung dieser Systeme zusammen mit dem Flugzeug als integriertes System. Aus diesem Grunde haben die europäischen Forderungen JAR auch für die Flugzeuggeräte Bedeutung.

Forderungen an die Zuverlässigkeit

Auf der WGL-Tagung 1959 in Hamburg hat *Wernher von Braun* seine kühnen Vorschläge für einen Landung auf dem Mond und der Rückkehr zur Erde vorgetragen. Während der gleichen Tagung hielt *Robert Lusser* seinen Vortrag »Über die Zuverlässigkeit von Flugzeugen, Flugkörpern und Raumfahrzeugen«. Während der erste Vortrag sehr optimistisch vorgetragen wurde, sprach *Lusser* von der »kritischen Kompliziertheit« von Raumfahrzeugen und sagte eine Reihe von Katastrophen bei der »Eroberung des Weltraumes« voraus. Als Forderung für die Zuverlässigkeit von Luft- und Raumfahrzeugen wurde die bisherige Unfallstatistik von Flugzeugen herangezogen: *Verkehrsflugzeuge haben eine solche Zuverlässigkeit, daß von hunderttausend Flügen nur ein einziger mit einer Katastrophe endet.*

Mit anderen Worten, die Zuverlässigkeit von Verkehrsflugzeugen ist 0,99999 oder 10^{-5}.

Infolge der Vielzahl von kritischen Komponenten in einem Raumfahrzeug ist die Erreichung dieses statistischen Wertes nur durch eine radikale Vereinfachung oder einer entsprechenden Erhöhung der Zuverlässigkeit der einzelnen Komponenten zu erreichen. Beide Forderungen zu erfüllen scheint aussichtslos zu sein, daher die Warnung *Lussers*. Die Forderungen *Lussers* an die Erhöhung der Zuverlässigkeit, insbesondere auch für elektrische und elektronische Bauteile, sollten nach *Lussers* Meinung durch höhere Sicherheitsspannen erreicht werden. Ähnlich wie in der klassischen Mechanik sollten auch die Hersteller von elektronischen Bauteilen Sicherheitsfaktoren von 5, 10 und mehr beim

Entwurf berücksichtigen; hängt doch die Zuverlässigkeit eines Gesamtsystems entscheidend von der Zuverlässigkeit seiner einzelnen Komponenten ab.

Bei den Maßnahmen des Technischen Büros TB 104 für die Erhöhung der Zuverlässigkeit des F-104 G-Waffensystems wurde der Weg der Erhöhung der Bauteilezuverlässigkeit erfolgreich beschritten. Der zweite Vorschlag, der Erhöhung der Zuverlässigkeit durch Vereinfachung, hatte jedoch keinen Erfolg. *Lusser* wollte die Hälfte der Elektronikgeräte in der F-104 G entfernen. Diese Geräte waren jedoch auf Wunsch der deutschen Auftraggeber in der Schlechtwetter-Ausführung der F-104 G zusätzlich eingebaut worden. So setzten sich die Abstürze der F-104 G auch in der Folge fort. Insgesamt sind etwa ⅓ der F-104 G während der Flüge abgestürzt.

Nachdem sich die zwingende Forderung einer künstlichen Stabilisierung bei der Entwicklung der VTOL-Flugzeuge bestätigt hatte, wurden die Zuverlässigkeitsforderungen an die automatischen Geräte mit einer Wahrscheinlichkeit von 10^{-5} erhoben. Wie die Berechnungen der Ausfallwahrscheinlichkeit mit den vorhandenen Komponenten ergab, ist diese Zuverlässigkeit nur durch Systemredundanz erreichbar. Die Entwicklung des Steuerungssystems im VTOL-Flugzeug VJ 101 C begann mit einfach ausgelegtem Stabilisierungssystem mit begrenzter Autorität und setzte sich über eine doppelt ausgelegte Regelanlage bis zum verdreifachten System fort. Eine ähnliche Entwicklung nahm auch das Steuerungs- und Stabilisierungssystem in dem VTOL-Flugzeug DO 31 E bis zum verdreifachten Flugregler. Bei der Entwicklung des Steuerungs- und Stabilisierungssystems der VAK 191 B wurde auf Grund der Vorerfahrung mit dem »fliegenden ATAR« gleich mit der Entwicklung eines verdreifachten Systems begonnen.

Für die Entwicklung des Steuerungs- und Stabilisierungssystems für das Flugzeug MRCA »Tornado« wurde auch eine verdreifachte Anlage vorgesehen. Dazu kamen noch weitere Zuverlässigkeitsforderungen: Um die »Kindersterblichkeit« nicht beim Anwender reparieren zu müssen, erfolgte das »Einbrennen« (Burn-In) beim Hersteller.

Für den Zeitraum mit zufälligen Fehlern wird die Wahrscheinlichkeit des Ausfalls mit dem Kehrwert der Ausfallrate pro Stunde definiert. Die mittlere Zeit zwischen zwei Ausfällen MTBF (mean-time-between-failures) ist also ein statistischer Mittelwert der Zeiten zwischen unendlich vielen Ausfällen.

Ergänzend zu den geforderten Berechnungen der Ausfallwahrscheinlichkeit sollte auch ein Nachweis über die Ausfallwahrscheinlichkeit MTBF gebracht werden. So wurden einige zufällig ausgewählte Anlagen einem Zuverlässigkeits-Demonstrations-Test unterworfen. Mit Zeitraffer-Methoden (erhöhter Temperatur, Vibration und Ein/Ausschaltzyklen) konnten die Prüfzeiten auf ein vertretbares Maß verringert werden.

Die Entwicklung der Redundanz in den Verkehrsflugzeugen verlief etwas anders. Die Zuverlässigkeitsforderungen wurden höher gestellt, und es trat die Verfügbarkeit der Systeme und damit des Flugzeugs in den Vordergrund; ist doch die Wirtschaftlichkeit für die Luftverkehrsgesellschaften überlebenswichtig. So wurden die Systeme zunächst verdoppelt, um bei Ausfall ein Reservesystem zur Verfügung zu haben. Die Systeme sind mit einer Eigenüberwachung versehen. Die Überwachung kann in der Regel nur mit einem zweiten, gleichen System sicher erfolgen. So sind die Rechner im Innern verdoppelt, durch Vergleich wird die Funktion geprüft und bei Nichtübereinstimmung von Hand oder automatisch auf das Reservegerät umgeschaltet.

Mit der Einführung des elektronischen Steuerungssystems (Fly-by-wire) sind die Anforderungen an die Zuverlässigkeit des Systems weiter gestiegen. Außer den Berechnungen der Ausfallwahrscheinlichkeit kommen noch die Glaubwürdigkeit und das Vertrauen der Piloten für die Akzeptanz der Systeme hinzu. Aus diesem Grund sind die Systeme für das elektrische Steuerungssystem mit einem noch höheren Redundanzgrad versehen. Zusätzlich ist noch eine mechanische Notsteuerungsmöglichkeit vorhanden, deren Wert wegen der mangelnden Übung der Piloten jedoch zweifelhaft ist.

Im Zusammenhang mit der komplizierten Technik kommt auch dem **Faktor Mensch** als Zuverlässigkeitskomponente besondere Bedeutung zu. Eine Reihe von Untersuchungen beschäftigten sich mit der Ermittlung der Übertragungsfunktion Mensch im geschlossenen Regelkreis. *Prof. Dr. med. Heinz von Diringshofen* wertete den Mensch im technischen System als Zuverlässigkeitsfaktor. Die Zuverlässigkeit des Menschen ist schwankend, im Einzelfall unberechenbar. Er kann infolge Zeitnot versagen (bei der Erfüllung mehrerer Aufgaben gleichzeitig), durch unvorhersehbare Ereignisse oder infolge Unterbeanspruchung (Verführung zu anderen Tätigkeiten) abgelenkt werden.

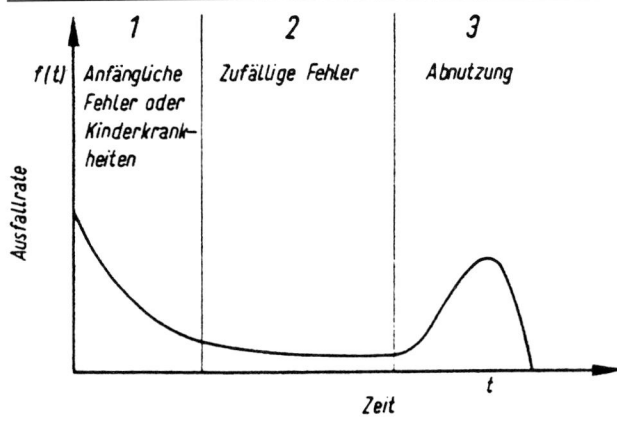

Ausfallverhalten von Bauelementen mit konstanter Ausfallrate.

Die Empfehlungen v. Diringshofen sind: Entlastung des Menschen von untergeordneten Funktionen, um die menschlichen Fähigkeiten für die Beherrschung von unerwarteten Situationen verfügbar zu haben.

Bei der Anwendung der digitalen Technik kommt der Erstellung der erforderlichen Programme (Software) eine große Bedeutung für die Zuverlässigkeit eines Systems zu. Um die Zuverlässigkeit der Programme sicherzustellen, wird eine strukturelle Programmierung, d. h. die Verwendung von erprobten Unterprogrammen, verbunden mit sorgfältiger Dokumentation und Tests vorgeschrieben. Die in der Anfangszeit der Programmentwicklung oft vorhandene Geheimniskrämerei der Programmierer kann schlecht überprüft werden, eine transparente Programmierung wird verlangt. Um systematische Fehler auszuschließen, wird auch die dissimilare Redundanz angewendet, d. h. die Verwendung von verschiedenen Herstellern der Geräte und Programme für die gleiche Aufgabe und die parallele Anwendung im Flugzeug zur gegenseitigen Überwachung.

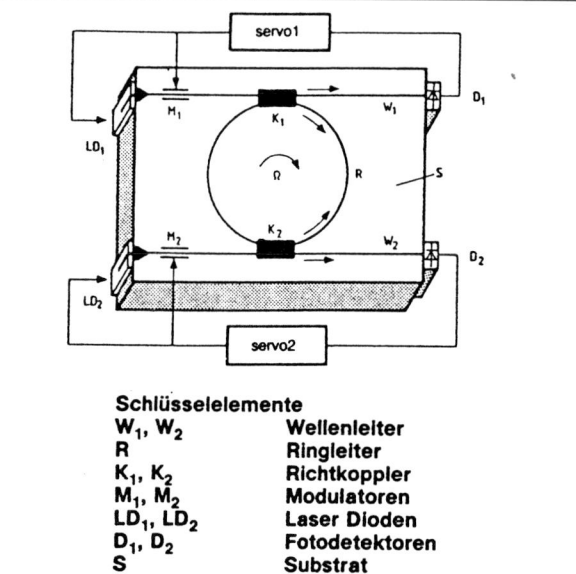

Laser-Kreisel auf einem Chip, Prinzipschema.

Tendenzen der weiteren Entwicklung für Flugzeugbordinstrumente, Flugsteuerungs- und Flugregelungssysteme

Technologische Entwicklungen

Die Entwicklungen der Laser-Kreisel wird mit dem Ziel der Vereinfachung und damit der Verbilligung weitergeführt. Eine Richtung beschreitet den Weg, den sehr anspruchsvollen Glasblock mit den Umlenkspiegeln durch eine Glasscheibe zu ersetzen. In dieser Scheibe werden die Lichtleiterbahnen durch eine Maske abgedeckt und mit Silber- oder Alkali-Ionen eindiffundiert; der Brechungsindex des Glases wird dadurch vergrößert. Zur Zeit ist die Lichtdurchlässigkeit der Leiterbahnen noch unzureichend, an einer Verbesserung, unter anderem mit anderen Glassorten, wird gearbeitet. Der mit der integrierten Optik »Gyro on the Chip« erstellte Laserkreisel in der Größe einer CD-Scheibe kann erheblich billiger gefertigt werden und Anwendung in der Luft- und Raumfahrt bei nicht zu hohen Genauigkeitsforderungen finden. Ein anderer Weg wird mit dem Einsatz von Lichtleitern aus Glasfaser beschritten, die auf eine Spule aufgewickelt werden. Die Glasfaser besteht aus einem dünnen Glasfaden von $1/100$ mm Dicke mit hohem Brechungsindex sowie einer Kunststoffummantelung, insgesamt mit einem Durchmesser von $1/10$ mm. Der Unterschied im Brechungsindex ist erforderlich, um das Licht an den Außenwänden zu reflektieren, so daß der Lichtstrahl praktisch ungedämpft durch die Glasfaser geleitet wird. Die Glasfaserleiter für die Anwendung in Breitbandkabeln haben eine sehr hohe Leitfähigkeit für das Licht. So können z. B. die erforderlichen Verstärker in Abständen von 30 km anstelle von alle 3 km bei herkömmlichen Koaxialkabeln angebracht werden. Für die Anwendung im Laserkreisel muß der Glasfaser noch mit einer Wärmebehandlung eine polarisationserhaltende Wirkung gegeben werden.

Da die Meßgenauigkeit der Wendekreisel im wesentlichen

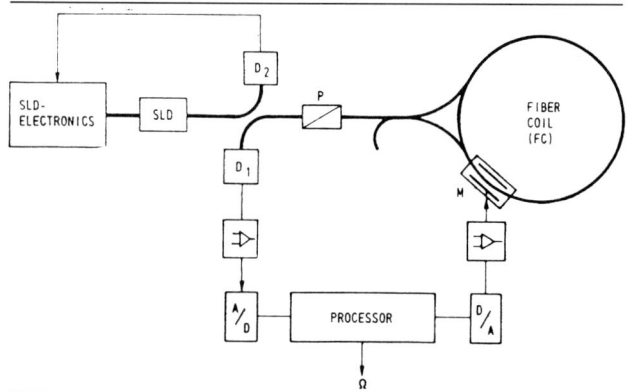

Glasfaser-Kreisel, Prinzipschema mit Lichtquelle SLD, Glasfaserspule FC, Polarisator P, Koppler D1 und D2, Analog/digital-Wandler A/D, Phasenmodulator M und Mikroprozessor mit Ausgang der Drehgeschwindigkeit.

von der die Spule umfassenden Fläche abhängt, liegt die Länge der aufgewickelten Glasfaser zwischen 2500 m und 50 m, je nach den Genauigkeitsanforderungen und Kreiseltyp. Mit dem Glasfaser-Kreisel ist von der Firma LITEF ein Trägheitssystem LFS-90 aufgebaut und bei der DFL erfolgreich im Flug erprobt und vermessen worden. Ähnliche Entwicklungen eines Glasfaser-Kreisels als Wendekreisel wurden von der Firma SEL, Standard Elektrik Lorenz, für die Anwendung in der Luft- und Raumfahrt durchgeführt. Von der Firma MBB wird die Anwendung der Glasfaserleitungen für digitalen Datenbus vorgeschlagen (Fly-by-light). Der Einführung stehen unter anderem noch Schwierigkeiten bei den optischen Steckern entgegen. Die Lichtleiter-Faserleiter benötigen ein Interface vom elektrischen zum optischen Signal, und umgekehrt auch ein Interface von der Optik zur Elektronik. Diese doppelte Umwandlung der Signale ist aufwendig und teuer. Ein großer Vorteil ist aber die Unempfindlichkeit der Lichtstrahlen gegenüber elektromagnetischen Wellen.

Die Bildschirme für Anzeigegeräte, bestehend aus Kathodenstrahlröhren, können in einer Neuentwicklung durch flache Bildschirme auf Flüssigkristallbasis ersetzt werden. Die geringere Leistungsaufnahme kann die Kühlungsprobleme im Cockpit verringern. Die Einführung aller genannten Neuentwicklungen hängt nicht nur von den technischen Möglichkeiten, sondern auch von der Bereitschaft der Luftverkehrsgesellschaften ab, diese Neuerungen zu honorieren und in der Logistik zu berücksichtigen.

Systementwicklungen

Die Tendenz in den Systementwicklungen wird von den Anforderungen an Zuverlässigkeit, Verfügbarkeit, technologischer Entwicklung und nicht zuletzt durch den Preis bestimmt. Mit weiterer Vereinfachung und Zusammenfassung von Rechnerfunktionen soll die Anzahl der »schwarzen Kasten« verringert werden, ein Weg zu geringeren Preisen. Dem stehen die Forderungen nach erweiterten Funktionen, verbesserter Wartbarkeit und wenn möglich auch erhöhter Zuverlässigkeit gegenüber. Die Wartbarkeit soll soweit vereinfacht werden, daß an dem Fehler-Anzeigegerät im Cockpit das fehlerhafte Gerät und das fehlerhafte Bauteil im Gerät definiert werden; es soll die Eingangskontrolle in der Reparaturwerkstatt entfallen.

Die Miniaturisierung der elektronischen Bauelemente fordert auch eine Anpassung der Gehäusekonstruktion. Mit einer modular aufgebauten Elektronik nach dem ARINC Projekt Paper 650/651 werden in einem im Flugzeug fest eingebauten Gehäuse (Cabinet) austauschbare Standardmodule mit gemeinsamer redundanter Stromversorgung versehen. Der Datenaustausch erfolgt in einem internen Backplane Bus nach ARINC 659 und nach außen mit dem ARINC 629 Bus.

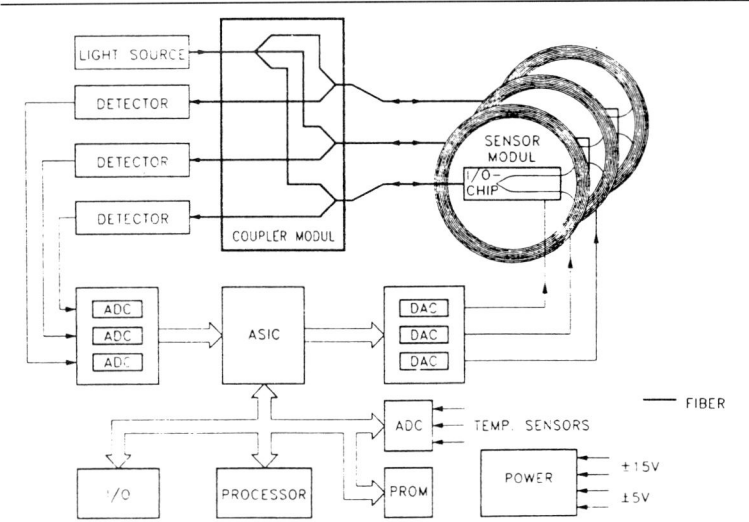

Trägheitssensor des LFS-90-Navigationssystems, Prinzipschema der Glasfaserspulen und zugehörige Elektronik mit anwendungsspezifischen integrierten Schaltkreisen ASIC (LITEF).

Für die Anwendungen im zivilen oder militärischen Bereich haben sich unterschiedliche Redundanzsysteme für das elektrische Steuerungssystem (Fly-by-wire) entwickelt. In

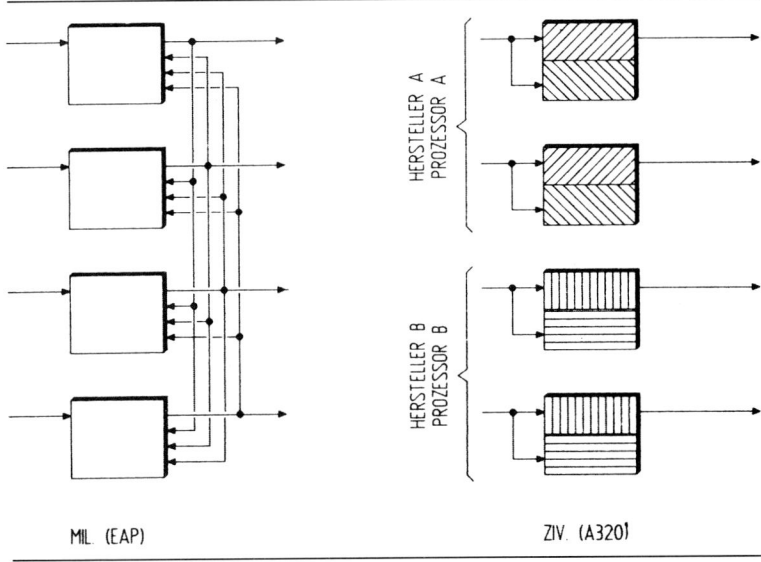

Redundanzkonzepte in der militärischen und zivilen Anwendung. Vierfach-Rechner mit laufender Überwachung durch Vergleich (mil), Duo-Duplex-Rechner mit laufender Überwachung jedes einzelnen Rechners durch Vergleich mit dem eingebauten Reserverechner (ziv).

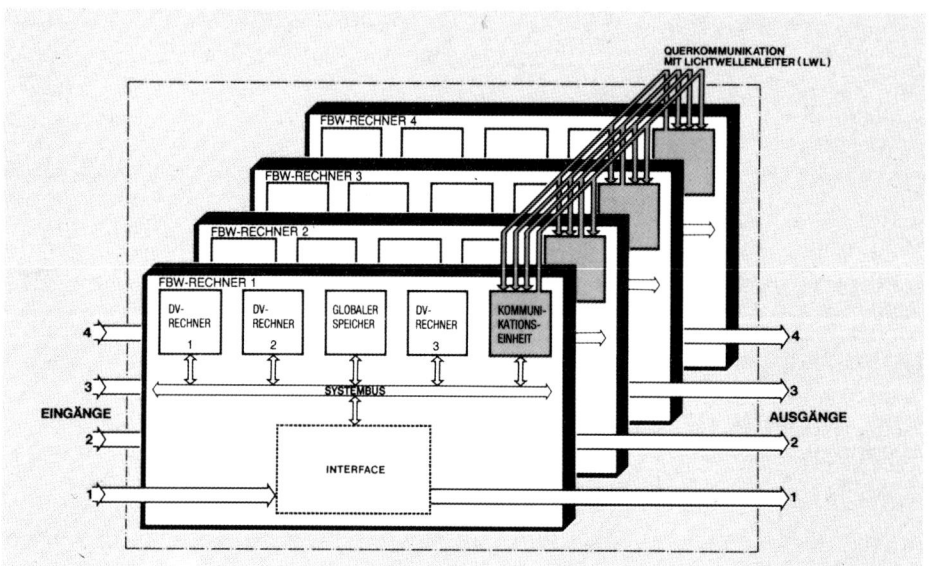

Prinzipschema des Quadruplex-Rechners mit interner Überwachung durch laufenden Vergleich über Lichtwellenleiter.

den Flugzeugen der Airbus-Familie werden zwei Gruppen von je zwei Duplexsystemen verwendet. Die Gruppe I wird von der Firma A unter Verwendung des Prozessortyps A hergestellt, die Gruppe II von der Firma B unter Verwendung eines Prozessortyps B. Die hier erkennbaren Aspekte der Dissimilarität werden noch dadurch gesteigert, daß die beiden Hälften eines Duplexsystems sich zwar nicht hardwaremäßig, dafür jedoch softwaremäßig unterscheiden.

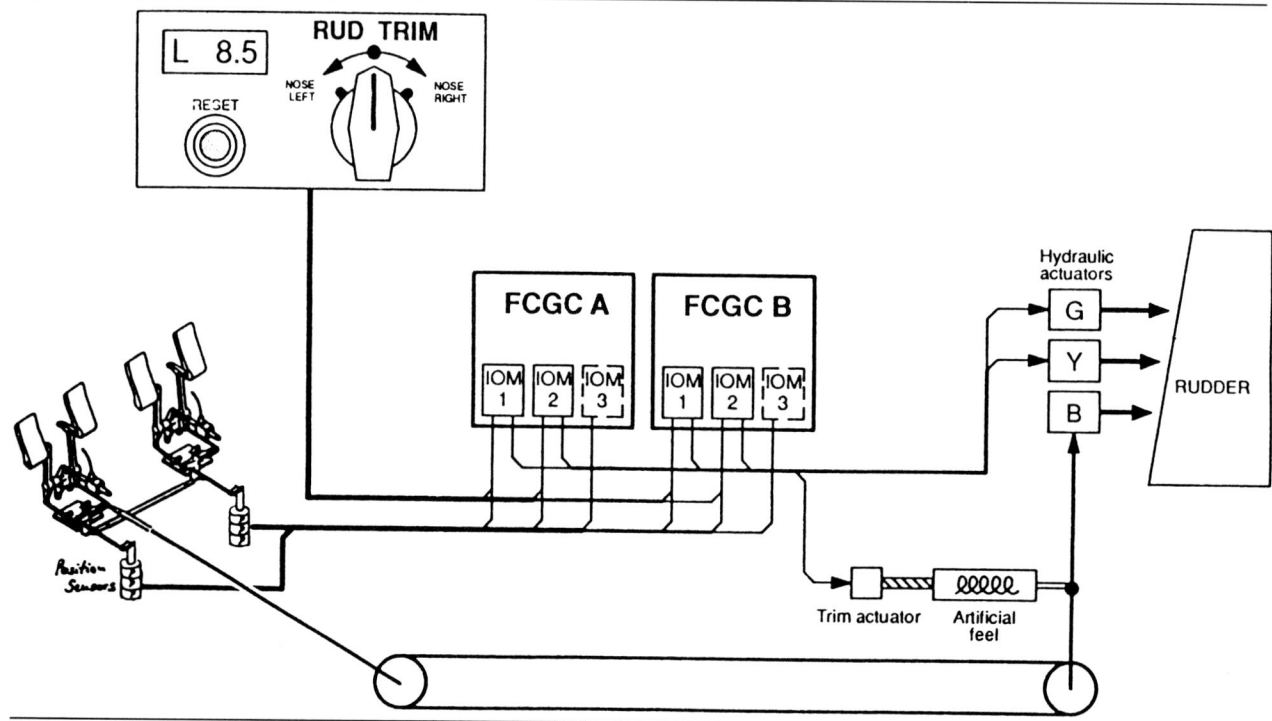

Vorschlag eines Fly-by-wire-Flugsteuerungssystems für ein kleines Verkehrsflugzeug (MPC 75) mit modularem Aufbau der Elektronik.

Die Vorschläge für das elektrische Steuerungssystem im Flugzeug EFA (Jäger 90) basieren auf dem Konzept der vierfachen Rechner mit laufender gegenseitiger Überwachung. Beide Arten der Redundanzkonzepte schalten im Fehlerfall den fehlerhaften Rechner ab und den Signalweg auf den jeweiligen Reserverechner um. Die Rechnerfunktion wird auch bei einem zweiten Fehler sichergestellt.

Die Anwendung der elektronischen Steuerung nach dem Vorbild des Systems im Airbus A-320 in einem kleinen Verkehrsflugzeug MPC 75-100 kann nur mit einem neuen Konzept verwirklicht werden, in dem die Kosten erheblich herabgesenkt sind. Nach einem Studienergebnis kann mit einem modularen Aufbau der Elektronik und einem veränderten Redundanzsystem die Technik des »Fly-by-wire« für das primäre und sekundäre Steuerungssystem auch bei einem kleinen Verkehrsflugzeug kostengünstig eingeführt werden.

Das Redundanzkonzept sieht eine vierfache Rechneranordnung mit wechselnden Funktionen nach einem Fehlerfall vor. Die Funktion des Steuerungssystems hat gegenüber der Autopilotenfunktion bei der erforderlichen Umschaltung nach Auftreten von Fehlern immer Vorrang. Es wird also der Redundanzgrad der Autopilotenbetriebsart nach Auftreten von Fehlern schrittweise reduziert, die noch verfügbaren Rechner werden für die redundante Flugsteuerung verwendet.

Ein wichtiger Punkt der Weiterentwicklung betrifft die Verbesserung des Umganges des Menschen mit der Maschine. Der hohe Grad der Automatisierung läßt den Menschen anscheinend teilnahmslos als Beobachter den Vorgängen zusehen. Im Fehlerfall oder beim Auftreten von unvorhergesehenen Zwischenfällen ist der Mensch oft überfordert, im Augenblick die richtige Entscheidung zu treffen. Auch die Programmierung der Flugbahn und des Flugweges durch den Piloten birgt die Gefahr von Fehlern, die unter Umständen tödlich sein können, wie einige Flugzeugabstürze in letzter Zeit gezeigt haben. Der Umgang mit den Automaten muß also weitgehend »idiotensicher« gestaltet werden, d. h. Irrtümer und Verwechslungen in der Bedienung und Programmierung müssen weitgehend ausgeschaltet werden.

Zusammenfassung

Die Entwicklung der Bordinstrumente und Autopiloten begann schon vor der Entwicklung der Motor-Fliegerei. Der erste Motorflug der Gebrüder *Orville* und *Wilbur Wright* war nur durch vorangegangene Übungen der Piloten auf Gleitflugzeugen möglich gewesen. Die Steuerung der Wrightschen Flugzeuge war wegen der geringen Eigenstabilität und Dämpfung sehr schwierig und erforderte ständiges Arbeiten des Piloten mit den Steuerorganen, ähnlich einem Fahren mit dem Fahrrad. Der Erfolg der Gebrüder *Wright* war auf die gute Steuerbarkeit der Gleitflugzeuge zurückzuführen. Sehr bald neben den Erfindern und Konstrukteuren für die Entwicklung von Flugzeugen haben sich auch andere Entwickler mit der Vereinfachung der Steuerung der Flugzeuge beschäftigt, mit dem Ziel, das Steuern der Flugzeuge in etwa dem Steuern eines Automobils anzupassen. Die wichtigste Aufgabe war es, dem Piloten die Einhaltung der horizontalen Fluglage zu erleichtern. Zu diesem Zweck wurden Pendel, Windfahnen oder Kreisel benutzt, die auf geeignete Weise auf die Steuerorgane des Flugzeuges einwirkten und so die Gleichgewichtslage sicherstellen sollten. Diese Bemühungen brachten jedoch nicht den gewünschten Erfolg; sie wurden zunächst nicht weitergeführt. In Deutschland hatte sich *Franz Drexler* sehr intensiv mit diesem Thema beschäftigt und auch eigene Versuche mit künstlichen Stabilisatoren durchgeführt. Infolge der stürmischen Entwicklung der Flugtechnik wurden die Flugzeuge durch veränderte Formgebung leichter fliegbar, andererseits auch die Piloten in der Beherrschung der Steuerung immer geübter. Aus diesem Grunde war die Entwicklung von Einrichtungen für die künstliche Stabilität zu dieser Zeit nicht vordringlich.

Die Anforderungen an Flugzeuge für den *militärischen* Einsatz bestimmten während des Ersten Weltkrieges die Flugzeugentwicklung. Im Vordergrund standen die Erhöhungen der Flugleistungen: Geschwindigkeit, Flughöhe und vor allem gute Manövrierfähigkeit für den Luftkampf. In dieser Zeit begann die Entwicklung von besonderen Flugzeugbordinstrumenten für Bombenflugzeuge. Der von der Marine stammende Magnetkompaß mußte den Erfordernissen in Flugzeugen angepaßt werden. Die Höhenmesser wurden von den Ballonfahrern übernommen. Als neues Gerät wurde der Fahrtmesser entwickelt.

Für Großflugzeuge mit größerer Reichweite entstanden die ersten Bordinstrumente mit Anwendung von Kreiseln: der Anschütz-Fliegerhorizont und der Drexler-Steuerzeiger sowie eine hydraulische Servo-Steuerung, auch in Verbindung mit einem Horizont-Kreisel als künstlicher Stabilisator für die Längs- und Querneigung.

Als Mitte der 20er Jahre die Verkehrsfliegerei eingeführt wurde, begannen die Askania-Werke, Berlin, mit der Entwicklung und Fertigung von Bordinstrumenten: Fahrtmesser, Höhenmesser, Variometer sowie in Lizenz von Sperry, USA, auch der für den Flug ohne Bodensicht (Blindflug genannt) wichtige Wendezeiger, künstlicher Horizont und später auch Richtkreisel oder Kurskreisel.

Für die Stabilisierung eines Flugzeuges bei Luftaufnahmen wurde von *Johann Maria Boykow* der erste »Automatische Pilot« für Flugzeuge in Deutschland entwickelt. Als Meßgeber kamen Wendekreisel in Form des sogenannten Trägheitsrahmens zur Verwendung. Damit stabilisierte man das Flugzeug um seine drei Drehachsen. Gleichzeitig war damit die »Deutsche Schule« bei der weiteren Entwicklung von automatischen Piloten entstanden, im Gegensatz zur »Amerikanischen Schule«, die auf der Verwendung von Lagekreiseln basierte. Etwa gleichzeitig wurde von *Waldemar Möller* in den Askania-Werken eine selbsttätige Kurssteuerung unter Verwendung eines Fernkompasses und eines Wendekreisels entwickelt; diese ist 1931 von der DVL (Deutsche Versuchsanstalt für Luftfahrt, Berlin-Adlershof) als betriebstüchtig erklärt worden.

Nach der Übernahme der Boykowschen Luftfahrtgeräte durch Siemens & Halske, Berlin, war – unter der Leitung von *Karl Otto Altvater – Eduard Fischel* mit der Entwicklung von automatischen Flugzeugsteuerungen befaßt. Es wurde der Name »AUTOPILOT« geprägt und als Warenzeichen eingetragen. Später kam noch eine Entwicklung der Erprobungsstelle der Luftwaffe, Rechlin *(Waldemar Möller)*, als Einheitsregler zum Tragen. Die Fertigung dieser Steuerung wurde von den Patin-Werkstätten für Fernsteuertechnik, Berlin, übernommen.

Die Entwicklung der Steuerungen in den 30er Jahren war in Deutschland vorwiegend von militärischen Anforderungen bestimmt. Dazu zählten die genaue Kurshaltung für den Bombenzielflug und die Hilfe der Kurssteuerung beim Zielen mit dem Bombenvisier. Es wurden aus diesem Grunde vorwiegend Kurssteuerungen entwickelt und in großen Stückzahlen gefertigt. Die parallel dazu verlaufende Entwicklung der Kreiselgeräte führte zum kompaßüberwachten Kurskreisel, zu Kurszentralen mit Fernübertragung zum Anzeigegerät und zu stabilisierten Plattformen (zur Vermeidung des Kardanfehlers) mit Fernanzeige des Kurses und der Quer- und Längslage.

Während des Zweiten Weltkrieges wurden neue Aufgaben an die Entwicklung von Steuerungen gestellt: die automatische Steuerung von unbemannten Flugkörpern, die künstliche Stabilisierung und Dämpfung von einzelnen Achsen einiger Flugzeugtypen und Ruderhilfssteuerungen (Servosteuerungen) für Großflugzeuge.

Nach Beendigung des Zweiten Weltkrieges mußten in Deutschland alle Arbeiten auf dem Gebiet der Luftfahrt eingestellt werden.

Die Siegermächte waren an den Ergebnissen der deutschen Entwicklung auf diesem Gebiet jedoch sehr interessiert: es begann ein lebhafter Wettlauf aller Geheimdienste nach den besten deutschen Spezialisten. Insbesondere wurden die Arbeiten für unbemannte Flugkörper und Strahlflugzeuge in den USA, England, Frankreich und der UdSSR auch unter Mitwirkung deutscher Spezialisten weitergeführt.

Nach 1955 konnten die Tätigkeiten auf dem Luftfahrtgebiet in der Bundesrepublik Deutschland wieder aufgenommen werden. Zunächst stand die Lizenzfertigung von Flugzeugen für die Luftwaffe der Bundeswehr im Vordergrund. Die Fertigung des Jagdflugzeuges F-104 G »Starfigther« stellte hohe Anforderungen an die neu aufgebaute deutsche Luftfahrtindustrie. So bekam die deutsche Luftfahrt- und Ausrüstungsindustrie den Anschluß an die inzwischen in den USA – auch mit deutscher Hilfe – weiterentwickelte Technik.

In den 60er Jahren wurde durch die militärische Forderung nach senkrechtstartenden und -landenden Flugzeugen (VTOL-Flugzeuge) ein starker Innovationsstoß für die Entwicklung von Flugreglern mit besonders hohen Anforderungen ausgelöst. Auf dem Gebiet der Verkehrsfliegerei beschränkten sich die Arbeiten mit der modernen Ausrüstung auf die Verwendung, Wartung und Instandhaltung der bei der Lufthansa eingeführten Flugzeuge aus den USA, im wesentlichen von der Deutschen Lufthansa in eigenen Flugzeugwerften und Instandsetzungswerkstätten durchgeführt.

In den 70er Jahren bestimmten die Europäischen Gemeinschaftsentwicklungen die Arbeit der deutschen Luftfahrtindustrie.

Für den militärischen Bereich wurde von England, Deutschland und Italien das Mehrzweckflugzeug (MRCA) »Tornado« entwickelt. Die vereinbarte Arbeitsaufteilung führte auch zu Entwicklungen und Fertigungen in Deutschland auf dem Gebiet der Ausrüstung wie Steuerungs- und Stabilisierungssystem (CSAS), Triebwerksregler und andere Bordgeräte.

Im zivilen Bereich wurden von Frankreich, Deutschland und England, später auch von Spanien das Airbus-Programm eingeleitet. Hierbei sind auch Firmen der Bundesrepublik auf dem Ausrüstungsgebiet tätig, z. B. bei der Entwicklung und Fertigung des Flugreglers und der elektronischen Anzeigegeräte. Das dominierende Merkmal dieser Entwicklungen war der Ersatz der mechanischen Steuerung der Ruder und Klappen durch mehrfache elektronische Rechnersysteme (Fly-by-wire).

Am Schluß wurden die Tendenzen der weiteren Entwicklung der Flugzeuginstrumente und Flugsteuerungs- und Flugregelungssysteme gezeigt.

Hinweise

In der Luftfahrtsammlung des Deutschen Museums, Teil »Flugführung und Navigation«, sind viele in diesem Buch beschriebene Flugzeugbordinstrumente für Flugzustand und Navigation, Autopiloten und Trägheitsnavigationsgeräte im Original ausgestellt:

Entwicklungsreihen für Fahrtmesser, Höhenmesser, Variometer, Kompasse, Kurskreisel, Wendezeiger und Horizonte;
Autopiloten Siemens K 4ü, K 12, K 23;
Rechliner Emil, Patin-Dreirudersteuerung PDS;

Askania-Steuerung für unbemanntes Flugzeug Fi 103 »V 1«;
Gierdämpfer DVL.

Ausrüstungsteile für Flugzeug F-104 G »Starfighter«:
Luftwerterechner CADC, Autopilot Minneapolis Honeywell MH 97 G,
Trägheitsnavigationssystem Litton LN-3,
Flugwegrechenanlage PHI-4A.

Steuerungs- und Stabilisierungssysteme für Flugzeuge:
VTOL-Transportflugzeug Do 31 E, MRCA-Flugzeug »Tornado« und Airbus A 320.

Anhang

Zeittafel

1875	*Carl Bamberg* konstruiert einen flüssigkeitsgedämpften Marine-Kompaß, der in der Kaiserlichen Marine eingeführt wird.
1891/94	*Hiram Maxim* konstruiert und erprobt einen Längslageregler mit Fahrtanpassung, Flugzeug- und Kreiselantrieb mit Dampf.
1908/09	*Franz Drexler* entwickelt und erprobt einen Doppelpendelstabilisator auf Höhen-, Seiten- und Querruder wirkend.
1910	Der Marine-Fluidkompaß von *Carl Bamberg* wird in Luftschiffen eingesetzt.
1910/23	*Theodor Rosenbaum* entwickelt einen künstlichen Horizont, »Gyrorektor« genannt, mit freiem Kreisel und Stützung über Kontakte sowie elektrischem Momentengeber.
1911	*Doutrè* konstruiert und erprobt einen Fahrtregler mit Staudruck als Meßgeber.
1912	*Franz Drexler* stellt »Haupterfordernisse und wesentliche Merkmale von Flugzeugautomaten« zusammen.
1912	*Franz Drexler* entwickelt einen Kreiselstabilisator für Längs- und Querlage.
1913/14	*Elmer* und *Lawrence Sperry* entwickeln und erproben einen Lagenstabilisator mit Lagekreisel und Windfahne als Meßgeber.
1914	*Lawrence Sperry* mit Mechaniker *Emile Cachin* demonstrieren bei einem Flug über die Seine in Paris die Funktion des Kreiselstabilisators. Sperry gewinnt einen Preis für die Sicherheit von Flugzeugen von 400 000 francs.
1914	*Wilhelm Morell* entwickelt einen Fahrtmesser mit Schalenkreuz als Meßgeber.
1916/18	*Lawrence Sperry* entwickelt und erprobt ein über Funk fernsteuerbares Flugzeug mit Kreiselstabilisator zur Bekämpfung von U-Booten.
1916	Von der Firma Anschütz, Kiel, wird der Fliegerhorizont, ein Kreiselgerät mit freiem Kreisel und lotrechter Drehachse, zum Patent angemeldet und in der militärischen Luftfahrt eingeführt.
1917	*Franz Drexler* entwickelt einen künstlichen Horizont mit freiem Kreisel mit lotrechter Drehachse, »Fluglagenweiser« genannt.
1917	*Franz Drexler* entwickelt einen Wendezeiger »Drexler-Steuerzeiger« mit einem elektrisch angetriebenen, gefesselten Kreisel mit horizontaler Drehachse. Einsatz in Großflugzeugen des Heeres und der Marine.
1917/18	Erste Versuche für die Fernsteuerung von Flugzeugen mit dem Zweiachsen-Lageregler von *Franz Drexler* und einer Funkanlage von *Max Dieckmann* in Döberitz.
1918	Firma Carl Bamberg entwickelt einen Fernkompaß nach Angaben von *Walter Friedensburg,* auch »Selenkompaß« genannt, für die Anwendung in Flugzeugen.
1920/35	*Constantin* entwickelt und erprobt einen Windfahnenstabilisator für Anstell- und Schiebewinkel mit direkter Wirkung auf Höhen- und Querruder.
1924	Der Anschütz-Kreiselkompaß findet erste Anwendung in der Luftfahrt im Luftschiff LZ 126.
1925	Askania übernimmt eine Lizenz des Anschütz-Wendekreisels und führt die Weiterentwicklung in Richtung Verkleinerung durch.
1927	Askania entwickelt einen Fernkompaß mit pneumatischer Fernübertragung zum Kurszeiger, der bis 1945 in großen Stückzahlen gefertigt wurde und auch in der automatischen Steuerung des unbemannten Flugzeugs Fi 103 »V 1« verwendet wurde.
1927/28	Askania (*Waldemar Möller*) führt erste Versuche einer Kurssteuerung im Luftschiff LZ 127 durch.
1927/30	Einführung des Instrumentenfluges bei der Deutschen Luft Hansa, verbunden mit einer intensiven Schulung der Piloten.
1928	*Boykow* entwickelt seinen ersten automatischen Piloten und zeigt ihn auf der ILA in Berlin und im Flugzeug Junkers W 33.
1929	Versuche der Fernsteuerung eines Flugzeugs Junkers W 34 mit einem automatischen Pilot von Boykow und einer Fernsteueranlage von Siemens & Halske in Kiel-Holtenau.
1929/30	Die Firma Sperry entwickelt einen künstlichen Horizont mit pneumatisch angetriebenem Kreisel und einer pneumatischen Stützeinrichtung, der weltweit Anwendung fand.
1929	Leutnant *James H. Doolittle* führt erste Blindlandungen in Mitchel Field, Long Island, mit Hilfe von Bord-Instrumenten und einem Zielflugsender durch.
1930	Askania übernimmt eine Lizenz für den Sperry-Horizont und -Richtkreisel.
1930	Royal Aircraft Establishment Farnborough (*F. W. Meredith, P. A. Cooce* und *P. S. Kerr*) entwickeln den Autopiloten Mark I, der von Smiths Aircraft Instruments hergestellt und in der zivilen Anwendung als »Britischer Autopilot« bekannt wurde.
1931	Askania-Kurssteuerung Lz 4 ist von der Deutschen Versuchsanstalt für Luftfahrt unter der Bezeichnung Vc 5.31 für betriebstüchtig erklärt worden.
1932	Askania entwickelt aus dem Sperry-Richtkreisel und dem Askania-Fernkompaß den Fernkurskreisel mit automatischer Überwachung durch den Kompaß.
1932	Der Sperry »Gyropilot A-2« wird im Flugzeug Douglas DC-2 serienmäßig eingebaut.
1932/33	Askania übernimmt Lizenzbau des Sperry Gyropilot-Model A-2 (Fertigung von 3 Anlagen).

1932/34	Siemens *(Eduard Fischel)* entwickelt eine automatische Dreiachsensteuerung auf der Basis der Entwicklungen von Boykow mit zusätzlichen Meßgebern.
1933	Das von Lorenz *(Ernst Kramar)* entwickelte UKW-Leitstrahlverfahren wird auf dem Flugplatz Berlin-Tempelhof installiert.
1933/34	Siemens *(Eduard Fischel)* entwickelt die automatische Kurssteuerung K 4 mit hydraulischer Rudermaschine und Wendelkreisel in einem Gerät. Die Weiterentwicklung zur Kurssteuerung K 4ü wird in der Luftwaffe eingeführt und in großen Stückzahlen gefertigt (etwa 50 000 Stück).
1934	*Robert Alkan* entwickelt einen künstlichen Horizont mit vom Kreiselmotor angetriebenem mechanischen Aufrichtsystem, der bis heute als Nothorizont Verwendung findet.
1934	Siemens *(Eduard Fischel, Friedrich Lauck)* entwickelt einen elektrischen Kurskreisel mit Überwachung durch einen Fernkompaß. Die spätere Ausführung LKu 4 wird vom Patin-Fernkompaß überwacht. Als Einheitsgerät bei der Luftwaffe eingeführt, wurden große Stückzahlen gefertigt (etwa 100 000 Stück).
1935	Askania-Kurssteuerung Lz 11a mit pneumatischer Signalübertragung und Rudermaschine wird in der Luftwaffe eingeführt und in großen Stückzahlen (etwa 2000 Stück) gefertigt.
1936/39	Askania *(Adam Kronenberger)* entwickelt die Kurssteuerung Lstz 14 mit pneumatischer Signalübertragung und hydraulischer Rudermaschine Lrm 3, die in Flugzeugen der Deutschen Lufthansa und der Luftwaffe Anwendung finden. Die hydraulische Rudermaschine, versehen mit einem elektrischen Steuereingang, fand später in der Serienausführung der Steuerung für die Fernrakete A 4 »V 2« Verwendung.
1935/38	*Waldemar Möller* entwickelt bei der Erprobungsstelle der Luftwaffe Rechlin eine Kurssteuerung und Dreirudersteuerung mit elektrischer Signalübertragung und elektrischen Rudermaschinen (Gleichstromtechnik).
1936	Anschütz *(v. Petri)* beginnt mit der Entwicklung von Lot-Zentralen für Flugzeugselbststeuerungen, die später auch in den automatischen Steuerungen der Fernrakete A 4 »V 2« Verwendung finden.
1936/38	Die Firma Patin entwickelt einen Fernkompaß mit elektrischer Übertragung der Kompaßrose zu einer Tochteranzeige, der als Einheitsgerät in der Luftwaffe bis 1945 Verwendung findet.
1936/38	Vergleichserprobung von Dreiachsensteuerungen für die Luftwaffe, »Rechliner Olympiade« genannt. Askania Lstz 14, Siemens DK 4 und Rechliner Dreirudersteuerung werden in umfangreichen Flugerprobungen untersucht. Die Rechliner Steuerung wird zur Einheitssteuerung erklärt.
1937	Die Bezeichnung »Autopilot« wird von *Altvater* geprägt und von Siemens & Halske als Warenzeichen eingetragen.
1939	Siemens-Luftfahrtgerätewerk *(Karl Wilfried Fieber)* entwickelt die Kurssteuerung K 12 mit hydraulischer Rudermaschine und Magnetverstärker.
1939/40	Patin-Kurssteuerung PKS 11 als Kursteil der Einheitssteuerung wird serienreif gemacht und in großen Stückzahlen für die Luftwaffe gefertigt.
1939	Erster erfolgreicher Flug einer automatisch gesteuerten Fernrakete Aggregat A 5 in Peenemünde, ausgerüstet mit einer Siemens-Versuchssteuerung.
1940	Siemens-Luftfahrtgerätewerk entwickelt die Dreirudersteuerung DK 12, die die Basis für Blindlandungs- und Fernsteuerungsversuche bildet.
1940	Siemens-Luftfahrtgerätewerk liefert den Funkhöhenmesser FuG 101 für die Luftwaffe in Serie.
1940	Siemens führt den ersten ferngelenkten Flug eines unbemannten Flugzeugs vor. Eine Junkers Ju 52 wird von der Begleitmaschine oder einer Bodenstation über Funk ferngesteuert. Es ist kein Mensch an Bord des ferngelenkten Flugzeugs!
1940/45	Askania *(Waldemar Möller)* entwickelt die Dreiachsensteuerung »Dynuktiv« mit dynamischer Rückführung und induktiven Abgriffen (Wechselspannungstechnik). Eine Dreikreiselzentrale (stabilisierte Plattform), geeignet für die Anwendung im Flugzeug, wurde als Meßgeber für das Universal-Anzeigegerät und die Dreiachsensteuerung entwickelt. Als Verstärker werden Röhren verwendet.
1941	Patin-Dreirudersteuerung PDS, die Serienausführung der Einheitssteuerung, wird in der Luftwaffe eingeführt.
1941	Minneapolis Honeywell entwickelt den C-1-Autopiloten auf der Grundlage des Norden-Bombenzielgerätes und der Verwendung von Röhren.
1941	Das Siemens-Luftfahrtgerätewerk entwickelt die Kurssteuerung K 21, »Jägersteuerung« genannt, mit der Rudermaschine K 12 und einer Integration der Wendegeschwindigkeit mit einem Meßmotor als Ersatz für den Kurskreisel.
1942	Das Siemens-Luftfahrtgerätewerk entwickelt die Kurssteuerung K 22 mit einer Integration der Wendegeschwindigkeit in der elektrischen Fesselung des Wendekreisels.
1942	Erster erfolgreicher Flug einer automatisch gesteuerten Fernrakete Aggregat A 4 »V 2« von Peenemünde, ausgerüstet mit einer »Industrie-Steuerung« (von der Entwicklungsstelle Peenemünde mit Geräten der Industrie entwickelt).
1942/44	Die DVL *(Karl Heinz Doetsch)* führt Versuche einer künstlichen Stabilisierung in der Gierachse mit Wendekreisel und Elektromotor zur Ansteuerung des Hilfsruders im Flugzeug Henschel Hs 129 durch und beginnt damit die Entwicklung von Dämpfungseinrichtungen in modernen Flugzeugen.
1944	Patin-Jäger-Kurssteuerung KS 12b, mit Integration der Wendegeschwindigkeit als Ersatz für den Kurskreisel, wird in der Luftwaffe eingeführt.
1944/45	Das Siemens-Luftfahrtgerätewerk entwickelt die Kurssteuerung K 23 mit elektrischer Rudermaschine und die Kurssteuerung K 23b mit zusätzlichem Pedaleingang für den Kurvenflug.
1945/55	Alle Aktivitäten auf dem Gebiet der Luftfahrt- und Raketentechnik sind in Deutschland verboten. Auf Teilgebieten sind deutsche Fachleute als Kriegsbeute oder als Freiwillige in den USA, in England, in Frankreich und in der UdSSR tätig.
1958	*Waldemar Möller* übernimmt die Leitung der Luftfahrtabteilung bei Perkin-Elmer & Co und beginnt mit der Entwicklung von Flugreglern und Prüfgeräten.

1959/60	Beginn der Lizenzfertigung des Jagdflugzeuges Lockheed F-104 »Starfighter«. Es erfolgt eine Reihe von Gründungen von Tochtergesellschaften amerikanischer Firmen auf dem Gebiet der elektronischen Ausrüstung in der BRD.		nado«, eine Gemeinschaftsentwicklung der Firmen Elliott, Bodenseewerk-Gerätetechnik und Honeywell.
1959	Beginn der Entwicklung von Flugreglern für das VTOL-Flugzeug VJ 101 durch Perkin-Elmer & Co und Honeywell GmbH.	1978	Entwicklung eines digitalen Triebwerkreglers DECU für das Triebwerk Turbo-Union RB 199-34 R im Flugzeug »Tornado« durch Bodenseewerk-Gerätetechnik.
1959	Beginn der Entwicklung vom Flugregler für das VTOL-Flugzeug Do 31 durch Perkin-Elmer & Co.	1980	Entwicklung eines Instrumentierungs- und Flugregelsystems für Flugzeug Airbus A 310 in digitaler Technik, eine Gemeinschaftsentwicklung der Firmen SFENA, Bodenseewerk-Gerätetechnik, Thomson-CFS und VDO-Luftfahrtgerätewerk.
1960	Beginn der Entwicklung vom Flugregler für das VTOL-Flugzeug VAK 191 durch Focke-Wulf.		
1969	Beginn der Entwicklung des Flugregelsystems für Flugzeug Airbus A 300, eine Gemeinschaftsentwicklung der Firmen SFENA, Smiths Industrie und Bodenseewerk-Gerätetechnik.	1985	Entwicklung eines Instrumentierungs-, Steuerungs- und Flugführungssystems in digitaler Technik für Flugzeug Airbus A 320, eine Gemeinschaftsentwicklung der Firmen SFENA, Bodenseewerk-Gerätetechnik, Thomson-CFS und VDO-Luftfahrtgerätewerk. Mit Hilfe der seitlichen Steuergriffe (Sidesticks) erfolgt die Steuerung des Flugzeugs über eine elektrische Signalübertragung (Fly-by-wire).
1970	Beginn der Entwicklung eines Steuerungs- und Stabilisierungssystems CSAS für das Flugzeug MRCA »Tor-		

Abkürzungen

AC	Alternate Current (Wechselstrom)
ADC	Air Data Computer (Luftdatenrechner)
ADF	Automatic Direction Finder (Autom. Peiler)
ADI	Attitude Direction Indicator (Fluglagenanzeiger)
AFCS	Automatic Flight Control System (automatisches Flugreglersystem)
AFDS	Autopilot and Flight Director System (Flugregler und Flugkommando-System)
AFS	Automatic Flight System (Flugregler)
AI	Attitude Indicator (Fluglagenanzeiger)
AIDS	Automatic Integrated Data System (automatisches Datenübertragungssystem)
AIR	Airworthiness (Lufttüchtigkeit)
ALT	Altitude (Höhe)
AMS	Avionics Management System
AP	Automatic Pilot (Autopilot, Flugregler)
APU	Auxiliary Power Unit (Hilfstriebwerk)
APZ	Automatischer Peilzusatz
ARINC	Aeronautical Radio Incorporated
AT	Air Transport (Luftverkehr)
ATA	Aircraft Transport Association
ATC	Air Traffic Control (Flugsicherung)
A/THR	Auto Throttle (automatische Vortriebsregelung)
ATR	Air Transport Rack (Bordgeräte-Norm)
ATS	Automatic Test System (Automatisches Prüfgerät)
AWG	Auswertegerät
AZ	Azimuth (Azimut, Winkel zwischen Radialstandlinie und Nordrichtung)
BC	Back Course (Rückseitiger Kurs, Kursangabe beim ILS)
BFS	Bundesanstalt für Flugsicherung
BITE	Built-In Test Equipment (eingebaute Testeinrichtung)
Bus	Databus (Digitale Datensammelschiene)
CAS	Calibrated Airspeed (berichtigte Fluggeschwindigkeit)
CDI	Course Deviation Indicator (Kursabweichungsanzeiger, Kreuzzeigerinstrument)
CDU	Control & Display Unit (Bedien- und Anzeigegerät)
CG	Center of Gravity (Schwerpunktlage)
CLB	Climb (Steigflug)
Clock	Uhr, analoge und digitale Zeitanzeige und Zeitnormal
CPU	Central Prozessor Unit (Zentrale Rechnereinheit)
CRT	Cathode Ray Tube (Kathodenstrahl-, Bildröhre)
CSAS	Command and Stability Augmentation System (Steuerungs- und Stabilisierungssystem)
DAL	Deutsche Akademie für Luftfahrtforschung
DC	Direct Current (Gleichstrom)
DEG	Degree (Grad)
DEV	Deviation (Kompaßablenkung, durch Flugzeugmagnetismus)
DF	Direction Finder (Peilgerät)
DFL	Deutsche Forschungsanstalt für Luftfahrt
DFVLR	Deutsche Forschungs- und Versuchsanstalt für Luft- und Raumfahrt
DG	Directional Gyro (Kurskreisel)
DH	Decision Height (Entscheidungshöhe)
DIR	Direct (Richtung)
DISP	Display (Anzeige, Bildschirm)
DIST	Distance (Entfernung)
DMC	Display Management Computer (Computer zur Steuerung des Bildschirms)
DME	Distance Measuring Equipment (Entfernungsmeßgerät)
DOPP	Doppler-Radar
DU	Display Unit (Anzeige-Gerät)
DVL	Deutsche Versuchsanstalt für Luftfahrt
EADI	Electronic Attitude Direction Indicator (elektronischer Fluglagenanzeiger)

EAS	Equivalent Airspeed (Äquivalente Fluggeschwindigkeit)	ICAO	International Civil Aviation Organisation
ECAM	Electronic Centralised Aircraft Monitoring (Zentrale elektronische Flugzeugüberwachung)	IFR	Instrument Flight Rule (Instrumentenflugregeln)
		IIS	Integrated Instrument System (Integriertes Instrumentensystem)
EFIS	Electronic Flight Instrument System (elektronisches Fluginstrumentensystem)	ILS	Instrument Landing System
		INS	Inertial Navigation System (Trägheitsnavigationssystem)
EFKA	Fernlenk- und Kreisel-Versuchsabteilung		
EHSI	Electronic Horizontal Situation Indicator (elektronischer Kurslagenanzeiger)	IRS	Inertial Reference Sensor (Trägheitssensor)
		ISA	International Standard Atmosphere
EMIS	Engine Monitoring Instrument System (Instrumentensystem zur Triebwerksüberwachung)	JAA	Joint Aviation Authorities (Europäische Zulassungsbehörde für Luftfahrtgerät)
ENG	Engine (Triebwerk, Motor)	JAR	Joint Airworthiness Requirement (Europäische Lufttüchtigkeitsforderungen)
EFZ	Einflugzeichensender		
EL	Elevation (Stationshöhe über NN)	kHz	Schwingungen × 1000 pro Sekunde
EPROM	Erasable Programmable Read-Only Memory (programmierbarer Festwertspeicher)	km/h	Kilometer pro Stunde
		kn	Knoten = Seemeilen pro Stunde
FAC	Flight Augmentation Computer (Flugdämpfungsrechner)	LAT	Latidude (geografische Breite)
		LBA	Luftfahrt-Bundesamt
FBL	Fly-by-light (Flugzeugsteuerung mit optischen Signalen, Lichtfaser)	LCD	Liquid Crystal Display (Flüssigkristallanzeige)
		LED	Light Emitting Diode Display (Leuchtdiodenanzeige)
FBW	Fly-by-wire (Flugzeugsteuerung mit elektrischen Signalen, Stromkabel)	LORAN	Long Range Navigation-System (Navigationssystem für große Entfernungen)
FC	Flight Computer (Flugrechner)		
FCC	Flight Control Computer (Flugregler-Rechner)	LOG	Localizer (Landekurssender)
FCI	Flight Command Indicator (Flugkommandoanzeiger)	LON	Longitude (geografische Länge)
FCS	Flight Control System (Steuerungssystem)	M	Mach-Number (Machzahl)
FCU	Flight Control Unit (Flugregler-Bediengerät)	MAG	Magnetic (magnetisch)
FD	Flight Director (Flugleitanlage)	mb	Millibar, alte Luftdruck-Maßeinheit
FDS	Flight Director System (Flugkommandosystem)	MFD	Multifunction Display (Multifunktionsanzeige)
FIAT	Field Information Agencys Technical	MH	Magnetic Heading (mißweisender Kurs)
FL	Flight Level (Flugfläche)	MIL	Military (militärisch)
FMCS	Flight Management Control System (Flugbetriebssystem)	MITAC	Micro-TACAN
		MKR	Marker = EFZ
FMGS	Flight Management and Guidance System (Flugführungsrechner)	MLS	Microwave Landing System (Microwellen-Landesystem)
		MM	Middle Marker (Haupteinflugzeichen, ILS)
FMS	Flight Management System (Flugmanagementsystem)	MPH	Miles per Hour (Meilen pro Stunde)
ft	Fuß (Höhenmaß) = 0,3048 m	MRCA	Multi-role combat aircraft
FuBl	Funkblindlandegerät	MSL	Mean Sea Level (mittlere Meereshöhe)
FuE	Funk-Empfänger	µP	Microprocessor
FuG	Funkgerät	NASARR	NATO-Airborne Search and Ranging Radar (Zielsuch- und Navigationsradarsystem)
FuS	Funksender		
FuSE	Funksendeempfangsgerät	NAV	Navigation
FWC	Fault Warning Computer (Fehlerwarnrechner)	NDB	Non Directional Radio Beacon (rundstrahlendes Funkfeuer)
G	G-Number (g-Zahl, Einheit der Beschleunigung)		
GCA	Ground Controlled Approach (RADAR-Landesystem)	NF	Niederfrequenz = AF
		NM	Nautical Mile = sm = 1852 m
g. Kdos	geheime Kommandosache	OAT	Outside Air Temperature (Außenlufttemperatur)
GPS	Global Positioning System (Satellitennavigation)	OM	Outer Marker (Voreinflugzeichen)
GS	Ground Speed (Geschwindigkeit über Grund)	PDME	Precision-DME (Präzisions-Entfernungsmeßgerät)
HDG	Heading (Steuerkurs)	PeilG	Peilgerät
HDU	Head Up Display (Blickfelddarstellungsgerät)	PAR	Precision Approach Radar (Anflugradar)
HEZ	Haupteinflugzeichen	PDI	Pictorial Deviation Indicator (Kurslagenanzeiger)
HF	Hochfrequenz	PHI	Position-Homing-Indicator (Standort- und Zielflugrechenanlage)
HSI	Horizontal Situation Indicator (Horizontalsituationsanzeiger)		
		PFD	Primary Flight Display (Primär-Fluganzeige)
Hz	Maßeinheit der Frequenz, Schwingungen pro Sekunde	PNI	Pictorial Navigation Indicator (Kurslagenanzeiger)
IAS	Indicated Airspeed (angezeigte Fluggeschwindigkeit)	PROM	Programmable Read-Only Memory (Programmierbarer Festwertspeicher)

QFE	Luftdruck in Flugplatzhöhe, Anzeige am Boden = 0		TAT	Total Air Temperature (Lufttemperatur der gestauten Luft)
QNH	Höhenmessereinstellung, Anzeige am Boden = Flugplatzhöhe		TCC	Thrust Control Computer (Vortriebsregler-Rechner)
QNE	Höhenmessereinstellung nach Standardbodendruck = 1013,25 mb entsprechend 1,013 bar		TFR	Terrain-Following Radar (Geländefolgeradar)
RA	Radio Altimeter (Funkhöhenmesser)		THR	Throttle (Gashebel)
RADAR	Radio Detecting and Ranging (Funkortung, Funkmessung)		TSO	Technical Standard Order
RAM	Random-Access-Memory (Schreib-Lese-Speicher)		VAR	Variation (Ortsmißweisung)
RMI	Radio Magnetic Heading Indicator (Radiokompaß-Anzeigegerät)		VDF	Very High Frequency Direction Finder (UKW-Peilstelle)
ROM	Read-Only Memory (fest programmierter Lesespeicher)		VEZ	Voreinflugzeichen
RPM	Revolutions per Second (Umdrehungen pro Sekunde)		VF	Video-Frequence (Bildfrequenz)
SAHR	Standby Attitude and Heading Reference (Sekundär-Lage und Kurs-Referenz)		VFR	Visual Flight Rule (Sichtflugregeln)
SAT	Static Air Temperature (Statische Lufttemperatur)		VHF	Very High Frequency (Ultrakurzwelle)
Selcal	Selective Call (Selektiv-Ruf)		VLF	Very Low Frequency (Langwelle)
SG	Symbol-Generator		VNAV	Vertical Navigation (Höhennavigation)
SLAR	Side-Looking Airborne Radar (Seitensichtradar)		VOR	VHF Omnidirectional Radio Range
sm	Seemeile = 1852 m = NM		VORDAC	VHF Omnidirectional Range Distance = DME + DVOR
STBY	Stand-by (Warten, Schalterstellung bei Instrumenten)		VORTAC	Kombination VOR + TACAN
STTE	Special Type Test Equipment (gerätebezogenes Prüfgerät)		VS	Vertical Speed (Steig- oder Sinkgeschwindigkeit)
SYNC	Synchronisation		WBS	Weight & Balance System (Schwerpunktlade- und Beladungssystem)
TACAN	Tactical Air Navigation System		WR	Weather Radar (Wetter-Radar)
TAS	True Air Speed (wahre Fluggeschwindigkeit in der Luft)		YD	Yaw Damper (Gierdämpfer)
			ZF	Zielflug

Begriffserläuterungen

Autopilot: Autopilot ist ein von Kapitän Karl Otto Altvater geprägter Ausdruck, der von Siemens & Halske als Warenzeichen Klasse 22b, Nr. 489778, am 15. 1. 1937 angemeldet wurde. Später ist daraus eine international übliche Kurzbezeichnung für Flugregler geworden.
Flugregelung: Regelung der Fluggrößen fliegender Körper (bemannte und unbemannte Luft- und Raumfahrzeuge).
Flugsicherheit: Unter Flugsicherheit eines Flugreglers versteht man die Wahrscheinlichkeit, daß unter vorgegebenen Flugbedingungen keine Ausfälle oder Ausfallkombinationen am Regler auftreten, die einen gefährlichen Zustand zur Folge haben.
Lenken: Lenken ist das Regeln oder Steuern der Translationsbewegung eines fliegenden Körpers. Die Lenkregelung ist infolgedessen eine Regelung der Schwerpunktbahn.
Redundanz: Redundanz ist das funktionsbereite Vorhandensein zusätzlicher technischer Mittel, deren Einsatz bis zu einem Ausfall nicht notwendig wäre.
Regelung: Regeln ist ein Vorgang, bei dem eine Größe die zu regelnde Größe (Regelgröße) fortlaufend erfaßt, mit einer anderen Größe, der Führungsgröße, vergleicht und abhängig vom Ergebnis dieses Vergleiches im Sinne einer Angleichung an die Führungsgröße beeinflußt.
Steuerung: Steuern ist das Beeinflussen der Ausgangsgröße (Ausgangssignal) eines Gliedes (oder einer Verbindung mehrerer Glieder) durch die Eingangsgröße (Eingangssignal).
Vielfachanordnung: Eine benötigte Redundanz wird durch Vielfachanordnung erreicht. Von praktischer Bedeutung sind bei Flugreglern Zwei- bis Vierfachanordnungen. Zu diesem Zweck wird ein Regelkanal oder ein Teil davon aus mehreren, in ihrer Wirkung gleichen, parallel laufenden Reglerpfaden aufgebaut.
Zuverlässigkeit: Zuverlässigkeit eines Flugreglers ist seine Fähigkeit, den Anforderungen zu genügen, die an ihn während einer gegebenen Zeitdauer unter gegebenen Betriebsbedingungen gestellt sind. Der Grad dieser Fähigkeit in einem spezifischen Anwendungsfall wird durch geeignete definierte Zuverlässigkeits-Kenngrößen, die dem Wahrscheinlichkeitscharakter der Zuverlässigkeit Rechnung tragen, zahlenmäßig erfaßt.

Weitere Begriffe sind in den VDI/VDE-Richtlinien, VDI/VDE 2170 »Flugregelung Begriffe und Benennungen« enthalten.

Dämpfungskreisel: Dämpfungskreisel sind Wendekreisel, die in einem Flugregelsystem zur Dämpfung der Flugzeugdrehbewegung verwendet werden (ältere Bezeichnung).
Kompaßgeführter Kurskreisel: Ein kompaßgeführter Kurskreisel entsteht aus dem Kurskreisel dadurch, daß die Laufachse über einen Richtungsvergleich mit einem Meßfühler des erdmagnetischen Feldes geführt wird.
Kreiselkompaß: Kreiselkompasse dienen zur Bestimmung der geographischen Nordrichtung. Zum Unterschied von Kurskreiseln,

die lediglich Richtungshalter sind, suchen die Kreiselkompasse ihre Bezugsrichtung, die Richtung der Horizontalkomponente des Vektors der Erddrehung, selbsttätig auf: sie sind Richtungssucher. Da im allgemeinen die Bewegung des Trägers das Meßergebnis beeinflußt, werden Kreiselkompasse meist auf langsam fahrenden Trägern (z. B. Schiffen) oder ortsfest verwendet.

Kurskreisel: Ein Kurskreisel dient zur Messung von Azimutwinkeln, d. h. von Drehwinkeln des Trägers um eine lotrechte Achse.

Lagekreisel: Lagekreisel dienen zur Messung von Winkeln, die die Lage des Gestells oder Trägers zu einer Bezugsrichtung oder Bezugsebene kennzeichnen.

Lotkreisel: Lotkreisel dienen zur Messung von Winkeln gegenüber einer lotrechten Bezugsrichtung. Werden Lotkreisel zur Anzeige eines (künstlichen) Horizonts verwendet, so heißt das entsprechende Gerät Kreiselhorizont (kurz: Horizont). Überwachungsmeßgeber (Aufrichtmeßgeber) sind dabei z. B. Pendel, Schalt-Libellen oder Schleppkugeln.

Stabilisierte Plattform: Die stabilisierte Plattform (stabile Plattform) ist ein Lagenmeßgeber, dessen Kern von den Drehbewegungen des Trägers durch geeignete Lagerung (Kardanlagerung) entkoppelt und um seine Freiheitsgrade der Drehung durch geeignete Regelkreise gegenüber äußeren Störmomenten stabilisiert ist.

Trägheitsnavigation: Trägheitsnavigation ist Navigation unter Verwendung eines Trägheitsortungssystems. Unter Berücksichtigung von Anfangsbedingungen und von Größen, die von der Art des Trägheitsortungssystems abhängen, erhält man Betrag und Richtung der Geschwindigkeit durch einfache Integration der Ausgangssignale der Beschleunigungsmesser; durch zweifache Integration ergibt sich der Ort des Trägers (Trägheitsortung).

Trägheitsplattform: Bei einer Trägheitsplattform enthält der Kern zusätzlich zu den Kreiselgeräten noch Beschleunigungsmesser.

Wendekreisel: Wendekreisel sind Kreisel mit zwei Freiheitsgraden, die zur Messung der Winkelgeschwindigkeit (oder daraus abgeleiteter Größen) um eine definierte Achse verwendet werden.

Weitere Begriffe sind in der VDI/VDE-Richtlinie, VDI/VDE 2171 »Benennungen auf dem Gebiet der Kreiselgerätetechnik« enthalten.

C*-Gesetz: Das C*-Gesetz beschreibt die Reglerfunktion zur Steuerung einer vorgegebenen Lastvielfachen in der Nickachse (z. B. das Lastvielfache soll einem vorgegebenen Wert entsprechend dem Steuerknüppelausschlag betragen).

Biographien von bedeutenden deutschen Mitwirkenden bei der Flugzeug-Bordgeräteentwicklung

Johann Maria Boykow

Geboren am 1. Februar 1879 in St. Wolfgang (Oberösterreich). Mit 15 Jahren Eintritt in die k. u. k. Kriegsmarine, mit paralleler Ausbildung zum Ingenieur, 1908 Abschied als Fregattenleutnant.

Danach absolvierte er die Schauspielerschule des Deutschen Theaters in Berlin und trat anschließend mit Erfolg als Darsteller klassischer Rollen auf.

1912 trat er als Ingenieur in die Firma für Schiffskompasse, Neufeld und Kuhnke, Kiel, ein. Er stellte 1913 den sogenannten »Norddrehfehler« bei Kompassen fest und erfand 1914 ein selbsttätiges Bombenabwurfgerät mit Zielvorrichtung für Flugzeuge; das Gerät wurde im Ersten Weltkrieg bei der österreichischen Fliegertruppe eingesetzt. Nach dem Krieg, den er als k. u. k. Marineflieger mitmachte, trat Boykow bei den Optischen Werken C. P. Goerz, Berlin-Zehlendorf, ein; er begann mit der Entwicklung eines photogrammetrischen Instrumentariums. Nach dem Ausscheiden bei Goerz gründete er die Studiengesellschaft Messgeräte Boykow GmbH, Berlin-Lichterfelde, und entwickelte dort unter anderem im Auftrag der Marine der Reichswehr einen Automatischen Piloten für Flugzeuge, der 1928 auf der ILA (Internationale Luftfahrtausstellung) in Berlin gezeigt wurde. Eine spätere Ausführung mit hydraulischen Stellzylindern wurde 1931 in Zusammenarbeit mit der Fernsteuerung von Siemens im Flugzeug erprobt. Im Jahr 1931 wurden alle Luftfahrtaktivitäten von der Firma Siemens & Halske übernommen und dort unter der Leitung von Kapitän *Altvater* durch *Eduard Fischel* weitergeführt. *Boykow* war als technischer Leiter der Kreiselgeräte GmbH bis zu seinem Tode mit Entwicklungen von Kreiselgeräten für die Marine tätig. Mit einem Vorschlag für eine automatische Steuerung mit einer Trägheitsnavigation für die Flugbahn des Aggregates A 3, einem Vorläufer der Fernrakete Aggregate A 4 (»V 2«), der nach seinem Tod von *Johannes Gievers* weitergeführt wurde, war *Boykow* auch an der Entwicklung der Fernraketen beteiligt.

Boykow starb am 22. Juli 1935 in Berlin.

Franz Drexler

Der in der Schweiz tätige Ingenieur *Franz Drexler* hat sich ab 1908 mit den Fragen der automatischen Flugmaschinensteuerung befaßt. Dabei ging er von den bei Wasserturbinen üblichen hydraulischen Servomotoren für die Drehzahlregelung aus. In einer Artikelreihe zur Frage der automatischen Flugmaschinensteuerung in der Zeitschrift »Der Motorwagen« 1912/13 berichtete er über die bis dahin bekannt gewordenen Konstruktionen derartiger Einrichtungen und über eigene Arbeiten auf diesem Gebiet. Während des Ersten Weltkriegs war er zunächst als Reserveoffizier und Pilot bei der Inspektion der Flieger im Johannisthal tätig, wurde 1915 auf eigenen Wunsch als Leiter der »Efka« (Fernlenk- und Kreiselversuchsabteilung) in Döberitz eingesetzt. Hier hat *Drexler* in Zusammenarbeit mit der Firma Anschütz, Kiel, automatische Steuerungen für Groß- und Riesenflugzeuge entwickelt und erprobt. Die Einrichtungen für eine Fernsteuerung von Flugzeugen über Funk wurden von *Max Dieckmann* entwickelt. *Drexler* entwickelte in dieser Zeit in Zusammenarbeit mit den Firmen Anschütz und M.A.N., Augsburg, anzeigende Kreiselgeräte wie Kurskreisel, Horizont und Steuerzeiger (Wendezeiger). Für die Fertigung der Steuerzeiger, System Drexler, wurde 1917 die Kreiselbau GmbH, Berlin-Friedenau, mit *Drexler* als technischem Leiter gegründet. Diese Aktivität wurde auch nach Kriegsende weitergeführt. Im Auftrag der Reichswehr (Heer) wurde von 1926 bis 1929 von *Drexler* die Entwicklung einer automatischen Flugzeugsteuerung betrieben, die mit elektrisch angetriebenen Kreiseln und Rudermaschinen auch für die Fernsteuerung über Funk geeignet sein sollte. Die Entwicklung der Funkgeräte hatte ebenfalls *Dieckmann* übernommen. Nach erfolgreicher Erprobung der autom. Flugzeugsteuerung wurden die Aufträge 1929 eingestellt. Der Ingenieur und Flugzeugführer *Franz Drexler* verstarb im Januar 1929 in Berlin.

Eduard Fischel

Geboren 6. Juli 1902 in Bacharach am Rhein. Nach dem Studium der Elektrotechnik an der TH Darmstadt trat *Fischel* 1927 in das Zentrallabor bei Siemens & Halske in Berlin ein. Eine der ersten Aufgaben war die Entwicklung einer Fernsteuerung für ein Flugzeug. Die automatische Flugzeugsteuerung wurde von der Firma Meßgeräte Boykow entwickelt. Während der Erprobung entstanden die Kontakte zu *Boykow*, die schließlich zu der Übernahme der Flugreglerentwicklungen durch die Firma Siemens führte. *Fischel* hat als Technischer Leiter der Siemens-Luftfahrtgeräte-Abteilung maßgebenden Anteil an der Entwicklung von automatischen Flugzeugsteuerungen; dabei entstand auch die Bezeichnung »Autopilot«. Neben den ersten Dreiachsensteuerungen hat *Fischel* die Entwicklung der Kurssteuerung K 4 mit dem Kurskreisel LKu 4 durchgeführt, der in großen Stückzahlen bei der Luftwaffe zum Einsatz kam. 1935 hat *Fischel* eine Dissertation an der TH Berlin über theoretische Grundlagen der Flugregelung vorgelegt. 1937 hat man ihn in die Deutsche Akademie für Luftfahrtforschung berufen und 1939 zum Professor im Reichsdienst ernannt. Im gleichen Jahr wurde er Leiter des Instituts für Flugausrüstung der Deutschen Forschungsanstalt für Segelflug. Nach Ende des Zweiten Weltkrieges ging er mit der Gruppe um *Wernher von Braun* in die USA. Nach der Einbürgerung war Fischel bis 1962 bei der Firma Kearfott mit der Entwicklung von Trägheitsnavigationssystemen beschäftigt. Ab 1962 war *Fischel* nach der Rückkehr nach Deutschland beim Bodenseewerk Gerätetechnik beschäftigt; er baute hier den Bereich für Navigation auf. In der Folgezeit wurden viele Geräteentwicklungen unter seiner Leitung durchgeführt, so die Lagereferenzplattformen für Höhenforschungsraketen, Trägheitsnavigationsplattform für die europäische Trägerrakete und eines bandgehängten Meridiankreisels zur Bestimmung der Nordrichtung.

Als Experte wurde *Fischel* in Beratergremien der Deutschen Regierung berufen (Kommission für Raumfahrt, Deutsche Kommission für Weltraumforschung).

Professor *Dr.-Ing. Eduard Fischel* trat 1972 in den Ruhestand, siedelte nach Bad Reichenhall über, wo er am 13. Mai 1984 verstarb.

Johannes Gievers

Nach dem Studium war J. Gievers von 1927 bis 1945 bei der Firma Kreiselgeräte GmbH, Berlin-Zehlendorf, beschäftigt. Zunächst als Assistent des technischen Leiters *Johann Maria Boykow*. Nach dem Tode von *Boykow* im Jahr 1935 wurde *Gievers* technischer Leiter der Firma. Die Kreiselgeräte GmbH war eine Gründung der Kriegsmarine und daher überwiegend für die Marine tätig. Es wurden Stabilisierungseinrichtungen für die Feuerleitstände auf Kriegsschiffen entwickelt und gefertigt. Große kreiselstabilisierte Plattformen für die Entfernungsmesser einschließlich von vier bis fünf Personen Bedienungsmannschaft auf den »Westentaschen-Kreuzern«; sie kamen mit Erfolg zum Einsatz. Um die direkte Stabilisierung der Plattformen mit großen Kreiseln zu ersetzen, wurden kleine Plattformen als Meßzentrale entwickelt, die großen Plattformen wurden über eine Fernübertragung dieser Meßplattform nachgeführt. 1934 begann die Tätigkeit der Kreiselgeräte GmbH auf dem Gebiet der Steuerung von Raketen mit Hilfe der Trägheitsnavigation. Auf Anforderung von *Wernher von Braun* machte *Boykow* den Vorschlag, die Fernrakete auf einer gekrümmten Flugbahn mit Hilfe der Trägheitsnavigation zu führen. Dieser Vorschlag wurde nach dem Tod von *Boykow* durch *Gievers* weitergeführt und kam bei den ersten Startversuchen mit dem Peenemünder Aggregat A 3 zum Einsatz. Die weitere Entwicklung der Kreiselgeräte GmbH auf dem Gebiet der Steuerungen für Fernraketen führte zu verbesserten und verkleinerten (jetzt mit KA-10-Kreiseln ausgerüsteten) Plattformen als Meßgeber für die Steuerung. Für die Anwendung in den kleinen Ein-Mann-U-Booten wurde von *Gievers* eine Übergrund-Kompaß genannte Trägheitsnavigationseinrichtung geschaffen. Diese mit Luftlagern versehene Kreiseleinrichtung stellte den letzten Stand der Entwicklung auf dem Gebiet der Trägheitsnavigation bei Kriegsende dar; sie wurde von dem ehemaligen Mitarbeiter *Fritz Müller* in den USA weitergeführt. Nach dem Krieg war *Gievers* einige Jahre in den Royal Research Laboratories in England mit der Entwicklung einer Kreiselplattform für Trägheitsnavigation unter Verwendung der luftgelagerten Kreisel tätig. Diese Arbeiten wurden 1950 auf Weisung der

Royal Navy abgebrochen. Ab 1951 war er bei der amerikanischen Neugründung von *Albert Patin,* der Ampatco Laboratories Corp., tätig, danach bei der Chrysler Corp., Missile Division. In dieser Zeit hat *Gievers* an fortschrittlichen Problemen von Kreisel, optischen Systemen und der Steuerung/Lenkung von Raketen gearbeitet. Nach seiner Pensionierung war *Gievers* noch einige Jahre als Professor an der Oakland University in Rochester tätig.
Professor *Dr. Johannes Gievers* starb 1979.

Gert Zoege von Manteuffel

Geboren am 17. April 1903 in Wechmuth/Estland. Studium auf der TH Darmstadt, 1927 mit der Diplom-Abschlußprüfung beendet. Von 1928 bis 1945 bei den Askania-Werken, Berlin, mit der Konstruktion und Entwicklung von Flugzeugbordinstrumenten und Flugzeugselbststeuerungen beauftragt. Als Oberingenieur und Abteilungsleiter des Konstruktionsbüros für Luftfahrtgeräte hat *v. Manteuffel* maßgebenden Anteil an der Entwicklung der pneumatischen Kreiselgeräte und Selbststeuerungen sowie an der Überarbeitung und Weiterentwicklung der von der Firma Sperry in Lizenz übernommenen Lot- und Richtungskreisel. In der Folge entstand unter seiner Leitung eine ganze Reihe pneumatisch und elektrisch angetriebener Kreiselgeräte – angefangen vom einfachen Segelflieger-Wendekreisel über die verschiedenen Varianten von Horizonten, Trommelloten, Sondenkompassen mit Kompensiertöchtern bis zur konstruktiven Durchbildung der ersten, von Askania schon während des Zweiten Weltkrieges eingesetzten Dreikreisel-Plattform, die später als Basis für die Trägheitsortung weiterentwickelt wurde. Zu ihr konstruierte er ein integriertes Anzeigegerät, das die Hauptanzeigen für die Stabilisierung des Flugzeugs und für die Navigation in sich vereinigte. Nach dem Krieg war *v. Manteuffel* zunächst zur Vernehmung in England und ab 1947 als Entwicklungsingenieur in der Kreiselabteilung des Royal Aircraft Establishment, Farnborough, tätig. Ab 1949 wurde er als Entwicklungsingenieur bei der Sperry Gyroscope, London, mit der Entwicklung von Kreiselgeräten beauftragt. Nach der Rückkehr nach Deutschland 1953 war *v. Manteuffel* zunächst in dem Askania-Werk, München-Gauting, und ab 1955 bei den Siemens-Schuckertwerken beschäftigt.
Oberingenieur Dipl.-Ing. *Gert Zoege von Manteuffel* verstarb am 24. Juli 1964.

Waldemar Möller

Geboren am 11. März 1895 in Preetz (Holstein). Nach dem Einjährigen (Mittlere Reife) und einer Praktikantenzeit studierte er an den Höheren technischen Lehranstalten in Hamburg. Während des Ersten Weltkrieges als Freiwilliger eingezogen, wurde er Flugzeugführer in Beobachtungsflugzeugen (im damaligen Sprachgebrauch »Emil« genannt).

Nach dem Krieg holte er das Abitur nach und studierte an der TH Berlin mit dem Abschluß als Dipl.-Ing. Auf Empfehlung von *Prof. von Parseval* hat man ihn 1924 bei den Askania-Werken als Leiter der Luftfahrtabteilung eingestellt. Unter seiner Leitung wurden eine Reihe von Flugzeugbordinstrumenten und die ersten autom. Steuerungen für Flugzeuge entwickelt und von ihm im Werksflugzeug erprobt. Ab 1935 war *Möller* als Leiter einer Sondergruppe bei der Erprobungsstelle der Luftwaffe Rechlin mit der Entwicklung einer elektr. Dreirudersteuerung tätig. Dieser Flugregler konnte 1939 als »Einheits-Dreiruder-Steuerung« (EDS) für die deutsche Luftwaffe eingeführt werden. Die Serienreifmachung und Fertigung dieser Steuerung wurde der Firma Patin übertragen und bekam die Bezeichnung »Patin-Dreiruder-Steuerung« (PDS).
Möller hat 1939 Rechlin verlassen und trat wieder als freier Mitarbeiter in die Askania-Werke ein, wo er in Diepensee eine Entwicklungs- und Erprobungsstelle einrichtete. Aufträge bekam er von der Peenemünder Raketenentwicklung durch *Wernher von Braun*. Es sollte die Eignung der Einheitssteuerung für die Stabilisierung des Aggregates A 4 festgestellt werden. Nach der Anpassung der Rechliner Steuerung an die Verhältnisse des Aggregates A 5 wurden im Rahmen der Versuche auch eine Anzahl dieser Steuerungen mit Erfolg erprobt. In der Folgezeit entwickelte *Möller* in Diepensee einen elektrischen Flugregler mit Röhrenverstärker unter Verwendung des hydraulischen Stellmotors der Askania-Werke. Dieser Flugregler, »Dynuktiv« wegen seiner dynamischen Eigenschaften und der induktiven Abgriffe so genannt, verwendete als Meßgeber für die Lageinformation eine neu entwickelte stabilisierte Plattform. Diese war von der stabilisierten Plattform der Kreiselgeräte GmbH abgeleitet, für die Verwendung in Flugzeugen verkleinert und mit einer Überwachung durch einen Sondenkompaß und Lotlibellen versehen. Nach dem Zweiten Weltkrieg wurde *Möller* mit einer Gruppe von Mitarbeitern in die UdSSR verbracht und zunächst mit der Weiterentwicklung seiner Dynuktiv-Steuerung beschäftigt. Von 1950 bis 1955 war die Entwicklung eines Steuerungssystems für eine Flakrakete (Weiterentwicklung der Peenemünder Rakete C-2 »Wasserfall«) als Aufgabe gestellt. Nach der 1958 möglich gewordenen Rückkehr in die BRD wurde *Möller* von *Kurt Wilde,* dem Geschäftsführer des Bodenseewerk Perkin-Elmer & Co, Überlingen, als Leiter der Luftfahrt-Abteilung eingestellt. Hier wurden eine Reihe von Flugreglern entwickelt und in einem Werksflugzeug erprobt, ebenso auch Flugregler für die VTOL-Flugzeuge VJ 101 C, DO 31 und VAK 191. Diese Flugreglerentwicklungen kamen jedoch wegen geänderter Anforderungen nicht zum Einsatz.
Flugkapitän *Dr.-Ing. e. h. Waldemar Möller* war bis 1973, zuletzt als freier Mitarbeiter, in dem Bodenseewerk Gerätetechnik beschäftigt. Er verstarb am 8. März 1977 in Überlingen.

Tabellenteil

Tab. 1: Stabilisierung durch Pendel

Name/Firma	Land	Jahr	Meßfühler	Steuerorgan	Ruderbetätigung	Bemerkungen
Drexler	D	1909	Querlage u. Längslage u. Windfahne	Querruder u. Höhenruder	hydraulische Stellmotoren	
Olchowsky	F	1910	Pilot als Pendel, Längs- und Querlage	Querruder u. Höhenruder	direkt	
Duchowezky		1911	Längslage	Höhenruder	direkt	
Winetti		1910	Querlage	Querruder	direkt	
Klüse		1910	Querlage	Querruder	direkt	
Sullivan	USA	1910	Längs- und Querlage	Querruder u. Höhenruder	pneumatische Stellmotoren	
Raclot/Enderlin	F	1910	Flüssigkeitssäule, Quer- und Längslage	Querruder u. Höhenruder	pneumatische Stellmotoren	
Banki	Öster./Ung.	1910	Quecksilberröhre, Quer- und Längslage	Querruder u. Höhenruder	hydraulische Stellmotoren	
Fakin	F	1910	Quer- und Längslage	Querruder u. Höhenruder	hydraulische Stellmotoren	
Lobnitz	F	1910	Pilot u. Passagiere als Pendel, Quer- und Längslage	Querruder u. Höhenruder	direkt	
Voltz	CH	1911	Querlage	Ausgleichspropeller	direkt	Sicherheits-Fallschirm für das Flugzeug
Ellehammer	DK	1910	Längslage	Höhenruder	direkt	
Moreau	F	1912	Pilot als Pendel, Windfahne, Quer- und Längslage	Querruder u. Höhenruder	direkt	»Aerostable«
Masade/Aveline	F	1921/1923	Quecksilberpendel, Scheinlot, Drehgeschwindigkeit	Querruder u. Seitenruder	elektr.-pneum. Stellmotoren	
Willems	D		Längspendel mit pneum. Ventil	Höhenruder	pneumatischer Stellmotor	
Uecke	D		Quecksilberwaage Nick- und Rollage	Höhenruder u. Querruder u. Tragflächen	elektr.-pneum. Stellmotoren	
Newton Broth. Converse	USA		Quecksilberwaage	Querruder	elektr. Stellmotor	
Robert	F	1931	Pendel	Höhenruder u. Querruder	direkt direkt	
SECAT	F	1934	Pendel für Nick- und Roll, Richt-Kreisel für Kurs	Höhenruder Querruder Seitenruder	elektr. Stellmotoren	

Tab. 2: Stabilisierung durch Windfahnen

Name/Firma	Land	Jahr	Meßfühler	Steuerorgan	Ruderbetätigung
Wright	USA	1909	Staudruck, Querlage	Höhenruder u. Querruder u. Seitenruder	pneum. Stellmotor direkt pneum. Stellmotor
Hasse/Schuster	D	1910	Windfahnen an den Flügelenden	Propeller für Querlagestabilität	Reibungskupplung vom Motor
Doutre	F	1911	Staudruck, Längslage	Höhenruder	pneum. Stellmotor
Benua	I	1911	Staudruck	Höhenruder	direkt
Budig	D	1912	Staudruck	Höhenruder	direkt
Eteve/ Parseval	F D	1910/ 1914	Staudruck	Höhenruder	direkt
Gianoli	F	1935	Anstellwinkel Schiebewinkel Scheinlot	Höhenruder Seitenruder Querruder	aerodynm. Stellmotor aerodynm. Stellmotor aerodynm. Stellmotor
Bemberg	D		Schiebewinkel	Querruder	direkt
Constantin	F	1920	Anstellwinkel Schiebewinkel	Höhenruder Querruder	direkt direkt
S. T. AE	F	1929	Anstellwinkel	Höhenruder	elektr. Stellmotor

Tab. 3: Stabilisierung durch Kreisel

Name/Firma	Land	Jahr	Meßfühler	Steuerorgan	Ruderbetätigung
Maxim	GB	1891/ 1894	Längslage, Staudruck	Höhenruder vorn u. hinten	Kreisel- u. Stellmotorantrieb durch Dampf
Rengard	F	1910	Längs- u. Querlage	Höhenruder u. Querruder	Elektromagnete in den Seilen
Marmonier	F	1909/ 1911	Längslage, Windfahne als Gierdämpfer, Rollwinkel u. Windfahne	Höhenruder Seitenruder Querruder	direkt direkt direkt
Drexler	D	1912	Längs- u. Querlage	Höhenruder u. Querruder	elektr.-hydr. Stellmotoren
Slavin	USA	1910	Längs- u. Querlage	Höhenruder u. Querruder	hydr. Stellmotoren
Girardville Orain	F	1910	Gef. Richtkreisel Gef. Richtkreisel	Höhenruder Querruder	direkt direkt
Mees	D	1910	Zusätzl. Hubschrauben wirken als Kreisel und Steuerorgane		direkt
Sperry	USA	1913/ 1914	Längs- u. Querlage Windfahne	Höhenruder u. Querruder	elektr.-pneum. Stellmotoren
Lucas		1910	Gef. Kreisel	Höhenruder	direkt
Sparmann	D		2 freie Kreisel	Höhenruder u. Querruder	direkt direkt
Esnault/Peltierie	F		2 freie Kreisel	Höhenruder u. Querruder	direkt direkt

Tab. 4: Dreiachsensteuerungen der Firma Siemens

Typ	Name	Jahr	Anzahl	Meßfühler	Verstärker	Rudermaschinen
D I	Boykow	1926	2	Nicklagekreisel Fahrtmesser Trägheitsrahmen (Wendekreisel)	Relais	Elektrisch mit Magnetkupplungen
D II	Boykow	1929	5	Wendekreisel	Relais	hydraulische RM
D III oder V 3	Siemens	1931/ 1933	5	Magnetkompaß Fahrtmesser Querlagependel Wendekreisel	mechan./hydr.	hydraulische RM
D 4	Siemens	1934/ 1936		Fernkompaß Kurskreisel Kreiselhorizont LEH 4 Fahrtmesser Wendekreisel Statoskop	mechan./hydr.	hydraulische RM
DK 4	(dreimal K 4)	1937		Patin-Fernkompaß Kurskreisel LKu 4 Kreiselhorizont LEH 4 Wendekreisel in der RM		hydr. RM LSR 4ü
D 5	3 Rudermaschinen in einem Block	1936	Studie			hydr. RM mit 3 drehenden Abtrieben
D 7	3 Rudermaschinen in einem Block	1937	Studie			hydr. RM mit 3 drehenden Abtrieben
D 9	3 Rudermaschinen in einem Block	1937	Studie			1 Elektromotor mit 3 Magnetkupplungen
D 11	3 Rudermaschinen in einem Block	1938	Studie			hydr. RM mit 3 Seilzügen (Ähnlich Sperry A-2)
DK 12	(3mal K 12)	1940	Klein- serie	Patin-Fernkompaß Kurskreisel LKu 4 Horizontgerät LEH 4 Wendekreisel LDK 1 Fahrtgeber	Magnetverst. (Mischgerät)	Hydr. RM LRM 12
DK 12	mit Blindlande- zusatzgeräten	1940	Versuch	Peilanlage u. Peilzusatz Bakenanlage u. Bakenzusatz elektr. Höhenm.-Anlage u. Höhenmesser-Zusatz		
D 13	für Aggregat A-5	1939	Versuch	3 Wendekreisel 3 Kurskreisel		Hydr. RM
D 15	für Aggregat A-4 »V-2«	1941	Versuch	3 Wendekreisel 2 Vertikanten	Magnetverst.	Hydr. RM LRM 12
D 18	für Flakrakete C-2 »Wasserfall«	1944	Versuch	3 Kurskreisel	Magnetverst. Relais	Hydr. RM LRM 12
D 18 E	Für Flakrakete C-2 »Wasserfall«	1944	Versuch	3 Kurskreisel	Mischgerät A-4 ITA-Regler	elektr. RM
D 19	Für Flakrakete C-2 »Wasserfall«	1944	Versuch	3 Integrationskreisel	Magnetverst. Relais	hydr. RM
D 19 H	Für Flakrakete C-2 »Wasserfall«	1945	Versuch	3 Integrationskreisel	Relais	hydr. RM
D 20	Für Flakrakete C-2 »Wasserfall«	1944	Versuch	3 Integrationskreisel	Magnetverst. Relais	elektr. RM

Tab. 5: Kurssteuerungen der Firma Siemens

Typ	Name	Jahr	Anzahl	Meßfühler	Verstärker	Rudermaschinen
H IV	Siemens	1932/ 1933	4	Fernkompaß Wendekreisel in der Rudermaschine	mechan./hydr.	hydraulische RM
K 4	Siemens	1933	Kleinserie	Integrierender Wendekreisel LKu 1	mechan./hydr.	hydraulische RM LSR 4
K 4b		1934		Fernkompaß Wendekreisel in der Rudermaschine	mechan./hydr.	hydraulische RM LSR 4b
K 4c		1935		Fernkompaß Kurskreisel Wendekreisel in der RM	mechan./hydr.	hydraulische RM LSR 4c
K 4w		1935/ 1936		Askania-Fernkompaß u. Kurskreisel Wendekreisel in der RM	mechan./hydr.	hydraulische RM LSR 4w
K 4/k7– 1 bis 4		1936		Fernkompaß LFK 2g Kurskreisel LKu 4 Wendekreisel in der RM	mechan./hydr.	hydraulische RM
K 4ü– 1 bis 12		1936/ 1942	35 000– 40 000	Patin-Fernkompaß Kurskreisel LKu 4 Wendekreisel in der RM	mechan./hydr.	hydraulische RM LRS 4ü
K 6	für Raketen	1937/ 1938	Versuch	Leichtbauweise mit ¼ des Gewichtes der K 4		
K 8	Rudermaschine mit geänderten Kurbelabtrieb					
K 9	Wendekreisel getrennt von der RM.			Potentiometerabgriff und Magnetverstärker		
K 10	Entwurf für Neukonstruktion K 12				Magnetverstärker	hydr. RM
K 11	Versuch für K 12				Magnetverstärker	hydr. RM
K 12		1940/ 1941	10 000– 15 000	Patin-Fernkompaß Kurskreisel LKu 4 Wendekreisel LDK 1	Magnetverstärker (Mischgerät LMK 12)	hydr. RM LRM 12
K 12	Ruderhilfssteuerung	1943	Kleinserie	Zug-Druck-Meßgeber	Mischgerät LMK 12	hydr. RM LRM 12
Kuma-Anlage	(Kurs-Magnet-Kompaß-Anl.)	1940	Projekt	Fernkompaß Wendekreisel Integrations-Motor	Magnetverstärker	hydr. RM LRM 12
K 21	»Jägersteuerung«	1941	Versuch	Patin-Fernkompaß Wendekreisel LDK 1 Integrationsmotor	Magnetverstärker (Mischgerät LMK 12)	hydr. RM LRM 12
K 22	»Jägersteuerung«	1942/ 1943	Serie	Patin-Fernkompaß Wendekreisel LDK 11 Normalkraftmesser LNK 1	Magnetverstärker (Mischgerät LMK 12)	hydr. RM LRM 12
K 23	»Jägersteuerung«	1943	Serie	Patin-Fernkompaß Wendekreisel LDK 12 Normalkraftmesser LNK 1	Mangetverstärker u. Relaisverstärker	elektr. RM K 23
K 23b	»Jägersteuerung«	1944/ 1945	Versuch	Patin-Fernkompaß Wendekreisel LDK 12 u. Normalkraftmesser LNK 1 Dynamometer im Rudergestänge	Mischgerät LMK 12 Relaisverstärker	elektr. RM K 23

Tab. 6: Steuerungen der Askania-Werke

Typ	Name	Jahr	Anzahl	Meßfühler		Rudermaschinen
Lz 1	Längslageregler	1923	Versuch	Höhen/Fahrtmesser Längspendel	Strahlrohr	pneum. RM
Lz 1	Kursregler für Luftschiff LZ 127	1927/ 1928	Versuch	Fernkompaß Wendekreisel	Strahlrohr	pneum. RM u. hydr. RM u. elektr. RM
Lz 2		1928/	Versuch			
Lz 3		1928	Versuch			
Lz 4	Kursregler	1928/ 1929	Kleinserie	Fernkompaß u. Wendekreisel	Strahlrohr	pneum. RM
Lz 4	Kursregler mit zus. Anstellwinkelstabilisator nach Constantin (Versuch)					
Lz 5	Kursregler, Lose in der Rückführung		(Versuch)			
Lz 6	Kursregler, pneumatische Rückführung		(Versuch)			
Lz 7						
Lz 8	mit Querlagependel					
Lz 9	mit Peilrahmenaufschaltung		Versuch			
Lz 10	mit Wendekreisel mit zus. Winkelbeschleunigungsimpuls					
A-2	Gyropilot Sperry	1932	Lizenz	Kurskreisel Horizont Höhenmesser	Mechan.	hydraulische RM
L 2	Dreiachsensteuerung	1933/ 1934				
L 11	Kursregler	1933/ 1934				
Lz 11a	Kursregler	1934/ 1935	Serie	Ausführung für die Luftwaffe mit Richtungsgeber und Empfindlichkeitseinstellung		
L 12	Kursregler		Versuch Zivil			
Lstz 512	Kursregler		Zivil			
Lstz 14	Kursregler	1939	Serie Zivil	Fernkurskreisel Lfgk 3 Steuergerät Lz 14 Fernkompaß Lfk 8 Rudermaschine Lrm 3 Kurszeiger Lkz 1		
Lstz 14a	Kursregler	1939	Serie Luftwaffe	Patin-Fernkompaß Patin-Tochterkompaß Fernkurskreisel Steuergerät mit Drehmagnet für Richtungsgeber Richtungsgeber		
Lstz 14c	Kursregler	1939	Serie Luftwaffe	Patin-Fernkompaß Patin-Tochterkompaß Fernkurskreisel Steuergerät mit Drehmagnet Richtungsgeber Kurszeiger		
Lstz 14c-2	Kursregler für 2motorige Flugzeuge		Luftwaffe			
Lst 14	Dreiachsen	1936/ 1938	Versuch			

Typ	Name	Jahr	Anzahl	Meßfühler	Verstärker	Rudermaschinen
LKs 17	Kursregler	1940/1942		elektrischer Kreiselantrieb induktiver Abgriff am Kreisel Magnetverstärker		
Lst-3	Dreiachssteuerung	1943	Versuch			
LKs 18		1943/1944		ähnlich LKs 17		
»Simplex«	Kursregler für Jagdflugzeug	1942/1943	Versuch	Integrierender Wendekreisel		elektr. RM
»Dynuktiv«	Dreiachssteuerung	1943/1944	Versuch	Dreikreiselplattform 3 Wendekreisel Fahrtmesser		hydraulische RM

Tab. 7: Typenliste der vom Bodenseewerk Gerätetechnik entwickelten Flugregler

(Ausgeführte Flugregleranlagen ohne Projektvorschläge)

Typ	Zeichn.	vorgesehen für	Jahr	E.St.	Bemerkungen
Kursregler und Einachsen-Flugregler:					
FRG 1	1501	Do 27	1959	1	Kursregler mit Lear-Stellmotor
FRG 2	1502		1959	1	Einachsregler für Flugkörper
FRG 4	1505	Wippe »A«	1959	1	Einachsregler für VJ 101 C
FRG 5-3	900.00	Do 27 u. ä.	1960	1	zugelassen für zivile Luftfahrt
-4	900.51	Do 27 u. ä.	1963	1	mit Funkaufschaltung
-5	900.10	Do 27 u. ä.	1965	1	mit Funkaufschaltung
FRG 5-201 bis 5-208	901.51/ 901.06	Do 27 und Einachsversuche	1962 1965	2	Kursregler, Wippe A, Wippe Do Schwebegestell Do 31
FRG 5-301 -302	902.04 902.06	Do 27 Do 28 D	1966	3	Vorstufe für »Pilotboy« Modern. FRG 5, Entw. Stufe 2
Dreiachsenflugregler					
FRG 10-101	931.00	Fouga Magister	1960	1	alte Bezeichnung FRG 3-1, Zeichn. Nr. 1503,
FRG 10-102	920.00	Schwebegestell	1961	1	mit Lear-Stellmotor (VJ 101 C)
FRG 10-103	921.00	VJ 101 X 2	1962	1	Nick- und Rollachse verdoppelt, Triebwerksausfallregler
FRG 10-104	930.51	P 58 (DFS 582)	1962	1	druckdichtes Kreiselgerät
FRG 10-105	930.52	Noratlas 2501	1962	1	ohne Plattformaufschaltung
FRG 10-106	930.53	F 84 F	1963	1	druckdichtes Kreiselgerät
FRG 10-107	931.51	Piaggio 149D I	1963	1	mit Kurvenflug und Höhenhaltung
FRG 10-108	920.51	Schwebegestell	1963	1	geänderte Anlage FRG 10-102
FRG 10-109	931.52	Piaggio 149D II	1963	1	mit Funkaufschaltung
FRG 10-110	931.53	Do 27	1963	1	geändert in FRG 10-113
FRG 10-111	931.54	Do 32 U	1964	1	unbemannter Hubschrauber, zusätzl. Vertikalregelung
FRG 10-112	931.55	Noratlas	1965	1	mit Funk- und Plattformschaltung
FRG 10-113	931.56	Do 32K »Kiebitz"	1965	1	mit Beschleunigungsmesser- und Horizontalaufschaltung
FRG 10-113	931.57	Do 32K »Kiebitz«	1968	1	Anlage aus FRG 10-111 umgebaut
FRG 10-201	926.00	Reglerversuchsgestell Do 31	1961	2	druckdichtes Kreiselgehäuse
FRG 10-202	922.00	F 104 G	1963	2	druckdichtes Kreiselgehäuse
FRG 10-203	927.05	Schwebegestell Do 31	1964	2	Stabilisierung um drei Achsen, zusätzl. Rolldämpfer

Typ	Zeichn.	vorgesehen für	Jahr	E.St.	Bemerkungen
FRG 10-204	924.10	Schwebegestell 1262 (VAK 191)	1964	2	Roll- und Nickachse verdoppelt
FRG 10-205	926.51	Do 27	1964	2	Werkserprobung
FRG 10-206	927.00	Do 31 E1 u. E3	1964	2	Dreiachsregler für Schwebe- und aerodynamischen Flug, zusätzl. Rolldämpfer
FRG 10-303	940.23	Standardregler für Starrflügler	1966	3	Ausführung ARING 1/2 ATR Short Achsen getrennt, kl. PID-Kreisel
FRG 12-310	911.10	verschiedene	1967	3	Kursregler von »Pilotboy«
-360	911.11		1967	3	Kursregler Pilotboy IE
FRG 12-320	911.20	verschiedene	1967	3	Zweiachsregler »Pilotboy«
-370	911.21		1967	3	Zweiachsregler Pilotboy IIE
FRG 12-330	911.30	Do 28 D	1967	3	Dreiachsenflugregler »Pilotboy«
-380	911.31		1967	3	Dreiachsenflugregler Pilotboy IIIE
FRG 14	911.35/ 911.36	BO 105	1969 1973		Stabilisator und Autopilot Serie
FRG 14/API	911.37	BO 105	1975		Autopilot-Prototyp
FRG 14/APII	911.38	BO 105	1975		Autopilot, Roll- und Nickachse
FRG 16	911.50	Aerodyne	1976		
FRG 17			1970		FRG 12 Sonderentwicklung Dr. Möller
FRG 18	911.70	Do 32K »Kiebitz«	1971		Serienausführung
FRG 19	911.55	BO 105 (PAH I)	1976		Serie

Dreiachsen-Flugregler in Triplexausführung:

Typ	Zeichn.	vorgesehen für	Jahr	E.St.	Bemerkungen
FRG 30-302	933.10	VAK 191 B	1967		
FRG 31-301	936.00	Do 31	1967		
FRG 32-301	933.00	VJ 101 C X2	1967		Stabilisator, Dämpfer, Triebwerksausfallregler
FRG 33	915.00	VJ 101 C X2	1969		Höhenregler in Triplexausführung

Vortriebsregler:

Typ	Zeichn.	vorgesehen für	Jahr	E.St.	Bemerkungen
FVR 01-101	912.00	Boeing 707	1965		Prototyp
FVR 01-102	912.01	Noratlas	1966		Versuchsausführung
FVR 01-103	912.03	Transall	1967		Versuchsausführung
FVR 02-201	912.02	Boeing 707	1967		Serienausführung für DLH
FVR 02-202	912.05	Transall	1974		Versuchsausführung
FVR 03	912.04	VJ 101 C X2	1969		Triplexausführung

STOL-Flugreglersystem:

Typ	Zeichn.	vorgesehen für	Jahr	E.St.	Bemerkungen
FRG 70		Do 28 D	1970		Werkserprobung
GCU 70		Do 28 D	1972		Digitaltechnik
FRG 70 D		Do 28 D	1977		Digitaltechnik

Entwicklungsstufen für Flugregler FRG 1 bis FRG 12:

Entwicklungsstufe 1:
- PID-Wendekreisel mit induktivem Abgriff
- Summierung der Signale durch Magnetmodulator,
- Reglerverstärker: Wechselstromverstärker mit phasenempfindlicher Gleichrichtung,
- Leistungsverstärker mit Dreileiter-Ausgang,
- elektrischer Hauptstrom-Stellmotor mit zwei Feldwicklungen, mit Tachogenerator

Entwicklungsstufe 2:
- PID-Wendekreisel mit Hall-Abgriff,
- Summierung der Signale durch Hall-Modulator,
- Reglerverstärker: Wechselstromverstärker mit phasenempfindlicher Gleichrichtung,
- Leistungsverstärker mit Zweileiter-Ausgang,
- elektrischer Permanentfeld-Stellmotor,
- Bildung des Stellgeschwindigkeitssignals durch Drehzahl-Meßbrücke

Entwicklungsstufe 3:
- verkleinerter, hermetisch abgeschlossener PID-Wendekreisel,
- verkleinerte, mechanisch robuste Verstärker, aufgebaut unter Verwendung typisierter Bausteine in »Miniblock-Bauweise«,
- Reglerverstärker: direkt gekoppelt,
- Leistungsverstärker, ähnlich Entwicklungsstufe 2, jedoch zweistufig,
- elektrischer Stellmotor wie Entwicklungsstufe 2.

Verzeichnis der Anforderungzeichen und Gerätenummern von Bordinstrumenten der Deutschen Luftwaffe 1933 bis 1945 (Auszug)

Anforderz.	Geräte-Nr.	Benennung	Firma	Bemerkungen
Doseninstrumente				
Fl. 22207		Fahrtmesser Lr16r, 50–350 km/h	Askania	für Förderdüse
Fl. 22208		Fahrtmesser Lr19, –350 km/h	Askania	für Staurohr
Fl. 22216		Fahrtmesser 30–150 km/h	Askania	
Fl. 22227		Fahrtmesser Lr16r, –250 km/h	Askania	für Förderdüse
Fl. 22228		Fahrtmesser 50–350 km/h	Bruhn	
Fl. 22229	127-253 B4	Fahrtmesser Lr19r, 60–450 km/h	Askania	für Staurohr
Fl. 22230		Fahrtmesser 60–400/500 km/h	Bruhn	
Fl. 22231		Fahrtmesser 80–750 km/h		
Fl. 22233		Fahrtmesser –400 km/h	Bruhn	
Fl. 22234	127-501 E1	Fahrtmesser 100–900 km/h	Bruhn	in M 109, He-162
Fl. 22240		Fahrtmesser 70–750 km/h, zwei Zeiger		
Fl. 22241		Fahrtmesser 100–1000 km/h		
Fl. 22245		Fahrtmesser 100–1000 km/h		in Me 262
Fl. 22246-3		Sogpumpe		
Fl. 22250		Fahrtmesser 400–800 km/h		
Fl. 22254		Variometer ± 5 m/s		
Fl. 22260		Staurohr		
Fl. 22264-1		Staurohr		
Fl. 22281		Staurohr Ldü 17	Askania	
Fl. 22293-1		Staurohr Ldü 34s	Askania	
Fl. 22316		Höhenmesser 10 km		
Fl. 22316-1		Höhenmesser		
Fl. 22316-2	127-80	Grob-Höhenmesser 0–6 km		
Fl. 22316-6		Grob-Höhenmesser 0–6 km	Eckardt	
Fl. 22316-10		Höhenmesser	Fuess	
Fl. 22317	127-161 A	Kontakt-Höhenmesser 0–6 km	Fuess	
Fl. 22320		Fein/Grob-Höhenmesser 0–13 km	Fuess	
Fl. 22322		Fein/Grob-Höhenmesser 0–13 km	Fuess	in Me 109
Fl. 22326		Fein/Grob-Höhenmesser 0–16 km		in He-162
Fl. 22329		Kontakt-Höhenmesser	Fuess	
Fl. 22370		Variometer ± 10 m/s		
Fl. 22379		Variometer ± 5 m/s		
Fl. 22381-1		Variometer ± 10 m/s		
Fl. 22381-10		Variometer ± 10 m/s	Ludolph	
Fl. 22381-15		Variometer ± 15 m/s		
Fl. 22382		Variometer ± 15 m/s	Horn	
Fl. 22383		Variometer + 20–50 m/s		
Fl. 22384		Variometer ± 15 m/s		
Fl. 22386		Variometer ± 30 m/s		
Fl. 22472-1		Sogverteiler	Askania	
Fl. 22586		Prüfgerät für Fahrt & Höhe		
Fl. 22861		Höhenschreiber		
Fl. 22862		Höhenschreiber Hs 1, 0–6 km		
	127-253 B4	Fahrtmesser –450 km/h, zwei Zeiger		
Fl. 23400		Förderdüse Ldü 15	Askania	
Kreiselinstrumente				
Fl. 22402		Wendezeiger Lg 14 r	Askania	
Fl. 22406		Wendezeiger		
Fl. 22407		Wendezeiger Lg 3, elektr.	Askania	
Fl. 22426		Wendehorizont	Askania	
Fl. 22427		Wendehorizont Lgab 8	Askania	

Anforderz.	Geräte-Nr.	Benennung	Firma	Bemerkungen
Fl. 22410-1	127-277 B2	Wendehorizont	Askania	
Fl. 22411-1		Wendehorizont hek		
Fl. 22411-1	127-249 A2	Wendehorizont nay		
Fl. 22412	127-68 B1	Wendezeiger, elektr.	Deuta/Horn	
Fl. 22413		Wendezeiger		
Fl. 22414		Not-Wendezeiger, elektr. 4 V		
Fl. 22415-1	127-235 A2	Wendehorizont		
	127-249 A1	Wendehorizont		
Fl. 22418		Not-Wendezeiger, elektr.		
Fl. 22420		Gleichstrom/Drehstrom-Umformer 24 V, 3 × 36 V Drehstrom	Oemig	
Fl. 22426		Horizont		
Fl. 22561	127-210 A2	Kurskreisel LKu 4	LGW	
Fl. 22562	127-211 A1	Kurszeiger LKz 3	LGW	
Fl. 22563	127-212	Kursmotor LKMm	LGW	
Fl. 22567	127-219	Richtungsgeber LRg 9	LGW	
Fl. 22569	127-217	Richtungsgeber LRg 5	LGW	
Fl. 22571-1	127-619	Widerstandskasten LKW 1	LGW	
Fl. 22571-2	127-220	Widerstandskasten LKW 3	LGW	
Fl. 22571-4	127-620	Widerstandskasten LKW 4	LGW	
Fl. 22573	127-218	Richtungsgeber LRg 10	LGW	
Fl. 22576	127-294	Richtungsgeber LRg 15	LGW	
Fl. 22577	127-295	Widerstandskasten	LGW	

Kompasse

Anforderz.	Geräte-Nr.	Benennung	Firma	Bemerkungen
Fl. 23203		Orterkompaß Lkf 5b	Askania	
Fl. 23111		Kompaß		
Fl. 23183	127-183	Peilumschalter PSH 15	Patin	
Fl. 23211		Kompaß FK 5	Ludolph	
Fl. 23213		Projektionskompaß PH 10	Plath	
Fl. 23216		Peilkompaß LKp 4	Askania	
Fl. 23217-2		Fernkompaß Lfk 8	Askania	
Fl. 23217-3		Kompensiereinrichtung Lfk 8-3	Askania	
Fl. 23218		Kompaß Z 9	Plath	
Fl. 23226		Kompaß Lk 6		
Fl. 23230		Kugelkompaß Z 10	Plath	
Fl. 23227		Kugelkompaß Z 7g	Plath	
Fl. 23233		Führerkompaß FK 38		
Fl. 23234		Orterkompaß OK 38	Ludolph	
Fl. 23235-1		Armbandkompaß AK 39		
Fl. 23238		Orterkompaß OK 42		
Fl. 23243		Notkompaß LK 32		
Fl. 23291-3		Kompaßpeilscheibe PS 6		
Fl. 23331	127-110	Mutterkompaß PFK-m	Patin	
Fl. 23331-2		Mutterkompaß PFK/m2	Patin	
Fl. 23331-3	127-110 C1	Mutterkompaß PFK/m3	Patin	
Fl. 23331-4	127-11P D1	Mutterkompaß PFK/m4	Patin	
Fl. 23332		Mutterkompaß		
Fl. 23332-1		Mutterkompaß		
Fl. 23333		Führertochterkompaß PFK-f1	Patin	
Fl. 23334	127-113 A1	Führertochterkompaß PFK-f2	Patin	
Fl. 23335		Beobachtertochterkompaß PFK/b1	Patin	
Fl. 23336		Beobachtertochterkompaß PFK/b2	Patin	
Fl. 23337		Peiltochterkompaß PFK/P	Patin	
Fl. 23337-2		Peiltochterkompaß	Eckardt	
Fl. 23338	127-118 A	Führertochterkompaß PFK-f3	Patin	
Fl. 23339		Beobachtertochterkompaß PFK/b3	Patin	

Anforderz.	Geräte-Nr.	Benennung	Firma	Bemerkungen
Fl. 23354		Kurszeiger Lkz 5p	Askania	
Fl. 23371		Führertochterkompaß PFK/f4	Patin	
Fl. 23373	127-179	Funkbeschicker PFB 11	Patin	
Fl. 23374	127-178	Peiltochterkompaß PKT/p2	Patin	
Fl. 23376	127-184	Peilrahmenmotor PMo 12	Patin	
Fl. 23377	127-185	Peilrelaiskasten PRK 25	Patin	
Fl. 23378	127-182	Rahmendrehschalter PHS 14	Patin	
Fl. 23422		Kompensiersatz PKO 11	Patin	
Fl. 23470		Funkpeilanzeigegerät PFA/R	Patin	
	127-659 A	Führertochterkompaß PKT/f8	Patin	
Fl. 23750		Libellenoktant	Plath/DeTeWe	
Fl. 23825		Dreiecksrechner		
Fl. 23827		Koppler		
Fl. 22600		Borduhr		
Fl. 22602		Borduhr, 8 Tage	Kienzle	
Fl. 23883		Beobachteruhr	Laco	
Fl. 23885		Borduhr		
Fl. 25591		Borduhr	Junghans	

Flugregler, Kurssteuerungen

Anforderz.	Geräte-Nr.	Benennung	Firma	Bemerkungen
Fl. 22503		Kurssteuergerät Lz 11a	Askania	
Fl. 22504		Arbeitskolben Lc 6	Askania	zu Lz 11a
Fl. 22557	127-215	Notauslöseknopf LAK	LGW	zu Lz 11a
Fl. 22562		Kurszeiger Lkz 3	Askania	
Fl. 22565		Kurssteuerungsschalter FH 2		
Fl. 22574	127-221	Rudermaschine LSR 4ü	LGW	
Fl. 22594	127-238	Rudermaschine LRM 12	LGW	zu K 12
Fl. 22596	127-240	Mischgerät LMK 12	LGW	zu K 12
Fl. 23370	127-188	Kurszentrale PKZ 13	Patin	
Fl. 23354		Kurszeiger LKz 5p	Askania	
	127-85	Horizontmutter	Anschütz	zu PDS 11
	127-86	Horizonttochter PHT/2	Patin	zu PDS 11
	127-180	Kreiselüberwachungsschalter PHS 11	Patin	
	127-180 B	Kreiselüberwachungsschalter SH/17	Patin	
	127-225	Richtungsgeber LRi 2 mit Kuppelschalter	Askania	
	127-237	Richtungsgeber LRi 3	Askania	
	127-239	Dämpfungskreisel LDK 1	LGW	zu K 12
	127-240-18	Mischverstärker LMV 1	LGW	
	127-250 D	Leonard-Gleichstrom-Umformer GGU	Oemig	zu KS 11
	127-250 B	Leonard-Gleichstrom-Umformer	Oemig	zu PDS 11
	127-251	Gleichstrom-Drehstrom-Umformer	Oemig	
	127-252 D	Steuergerät	Askania	zu PDS 11
	127-252 E	Steuergerät	Askania	zu PDS 11
	127-252.04	Dämpfungskreisel	Askania	
	127-252.08	Steuerrelais SR 2	Patin	
	127-252.10	Dämpfungskreisel, Kurs	Askania	zu PDS 11
	127-252.11	Dämpfungskreisel, Kurs & Quer	Askania	zu PDS 11
	127-252.12	Dämpfungskreisel, Quer & Höhe	Askania	zu PDS 11
	127-252.20	Steuerrelais für PKS & PDS 11	Patin	
	127-253	Fahrtmesser mit Sollwerteinstellung	Patin	zu PDS 11
	127-254	Rudergetriebe für PKS 11 & PDS 11	Stolzenberg	
	127-255	Horizontmutter Lz 7	Anschütz	zu PDS 11
	127-258	Widerstandskasten	Askania	
	127-259	Kursmotor	LGW	
	127-260	Funkenlöschkasten	Askania	
	127-266	Abtriebshebel für PKS 11		

Anforderz.	Geräte-Nr.	Benennung	Firma	Bemerkungen
	127-267	Abtriebshebel für PDS 11		
	127-268	Richtungsgeber LRg 12	LGW	
	127-285 A1	Steuerkreisel »Fritz X«		
	127-294 B	Richtungsgeber LRg 13	LGW	
	127-295 A	Widerstandskasten LKW 5	LGW	
	127-306	Kurszentrale PKZ 14	Patin	
	127-313	Ita-Regler LIR 1	LGW	zu K 23
	127-326	Drehspulrelais	LGW	
	127-333	Widerstandskasten LKW 12	LGW	
	127-337	Kursmelder		
	127-386 A1	Normalkraftmesser LNK 1	LGW	zu LK 23
	127-344 B	Richtgeber D, LEV 2 mit Basisverstellung für »V 2«	LGW	
	127-344 C	Richtgeber EA, LEV 2 ohne Basisverstellung für »V 2«	LGW	
	127-366 A	Steuergerät für PKS 11	Patin	
	127-366 B	Steuergerät SK 12 für KS 11	Patin	
	127-366 C	Steuergerät DK 16 für KS 11	Patin	
	127-366 E	Steuergerät für DS 11	Patin	
	127-367 A-1	Dämpfungsregler DR 10	Patin	zu KS 12b
	127-368 A-1	Schüttelumformer WU 10	Patin	zu KS 12b
	127-7634 A	Dämpfungskreisel DK 21	Patin	zu KS 12b
	127-7685	Dämpfungskreisel LDK 12 »Seifenschale«	LGW	zu K 23
	127-8027-02	Steuergerät für »V 1«	Askania	
	127-8055 A	Anlaßregler für Kursfunkanlage	LGW	
	127-8077 A-1	Steuerkasten SK 15	Patin	zu KS 12b
	127-8082 A	LI-Gerät 7 A 16	Patin	zu KS 12b
	127-8332 A	Steuerrelais SR 5	Patin	
	127-8401 A-1	Rudermaschine für »V 1«	Askania	
	127-8401 C-1	Rudermaschine für »V 1«	Askania	
	127-8509 B	Kursfunkmischgerät für Kursfunkanlage	LGW	
	127-8517	Kursfunkanlage	LGW	
	127-8726 B2	Fernkompaß für »V 1«	Askania	
	127-8726-03	Hohlkugel für Fernkompaß		
	127-8976 A	Kurszentrale PKZ 16	Patin	
	127-9047 C-1	Magnetverstärker	LGW	
	127-93 C-1	Elt-pneumatischer Umwandler	Askania	

Funknavigationsinstrumente

Ln. 27372	Sender 23a für »V 1«	
Ln. 27373	Sender 23b für »V 1«	
Ln. 28330	Anzeigegerät AFN 101 für Höhenmesser FuG 101	
Ln. 28331	Umformer U 101 für Höhenmesser FuG 101	
Ln. 28332	Sender S 101 für Höhenmesser FuG 101	
Ln. 28333	Empfänger E 101 für Höhenmesser FuG 101	

Literaturverzeichnis

1. Übergreifende Literatur

Bachmann, Peter: Flugzeug-Instrumente. Typen, Technik, Funktion. Vom Sportflugzeug zum Airbus. Motorbuch Verlag Stuttgart, 1992.

Bennewitz, Dr. Kurt: Flugzeuginstrumente. Richard Carl Schmidt & Co, Berlin W 62, 1922.

Braslawski, D. A. / Logunow, C. C. / Pelper, D. C.: Berechnung und Konstruktion von Luftfahrtgeräten. Staatlicher Verlag der Rüstungsindustrie, Moskau 1954 (russ.).

Bürkle, Helmut: Instrumentenkunde. Dr. M. Matthiesen & Co, Berlin, 1940.

Draper, C. S.: Flight Control. »Journal of the Royal Aeronautical Society«, July 1955, London, p. 449–478.

Drexler, Franz: Zur Frage der automatischen Flugmaschinensteuerung. »Der Motorwagen« 1912, Seite 112 ff., 1913, Seite 67 ff.

Fischel, Eduard: Navigations- und Kreiselgeräte für Flugzeuge unter besonderer Berücksichtigung der Selbststeuergeräte. Siemens Apparate und Maschinen GmbH, Apparatewerk, 1936.

Haus, Fr.: Aerodynamische Grundlagen der selbsttätigen Stabilisierungseinrichtungen. »Jahrbuch 1938 der deutschen Luftfahrtforschung-Ergänzungsband«, Lilienthal-Gesellschaft für Luftfahrtforschung, Berlin.

Howard, R. W.: Automatic flight controls in fixed wing aircraft. The first 100 years. »Aeronautical Journal«, November 1973, p. 533–562.

Klein, Gerald: Dokumentation zur Geschichte des Luftfahrtgerätewerks Hakenfelde LGW 1930–1945. München 1980. Im Auftrag des Werner-von-Siemens-Instituts für Geschichte des Hauses Siemens.

Manteuffel, Gert Zoege von: Die Entwicklungsgeschichte der Flugzeug-Selbststeuerungen. Askania-Werke GmbH München, Werk Gauting. Bericht Nr. 5305, 1954.

– Übersicht über Kreiselanwendungen in der Meßtechnik. Askania-Werke GmbH München, Werk Gauting. Bericht Nr. 5301, 1954.

Möller, Waldemar: Stationen auf dem Werdegang eines deutschen Flugreglers. Manuskript, 1971, Bodenseewerk Gerätetechnik, Überlingen.

Olman, E. W. / Solojew, J. I. / Tokarew, W. P.: Autopiloten. Oborongis, Moskau 1946 (russ.).

Oppelt, Winfried: Kleines Handbuch technischer Regelvorgänge. Verlag Chemie, Weinheim 1962.

Oppelt, Winfried: Über die Entwicklung der Flugregler in Deutschland. »Luftfahrt international«, Heft 1 und 2, Januar und Februar 1982.

Rehder, Kurt: Flugzeug-Instrumente. Verlag C. J. E. Volkmann Nachf., Berlin-Charlottenburg, 1933.

Richardson, K. I. T., MA: The Gyroscope Applied. Hutchinson's Scientific and Technical Publications, London 1954.

LN 9300, Flugmechanik, Begriffe, Benennungen, Zeichen, Grundlagen.

VDI/VDE 2170, Flugregelung, Begriffe und Benennungen.

VDI/VDE 2171, Benennungen auf dem Gebiet der Kreiselgerätetechnik.

DIN 19226, Regelungstechnik und Steuerungstechnik, Begriffe und Benennungen.

2. Bezogene Literatur

Die ersten Stabilisierungshilfen

Conrad, R.: Flugmaschinenunfälle und Stabilisierungsautomaten. »Der Motorwagen« 1910, S. 1–3.

Drexler, Franz: Selbsttätig wirkende Flugmaschinensteuerung. »Flugsport« 1910, S. 12 ff.

Gesell, Robert: Natürliche und automatische Flugzeugstabilisierung. »Flugsport« 1912, S. 320 ff.

Mees, Gustav: Flugmaschine mit Kreisel-Stabilisierung und Hubschrauben-Steuerung, System Mess, für zirka 400 kg Nutzlast. »Flugsport« 1910, S. 404 ff.

Parseval, A. von: Über die Stabilität von Aeroplanen. »Flugtechnik und Motorluftschiffart« 1910, S. 1–3.

Vogelsang, C. Walther: Die Stabilisierung der Flugzeuge. Volkmann Nachf., Berlin 1917.

Bordinstrumente für Überwachung des Flugzustandes und der Fluglage

Askania-Bordgeräte, Sammelmappe Aero 111. Firmenschriften Askania-Werke.

Braunburg, Rudolf: Mit dem Wendezeiger durch die Wolken. »flieger Magazin«, Nr. 6, Juni 1988, S. 30–35.

Die Geschichte der Deutschen Lufthansa. Firmenschrift, Dezember 1984, S. 27–29.

Drexler-Steuerzeiger für Luftfahrzeuge. Firmenschrift Kreiselbau GmbH, Berlin-Friedenau.

Duda, Th.: Flugzeuggeräte, Band I, Fluglage und Flugzustand. VEB Verlag Technik, Berlin 1959.

Fischel, Eduard: Der Kreisel und seine Probleme im Flugzeug. Deutsche Akademie der Luftfahrtforschung, Berlin 1940.

– Das Kreisellot und seine Technik. »Luftfahrttechnik – Raumfahrttechnik« 10 (1964), Nr. 4, S. 101–106.

Koppe, Prof. Dr. Heinrich: Fahrtmessung. Ringbuch der Luftfahrttechnik, VE 5, 1938.

– Die Einführung und Anwendung von Kreiseln im Flugzeuge. Berichte der Luftfahrtabteilung der Technischen Hochschule Braunschweig 1943, S. 23–38.

– Probleme der Höhenmessung in der Luftfahrt. DFL-Bericht Nr. 139 Jahrbuch 1960 der WGL, S. 1–10, Verlag Friedr. Vieweg & Sohn, Braunschweig.

Möller, Waldemar: Askania-Horizontalkreisel, »Flugsport« Nr. 17 (1926), S. 338–340.

Pallett, E. H. J.: Aircraft Instruments Principles and Applications. Pitman.

Rosenbaum, Dr. Th.: Das Luftnavigierungs-Instrument »Gyrorektor«. »Illustrierte Flug-Woche«, 6. Jahrgang 1924, S. 43–44.

Bordinstrumente für die Bestimmung der Flugrichtung und der Navigation

Askania-Bordgeräte, Sammelmappe Aero 111, Firmenschriften Askania-Werke.

Das älteste Kreiselkompaßwerk der Welt. Firmenschrift, Anschütz & Co, 1905–1955.

Duda, Th.: Flugzeuggeräte, Band II, Navigation. VEB Verlag Technik, Berlin 1961.

Förstner, G. / Schmidt, Oswald: Terrestrische Navigation, Bestimmung von Kurs und Geschwindigkeit. Ringbuch der Luftfahrttechnik, V B 9, 15. 5. 1940.

Friedensburg, Walter: Der Fernkompaß. »Zeitschrift für Flugtechnik und Motorluftschiffart«, 11. Jahrgang Heft 15, 11. August 1920, S. 217–220.

Martienssen, O.: Die Entwicklung des Kreiselkompases. »VDI-Zeitschrift«, Band 67, Nr. 8, 24. Februar 1923, S. 182–187.

Möller, Waldemar: Die Entwicklung des Fernkompasses und seine Bedeutung für die automatische Steuerung. »Zeitschrift für Flugtechnik und Motorluftschiffart«, 21. Jahrgang 1930, Heft 24, S. 640–645.

Schuler, Max: Die geschichtliche Entwicklung des Kreiselkompasses in Deutschland, Teil 1: Schiffskreiselkompasse; Teil 2: Flugzeug- und Vermessungskreisel, selbsttätige Schiffssteuerung, Hilfsgeräte. »VDI-Zeitschrift« Bd. 104, Nr. 11, 11. April 1962, S. 469–508, und Nr. 13, 1. Mai 1962, S. 593–599.

Pawlow, W. A.: Grundlagen der Konstruktion von Kreiselgeräten. Moskau 1946 (russ.).

Entwicklung der automatischen Steuerungen bis 1945

Askania-Firmenschriften:
    Aero 34: Askania-Fernkompass, 1927.
    Aero 70: Selbststeuerung von Flugzeugen, 1931.
    Aero 71: Selbsttätige Askania-Kurssteuerung, 1931.
    Aero 9: Askania-Wendezeiger, 1932.
    Aero 101: Luftfahrt-Instrumente, 1931.
    Aero 150: Wendezeiger, Antrieb durch Sogluft, 1942.
    Aero 156: Fernkurskreisel (LfgK 3), 1939.
    Aero 154: Kurskreisel, Bauart Sperry, 1938.
    Aero 513: Selbsttätige Kurssteuerung Lz 10, 1934.
    Aero 518: Selbsttätige Kurssteuerung Lz 11a, 1935.
    LFO 113: Askania-Kurssteuerung für Verkehrsflugzeuge, Baumuster Lz 11a.
    Aero 215: Flugzeug-Vollsteuerung, Bauart Sperry, 1936.
    Aero 210: Kurssteuerung Baumuster Lstz 512, 1937.
    Aero 211: Kurssteuerung Baumuster Lstz 14, 1940.
    Askania Nr. LFO 270: Entwurf einer Beschreibung und Bedienungsvorschrift der Einheits-Dreiachsensteuerung.
Boykow, H.: Motorische Flugzeugsteuerung. Jahrbuch der WGL, 1927, S. 91–98.
Der automatische Pilot für Flugzeuge. Firmenschrift, Meßgeräte Boykow GmbH, Berlin-Lichterfelde, 1928. Deutsches Museum, München (Sondersammlung).
Dienstanweisung D. (Luft) T. g. 5400: PDS Patin-Dreiruder-Steuerung. Geräte-Handbuch. Beschreibung und Wirkungsweise sowie Bedienung und Wartung.
Dienstanweisung L. Dv. T. 2234 B-2/Fl.: Ar 234 B-2 Bedienungskarte (Exerzier-Karte) für den Flugzeugführer.
Drexler, Franz: Selbsttätige Flugzeugsteuerung. »Hannoversches Tageblatt«, 13. Januar 1928, 1. Beilage.
Fischel, Eduard: Die vollautomatische Flugzeugsteuerung. Ringbuch der Luftfahrttechnik, V E 4, 1940.
– Wie ich den Beginn des Zeitalters der Fernlenkung und selbstgesteuerter Flugzeuge erlebte. Werkzeitschrift »Die Klammer«, Ausgabe 1/1969, S. 24–26. Bodenseewerke, Überlingen.
– Über die K 4, eine automatische Kurssteuerung für Flugzeuge. Manuskript 1969, Siemens-Archiv.
– Geschichtliches über den Siemens-Kurskreisel. Manuskript 1974, Siemens-Archiv.
Heilbronn, Hans: Die Flugzeug-Dreirudersteuerung D III der Siemens & Halske A.G. Bericht aus der Pionierzeit der Flugregler-Entwicklungen. Siemens-Archiv, SAA 35–44/Lc 168.
Hahn, Gert: Der Anteil Rechlins an der Entwicklung von Flugreglern und Kreiselgeräten der Luftfahrt. Rechliner Brief Nr. 35, S. 1–96, Rechliner Briefe, Dritte Folge, September 1978.
Hahn, Gert / Kracheel, Kurt: Die Entwicklung und Technik der Deutschen Flugregler 1909–1945. Manuskript, 1989.
Helm, Alfred: Erlebte Blindflugentwicklung. Starten und Fliegen, Band VI, Deutsche Verlags-Anstalt Stuttgart, 1961. S. 124–145.
Klein, Gerald: Bedeutung automatischer Steuerungen für die Blindlandung. Jahrbuch 1955 der WGL, S. 62–71.
Kramar, Ernst: Funktechnische Wege zur Allwetterlandung, Starten und Fliegen, Band VII, Deutsche Verlags-Anstalt Stuttgart, 1962, S. 78–94.
– Zur Geschichte der Funklandehilfen. »Intervia«, 3/1973, S. 246–248.
Krüger, E.: Fernlenkwaffen-Entwicklung im ersten Weltkrieg. »Flugkörper«, 1959, Heft 2, S. 53–56.

Lauck, Friedrich: Erinnerungen an die Entwicklung des Gerätes Fernkurskreisel LKu 4. Manuskript 1977, Siemens-Archiv.
Leib, A.: Die Funknavigation der Luftfahrt. »Telefunken-Hausmitteilungen« 20. Jahrgang Nr. 82, Dezember 1939.
Mäder, Martin: Bordgeräte im Verkehrsflugzeug. »Zeitschrift des Vereines deutscher Ingenieure«, Band 72, Nr. 40, Oktober 1928, S. 1426–1434.
Möller, Waldemar: Kurssteuerung mit dynamischer Rückführung. E-Stelle der Luftwaffe, Rechlin. E 3a, 1936.
– Die Rechliner Dreiachsensteuerung. Teilbericht LC Nr. 39003 vom 14. 3. 1938. Erprobungsstelle der Luftwaffe, Rechlin.
– Bericht über die bei der Gruppe E 3 S der Erprobungsstelle Rechlin vorgenommenen Entwicklung auf dem Gebiet der Flugzeugsteuerungen. Erprobungsstelle der Luftwaffe Rechlin E 3 S, 15. 3. 1938.
– Über die Dressur von autom. Flugzeugsteuerungen. Praktische Winke. Erprobungsstelle der Luftwaffe Rechlin, E 3 S, 1938.
– Erfahrungen und Lehren aus der Entwicklung und Erprobung von Flugreglern. Technischer Bericht TB 000 D 115/64. Bodenseewerk Gerätetechnik GmbH, Überlingen.
Möbius, Karl und Garczyk, Johann: Flugfunkwesen, Teil II. in der Reihe Flugzeugbau und Luftfahrt, C. J. E. Volkmann Nachf. E. Welte, Berlin 1938.
Müller, Benno: Manuskripte über Firmengeschichte Patin. Bodenseewerk Gerätetechnik, Überlingen.
Orlamünder, Georg: ASKANIA-WERKE – Luftfahrtgeräte-Entwicklung und Produktion. Manuskript 1984, Bodenseewerk Gerätetechnik GmbH, Überlingen.
– Firma Albert Patin, Werkstätten für Fernsteuerungstechnik in Berlin. Kurzfassung einer Firmengeschichte. Manuskript, Bodenseewerk Gerätetechnik GmbH, Überlingen.
Patin Firmenschriften:
Druckschrift P 101: Vorläufige Beschreibung und Bedienungsvorschrift der PATIN-Fernkompaßanlagen.
Druckschrift Nr. 1: Kurzbeschreibung und Bedienungsanweisung der PATIN-Dreirudersteuerung PDS.
Druckschrift Nr. 2: Vorläufige Anleitung zur Überprüfung der Arbeitsweise einer PDS-Anlage.
Druckschrift Nr. 4: Vorläufige Kurzbeschreibung und Bedienungsanweisung der PATIN-Kurssteuerung PKS 11 mit Kurszentrale PKZ 13 oder Fernkurskreisel LKu 4.
Druckschrift Nr. 13: Entwurf einer Einbau- und Prüfvorschrift für die PATIN-Peilanlage, X/42.
Druckschrift Nr. 14: Vorläufige Beschreibung der PATIN-Kurszentrale PKZ 13.
Druckschrift Nr. 20: Vorläufige Beschreibung der PATIN-Kurszentrale PKZ 14-B.
Druckschrift P 117: Vorläufige Kurzbeschreibung der PATIN-Jäger-Kurssteuerung KS 12b-1.
Druckschrift P 114: Kurzbeschreibung und Bedienungsanweisung der PATIN-Peilanlage (automatisches Peilzusatzgerät).
PATIN-Zeichnung V 2076: Kurssteuerung Ju 188 E/F, Wirkschaltplan.
PATIN-Zeichnung V 2085: Dreirudersteuerung in Ju 88 DLH Staaken, Leitungsplan.
PATIN-Zeichnung V 2102: Dreirudersteuerung in Ar 234 B, Wirkschaltplan.
PATIN-Zeichnung: Stromlaufplan PDS 5-3.
Pauli: Vereinigt leistet dieses Paar, was einzeln keinem möglich war.

»Askania-Warte«, 5. Jahrgang, Nr. 24, Juli/August 1940, S. 78–81.

Schmidt, W.: Aus der Entwicklung der selbsttätigen Flugzeugsteuerung. »Feingerätetechnik«, 5. Jahrgang Heft 7, Juli 1956, S. 325–327.

Siemens-Firmenschriften:
  C 52001 . . . Siemens-LGW Kurskreisel LKu 4
  C 52002 . . . Siemens-LGW Fernkompaß LFK 2g
  C 52003 . . . Siemens-LGW Rudermaschine LSR 4ü
  A 52001 . . . Siemens-LGW Kurssteuerung K 4
  B 52001 . . . Siemens-LGW Kurssteuerung K 4 k 7
  B 52002 . . . Siemens-LGW Kurssteuerung K 4 ü
  027A . . . Beschreibung Siemens-Kurssteuerung K4k7
  02 407 . . .Kurzbeschreibung Kurssteuerung K 12
  77 Lg1-Be 87 . . . Beschreibung Rudermaschine K 12
  77 Lg1-Be 83 . . . ITA-Regler LIR 1
  77 Lg1-Be 68 . . . Vorläufige Kurzbeschreibung der Siemens-LGW-Ruderhilfssteuerung K 12 im Flugzeug Me 323
  77Lg1 E-597 . . . Die Siemens-LGW-Blindlandeanlage
  77Lg1-Be-107 . . . Beschreibung Siemens-LGW-Fahrtgeber 127-2201
  B 66001 . . . Siemens-Höhenmesser FuG 101A
  77 Lg1-Be-124 . . . Beschreibung Siemens-LGW-Landeanlage 127-2756 A
  77 Lg2-Be 119 . . . Beschreibung der LGW Jägersteuerung K 23.
  77 Lg2-Be-116: . . . Beschreibung Auswertegerät AWG 3
  77 Lg1-Be-116: . . . Beschreibung Siemens-LGW-Kursfunkanlage 127-8517.

Thauß, A., Kaull, B. v.: Selbsttätige Steuerungen von Flugzeugen (Die Siemens-Automatische Kurssteuerungsanlage). »Siemens-Zeitschrift«, Jahrgang 14, 11. Heft, November 1934.

Thauß, A., Kaull, B. v.: Der »Autopilot« (Selbsttätige Flugzeugsteuerung). »Siemens-Zeitschrift«, Jahrgang 15, 1. Heft, Januar 1935.

Trenkle, Fritz, Die deutschen Funk-Navigations- und Funk-Führungsverfahren bis 1945. Motorbuch Verlag Stuttgart, 1979.

– Bordfunkgeräte – Vom Funkensender zum Bordradar. Buchreihe die deutsche Luftfahrt, Bd. 7. Bernard & Graefe Verlag, 1986.

Vorläufiger Erprobungsbericht über Ar 234 mit Lotfe 7 K und PDS 11 Drei-Achsensteuerung. E-Stelle Rechlin E 7e.

Weyl, A. R.: On the History of Guided-Weapon Development. »Zeitschrift für Flugwissenschaften«, 5. Jahrgang, Heft 5, Mai 1957.

Wilde, Kurt: Über neuere Arbeiten auf dem Gebiet der automatischen Steuerungen. Jahrbuch der Deutschen Luftfahrtforschung, Ergänzungsband 1938 und Askania-Sonderdruck Aero 528.

Wünsch, G.: Kurssteuerungen von Flugzeugen. »VDI-Zeitschrift«, Band 85, Nr. 4, Januar 1941, S. 89–93.

Neue Aufgaben für selbsttätige Steuerungen

Benecke, Theodor / Hedwig, Karl-Heinz / Hermann, Joachim: Flugkörper und Lenkraketen. Die deutsche Luftfahrt, Bd. 10. Bernard & Graefe Verlag, Koblenz, 1987.

Braun, Wernher von: Konstruktive, theoretische und experimentelle Beiträge zu dem Problem der Flüssigkeitsrakete. Dissertation 1934. »Raketentechnik und Raumfahrtforschung«, Sonderheft 1. Herausgegeben von der deutschen Gesellschaft für Raketentechnik e.V. Stuttgart.

– Reminiscencec of German Rocketry. »Journal of the British Interplanetary Society«, Vol. 15, No. 3., No. 70, May–June, 1956, p. 125–145.

Dornberger, Dr. Walter: V 2 – Der Schuß ins Weltall. Bechtle Verlag Esslingen, 1952.

Das Aggregat III., Bericht Wa Prw 13/II. Az.: 67 a 21, Bd. Nr. 398./37 gk: Peenemünde, den 29. November 1937. Sondersammlung Deutsches Museum, München.

Doetsch, Karl H.: Probleme der automatischen Steuerung von Flugzeugen. Jahrbuch 1955 der WGL, S. 72–78.

Eberst: Forderungen der automatischen Steuerung an die Gestaltung der Zelle und an die Flugeigenschaften. E-Stelle Rechlin, Br. B. Nr. 24/44, 15. 2. 1944.

Fieber, K. W.: Zur Geschichte der deutschen Raketensteuerung, Mai 1965. SAA 35-70 La 856. Siemens-Museum, München.

Friedrichs, E. G.: Überlegungen zum Schießanflug. DVL 28. August 1944, Untersuchungen und Mitteilungen Nr. 1336.

Gievers, Johannes G.: Erinnerungen an Kreiselgeräte. Jahrbuch 1971 der DGLR.

Handbook on Guided Missiles of Germany and Japan: 11-1: German FGZ 76 (V-1). Military Intelligence Divison, War Dept. 1946.

Karner, Stefan: Die Steuerung der V 2. Zum Anteil der Firma Siemens an der Entwicklung der ersten selbstgesteuerten Großrakete. »Technikgeschichte«, Sonderdruck, Verein deutscher Ingenieure.

Klee, Ernst / Merk, Otto: Damals in Peenemünde. Gerhard Stalling Verlag, Oldenburg und Hamburg. 1963.

Scholz: Vorläufige Kurzbeschreibung der Siemens-LGW-Ruderhilfssteuerung K 12 im Flugzeug Me 323. Bericht 77 Lg 1-Be 68, 23. 1. 43.

Steffek, Karlheinz: Demonstration der Lageregelung eines Flugkörpers. Semesterentwurf Technische Hochschule München, Institut B für technische Mechanik, 1970.

Temme, Heinrich: Development and Testing of the V-1 Autopilot. History of German Guided Missiles Development. AGARDograph No. 20, p. 70–79. Verlag E. Appelhans & Co., Braunschweig 1957.

Trenkle, Fritz: Die deutschen Funklenkverfahren bis 1945. AEG-Telefunken.

Würthner: Erster Bericht über Standversuche D 13 (Dreiachsensteuerung) Siemens Apparate und Maschinen GmbH (SAM). Versuchsbericht 77 Lg 1-V 85. 15. April 1940.

Westphal, Hans: Dr.-Ing. e. h. Waldemar Möller – Ein Leben für die Fliegerei, 1978. Rechliner Briefe, Dritte Folge, Nr. 34-1.

Young, Richard Anthony: The flying Bomb. IAN ALLAN LTD, London 1978.

Zink, Georg: Der Ingenieur und Organisator, in Kurt Wilde: Erinnerungen an sein Leben und Wirken, S. 46–50. Firmenschrift Bodenseewerke Überlingen, 1973.

Stand der Entwicklung im Ausland 1945 und Weiterführung deutscher Entwicklungen im Ausland nach 1945

Albring, Werner: Gorodomlia. Deutsche Raketenforscher in Rußland. Luchterhand Literaturverlag, 1991.

AMPATCO laboratories corporation automatic control, 1955, Firmenschrift.

Bergaust, Erik: Werner von Braun, ein unglaubliches Leben. Econ Verlag, Düsseldorf und Wien, 1976.

Berner, Kurt: Spezialisten hinter Stacheldraht, Ein ostdeutscher Physiker enthüllt die Wahrheit. Brandenburgisches Verlagshaus, Berlin 1990.
Bower, Tom: Verschwörung Paperclip. NS-Wissenschaftler im Dienst der Siegermächte. List Verlag in der Südwest Verlag GmbH, München, 1988.
Carigan, William: The B-24 Liberator-A Man's Airplane. »AEROSPACE HISTORIAN«, Spring, March 1988, p. 11–24.
DGLR-Berichtsreihe »Blätter zur Geschichte der Deutschen Luft- und Raumfahrt, Band 5: Die Tätigkeit deutscher Luftfahrtingenieure und -wissenschaftler im Ausland nach 1945.
Doetsch, Karl. H.: Probleme der automatischen Steuerung von Flugzeugen. Jahrbuch 1955 der WGL, S. 72–78.
Draper, Charles Stark: Origins of Inertial Navigation. »J. Guidance and Control«, Sept.–Oct. 1982, p. 449–463.
Ernst, Günter: Über eine störungsfreie Fluglagenregelung für strahlgetragene Flugzeug. Jahrbuch 1960 der WGL, S. 221–227.
Eyermann, Karl-Heinz: Raketen, Schild und Schwert. Deutscher Militärverlag, Berlin, 1967.
Gröttrup, Helmut: Aus den Arbeiten des deutschen Raketen-Kollektivs in der Sowjetunion. »Zeitschrift Raketentechnik und Raumfahrtforschung«, Heft 2/58.
Gröttrup, Irmgard: Die Besessenen und die Mächtigen im Schatten der Roten Rakete. Steingruben Verlag Stuttgart, 1958.
Häussermann, Walter: Developments in the Field of Automatic Guidance and Control of Rockets. »J. Guidance and Control«, May–June 1981, p. 225–239.
– Saturn Launch Vehicle's Navigation Guidance, and Control System. »Automatica«, Vol. 7, p. 537–556.
Hang, Dinter / Lutz, Diana: How Honeywell Got Its First Avionics Contract. »Scientific Honeyweller«, Volume 7, Number 1, Spring 1986, p. 1–7.
Hoffmann, Arran K.: All electromechanical autopilot is first systems application which shows . . . How to apply basic new servo components. »Automatic Control«, March 1956, p. 15–20.
Hopkin, H. R. / Dunn R. W.: Theory and Development of Automatic Pilots, 1937–47. ROYAL AIRCRAFT ESTABLISHMENT; Farnborough, Report No. I. A. P. 1459, August 1947.
Klein, G. / Stieler, Dr. B.: Contributions of Late Dr. Johannes Gievers to Inertial Technology – Some Aspects on the History of Inertial Navigation. »Ortung und Navigation«, 3/79, p. 436–448.
Lange, Oswald H. / Stein, Richard J.: Space Carrier Vehicles Advances in Space Science and Technology, Supplement 1. Academic Press, New York – London, 1963.
Lear, William P.: Trends in Autopilot Developments. Jahrbuch 1955 der WGL, S. 79–87.
Magnus, Kurt: Raketensklaven. Deutsche Forscher hinter rotem Stacheldraht. Deutsche Verlags-Anstalt, Stuttgart 1993.
Möller, Waldemar / Orlamünder, Georg / Kracheel, Kurt: Entwicklung und Erprobung von Flugreglern. Vortrag 29. 3. 1960 in Arbeits- und Forschungsgemeinschaft »Graf Zeppelin« e.V., Stuttgart-Flughafen.
Müller, Dr. Fritz K.: A History of Inertial Guidance. Astro-Space Laboratories Inc., 1960.
The Sperry Gyropilot – Model A-2, Firmenschrift.
A-3 Gyropilot, Publikation 15–39. Sperry Gyroscope Company, Inc., Great Neck, New York.
Verne, Jules: Von der Erde zum Mond, direkte Fahrt in siebenundneunzig Stunden und zwanzig Minuten. Diognes Taschenbuch, 1966.

Wünsch, B.: Entwicklung und Stand der Selbststeueranlagen im Ausland. WGL-Jahrbuch 1931, S. 86–91.

Neubeginn in Deutschland mit Wartungsarbeiten und Lizenzbauten ausländischer Intrumente und Flugregler

Anast, James L.: Vollautomatische Flugzeugführung. »Interavia«, 3. Jahrgang, Juli 1948, S. 385–389.
– Über einen automatischen Flug von Neufundland nach England im Jahr 1947 und jüngste Entwicklungen auf dem Gebiet der Steuerautomatik. Bücherei der Funkortung, Bd. 2, Teil IV, S. 49–55, 56–64.
Automatic Controls for Pilotless Ocean Flight. »ELECTRONICS«, Dez. 1947, p. 88–92.
Brendes, H.: Die Technik eines modernen elektromechanischen Flugnavigationsrechners. »Feinwerktechnik«, 68. Jahrgang 1964, Heft 2, S. 39–44.
Brodzik, Joseph: Grundsätze der neuzeitlichen Flugregelung von Verkehrsflugzeugen, insbesondere bezüglich der automatischen Anfluges. »Luftfahrttechnik«, Bd. 4, Nr. 3, März 1958, S. 73–79.
Fischer, Arno: Flugzeuginstrumente. Hanns Reich Verlag, München, 1963, S. 110–113.
Flugweg-Rechenanlage PHI. TELDIX-Taschenbuch, 1964, S. 156–165.
Flugleitanlage »Flight Director«, FDS 300. TELDIX-Taschenbuch, 1964, S. 148–155.
Gesler, H.: Erfahrungen der Deutschen Lufthansa mit neuzeitlichen Autopilot-Anlagen. »Luftfahrttechnik«, Bd. 4, Nr. 3, März 1958, S. 91–96.
Hantusch, Werner: Beschreibung und Arbeitsweise der SFENA-Kreiselhorizonte. »die klammer«, Werkzeitschrift Bodenseewerke, Überlingen, 1966, Heft 2, S. 14–16.
Heckmann, Erhard: Bauen und Prüfen, die Produktion des Starfighter in Europa. »Flugwelt«, 1963, Heft 2, S. 109–115.
Littons Trägheitsnavigationssystem LN-3 im Starfighter. »Flugwelt«, 1964, Heft 5, S. 354–355.
Miller, Barry: Litton Is Producing F-104 Inertial Navaid. »AVIATION WEEK«, Jan. 9, 1961.
Passagierflugzeug IL-62, Abschnitt 22, Automatischer Flug. Interflug, 1971.
Pollack, H.: Der Smiths-Autopilot S.E.P.2. »Luftfahrttechnik«, Bd. 4, Nr. 3, März 1958, S. 79–89.
Strese, Dieter: Das Starfigther-Flugregelsystem MH-97G. »Interavia«, 4/1963, S. 463-465.
Technische Beschreibung Autopilot AP-6E. Interflug, 1967.
VDO-Smiths-Handbuch VDO-L/HB 1a: S.E.P.2 Flugregler, Typ B, in Noratlas, Band 1.

Neubeginn der Flugreglerentwicklungen in Deutschland nach 1955

Ausrüstung und Zubehör am neuen VTOL-Transporter Do-31. »luftfahrt-zubehör«, Heft 4/1967.
Benecke, Theodor / Hedwig, Karl-Heinz / Hermann, Joachim: Flugkörper und Lenkraketen. Die dt. Luftfahrt, Bd. 10. Bernard & Graefe Verlag, Koblenz 1987.
Bericht zur Erklärung der technischen Einführungsreife des Dreiachsen-Flugreglers System FRG 10. BWB, LG IV 3-Az: 90-66-15-05 vom 20. 1. 1967, Koblenz.

Boykow, H.: Motorische Flugzeugsteuerung. Jahrbuch 1927 der WGL, S. 91–98.

DORNIER DO 31. »Flugwelt«, 1964, Heft 5.

Einheitsflugregler für Senkrechtstarter. »Flugwelt International«, 16. Jahrgang, Juni 1964, Heft 6.

Entwicklung des Transportflugzeuges Do 31. Dornier-Bericht GE 51-481/69-PR.

Gebauer, Gerhard: Die Hydraulik-Anlage der Dornier Do 31. »Flugrevue + flugwelt international«, 7/1968.

Gersdorff, Kyrill von / Knobling, Kurt: Hubschrauber und Tragschrauber. Die dt. Luftfahrt, Bd. 3, 2. Auflage. Bernard & Graefe Verlag, Koblenz 1985.

Görner: Untersuchung einer neuartigen automatischen Kurssteuerungsanordnung mit Hilfe eines elektrischen Modells. Deutsche Luftfahrtforschung, Forschungsbericht Nr. 1471.

Häussermann, Walter: Developments in the Field of Automatic and Control of Rockets. »J. Guidance and Control«, Vol. 4, Nr. 3, May–June 1981, p. 225–239.

Kissel, Gerhard: Moderne Flugsteuerungs- und Flugregelungssysteme. Messerschmitt-Bölkow-Blohm, Unternehmungsbereich Flugzeuge.

Kracheel, K. / Burkhardt, G. / Kissel, G. / Diringshofen, H. von: Höhenregler für VTOL-Flugzeuge. Jahrbuch 1965 der WGLR, S. 141–145.

Möller, Waldemar: Die Stabilisierung des Flugzeugs um den Schwerpunkt. Jahrbuch 1959 der WGL, S. 190–201.

Müller, O.: The Control System of the V-2. History of German Guided Missiles Development, AGARD April 1956. Verlag E. Appelhans & Co. Brunswick, Germany 1957, p. 80–101.

Oppelt, Winfried: Die Flugzeugkurssteuerung im Geradeausflug. Luftfahrtforschung Band 14 (1937), Lfg. 4/5, S. 270–282.

Pabst, Otto E.: Kurzstarter und Senkrechtstarter. Die dt. Luftfahrt, Bd. 6. Bernard & Graefe Verlag, Koblenz 1984.

Platt, Karl Ernst: IR/mmW HWIL Simulation. »die klammer«. Werkzeitschrift der Bodenseewerke, 2/88, S. 11–13.

Schänzer, G.: Ein Flugregelungssystem für STOL-Flugzeuge. »Interavia«, Nr. 1/1973.

Schumann, G.-H. / Bongartz, W.: Erprobung der VTOL-Technik mit dem Schwebegestell SG 1262. »Luftfahrttechnik-Raumfahrttechnik«, 14 (1968), Nr. 4, April, S. 101–103.

Schumann, H.-G. / Staufenbiel, R.: Die Entwicklung eines integrierten Flugsteuerungs- und Regelungssystems für moderne Hochleistungsflugzeuge. Jahrbuch 1969 der WGLR, Vortrag Nr. 41.

Staufenbiel, R. / Girlatschek, S.: Automatische Stabilisierung und Sicherheit von VSTOL-Flugzeugen. Jahrbuch 1962 der WGLR, S. 275–283.

Staufenbiel, Rolf: Steuern, Stabilisieren und Führen von Fluggeräten. Jahrbuch 1974 der WGLR, S. 124–158.

Instrumentierung, Flugregler und Triebwerksregler für europäische Gemeinschaftsentwicklungen

Gemeinschaftsentwicklung des Flugregelsystems für die Airbus A.300B »Interavia«, 1/1972, S. 65–71.

Goumas, L. / Wüst, P.: Entwurf und Entwicklung des Kommando- und Stabilisierungssystems (CSAS) für das MRCA. Jahrbuch 1974 der WGLR, Vortrag Nr. 74–82.

Hach, Johann-Peter / Heldt, Peter H.: Das Cockpit des Airbus A 310. »Spektrum der Wissenschaft«, März 1964, S. 38–52.

Jackson, D. I. / Corney, J. M.: The Design and Development of the MRCA Autopilot. AGARD-CP-137, 20-1-20-11.

Jagger, Douglas H.: Aircraft Safety from new Technology. Aerotech '87 Conference, Birmingham, October 1987.

Langfelder, Helmut: Die Technik des Flugzeugs MRCA und seiner Systeme. Jahrbuch 1974 der WGLR, S. 81–93.

Parvus, Hans-Joachim: Airbus A 310: Wandel im Cockpit. »Luftfahrt international«, 11/82, S. 383–389.

Penner, Helmut / Plath, Dietmar: Airbus international. Motorbuch Verlag Stuttgart, 1986.

Roeder, Jean: Wille zur europäischen Einheit am Beispiel A 320. Ein dokumentarischer Bericht. DGLR-Zeitschrift, Heft 3/87, S. 38–50, Heft 4/87, S. 25–29.

Diringshofen, Heinz von: Die Bedeutung des Faktors Mensch für die Zuverlässigkeit. Zuverlässigkeits-Symposium des EWR, Nov. 1962.

Hafer, A. / Sachs, G.: Zur Entwicklung der Flugeigenschaftsrichtlinien. Jahrbuch der WGLR 1988, S. 659–668.

– Zur Entwicklung der Flugeigenschaftsrichtlinien nach 1945. Jahrbuch der WGLR 1990, S. 983–992.

Hahn, Gert: Die Spiegelfechterei mit der MTBF und ihre Folgen. »Flugwelt«, 1966, Heft 10, S. 790–791, Heft 11, S. 880–881.

Lusser, Robert: Über die Zuverlässigkeit von Flugzeugen, Flugkörpern und Raumfahrzeugen. Jahrbuch der WGL 1959, S. 30–37.

– Die Unzuverlässigkeit komplizierter Geräte. »Flugkörper«, 1. Jahrgang, August 1959, Heft 6.

– Zuverlässigkeit durch Sicherheitsspannen. München, 1961.

Mihail, Alexandre: Die Zuverlässigkeit in der Luft- und Raumfahrt. Jahrbuch der WGLR 1967, S. 23–35.

Möller, Waldemar: Über die Leistungsgrenzen und die Zuverlässigkeit der Flugregler. Bodenseewerk Perkin-Elmer & Co, L-106/310.

Naumann, Michael: Der Mann, der den Tod errechnete. »Zeit magazin«, 1969.

Schwenke, D. H.: Probleme der Zuverlässigkeit von Flugzeug- und Lenkflugkörper-Waffensystemen. Erprobungsstelle der Luftwaffe Maching, 22. 10. 1968.

Tendenzen der weiteren Entwicklung für Flugzeuginstrumente, Flugsteuerungs- und Flugregelungssysteme

Boos, Franz: Avionikrechner, Rechnertechnologie der Zukunft. »die klammer«, Werkzeitschrift des Bodenseewerks, Heft 1/87, S. 10–15.

Busch, Karl: Moderne Display-Technologien – Von der Kathodenstrahlröhre zum LCD. Jahrbuch der Wehrtechnik, Folge 18, 1988, S. 204–212.

Fischer, Manfred: Entwicklung einer Flugsteuerung für ein kleines Verkehrsflugzeug. WGLR Jahrbuch 1991, S. 63–72.

Handrich, Eberhard: Kreiseltechnologie. Jahrbuch der Wehrtechnik, Folge 16, 1986, S. 114–122.

Handrich, E. / Büschelberger, H. J. / Kemmler, M. / Krings, M.: LFS-90 – A Modular System Design with Fiber Optic Gyros. Symposium Gyro Technology 1991, Stuttgart.

Krogmann, Uwe: Möglichkeiten der Integration von Flugregel- und Navigations-Sensorsystemen. Jahrbuch der Wehrtechnik, Folge 18, 1988, S. 190–202.

Krogmann, U. / Onken, R. / Sorg, H. / Winter, H.: Entwicklungstendenzen in der Flugführung. Jahrbuch der Wehrtechnik, Folge 20, 1991.

Reichel, Reinhard: Fly-by-wire Steuerung der nächsten Generation. WGLR Jahrbuch 1990, S. 375–380.
Penner, Hellmut: Licht-Karussel im Chip. »Flug Revue«, 10/1986, S. 80–82.
– Alles dreht sich ums Licht. »Luftfahrt«, 6/91, S. 68–70.
Schönbeck, Knut: Wie ein Glasfaserkabel entsteht. »Capital«, 3/87, S. 201–209.

Seidel, Harald: Konzeption des Cockpits und der Avionik für ein kleines Verkehrsflugzueg. WGLR Jahrbuch 1990.
Wüst, Peter / Krogmann, Uwe / Wellern, Wilfried: Fly-by-wire – Technik/Technologie. Jahrbuch der Wehrtechnik, Folge 17, 1987, S. 88–103.

Personenregister

Adenauer, Konrad 181
Alkan, Robert 161, 166, 176, 190
Altvater, Karl Otto 71, 72, 145, 266
Anschütz-Kaempfe, Hermann 50
Ardenne, Manfred von 181
Asheuer, Willi 36
Aveline 12

Bamberg, Carl 42
Banki 12
Barth, G. 82
Bassett, Preston 161
Behn 107
Benua 13
Booth, Lionel Barton 64
Barkhausen 155
Boykow, Johann Maria 69, 141, 144, 225, 266
Brauchitsch, Walter von 152
Braun, Wernher von 101, 145, 147, 148, 151, 170, 172, 173, 174, 260
Braunburg, Rudolf 41
Brenner 175
Broth 12
Buchhold, Theodor 156, 158, 174
Budig 12
Busemann 175

Cachin, Emile 16
Chamberlin 36, 70
Coldewey, Heinrich 64
Conrad, Robert 9
Constantin 13, 93, 166, 167
Converse 12
Cooke, P. A. 165
Coutinho, Gago 63

Debus, Kurt 173
Dieckmann, Max 94, 126, 129
Diringshofen, Heinz von 261
Doetsch, Karl Heinz 160, 175, 176

Dornberger, W. 145, 147, 152
Doolittle, H. 161
Doutre 12
Draper, Charles Stark 174, 176
Drexler, Franz 9, 10, 12, 14, 15, 28, 29, 34, 38, 66, 67, 129, 159, 225, 266
Dudenhausen, Hans Jürgen 173

Eggersglüß 175
Egging 175
Eitzenberger, Josef 179
Ellehammer 11
Emte 175
Enderlin 12
Ernst, Günter 177
Eteve 12

Fakin 12
Fieber, Karl Wilfried 80, 84, 145, 147, 148, 151
Fischel, Eduard 72, 76, 129, 145, 174, 266
Fischer, Franz 172
Fischer, Wilhelm 181
Fitzmaurice 36, 70
Föppl, A. 51
Foucault, Leon 50
Frahm, H. 51
Friedensburg, Walter 45, 91
Freydorf, Rudolf von 131
Fuess, R. 23

Geißler, Ernst 173, 174
Gersdorff, Kyrill von 177
Gianoli 13
Gievers, Johannes G. 141, 144, 148, 149, 155, 157, 171, 172, 173, 176
Girlatschek, S. 220
Goerth, Hans 86, 175
Golecki, Bruno 181
Goller 98
Grasmann, Kurt 177
Gröttrup, Helmut 181

Hahn, Gert 107, 108, 111, 127
Hahnemann 175
Hasse, Wilhelm 12
Häußermann, Walter 173, 174, 227
Havemann 175
Heimburg, Karl 173
Heinze, Günter P. 171
Hertz, Gustav 181
Hilpert 175
Himmler, Conrad 178
Hoch, Hans 179
Hoffmann, Arran K. 171
Hölzer, Helmut 153, 173, 174
Hörath, Werner 178
Horn 18, 39
Hucke 41
Hünefeld, von 36
Hüter, Hans 173

Jabobsen 72
Jordan 175

Kennedy, John F. 174
Kerr, P. S. 165
Klein, Gerald 175, 176
Knemeyer, Siegfried 172
Köhl, Hermann 36, 70
Köster, Paul Eduard 108, 130
Korbacher 175
Kracheel, Kurt 178, 179
Kramar, Ernst 123
Kronenberger, Adam 99
Küchemann 175

Langfelder, Helmut 229
Lear, William P. 171
Leontjew 178
Lertes, Peter 178, 179
Lobnitz 12
Lufft, G. 23
Lusser, Robert 260

McKinnon, R. 165
Mäder 76
Manteuffel, Gert Zoege von 96, 99, 169, 170, 175, 176
Marggraf, Kurt 86, 171, 175
Masad 12
Massmann, Werner F. 171
Maus, Hans 173
Maxim, Hiram 13, 14
Mees, Gustav 15
Meredith, F. W. 165
Möller, Waldemar 31, 33, 35, 36, 40, 43, 46, 60, 92, 93, 97, 99, 101, 103, 104, 105, 107, 109, 110, 112, 113, 114, 135, 148, 167, 178, 179, 201, 202, 203, 217, 218, 227, 266
Moreau 12
Morell, Wilhelm 18
Morzig 44
Mrazek, Willi 173
Müller, Fritz K. 155, 173

Neubert, Erich 173, 175
Newton 12
Niemann, Erich 129
Norden, Carl L. 163, 189

Olchowsky 12
Olmann 168
Opitz, W. 64
Opelt, Wilfried 56, 226
Orlamünder, Georg 179

Pabst, Otto E. 209
Panzer, Walter B. 171
Parseval, August von 12, 92
Patin, Albert 48, 171

Plendl 124
Pollock Brown 165
Polte, Willy 41
Pöschl, H. 171
Post, William 98
Prandtl, Ludwig 18

Raclot 12
Reece 98
Rees, Eberhard 173
Reisch, Siegfried 175, 176
Rolla, Hans 176
Rothe, Heinrich 173
Rosin, Herbert M. 171
Rosenbaum, Theodor 31
Roux, Max 91, 92
Rücklein 127

Schaberg, Hans 172
Schaeder 127
Schiller, Melitta 135
Schlichting 175
Schlitt Helmut 158, 174
Schmidt, E. 175
Schmidt, W. 129
Schuler, Max 50, 94
Schützmann, Gerhard M. 171
Semenowa 168
Senst, Werner 106
Sissingh 175
Sonnenberg, Hildegard 171
Sorkin 168
Sperry, Elmer 16
Sperry, Elmer jr. 161
Sperry, Lawrence 16, 17
Stäblein 155
Staufenbiel, R. 220

Steinhoff, Ernst 152, 174
Steuding 151, 152, 227
Stolpe 181
Stuhlinger, Ernst 173
Sullivan 12

Temme, Heinrich 139
Thoma, Hans 99
Thiry, Hans 171
Tollmien 175
Trouve, M. G. 50
Tschalomei 179

Uecke, Max 11, 12

Venturi, G. B. 18
Viebach 181
Vilter, Hans 181
Vogt, Richard 160
Volz, Sebastian 11

Wagner, Carl 156, 158
Wendtroth 98
Westphal, Hans 150
Weyl, Alfred Richard 68
Wilde, Kurt 135, 177, 178
Willems 11, 12
Winter 175
Wolfhardt 175
Wolmann 155
Wright, Orville 266
Wright, Wilbur 9, 13, 266
Wultop 175
Wünsch, Guido 91

Zink, Georg 135, 178

Bildnachweis

Deutsches Museum 65
DGLR 13
Firmenschriften 249
Lufthansa 4
Ausländische Berichte 11
Patentschriften 4
Bodenseewerk Gerätetechnik 38
Lässig 1
Trenkle 4
Luftfahrttechnik 4
Interavia 2
Airbus Industrie 21
Autor Rest

Der Autor

Kurt Kracheel wurde am 25. März 1921 in Berlin geboren. Nach abgeschlossener Werkzeugmacherlehre Studium an der Ingenieurschule Gauß, Berlin. Während des Zweiten Weltkrieges zur Wehrmacht eingezogen und in die Chiffrierabteilung des Oberkommandos der Wehrmacht abkommandiert. Konstruktion von optischen Lochstreifen-Abtastgeräten, Relais-Rechnern und Registriergeräten für die Auswertung von verschlüsselten ausländischen Funknachrichten.

1944 Abschluß an der Ingenieurschule Gauß als Ingenieur für Feinmechanik. Ab 1946 als Laboringenieur im OKB 4, Berlin-Friedrichshagen (Sonderkonstruktionsbüro Nr. 4 des sowjetischen Luftfahrtministeriums). Am 22. Oktober 1946 Verlagerung des Konstruktionsbüros in die UdSSR. Hier als Assistent von *Waldemar Möller* bei der Weiterentwicklung der Dreiachsen-Flugzeugsteuerung »Dynuktiv« tätig. 1950 Versetzung des Entwicklungskollektivs zum Konstruktionsbüro Nr. 1 des Ministeriums für mittleren Maschinenbau (Rüstungsministerium unter der Leitung von *Ustinow*, dem späteren sowjetischen Verteidigungsminister). Als Labor- und Erprobungsingenieur bei der Entwicklung des Steuerungssystems für eine sowjetische Boden-Luft-Rakete (einer Weiterentwicklung der Peenemünder Flakrakete C-2 »Wasserfall«) bis 1955 tätig. Von der 1958 ermöglichten Rückkehr nach Deutschland bis zur Pensionierung 1984 beim Bodenseewerk Gerätetechnik GmbH, Überlingen, beschäftigt. In dieser Zeit als Leiter der Abteilung Gerätetechnik an der Entwicklung und Erprobung von Flugreglern für die deutschen senkrechtstartenden Flugzeuge VJ 101 C, Do 31 und VAK 191 mitgewirkt. Danach für die Entwicklung des deutschen Anteils des CSAS-Systems für das MRCA-Flugzeug »Tornado« als Programmleiter beim Bodenseewerk eingesetzt. Anschließend als Stellvertreter des Hauptabteilungsleiters Flugregelung und Navigation sowie des Hauptabteilungsleiters der Qualitätssicherung.

Nach der Pensionierung im Auftrag der Bodenseewerk Gerätetechnik GmbH Mitarbeit an den Ausstellungsvitrinen »Automatisch Fliegen« des Sammlungsteiles »Flugführung und Navigation« der Luftfahrtabteilung im Deutschen Museum.

Die deutsche Luftfahrt

Die Entwicklungsgeschichte der deutschen Luftfahrttechnik von den Anfängen bis heute in über 25 Bänden

Herausgegeben von Dr. Theodor Benecke in Zusammenarbeit mit dem Deutschen Museum, dem Bundesverband der deutschen Luftfahrt-, Raumfahrt- und Ausrüstungsindustrie (BDLI) und der Deutschen Gesellschaft für Luft- und Raumfahrt (DGLR)

Band 1: Wolfgang Wagner
Kurt Tank – Konstrukteur und Testpilot bei Focke-Wulf
2., überarbeitete Auflage. 1991. 272 Seiten, 130 Fotos, 76 Zeichnungen und Skizzen. Leinen.
ISBN 3-7637-6102-0
». . . eine einzigartige Möglichkeit, sich über die hochentwickelte deutsche Technik im Fluggerätebau zu informieren.«
Flug Revue

Band 2: Kyrill von Gersdorff / Kurt Grasmann
Flugmotoren und Strahltriebwerke
2., ergänzte und erweiterte Auflage. 1985. 360 Seiten und 12 Farbtafeln, 20 Farbabbildungen, 430 Fotos, Zeichnungen und Skizzen. Leinen.
ISBN 3-7637-5283-8
». . . ein Buch, das man uneingeschränkt empfehlen kann.«
Zeitschrift für Flugwissenschaften und Weltraumforschung

Band 3: Kyrill von Gersdorff / Kurt Knobling
Hubschrauber und Tragschrauber
2., ergänzte und erweiterte Auflage. 1985. 277 Seiten und 16 Farbtafeln, 443 Fotos, Zeichnungen und Skizzen. Leinen.
ISBN 3-7637-5290-0
». . . macht diese Veröffentlichung zu einer wichtigen Bereicherung der Luftfahrtliteratur . . . es ist als Standardwerk auf dem Gebiet der Drehflügler zu betrachten.«
Zeitschrift für Flugwissenschaften und Weltraumforschung

Band 4: Rüdiger Kosin
Die Entwicklung der deutschen Jagdflugzeuge
2., durchgesehene und erweiterte Auflage. 1990. 243 Seiten und 16 Farbtafeln, 196 Fotos, 165 Zeichnungen und Skizzen. Leinen. ISBN 3-7637-6100-4

»... gibt einen hervorragenden Überblick über fast 70 Jahre Jagdflugzeugbau in Deutschland mit allen Höhen und Tiefen. Nicht nur der Techniker wird an dem hervorragend ausgestatteten Band seine Freude haben...«
Soldat und Technik

Band 5: H. Dieter Köhler
Ernst Heinkel – Pionier der Schnellflugzeuge
1983. 303 Seiten, 258 Fotos, 62 Zeichnungen und Skizzen. Leinen. ISBN 3-7637-5281-1

»... zeigt sich, daß auch Technikgeschichte um so interessanter ist, je mehr wir von den beteiligten Menschen erfahren.«
Frankfurter Allgemeine

Band 6: Otto E. Pabst
Kurzstarter und Senkrechtstarter
1984. 269 Seiten und 16 Farbtafeln, 235 Fotots, 109 Skizzen. Leinen. ISBN 3-7637-5277-3

»... vermittelt Glanzpunkte der Luftfahrttechnik und gewinnt dadurch an Bedeutung und Lebhaftigkeit in der Darstellung, daß Pabst zum großen Teil aus eigenen Erfahrungen berichtet.«
Rhein-Zeitung

Band 7: Fritz Trenkle
Bordfunkgeräte – Vom Funkensender zum Bordradar
1986. 263 Seiten, 430 Fotos und Skizzen, 4 Farbabbildungen. Leinen. ISBN 3-7637-5289-7

»... eine komplette Darstellung von Ideen, Konzepten, Geräten (hervorragend illustriert) und Anwendungsprofilen der Funk- und Radartechnik in der deutschen Luftfahrt...«
Kölner Stadt-Anzeiger

Band 8: Werner Schwipps
Schwerer als Luft – Die Frühzeit der Flugtechnik in Deutschland
1984. 258 Seiten und 24 Farbtafeln, 222 Fotos, 25 Skizzen und Zeichnungen. Leinen.
ISBN 3-7637-5280-3

»Eine derartige überwältigende Fülle von Informationen, Einzelheiten und Daten findet man selten... ein überaus wertvolles und lehrreiches Werk...«
Technikgeschichte

Band 9: Bruno Lange
Typenhandbuch der deutschen Luftfahrttechnik
1986. 413 Seiten, 464 Fotos, 2 Skizzen. Leinen.
ISBN 3-7637-5284-6

»... ein richtungsweisendes Nachschlagewerk... Ein Handbuch, an dem man nicht vorbeikommt.«
fliegermagazin

Band 10: Theodor Benecke / Karl-Heinz Hedwig / Joachim Hermann
Flugkörper und Lenkraketen
1987. 377 Seiten und 4 Farbtafeln, 8 Farb- und 193 Schwarzweißfotos, 277 Skizzen. Leinen.
ISBN 3-7637-5291-9

»... ein Buch, das Technikgeschichte mit einer Interpretation der ›High Technology‹ verbindet – ein Werk, das wirklich informiert.«
VDI-Nachrichten

Band 11: Wolfgang Wagner
Der deutsche Luftverkehr – Die Pionierjahre 1919–1925
1987. 320 Seiten, 222 Fotos, 219 Skizzen, 9 Karten. Leinen. ISBN 3-7637-5274-9

»... vermittelt ein fesselndes Zeitbild dieser bewegten Jahre.«
Luft- und Raumfahrt

Band 12: Kyrill von Gersdorff
Ludwig Bölkow und sein Werk – Ottobrunner Innovationen
1987. 334 Seiten und 24 Farbtafeln, 59 Farb- und 332 Schwarzweißfotos, 103 Pläne, Skizzen, Gliederungen und Diagramme. Leinen. ISBN 3-7637-5292-7

»... ein bemerkenswertes Buch, das man nicht nur jedem Interessierten uneingeschränkt empfehlen kann...«
Soldat und Technik

Band 13: Siegfried Ruff / Martin Ruck / Gerhard Sedlmayr
Sicherheit und Rettung in der Luftfahrt
1989. 246 Seiten, 288 Fotos, 111 Zeichnungen und Skizzen, 27 Graphiken, 11 Dokumente. Leinen.
ISBN 3-7637-5293-5

»... eine Fundgrube für den Techniker und den betroffenen Piloten... Auch der Laie sollte in dieses Buch hineinschauen. Für den Fachmann ist es ohnehin eine fesselnde Lektüre.«
Zeitschrift für Flugwissenschaften und Weltraumforschung

Band 14: Wolfgang Wagner
Die ersten Strahlflugzeuge der Welt
1989. 260 Seiten, 138 Fotos, 234 Zeichnungen und Skizzen, 6 Graphiken, 2 Dokumente. Leinen.
ISBN 3-7637-5297-8

»... zu einer unverzichtbaren Anschaffung. Der erfolgreichen Buchreihe ist ein weiterer bemerkenswerter Band hinzugefügt worden.«
Zeitschrift für Flugwissenschaften und Weltraumforschung

Band 15: Roderich Cescotti
Kampfflugzeuge und Aufklärer
1989. 311 Seiten, 156 Fotos, 254 Zeichnungen, Skizzen und Graphiken. Leinen. ISBN 3-7637-5294-3

»... ist sicher nicht zuviel gesagt, wenn man feststellt, daß dieses Buch eines der fesselndsten und attraktivsten seiner Reihe ist.«
Soldat und Technik

Band 16: Jean Roeder
Bombenflugzeuge und Aufklärer
1990. 274 Seiten, 252 Fotos, 321 Zeichnungen und Skizzen. Leinen. ISBN 3-7637-5295-1

»Der hervorragend ausgestattete Typenband...«
Cockpit

Band 17: Hans J. Ebert / Johann B. Kaiser / Klaus Peters
Willy Messerschmitt – Pionier der Luftfahrt und des Leichtbaues
1992. 416 Seiten und 16 Farbtafeln, 641 Fotos, Zeichnungen und Skizzen. Leinen.
ISBN 3-7637-6103-9

»... Aufzeichnungen Willy Messerschmitts beleben jedes Kapitel dieses Buches, das man getrost als das Messerschmitt-Buch schlechthin bezeichnen kann.«
Jet & Prop

Band 18: Werner Treibel
Geschichte der deutschen Verkehrsflughäfen
1992. 464 Seiten, 597 Fotos, Zeichnungen, Skizzen und Tabellen. Leinen. ISBN 3-7637-6101-2

»Das verwendete statistische Material ist einmalig und ermöglicht über viele Jahrzehnte absolute und relative Leistungsvergleiche...«
loyal

Band 19: Günter Brinkmann / Hans Zacher
Die Evolution der Segelflugzeuge
1992. 288 Seiten und 16 Farbtafeln, 693 Fotos, Skizzen, Graphiken und Tabellen. Leinen. ISBN 3-7637-6104-7

»... ist seinen Preis wert. Seite für Seite. Der Interessierte erwirbt mit ihm eine wahre Fundgrube.«
aerokurier

Weitere Bände in Vorbereitung

Bernard & Graefe Verlag · Heilsbachstraße 26 · D-53123 Bonn

»Einheitssteuerung« der Luftwaffe, 1941
Elektrische Dreiruder-Steuerung PDS 11 mit Fahrtregelung in der Nickachse (Patin)

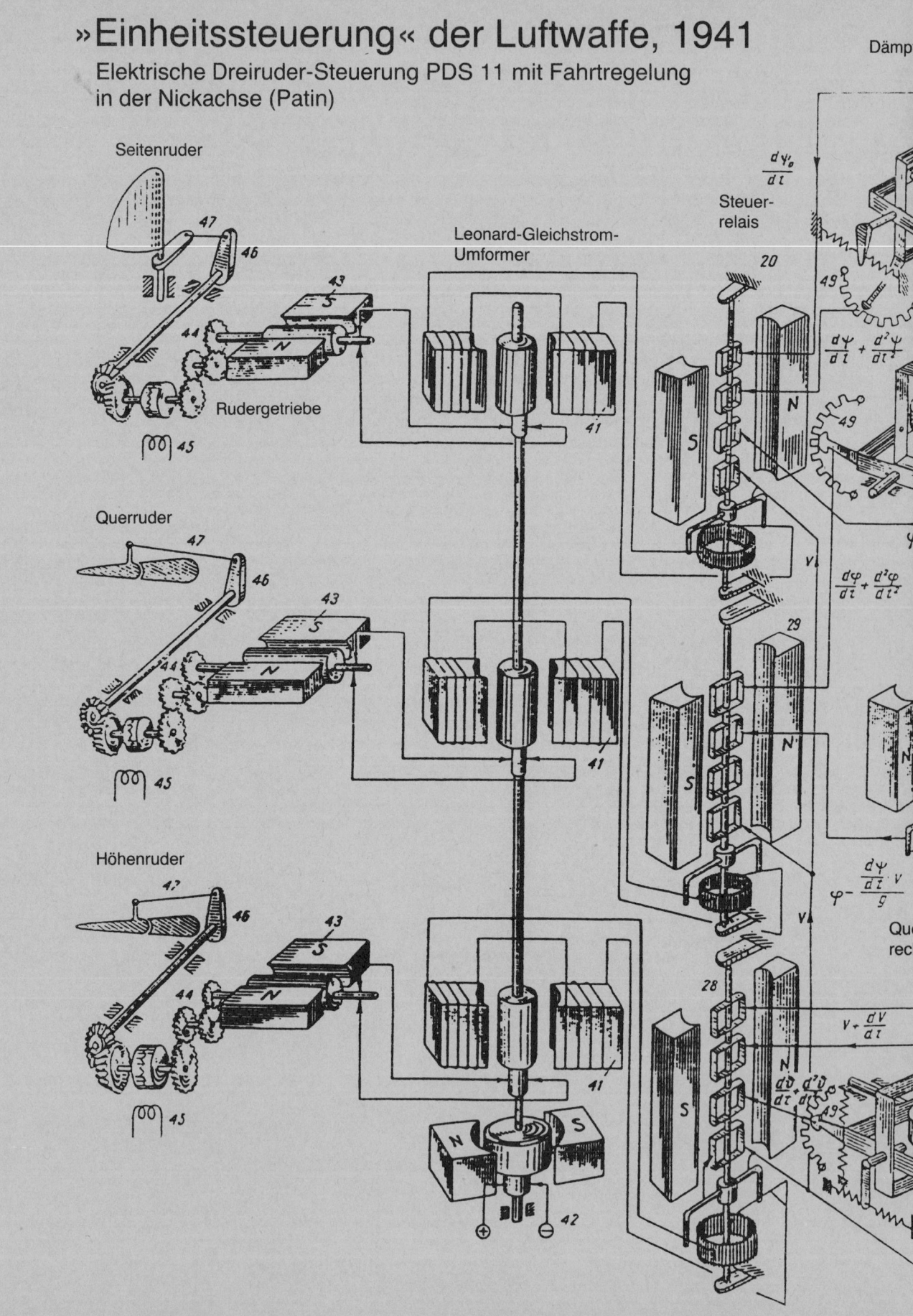